CAD/CAM/CA

中文版 EPLAN P8 2022 电气设计从入门到精通

（实战案例版）

260分钟同步微视频讲解　110个实例案例分析

☑电气图设计　☑电气元件符号设计　☑图形符号编辑　☑设备管理　☑电路设计
☑导线连接　☑报表生成　☑电气柜安装板设计　☑电气柜元件布局

天工在线　编著

中国水利水电出版社
www.waterpub.com.cn
·北京·

内 容 提 要

《中文版 EPLAN P8 2022电气设计从入门到精通（实战案例版）》详细介绍了EPLAN P8（EPLAN Platform 2022）在电气设计方面的使用方法和应用技巧，是一本EPLAN基础教程，又是一本EPLAN视频教程。

全书共16章，内容包括EPLAN P8入门、基本绘图设置、电气图设计基础、电气符号设计、元件符号设计、图形符号绘制、图形符号编辑、设备管理、电路设计流程、导线连接、连接定义点、连接器、报表生成、电气柜安装板设计基础、电气柜安装和电气柜元件布局等。本书在讲解过程中理论联系实际，基础知识的讲解配备了大量的实例演示和详细的操作步骤，图文对照讲解，既可加深对知识点的理解，又可提高读者的动手能力。全书配有110集（260分钟）与实例同步的微视频讲解，读者可以扫描二维码，随时随地看视频。另外，本书还提供了实例的初始文件和结果文件，读者可以直接调用，对比学习。

本书适合EPLAN电气设计的入门读者学习使用，也适合作为建筑师、电气设计爱好者的学习参考用书，还可作为应用型高校或相关培训机构的教学用书。

图书在版编目（CIP）数据

中文版EPLAN P8 2022电气设计从入门到精通 ：实战案例版 / 天工在线编著. -- 北京 ：中国水利水电出版社, 2023.7（2024.12重印）.

（CAD/CAM/CAE/EDA微视频讲解大系）

ISBN 978-7-5226-1530-1

I. ①中… II. ①天… III. ①电气设备－计算机辅助设计－应用软件 IV. ①TM02-39

中国国家版本馆CIP数据核字(2023)第089391号

丛 书 名	CAD/CAM/CAE/EDA微视频讲解大系
书 名	中文版EPLAN P8 2022电气设计从入门到精通（实战案例版） ZHONGWENBAN EPLAN P8 2022 DIANQI SHEJI CONG RUMEN DAO JINGTONG
作 者	天工在线 编著
出版发行	中国水利水电出版社 （北京市海淀区玉渊潭南路1号D座 100038） 网址：www.waterpub.com.cn E-mail：zhiboshangshu@163.com 电话：（010）62572966-2205/2266/2201（营销中心）
经 售	北京科水图书销售有限公司 电话：（010）68545874、63202643 全国各地新华书店和相关出版物销售网点
排 版	北京智博尚书文化传媒有限公司
印 刷	北京富博印刷有限公司
规 格	203mm×260mm 16开本 25.75印张 690千字 2插页
版 次	2023年7月第1版 2024年12月第3次印刷
印 数	8001—11000册
定 价	89.80元

前　言

Preface

EPLAN是以电气设计为基础的跨专业的设计平台，包括电气设计、流体设计、仪表设计、机械设计（如机柜设计）等功能。EPLAN拥有一个家族系列产品，其产品系列丰富，主要分为EPLAN Electric P8、EPLAN Fluid、EPLAN PPE 和EPLAN Pro Panel，这四个产品被认为是面向工厂自动化设计的产品，也被形象地称为工厂设计自动化的帮手。EPLAN符合几大国际设计标准，如IEC、JIC、GOST、GB等。其中EPLAN Electric P8从1984年开始一直在研发，目前的新版本为EPLAN Electric P8 3.0（也被称作EPLAN Platform 2022，即本书使用的版本），主要面向传统的电气设计和自动化集成商的系统设计，是面向电气专业的设计和管理软件。

本书特点

➘ 内容合理，适合自学

本书主要面向EPLAN Electric P8零基础的读者，充分考虑初学者的需求，内容讲解由浅入深，循序渐进，引领读者快速入门。在知识点上不求面面俱到，但求有效实用。本书的内容足以满足读者在实际设计工作中的各项需要。

➘ 视频讲解，通俗易懂

为了方便读者学习，本书中的大部分实例都录制了教学视频。视频录制时采用模仿实际授课的形式，在各知识点的关键处给出解释、提醒和注意事项，让读者在高效学习的同时，更多体会EPLAN Electric P8功能的强大。

➘ 内容全面，实例丰富

本书详细介绍了EPLAN Electric P8的使用方法和操作技巧，全书共16章，内容包括从EPLAN P8入门、基本绘图设置、电气图设计基础到电气柜安装板设计基础、电气柜安装和电气柜元件布局等一系列由浅入深的知识。本书在讲解过程中采用理论联系实际的方式，书中配有详细的操作步骤，图文对应，读者不仅可以提高动手能力，而且能加深对知识点的理解。

本书显著特色

➘ 体验好，随时随地学习

二维码扫一扫，随时随地看视频。书中提供了大部分实例的二维码，读者可以通过手机扫一扫，随时随地观看相关的教学视频，也可在计算机上下载相关资源后观看学习。

➘ 实例多，用实例学习更高效

实例丰富详尽，边做边学更快捷。跟着大量实例学习，边学边做，从做中学，可以使学习更深入、更高效。

➘ 入门易，全力为初学者着想

遵循学习规律，入门与实战相结合。万事开头难，本书采用“基础知识+实例”的编写模式，内容由浅入深、循序渐进，入门与实战相结合。

➘ 服务快，让你学习无后顾之忧

提供QQ群在线服务，随时随地可交流。提供公众号、QQ群等多渠道贴心服务。

本书学习资源及获取方式

本书除配带全书实例的讲解视频和操作源文件外，还赠送12个基础案例和9个应用案例长达270分钟的教学视频和操作源文件，读者可以通过以下方法下载资源后使用。

（1）读者使用手机微信的扫一扫功能扫描下面的微信公众号，或者在微信公众号中搜索“设计指北”，关注后输入“EP1530”并发送到公众号后台，获取本书资源的下载链接，将该链接复制到计算机浏览器的地址栏中，根据提示进行下载。

（2）读者可加入QQ群593745710（若群满，则会创建新群，请根据加群时的提示加入对应的群），与老师和其他读者进行在线交流与学习。

关于作者

本书由天工在线组织编写。天工在线是一个CAD/CAM/CAE/EDA技术研讨、工程开发、培训咨询和图书创作的工程技术人员协作联盟，包含40多位专职和众多兼职CAD/CAM/CAE/EDA工程的技术专家。天工在线负责人由Autodesk中国认证考试中心首席专家担任，全面负责Autodesk中国官方认证考试的大纲制定、题库建设、技术咨询和师资力量培训工作，成员精通Autodesk系列软件。其创作的很多教材成为国内具有引导性的旗帜作品，在国内相关专业方向的图书创作领域具有举足轻重的地位。

致谢

本书能够顺利出版，是作者、编辑和所有审校人员共同努力的结果，在此表示深深的感谢。同时，祝福所有读者在通往优秀工程师的道路上一帆风顺。

编　者

目　　录

Contents

第 1 章　EPLAN P8 入门

内容简介

EPLAN Electric P8 3.0，也被称作 EPLAN Platform 2022（以下简称“EPLAN P8 2022”），是一款非常专业且实用的电气行业辅助设计软件，这款软件采用了非常简洁直观的操作界面，集成了电气设计、报表生成、数据分析等一系列非常实用的功能，能够很好地满足相关用户的使用需求，大大提升了效率及质量。

本章将从 EPLAN P8 2022 的操作环境、项目管理开始介绍，以使读者对该软件有个大致的了解。

内容要点

- 操作环境简介
- 项目管理

案例效果

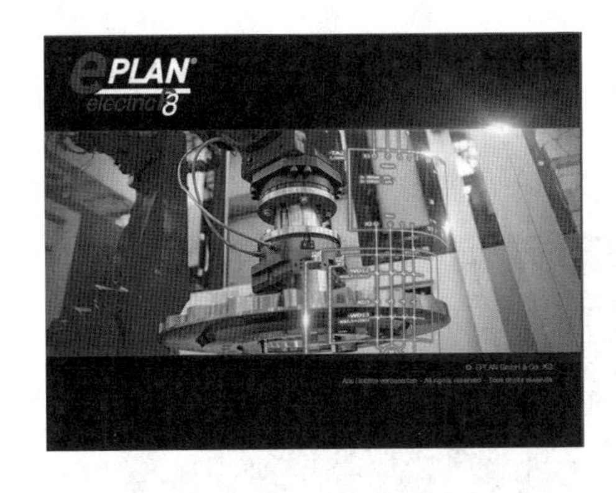

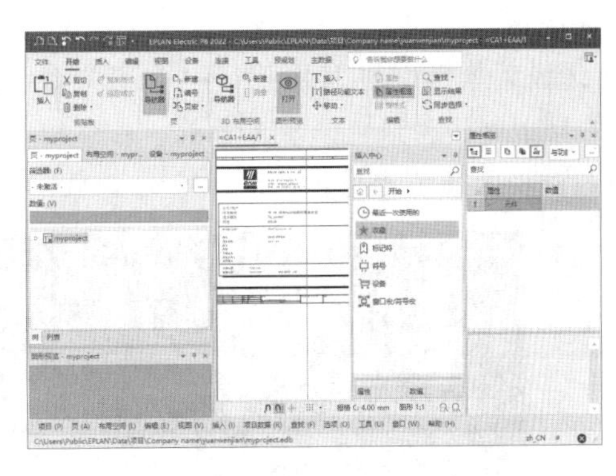

1.1　操作环境简介

操作环境是指与本软件相关的操作界面、系统设置等一些涉及软件最基本的界面和参数。本节将对其进行简要介绍。

进入 EPLAN P8 2022 的主窗口后，立即就能领略到 EPLAN P8 2022 界面的精致和美观，如图 1-1 所示。EPLAN P8 2022 不再只通过菜单和工具栏为导航器和图形编辑器选择命令，而是在此基础上添加了功能区、插入中心等功能。

EPLAN P8 2022 的操作界面包括标题栏、快速访问工具栏、菜单栏、功能区、工作区、十字光标、导航器、导航器标签、插入中心、状态栏等。

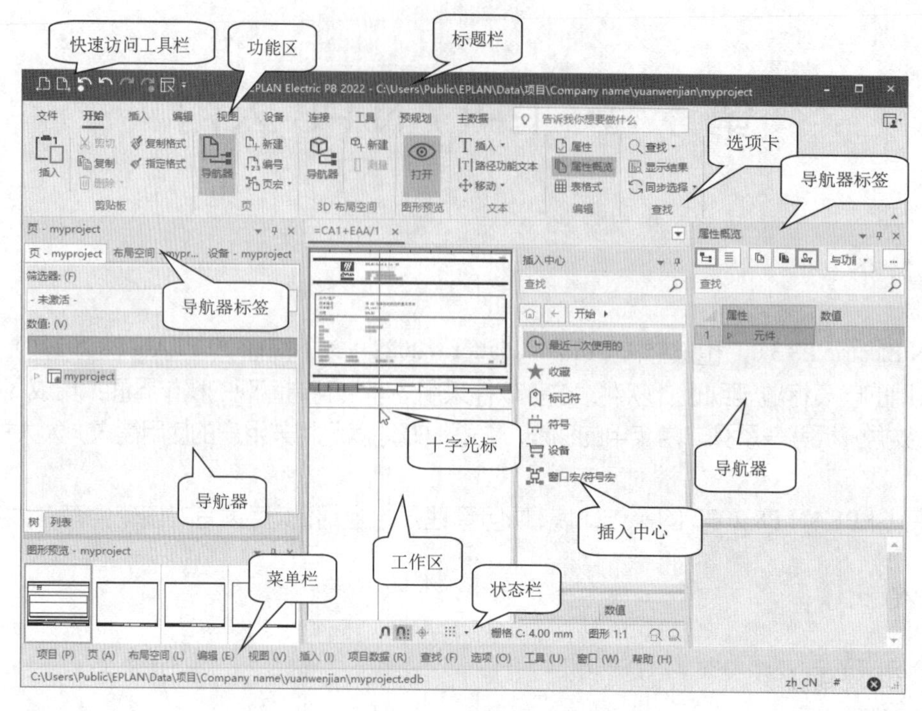

图 1-1 EPLAN P8 2022 的操作界面

扫一扫，看视频

动手学——设置浅色的操作界面

【操作步骤】

（1）选择菜单栏中的“项目”→“打开”命令，打开项目文件 myproject。默认情况下，EPLAN P8 2022 的界面默认为深色，黑色背景、白色线条（图 1-2），这不符合大多数用户的视觉习惯，因此很多用户对界面颜色进行了修改。

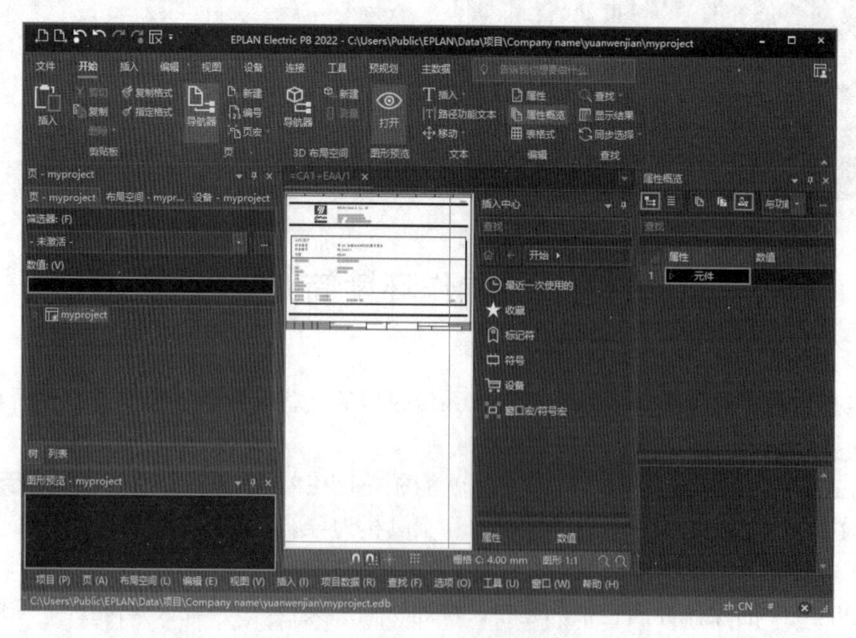

图 1-2 系统默认深色操作界面

（2）打开“设置”对话框，如图 1-3 所示，在左侧列表选择“用户”→“显示”→“用户界面”选项，在“用户界面设计”选项组中选择“浅色”，单击“应用”按钮，将默认的深色界面切换为浅色界面，如图 1-4 所示。单击“确定”按钮，关闭对话框。

图 1-3　设置操作界面的颜色

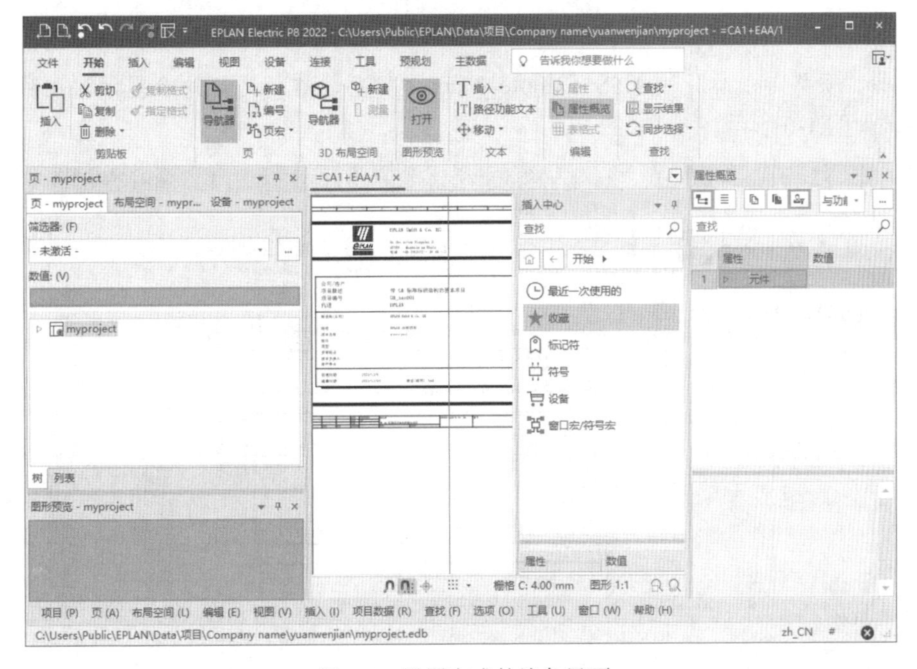

图 1-4　设置完成的浅色界面

主窗口类似于 Windows 的界面风格，主要包括标题栏、快速访问工具栏、功能区、菜单栏、导航器及状态栏等部分。

1.1.1 标题栏

扫一扫，看视频

标题栏位于工作区的上方，主要用于显示软件名称、软件版本、当前打开的文件名称、文件路径与文件类型（后缀名）。在标题栏中，显示了系统当前正在运行的应用程序和用户正在使用的文件。

动手学——显示标题栏

【操作步骤】

（1）启动 EPLAN P8 2022，会显示如图 1-5 所示的启动界面。进入系统默认操作界面，打开两个项目文件 ESS_Sample_Macros 和 myproject（项目文件的新建与打开步骤将在后面进行介绍）。

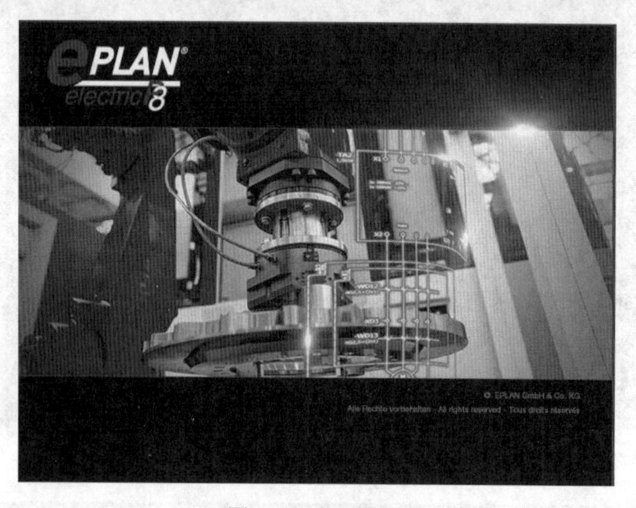

图 1-5　启动界面

（2）选择"页"导航器下的 ESS_Sample_Macros 文件，在标题栏中会显示该项目文件的名称及文件路径，如图 1-6 所示。

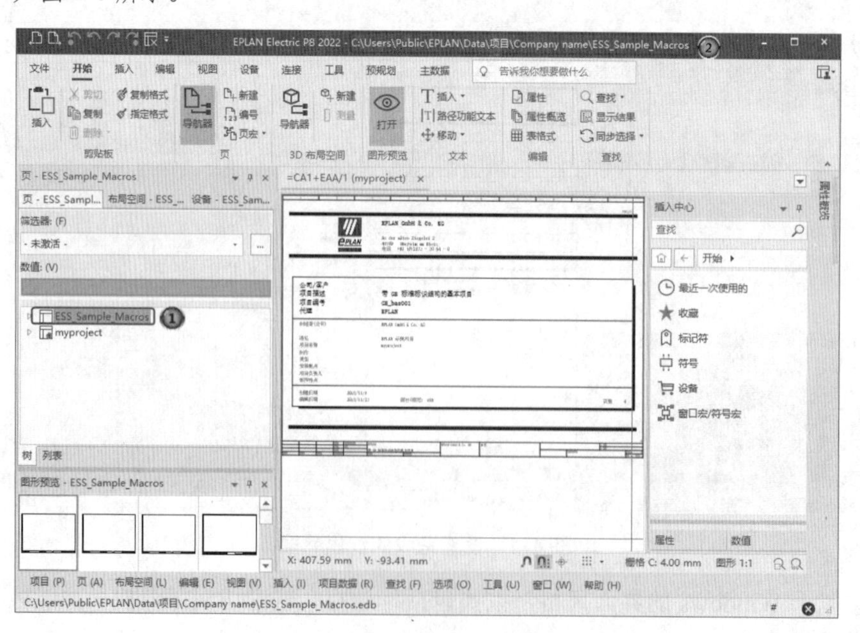

图 1-6　标题栏显示项目名称（1）

（3）选择“页”导航器下的 myproject 文件，在标题栏中会显示该项目文件的名称及文件路径，如图 1-7 所示。

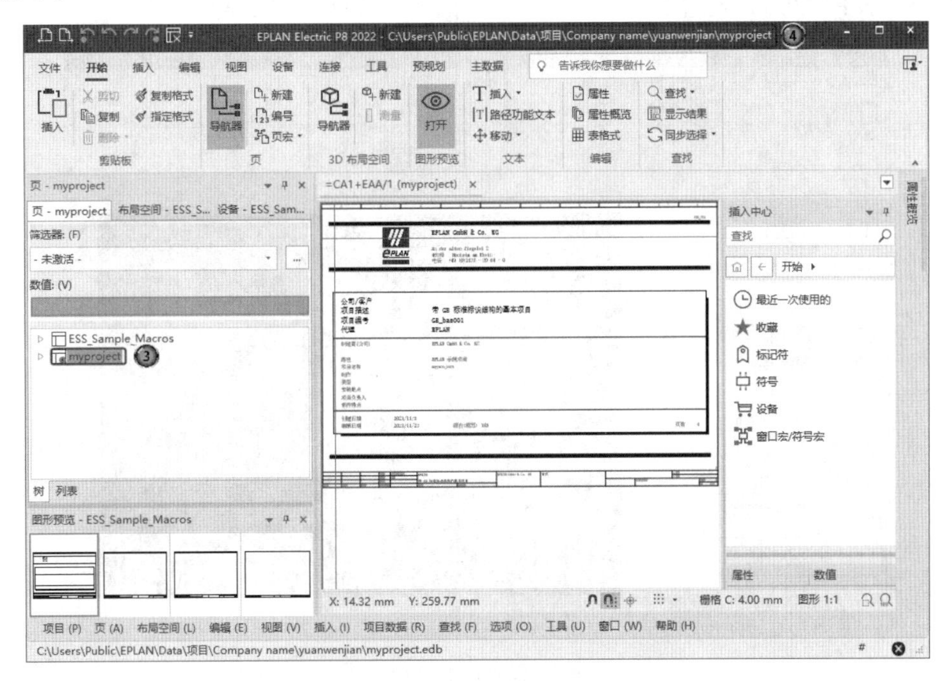

图 1-7　标题栏显示项目名称（2）

1.1.2　快速访问工具栏

快速访问工具栏位于标题栏左侧，在功能区上方显示。工具栏中常用的工具包括“上一页”“下一页”“列表撤销”“撤销”“恢复”“列表恢复”“关闭项目”“图形”“连接符号”，如图 1-8 所示。

图 1-8　快速访问工具栏

1. 设置工具栏位置

【执行方式】

- 工具栏：单击快速访问工具栏中的按钮，选择“在功能区下方显示”命令。
- 右键命令：在功能区任意位置右击，选择快捷命令“在功能区下方显示快速访问工具栏”。

【操作步骤】

执行上述命令，在功能区下方显示快速访问工具栏。

2. 添加或删除按钮

【执行方式】

- 工具栏：单击快速访问工具栏中的按钮，选择“其他命令”命令。
- 右键命令：在功能区任意位置右击，选择快捷命令“自定义快速访问工具栏”。

【操作步骤】

执行上述命令，在快速访问工具栏中添加或删除显示的按钮。

扫一扫，看视频

动手学——设置快速访问工具栏

启动 EPLAN P8 2022，设置快速访问工具栏后的操作界面如图 1-9 所示。

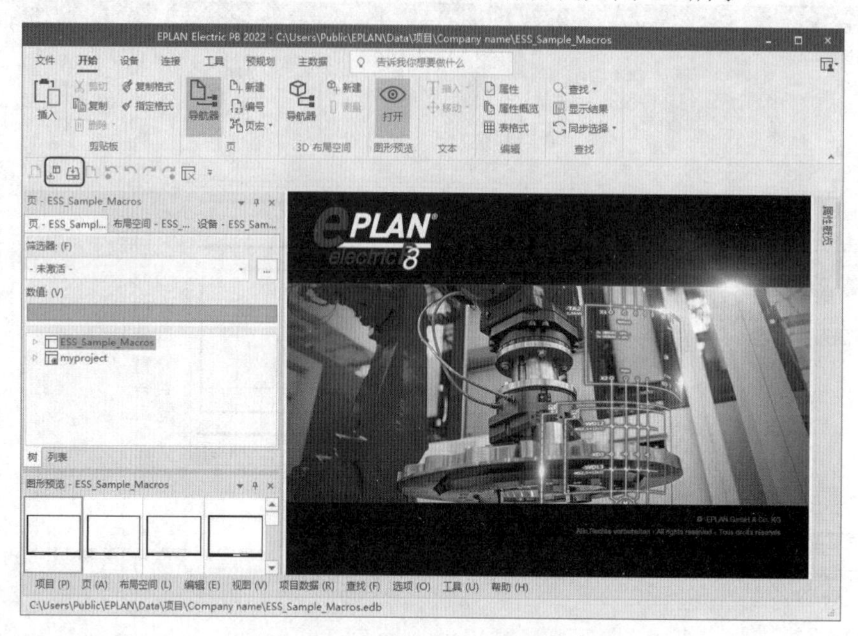

图 1-9　设置后的操作界面

【操作步骤】

（1）启动 EPLAN P8 2022，打开如图 1-10 所示的系统默认操作界面。

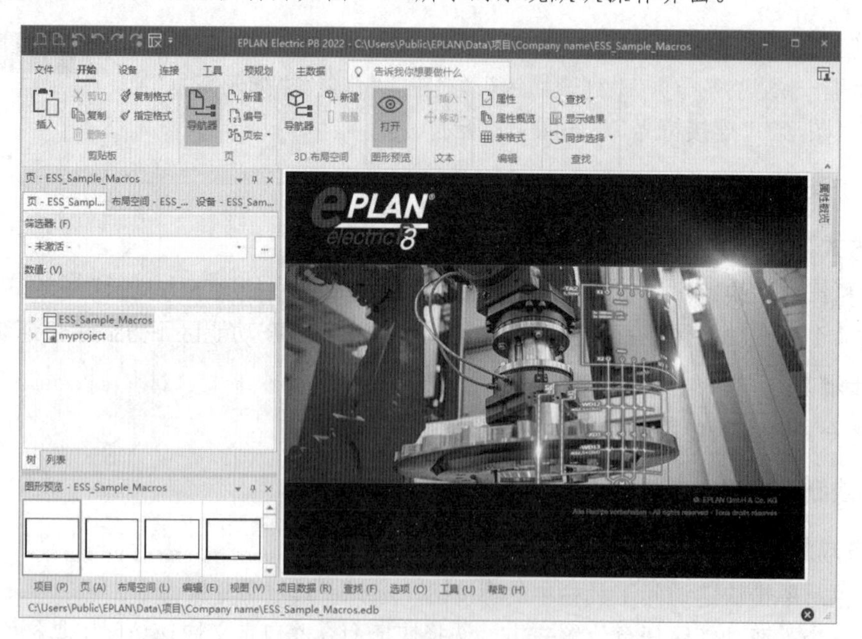

图 1-10　系统默认操作界面

（2）在快速访问工具栏中单击▾按钮，打开快捷菜单，选择“在功能区下方显示”命令，如图 1-11 所示。将快速访问工具栏调整到功能区下方，如图 1-12 所示。

（3）在快捷菜单中选择“其他命令”命令，如图 1-13 所示，弹出“自定义”对话框。选择“快速访问”选项卡，在“选项卡”选项组中选择“文件”，单击选中“项目导入”命令，单击▸按钮，将该命令添加到右侧；单击选中“备份项目”命令，单击▸按钮，将该命令添加到右侧，如图 1-14 所示。

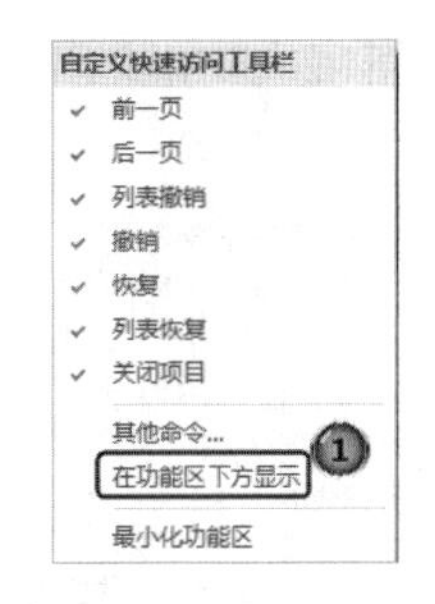

图 1-11　快捷菜单

图 1-12　调整位置

（4）单击“确定”按钮，退出对话框，即可看到在快速访问工具栏中添加了“项目导入”和“备份项目”按钮。

（5）执行上面的命令，打开“自定义”对话框，单击“复原”按钮，将撤回对快速访问工具栏进行的更改。

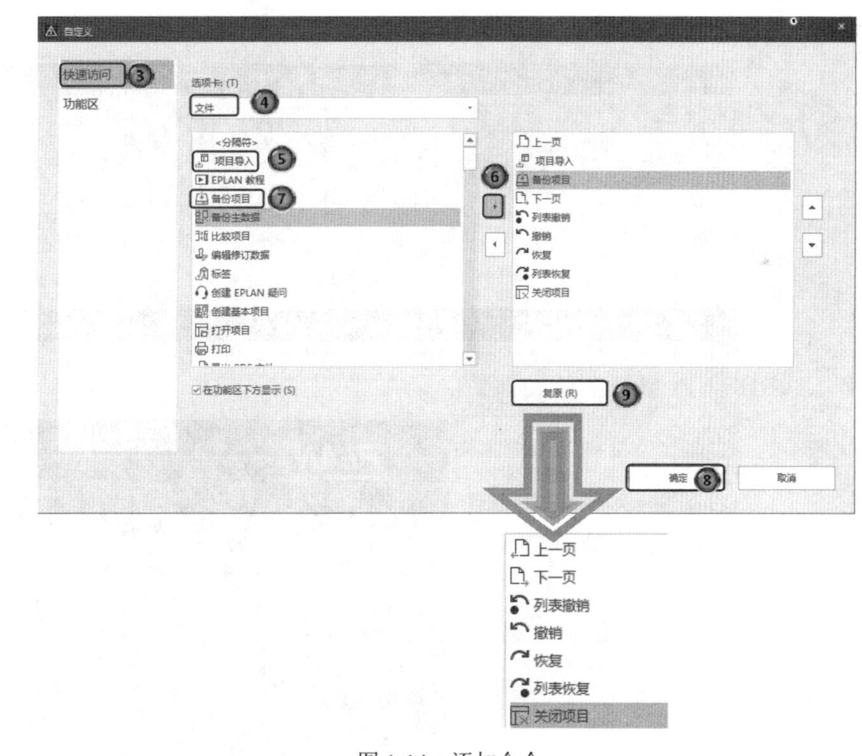

图 1-13　快捷菜单

图 1-14　添加命令

1.1.3　功能区

在系统默认的情况下，功能区中包括“文件”“开始”“插入”“编辑”“视图”“设备”“连接”“工具”“预规划”“主数据”选项卡，如图 1-15 所示。每个选项卡集成了相关的操作工具，用户可以单击功能区选项后面的▾按钮控制功能的展开与收起。

【执行方式】

➢ 工具栏：单击快速访问工具栏中的▾，选择“最小化功能区”命令。
➢ 功能区：单击功能区右下角的“最小化”按钮^。
➢ 右键命令：在功能区任意位置右击，显示快捷菜单，快捷菜单中包括“自定义功能区”“最小化功能区”“导出功能区”“导入功能区”等命令，如图 1-16 所示。

图 1-15　系统默认情况下的功能区

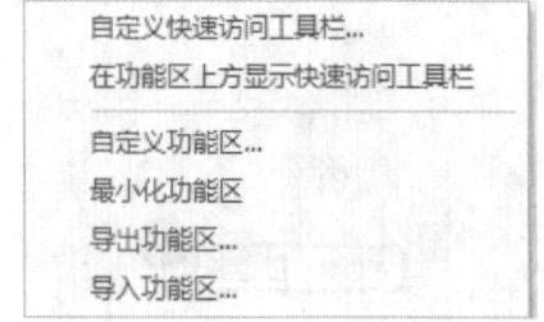

图 1-16　右键快捷菜单

扫一扫，看视频

动手学——设置功能区

【操作步骤】

（1）选择菜单栏中的“项目”→“打开”命令，打开项目文件 ESS_Sample_Macros。在功能区面板中任意位置右击，在打开的快捷菜单中选择“最小化功能区”命令，如图 1-17 所示；折叠功能区，如图 1-18 所示。

图 1-17　快捷菜单

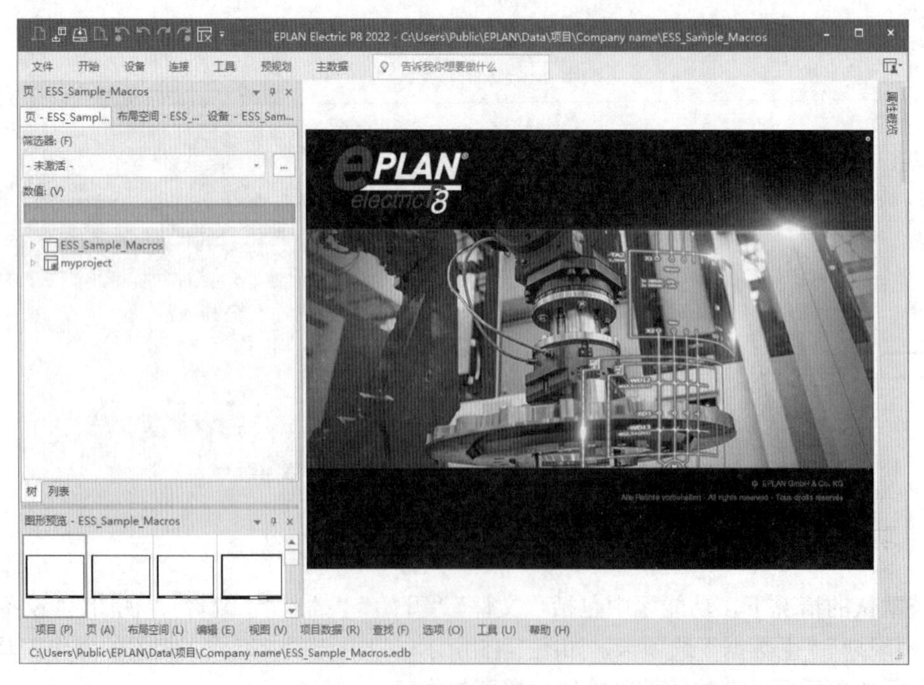

图 1-18　折叠功能区

（2）在打开的快捷菜单中选择“自定义功能区”命令，打开“自定义”对话框，默认打开“功能区”选项卡，如图 1-19 所示（在功能区中添加或删除命令的方法与在快速访问工具栏中的方法类似，这里不再赘述）。

图 1-19 “自定义”对话框

1.1.4 菜单栏

同其他 Windows 操作系统中的菜单一样，EPLAN P8 2022 中的菜单也是下拉形式的，并在菜单中包含着子菜单。EPLAN P8 2022 的菜单栏中包含“项目”“页”“布局空间”“编辑”“视图”“插入”“项目数据”“查找”“选项”“工具”“窗口”“帮助”12 个菜单，这些菜单几乎包含了 EPLAN P8 2022 中的所有绘图命令，在后面的章节中将对这些菜单功能进行详细介绍。

动手学——设置菜单栏

扫一扫，看视频

【操作步骤】

（1）选择菜单栏中的“项目”→“打开”命令，打开项目文件 ESS_Sample_Macros。单击 EPLAN P8 2022 界面功能区右侧“工作区域”按钮的下三角按钮，在打开的下拉菜单中选择“显示菜单栏”命令，如图 1-20 所示。

图 1-20 显示菜单栏

（2）调出的菜单栏位于窗口的下方，如图 1-21 中标注的位置。

（3）单击功能区右侧“工作区域”按钮的下三角按钮，在打开的下拉菜单中选择“显示菜单栏”选项，即可关闭菜单栏。

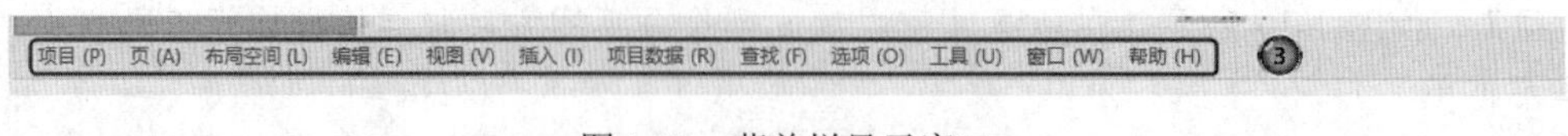

图 1-21 菜单栏显示窗口

一般来讲，EPLAN P8 2022 下拉菜单中的命令有以下 3 种。

（1）直接执行操作的菜单命令。这种类型的命令后面既不带小三角按钮，也不带省略号，选择该命令将直接进行相应的操作。例如，选择菜单栏中的“视图”→“栅格”命令，如图 1-22 所示，系统将切换栅格的显示与关闭。

（2）带有子菜单的菜单命令。这种类型的命令后面带有小三角按钮。例如，选择菜单栏中的“布局空间”→“结构空间”命令，如图 1-23 所示，系统就会进一步显示出“结构空间”子菜单中所包含的命令。

（3）打开对话框的菜单命令。这种类型的命令后面带有省略号。例如，选择菜单栏中的“选项”→“增量”命令，如图 1-24 所示，系统就会打开“选择增量”对话框，如图 1-25 所示。

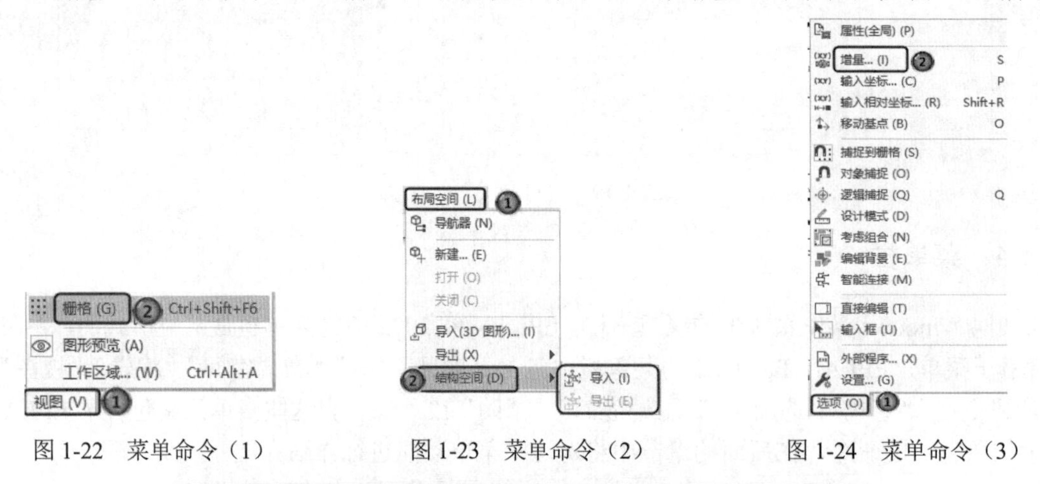

图 1-22 菜单命令（1）　　图 1-23 菜单命令（2）　　图 1-24 菜单命令（3）

图 1-25 “选择增量”对话框

1.1.5 导航器

在 EPLAN P8 2022 中，可以使用系统型导航器和编辑器导航器两种类型的面板。系统型导航器在任何时候都可以使用，而编辑器导航器只有在相应的文件被打开时才可以使用。使用导航器是为了便于设计过程中的快捷操作。

启动 EPLAN P8 2022 后，系统将自动激活“页”导航器、“布局空间”导航器、“设备”导航器和“图形预览”导航器。

1. 打开导航器

【执行方式】

功能区：单击“视图”选项卡的“导航器”面板中的“打开”按钮。

【操作步骤】

执行上述操作后，会打开下拉菜单，如图 1-26 所示，在其中选择要打开的导航器即可。

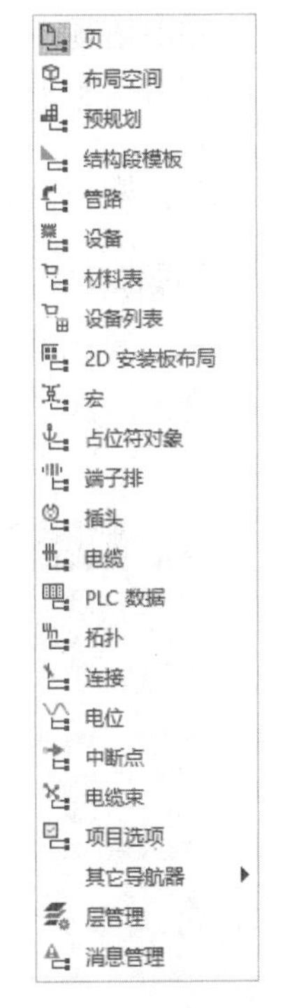

图 1-26 导航器菜单

2. 打开“页”导航器

【执行方式】

➢ 菜单栏：选择菜单栏中的“页”→“导航器”命令。
➢ 功能区：单击“开始”选项卡的“页”面板中的“导航器”按钮。
➢ 快捷键：F12。

【操作步骤】

执行上述操作后，系统会打开“页”导航器。

【选项说明】

导航器右上角都有 3 个按钮。

➢ 按钮：用于改变导航器窗口的显示方式。单击该按钮，会弹出如图 1-27 所示的快捷菜单。
➢ 按钮：用于固定导航器窗口。
➢ 按钮：用于关闭当前导航器窗口。

导航器窗口包括取消固定、固定、作为选项卡停靠、浮出控件和关闭 5 种显示方式，如图 1-28 所示。

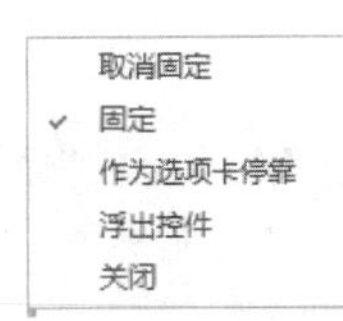

图 1-27 窗口显示快捷命令

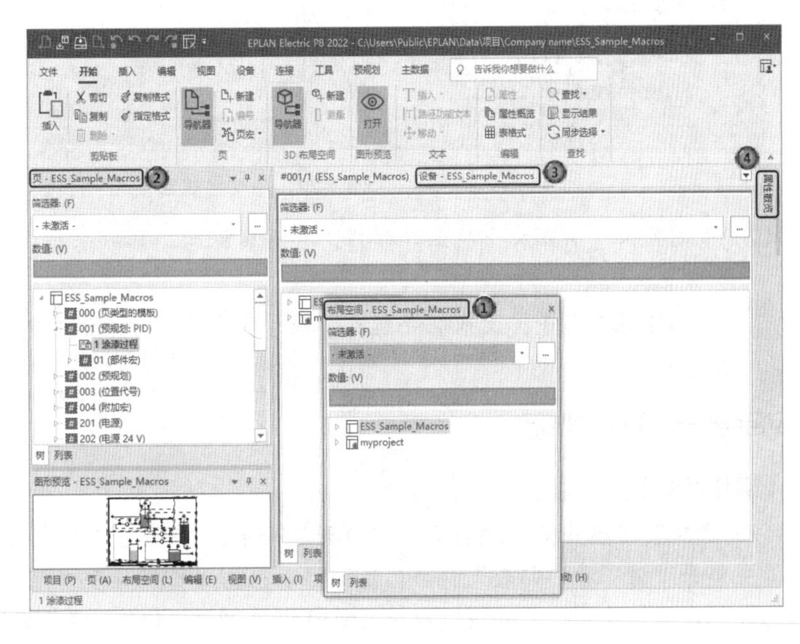

图 1-28 导航器显示

知识拓展：

筛选器是导航器上方用于对导航器对象进行筛选过滤的工具，可以为筛选器新建配置。

扫一扫，看视频

动手学——设置导航器

【操作步骤】

（1）拖动导航器的标签，调整导航器的位置。此时，操作界面中显示可放置位置的图标，如图 1-29 所示。导航器可放置的位置包括 8 个，分别是操作界面左侧、右侧、上方、下方；工作区左侧、右侧、上方、下方。

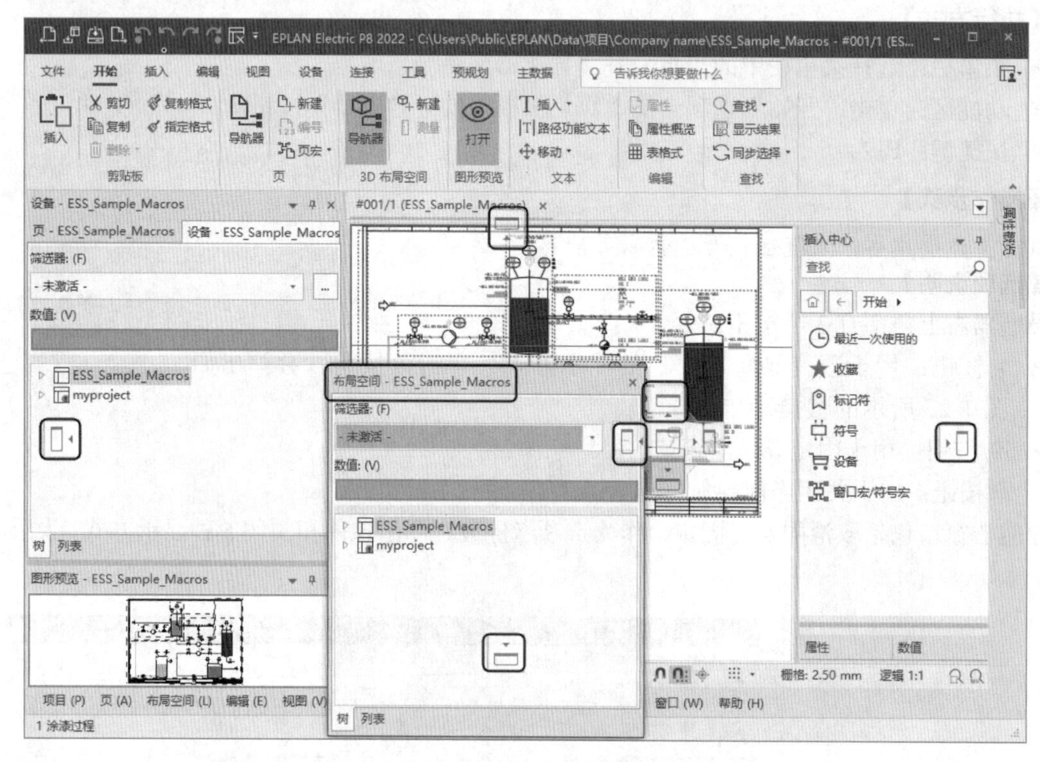

图 1-29　拖动导航器

（2）向工作区上方图标上拖动导航器，松开鼠标后，导航器会放置到工作区上方，如图 1-30 所示。

（3）向工作区左侧图标上拖动导航器，松开鼠标后，导航器会放置到工作区左侧，如图 1-31 所示。

扫一扫，看视频

动手学——切换导航器

【操作步骤】

（1）选择菜单栏中的“项目”→“打开”命令，打开项目文件 ESS_Sample_Macros。“页”导航器中包含“树”和“列表”两个标签，可以单击“页”导航器底部的标签“树”“列表”以在不同的标签之间切换；也可以按快捷键 Ctrl+Tab 在“树”和“列表”标签之间进行切换，如图 1-32 所示。

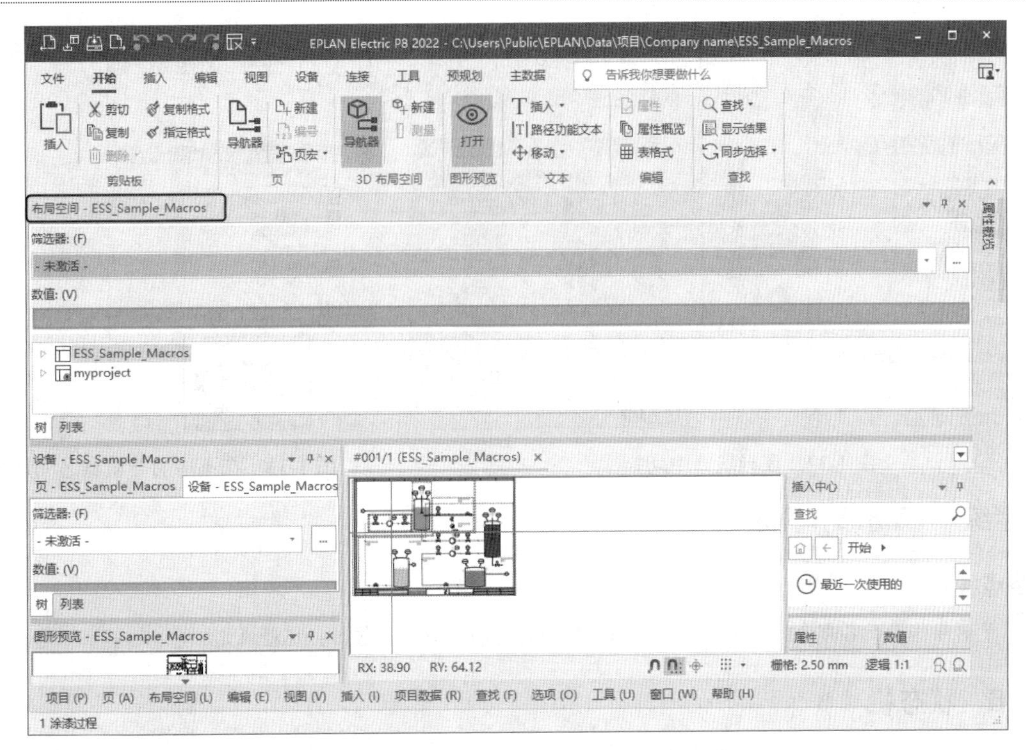

图 1-30　放置导航器（1）

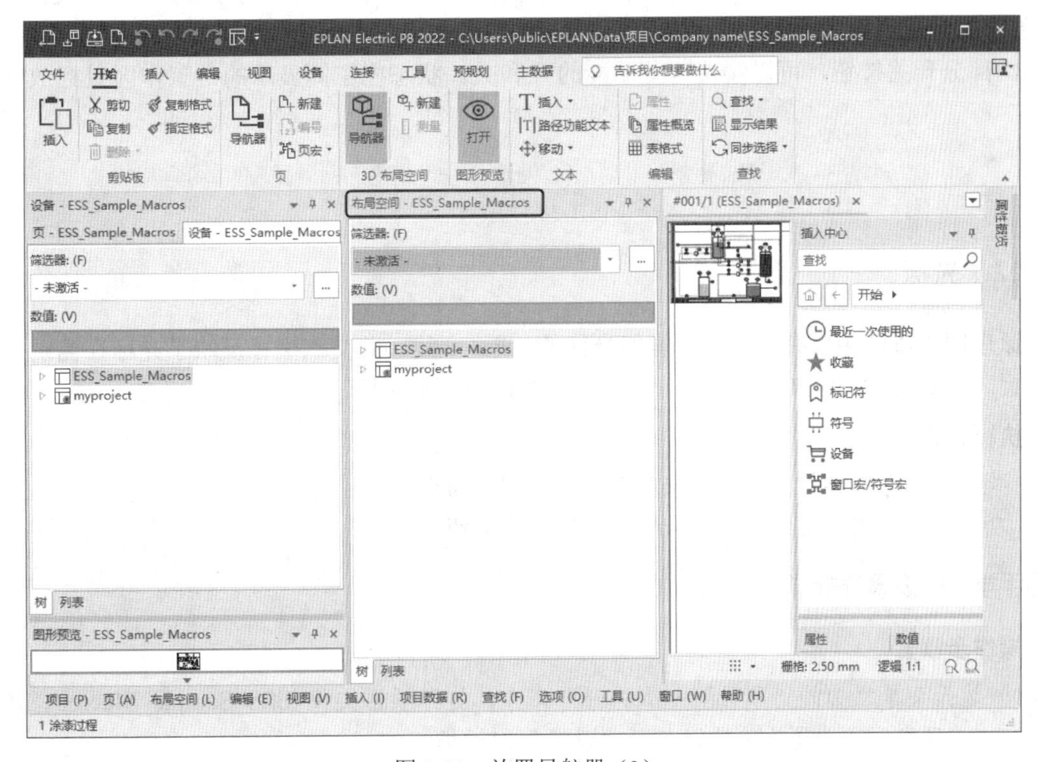

图 1-31　放置导航器（2）

（2）在图 1-33 中打开的上下放置的导航器中，通过按快捷键 Ctrl+F12，可以在当前打开的图形编辑器❸与“页”导航器❹（可固定的对话框）、“图形预览”缩略框❺之间进行切换。

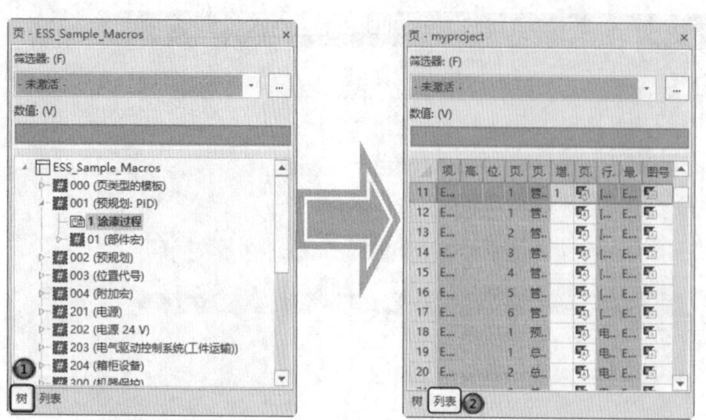

图 1-32　在导航器中切换

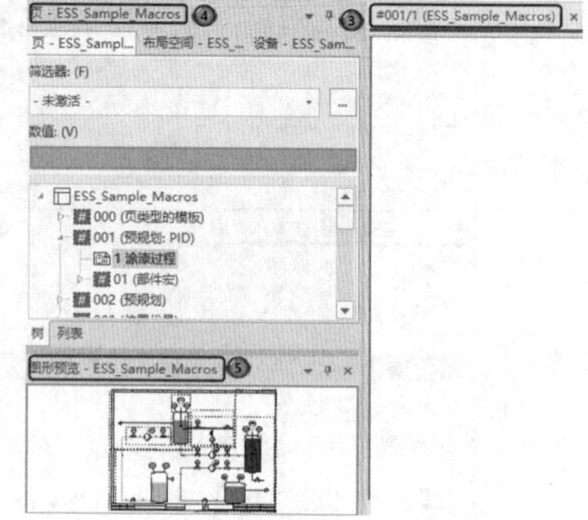

图 1-33　在不同的导航器之间切换

扫一扫，看视频

动手练——熟悉操作界面

思路点拨：

了解操作界面各部分的功能，能够熟练地打开、移动、关闭导航器、标题栏。

1.1.6　状态栏

状态栏显示在屏幕的底部，如图 1-34 所示。依次有“坐标”“开/关对象捕捉”“开/关捕捉到栅格”“逻辑捕捉开/关”“栅格”“栅格显示”“比例”“缩放窗口”“整个页”9 个功能按钮。

单击部分开关按钮，可以实现这些功能的开和关。状态栏左侧显示的是工作区鼠标放置点的坐标。

图 1-34　状态栏

1.1.7　光标

在原理图工作区中，有一个作用类似光标的+或×字线，其交点坐标反映了光标在当前坐标系中的位置。在 EPLAN P8 2022 中，将该+或×字线称为十字光标。

【执行方式】

- 菜单栏：选择菜单栏中的“选项”→“设置”命令。
- 功能区：单击“文件”选项卡中的“设置”按钮。

扫一扫，看视频

动手学——设置光标样式

【操作步骤】

（1）选择菜单栏中的“项目”→“打开”命令，打开项目文件 ESS_Sample_Macros。选择菜单栏中的“选项”→“设置”命令，打开“设置”对话框。

（2）在左侧列表中选择“用户”→“图形的编辑”→2D 选项，在“光标”→“显示”下拉列表中设置光标样式，如十字线、小十字，如图 1-35 所示。

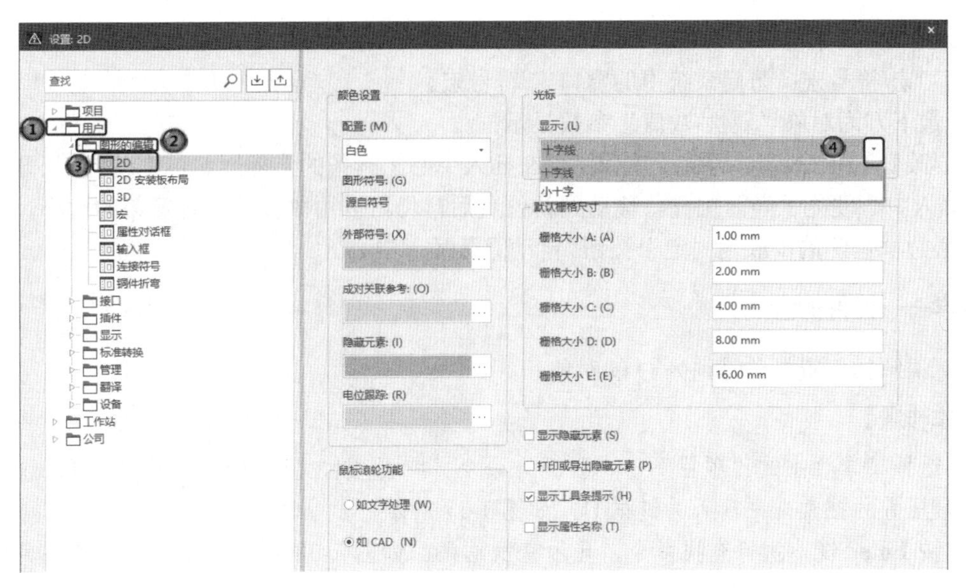

图 1-35　设置光标样式

1.1.8　插入中心

插入中心是设计对象（符号、宏或设备）的资源管理器，通过它可以轻松快捷地找到各个组件并把它们拖动到电气原理图中。插入中心的导航器位于图形编辑器或布局空间的右边缘，与弹出导航器一样，可以取消停靠或停靠。每个打开的页面或布局空间中都有一个单独的插入中心。

EPLAN P8 2022 系统原理图编辑环境会自动打开“插入中心”导航器，默认情况下固定在工作区右侧。第一次启动“插入中心”时，组件资源管理器默认打开的文件路径为“开始”，如图 1-36 所示。

使用“插入中心”导航器，可以在内容显示框中观察资源管理器所浏览资源的细目。

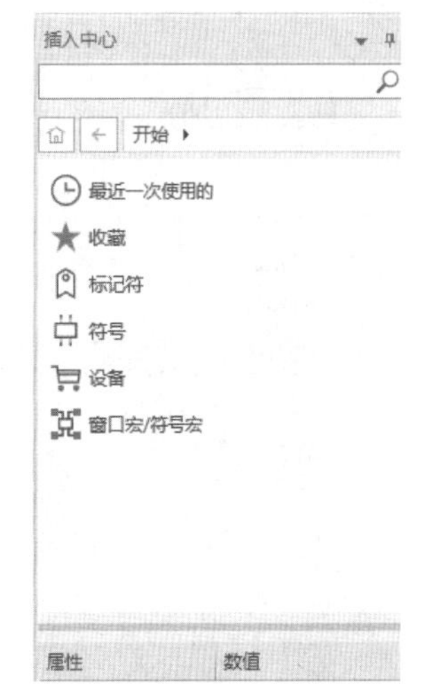

图 1-36　“插入中心”导航器

【选项说明】

（1）最上方的搜索框为插入中心的资源管理器，全面的搜索功能使用户可以使用熟悉的关键词轻松找到所需的组件。EPLAN P8 2022 提供了强大的元件搜索能力，帮助用户轻松地在元件符号库中定位元件符号。

（2）资源管理器下方为插入中心资源管理器对象的显示路径。

- ⌂：返回开始界面。
- ←：上一步。

（3）中间窗口的内容为对象资源内容，资源管理器使用标签管理系统，将标签分配给其符号、宏或设备，并根据其工作流程或任务对其进行分组。

- 最近一次使用的：将最近常用的组件进行存储以方便访问。
- 收藏：用户可以收藏其最常用的组件并进行存储以方便访问。
- 标记符：用户可以标记其最常用的组件并进行存储以方便访问。
- 符号：访问系统中的符号。

➢ 设备：访问系统中的设备。

➢ 窗口宏/符号宏：访问系统中的窗口宏/符号宏。

（4）最下方为对象“属性-数值”参数显示框。

如果要改变 EPLAN 插入中心的位置，可在插入中心工具条的上部用鼠标拖动它，松开鼠标后，EPLAN 插入中心便处于当前位置。移动到新位置后，仍可以用鼠标改变各窗口的大小。也可以通过插入中心边框左侧的“取消固定”按钮自动隐藏插入中心。

扫一扫，看视频

动手学——元件的查找

本实例讲解如何查找关键词为 D 的对象。

【操作步骤】

（1）选择菜单栏中的“项目”→“打开”命令，打开项目文件 ESS_Sample_Macros。在“插入中心”最上方的搜索框中输入关键词 D，如图 1-37 所示。

（2）按 Enter 键，执行查找命令，显示查找结果，如图 1-38 所示。系统中符合条件的组件根据标签分为三类：符号、设备、窗口宏/符号宏，并显示符合条件的对象个数。

（3）单击“符号”右侧的下拉按钮，会显示符合条件的符号。单击选择 HLED，在“属性-数值”列表中会显示该对象的参数信息，包括符号名称、符号编号、变量名称、符号库、符号描述，如图 1-39 所示。

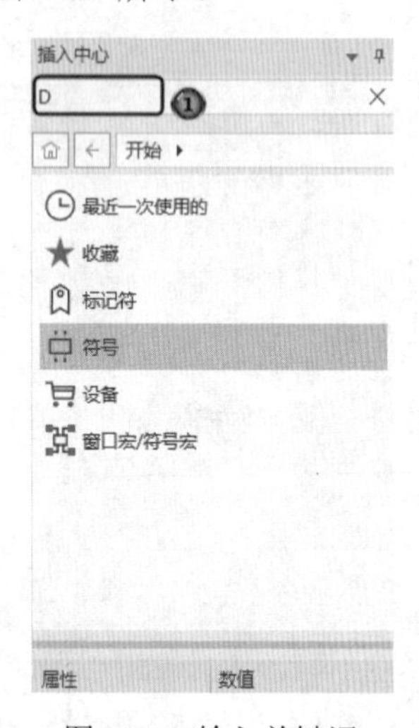

图 1-37　输入关键词

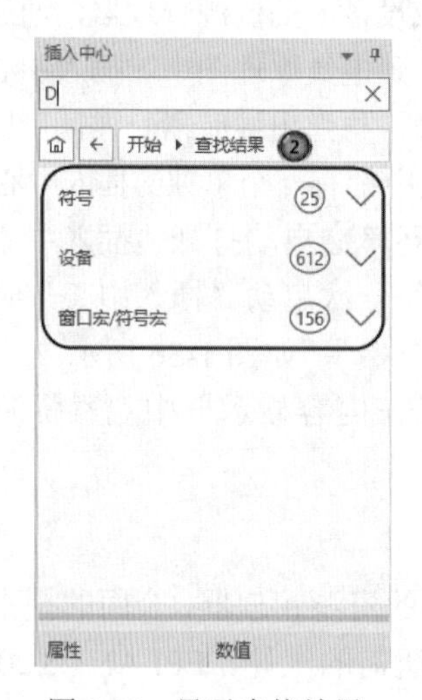

图 1-38　显示查找结果

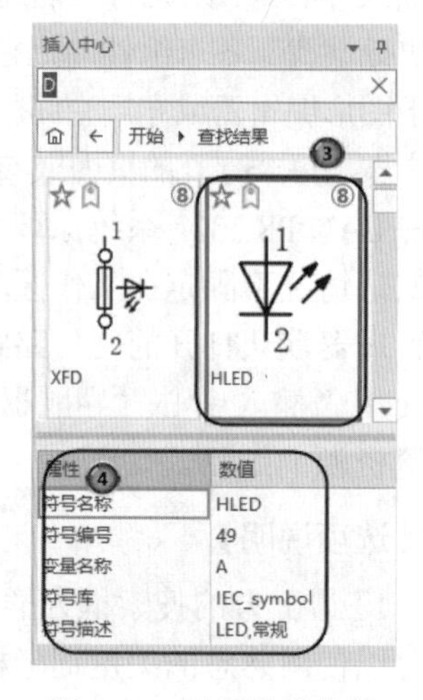

图 1-39　显示符号信息

扫一扫，看视频

动手学——元件的收藏与标记

本实例讲解如何收藏并标记符号 CDP。

【操作步骤】

（1）选择菜单栏中的“项目”→“打开”命令，打开项目文件 ESS_Sample_Macros。在“插入中心”资源管理器中，选择“符号”选项，显示系统加载的符号库。在每个组件的左上角会显示两个符号，单击 CDP 组件的第一个收藏夹符号☆，收藏夹符号变为已收藏符号★，同时将组件加载到上一级分类收藏夹中以便访问，如图 1-40 所示。

（2）单击第二个标记符符号，标记符符号会变为已标记符号，如图 1-41 所示。弹出“管理标记符”对话框，输入 L，如图 1-42 所示。单击“确定”按钮，关闭对话框，将组件加载到上一级分类标记符中以便访问。

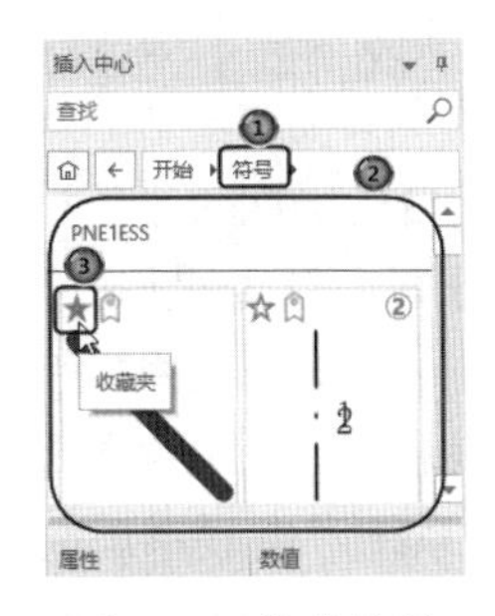

图 1-40　收藏符号

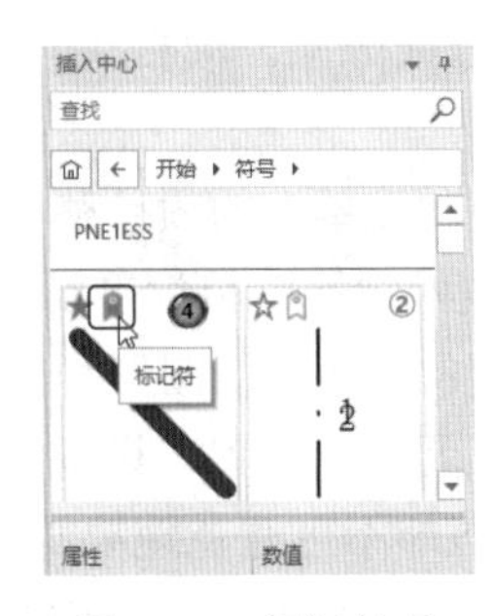

图 1-41　标记符号

图 1-42　“管理标记符”对话框

（3）单击“上一步”按钮，返回开始界面。单击“收藏”选项，进入收藏夹，显示收藏的 CDP，如图 1-43 所示。

（4）单击“上一步”按钮，返回开始界面。单击“标记符”选项，进入标记符，显示标记的 L，如图 1-44 所示。

（5）单击 L，在该目录下显示编辑的 CDP。

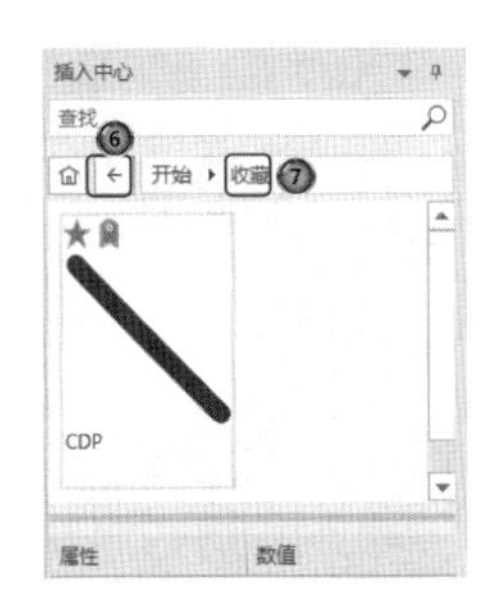

图 1-43　显示收藏结果

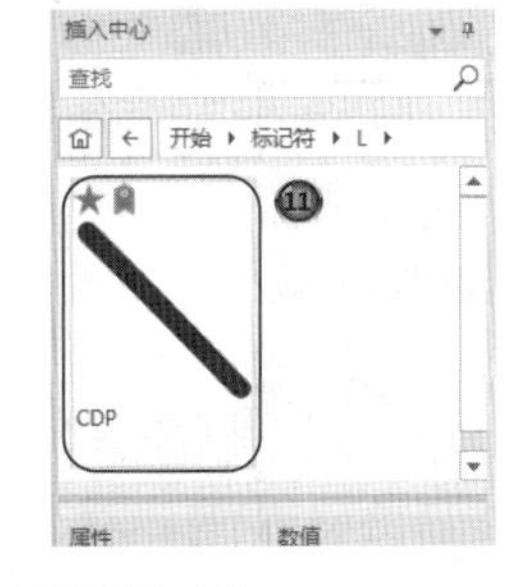

图 1-44　显示标记对象

1.2　项 目 管 理

EPLAN P8 2022 中支持项目级别的文件管理，在一个项目文件里包括设计中生成的一切文件。一个项目文件类似于 Windows 系统中的“文件夹”，在项目文件中可以执行对文件的各种操作，如新建、打开、关闭、复制与删除等。

1.2.1　项目代号

在电气系统中，项目是可以用一个完整的图形符号表示的、可单独完成某种功能的、构成系统的组成成分，包括子系统、功能单元、组件、部件和基本元件等。例如，电阻器、连接片、集成电路、端子板、继电器、发电机、放大器、电源装置、开关设备等都可称为项目。但不可分离的附件、不能单独完成某种功能的部件等不能作为项目。

一个电气系统，从设计、制造、供货、安装到运行，需要各种各样的图纸和电气文件。在各种图纸和文件中需要对系统所包含的各个项目进行表示，就必须对各个项目进行编号，项目的编号称为项目代号。

在系统中，每个项目代号必须是唯一的，从而不会造成混乱或混淆。为了保证项目代号的唯一性，项目代号必须按照一定的规则进行划分或分配。项目代号一般是将系统分成多个层次，并按照层次进行划分的。

项目代号是用于识别图、图表、表格中和设备上的项目种类，并提供项目的层次关系、种类、实际位置等信息的一种特定的代码，是电气技术领域中极为重要的代号。由于项目代号是以一个系统、成套装置或设备的依次分解为基础进行编定的，建立了图形符号与实物间的一一对应关系，因此可以用于识别、查找各种图形符号所表示的电气元件、装置、设备以及它们的隶属关系、安装位置。

此外，一个系统，虽然是电气系统，但却不可避免地要与其他类型的系统产生联系。例如，一个电气系统中包含机械结构，这些机械结构也是项目，在图纸和文件中也需要通过代号进行表示。因此，项目代号是一个结构复杂的代码系统。

项目代号由拉丁字母、阿拉伯数字和特定的前缀符号按一定规则组合而成。例如，某照明灯的项目代号为“=S3+301-E3：2”，表示 3 号车间变电所 301 室 3 号照明灯的第 2 个端子。

一个完整的项目代号包括 4 个代号段，分别是：①高层代号（第 1 段，前缀为=）；②位置代号（第 2 段，前缀为+）；③种类代号（第 3 段，前缀为-）；④端子代号（第 4 段，前缀为:）。图 1-45 所示为某 10kV 线路过流保护项目的项目代号结构、前缀符号及其分解图。

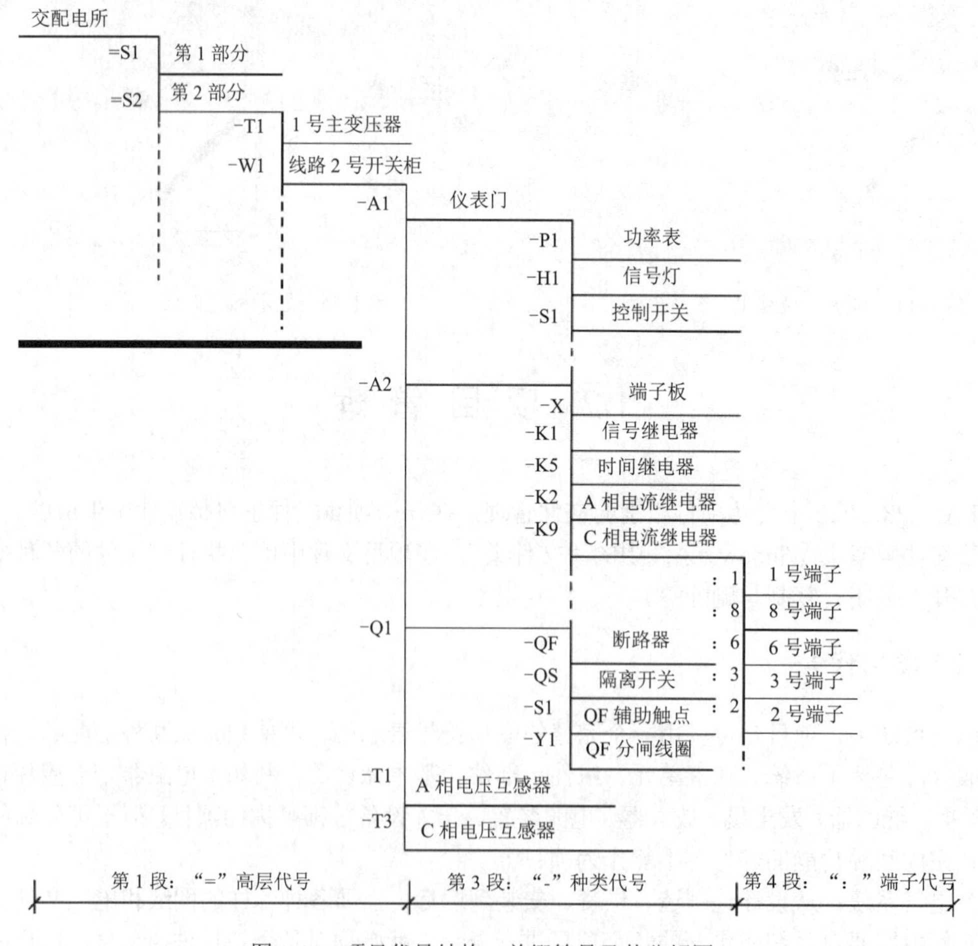

图 1-45　项目代号结构、前缀符号及其分解图

1.2.2 主数据与项目数据同步

在 EPLAN P8 2022 中，EPLAN 的主数据是指符号、图框和表格，这些是 EPLAN 进行设计的核心主数据。除此之外，主数据还包含部件库、翻译库、项目结构标识符、设备标识符集、宏电路和符合设计要求的各种规则和配置。

用户可以认为 EPLAN P8 2022 中有两个数据池，一个是系统主数据池，另一个是项目主数据池。当新建 EPLAN 项目时，EPLAN 系统将指定标准的符号库和图框，将用于生成报表的表格从系统主数据中复制到项目主数据中。

当一个外来项目中含有与系统主数据不一样的符号、图框、表格时，可以用项目主数据同步系统主数据，这样可以得到这些数据，便于在其他项目中应用这些数据。

【执行方式】

- ➢ 菜单栏：选择菜单栏中的“工具”→“主数据”→“同步当前项目”命令。
- ➢ 功能区：单击“主数据”选项卡中的“同步项目”按钮。
- ➢ 快捷命令：选择右键菜单中的“项目”→“新建”命令。

【操作步骤】

执行上述操作后，系统会打开如图 1-46 所示的“主数据同步”对话框，查看项目主数据和系统主数据的关系。系统主数据永远大于项目主数据，它们之间的关系是双向同步。

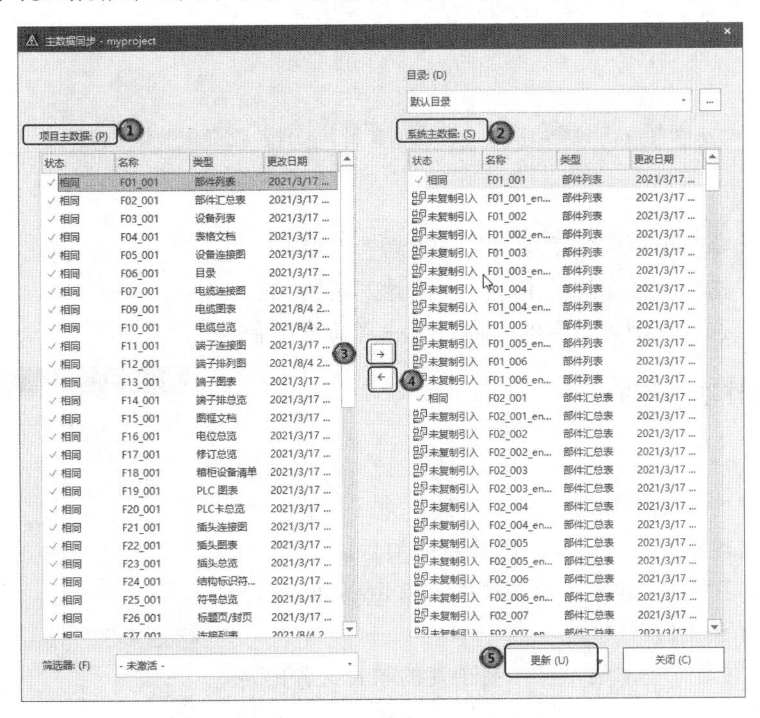

图 1-46 “主数据同步”对话框

在“主数据同步”对话框中，窗口左侧显示的是项目主数据，窗口右侧显示的是系统主数据。

单击“向右复制”|→ 按钮，实现用项目主数据同步系统主数据。一般来说，系统主数据是企业内部标准化的数据，不允许未得到授权的人进行修改。单击“向左复制”← 按钮，实现用系统主数据同步项目主数据。

通过选择“更新”下的“项目”或“系统”选项，可以快速一次性更新项目主数据或系统主数据。

【选项说明】

（1）在项目主数据的状态栏中，包含“新的”“相同”和“仅在项目中”三种状态。

➢ “新的”表示项目主数据比系统主数据新。

➢ “相同”表示项目主数据与系统主数据一致。

➢ “仅在项目中”表示此数据仅在此项目主数据中，系统主数据中没有。通常，显示“仅在项目中”的项目来自外部供应商。

（2）在系统主数据的状态栏中，包含“相同”和“未复制引入”两种状态。

➢ “相同”表示系统主数据与项目主数据一致。

➢ “未复制引入”表示此数据仅在系统主数据中，项目主数据中还没有使用。

为了可以在新版本的 EPLAN 中对旧项目进行编辑，EPLAN P8 2022 强制要求为这些项目更新项目数据库。旧项目的更新在第一次使用当前版本打开该项目时进行。如果不更新旧的项目，则无法在 2022 版本中打开此项目。

1.2.3 新建项目

EPLAN 中的项目是一套完整的电气图项目，项目中包含电气原理图、单线图、总览图、安装板和自由绘图，同时还包含存入项目中的一些主数据信息。

知识拓展：

EPLAN 会实时自动保存，创建的项目文件或原理图页文件均没有手动保存命令。

【执行方式】

➢ 菜单栏：选择菜单栏中的“项目”→“新建”命令。

➢ 功能区：单击“文件”选项卡中的“新建”按钮。

➢ 快捷命令：选择右键菜单中的“项目”→“新建”命令。

扫一扫，看视频

动手学——新建项目文件

【操作步骤】

（1）选择菜单栏中的“项目”→“新建”命令，弹出如图 1-47 所示的“创建项目”对话框，创建新的项目。

（2）在“项目名称”文本框中输入项目名称 myproject，在“页”面板中会显示创建的新项目。

（3）在“保存位置”文本框中显示要创建的项目文件的路径，单击右侧的按钮，弹出“选择目录”对话框，选择路径文件夹。

（4）在“基本项目”文本框中选择项目模板。单击右侧的按钮，弹出“选择基本项目”对话框，选择项目基本文件，如图 1-48 所示。应用基本项目模板创建项目后，项目结构和页结构就会被固定，而且不能修改。

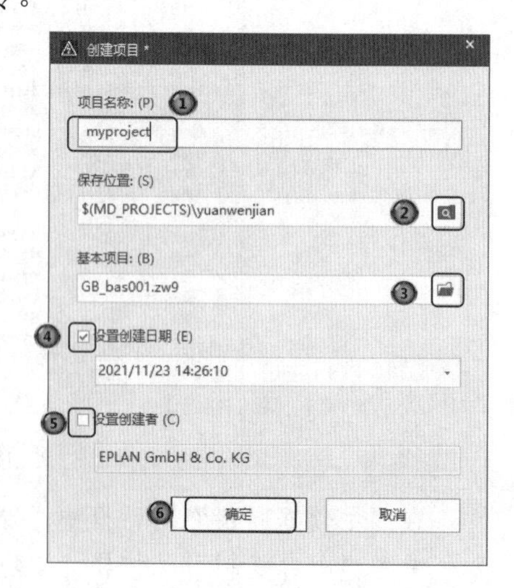

图 1-47 “创建项目”对话框

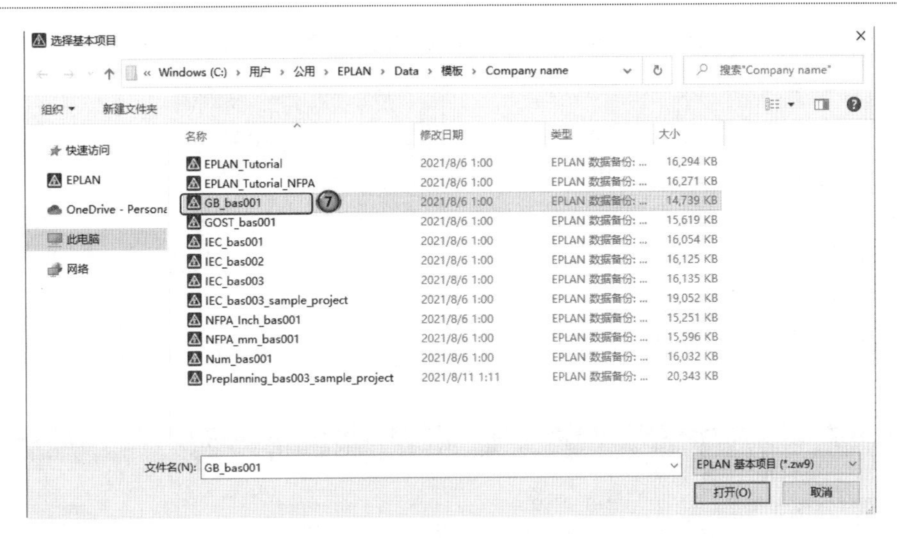

图1-48 “选择基本项目”对话框

常用模板信息如下。

- GB_：中华人民共和国国家标准。
- GOST_：俄罗斯强制认证标准。
- IEC_：国际电工委员会标准。
- NFPA_：美国消防协会标准。

（5）勾选“设置创建日期”复选框，添加项目创建日期信息。

（6）勾选“设置创建者”复选框，添加项目创建者信息。

（7）单击“确定”按钮，关闭对话框，显示“创建新项目”对话框，如图1-49所示。

完成进度条更新后，弹出如图1-50所示的“项目属性”对话框。可以根据选择的模板设置新建项目的参数，同样也可以在“属性”选项卡中添加或删除新建项目的属性。

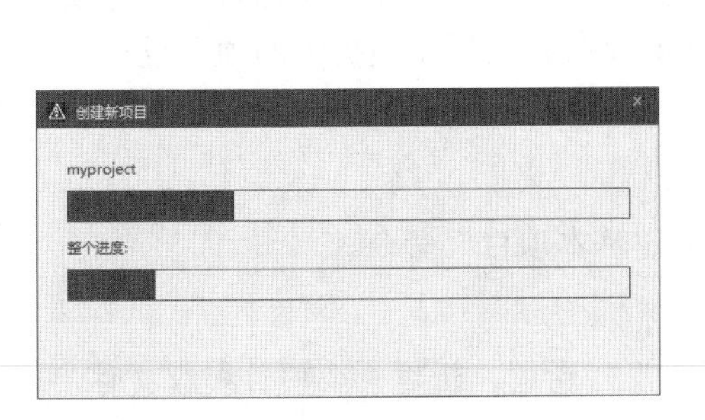

图1-49 “创建新项目”对话框

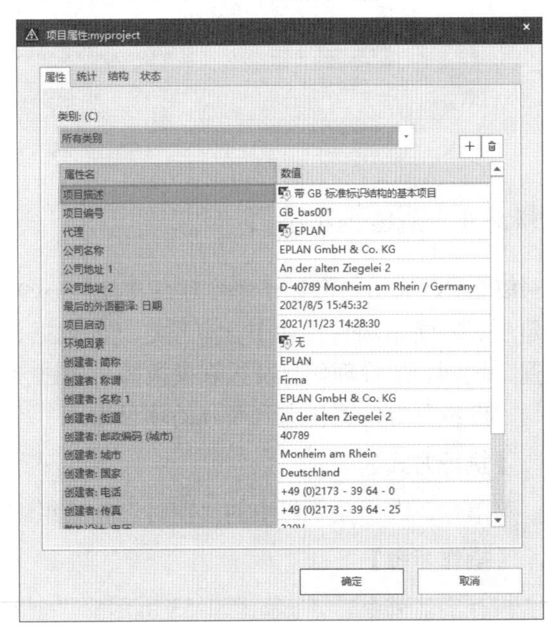

图1-50 设置新建项目的属性

完成属性设置后，关闭对话框。在“页”导航器中显示创建的新项目，如图 1-51 所示。EPLAN 项目由*.edb 和*.elk 组成。*.edb 是文件夹，其内包含子文件夹，用于存储 EPLAN 的项目数据；*.elk 是一个链接文件，当双击该文件时，会启动 EPLAN 并打开项目。在“页”导航器中显示打开的项目文件，双击打开文件=CA1+EAA/1 进入原理图编辑环境，如图 1-52 所示。

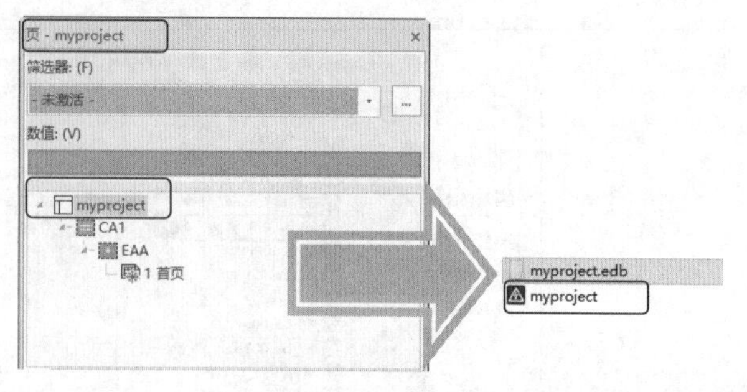

图 1-51　项目文件结构

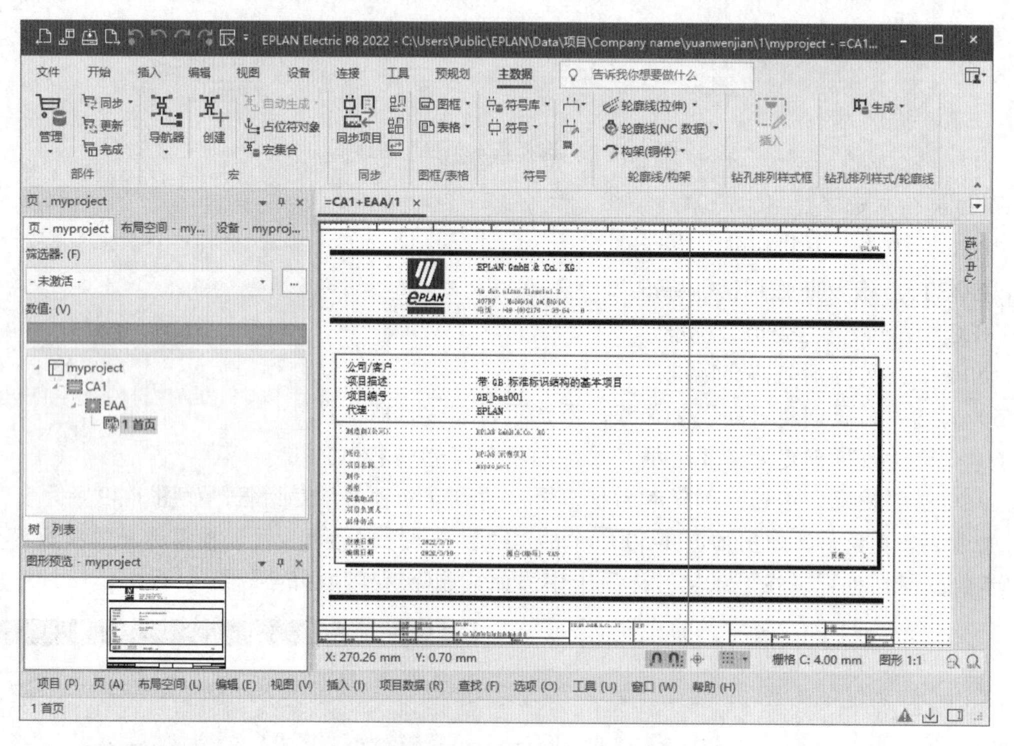

图 1-52　原理图编辑环境

1.2.4　新建基本项目

EPLAN P8 2022 仅基于基本项目文件(*.zw9)创建项目，不再支持基于项目模板(*.ept 和 *.epb)创建项目。基本项目文件中含有预定义的数据、指定的主数据（符号、表格和图框）、各种预定义配置、规则、层管理信息及报表模板等。通过使用基本项目文件，可以将模板中的项目设置、项目数据、图纸页等内容传递到新建的项目中。

【执行方式】

菜单栏：选择菜单栏中的“项目”→“组织”→“创建基本项目”命令。

【操作步骤】

执行上述命令，弹出如图 1-53 所示的“创建基本项目”对话框，新建一个项目模板文件。

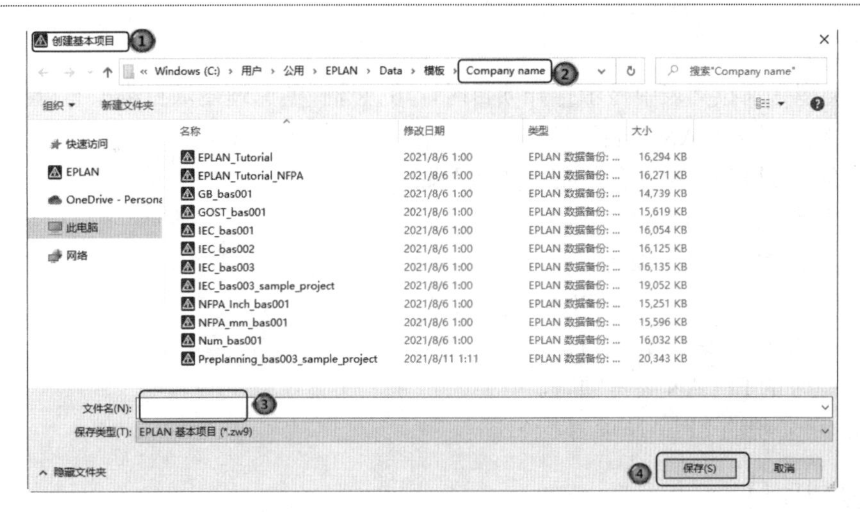

图 1-53　“创建基本项目”对话框

1.2.5　打开项目

常规的电气项目可以分为不同的项目类型，每种类型的项目可以处在设计的不同阶段，因而有着不同的含义。例如，常规项目描述一套电气图纸，而修订项目则描述这套图纸的版本发生了变化。

【执行方式】

➢ 菜单栏：选择菜单栏中的“项目”→“打开”命令。

➢ 功能区：单击“文件”选项卡中的“打开”按钮。

➢ 快捷命令：选择右键菜单中的“项目”→“打开”命令。

【操作步骤】

执行上述操作后，会弹出如图 1-54 所示的“打开项目”对话框，可以从中选择需要打开的已有项目。

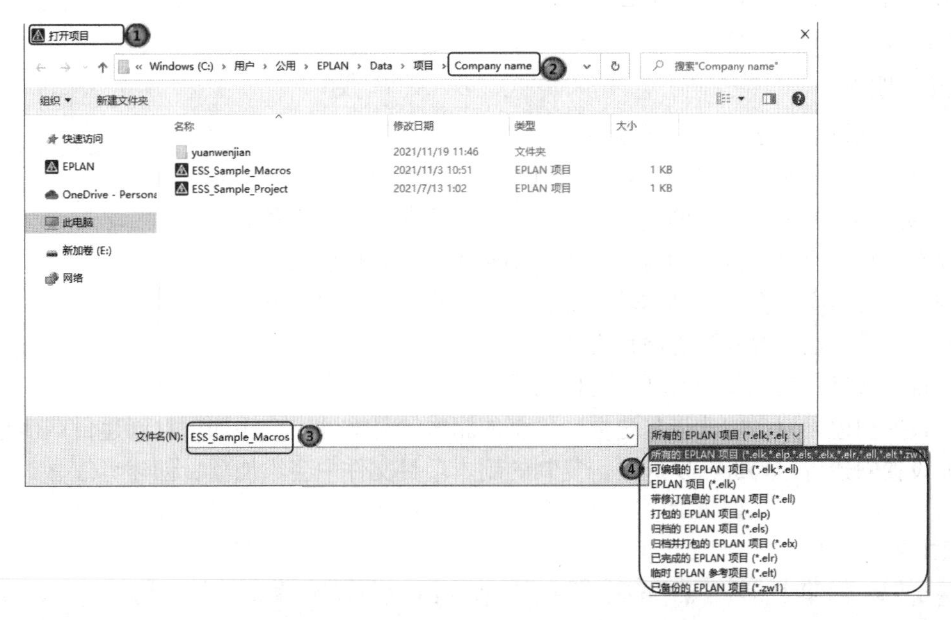

图 1-54　“打开项目”对话框

【选项说明】

在“文件类型”下拉列表中显示打开项目时，可供选择的原理图项目类型有以下几种。

- *.elk：编辑的 EPLAN 项目。
- *.ell：编辑的 EPLAN 项目，带有变化跟踪。
- *.elp：压缩成包的 EPLAN 项目。
- *.els：归档的 EPLAN 项目。
- *.elx：归档并压缩成包的 EPLAN 项目。
- *.elr：已关闭的 EPLAN 项目。
- *.elt：临时的 EPLAN 参考项目。
- *.zwl：已备份的 EPLAN 项目。

1.2.6 复制项目

EPLAN 没有专门的保存命令，因为它是实时保存的，任何操作（如新建、删除、修改等）完成后，系统都会自动保存。“复制”命令能实现保存项目的功能，类似其他软件的“另存为”命令。

【执行方式】

- 菜单栏：选择菜单栏中的“项目”→“复制”命令。
- 功能区：单击“文件”选项卡中的“复制”按钮。

【操作步骤】

执行上述操作后，会弹出如图 1-55 所示的“复制项目”对话框。

EPLAN 完成项目文件的复制后，会将项目文件*.elk 和所属的项目目录*.edb 复制到目标目录，将位于项目管理之外的目标目录自动读入项目管理中。

EPLAN 也可以选择复制多个项目文件，“复制项目”对话框先后会多次打开。

图 1-55 “复制项目”对话框

【选项说明】

（1）复制项目的方法包括以下 4 种。

- 全部，包含报表：复制的副本项目文件中，包含报表文件。
- 全部，不含报表：复制的副本项目文件中，不包含报表文件。
- 仅头文件：复制的副本项目文件中，不包含报表文件和页。
- 非自动生成页：复制的副本项目文件中，不自动生成页原理图。

（2）源项目：显示要复制的项目文件。

（3）目标项目：输入复制的项目文件名称及路径。

（4）设置创建日期：勾选该复选框，复制的副本项目文件中会添加项目创建日期信息。

（5）设置创建者：勾选该复选框，复制的副本项目文件中会添加项目创建者信息。

知识拓展：

普通的项目文件是由一个项目文件和一个同名称的文件夹组成的，初学者在复制项目文件时，只复制单个项目文件无法完成项目的复制。

1.2.7　项目备份

项目备份也是另一种“另存为”命令，但项目的备份功能与复制功能不同，项目备份是把原项目（1 个 elk 文件和 1 个 edb 文件夹）另存为一个后缀名为*.zwl 的压缩文件。

【执行方式】

- 快速访问工具栏：单击“备份项目”按钮。
- 菜单栏：选择菜单栏中的“项目”→“备份”命令。
- 功能区：单击“文件”选项卡中的“备份”按钮。

【操作步骤】

执行上述操作后，会弹出如图 1-56 所示的“备份项目”对话框。

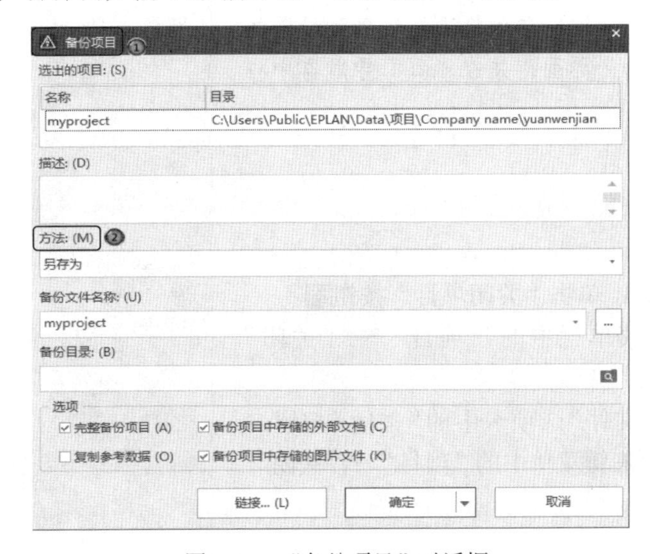

图 1-56　“备份项目”对话框

【选项说明】

“备份项目”对话框包含选出的项目（名称、目录）、描述、方法、备份文件名称和备份目录等选项。

其中，备份“方法”分为“另存为”“锁定文件供外部编辑”和“归档”。这三种保存方法与备份目标文件的方法是相同的，区别是如何处理“源项目”，也就是选出的项目。

- 另存为：将项目备份在另一存储介质中。也可标记多个项目，此后按顺序备份，在项目管理的树结构视图中，可对项目进行多项选择。*.elk 项目保持相同目录不变。另外，在选择的备份目录中生成*.zwl 备份文件。
- 锁定文件供外部编辑：在另一存储介质中备份项目，并为源项目设置写保护。锁定导出项目的全部数据都保留在原始硬盘中。在相同目录中从*.elk 项目中生成*.els 项目。另外，在选择的备份目录中生成*.zwl 备份文件。
- 归档：在另一存储介质中备份项目，从硬盘中删除源项目，仅保留信息文件。在相同目录中从*.elk 项目中生成*.els 项目。另外，在选择的备份目录中生成*.zwl 备份文件。

1.2.8　项目恢复

项目恢复与项目备份属于一对相对功能。

【执行方式】

➢ 菜单栏：选择菜单栏中的“项目”→“恢复”→“项目”命令。

➢ 菜单栏：选择菜单栏中的“项目”→“打开”命令。

【操作步骤】

执行上述操作后，会弹出如图 1-57 所示的“恢复项目”对话框。选择要恢复的项目名称（*.zwl），设置目标目录及项目名称。

单击“确定”按钮后，软件自动将项目恢复到设置的目录下，弹出“恢复成功”界面，并在“页”导航器中打开恢复的项目。

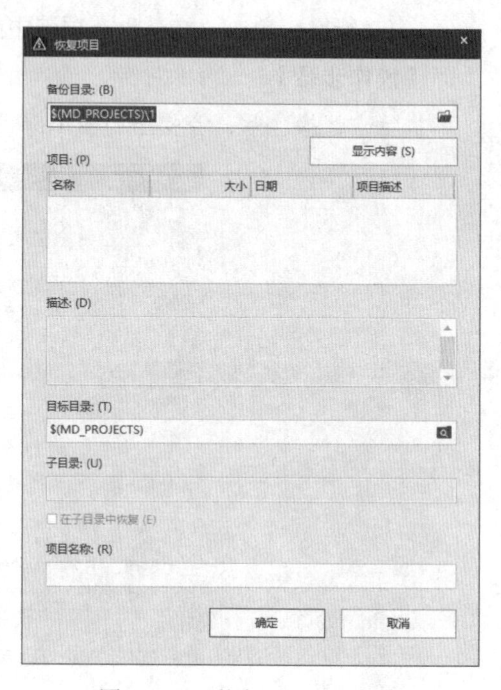

图 1-57　“恢复项目”对话框

1.2.9　关闭项目

【执行方式】

➢ 快速访问工具栏：单击“关闭项目”按钮。

➢ 菜单栏：选择菜单栏中的“项目”→“关闭”命令。

➢ 功能区：单击“文件”选项卡中的“关闭”按钮。

➢ 快捷命令：选择右键菜单中的“项目”→“关闭”命令。

1.2.10　删除项目

【执行方式】

➢ 菜单栏：选择菜单栏中的“项目”→“删除”命令。

➢ 功能区：单击“文件”选项卡中的“删除”按钮。

【操作步骤】

执行上述操作后，会弹出如图 1-58 所示的“删除项目”对话框，确认是否删除。删除操作是不可恢复的，须谨慎操作。

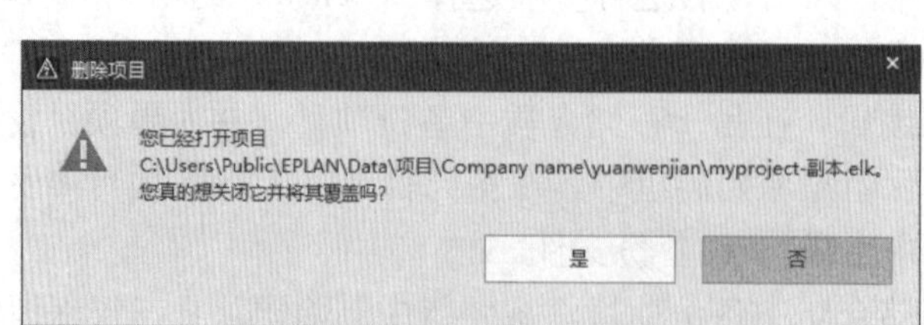

图 1-58　“删除项目”对话框

第 2 章　基本绘图设置

内容简介

EPLAN 是一款专为电气工作人员打造的专业自动设计软件，可以实现电气项目的创建和管理、文件和图案的共享等操作，通过高度灵活的设计方法和避免数据的重复输入，大大降低工程设计时间和成本。

本章介绍关于电气绘图软件 EPLAN 的基本绘图知识，包括基本操作、图层设置、坐标设置等，熟练掌握这些操作可以应用到电气图的绘制过程中。

内容要点

- 基本操作命令
- 基本绘图参数
- 显示控制工具
- 辅助绘图工具

案例效果

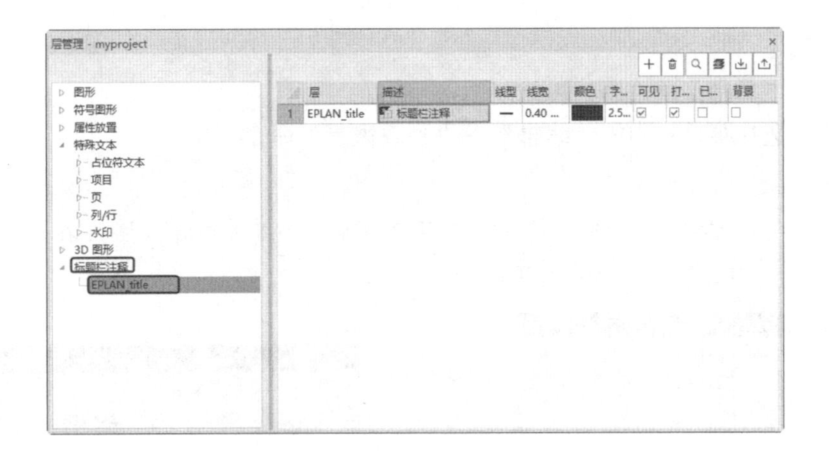

2.1　基本操作命令

绘制电气图的要点在于准和快，即图纸绘制准确并用时较短。本节主要介绍绘图软件的基本命令的操作方法，读者在后面章节中学习具体绘图命令时，应尽可能配合本节介绍的内容灵活运用，并从中找出适合自己且快捷的方法。

2.1.1 命令的重复、撤销和重做

在绘图的过程中经常会重复使用相同的命令或者用错命令，在命令执行的任何时刻都可以取消或终止命令，也可以按照列表中的顺序执行多重放弃和重做操作。

1. 列表撤销

【执行方式】

- 快速访问工具栏：单击“列表撤销”按钮。
- 菜单栏：选择菜单栏中的“编辑”→“列表撤销”命令。

【操作步骤】

执行上述操作，会弹出列表撤销对话框，其中会显示详细的操作步骤列表，在列表中选中需要撤销的一步或多步操作，如图 2-1 所示。

2. 撤销

【执行方式】

- 快速访问工具栏：单击“撤销”按钮。
- 菜单栏：选择菜单栏中的“编辑”→“撤销”命令。
- 快捷命令：在工作区选择右键菜单中的“撤销”命令。
- 快捷键：Ctrl+Z。

【操作步骤】

执行上述操作，会撤销执行的最后一个命令，若需要撤销多步，则需要多次执行该命令。

3. 列表恢复

【执行方式】

- 快速访问工具栏：单击“列表恢复”按钮。
- 菜单栏：选择菜单栏中的“编辑”→“列表恢复”命令。

【操作步骤】

执行上述操作，会弹出列表恢复对话框，其中会显示详细的操作步骤列表，在列表中选中需要恢复的一步或多步操作，如图 2-2 所示。

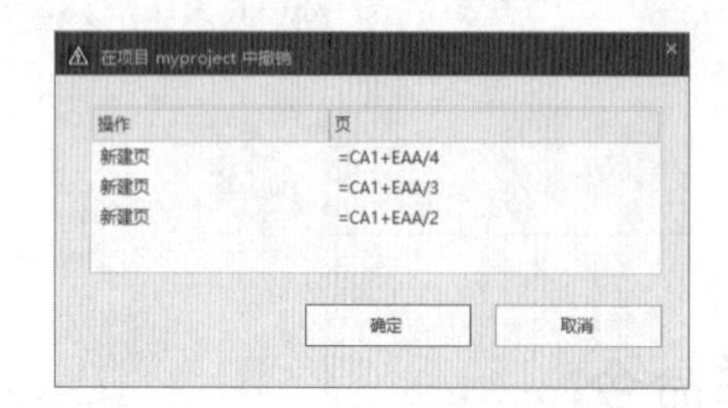

图 2-1 列表撤销对话框

图 2-2 列表恢复对话框

4. 恢复

【执行方式】

- 快速访问工具栏：单击“恢复”按钮。

➢ 菜单栏：选择菜单栏中的“编辑”→“恢复”命令。
➢ 快捷命令：在工作区选择右键菜单中的“恢复”命令。
➢ 快捷键：Ctrl+Y。

【操作步骤】

执行上述操作，已被撤销的命令要恢复重做，可以恢复撤销的最后一个命令。

5. 命令的取消

【执行方式】

➢ 菜单栏：选择菜单栏中的“编辑”→“取消操作”命令。
➢ 快捷命令：在工作区选择右键菜单中的“取消操作”命令。
➢ 快捷键：Esc。

【操作步骤】

执行上述操作，会取消当前正在执行的操作。

6. 命令的重复

【执行方式】

➢ 菜单栏：选择菜单栏中的“视图”→“重新绘制”命令。
➢ 快捷命令：在工作区选择右键菜单中的“重复”命令。
➢ 快捷键：Enter。

【操作步骤】

执行上述操作，可重复调用上一个命令，无论上一个命令是完成了还是被取消了。

2.1.2　栅格的开关

栅格是覆盖整个坐标系（UCS）XY 平面的由直线或点组成的矩形图案。使用栅格类似于在图形下放置一张坐标纸。利用栅格可以对齐对象并直观地显示对象之间的距离。本小节介绍控制栅格显示及设置栅格参数的方法。

1. 显示栅格

用户可以应用栅格显示工具使工作区中显示网格，它是一个形象的绘图工具，就像传统的坐标纸一样。

【执行方式】

➢ 菜单栏：选择菜单栏中的“视图”→“栅格”命令。
➢ 状态栏：单击状态栏中的“栅格”按钮。
➢ 快捷键：Ctrl+Shift+F6。

2. 设置栅格样式

打开栅格后，若栅格太大，放置设备时容易布局不均；若栅格过小，设备不易对齐。根据栅格间距大小，可将栅格分为 A、B、C、D、E 五种。

【执行方式】

➢ 菜单栏：选择菜单栏中的“编辑”→“其他”命令。
➢ 状态栏：单击状态栏中的“栅格”按钮右侧的下拉按钮。

【操作步骤】

执行上述操作，会显示栅格类型菜单，可选择栅格 A、栅格 B、栅格 C、栅格 D、栅格 E，如图 2-3 所示。

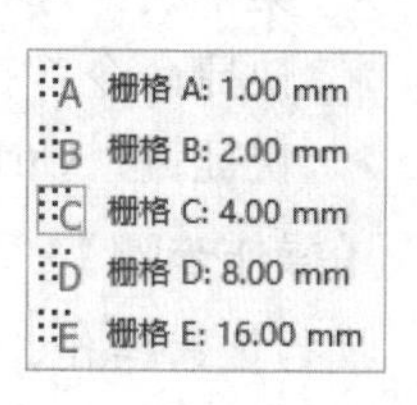

图 2-3　栅格类型菜单

3. 设置栅格大小

【执行方式】

菜单栏：选择菜单栏中的“选项”→“设置”命令。

【操作步骤】

执行上述命令，打开“设置”对话框，在左侧列表中选择“用户”→“图形的编辑”→2D 选项，在“默认栅格尺寸”选项组中显示了 A、B、C、D、E 五种栅格的默认间距，如图 2-4 所示。

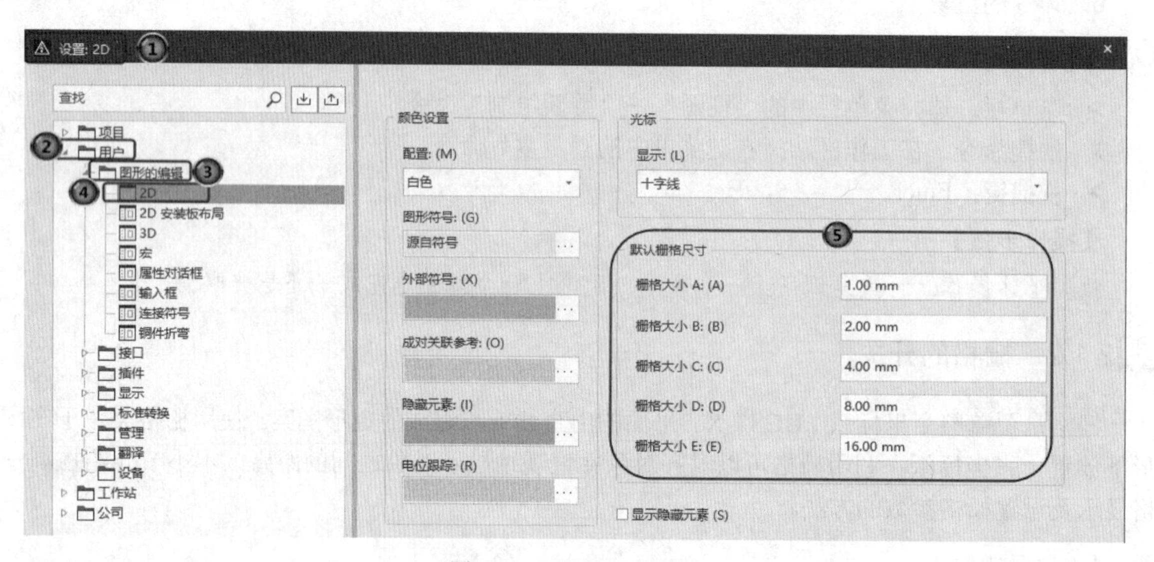

图 2-4　“设置”对话框

4. 捕捉到栅格

设计原理图时，在将设备两端进行连接的过程中，通常绘图人员必须注意的是捕捉到栅格。

【执行方式】

➢ 菜单栏：选择菜单栏中的“选项”→“捕捉到栅格”命令。
➢ 状态栏：单击状态栏中的“开/关捕捉到栅格”按钮。

【操作步骤】

执行上述操作，则系统可以在工作区中生成一个隐含的栅格（捕捉栅格），这个栅格能够捕捉光标，约束它只能落在栅格的某一个节点上，使用户能够高精确度地捕捉和选择这个栅格上的点。

2.2 基本绘图参数

EPLAN 是专业的电气制图软件，推行标准化理念，依靠符号、图框、表格、部件库、字典及各种规则设置实现紧跟国际步伐的标准化文件。绘制电气图时，须按照标准设置一些基本参数，如图形单位、图幅界限等，下面进行简要的介绍。

2.2.1 设置图形单位

在 EPLAN P8 2022 中，对于任何图形而言，总有其大小、精度和所采用的单位，屏幕上显示的仅为屏幕单位，但屏幕单位应该对应一个真实的单位，不同的单位其显示格式也不同。

【执行方式】

菜单栏：选择菜单栏中的“选项”→“设置”命令。

【操作步骤】

执行上述命令，打开“设置”对话框，如图 2-5 所示。在左侧列表中选择“用户”→“显示”→“显示单位”选项，在“长度显示单位”选项组中显示 mm(M)、英寸(I)两种单位，一般在绘制和显示时设置为 mm（公制）。还可以设置单位数字的小数点位数，默认小数位为 2 位。

通过“重量显示单位”选项组设置重量单位为 kg(K)（公制单位，千克），也可以设置为 lb(L)（英制单位，镑）。一般在绘制和显示时设为 kg(K)。

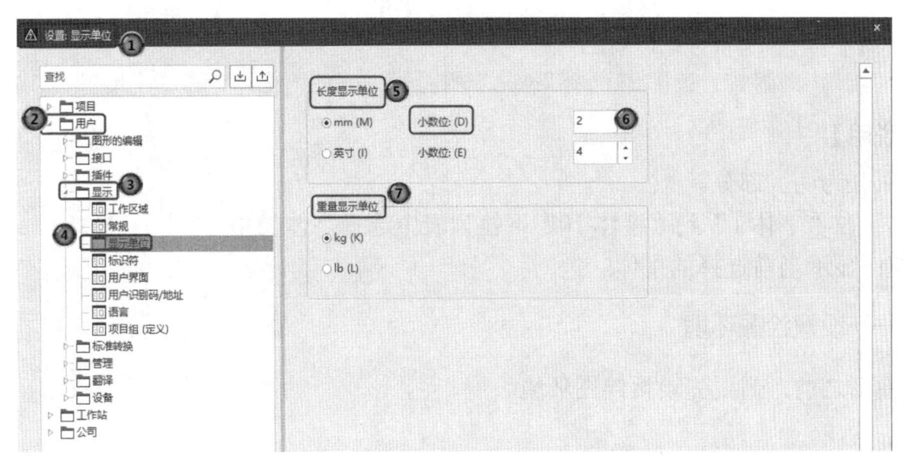

图 2-5 “显示单位”选项卡

2.2.2 设置图形字体

在 EPLAN P8 2022 中，所有文字都有与其相对应的文本样式。

【执行方式】

菜单栏：选择菜单栏中的“选项”→“设置”命令。

【操作步骤】

执行上述命令，打开“设置”对话框，在左侧列表中选择“公司”→“图形的编辑”→“字体”

选项，在“字体 1”选项中单击下拉按钮，弹出快捷菜单，在其中选择需要设置的字体，如图 2-6 所示。

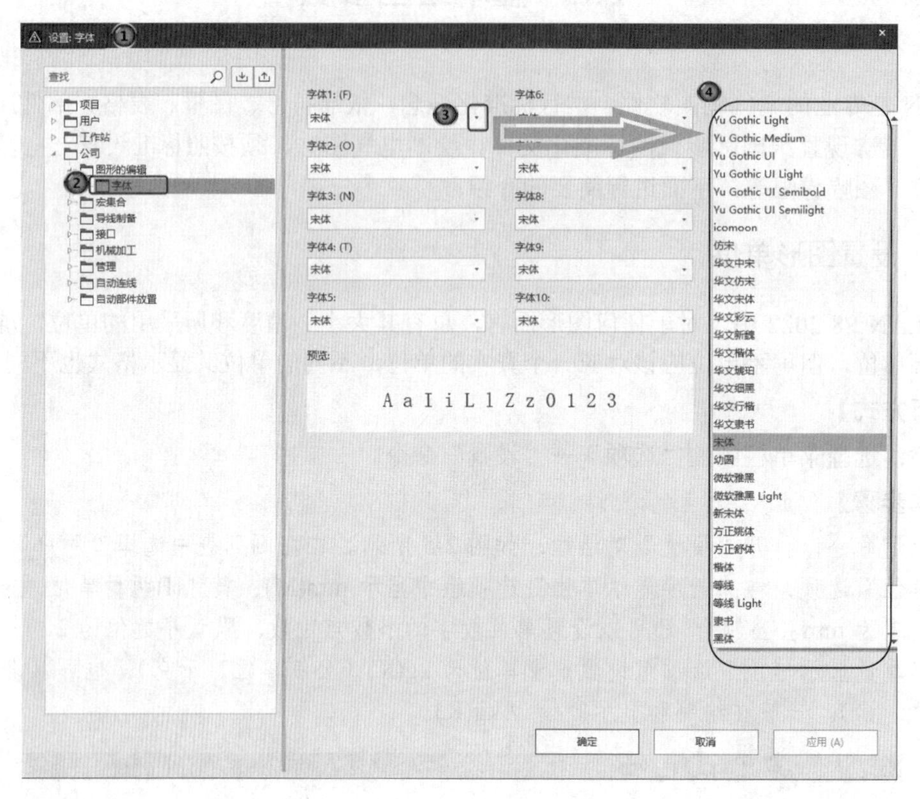

图 2-6 “字体”选项卡

【选项说明】

此标签页分为两大部分。

➢ 字体：在“字体 1”到“字体 10”下拉列表中选择字体类型。

➢ 预览：显示当前选择的字体。

扫一扫，看视频

动手练——设置绘图环境

在绘制图形之前，需要先设置绘图环境。

思路点拨：

（1）设置图形单位。

（2）设置图形字体。

2.2.3 图层的设置

使用图层功能进行绘图之前，用户首先要对图层的各项特性进行设置，包括建立和命名图层、设置当前图层、设置图层的颜色和线型、设置图层是否关闭，以及删除图层等。

EPLAN P8 2022 提供了详细直观的“层管理”对话框，用户可以方便地通过对该对话框中的各选项及其二级选项进行设置，从而实现创建新图层、设置图层颜色及线型的各种操作。

【执行方式】

➢ 菜单栏：选择菜单栏中的“项目数据”→“层管理”命令。

➢ 功能区：在“视图”选项卡中选择“导航器”→“打开”→“层管理”命令，或在“工具”选项卡中单击“管理”→“属性”按钮。

【操作步骤】

执行上述操作，打开如图 2-7 所示的“层管理”对话框。

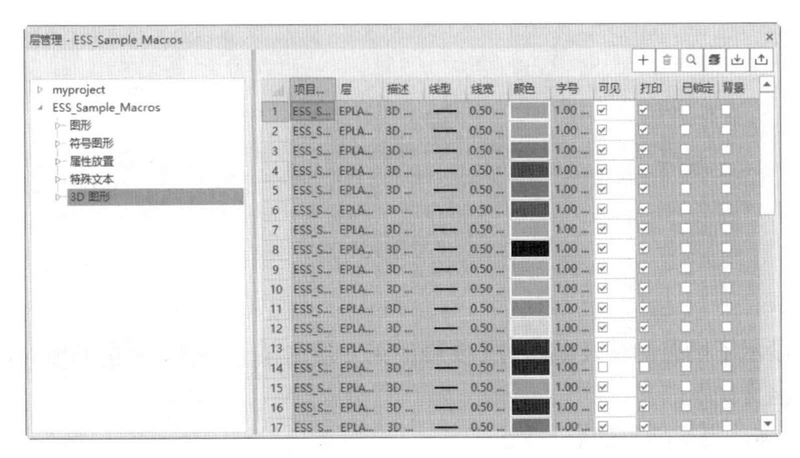

图 2-7 “层管理”对话框

在该对话框中包括“图形”“符号图形”“属性放置”“特殊文本”和“3D 图形”五个选项组，该五个选项组下还包括不同类型的对象，可以分别对不同的对象设置不同类型的图层。

(1)“新建图层”按钮[+]：单击该按钮，图层列表中出现一个新的图层名称“新建_层_1”，用户可使用此名称，也可修改此名称，如图 2-8 所示。

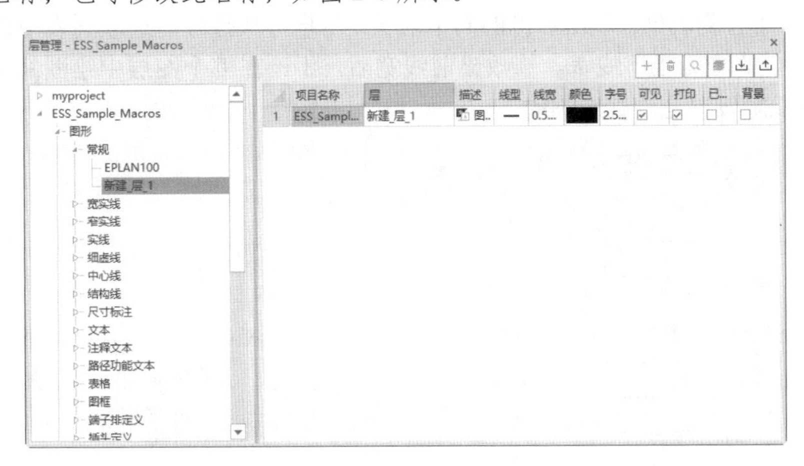

图 2-8 新建图层

(2)“删除图层”按钮：在图层列表中选中某一图层，然后单击该按钮，则将该图层删除。

(3)“导入”按钮：在图层列表中导入选中的图层。单击该按钮，弹出“层导入”对话框，选择层配置文件*.elc，导入设置层属性的文件，如图 2-9 所示。

(4)“导出”按钮：在图层列表中导出设置好的图层模板。单击该按钮，弹出“层导出”对话框，导出层配置文件*.elc。

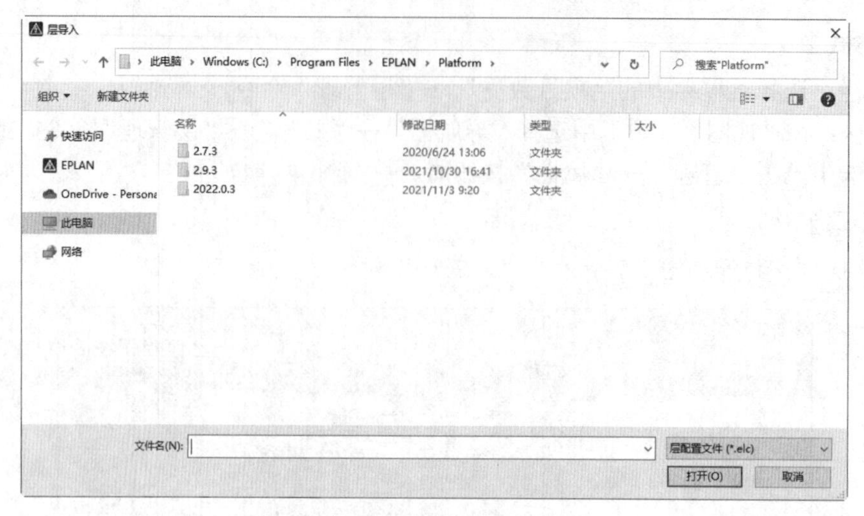

图 2-9 “层导入”对话框

【选项说明】

图层列表区显示了已有的层及其特性。要修改某一层的某一特性，单击其所对应的图标即可。列表区中各列的含义如下。

（1）项目名称：定义项目的名称。

（2）层：显示满足条件的图层名称。如果要对某图层进行修改，首先要选中该图层的名称。

（3）描述：解释该图层中的对象。

（4）“线型”下拉列表框：单击右侧的向下箭头，用户可从打开的选项列表中选择一种线型，如图 2-10 所示，使之成为当前线型。修改当前线型后，不论在哪个图层中绘图都采用这种线型，但对各个图层的线型设置是没有影响的。

（5）“线宽”下拉列表框：单击右侧的向下箭头，用户可从打开的选项列表中选择一种线宽，如图 2-11 所示，使之成为当前线宽。修改当前线宽后，不论在哪个图层中绘图都采用这种线宽，但对各个图层的线宽设置是没有影响的。

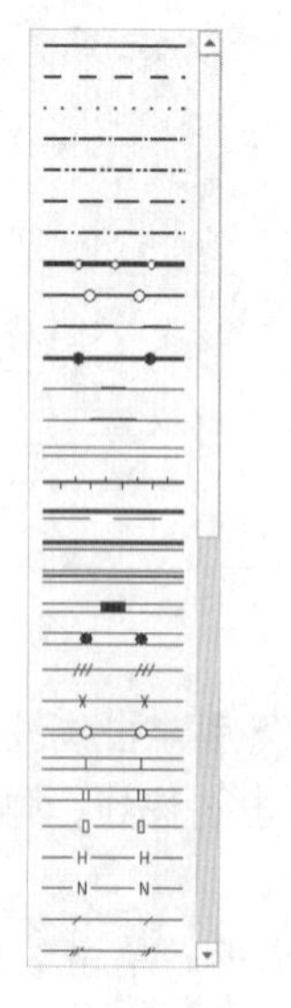

图 2-10 图层线型

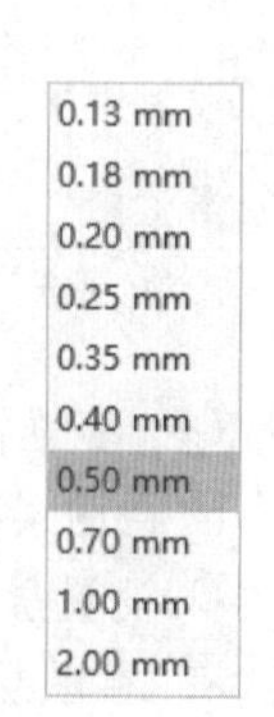

图 2-11 线宽下拉列表

（6）颜色：显示和改变图层的颜色。如果要改变某一图层的颜色，单击其对应的颜色图标，会打开如图 2-12 所示的选择颜色对话框，用户可从中选择需要的颜色。单击»按钮，扩展对话框，显示扩展的色板，增加可选择的颜色。

（7）“字号”下拉列表框：单击右侧的向下箭头，用户可从打开的选项列表中选择一种字号，修改当前字号后，该图层中的文字对象默认使用该字号。

（8）“可见”复选框：勾选该复选框，该图层在原理图中显示；否则，不显示。

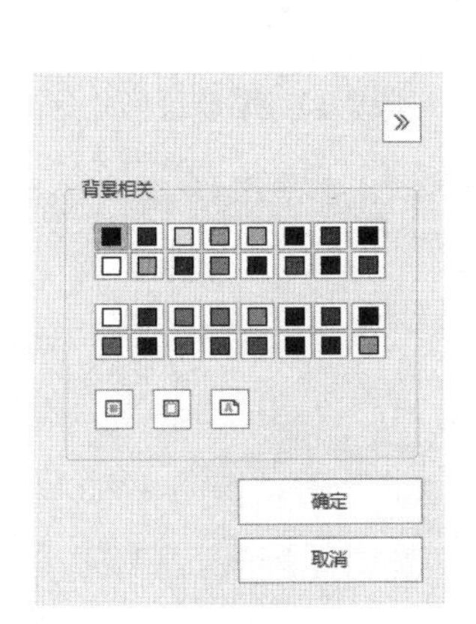

（a）颜色板

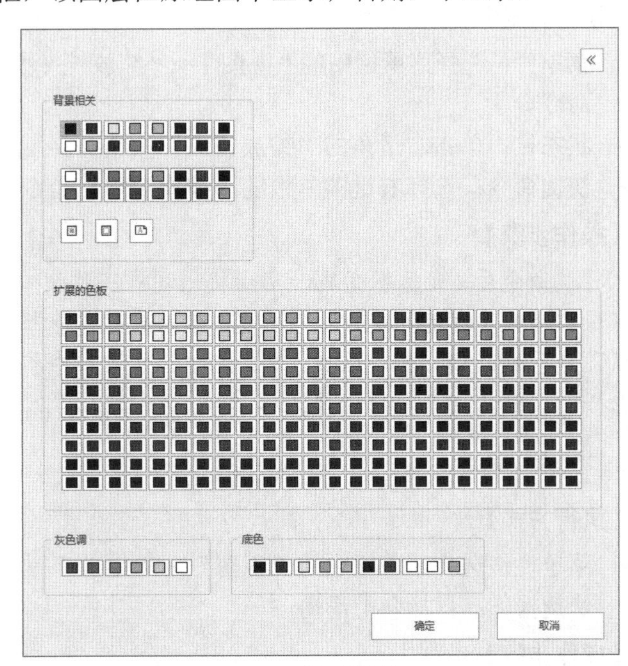

（b）扩展颜色板

图 2-12　选择颜色对话框

（9）“打印”复选框：勾选该复选框，该图层在原理图打印时可以打印；否则，不能由打印机输出。

（10）“已锁定”复选框：勾选该复选框，图层呈现锁定状态，该图层中的对象均不会显示在绘图区中，也不能由打印机输出。

（11）“背景”复选框：勾选该复选框，该图层在原理图中显示背景；否则，不显示。

2.3　显示控制工具

对于一个较为复杂的电气图，在观察整幅图纸时往往无法对其局部细节进行查看和操作，而当在屏幕上显示一个细节时又看不到其他部分。为了解决这类问题，EPLAN 提供了缩放、视图切换等一系列图形显示控制命令，可以用于任意放大、缩小或移动屏幕上的图纸显示。

2.3.1　缩放视图

EPLAN 提供了缩放功能，以便于用户进行图纸的观察。

选择“视图”→“缩放”命令，系统弹出如图 2-13 所示的下拉菜单，在该下拉菜单中列出了对原理图进行缩放的多种命令。

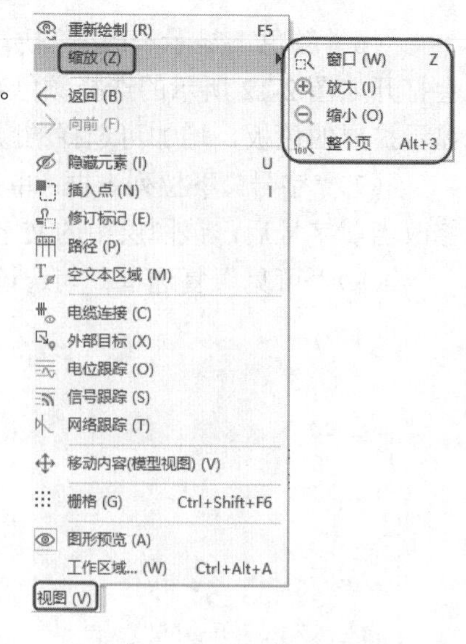

图 2-13 缩放菜单命令

1.“窗口”命令

该命令可以在工作区域放大或缩小图像显示，在工作窗口中显示整个原理图页区域。

【执行方式】

➢ 菜单栏：选择菜单栏中的“视图”→“缩放”→“窗口”命令。
➢ 状态栏：单击右下角的“缩放窗口”按钮。
➢ 快捷命令：选择右键菜单中的“缩放窗口”命令。

【操作步骤】

执行该命令后，光标将变成十字形状出现在工作窗口中，在工作窗口中单击，确定区域的一个顶点，移动鼠标光标确定区域的对角顶点后可以确定一个区域；单击，在工作窗口中将只显示刚才选择的区域。按下鼠标中键，移动手形光标即可平移图形。

2.“放大”命令

【执行方式】

➢ 菜单栏：选择菜单栏中的“视图”→“缩放”→“放大”命令。
➢ 快捷操作：鼠标向上滑动。

【操作步骤】

执行该命令后，以光标为中心放大画面。

3.“缩小”命令

【执行方式】

➢ 菜单栏：选择菜单栏中的“视图”→“缩放”→“缩小”命令。
➢ 快捷操作：鼠标向下滑动。

【操作步骤】

执行该命令后，以光标为中心缩小画面。

4.“整个页”命令

【执行方式】

➢ 菜单栏：选择菜单栏中的“视图”→“缩放”→“整个页”命令。
➢ 状态栏：单击右下角的“整个页”按钮。
➢ 快捷命令：选择右键菜单中的“缩放整个页”命令。
➢ 快捷键：Alt+3。

【操作步骤】

执行该命令后，编辑窗口内将以最大比例显示整张原理图的内容，包括图纸边框、标题栏等。

扫一扫，看视频

动手学——显示视图

【操作步骤】

（1）选择菜单栏中的“项目”→“打开”命令，打开项目文件 ESS_Sample_Macros。单击右下角的“缩放窗口”按钮，鼠标光标将变成十字形状出现在工作窗口中。在工作窗口中单击，确定缩放区域的左上顶点，移动鼠标光标确定缩放区域的右下角顶点，如图 2-14 所示。在工作窗口中将只显示刚才选择的区域，如图 2-15 所示。

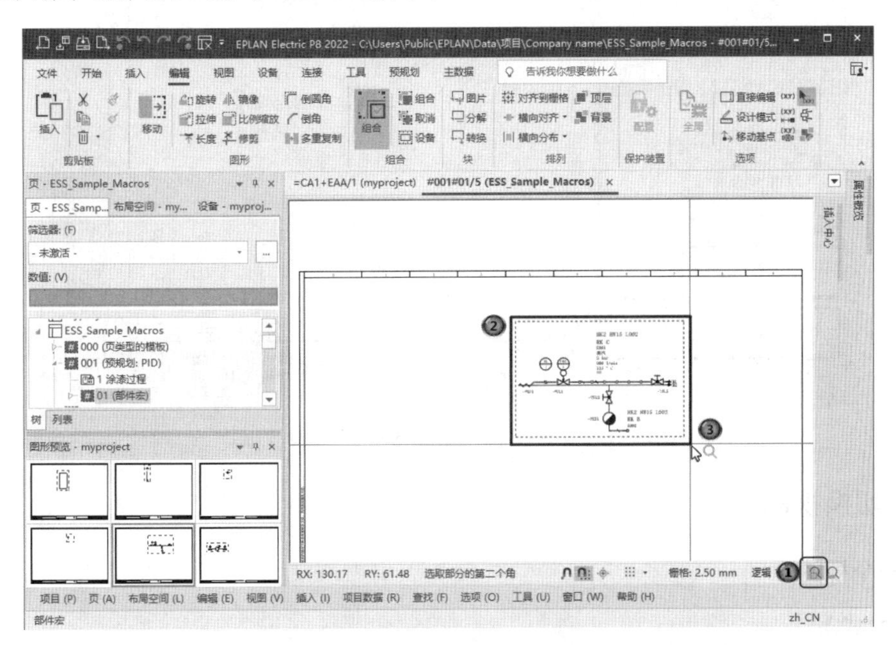

图 2-14　选择缩放区域

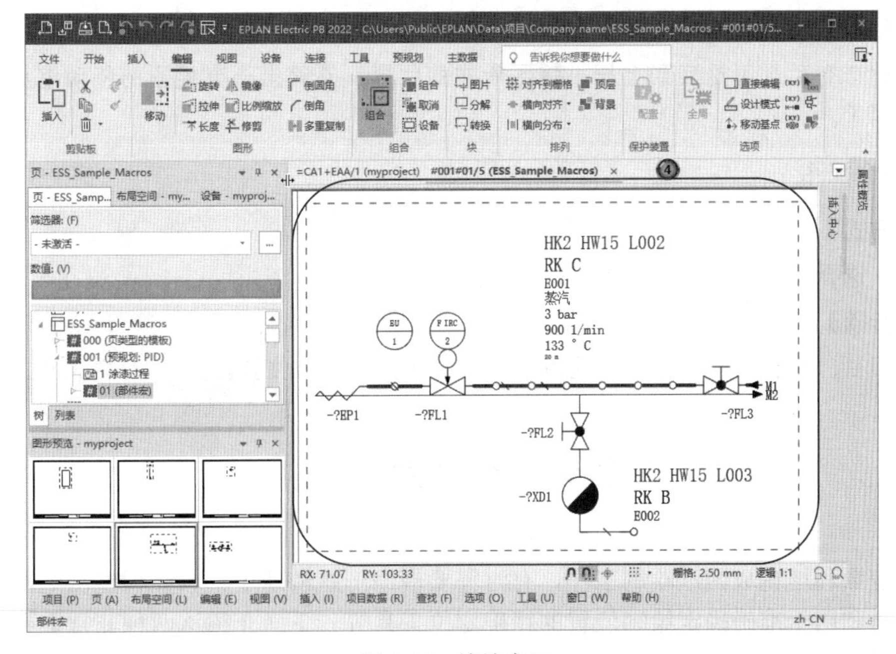

图 2-15　缩放窗口

（2）单击右下角的“整个页”按钮，在编辑窗口内将以最大比例显示整张原理图的内容，如图 2-16 所示。

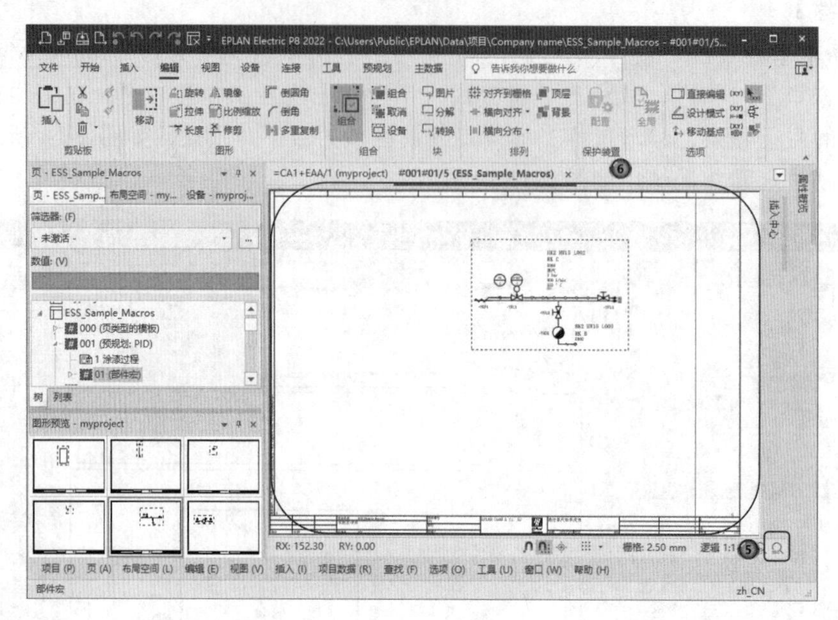

图 2-16　缩放整个页

2.3.2　切换视图

1. 前一个视图

【执行方式】

菜单栏：选择菜单栏中的“视图”→“返回”命令。

【操作步骤】

执行上述命令后，可返回到上一个视图所在的位置，不管上一个视图的移动缩放命令是完成了还是被取消了。

2. 下一个视图

【执行方式】

菜单栏：选择菜单栏中的“视图”→“向前”命令。

【操作步骤】

视图返回后，执行上述命令，可退回到下一个视图所在的位置。

2.4　辅助绘图工具

想要快速顺利地完成图纸绘制工作，有时需要借助一些辅助工具，如调整图纸显示范围与方式的显示工具和用于准确确定绘制位置的精确定位工具等。下面介绍这两种非常重要的辅助绘图工具。

2.4.1　设置图形坐标

在 EPLAN P8 2022 中，工作区坐标具有两种坐标输入方式：绝对坐标和相对坐标。为了便于用户准确地绘制和输出图形，可以通过坐标绘制图形。

1. 增量

【执行方式】

- 菜单栏：选择菜单栏中的“选项”→“增量”命令。
- 功能区：单击“编辑”选项卡的“选项”面板中的“增量”按钮。

【操作步骤】

执行上述操作，系统弹出“选择增量”对话框，在“当前增量”选项下会显示 X、Y 轴增长最小值，如图 2-17 所示。

2. 基点

EPLAN 中的基点如同其他制图软件中坐标系的原点(0,0)，位于图纸的左下角。在进行 2D 或 3D 安装板布局时，需要准确定位（如“直接坐标输入”功能），此时输入的坐标值就是相对于基点的绝对坐标值。

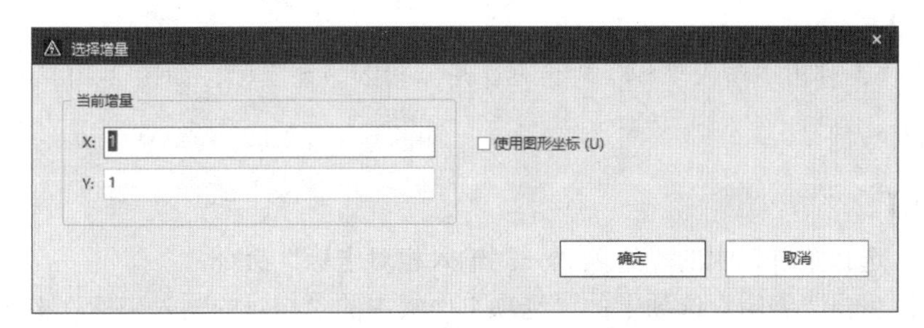

图 2-17　“选择增量”对话框

如图 2-18 所示，移动前矩形的左下角点的坐标位置是相对于基点的绝对坐标值(90,16)，将基点移到该矩形的左下角点，然后左下角点(0,0)是相对于这个“临时”基点的相对坐标。

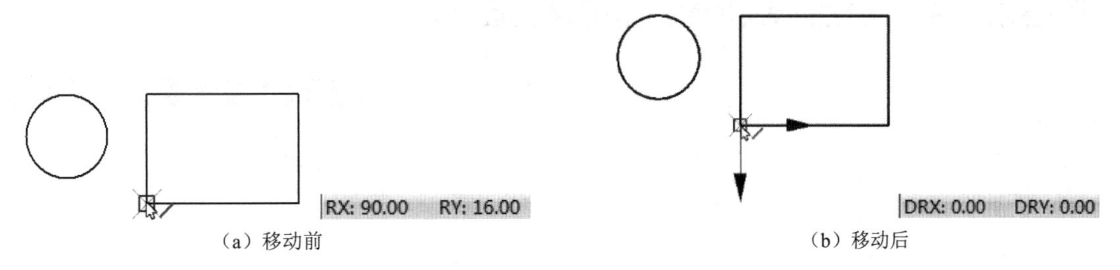

（a）移动前　（b）移动后

图 2-18　变换坐标原点

新的基点通过一个小的十字坐标系图标显示，此时，状态栏中新的基点坐标显示的不再是一般坐标，而是相对坐标。移动基点后状态栏坐标前会添加字母 D。

【执行方式】

- 菜单栏：选择菜单栏中的“选项”→“移动基点”命令。

➢ 功能区：单击“编辑”选项卡的“选项”面板中的“移动基点”按钮。

➢ 快捷命令：选择右键菜单中的“选项”→“移动基点”命令。

【操作步骤】

执行上述操作，鼠标光标变为交叉形状并附加一个移动基点符号，将鼠标光标移动到要设置成原点的位置单击即可，如图 2-19 所示。

若要恢复为原来的坐标系，选择菜单栏中的“选项”→“移动基点”命令，取消移动基点操作。

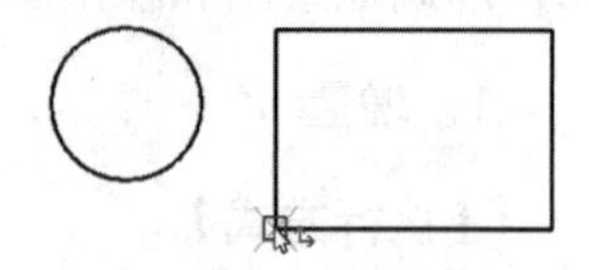

图 2-19 移动基点

提示：

EPLAN 中的坐标系统，在编辑电气原理图时，“电气工程”坐标的基点位于图框左上角；在编辑图框表格时，“图形”坐标的基点位于图框左下角。

3. 输入绝对数据

【执行方式】

➢ 菜单栏：选择菜单栏中的“选项”→“输入坐标”命令。

➢ 功能区：单击“编辑”选项卡的“选项”面板中的“坐标输入”按钮。

➢ 快捷命令：选择右键菜单中的“选项”→“输入坐标”命令。

【操作步骤】

执行上述操作，弹出“输入坐标”对话框，用于输入当前坐标，如图 2-20 所示。

4. 输入相对数据

【执行方式】

➢ 菜单栏：选择菜单栏中的“选项”→“输入相对坐标”命令。

➢ 功能区：单击“编辑”选项卡的“选项”面板中的“相对的输入坐标”按钮。

➢ 快捷命令：选择右键菜单中的“选项”→“输入相对坐标”命令。

【操作步骤】

执行上述操作，弹出“输入相对坐标”对话框，用于输入当前坐标，如图 2-21 所示。

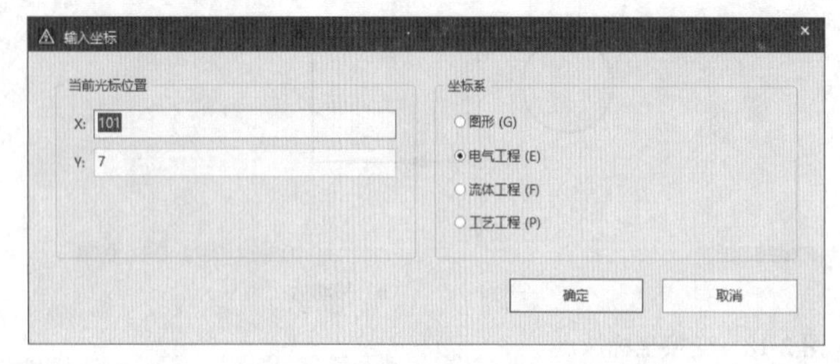

图 2-20 “输入坐标”对话框

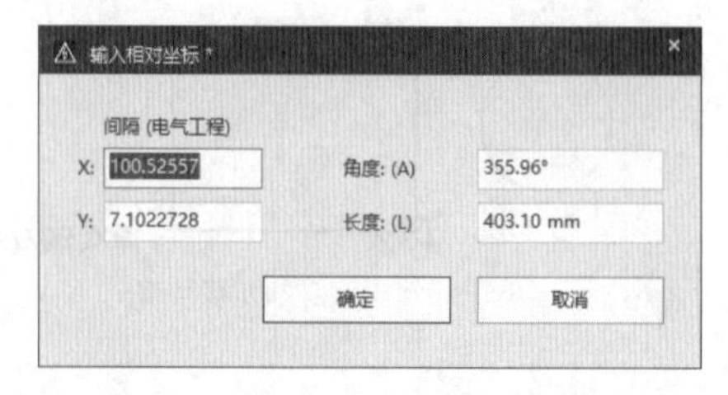

图 2-21 “输入相对坐标”对话框

5. 动态输入

激活“动态输入”，在鼠标光标附近会显示一个提示框，称为“工具提示”，工具提示中显示出对应的命令提示和光标的当前坐标值。

【执行方式】

➢ 菜单栏：选择菜单栏中的“选项”→“输入框”命令。
➢ 功能区：单击“编辑”选项卡的“选项”面板中的“开/关输入框”按钮。

动手学——设置动态输入

【操作步骤】

（1）选择菜单栏中的“项目”→“打开”命令，打开项目文件 ESS_Sample_Macros。单击“插入”选项卡的“符号”面板中的“其他”按钮，在弹出的“符号”面板中选择“对角线连接”，如图 2-22 所示，在鼠标光标上显示浮动的“对角线连接”图标。

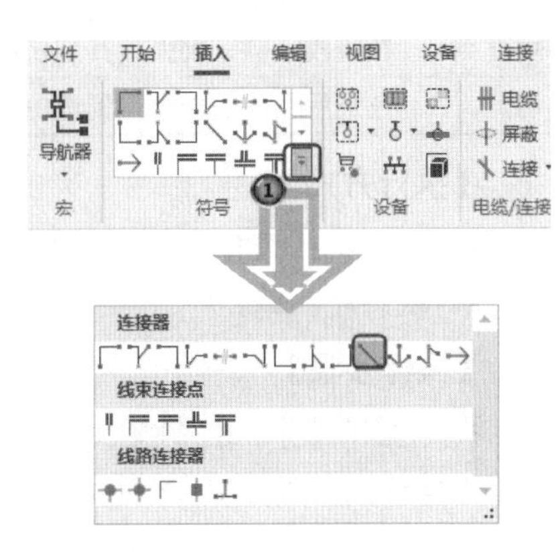

图 2-22　“对角线连接”命令

（2）单击“编辑”选项卡的“选项”面板中的“开/关输入框”按钮，如图 2-23 所示，激活“动态输入”。

（3）在屏幕上动态地输入对角线连接命令执行过程中需要的参数数据，在光标附近会动态地显示“第一个点”以及第一个点的坐标框，当前显示的是光标所在位置。在坐标框中输入数据，两个数据之间以逗号隔开，如图 2-24 所示。

图 2-23　激活“动态输入”

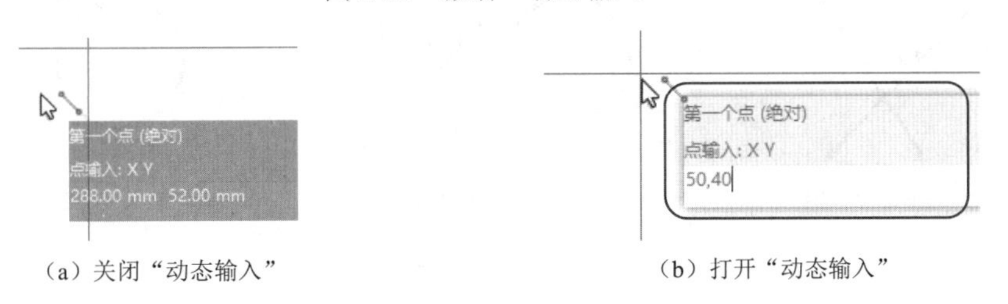

（a）关闭“动态输入”　　（b）打开“动态输入”

图 2-24　动态输入坐标

2.4.2　对象捕捉

EPLAN 中经常要用到一些特殊点，如圆心、切点、线段或圆弧的端点、中点等，见表 2-1。如果只利用光标在图形上选择，要准确地找到这些点是十分困难的。因此，EPLAN 提供了一些识别这些点的工具，通过工具即可容易地构造新几何体，精确地绘制图形，其结果比传统手动绘图更精确且更容易维护。在 EPLAN 中，这种功能称为对象捕捉功能。

表2-1　特殊位置点的捕捉

捕捉模式	功　能
两点之间的中点	捕捉两个独立点之间的中点

续表

捕捉模式	功　能
中点	用于捕捉对象（如线段或圆弧等）的中点
圆心	用于捕捉圆或圆弧的圆心
象限点	用于捕捉距光标最近的圆或圆弧上可见部分的象限点，即圆周上 0°、90°、180°、270°位置上的点
交点	用于捕捉对象（如线段、圆弧或圆等）的交点
垂直点	在线段、圆、圆弧或其延长线上捕捉一个点，与最后生成的点形成连线，与该线段、圆或圆弧正交
切点	在最后生成的一个点到选中的圆或圆弧上引切线，捕捉切线与圆或圆弧的交点

【执行方式】

➢ 菜单栏：选择菜单栏中的“选项”→“对象捕捉”命令。

➢ 状态栏：单击“开/关对象捕捉”按钮。

【操作步骤】

执行上述操作，控制捕捉功能的开关，可以基于对象端点、中点或者对象的交点，沿着某个路径选择一点，如图 2-25 所示。

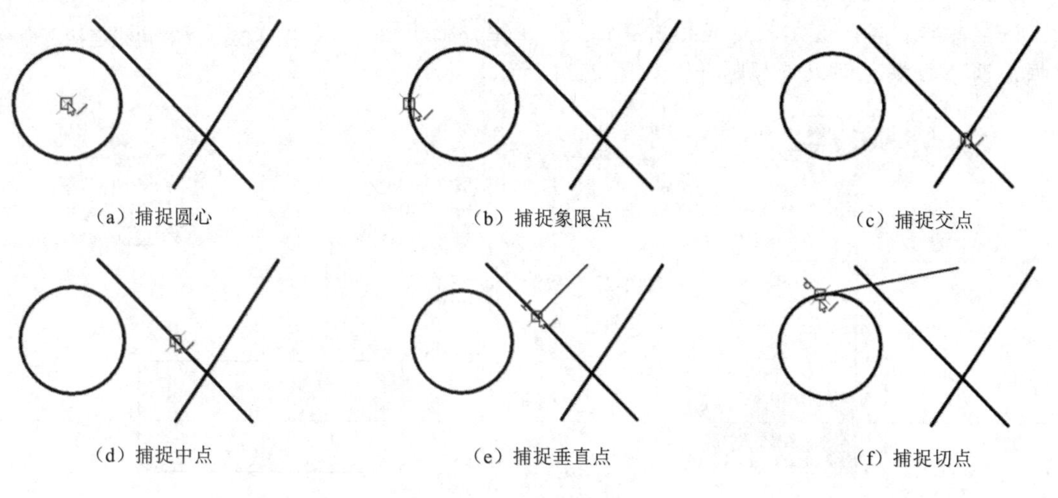

（a）捕捉圆心　（b）捕捉象限点　（c）捕捉交点

（d）捕捉中点　（e）捕捉垂直点　（f）捕捉切点

图 2-25　捕捉特殊点

2.4.3　插入点

在 EPLAN 中，一个文本、线条或符号放置到页面上后，都会有一个“插入点”。有时一列上的符号无法自动连线，极有可能是它们没有真正对齐，执行命令“对齐到栅格”，系统就会将符号的插入点对齐到栅格上。

【执行方式】

➢ 菜单栏：选择菜单栏中的“视图”→“插入点”命令。

➢ 功能区：单击“视图”选项卡中的“插入点”按钮。

【操作步骤】

执行上述操作，可以显示或隐藏所有对象的插入点（黑色小点），查看几个对象是否对齐或对齐到栅格，如图 2-26 所示。

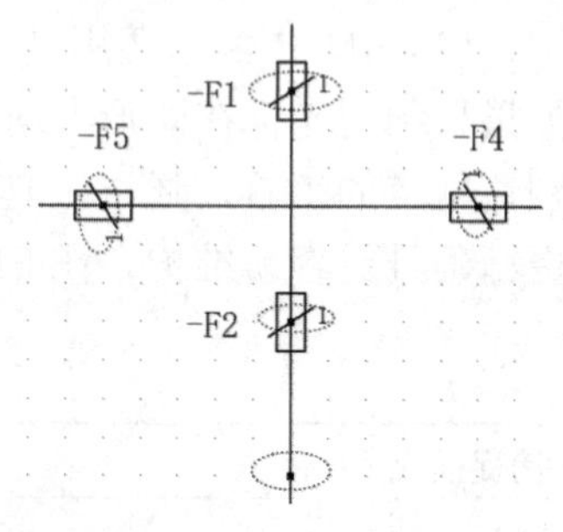

图 2-26　显示插入点

2.5　操作实例——设置原理图页绘图环境

项目基本文件都是可以预定义和创建的，允许基于标准、规则和数据创建项目。新建一个项目基本文件，设置图形单位与图形界限，最后将设置好的文件保存为*.dwt 格式的样板图文件。绘制过程中要用到“打开”“单位”“图形界限”和“保存”等命令。

【操作步骤】

（1）打开文件。选择菜单栏中的“项目”→“打开”命令，弹出“打开项目”对话框，选择 myproject 文件，打开项目文件，在“页”导航器下双击打开=CA1+EAA/1，进入原理图编辑环境。

（2）设置字体。选择菜单栏中的“选项”→“设置”命令，打开“设置”对话框，如图 2-27 所示。打开“项目”→myproject→“图形的编辑”→“字体”选项组，设置“字体 1”为“仿宋”。单击“确定”按钮，完成设置，关闭对话框。

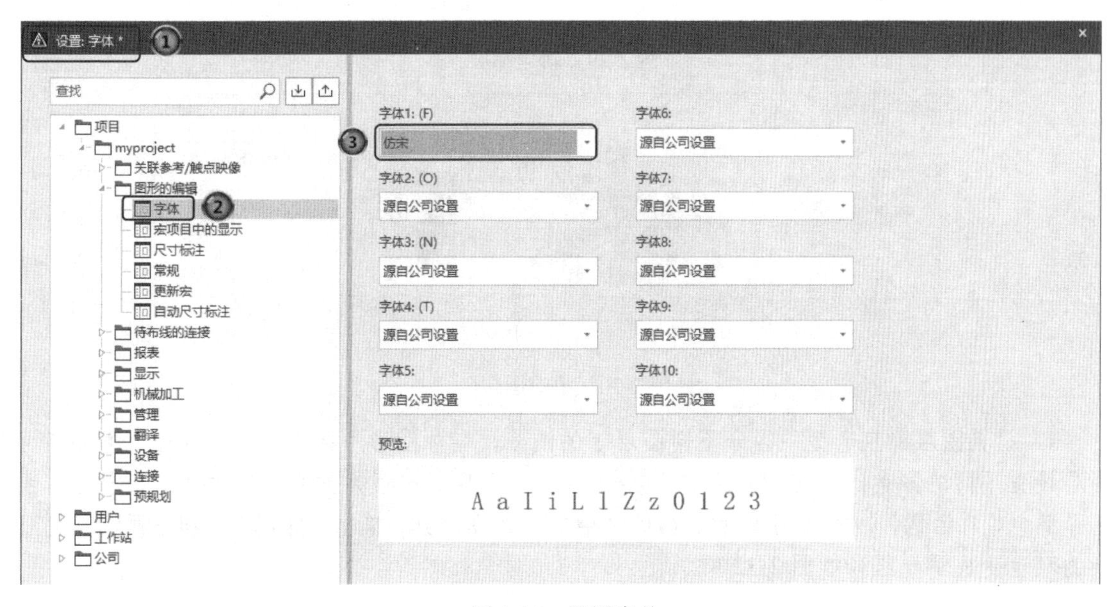

图 2-27　设置字体

本实例准备设置一个基本项目样板图，图层设置见表 2-2。

表2-2　图层设置

图 层 名	颜 色	线 型	线 宽	用 途
TITLE	6（洋红）	CONTINUOUS	*b*	标题栏注释
T-NOTES	4（青色）	CONTINUOUS	1/2*b*	标题栏说明

（3）设置层名。选择菜单栏中的“项目数据”→“层管理”命令，打开“层管理”对话框，选择“特殊文本”选项，如图 2-28 所示。在该选项下单击“新建”按钮[+]，在图层列表框中出现一个默认名为“新建_层_1”的新图层，如图 2-29 所示。单击该图层名，将图层名更改为 EPLAN_title，如图 2-30 所示。

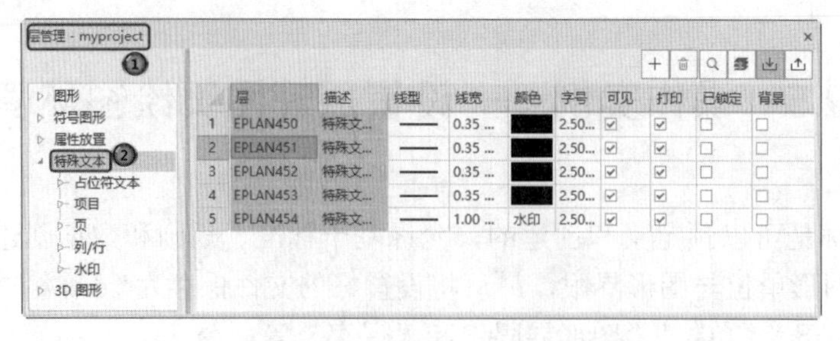

图 2-28 “层管理”对话框

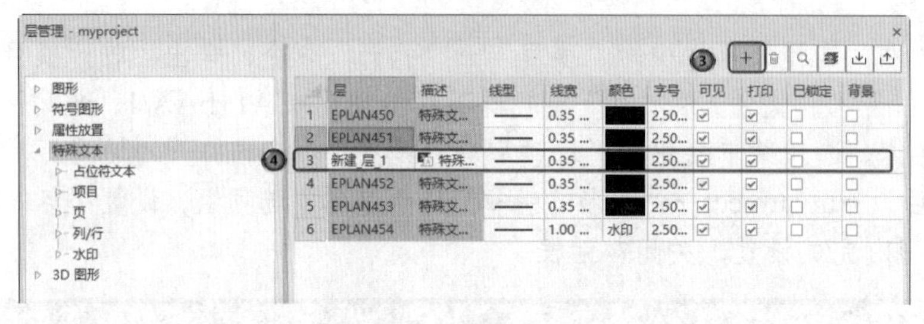

图 2-29 新建图层

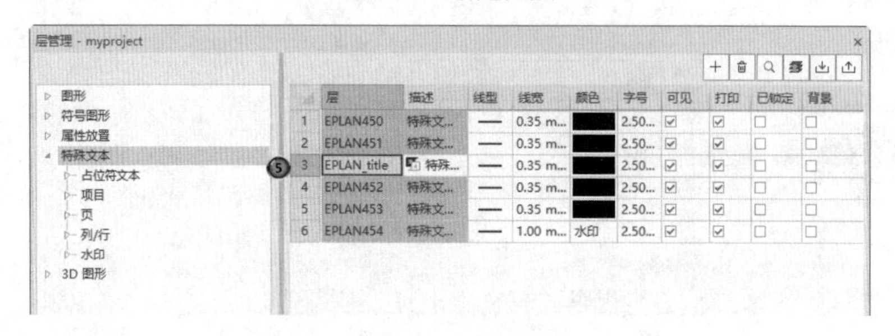

图 2-30 更改图层名

（4）设置图层颜色。为了区分不同图层上的图线，增加图形不同部分的对比性，可以为不同的图层设置不同的颜色。单击刚建立的图层“颜色”标签下的颜色色块右侧的“...”按钮，打开“选择颜色”对话框，如图 2-31 所示。在该对话框中选择洋红，单击“确定”按钮。可以发现 CEN 图层的颜色变成了洋红，如图 2-32 所示。

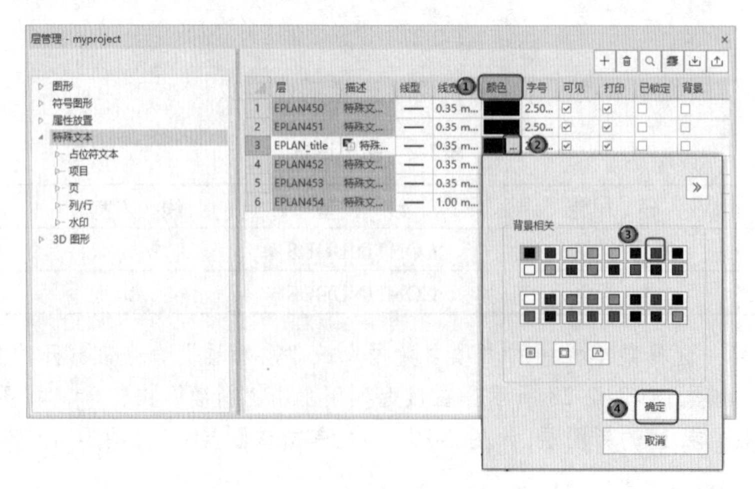

图 2-31 “选择颜色”对话框

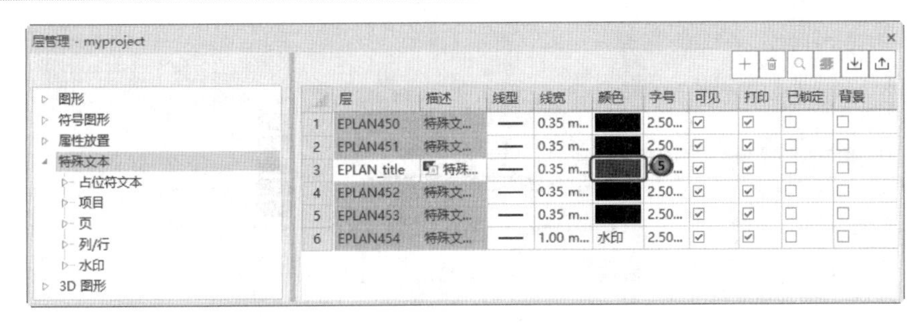

图 2-32　更改颜色

（5）设置线宽。在工程图中，不同的线宽表示不同的含义，因此要对不同图层的线宽进行设置。单击 EPLAN_title 图层“线宽”标签下的选项，如图 2-33 所示。在下拉列表中选择适当的线宽，可以发现 EPLAN_title 图层的线宽变成了 0.40mm，如图 2-34 所示。

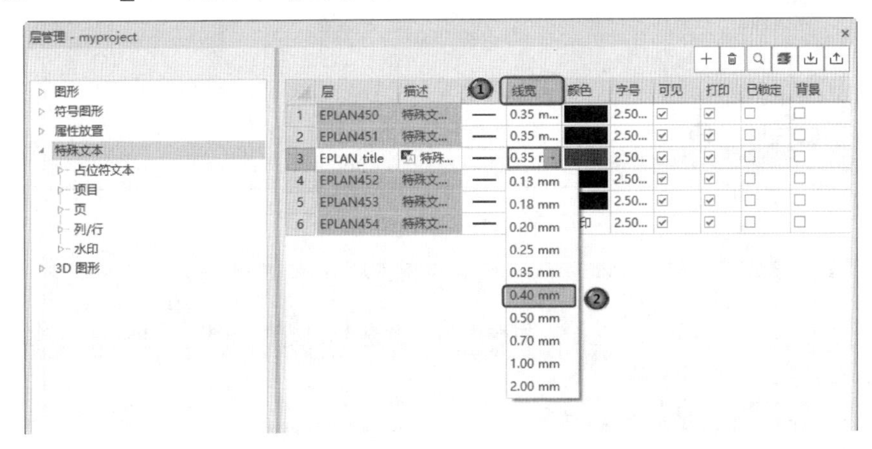

图 2-33　“线宽”下拉列表

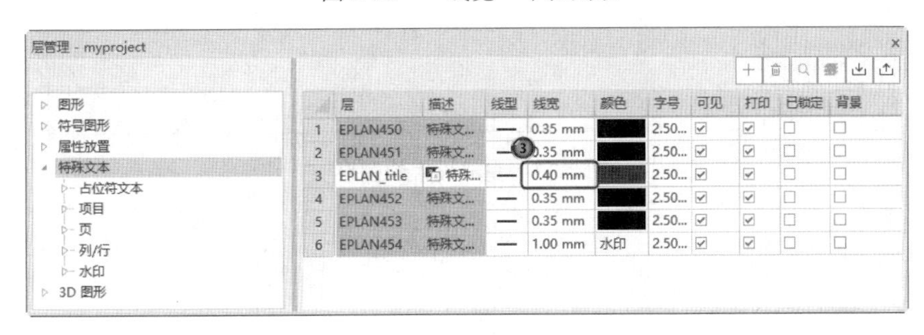

图 2-34　更改线宽

（6）设置说明。在常用的工程图纸中，通常要用到不同的图层，这是因为不同的图层表示不同的含义。双击 EPLAN_title 图层的“描述”标签，在该文本框中输入文本说明“标题栏注释”，如图 2-35 所示。可以发现 EPLAN_title 图层根据“描述”自动分类到“标题栏注释”选项下，如图 2-36 所示。

（7）用同样的方法建立不同层名的新图层，这些不同的图层可以分别存放不同的图线或图形的不同部分。最后完成设置的图层如图 2-37 所示。

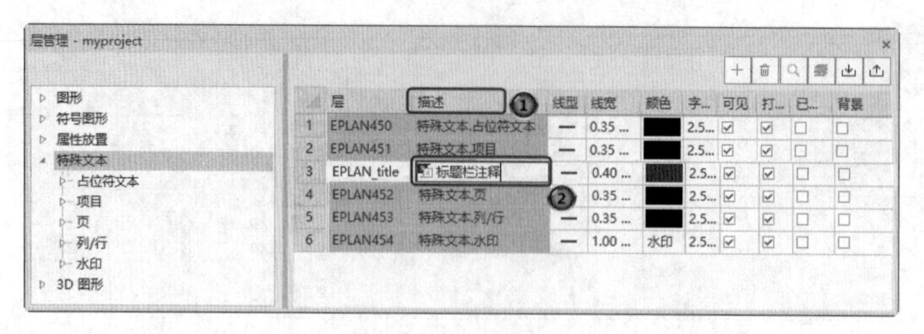

图 2-35　修改“描述”标签

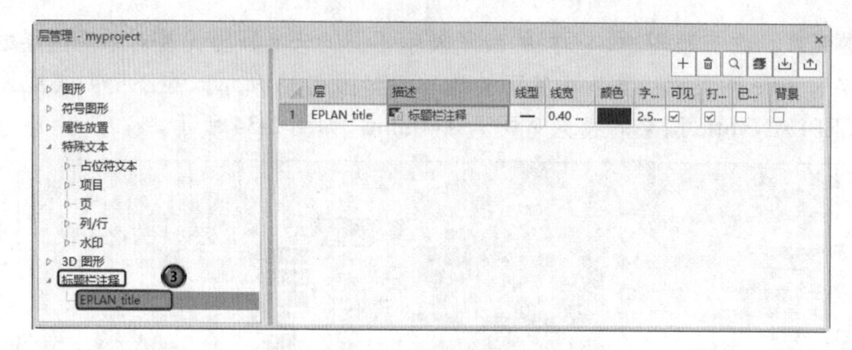

图 2-36　更改说明

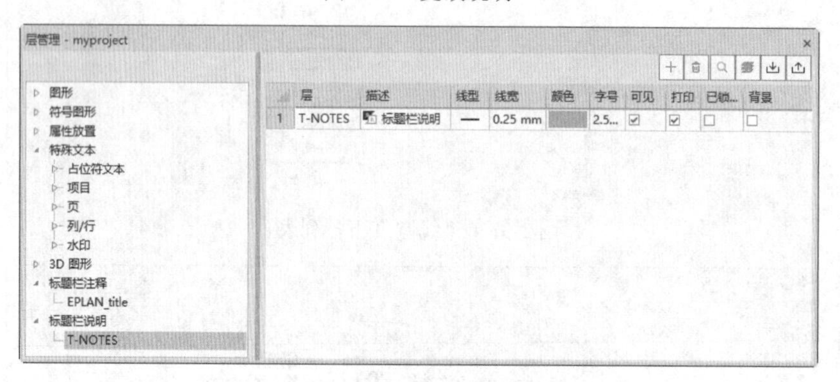

图 2-37　完成设置的图层

第 3 章　电气图设计基础

内容简介

电气设计是指实现一个电子产品从设计构思、电学设计到物理结构设计的全过程。在 EPLAN P8 2022 中，电气设计最基本的过程主要是利用原理图设计系统来绘制一张电气原理图。

内容要点

- 电气图的分类
- 电气图纸设计
- 电气图制图规则
- 电路图的构成要素
- 图纸管理

案例效果

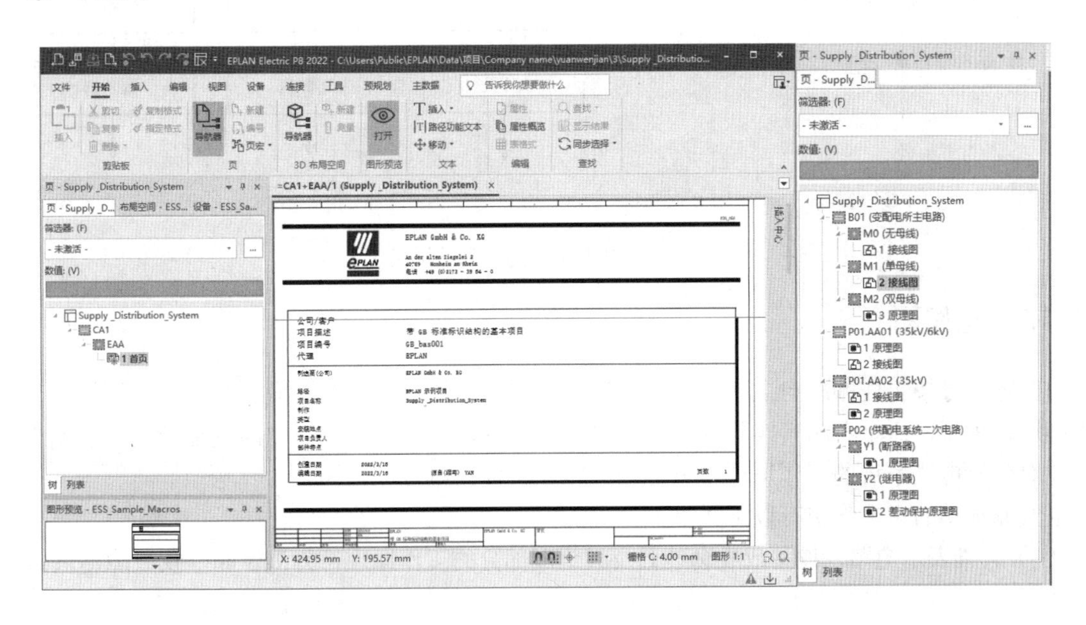

3.1　电气图的分类

在电气工程领域，电气图一般来说可分为系统图、电路图、接线图、电气平面图、设备元件和材料表、项目表、说明文件等。项目表和说明文件实际是电气图的附加说明文件。

3.1.1 系统图

系统图又称概略图或框图，是用符号和带注释的框来概略表示系统或分系统的基本组成、相互关系及其主要特征的一种简图。图 3-1 所示为某变电所的供电系统图，该图表示变电所用变压器将 10kV 电压变换成 380V 的电压，再分成三条供电支路，图 3-1（a）为用图形符号表示的系统图，图 3-1（b）为用文字框表示的系统图。

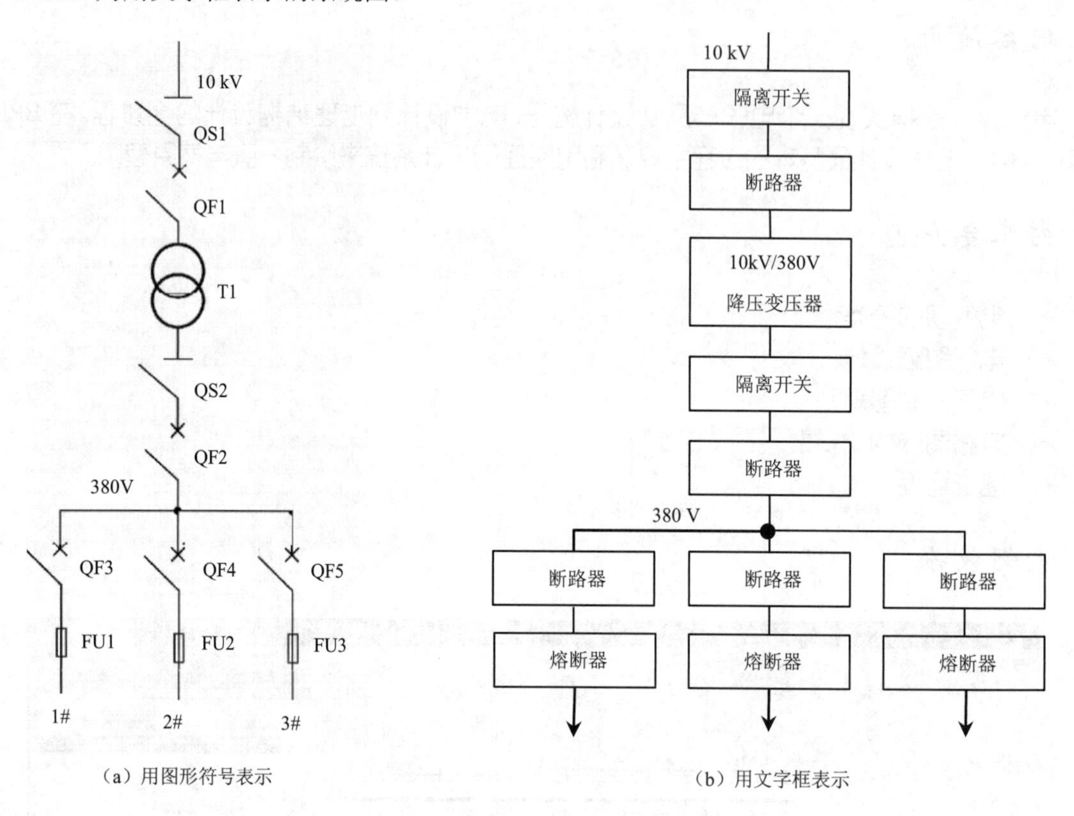

图 3-1　某变电所的供电系统图

3.1.2 电路图

用图形符号按工作顺序自上而下、从左往右排列，详细表示电路、设备或成套装置的全部基本组成和连接关系，而不考虑其实际安装位置的一种简图，称为电路图。电路图能清楚地表明电路的功能，对分析电气系统的工作原理十分方便，因此又称为电气原理图。

电气原理图的主要作用有以下几点。

（1）详细表示电路、设备或成套装置及其组成部分的工作原理，为测试和寻找故障提供信息。

（2）作为编制接线图的依据。所以图纸上的图形符号要遵照国家标准进行绘制。

图 3-2 所示为三相异步电动机的点动控制电路，该电路由主电路和控制电路两部分构成，其中主电路由电源开关 QS、熔断器 FU1 和交流接触器 KM 的 3 个主触点及电动机组成，控制电路由熔断器 FU2、按钮开关 SB 和接触器 KM 线圈组成。

当合上电源开关 QS 时，由于接触器 KM 的 3 个主触点处于断开状态，电源无法给电动机供电，电动机不工作。若按下按钮开关 SB，L1、L2 两相电压加到接触器 KM 线圈两端，有电流流过 KM

线圈，线圈产生磁场吸合 3 个 KM 主触点，使 3 个主触点闭合，三相交流电源 L1、L2、L3 通过 QS、FU1 和接触器 KM 的 3 个主触点给电动机供电，使电动机运转。此时，若松开按钮开关 SB，无电流通过接触器线圈，线圈无法吸合主触点，3 个主触点断开，电动机停止运转。

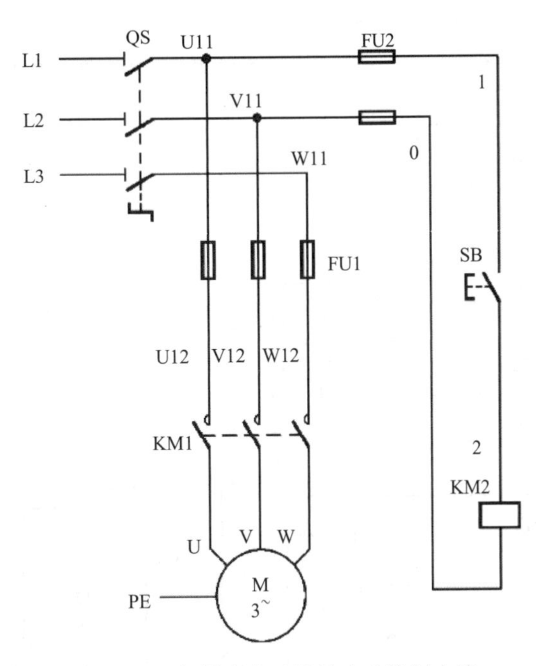

图 3-2　三相异步电动机的点动控制电路

3.1.3　接线图

以图样形式表示成套装置、设备或装置等项目之间连接关系的略图，称为接线图。接线图的主要用途是提供各个项目之间的连接信息，作为设备装配、安装和维修的指导与依据。

在接线图中，可以提供的信息主要有以下八个方面。

（1）识别每一连接的连接点以及所用导线或电缆的信息。

（2）导线和电缆的种类信息，如型号、牌号、材料、结构、规格、绝缘颜色、电压额定值、导线板及其他技术数据。

（3）导线号、电缆号或项目代号。

（4）连接点的标记或表示方法，如项目代号、端子代号、图形表示法、远端标记。

（5）铺设、走向、端头处理、捆扎、绞合、屏蔽等说明或方法。

（6）导线或电缆长度。

（7）信号代号和（或）信号的技术数据。

（8）需补充说明的其他信息。

当然，并不要求每张具体的接线图都一定要提供这些信息。

接线图提供的信息以表示清楚为原则，为了清楚表示项目之间的连接关系，要求采用位置布局法绘制接线图。接线图的元件，应采用简单的轮廓（如正方形、矩形或圆形）或用其他简化图形表示，也可采用《电气简图用图形符号》（GB/T 4728—2018）中规定的简图符号，以确保图面的清晰和突出所表示的内容。接线图的端子一般可不采用端子的图形符号，但应表示清楚。

图 3-3 所示是三相异步电动机点动控制电路（图 3-2）的接线图，从图 3-3 中可以看出，接线图中的各元件连接关系除了要与电路图一致外，还要考虑实际的元件。例如，KM 接触器由线圈和触点组成，在画电路图时，接触器的线圈和触点可以画在不同位置；而在画接线图时，则要考虑到接触器是一个元件，其线圈和触点是在一起的。

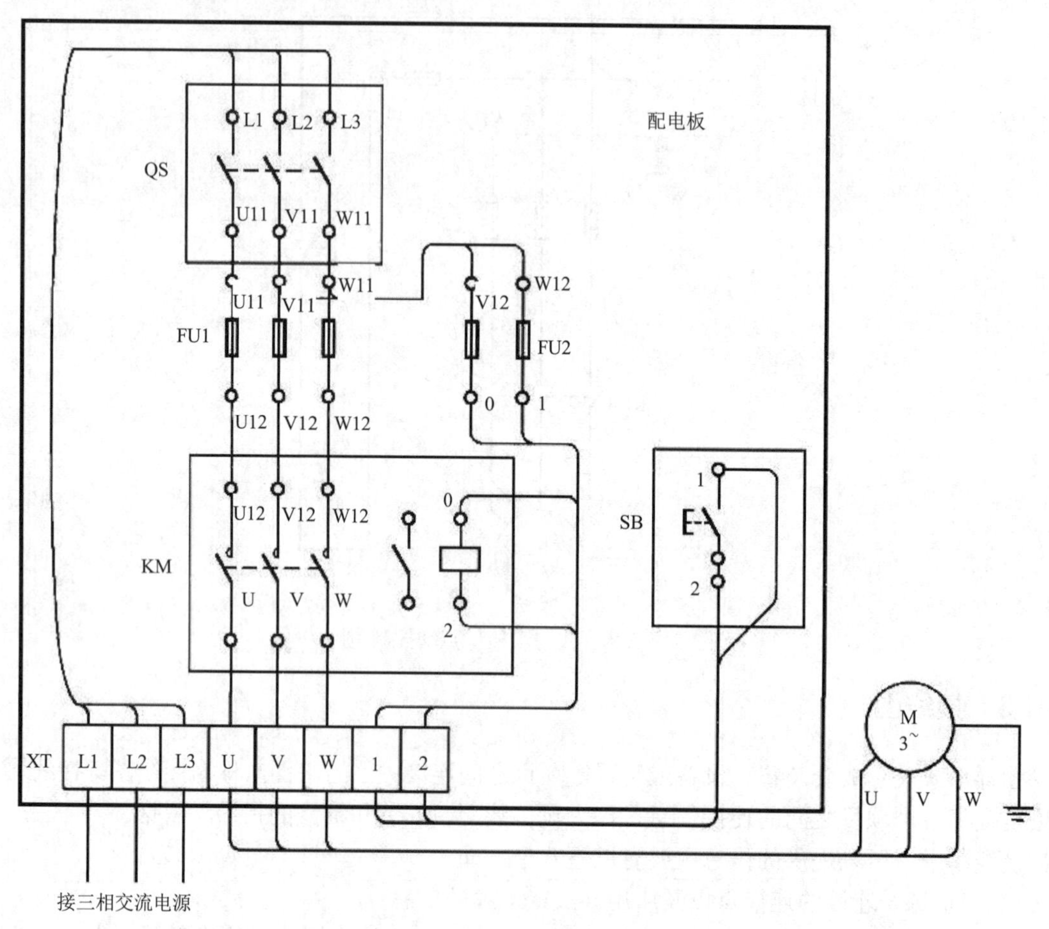

图 3-3　三相异步电动机点动控制电路的接线图

3.1.4　电气平面图

电气平面图是用于表示电气工程项目的电气设备、装置和线路的平面布置图，它一般是在建筑平面图的基础上制作出来的。常见的电气平面图有电力平面图、变配电所平面图、供电线路平面图、照明平面图、弱电系统平面图、防雷和接地平面图等。

图 3-4 所示是某工厂车间的动力电气平面图。图中的 BLV-500（3×35-1×16）SC40-FC 表示外部接到配电箱的主电源线规格及布线方式，型号内容的含义：BLV 表示布线用的塑料铝导线；500 表示导线绝缘耐压为 500V；3×35-1×16 表示 3 根截面积为 35mm² 和 1 根截面积为 16mm² 的导线；SC40 表示穿入直径为 40mm 的钢管；FC 表示沿地暗敷（导线穿入电线管后埋入地面）。

图 3-4 中左边的 $\frac{1、2}{5.5+0.16}$ 表示 1、2 号机床的电动机功率均为 5.5kW，机床安装离地 16cm。

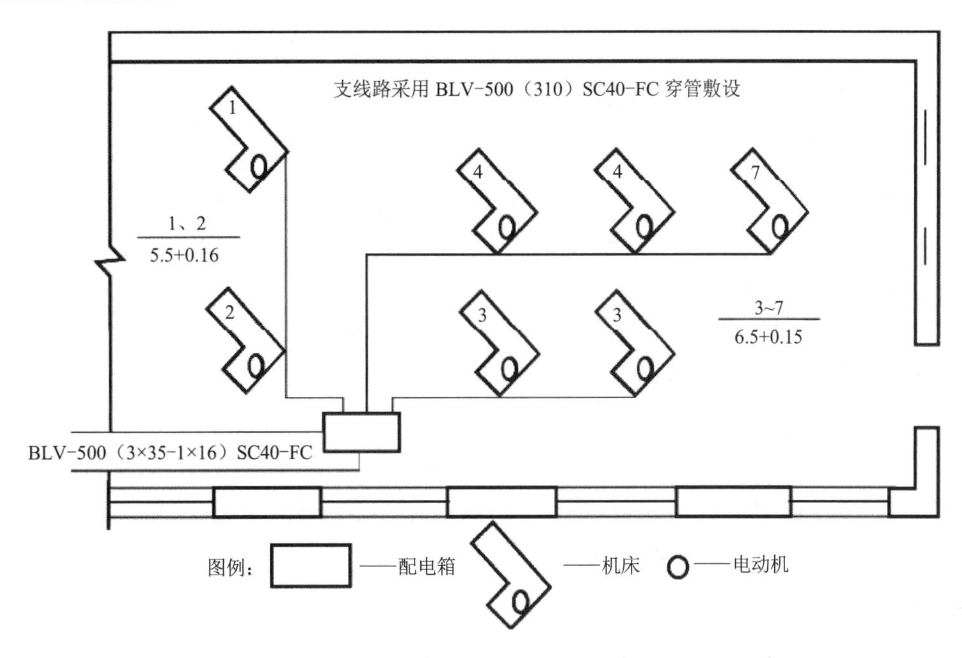

图 3-4　某工厂车间的动力电气平面图

3.1.5　设备元件和材料表

设备元件和材料表将设备、装置、成套装置的组成元件和材料列出，并注明各元件和材料的名称、型号、规格和数量等，便于设备的安装、维护和维修，也能让读图者更好地了解各元件和材料在装置中的作用和功能。设备元件和材料表是电气图的重要组成部分，可将它放置在图中的某一位置，如果数量较多，也可单独放置在一页。

表 3-1 是三相异步电动机点动控制电路（图 3-2）的设备元件和材料表。

表3-1　三相异步电动机点动控制电路的设备元件和材料表

符号	名称	型号	规格	数量
M	三相鼠笼型异步电动机	Y112M-4	4kW、380V、△接法、8.8A、1440r/min	1
QS	断路器	DZ5-20/330	三极复式脱扣器、380V、20A	1
FU1	螺旋式熔断器	RL1-60/25	500V、60A、配熔体额定电流 25A	3
FU2	螺旋式熔断器	RL1-15/2	500V、15A、配熔体额定电流 2A	2
KM	交流接触器	CJT1-20	20A、线圈电压 380V	1
SB	按钮	LA4-3H	保护式、按钮数 3（代用）	1
XT	端子板	TD-1515	15A、15 节、660V	1

电气图种类很多，前面介绍了一些常见的电气图，对于一台电气设备，不同的人接触到的电气图可能不同。一般来说，生产厂家具有较齐全的设备电气图（如系统图、电路图、印制板图、设备元件和材料列表等），由于技术保密或其他一些原因，厂家提供给用户的往往只有设备的系统图、接线图等形式的电气图。

3.2 电气图纸设计

电气图纸的设计基本上包括两个阶段：图纸的前期规划和图纸的具体绘制。

（1）图纸的前期规划阶段：确定电气图纸采用的标准（GB、JIS 或者其他）、图纸页结构的分配、电气元件命名方式、导线颜色等。

（2）图纸的具体绘制阶段：根据图纸的前期规划绘制相应的图纸，尽量保证图纸简洁、美观并且能完整地表达出电气相关信息。

3.2.1 前期规划阶段

电气图是示意性的工程图，它主要由图形符号、线框和简化外形组成，表示电气系统或电气设备中各组成部分之间的相互关系和连接关系。

1. 电气图纸标准

电气图是一种特殊的专业技术图，绘制时必须遵守国家标准化管理委员会颁布的相关标准。其中，《电气技术用文件的编制 第 1 部分：规则》（GB/T 6988.1—2008）中明确规定了电气图符、比例、字体、图线等方面的基本要求。

2. 图纸页结构

图纸页结构一般采用“高层代号+位置代号+页名”的命名方式，也可以采用“高层代号+页名”的命名方式，建议使用“高层代号+页名”这种页结构命名方式，这种结构看上去省略了位置代号，但是在绘制电气图时在相应的图纸中仍然有位置代号（使用了位置盒）。

EPLAN 通常采用根据工艺划分的区域进行图纸的绘制，针对一个完成的工程项目，EPLAN 绘图通常采用二级结构。

➢ 高层代号：可分为基本设计、原理图、施工设计。

➢ 位置代号：为高级代号的下一级结构，如图 3-5 所示。

图 3-5　显示图纸的系统结构

EPLAN 中的图纸页结构描述符号如下：

（1）功能面结构“=”。符号“=”译为高层代号，表示系统根据功能被分为若干个组成项目。

（2）产品面结构“-”。符号“-”表示根据产品分类，如-Q 表示空气开关。

（3）位置面结构“+”。符号“+”描述部件在系统中的位置，表示位置代号。

（4）器件引脚标识“：”。例如，-Q1:X1 表示元件 Q1 的 X1 引脚。

3. 导线颜色

室内配电导线有红、黄、绿、蓝和黄绿双色五种颜色，如图 3-6 所示。我国住宅用户一般为单相电源进户，进户线有三根，分别是相线（L）、中性线（N）和接地线（PE）。在选择进户线时，相线应选择红线、黄线或绿线，中性线选择蓝线，接地线选择黄绿双色线。三根进户线进入配电箱后分成多条支路，各支路的接地线必须为黄绿双色线，中性线的颜色必须采用蓝线。而各支路的相线可都选择黄线，也可以分别采用红、黄、绿三种颜色的导线，如一条支路的相线选择黄线，另一条支路的相线选择红线或绿线，支路相线选择不同颜色的导线有利于在检查时区分线路。

图 3-6　五种不同颜色的室内配电导线

3.2.2　具体绘制阶段

EPLAN P8 2022 电气图规划主要包括电气图纸的结构、布局、元件命名、导线编号等，下面简要进行介绍。

一份完整的电气图应该包括总目录、电气图、电气柜安装布局图、部件清单等；而总目录，应该有本份图纸的封面、目录、符号总览、结构标识符总览、导线编号规则、导线颜色介绍等。

电气图的目录好比书的目录，方便查阅，由序号、图样名称、编号、张数等构成，便于资料系统化和检索图样。

1. 电气图的布局

为了清楚地表明电气系统或设备各组成部分间、各电气元件间的连接关系，以便于使用者了解其原理、功能和动作顺序，电气图的布局应符合一定的要求。

电气图布局的原则是便于绘制、易于识读、突出重点、均匀对称、间隔适当及清晰美观；布局的要点是从总体到局部、从主电路图（主接线图或一次接线图）到二次电路图（副电路图或二次接线图）、从主要到次要、从左到右、从上到下、从图形到文字。

在设计电气图的布局时，可按以下步骤进行。

（1）明确电气图的绘制内容。布局电气图时，要明确整个图纸的绘制内容，如需绘制的图形、图形的位置、图形之间的关系、图形的文字符号、图形的标注内容、设备元件明细表和技术说明等。

（2）确定电气图布局方向。电气图布局方向有水平布局和垂直布局两种方式，如图 3-7 所示。在水平布局时，应将元件和设备在水平方向布置；在垂直布局时，应将元件和设备在垂直方向布置。

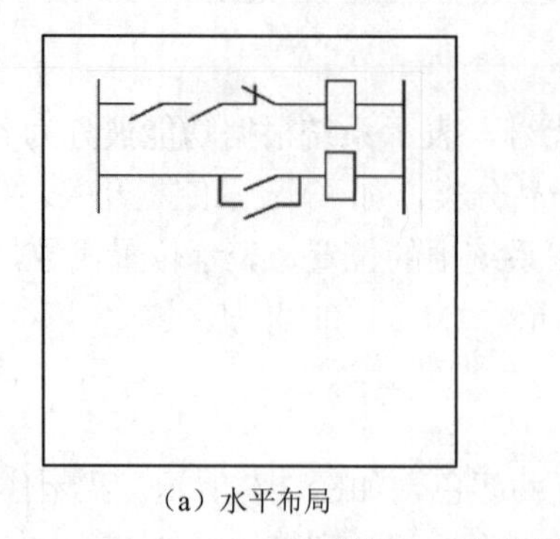

（a）水平布局

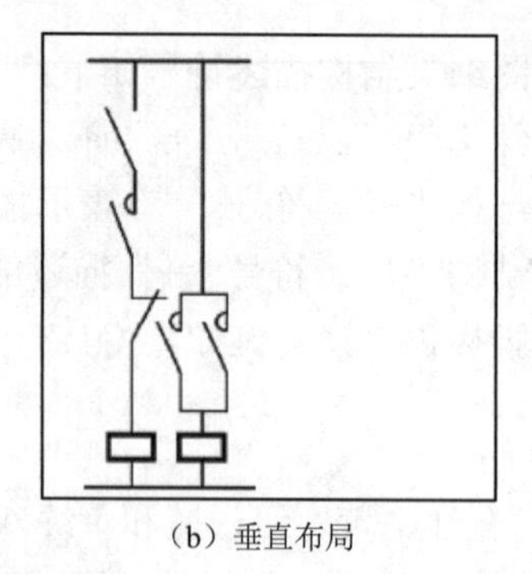

（b）垂直布局

图 3-7　电气图的两种布局方向

2．导线编号

由于电子产品是由众多元件构成的，所以电路图就会通过元件对应的电路符号反映电路的构成，而这些电路符号需要导线进行连接。

3.3　电气图制图规则

电气图是一种特殊的专业技术图，除了必须遵守国家标准化管理委员会颁布的相关标准外，制图和读图人员还需要了解这些规则或标准。由于国家标准化管理委员会所颁布的标准很多，这里只简单介绍与电气图制图相关的规则和标准。

3.3.1　图纸格式和幅面尺寸

1．图纸格式

电气图的格式和机械图、建筑图的格式基本相同，通常由边框线、图框线、标题栏、会签栏组成，其格式如图 3-8 所示。

图 3-8 中的标题栏相当于一个设备的铭牌，标示着这张图纸的名称、图号张次、制图者和审核者等有关人员的签名等，其一般格式见表 3-2。标题栏通常放在图纸的右下角位置，也可放在其他位置，但必须在本张图纸上，而且标题栏的文字方向与看图方向一致。会签栏是留给相关的水、暖、建筑和工艺等专业设计人员会审图时签名用的。

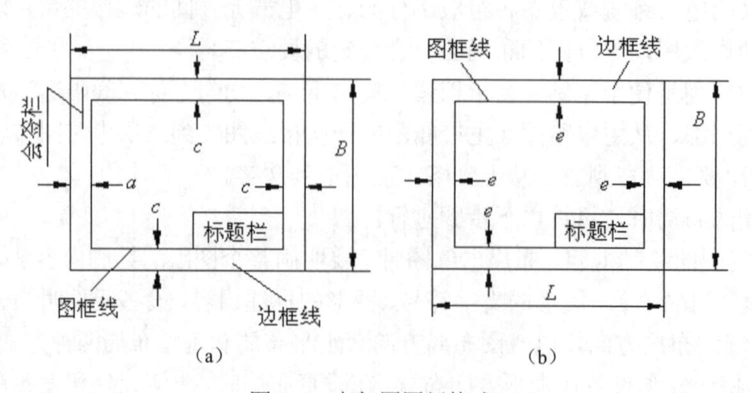

（a）　　　　（b）

图 3-8　电气图图纸格式

2. 幅面尺寸

由边框线围成的图画称为图纸的幅面。幅面大小共分为 A0～A4 5 类，其尺寸见表 3-3，根据需要可将 A3 和 A4 号图加长，加长幅面尺寸见表 3-4。

表3-2 标题栏一般格式

××电力勘察设计院				××区域 10kV 开闭及出线电缆工程		施工图
所长		校核		10kV 配电装备电缆联系及屏顶小母线布置图		
主任工程师		设计				
专业组长		CAD 制图				
项目负责人		会签				
日期	年 月 日	比例		图号	B812S-D01-14	

表3-3 基本幅面尺寸 （单位：mm）

	A0	A1	A2	A3	A4
宽×长（B×L）	841×1189	594×841	420×594	297×420	210×297
留装订边边宽（c）	10	10	10	5	5
不留装订边边宽（e）	20	20	10	10	10
装订侧边宽（a）	25				

表3-4 加长幅面尺寸 （单位：mm）

序 号	代 号	尺 寸
1	A3×3	420×891
2	A3×4	420×1189
3	A4×3	297×630
4	A4×4	297×841
5	A4×5	297×1051

当表 3-3 和表 3-4 所列幅面系列不能满足需要时，可按相应规定选用其他加长幅面的图纸。

3.3.2 图幅分区

为了确定图上内容的位置及其他用途，应对一些幅面较大、内容复杂的电气图进行图幅分区。图幅分区的方法是将图纸相互垂直的两边各自加以等分，分区数为偶数。每一分区的长度为25～75mm。分区线用细实线，每个分区内竖边方向用大写英文字母编号，横边方向用阿拉伯数字编号，编号顺序应从标题栏相对的左上角开始。

图幅分区后，相当于建立了一个坐标系，分区代号用该区域的字母和数字表示，字母在前，数字在后，如 B3、C4，也可用行（如 A、B）或列（如 1、2）表示。这样，在说明设备工作元件时，就可以让读者很方便地找出所指元件。

图 3-9 中将图幅分成 4 行（A～D）和 6 列（1～6）。图幅内所绘制的元件 KM、SB、R 在图上的位置被唯一地确定下来了，其位置代号列于表 3-5 中。

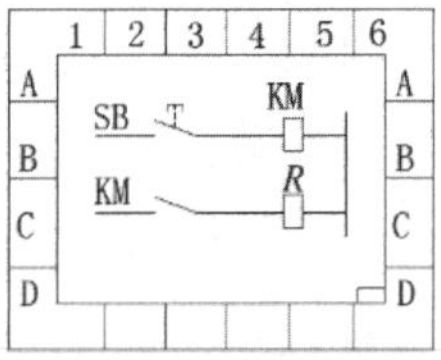

图 3-9 图幅分区示例

表3-5　图3-9中元件的位置代号

序　号	元件名称	符　号	行　号	列　号	区　号
1	继电器线圈	KM	B	4	B4
2	继电器触点	KM	C	2	C2
3	开关（按钮）	SB	B	2	B2

3.3.3　图线、字体及其他图注

1．图线

电气图中所用的各种线条称为图线。机械制图标准规定了 8 种基本图线，即粗实线、细实线、波浪线、双折线、虚线、细点画线、粗点画线和双点画线，并分别用代号 A、B、C、D、F、G、J 和 K 表示，见表 3-6。

表3-6　图线及应用

序号	图线名称	图线型式	代号	图线宽度/mm	一般应用
1	粗实线		A	b=0.5～2	可见轮廓线，可见过渡线
2	细实线		B	约 b/3	尺寸线和尺寸界线，剖面线，重合剖面轮廓线，螺纹的牙底线及齿轮的齿根线，引出线，分界线及范围线，弯折线，辅助线，不连续的同一表面的连线，成规律分布的相同要素的连线
3	波浪线		C	约 b/3	断裂处的边界线，视图与剖视的分线
4	双折线		D	约 b/3	断裂处的边界线
5	虚线		F	约 b/3	不可见轮廓线，不可见过渡线
6	细点画线		G	约 b/3	轴线，对称中心线，轨迹线，节圆及节线
7	粗点画线		J	b	有特殊要求的线或表面的表示线
8	双点画线		K	约 b/3	相邻辅助零件的轮廓线，极限位置的轮廓线，坯料轮廓线或毛坯图中制成品的轮廓线，假想投影轮廓线，试验或工艺用结构（成品上不存在）的轮廓线，中断线

2．字体

图中的文字，如汉字、字母和数字，是电气图的重要组成部分，是读图的重要内容。按《技术制图　字体》(GB/T 14691—1993) 的规定，汉字采用长仿宋体，字母、数字可采用直体、斜体；字体号数，即字体高度（单位为 mm），分为 20、14、l0、7、5、3.5、2.5 七种，字体的宽度约等于字体高度的 2/3，而数字和字母的笔画宽度约为字体高度的 1/10。因汉字笔画较多，所以不宜使用 2.5 号字。

3．箭头和指引线

电气图中有两种形式的箭头：开口箭头，如图 3-10（a）所示，表示电气连接上能量或信号的流向；实心箭头，如图 3-10（b）所示，表示力、运动、可变性方向。

指引线用于指示注释的对象，其末端指向被注释处，并在其末端加注以下标记（图 3-11）：若指在轮廓线内，用一黑点表示，见图 3-11（a）；若指在轮廓线上，用一箭头表示，见图 3-11（b）；若指在电气线路上，用一短线表示，见图 3-11（c），图中指明导线截面积分别为 3 ×10mm^2 和 2 ×2.5mm^2。

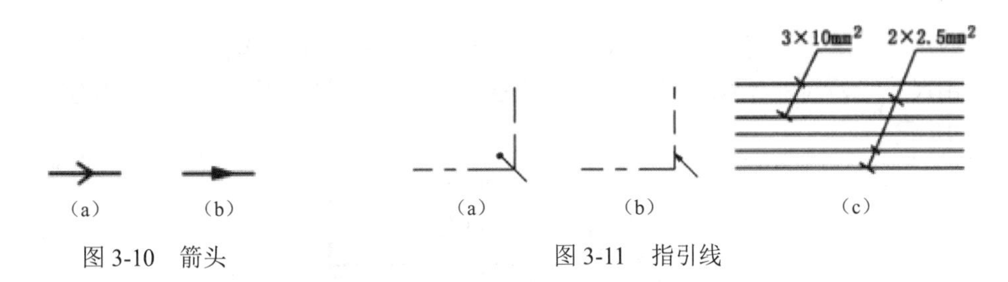

图 3-10　箭头　　图 3-11　指引线

4．围框

当需要在图上显示其中的一部分所表示的是功能单元、结构单元或项目组（如电器组、继电器装置）时，可以用点画线围框表示。为了图面的表示清楚，围框的形状可以是不规则的。如图 3-12 所示，围框内有两个继电器，每个继电器分别有三对触点，用一个围框表示这两个继电器 KM1、KM2 的作用关系会更加清楚，且具有互锁和自锁功能。

当用围框表示一个单元时，若在围框内给出了可在其他图样或文件上查阅更详细资料的标记，则其内的电路等可用简化形式表示或省略。如果在表示一个单元的围框内含有不属于该单元的元件符号，则必须对这些符号加双点画线的围框并加代号或注解。例如，图 3-13 中的-A 单元内包含熔断器 FU、按钮 SB、接触器 KM 和功能单元-B 等，它们在一个框内。而-B 单元在功能上与-A 单元有关，但不装在-A 单元内，所以用双点画线围起来，并且加了注释，表明-B 单元在图 3-13 左侧中给出了详细资料，这里将其内部连接线省略。但应注意，在使用围框进行表示时，围框线不应与元件符号相交。

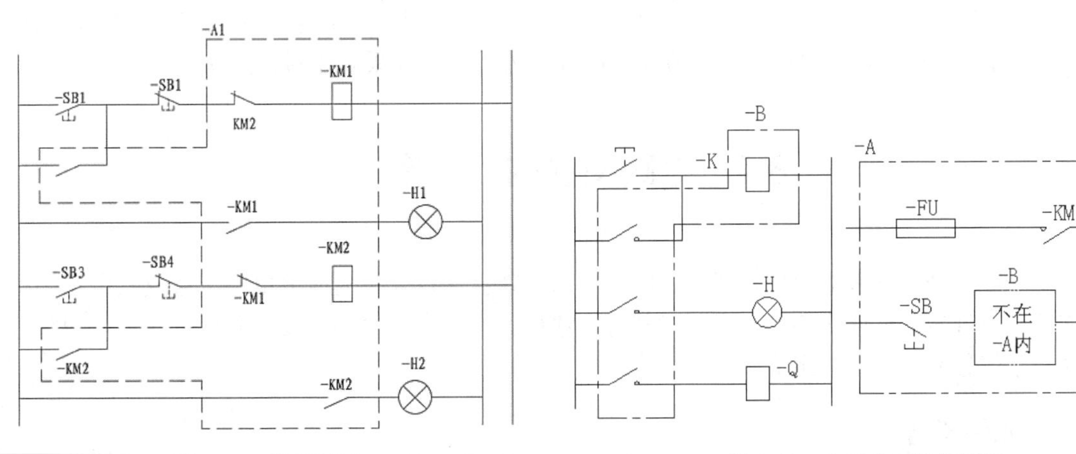

图 3-12　围框例图　　图 3-13　含双点画线的围框

5．比例

图上所画图形符号的大小与物体实际大小的比值，称为比例。大部分电气线路图都是不按比例绘制的，但位置平面图等则按比例绘制或部分按比例绘制，这样在平面图上测出两点距离后即可按比例值计算出两者间的实际距离（如线长度、设备间距等），这对导线的放线、设备机座和控制设备等的安装都很有利。

电气图采用的比例一般为1∶10、1∶20、1∶50、1∶100、1∶200、1∶500。

6．尺寸标注

在一些电气图上会标注尺寸。尺寸数据是有关电气工程施工和构件加工的重要依据。

尺寸由尺寸线、尺寸界线、尺寸起点（实心箭头和45°斜短画线）和尺寸数字4个要素组成，如图3-14所示。

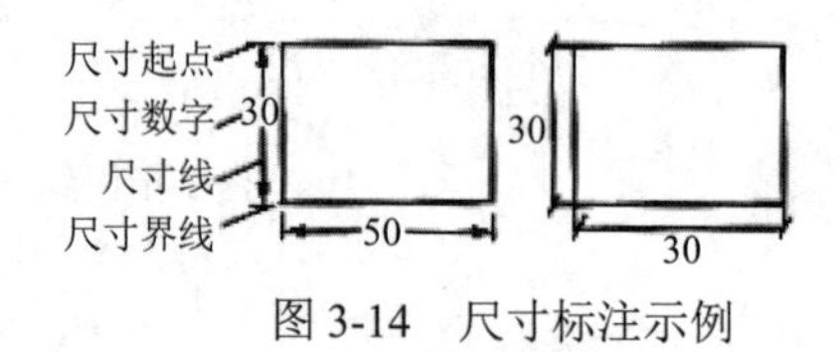

图3-14　尺寸标注示例

图纸上的尺寸通常以毫米（mm）为单位，除特殊情况外，图上一般不另标注单位。

7．注释、详图

（1）注释：用图形符号表达不清楚或不便表达的地方，可在图上添加注释。注释可采用两种方式：①直接放在所要说明的对象附近；②加标记，将注释放在另外的位置或另一页。当图中出现多个注释时，应把这些注释按编号顺序放在图样边框附近。如果是多张图样，一般性注释放在第一张图上，其他注释则放在与其内容相关的图上，注释方法采用文字、图形或表格等形式，其目的就是将对象表达清楚。

（2）详图：实质上是用图形作为注释。相当于机械制图的剖面图，就是把电气装置中某些零部件和连接点等结构、做法及安装工艺要求放大并详细地表示出来。详图可放置在要详细表示对象的图上，也可放在另一张图上，但必须要用一个标志将它们联系起来。标注在总图上的标志称为详图索引标志，标注在详图上的标志称为详图标志。例如，11号图上的1号详图在18号图上，则在11号图上的详图索引标志为1/18，在18号图上的标注为1/11，即采用相对标注法。

3.4　电路图的构成要素

由于电子产品是由众多的元件构成的，所以电路图就会通过元件对应的电路符号反映电路的构成，而这些电路符号需要连线连接，还要对其进行注释。因此，电路图主要由元件符号、绘图符号和注释（文字符号）三大部分组成。

3.4.1　元件符号

元件符号表示实际电路中的元件，如图3-15所示。

元件符号的形状与实际的元件不一定相似，甚至完全不一样。但是它一般都表示出了元件的特点，并且引脚的数量和实际应用的元件完全相同或基本相同。

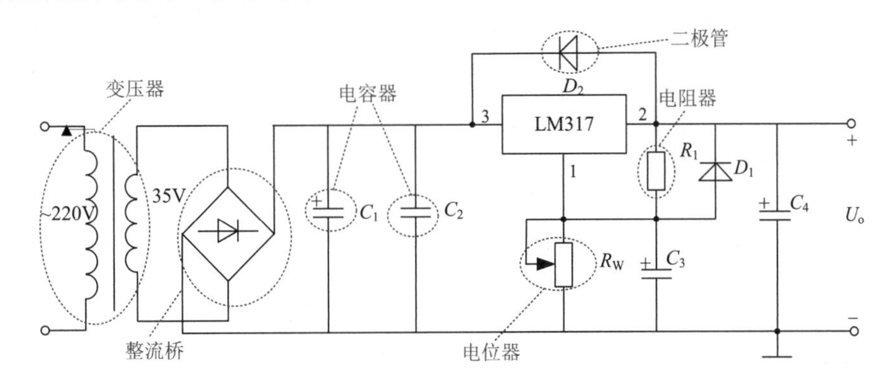

图 3-15　电路图中的元件符号

3.4.2　绘图符号

电路图中除了元件符号外，还必须有表示电压、电流、波形的各种符号，而这些符号需要连线、接地线、导线及连接点等进行连接后，才能形成一幅完整的电路图，如图 3-16 所示。

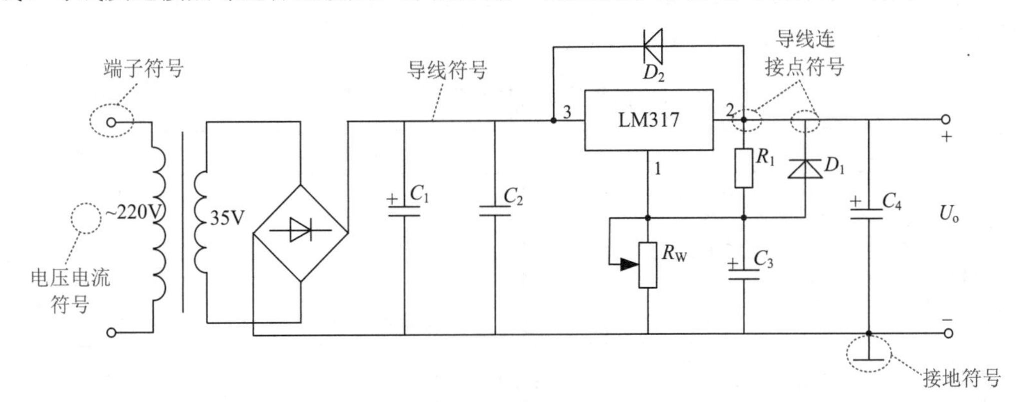

图 3-16　电路图中的绘图符号

（1）电压电流符号。常见的电压电流符号如图 3-17 所示。

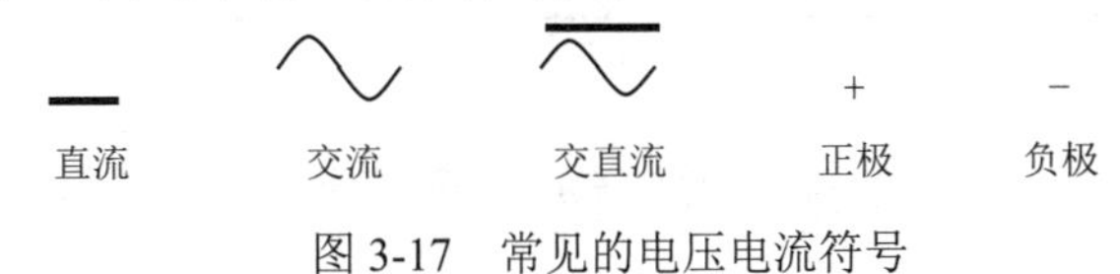

图 3-17　常见的电压电流符号

（2）接地符号。常见的接地符号如图 3-18 所示。

（3）端子符号。常见的端子符号如图 3-19 所示。

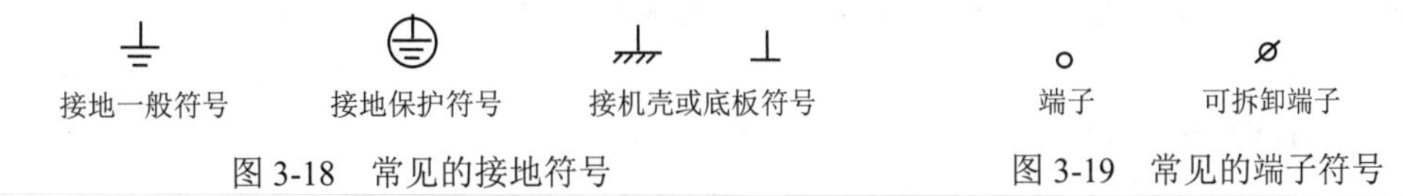

图 3-18　常见的接地符号　　　　图 3-19　常见的端子符号

（4）导线符号。常见的导线符号如图 3-20 所示。

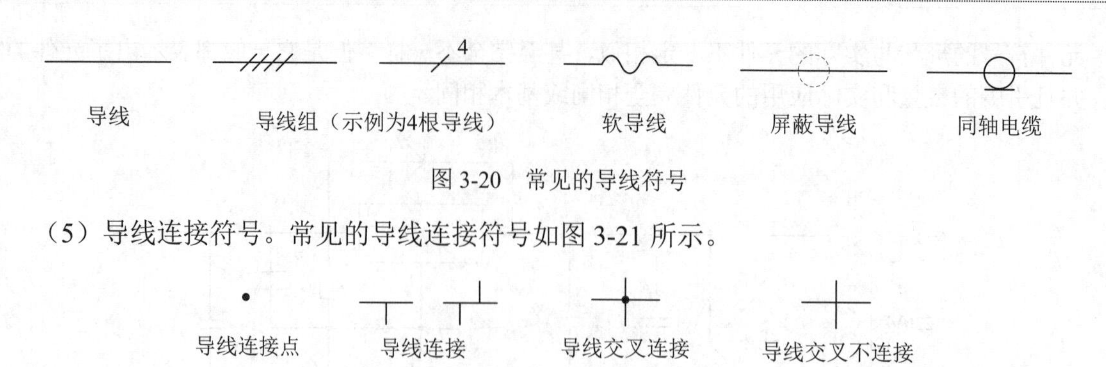

图 3-20　常见的导线符号

（5）导线连接符号。常见的导线连接符号如图 3-21 所示。

图 3-21　常见的导线连接符号

3.4.3　注释

电路图中所有的文字、字符都属于注释部分，它也是电路图重要的组成部分。

注释部分主要用于说明元件的名称、型号、主要参数等，通常紧邻元件电路符号进行标注。在一张电路图中，相同的元件往往会有许多个，这也需要用文字符号将它们加以区别，一般在该元件文字符号的后面加上序号。例如，当开关有两个时，则分别用 S1、S2 表示。另外，许多比较复杂的电路图还对重要的电源电路、特殊装置等部位进行注释。因此，注释部分是电路识图的重要依据之一。

常用元件的名称及其文字符号见表 3-7。

表3-7　常用元件的名称及其字母代号

名　称	字母代号	名　称	字母代号
变压器	T、B	继电器	J、K
石英晶体	XTAL、Y	传感器	MT
光电管、光电池	V	线圈	L、Q
天线	ANT、E、TX	接线排（柱）	JX
保险丝	F、RD、BX	指示灯	ZD
开关	S、K、DK	按钮	AN
插头	T、CT	互感器	H
插座	CZ、J、Z		

3.5　图 纸 管 理

一个工程项目图纸由多个图纸页组成，典型的电气工程项目图纸包含封页、目录表、电气原理图、安装板、端子图表、电缆图表、材料清单等图纸页。

3.5.1　电气图纸命名

电气图纸的命名一般会用到高层代号和位置代号。

1. 高层代号

高层代号是指系统或设备中，对代号所定义的项目来说，任何较高层次的项目的代号，用于表示该给定代号项目的隶属关系。例如，将书房的电脑桌作为一个项目，电脑桌的项目代号中的“高层代号”就是“书房”。

高层代号的前缀符号为一个等号（=），其后的字符代码由字母和数字组合而成。高层代号的字母代码可以按习惯自行确定。但设计人员应在电气图的施工图设计阶段，将自行确定的字母代码列表加以说明，作为设计说明中的一项内容提供给施工单位和建设单位，以利读图。高层代号可以由两组或多组代码复合而成，复合时要将较高层次的高层代号写在前。

2. 位置代号

位置代号是用于说明某个项目在组件、设备、系统或者建筑物中实际位置的一种代号。这种代号不提供项目的功能关系。位置代号的前缀符号是一个加号（+），其后的字符代码可以是字母或数字的组合，或者是字母与数字的组合。位置代号的字母代码也可自行确定。

图 3-22 所示为某企业中央变电所 203 室的中央控制室，内部有控制屏、操作电源屏和继电保护屏共 3 列，各列用拉丁字母表示，每列的各屏用数字表示，位置代号由字母和数字组合而成。例如，B 列 6 号屏的位置代号+B+6，全称表示为+203+B+6，可简单表示为+203B6。

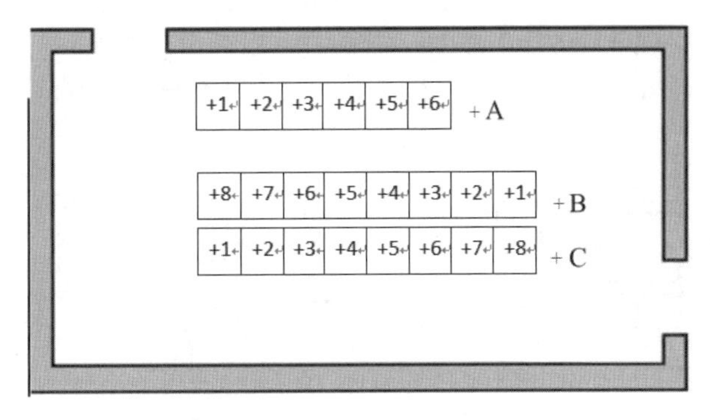

图 3-22　位置代号说明示例

3.5.2　图纸页分类

EPLAN 中含有多种类型的图纸页，不同类型的图纸页的含义和用途不同，为方便区别，每种类型的图纸页以不同的图标显示。

按生成的方式，EPLAN 中的图纸页可分为两类，即交互式图纸和自动式图纸，交互式即为手动绘制图纸，设计者与计算机互动，根据工程经验和理论设计图纸；自动式图纸根据评估逻辑图纸生成。

交互式图纸包括 11 种类型，具体描述如下。

- 单线原理图（交互式）：单线图是功能的总览表，可与原理图互相转换/实时关联。
- 多线原理图（交互式）：电气工程中的电路图。
- 管道及仪表流程图（交互式）：仪表自控中的管道及仪表流程图。
- 流体原理图（交互式）：流体工程中的原理图。
- 安装板布局（交互式）：安装板布局图设计。

- 图形（交互式）：无逻辑绘图。
- 外部文档（交互式）：可与外界连接的文档。
- 总览（交互式）：总览功能的描述。
- 拓扑（交互式）：原理图中布线路径二维网络设计。
- 模型视图（交互式）：基于布局空间 3D 模型生成的 2D 绘图。
- 预规划（交互式）：用于预规划模块中的图纸页。

根据线路的表示方式的不同，EPLAN 将电气图分为多线表示法和单线表示法。

1．多线表示法

每根连接线或导线备用一条图线表示的方法，称为多线表示法。图 3-23 所示为使用多线表示法表示电动机正反转控制的主电路，是电气原理图最常采用的表示法。

2．单线表示法

两根或两根以上的连接线或导线，只用一条线表示的方法，称为单线表示法。图 3-24 所示为使用单线表示法表示的电动机正反转控制的主电路。单线表示法适用于三相电路和多线基本对称电路，不对称部分应在图中说明，如图 3-24 中在 KM2 接触器触点前加了 L1、L3 导线互换标记。

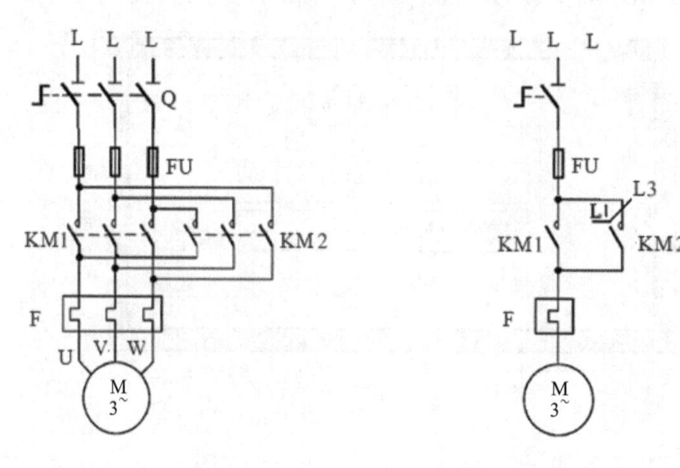

图 3-23　多线表示法示例　　图 3-24　单线表示法示例

3.5.3　新建图纸页

EPLAN 的项目用于管理相关文件及其属性，在新建项目下创建相关的图纸文件，根据创建的文件类型的不同，生成的图纸文件也不相同。

图纸页一般采用“高层代号+位置代号+页名”的命名方式，添加页结构描述，分别对高层代号、位置代号进行设置。

【执行方式】

- 菜单栏：选择菜单栏中的“页”→“新建”命令。
- 功能区：单击“文件”选项卡中的“新建”命令。
- 快捷命令：选择右键菜单中的“新建”命令。
- 快捷键：Ctrl+N。

动手学——创建图纸页文件

【操作步骤】

（1）选择菜单栏中的“项目”→“打开”命令，系统会打开“打开项目”对话框，打开项目文件 myproject，在该项目下默认创建图纸页=CA1+EAA/1。

（2）在“页”导航器中选中项目名称，右击选择快捷菜单中的“新建”命令，弹出如图 3-25 所示的“新建页”对话框，在该对话框中设置图纸页的名称、类型与属性等参数。

（3）在“完整页名”文本框中输入电路图纸页名称，如图 3-25 所示。

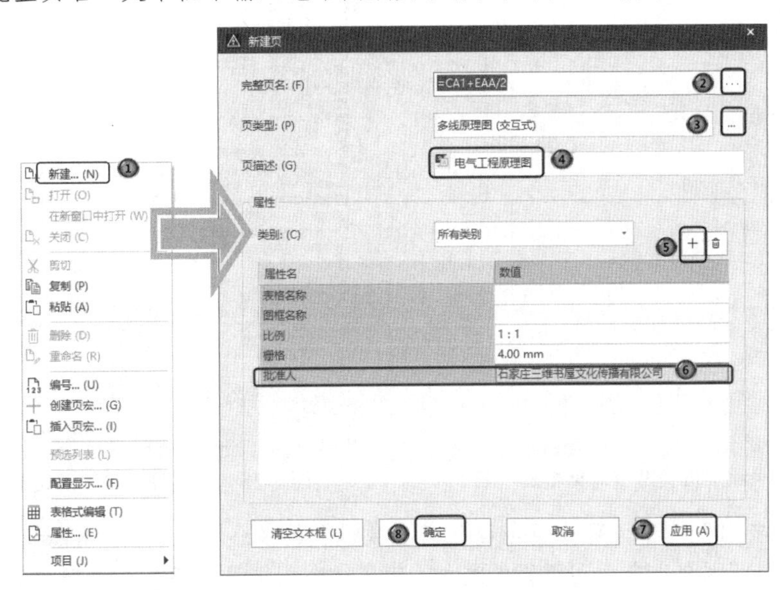

图 3-25　“新建页”对话框

（4）单击“完整页名”文本框右侧按钮，弹出“完整页名”对话框，在已存在的结构标识中选择图纸页的命名，可手动输入标识，也可创建新的标识。在该对话框中设置“高层代号”“位置代号”与“页名”，输入“高层代号”为 CA1，“位置代号”为 EAA，“页名”为 2，如图 3-26 所示。单击“确定”按钮，返回“新建页”对话框，显示创建的图纸页完整页名为=CA1+EAA/2。

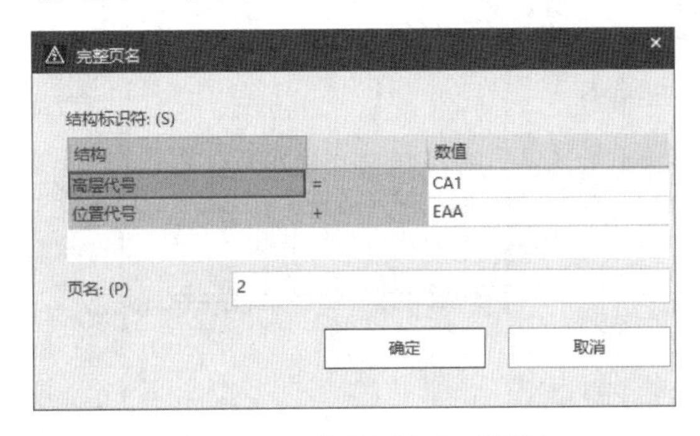

图 3-26　“完整页名”对话框

（5）“页类型”选项可以选择需要的页类型，单击文本框右侧按钮，弹出“添加页类型”对话框，如图 3-27 所示，选择“多线原理图（交互式）”。在“页描述”文本框中输入图纸描述“电气工程原理图”。

（6）“属性名-数值”列表中默认显示图纸的表格名称、图框名称、图纸比例、栅格大小等。在“属性名-数值”列表中单击“新建”按钮[+]，弹出“属性选择”对话框，如图 3-28 所示。选择“批准人”属性，单击“确定”按钮，在添加的属性“批准人”栏的“数值”列中输入“石家庄三维书屋文化传播有限公司”。

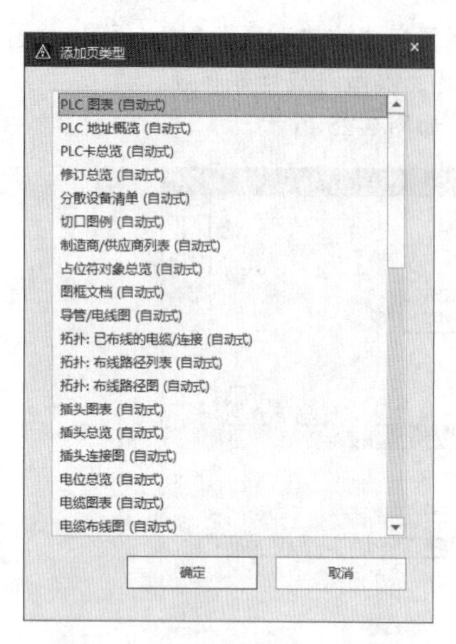

图 3-27　“添加页类型”对话框

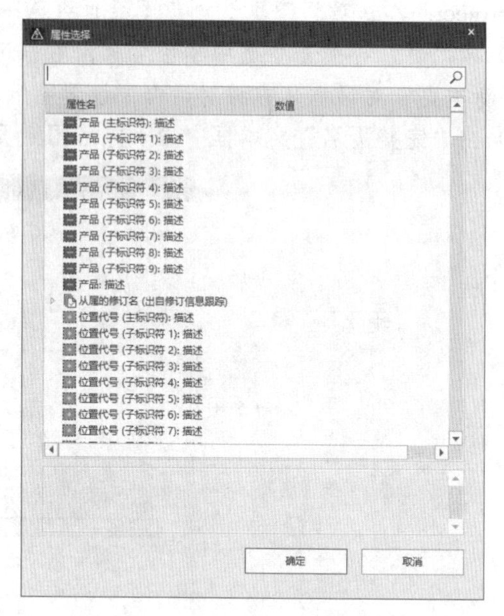

图 3-28　“属性选择”对话框

（7）单击“应用”按钮，可重复创建相同参数设置的多张图纸。每单击一次，就创建一张新图纸页。单击“确定”按钮，完成图纸页的添加，新建一个图纸页文件即可同时打开原理图编辑器，如图 3-29 所示。

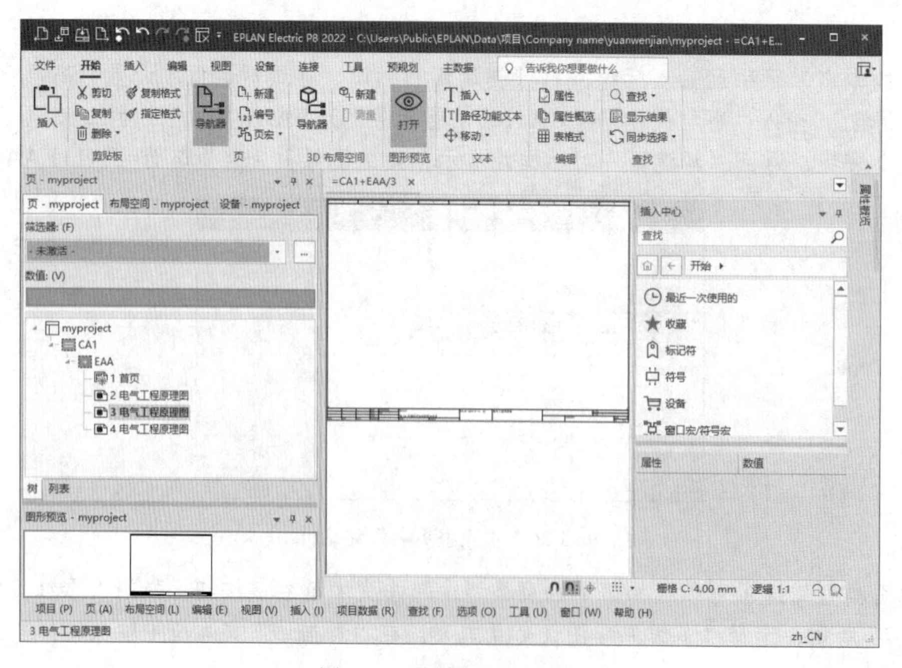

图 3-29　新建图纸页文件

知识拓展：

删除图纸页文件比较简单，选中文件后按 Delete 键即可，或在“页”导航器中选中图纸页后右击，选择快捷命令“删除”。删除操作是不可恢复的，需谨慎操作。

3.5.4　打开图纸页文件

【执行方式】

- 菜单栏：选择菜单栏中的“页”→“打开”命令。
- 快捷命令：选择右键菜单中的“打开”命令。

【操作步骤】

在“页”导航器上选择要打开的图纸页文件，执行上述命令后，自动打开图纸页文件。打开图纸页文件之前需要选择图纸页，图纸页的选择包括下面三种方式。

（1）在“页”导航器中直接双击图纸页的名称。

（2）选择菜单栏中的“页”→“上一页”/“下一页”命令，即可选择当前选择页的上一页或下一页。

（3）按快捷键。

- PageUp：显示前一页。
- PageDown：显示后一页。

3.5.5　创建符号库文件

虽然 EPLAN P8 2022 为我们提供了丰富的符号库资源，但是在实际的电路设计中，由于元件制造技术的不断更新，有些特定的元件仍需用户自行制作。另外，根据项目的需要，建立基于该项目的符号库，有利于在以后的设计中更加方便快速地调入元件符号，管理项目文件。

【执行方式】

- 菜单栏：选择菜单栏中的“工具”→“主数据”→“符号库”→“新建”命令。
- 功能区：选择“主数据”选项卡中“符号”面板的“符号库”按钮下的“新建”命令。

扫一扫，看视频

动手学——创建符号库文件

【操作步骤】

（1）选择菜单栏中的“项目”→“打开”命令，打开项目文件 myproject。选择菜单栏中的“工具”→“主数据”→“符号库”→“新建”命令，弹出“创建符号库”对话框，在“文件名”文本框中输入文件名称 new_library，如图 3-30 所示，新建一个名为 new_library 的符号库。

（2）单击“保存”按钮，弹出如图 3-31 所示的“符号库属性”对话框，其中会显示栅格属性，可以设置栅格大小，默认值为 1.00mm。单击 + 按钮，添加文件属性；单击按钮，删除文件属性。单击“确定”按钮，关闭对话框。

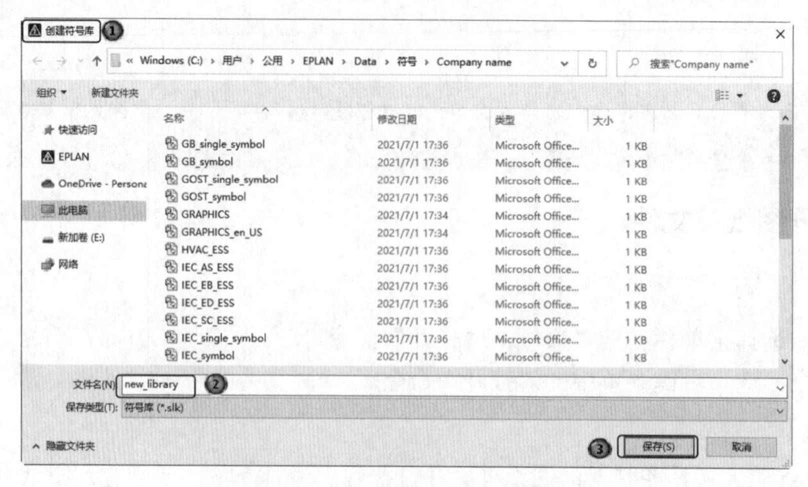

图 3-30 “创建符号库”对话框

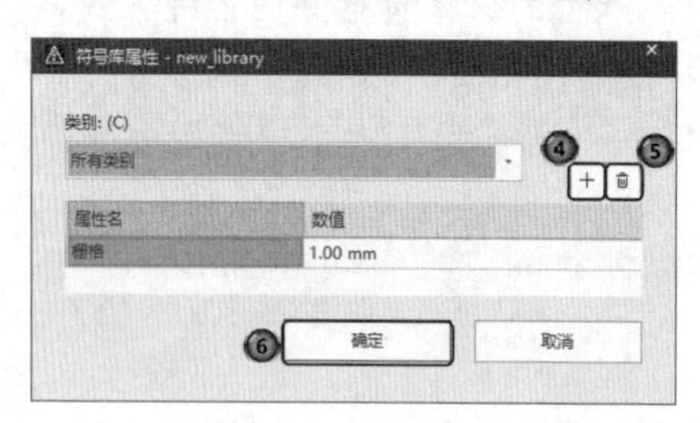

图 3-31 “符号库属性”对话框

3.5.6 图纸页的重命名

图纸页结构一般采用“高层代号+位置代号+页名”的命名规则，相应地，对图纸页的重命名，需要分别对高层代号、位置代号和页名进行重命名。

【执行方式】

- 菜单栏：选择菜单栏中的“页”→“重命名”命令。
- 快捷命令：选择右键菜单中的“重命名”命令。

【操作步骤】

在“页”导航器中选择要重命名的图纸页文件的高层代号（或位置代号、页名），执行上面的操作，高层代号文件进入编辑状态。激活编辑文本框，输入要重命名的名称，输入完成后，在编辑框外单击，退出编辑状态，完成重命名。

注意：

不论图纸页是否打开，重命名操作都会立即生效。

扫一扫，看视频

动手学——修改图纸页文件名称

【操作步骤】

1．高层代号重命名

（1）选择菜单栏中的“项目”→“打开”命令，系统会打开“打开项目”对话框，打开项目文件 myproject。

（2）在“页”导航器中选中高层代号 CA1，在该代号上右击，选择快捷菜单中的“重命名”命令，激活编辑文本框，输入新图纸页文件高层代号的名称 ZA1，如图 3-32 所示。

2. 位置代号重命名

在“页”导航器中选择要重命名的位置代号 EAA，选择菜单栏中的“页”→“重命名”命令，位置代号进入编辑状态。激活编辑文本框，输入新图纸页文件位置代号的名称 KZ，输入完成后，在编辑框外单击，退出编辑状态，完成重命名，如图 3-33 所示。

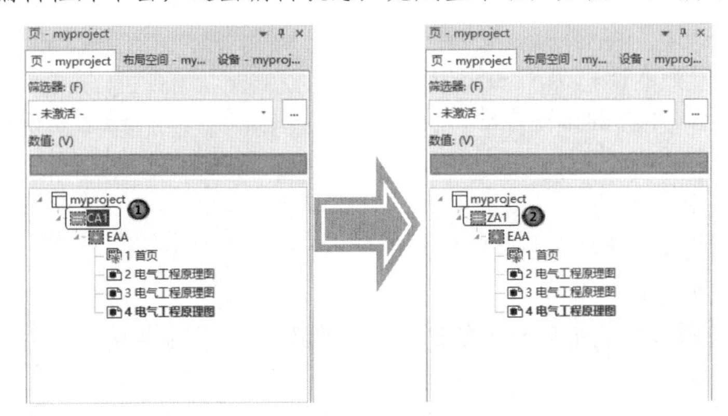

图 3-32 高层代号重命名

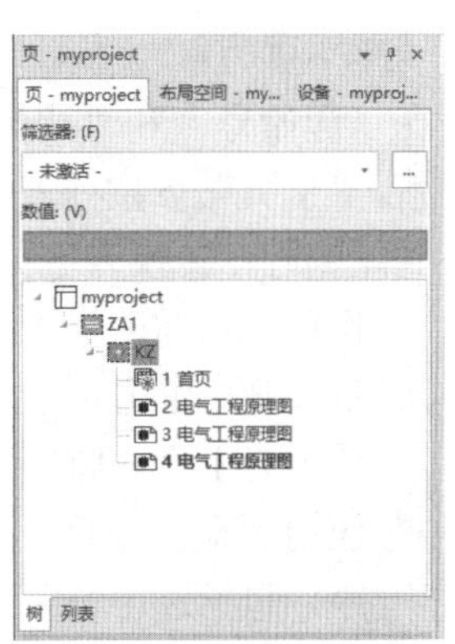

图 3-33 位置代号重命名

3. 页名重命名

在“页”导航器中选择要重命名的图纸页文件的页名 2，选择菜单栏中的“页”→“重命名”命令，图纸页文件的页名进入编辑状态。激活编辑文本框，输入新图纸页名称 a，在编辑框外单击，退出编辑状态，完成重命名，如图 3-34 所示。

使用同样的方法，修改图纸页 3、图纸页 4，重命名为图纸页 b、图纸页 c，如图 3-35 所示。

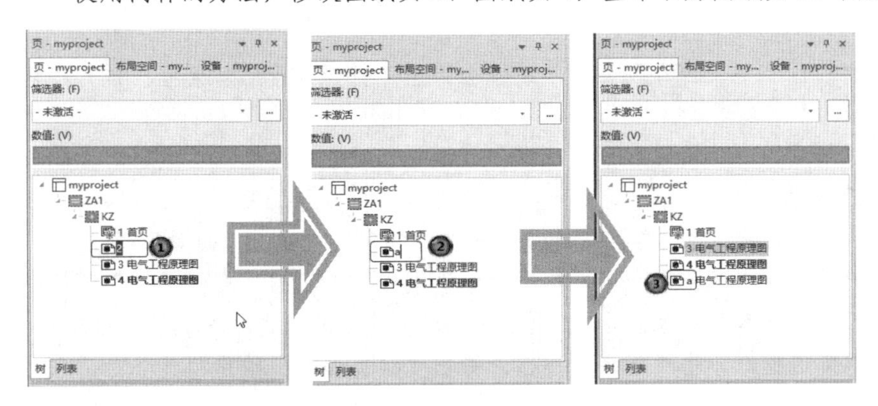

图 3-34 页名重命名（1）

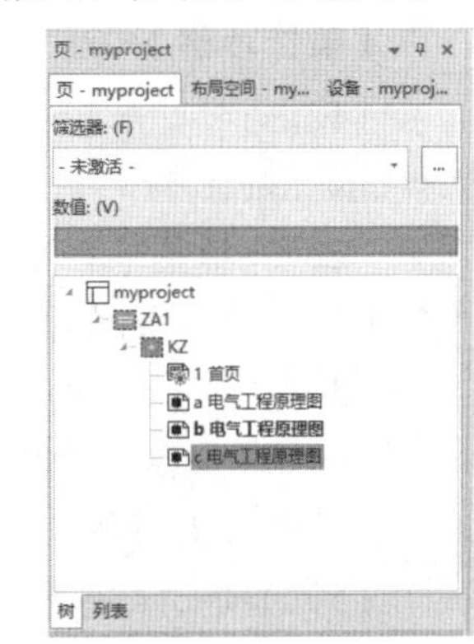

图 3-35 页名重命名（2）

3.5.7 图纸页的编号

当图纸越画越多时难免会有增页、删页的情况，当页编号已经不连续了而且存在子页时，若手动按页更改则太麻烦了，这时可以使用页的编号功能进行更改。

【执行方式】

➢ 菜单栏：选择菜单栏中的“页”→“编号”命令。

➢ 快捷命令：在选中的图纸页上右击，选择“编号”命令。

【操作步骤】

单击选中第一页，按住 Shift 键选择要结束编号的页，会自动选择这两页（包括这两页）之间所有的页。执行上述命令，会弹出如图 3-36 所示的“给页编号”对话框。

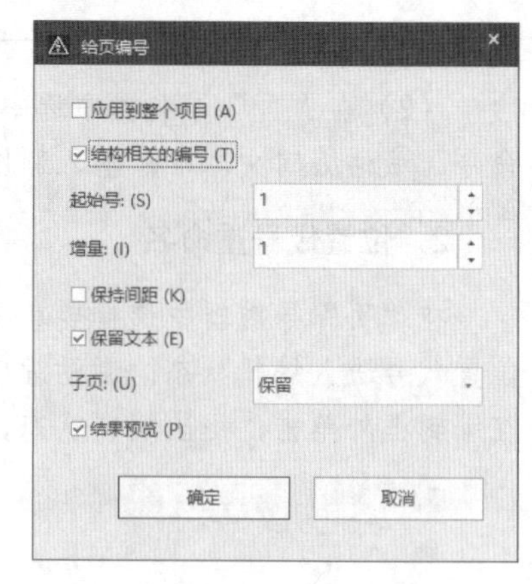

图 3-36 “给页编号”对话框

【选项说明】

在“起始号”和“增量”文本框中输入图纸页的起始编号与递增值，“子页”下拉列表中显示了 3 种子页的排序方法：保留、从头到尾编号、转换为主页。

➢ 保留：当前的子页形式保持不变。

➢ 从头到尾编号：子页以起始值为 1，增量为 1 进行重新编号。

➢ 转换为主页：将子页转换为主页并重新编号。

➢ 应用到整个项目：勾选该复选框，将整个项目下的图纸页按照对话框中的设置进行重新排序，包括选中与未选中的图纸页。

➢ 结构相关的编号：勾选该复选框，将与选择图纸页结构相关的图纸页按照对话框中的设置进行重新排序。

➢ 保持间距：勾选该复选框，图纸页编号将保持间距。

➢ 保留文本：勾选该复选框，图纸页数字编号按照增量进行，保留编号中的字母编号。

➢ 结果预览：勾选该复选框，弹出“给页编号：结果预览”对话框，预览设置结果。

扫一扫，看视频

动手学——图纸页文件编号

【操作步骤】

（1）选择菜单栏中的“项目”→“打开”命令，系统会弹出“打开项目”对话框，打开项目文件 myproject。

（2）选择菜单栏中的“选项”→“设置”命令，弹出“设置”对话框，选择“项目名称”→“管理”→“页”，如图 3-37 所示。

（3）在“子页标识”下拉列表中选择“数字”选项，单击“确定”按钮，关闭对话框。

（4）选择菜单栏中的“页”→“编号”命令，弹出“给页编号”对话框，在“子页”下拉列表中选择“从头到尾编号”，页编号模式变为子页起始值为 1，增量为 1 的形式。

（5）勾选“结果预览”复选框，单击“确定”按钮，弹出“给页编号：结果预览”对话框，显示预览设置结果，如图 3-38 所示。

（6）预览结果检查无误后，单击“确定”按钮，关闭对话框。在“页”导航器中显示页名编号结果，如图 3-39 所示。

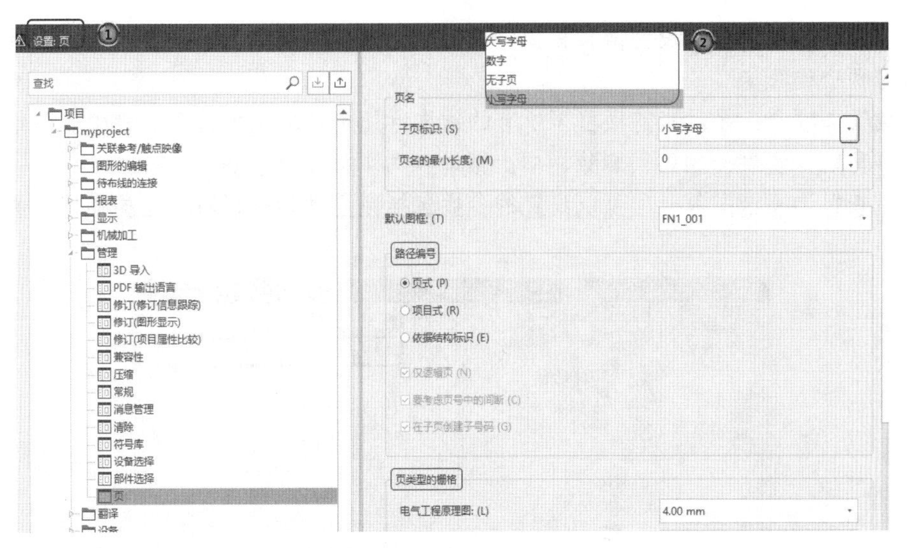

图 3-37　“页”选项卡

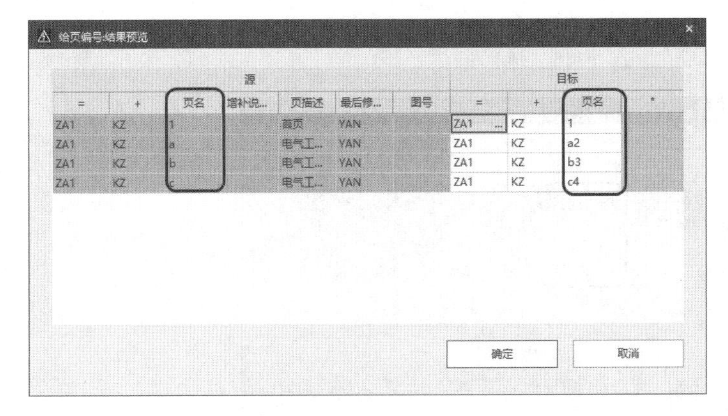
给页编号:结果预览

源							目标			
=	+	页名	增补说...	页描述	最后修...	图号	=	+	页名	*
ZA1	KZ	1		首页	YAN		ZA1	KZ	1	
ZA1	KZ	a		电气工...	YAN		ZA1	KZ	a2	
ZA1	KZ	b		电气工...	YAN		ZA1	KZ	b3	
ZA1	KZ	c		电气工...	YAN		ZA1	KZ	c4	

确定　取消

图 3-38　“给页编号：结果预览”对话框

图 3-39　显示页名编号结果

3.5.8　结构标识符管理

在电气图纸的设计过程中，结构标识符用于描述系统和部件的结构。EPLAN 中的结构标识符号包括以下几种。

（1）功能面结构“=”：高层代号，表示系统根据功能被分为若干个组成项目。

（2）产品面结构“-”：表示根据产品进行分类，如-Q 表示空气开关。

（3）位置面结构“+”：位置代号，描述部件在系统中的位置。

（4）器件引脚标识“:”：如-Q1:X1 表示元件 Q1 的 X1 引脚。

在 EPLAN 中，用户可以按照自己的设计要求应用结构标识配置页、设备名称等结构。结构标识符管理用于对项目结构的标识或描述。结构标识符可以是一个单独的标识或由多个标识组合而成。

【执行方式】

菜单栏：选择菜单栏中的“项目数据”→“结构标识符管理”命令。

【操作步骤】

在“页”导航器中选中项目名称，执行上述命令，弹出如图 3-40 所示的“结构标识符管理”对话框。在左侧列表中显示可以设置结构标识符的对象，包括高层代号、位置代号、高层代号数。右侧列表中包含两个选项卡。

（1）“树”选项卡：显示当前项目下所有的结构标识符。右上方的工具栏中显示结构标识符的搜索、新建、剪切、复制、粘贴、删除、向上移动和向下移动等按钮。

（2）“列表”选项卡：每一项可以设置的参数包括完整结构标识符、结构描述、原始名称、使用和状态。

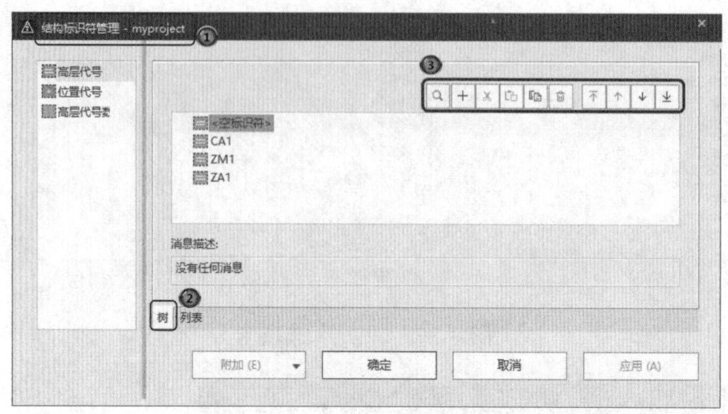

（a）“树”选项卡

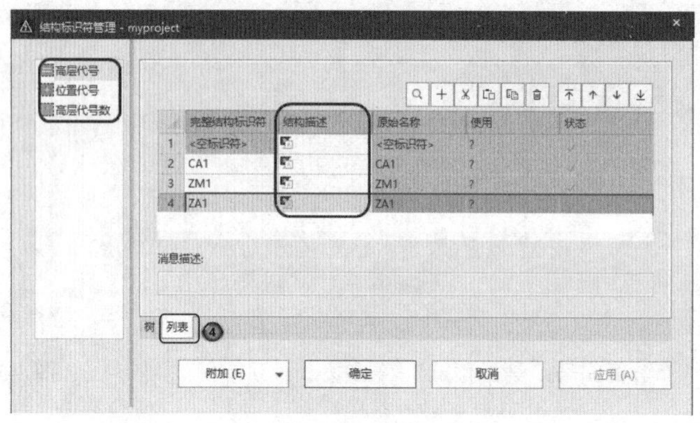

（b）“列表”选项卡

图 3-40　“结构标识符管理”对话框

扫一扫，看视频

动手学——创建电动机全压启动项目

【操作步骤】

1．创建项目文件

（1）选择菜单栏中的“项目”→“新建”命令，弹出如图 3-41 所示的对话框，在“项目名称”文本框中输入要创建的项目名称 Electrical_Project，在“保存位置”文本框中选择项目文件的存放路径，在“基本项目”下拉列表中选择 IEC_bas001.zw9。

（2）单击“确定”按钮，显示项目创建进度对话框，进度条完成后，弹出“项目属性”对话框，默认“属性名-数值”列表中的图纸项目的参数不作更改，单击“确定”按钮，关闭对话框。

（3）在“页”导航器中显示新项目 Electrical_Project，在该项目列表下根据模板创建标题页“1 首页”，如图 3-42 所示。

图 3-41　“创建项目”对话框

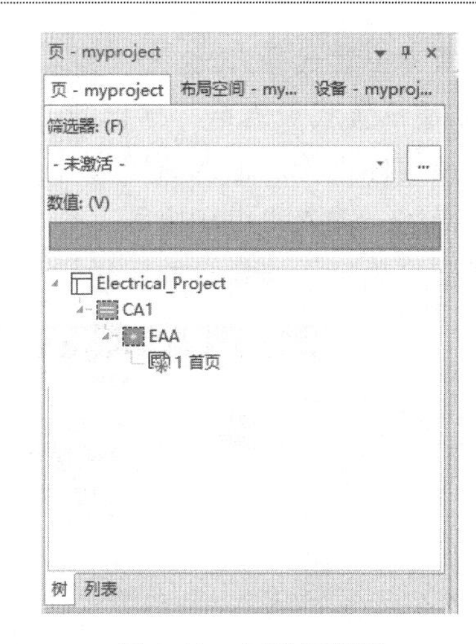

图 3-42　创建标题页

2．创建结构标识符

（1）选择菜单栏中的“项目数据”→“结构标识符管理”命令，弹出“结构标识符管理”对话框。

（2）选择“高层代号”，打开“树”选项卡，选中“空标识符”，单击“新建”按钮+，弹出“新标识符”对话框，在“名称”文本框中输入G01，在“结构描述”行中输入“启动”，如图3-43所示。

（3）单击“确定”按钮，即在“高层代号”中添加了“G01（启动）”结构标识符，如图3-44所示。

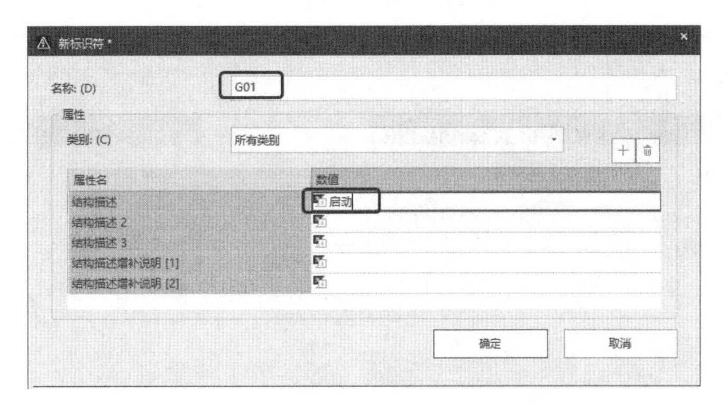

图 3-43　创建高层代号的结构标识符

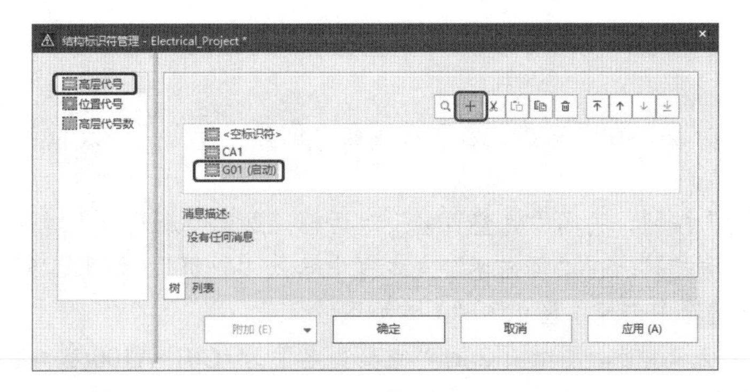

图 3-44　“高层代号”选项卡

（4）选择“位置代号”，打开“列表”选项卡，单击“新建”按钮+，在新添加的行中输入下面的参数，创建位置代号的结构标识符“A100（电动机）”，如图 3-45 所示。

- 完整结构标识符：输入 A100。
- 结构描述：输入“电动机”。

（5）单击“确定”按钮，关闭对话框。

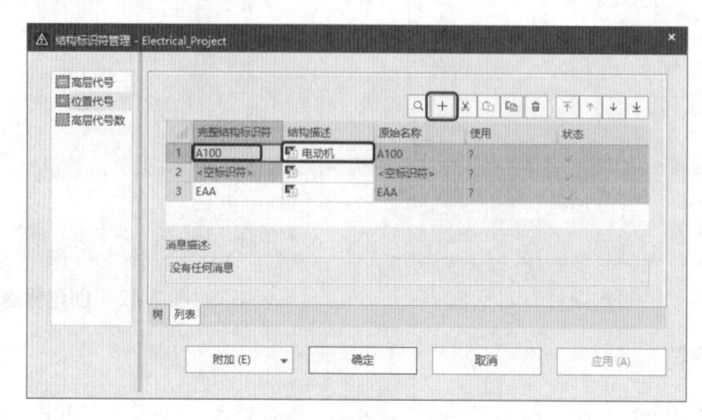

图 3-45　创建位置代号的结构标识符

3．根据结构标识符创建图纸页

（1）在“页”导航器中选中项目名称 Electrical_Project，右击，选择快捷菜单中的“新建”命令，弹出“新建页”对话框，显示创建的图纸页完整页名为=CA1+EAA/2。

（2）在“完整页名”文本框右侧单击…按钮，弹出“完整页名”对话框，如图 3-46 所示。在“高层代号”右侧单击…按钮，弹出“高层代号”对话框，选择定义的高层代号的结构标识符“G01（启动）”，如图 3-47 所示。

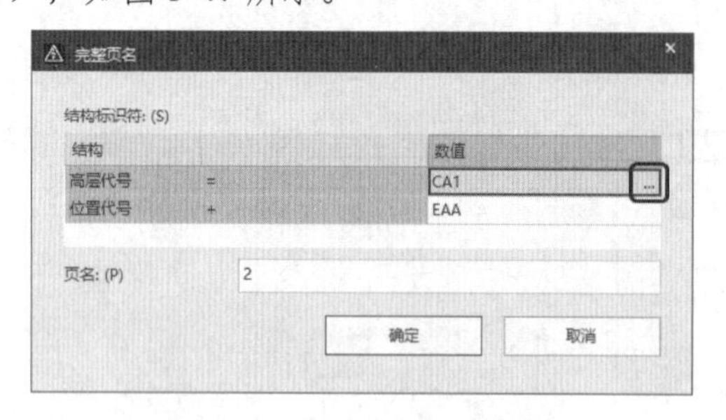

图 3-46　“完整页名”对话框

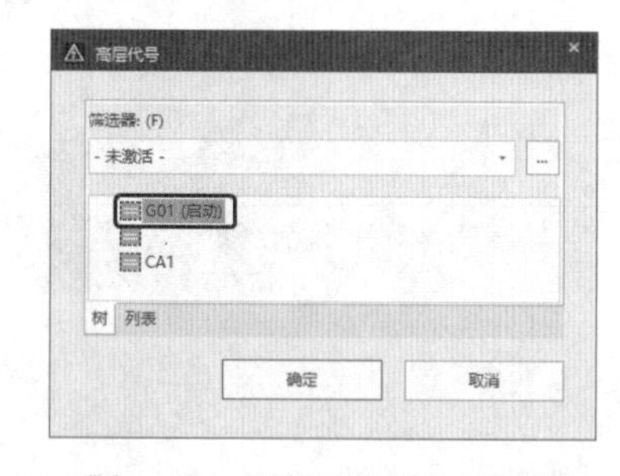

图 3-47　“高层代号”对话框

（3）单击“确定”按钮，关闭对话框。“完整页名”对话框中高层代号的结构标识符修改结果如图 3-48 所示。

（4）使用同样的方法，在“完整页名”对话框“位置代号”行修改位置代号的结构标识符，结果如图 3-49 所示。

（5）单击“确定”按钮，关闭“完整页名”对话框，返回“新建页”对话框，默认“页类型”为“标题页/封页（自动式）”，在“页描述”文本框中输入“首页”，如图 3-50 所示。单击“应用”按钮，即在“页”导航器中创建了图纸页“1 首页”。

（6）添加图纸页 2。此时，图纸页 2 的“完整页名”为=G01+A100/2。在“新建页”对话框中单击“页类型”文本框右侧的下拉按钮，选择图纸页类型“多线原理图（交互式）”，在“页描述”

文本框中输入“三相全压启动电路原理图”，如图 3-51 所示。

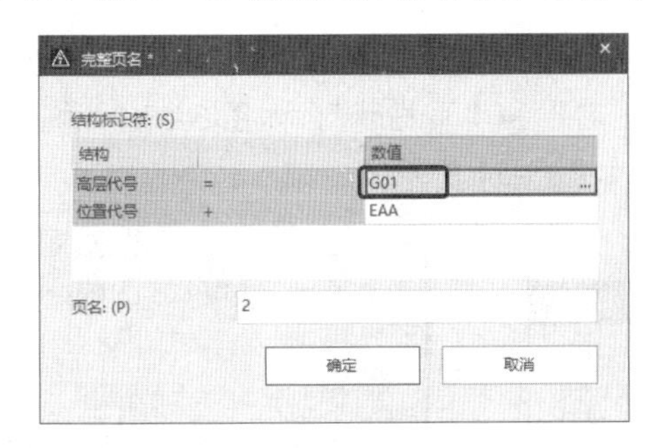

图 3-48　修改高层代号的结构标识符

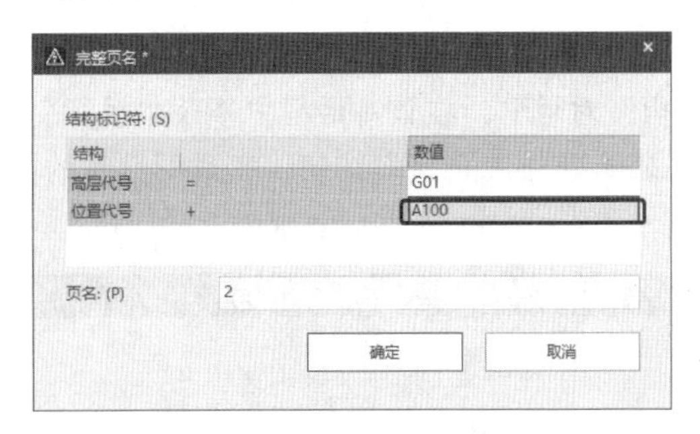

图 3-49　修改位置代号的结构标识符

图 3-50　创建图纸页 1

图 3-51　创建图纸页 2

（7）单击“确定”按钮，关闭“新建页”对话框，完成图纸页的添加。新建图纸页文件，同时打开电气图编辑器，如图 3-52 所示。

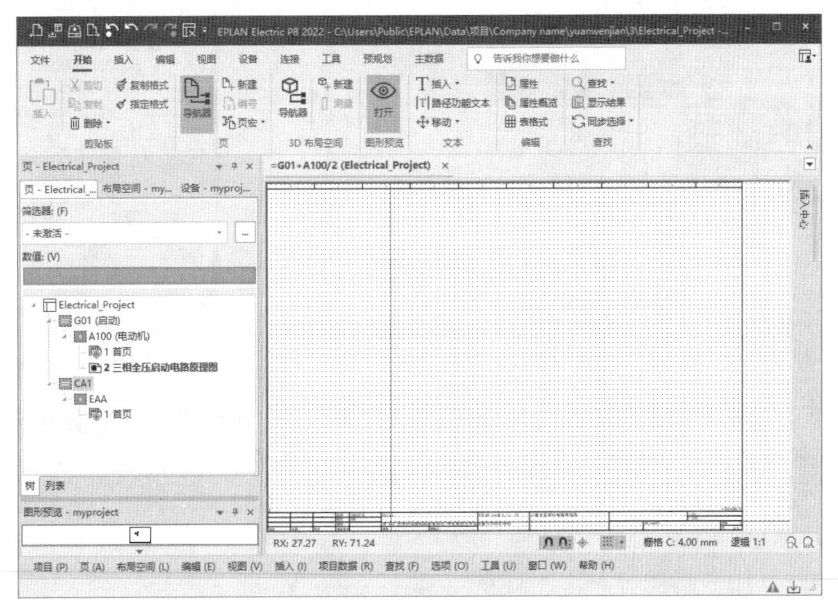

图 3-52　新建图纸页文件

4．复制图纸页

（1）在“页”导航器中选择“A100（电动机）”，右击选择“复制”→“粘贴”命令，弹出“调整结构”对话框，在该对话框中修改“目标”列下的“页名”和“页描述”，如图 3-53 所示。

（2）单击“确定”按钮，完成图纸页的复制，结果如图 3-54 所示。

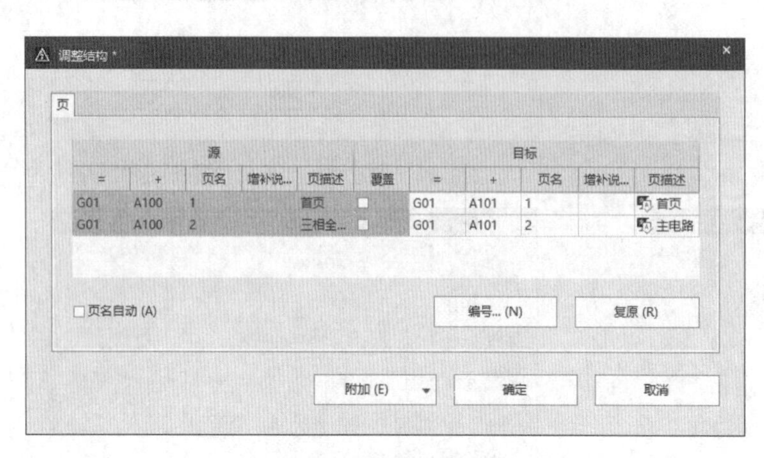

图 3-53 “调整结构”对话框

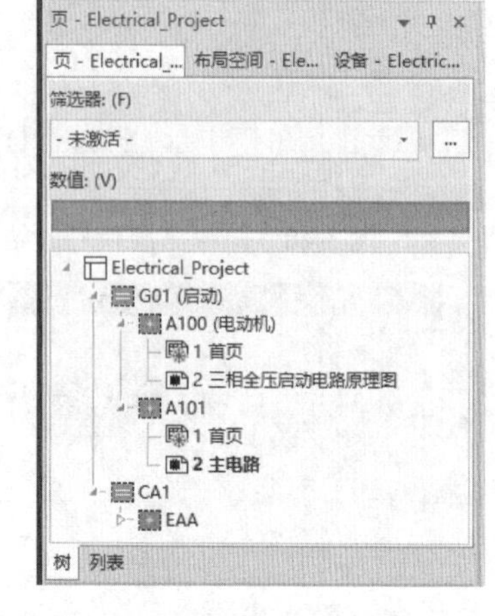

图 3-54 复制图纸页

（3）在“页”导航器中选择“2 电路图”，右击选择快捷菜单中的“新建”命令，弹出如图 3-55 所示的“新建页”对话框，设置图纸页的“页描述”为“控制电路”，结果如图 3-56 所示。

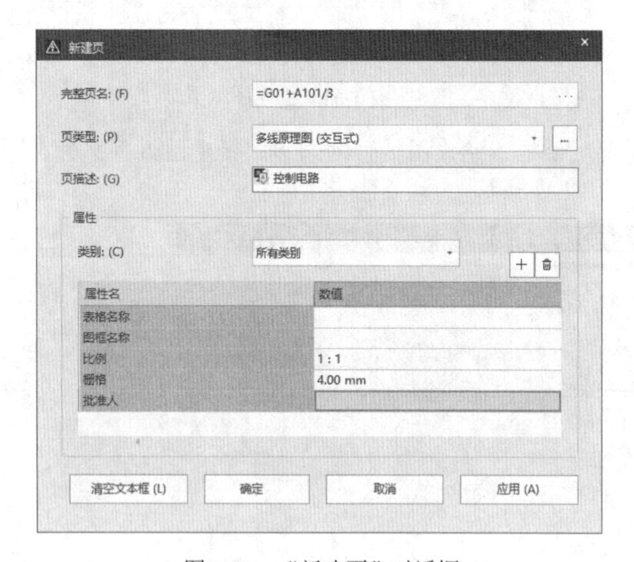

图 3-55 “新建页”对话框

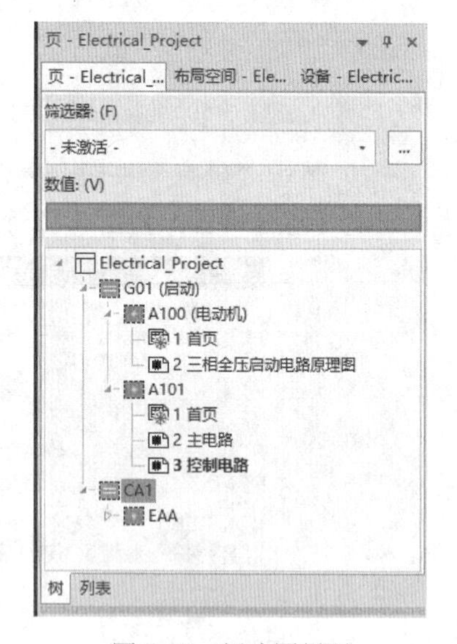

图 3-56 新建图纸页

（4）在“页”导航器中选择 A101，右击选择“复制”→“粘贴”命令，弹出“调整结构”对话框，在该对话框中修改“目标”列下的“页名”，如图 3-57 所示。

（5）单击“确定”按钮，完成图纸页的复制，结果如图 3-58 所示。

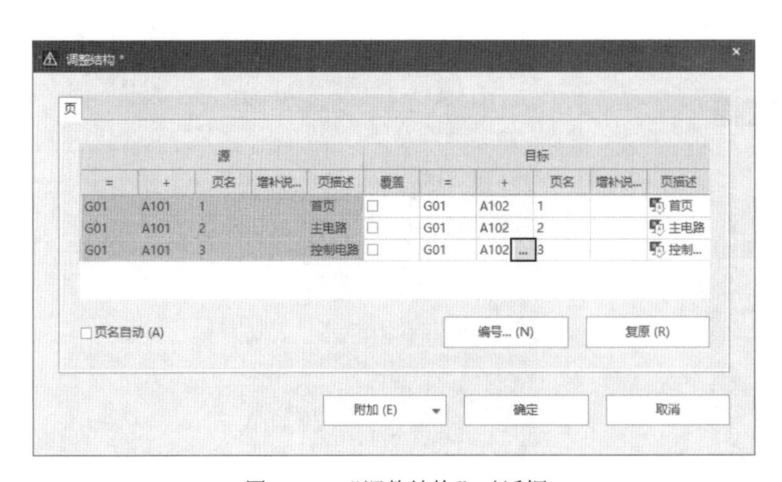

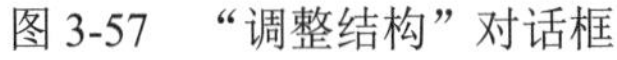
图 3-57 “调整结构”对话框

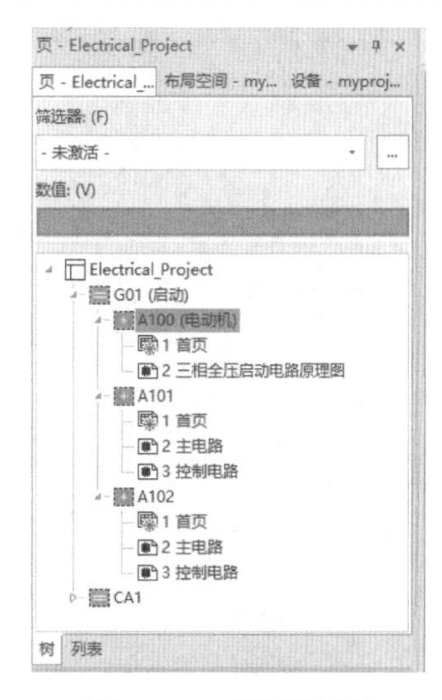

图 3-58 复制图纸页

3.6 操作实例——供配电系统电气图

通常情况下，供配电线路的连接关系比较简单，线路中电压或电流传输的方向也比较单一，基本上都是按照顺序关系从上到下或从左到右进行传输，且其大部分组成元件只是简单地实现了接通与断开两种状态，没有复杂的变换、控制和信号处理线路。

本节创建供配电系统电气图项目文件，并在该项目文件下创建图纸页文件，用于绘制变配电所主电路的接线图和发电厂及工厂供配电系统常用电气一次和二次接线图等。

【操作步骤】

1．创建项目

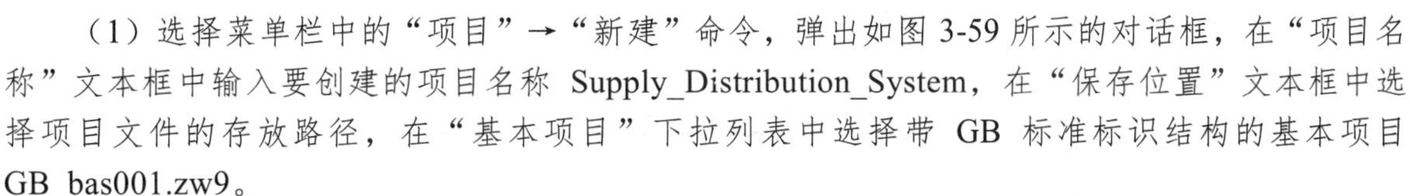

（1）选择菜单栏中的“项目”→“新建”命令，弹出如图 3-59 所示的对话框，在“项目名称”文本框中输入要创建的项目名称 Supply_Distribution_System，在“保存位置”文本框中选择项目文件的存放路径，在“基本项目”下拉列表中选择带 GB 标准标识结构的基本项目 GB_bas001.zw9。

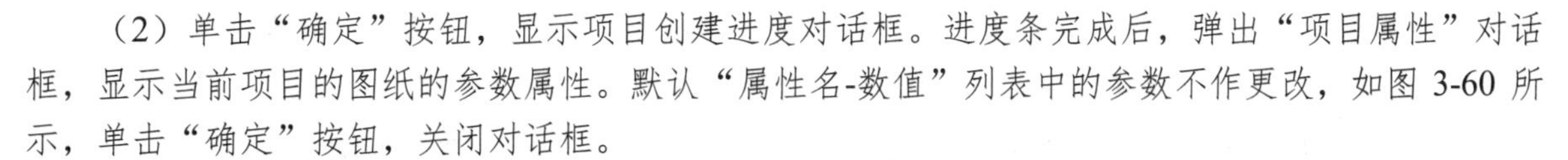

（2）单击“确定”按钮，显示项目创建进度对话框。进度条完成后，弹出“项目属性”对话框，显示当前项目的图纸的参数属性。默认“属性名-数值”列表中的参数不作更改，如图 3-60 所示，单击“确定”按钮，关闭对话框。

（3）在“页”导航器中显示新项目 Supply_Distribution_System，在该项目列表下根据模板创建标题页“1 首页”，如图 3-61 所示。

2．创建图纸页

（1）在“页”导航器中选中项目名称，选择菜单栏中的“页”→“新建”命令，弹出“新建页”对话框。

图 3-59 “创建项目”对话框

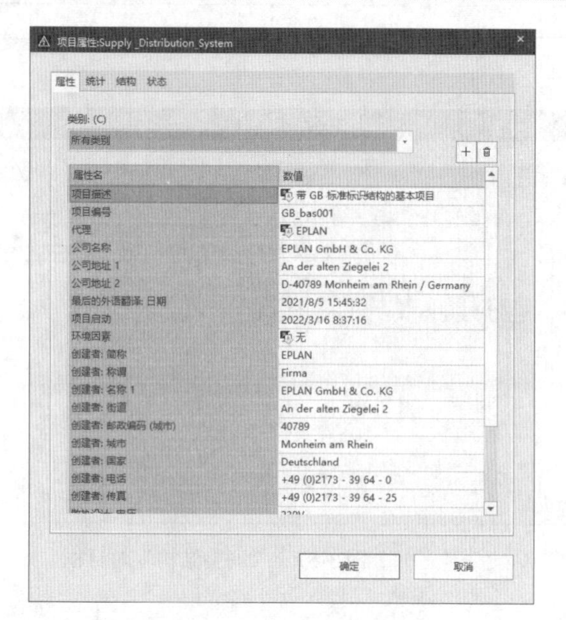

图 3-60 “项目属性”对话框

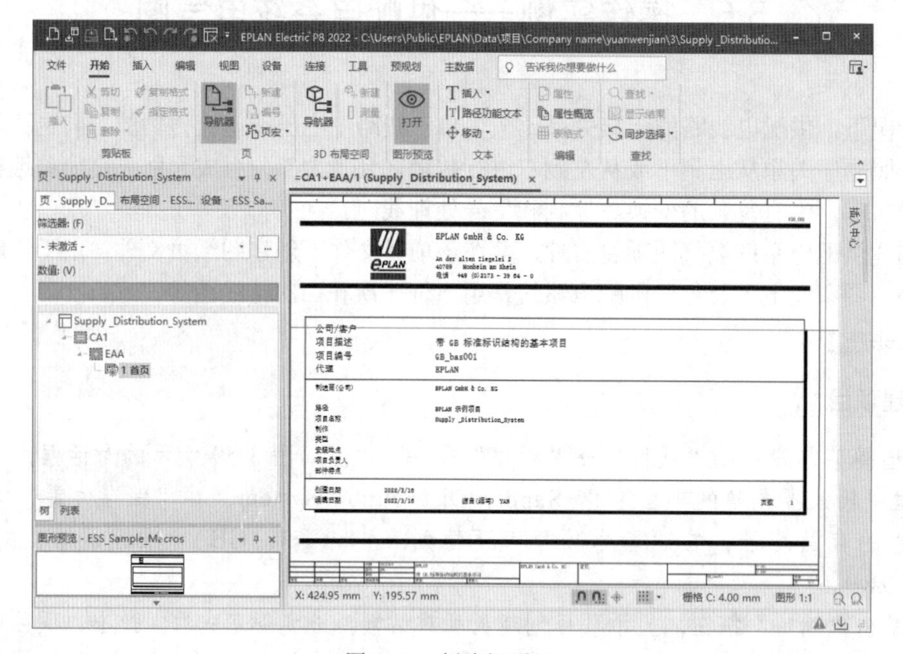

图 3-61 创建新项目

（2）添加图纸页 1。“完整页名”保持默认电路图纸页名称，默认名称为=CA1+EAA/2；在“页类型”下拉列表中选择“单线原理图（交互式）”；在“页描述”文本框中输入图纸描述“接线图”。单击“应用”按钮，完成图纸页 1 的添加，如图 3-62 所示。

（3）添加图纸页 2。在“完整页名”文本框内自动递增页名=CA1+EAA/3；在“页类型”下拉列表中选择“多线原理图（交互式）”；在“页描述”文本框中输入图纸描述“原理图”，如图 3-63 所示。

（4）单击“确定”按钮，完成图纸页 2 的添加。在“页”导航器中显示添加图纸页的结果，进入图纸页 2 的编辑环境，如图 3-64 所示。

图 3-62 “新建页”对话框

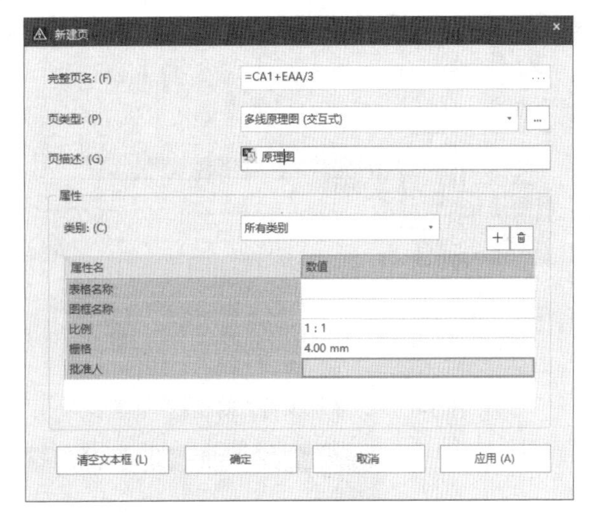

图 3-63 添加图纸页

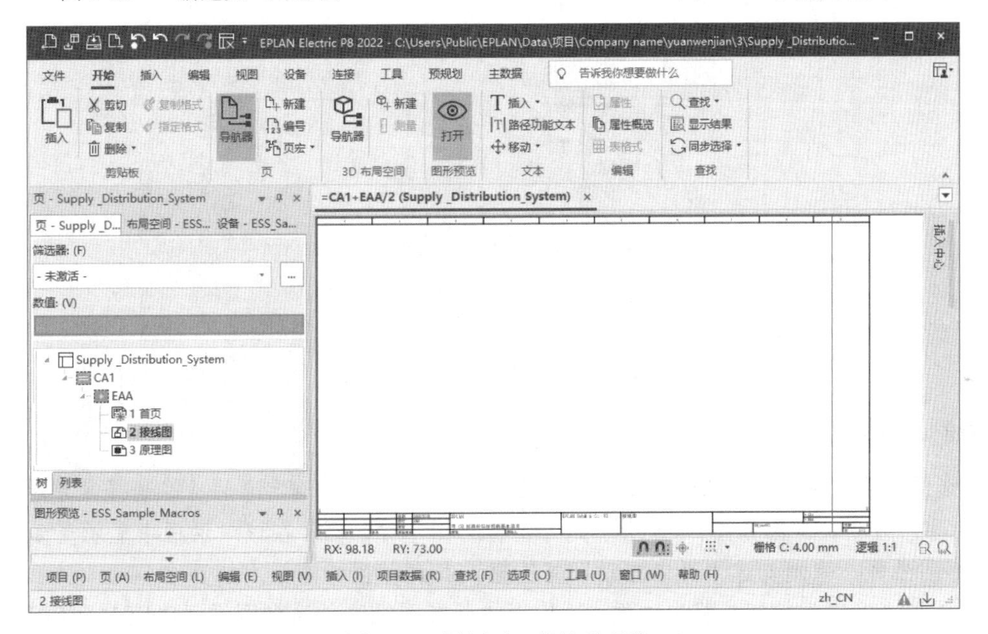

图 3-64 图纸页 2 的编辑环境

3. 创建结构标识符

（1）选择菜单栏中的“项目数据”→“结构标识符管理”命令，弹出“结构标识符管理”对话框。选择“高层代号”，打开“树”选项卡，选中“空标识符”，单击“新建”按钮[+]，弹出“新标识符”对话框，在“名称”文本框中输入 B01，在“结构描述”行中输入“变配电所主电路”，如图 3-65 所示。

（2）单击“确定”按钮，在“高层代号”中添加“B01（变配电所主电路）”。

（3）使用同样的方法，在“高层代号”中添加“P01（供配电系统主接线图）”“AA01 (35kV/6kV)”“AA02 (35kV)”“P02（供配电系统二次电路）”，如图 3-66 所示。

（4）在左侧列表中选择“位置代号”，单击“新建”按钮[+]，创建位置代号的结构标识符，如图 3-67 所示。创建完成后单击“确定”按钮，关闭对话框。

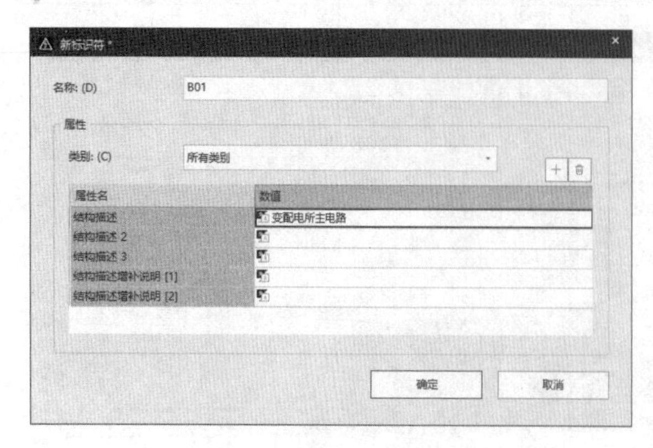

图 3-65　“新标识符”对话框

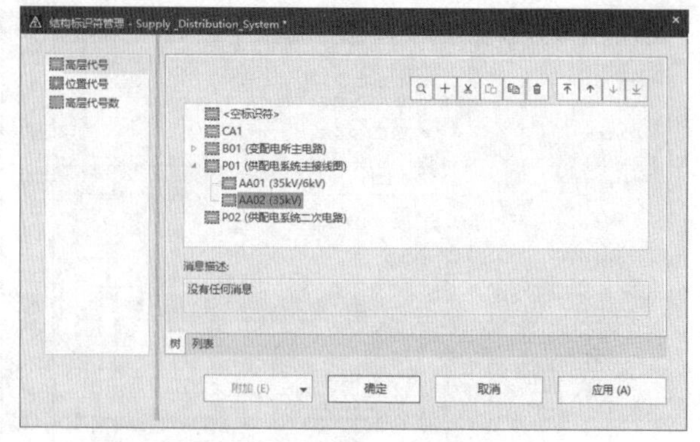

图 3-66　创建高层代号的结构标识符

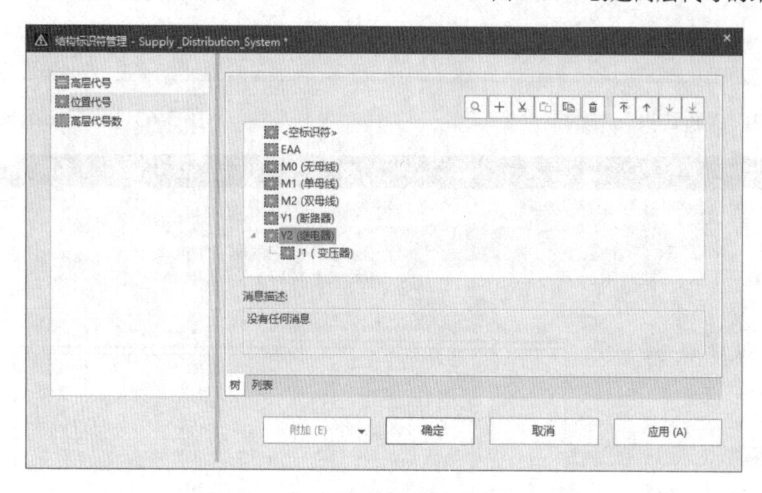

图 3-67　创建位置代号的结构标识符

4．复制图纸页

（1）选择项目文件中的= CA1，选择菜单栏中的“编辑”→“复制”命令，选择菜单栏中的“编辑”→“粘贴”命令，弹出如图 3-68 所示的“调整结构”对话框。在该对话框中显示要复制的源图纸页与目标图纸页，取消勾选“页名自动”复选框，并调整目标图纸页的页名。

（2）单击“确定”按钮，将选中的 CA1 下的所有图纸页粘贴到图纸页“B01（变配电所主电路)”下，结果如图 3-69 所示。

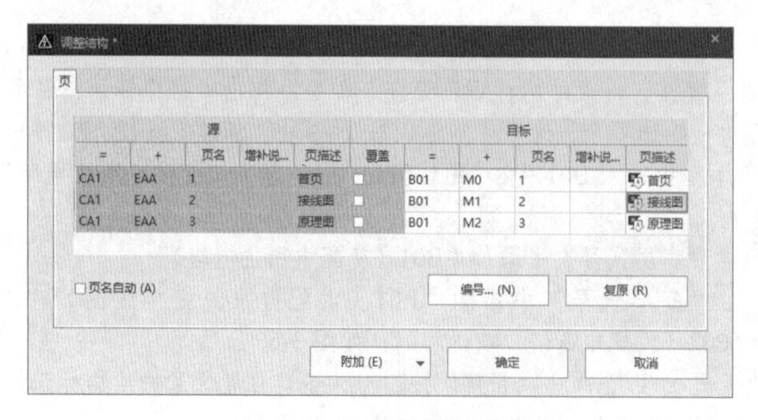

=	+	页名	增补说...	页描述	覆盖	=	+	页名	增补说...	页描述
CA1	EAA	1		首页		B01	M0	1		首页
CA1	EAA	2		接线图		B01	M1	2		接线图
CA1	EAA	3		原理图		B01	M2	3		原理图

图 3-68　“调整结构”对话框

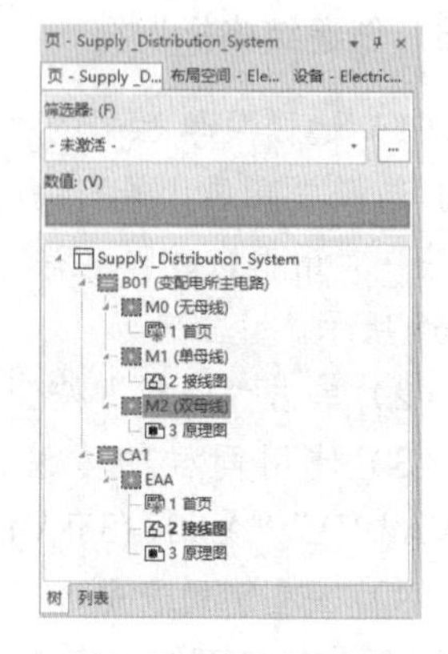

图 3-69　复制图纸页

5. 重命名图纸页

（1）在“页”导航器中选中图纸页“B01（变配电所主电路）”→“M0（无母线）”→“1 首页”，右击，在弹出的快捷菜单中选择“属性”命令，弹出如图 3-70 所示的“页属性”对话框，在该对话框中编辑图纸页的类型与属性等参数。

（2）在“页类型”下拉列表中选择“单线原理图（交互式）”，在“页描述”文本框中输入“接线图”，单击“确定”按钮，关闭对话框。

（3）在“页”导航器中显示图纸页的重命名结果，如图 3-71 所示。

图 3-70 “页属性”对话框

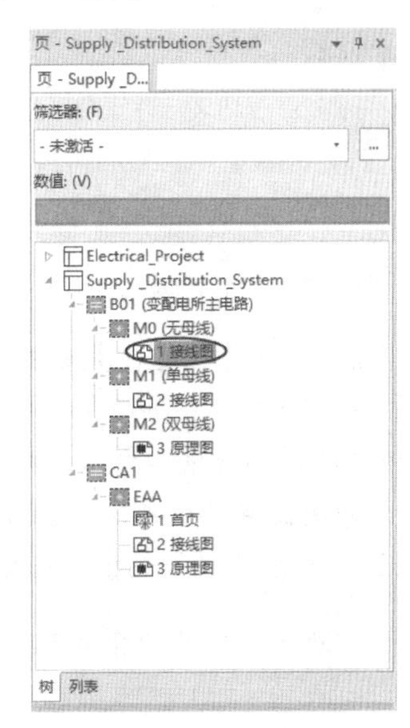

图 3-71 “页”导航器

扫一扫，看视频

6. 创建图纸页

（1）在“页”导航器中选中项目名称，右击，在弹出的快捷菜单中选择“新建”命令，弹出“新建页”对话框。

（2）在“完整页名”文本框右侧单击 ... 按钮，弹出“完整页名”对话框。在“高层代号”中选择前面创建的结构标识符 P01.AA01，“位置代号”的输入内容为空，如图 3-72 所示。单击“确定”按钮，关闭对话框。

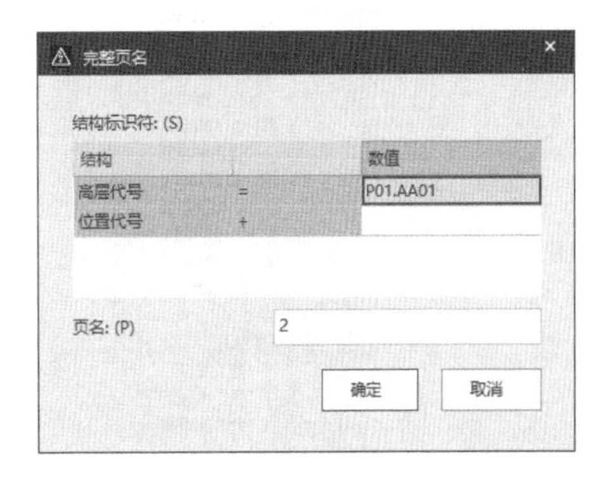

图 3-72 “完整页名”文本框

（3）添加图纸页 1。在“新建页”对话框中显示完整的图纸页名称为=P01.AA01/1；在“页类型”下拉列表中选择“多线原理图（交互式）”；在“页描述”文本框中输入图纸描述“原理图”，如图 3-73 所示。单击“应用”按钮，完成图纸页 1 的添加。

（4）添加图纸页 2。在“新建页”对话框中的“完整页名”文本框内自动递增页名=P01.AA01/2；在“页类型”下拉列表中选择“单线原理图（交互式）”；在“页描述”文本框中输入图纸描述“接线图”，如图 3-74 所示。

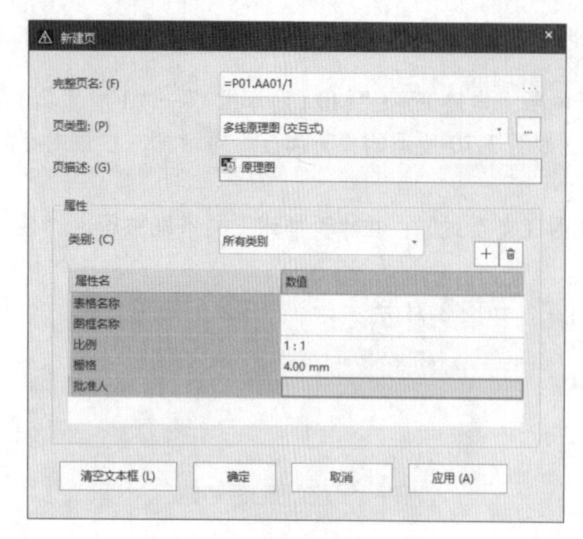

图 3-73 “新建页”对话框

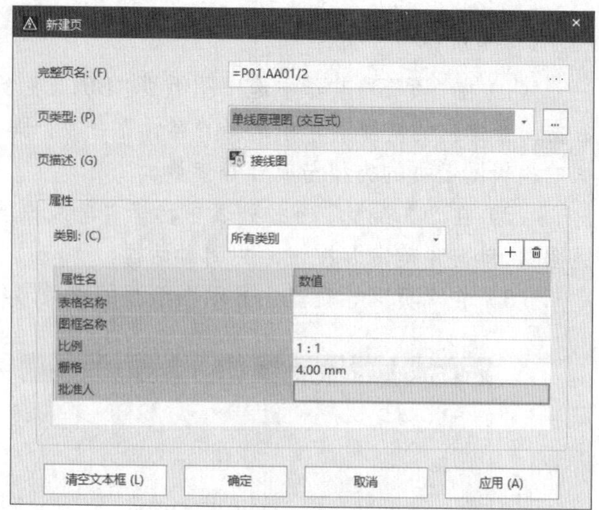

图 3-74 添加图纸页 2

（5）单击“确定”按钮，完成图纸页 2 的添加，在“页”导航器中显示添加图纸页的结果，如图 3-75 所示。

（6）使用同样的方法，继续添加图纸页，结果如图 3-76 所示。在“页”导航器中选中 CA1，右击，在弹出的快捷菜单中选择“删除”命令，会弹出如图 3-77 所示的“删除页”对话框，单击“全部为是”按钮，删除该级下的所有图纸页，结果如图 3-78 所示。

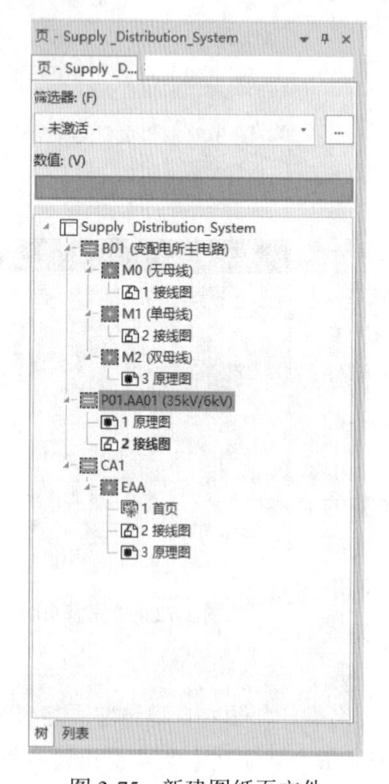

图 3-75 新建图纸页文件

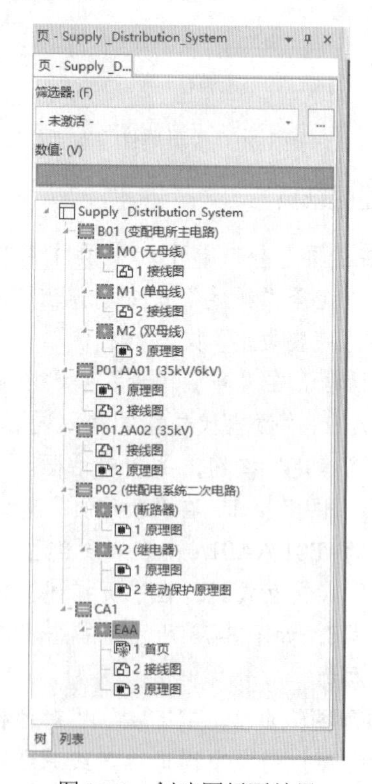

图 3-76 创建图纸页结果

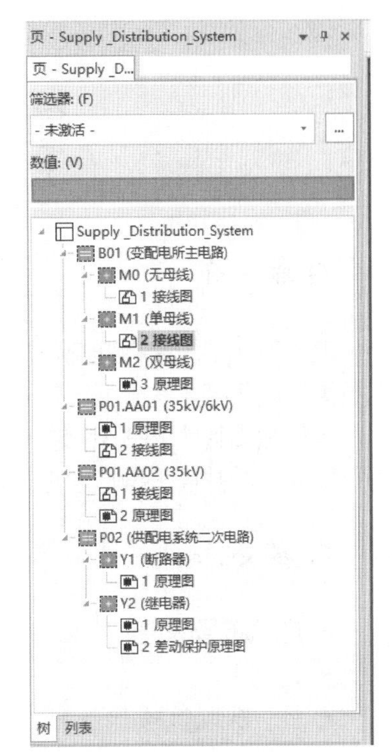

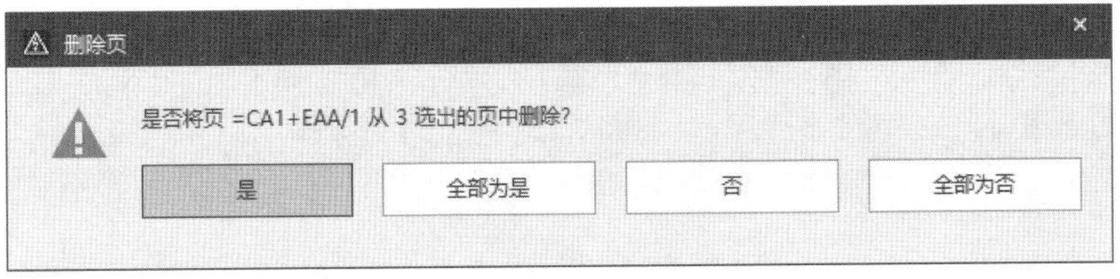

图 3-77　“删除页”对话框

图 3-78　删除图纸页结果

第 4 章　电气符号设计

内容简介

电气符号由国家标准统一规定，只有了解了电气符号的含义、构成和表示方法，才能正确识读电气图。电气符号是电气设备（Electrical Equipment）的一种图形表达，符号存放在符号库中。

电气绘图软件 EPLAN 是一款支持多种电气标准的软件，如 IEC 国际电气符号标准、DIN 电气符号标准等，并且每种标准都有对应的电气符号库。

内容要点

- 电气符号的定义
- 符号库
- 元件关联参考
- 常用电气元件
- 宏项目

案例效果

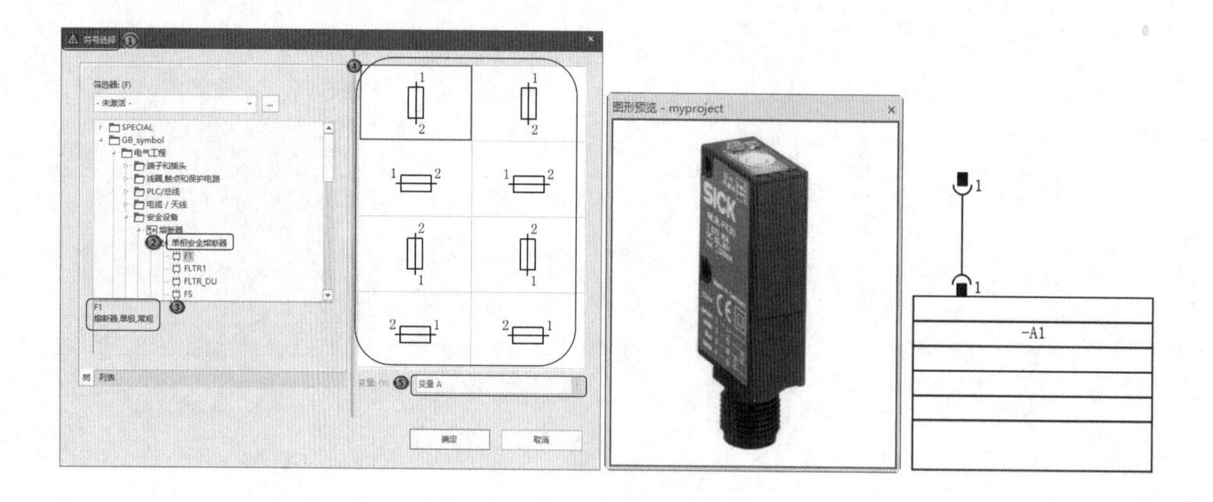

4.1　电气符号的定义

电气符号包括图形符号、文字符号、项目代号和回路标号等。按简图形式绘制的电气工程图中，元件、设备、线路及其安装方法等都是借用图形符号、文字符号和项目代号来表达的。分析电气工程图，首先要明白这些符号的形式、内容、含义，以及它们之间的相互关系。

4.1.1 电气符号分类

电气符号是使用电气图形符号、带注释的围框或简化外形表示电气系统或设备中组成部分之间的相互关系及其连接关系的一种图。

根据电路中的文字符号和图形符号标识，将这些简单的符号信息与实际物理部件建立起一一对应的关系(选型),进一步明确电路所表达的含义。图 4-1 所示为简单的电路符号与实物的对应关系。

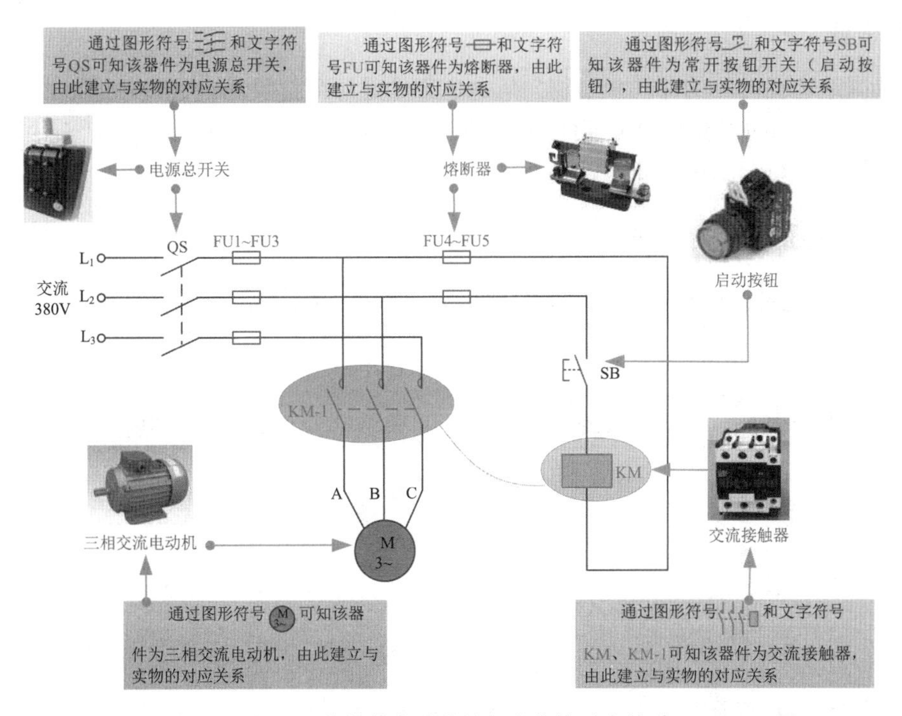

图 4-1 简单的电路符号与实物的对应关系

广义地说，表明两个或两个以上变量之间关系的曲线，用以说明系统、成套装置或设备中各组成部分的相互关系或连接关系，或者用以提供工作参数的表格、文字等，也属于电气图。

电气符号根据表示功能可分为以下几种。

- 不表示任何功能的符号，如连接符号，包括角节点、T 节点。
- 表示一种功能的符号，如常开触点、常闭触点。
- 表示多种功能的符号，如点击保护开关、熔断器、整流器。
- 表示一个功能的一部分，如设备的某个连接点、转换触点。

1. 元件符号命名

可以表示功能的符号称为元件符号，元件符号的命名建议采用“标识字母+页+行+列”的方式，在使用 EPLAN P8 2022 提供的国家标准图框时更能体现出这种命名的优势，EPLAN P8 2022 的 IEC 图框没有列。

虽然 EPLAN P8 2022 也提供了其他形式的元件符号命名方式，如“标识字母+页+数字”或“标识字母+页+列”，但元件在图纸中是唯一确定的。假如一列有多个断路器（也可能是别的器件），如果删除或添加一个断路器，剩下的断路器名称则需要重新命名。如果采用“标志字母+页+行+列”这种命名方式，元件在图纸中也是唯一确定的。

2．元件符号功能定义

单纯地使用图形表示的符号不能称为元件符号，元件符号都具有自身的特定属性。经过选型后的元件称为设备（添加元件符号与实物的对应关系）。

添加功能数据后的设备既有图形表达，又有电气逻辑数据信息。对于一个元件符号，如断路器符号，可以分配（选型）西门子的断路器，也可以分配 ABB 的断路器。

3．部件信息

元件的选型是选择对应的部件（实物）信息，部件是厂商提供的电气设备的数据的集合。部件存放在部件库中，部件的主要标识是部件编号，部件编号不只是数字编号，它包括部件型号、名称、价格、尺寸、技术参数、制造厂商等各种数据。

4.1.2　电气图形符号的构成

电气图形符号包括一般符号、符号要素、限定符号和方框符号。

1．一般符号

一般符号是用于表示一类产品或此类产品特征的简单符号，如电阻、电容、电感等，如图 4-2 所示。

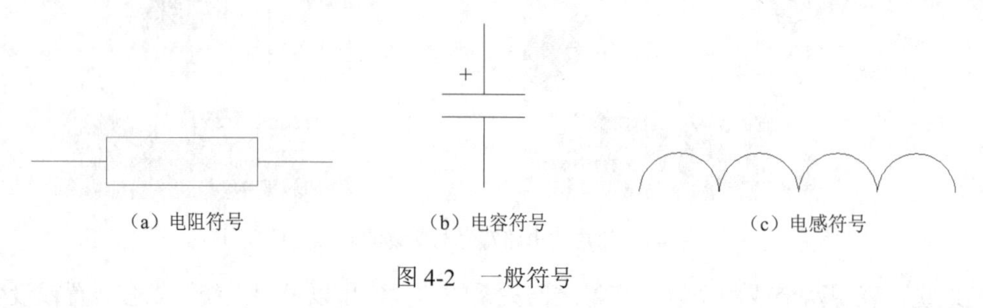

（a）电阻符号　（b）电容符号　（c）电感符号

图 4-2　一般符号

2．符号要素

符号要素是一种具有确定意义的简单图形，必须同其他图形组成组合构成一个设备或概念的完整符号。例如，真空二极管是由外壳、阴极、阳极和灯丝 4 个符号要素组成的。符号要素一般不能单独使用，只有按照一定方式组合起来才能构成完整的符号。符号要素的不同组合可以构成不同的符号。

3．限定符号

一种用于提供附加信息的加在其他符号上的符号，称为限定符号。限定符号一般不代表独立的设备、器件和元件，仅用于说明某些特征、功能和作用等。限定符号一般不单独使用，将一般符号加上不同的限定符号可得到不同的专用符号。例如，在开关的一般符号上加不同的限定符号，可分别得到隔离开关、断路器、接触器、按钮开关、转换开关等。

4．方框符号

方框符号是用于表示元件、设备等的组合及其功能，既不给出元件、设备的细节，也不考虑所有这些连接的一种简单图形符号。方框符号在系统图和框图中使用最多，读者可在第 5 章中见到详细的设计实例。另外，电路图中的外购件、不可修理件也可用方框符号表示。

4.1.3　电气图形符号的分类

根据表示的对象和用途不同，电气图形符号可分为两类：电气图用图形符号和电气设备用图形符号。电气图用图形符号是指用在电气图纸上的符号，而电气设备用图形符号是指在实际电气设备或电气部件上使用的符号。

（1）电气图用图形符号。电气图形符号种类很多，《电气简图用图形符号　第 2 部分：符号要素、限定符号和其他常用符号》（GB/T 4728.2—2018）将电气图用图形符号分为 11 类：①导线和连接器件；②无源元件；③半导体管和电子管；④电能的发生和转换装置；⑤开关、控制和保护装置；⑥测量仪表、灯和信号器件；⑦电信-交换类和外围设备；⑧电信-传输类；⑨电力、照明和电信布置；⑩二进制逻辑单元；⑪模拟单元。

（2）电气设备用图形符号。电气设备用图形符号主要标注在实际电气设备或电气部件上，用于识别、限定、说明、命令、警告和指示等。《电气设备用图形符号　第 1 部分：概述与分类》（GB/T 5465.1—2009）将电气设备用图形符号分为 8 类：①通用符号；②音视频设备符号；③电话和电信符号；④海事导航符号；⑤家用电器符号；⑥医用设备符号；⑦安全符号；⑧其他符号。

4.2　符　号　库

电气图有两个基本要素，即元件符号和线路连接。绘制原理图的主要操作就是将元件符号放置在原理图图纸上，然后用线将元件符号中的连接点连接起来，建立正确的电气连接。在放置元件符号前，需要知道元件符号在哪一个符号库中，并载入该符号库。

EPLAN P8 2022 内置四大标准的电气元件符号库，分别是 IEC、GB、NFPA 和 GOST 标准的元件符号库，元件符号库又分为原理图符号库（多线图）和单线图符号库。

- IEC_symbol：符合 IEC 标准的原理图符号库。
- IEC_single_symbol：符合 IEC 标准的单线图符号库。
- GB_symbol：符合 GB 标准的原理图符号库。
- GB_single_symbol：符合 GB 标准的单线图符号库。
- NFPA_symbol：符合 NFPA 标准的原理图符号库。
- NFPA_single_symbol：符合 NFPA 标准的单线图符号库。
- GOST_symbol：符合 GOST 标准的原理图符号库。
- GOST_single_symbol：符合 GOST 标准的单线图符号库。

在 EPLAN P8 2022 中，可以安装 IEC、GB 等多种标准的元件符号库，同时还可以添加常用的符号库。

元件符号的显示与选择包括以下三种方法。

- “插入中心”导航器。
- “符号选择”导航器。
- “符号选择”对话框。

通过上述方法，进入符号资源管理器，可以看到此时系统中已经装入的标准的符号库，标准的符号库包括 IEC、GB 等多种标准。在“图形预览”中显示选中的对象，在选择所需组件之前进行视觉验证。

4.2.1 加载符号库

【执行方式】

菜单栏：选择菜单栏中的“选项”→“设置”命令。

【操作步骤】

（1）执行上述命令，打开“设置”对话框，如图 4-3 所示。展开“项目”→myproject→“管理”→“符号库”选项组，可以看到此时系统中已经装入的元件符号库，包括 SPECIAL、GB_symbol、GB_signal_symbol、GRAPHICS 和 OS_SYM_ESS。SPECIAL 和 GRAPHICS 是 EPLAN 的专用符号库，其中，SPECIAL 不可编辑，GRAPHICS 可编辑。

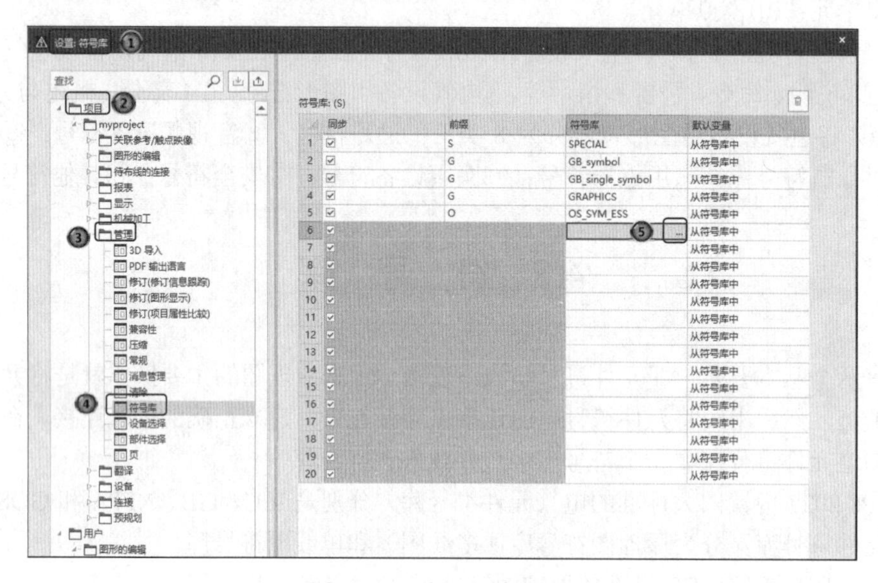

图 4-3 “符号库”选项卡

（2）在空白行的“符号库”标签列单击 ... 按钮，系统将弹出如图 4-4 所示的“选择符号库”对话框，选择 IEC_ symbol，单击“打开”按钮，加载该符号库，结果如图 4-5 所示。

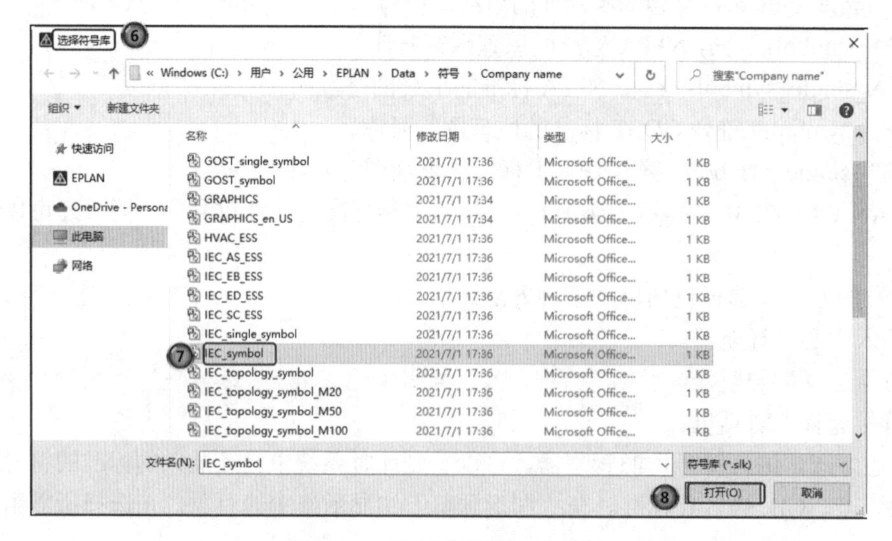

图 4-4 “选择符号库”对话框

（3）重复上述操作即可将所需要的各种符号库添加到系统中，作为当前可用的符号库文件，如图 4-6 所示。

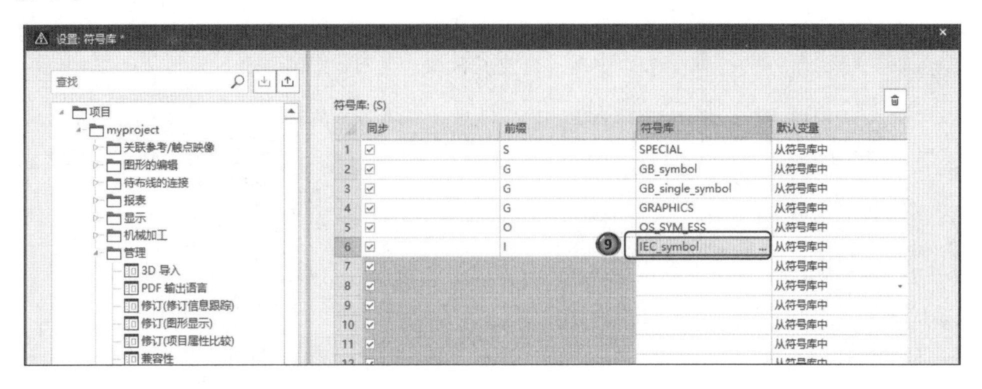

图 4-5　加载符号库（1）

（4）加载完毕后，单击“确定”按钮，关闭“设置”对话框。此时所有加载的符号库都分类显示在“插入中心”导航器中，用户可以选择使用，如图 4-7 所示。

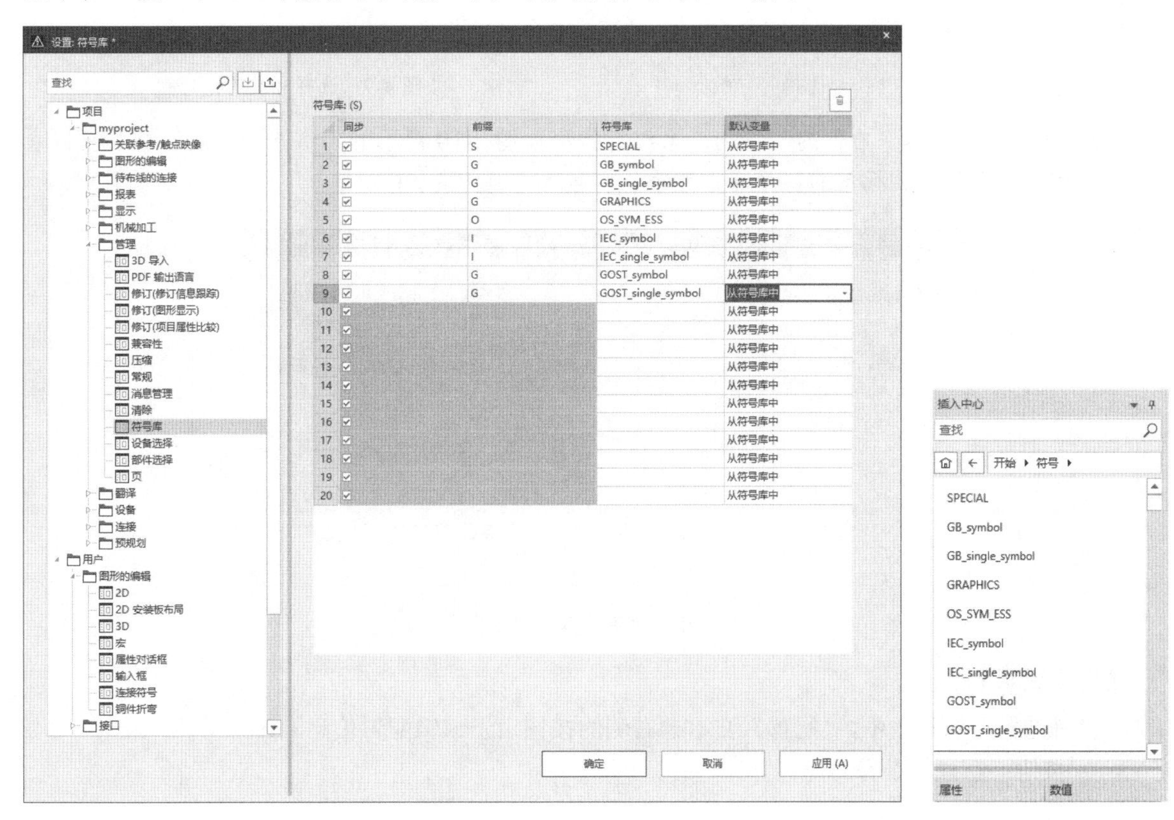

图 4-6　加载符号库（2）　　　　图 4-7　“插入中心”导航器

4.2.2 “符号选择”导航器

【执行方式】

菜单栏：选择菜单栏中的“项目数据”→“符号”命令。

【操作步骤】

（1）执行上述命令，在工作窗口左侧就会出现“符号选择”标签，并自动弹出“符号选择”导航器，如图 4-8 所示。单击“筛选器”右侧的下拉按钮，在快捷菜单中选择所需的标准的符号库，如图 4-9 所示。

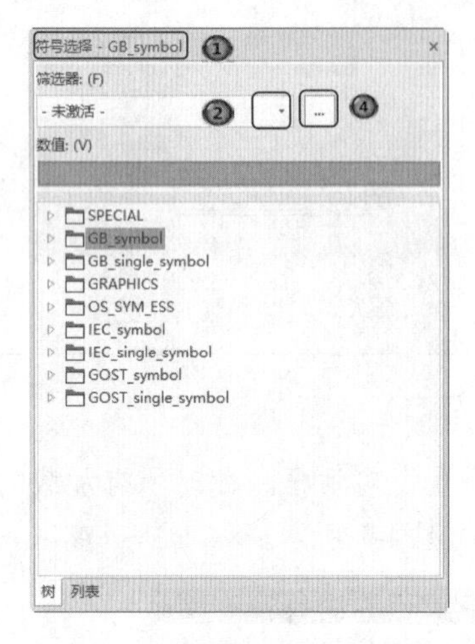

图 4-8　“符号选择”导航器

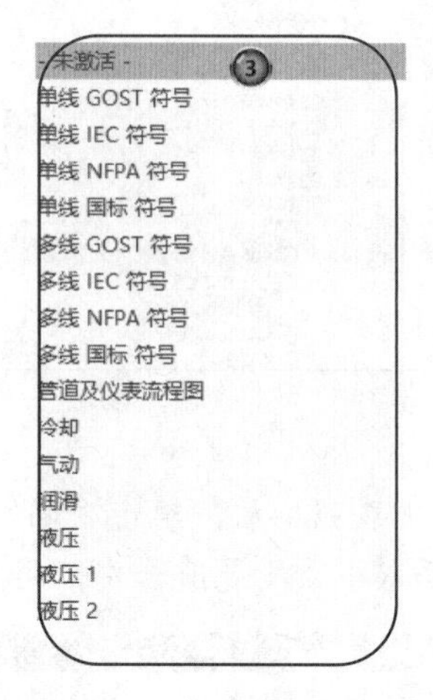

图 4-9　选择标准的符号库

（2）单击“筛选器”右侧的 … 按钮，系统将弹出如图 4-10 所示的“筛选器”对话框，可以看到此时系统中已经装入的标准的符号库，标准的符号库包括 IEC、GB 等。

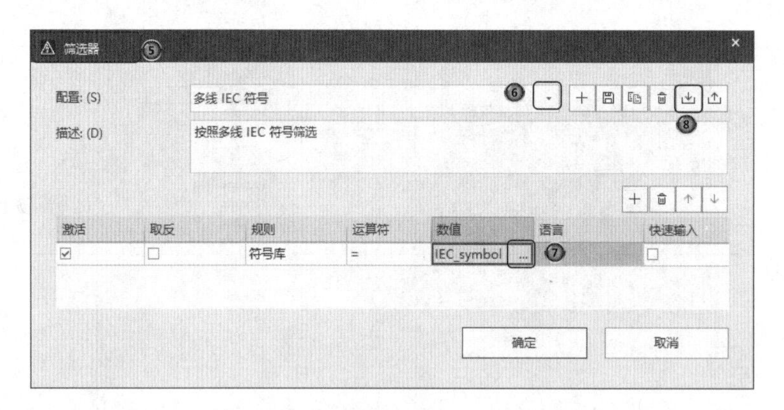

图 4-10　“筛选器”对话框

【选项说明】

在“筛选器”对话框中，“配置”文本框右侧的按钮用于编辑配置信息。

- ＋按钮：新建标准符号库。
- 保存按钮：保存标准符号库。
- 复制按钮：复制新建的标准符号库。
- 删除按钮：删除标准符号库。
- 导入按钮和导出按钮：导入、导出符号库。

（3）单击“新建”按钮＋，弹出“新配置”对话框，显示符号库中已有的符号库信息，在“名称”“描述”栏中输入新符号库的名称与库信息的描述，如图 4-11 所示。

（4）单击“确定”按钮，返回“筛选器”对话框，显示新建的符号库“IEC 符号”，在下面的属性列表中，单击“数值”列的 按钮，弹出“值选择”对话框，勾选所有默认的标准库，如图 4-12 所示。单击“确定”按钮，返回“筛选器”对话框，完成新建的符号库“IEC 符号”的符号库选择。

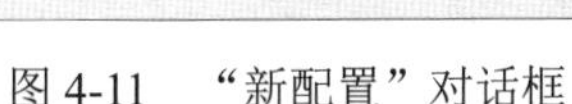
图 4-11　“新配置”对话框

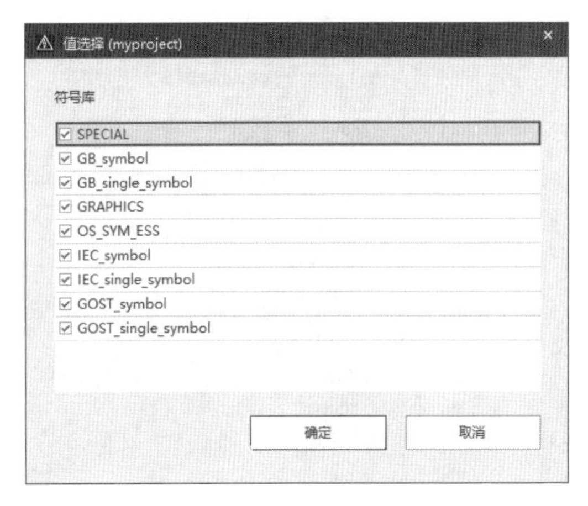

图 4-12　“值选择”对话框

（5）单击 按钮，弹出如图 4-13 所示的“选择导入文件”对话框，导入*.xml 文件，加载绘图所需的符号库。

（6）重复上述操作即可将所需的各种符号库添加到系统中，作为当前可用的符号库文件。

（7）加载完毕后，单击“确定”按钮，关闭“筛选器”对话框。此时所有加载的符号库都显示在“符号选择”导航器中，用户可以选择使用。

（8）选择“多线 国标 符号”项目文件下的 GB_symbol，在该标准库下会显示电气工程符号与特殊符号，如图 4-14 所示。

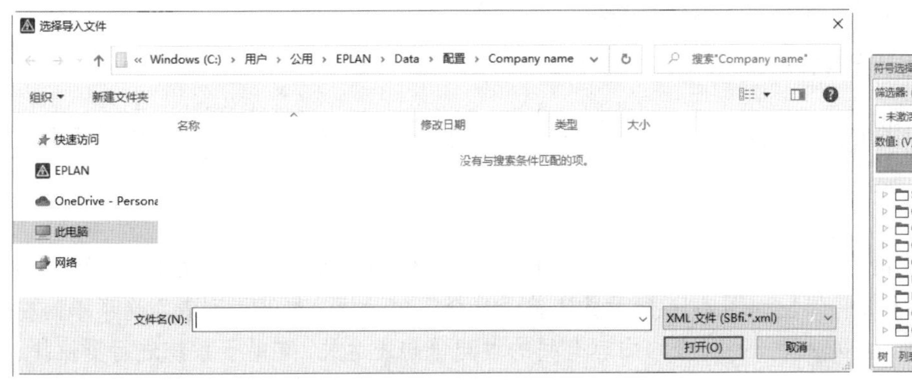

图 4-13　“选择导入文件”对话框

图 4-14　选择符号

4.2.3 “符号选择”对话框

【执行方式】

菜单栏：选择菜单栏中的“插入”→“符号”命令。

【操作步骤】

执行上述命令，弹出“符号选择”对话框，如图 4-15 所示。

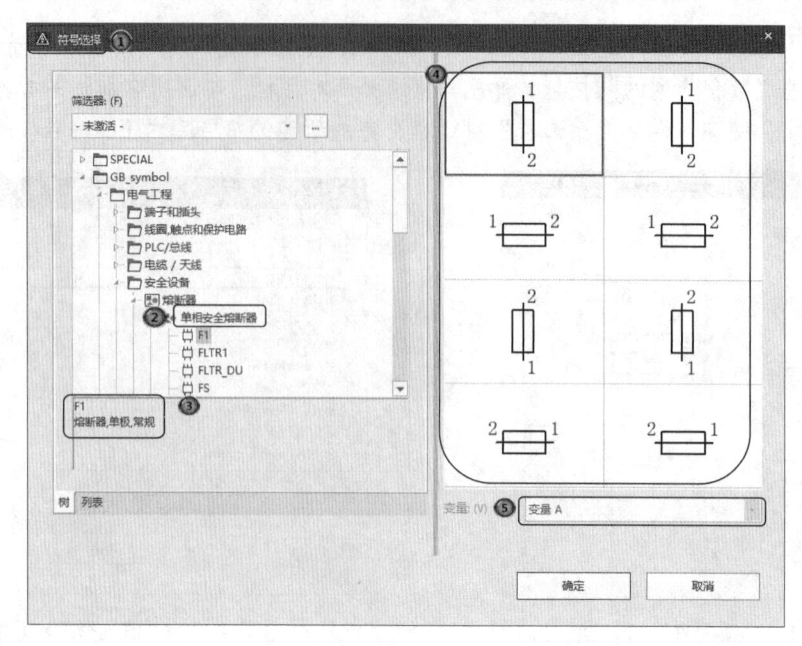

图 4-15 “符号选择”对话框

【选项说明】

（1）在“筛选器”列表中显示的树形结构中选择元件符号，各符号根据不同的功能定义分属不同的组。打开树形结构，浏览不同的组，直到找到所需的符号。在介绍“符号选择”导航器时已经介绍过如何创建、编辑符号库，这里不再赘述。

（2）在树形结构中选中元件符号后，在列表下方的描述框中会显示该符号的符号描述，如图 4-15 所示。在对话框的右侧会显示该符号的缩略图，包括 A~H 这 8 个不同的符号变量。选中不同的符号变量时，在“变量”文本框中会显示对应符号的变量名。

扫一扫，看视频

动手学——搜索指示元件符号

EPLAN P8 2022 提供了强大的符号搜索功能，能够帮助用户轻松地在元件符号库中定位指示元件符号 PV。

【操作步骤】

（1）选择菜单栏中的“项目”→“打开”命令，打开项目文件 myproject。选择菜单栏中的“插入”→“符号”命令，系统将弹出如图 4-16 所示的“符号选择”对话框。打开“列表”选项卡，在该选项卡下的文本框中，可以输入一些与查询内容有关的过滤语句表达式，有助于系统进行更快捷、更准确的查找。

（2）在“筛选器”下拉列表中选择要查找的符号库“单线 GOST 符号”。

（3）在“直接输入”文本框中定义查找符号关键词，进行高级查询。在文本框中输入 P，光标立即跳转到第一个以这个关键词字符开始的名称的符号，在文本框下的列表中显示符合关键词的元件符号，在右侧显示 8 个变量的缩略图。

（4）符合搜索条件的元件名、描述会在该面板上被一一列出，供用户浏览参考。

（5）打开“树”选项卡，如图 4-17 所示。在列表中显示“指示仪表”符号 PV 目录，右侧显示该符号 8 个变量的缩略图，单击“确定”按钮，关闭对话框。

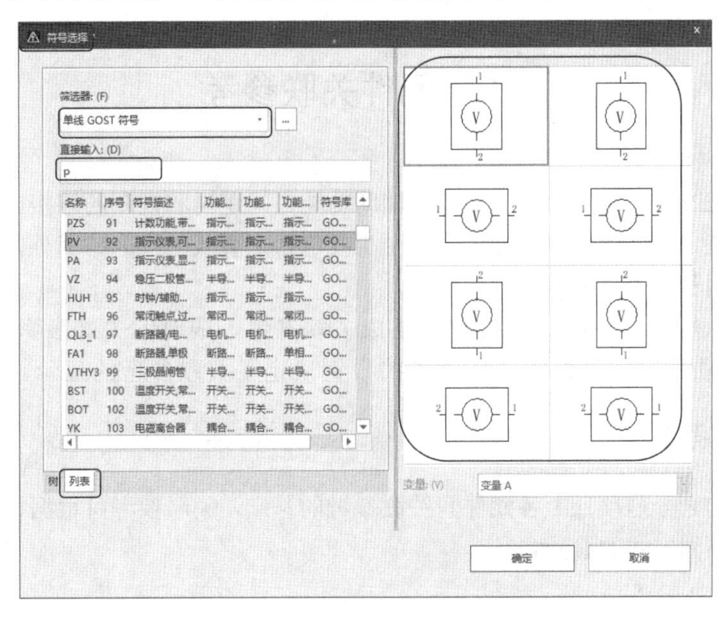

图 4-16 “符号选择”对话框

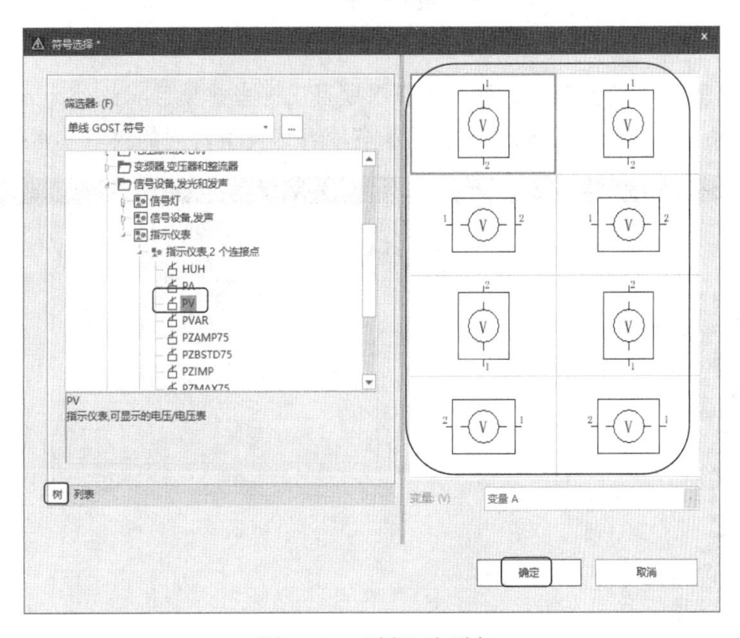

图 4-17 “树”选项卡

注意：

在图纸中经常会遇到如接触器的主触点在图纸中的主电路部分，线圈在输出部分，辅助触点在输入部分等这种分开绘制的情况，EPLAN 中能够自动生成不同部分之间的关联参考，以方便图纸查询，如图 4-18 所示。

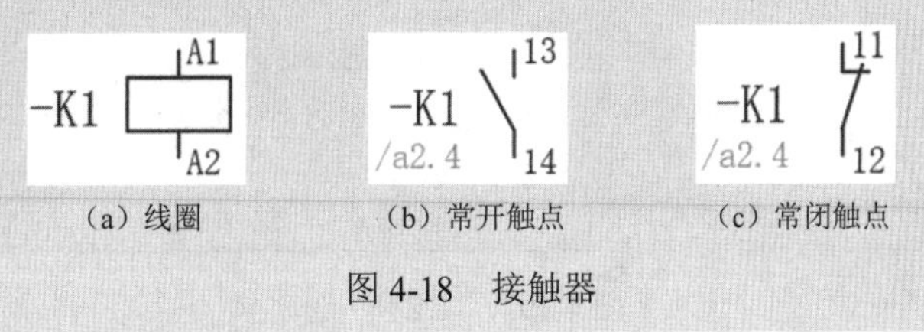

（a）线圈 （b）常开触点 （c）常闭触点

图 4-18 接触器

4.3 元件关联参考

关联参考表示 EPLAN 符号元件主功能与辅助功能之间逻辑和视图的连接，可快速在大量图纸页中准确查找某一特定元件或信息。搜索信息至少要包含所查找的页名，另外，它还可包含用于图纸页内定位的列说明和用于其他定位的行说明。

EPLAN 在插入触点和中断点时会自动生成关联参考，成对的关联参考可通过设置实现关联。图框的类型、项目级的设置和个体设备的设置决定了关联参考的显示。

4.3.1 关联参考设置

图框的行与列的划分是项目中各元件间关联参考的基础，关联参考可根据行与列划分的水平单元与处置单元进行不同方式的编号。

【执行方式】

菜单栏：选择菜单栏中的“选项”→“设置”命令。

【操作步骤】

执行上述命令，弹出“设置”对话框，选择“项目”→当前项目（此处为 myproject）→“关联参考/触点映像”选项，显示多线、单线、总览等多种表达类型之间的关联参考，如图 4-19 所示。

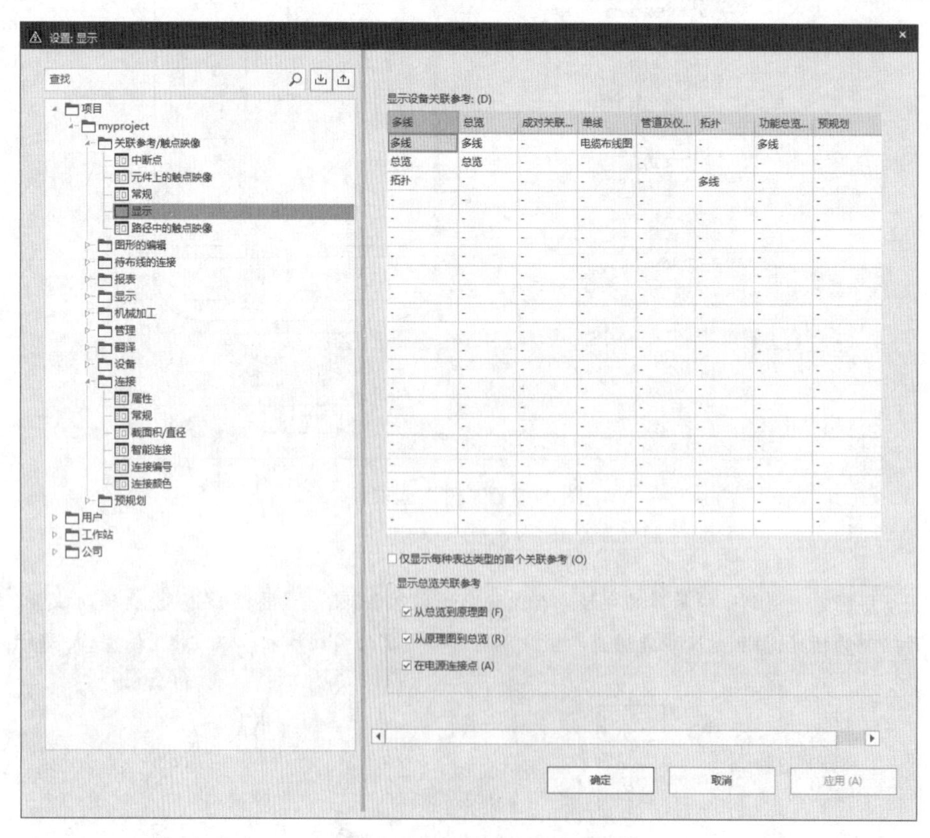

图 4-19 “显示”选项卡

打开“显示”选项卡，在当前项目中，包括多线原理图中设备主功能的多线表达关联其他所有多线表达，同时关联总览表达和拓扑表达。如果存在单线图，在设备主功能的多线表达中，不显示单线的关联参考。默认在单线表达中，添加多线的关联参考，方便在设计和看图时更容易快速地理解图纸。

4.3.2 成对关联参考

在 EPLAN 中，成对关联参考是为了更好地表达图纸而出现的，请注意成对关联参考在设备导航器中的图标，以及在图纸中的颜色区分。在生产报表时，成对关联参考对图纸的逻辑没有影响。

成对关联参考通常用于表示原理图上的电动机过载保护器或断路器辅助触点与主功能之间的关系。

在“设置”对话框中展开“常规”选项卡，设置关联参考的常规属性，包括显示形式、分隔符、触点映像表、前缀等，如图 4-20 所示。

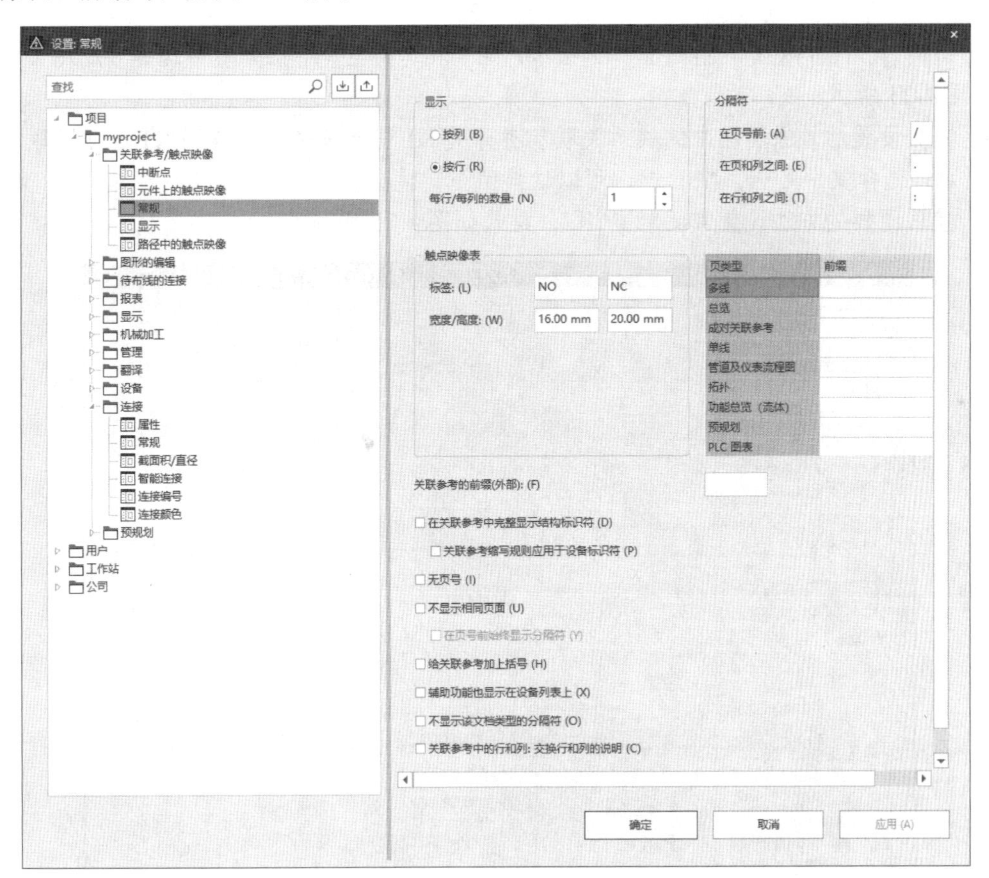

图 4-20 “常规”选项卡

（1）在“显示”选项组下控制触点映像的排列数量及映像表的文字。显示关联参考“按行”或“按列”编号，默认“每行/每列的数量”为 1。

（2）在“分隔符”选项组下显示关联参考的分隔符，其中，在页号前使用/分隔，在页和列之间使用. 分隔，在行和列之间使用:分隔。

（3）在“触点映像表”选项组下显示触点映像的标签、宽度和高度。

（4）在“关联参考的前缀（外部）”选项组下设置关联参考前缀显示完整设备标识符，显示关联参考前缀的分隔符等信息。

扫一扫，看视频

动手学——创建成对关联参考

【操作步骤】

（1）选择菜单栏中的“项目”→“打开”命令，打开项目文件 myproject。在电气图中放置线圈、常开触点和常闭触点，如图 4-21 所示。

图 4-21　放置元件

（2）双击常开触点?K1，弹出属性设置对话框，在“常开触点”选项卡下，设置“显示设备标识符”为空，取消勾选“主功能”复选框，如图 4-22 所示。

（3）切换到“符号数据/功能数据”选项卡，在“表达类型”下拉列表中选择“成对关联参考”选项，如图 4-23 所示。

（4）完成设置后，原理图中的成对关联参考开关 K1 变为黄色，与线圈 K1 生成关联参考，如图 4-24 所示。选择其中之一，按 F 键，可以切换两个元件。

（5）使用同样的方法设置常闭触点?K2，结果如图 4-25 所示。

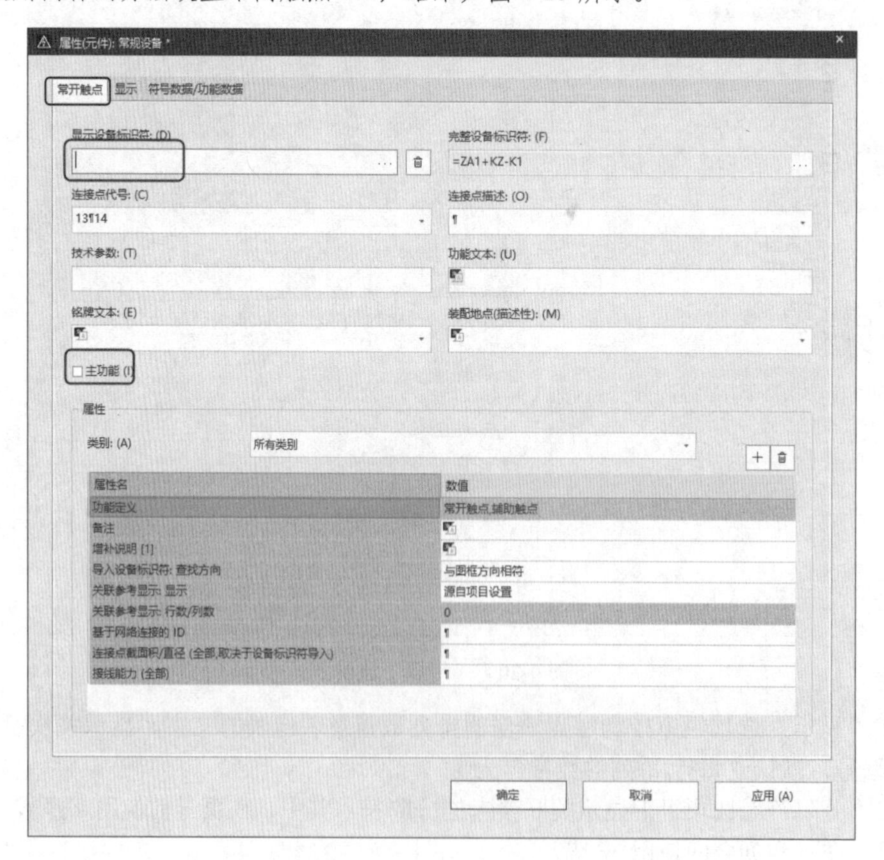

图 4-22　“常开触点”选项卡

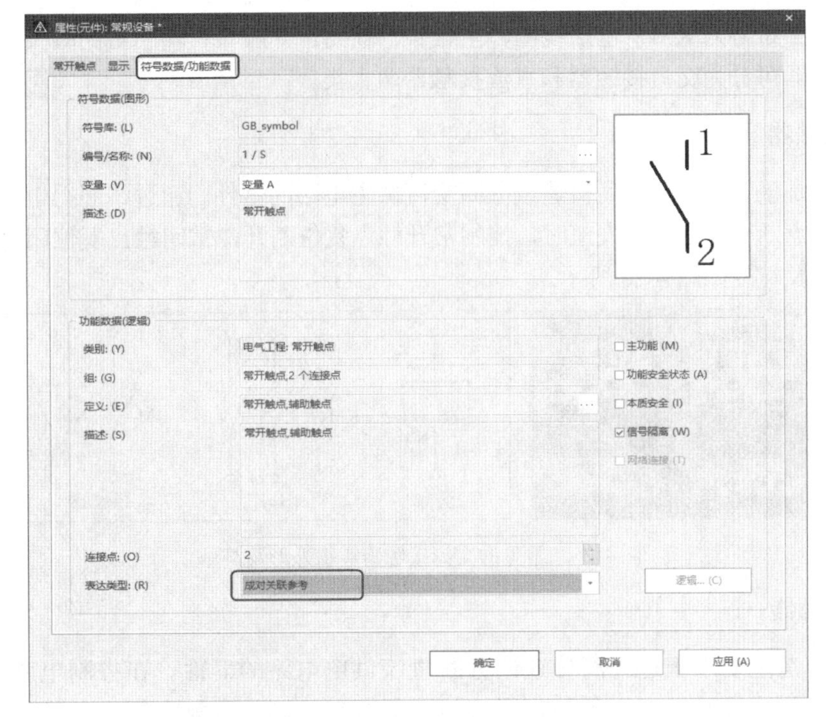

图 4-23　“符号数据/功能数据”选项卡

图 4-24　成对关联参考 1　　　　图 4-25　成对关联参考 2

4.4　常用电气元件

电路是由各种电气设备、元件组成的，如电力供配电系统中的变压器、各种开关、接触器、继电器、熔断器、互感器等。熟悉这些电气设备、装置和控制元件、元件的结构、动作工作原理、用途和它们与周围元件的关系，以及在整个电路中的地位和作用，熟悉具体机械设备、装置或控制系统的工作状态，有利于电气图的绘制。

常用电气元件包括断路器、交流接触器、热继电器、中间继电器、时间继电器、按钮、熔断器、指示灯、转换开关、行程开关、感应开关等。

在电路图中，所有电气元件的可动部分均按原始状态画出，即对于继电器、接触器的触点，应按其线圈不通电时的状态画出；对于手动电器，应按其手柄处于零位时的状态画出；对于按钮、行程开关等主令电器，应按其未受外力作用时的状态画出。

4.4.1　接触器

所谓接触器，是指电气线路中利用线圈流过电流产生磁场，使触点闭合，以达到控制负载的电器。接触器作为执行元件，是一种依赖频繁接通和切断电动机或其他负载电路的自动电磁开关。

接触器的文字符号为KM，包括线圈、主触头、辅助常开触头、辅助常闭触头。按控制电流性质的不同，接触器可分为交流接触器和直流接触器两大类。

1．交流接触器

交流接触器是主要用于远距离接通或分断交流供电电路的器件。通过线圈得电，来控制常开触点闭合与常闭触点断开。当线圈失电时，控制常开触点复位断开，常闭触点复位闭合。常见的交流接触器实物外形及符号如图4-26所示。

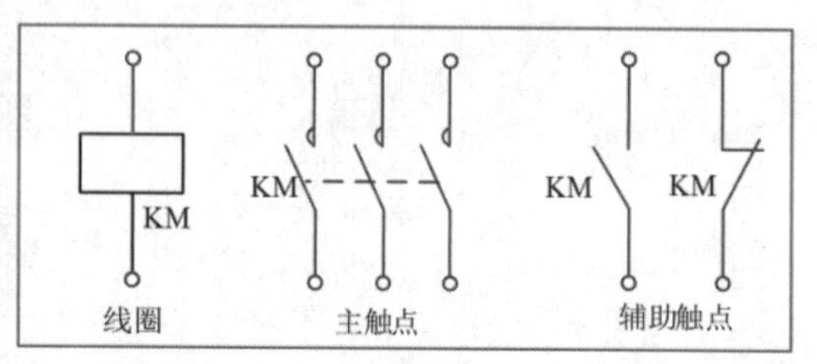

图4-26　常见的交流接触器实物外形及符号

2．直流接触器

直流接触器是主要用于远距离接通或分断直流供电电路的器件。在控制电路中，直流接触器由直流电源为其线圈提供工作条件，通过线圈得电来控制常开触点闭合与常闭触点断开；而线圈失电时，控制常开触点复位断开，常闭触点复位闭合。常见的直流接触器实物外形及符号如图4-27所示。

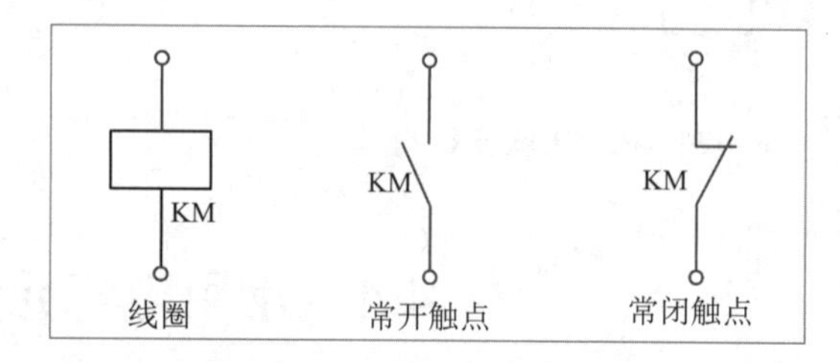

图4-27　常见的直流接触器实物外形及符号

接触器类别及对应的典型用途如下。

- AC-1：无感或微感负载、电阻炉。
- AC-2：绕线转子异步电动机的启动、分断。
- AC-3：鼠笼型感应电动机的启动、运转中分断。
- AC-4：鼠笼型感应电动机的启动、反接制动、点动。
- DC-1：无感或微感负载、电阻炉。
- DC-3：并励电动机的启动、反接制动、点动。

扫一扫，看视频

动手学——接触器符号的选择与显示

【操作步骤】

（1）选择菜单栏中的“项目”→“打开”命令，打开项目文件myproject。选择菜单栏中的“项目数据”→“符号”命令，在工作窗口左侧就会出现“符号选择”标签，并自动弹出“符号选择”导航器。

（2）在“筛选器”中选择“多线 IEC 符号”，在“树”列表下显示 IEC_symbol；在导航器树形结构 IEC_symbol 中选中线圈符号，如图 4-28 所示。在“图形预览”窗口中显示选中符号的缩略图。

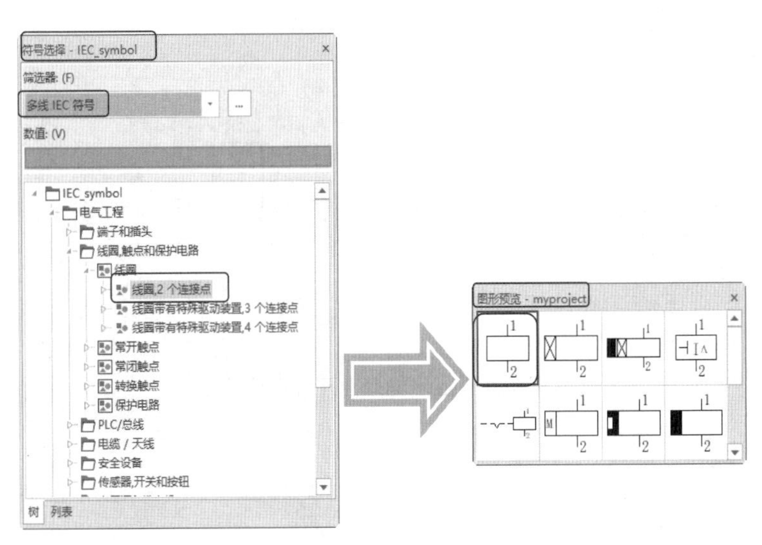

图 4-28　显示线圈符号

（3）在导航器树形结构 IEC_symbol 中选中主触点符号，在“图形预览”窗口中显示选中符号的缩略图，如图 4-29 所示。

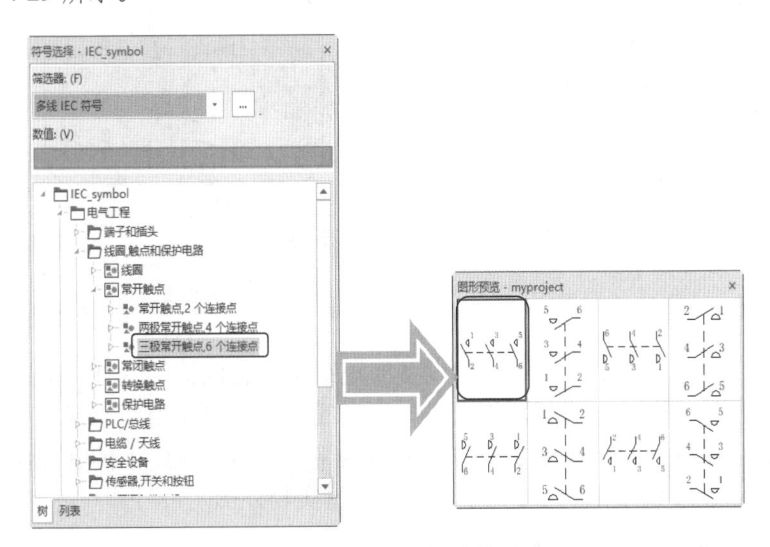

图 4-29　显示主触点符号

（4）在导航器树形结构 IEC_symbol 中选中辅助常开触点符号，在“图形预览”窗口中显示选中符号的缩略图，如图 4-30 所示。

（5）在导航器树形结构中选择 IEC_symbol→电气工程→线圈，触点和保护电路→常闭触点→常闭触点，2 个连接点→O，在“图形预览”窗口中显示该符号的 8 个符号变量的缩略图，如图 4-31 所示。

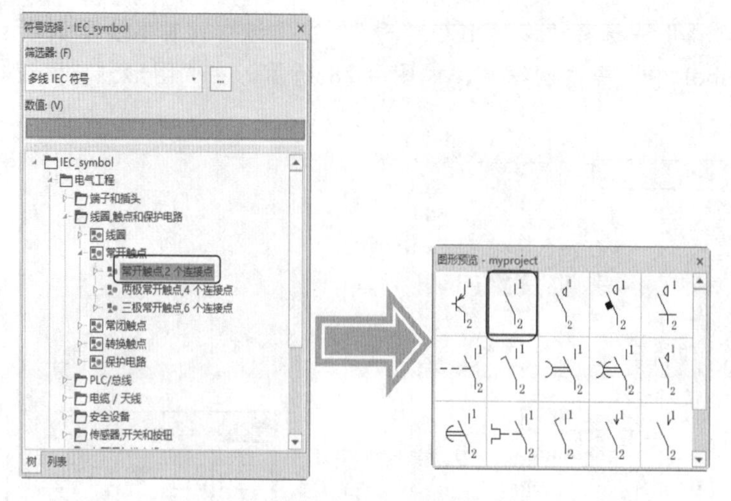

图 4-30　显示辅助常开触点符号

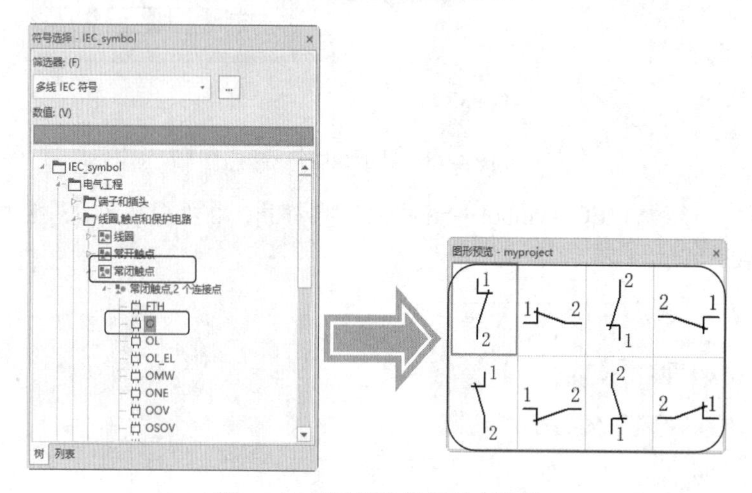

图 4-31　显示辅助常闭触点符号

4.4.2　熔断器

熔断器是一种在配电系统中用于线路和设备的短路及过载保护的器件，只允许安全限制内的电流通过。当系统正常工作时，熔断器相当于一根导线，起通路作用；当通过熔断器的电流大于规定值时，熔断器会使自身的熔体熔断而自动断开电路，从而对线路上的其他电气设备起保护作用。熔断器的文字符号为 FU，图 4-32 为常见的熔断器实物外形及符号。

图 4-32　常见的熔断器实物外形及符号

常见熔断器种类有插入式、螺旋式、封闭管式和自复式。

动手学——显示熔断器符号与设备

扫一扫，看视频

本实例讲解如何在“插入中心”中选择熔断器图形符号与设备。

【操作步骤】

（1）选择菜单栏中的“项目”→“打开”命令，打开项目文件 myproject。在“插入中心”的“开始\符号\GB_symbol\电气工程\安全设备\熔断器”下显示熔断器图形符号，如图 4-33 所示。

（2）在“插入中心”的“开始\设备\电气工程\零部件\安全设备\熔断器\A-B”下显示熔断器设备符号，如图 4-34 所示。

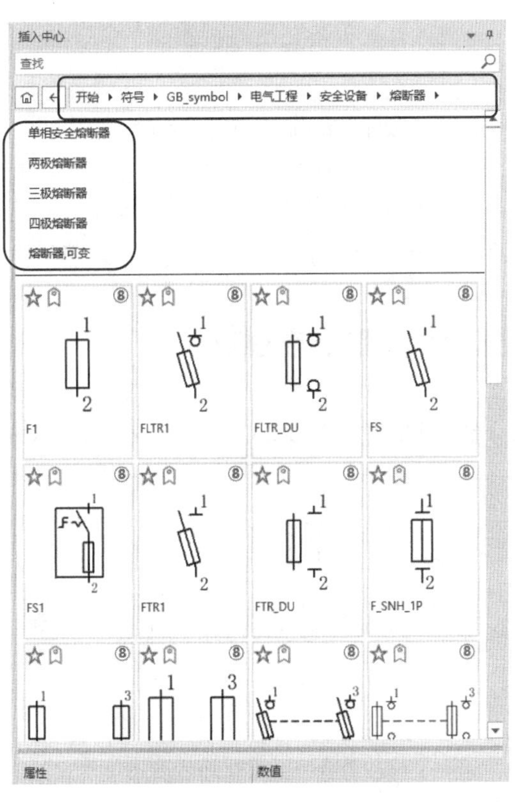

图 4-33　熔断器图形符号

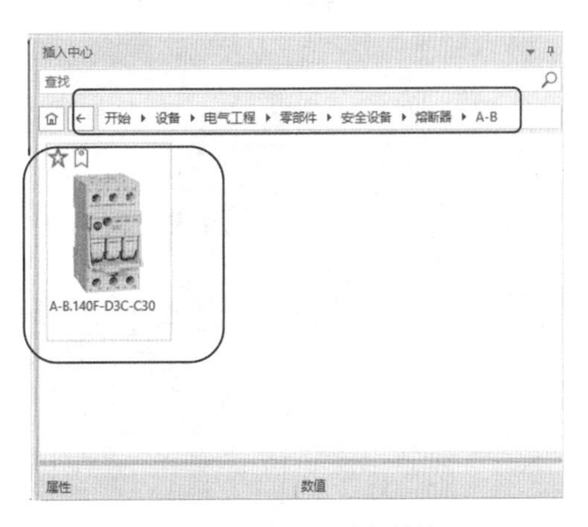

图 4-34　熔断器设备符号

4.4.3　断路器

断路器可用来分配电能，不频繁地启动异步电机，对电源线路及电动机等实行保护，当它们发生严重的过载、短路或欠电压等故障时能自动切断电路。

断路器按其使用范围可分为高压断路器与低压断路器。低压断路器使用量大、面广，又叫自动空气开关，既有手动开关作用，又能自动进行失压、欠压过载和短路保护。

断路器的文字符号为 QF，断路器种类较多，图 4-35 所示为常见的塑料外壳式断路器及电路符号，从左至右依次为单极（1P）、二极（2P）和三极（3P）断路器。在断路器上标有额定电压、额定电流和工作频率等内容。

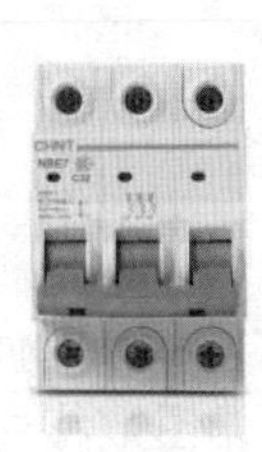
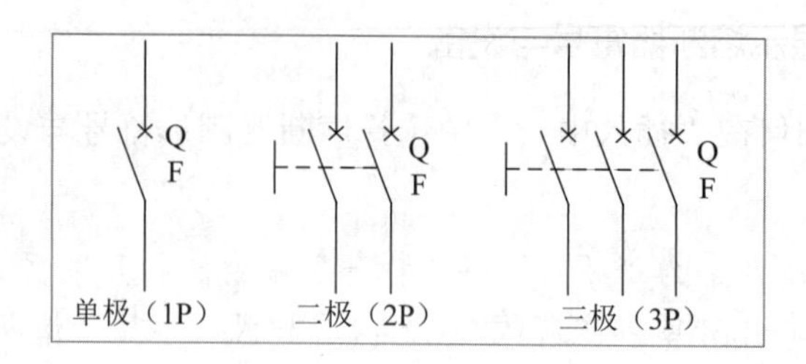

图 4-35　常见的断路器实物外形及符号

扫一扫，看视频

动手学——断路器符号的选择

【操作步骤】

（1）选择菜单栏中的“项目”→“打开”命令，打开项目文件 myproject。选择菜单栏中的“项目数据”→“符号”命令，在工作窗口左侧就会出现“符号选择”标签，并自动弹出“符号选择”导航器。

（2）在导航器树形结构中选择 GB_symbol 符号库下的断路器，按极数可分为单相、两极、三极和四极等，其文字符号为 QF，如图 4-36 所示。

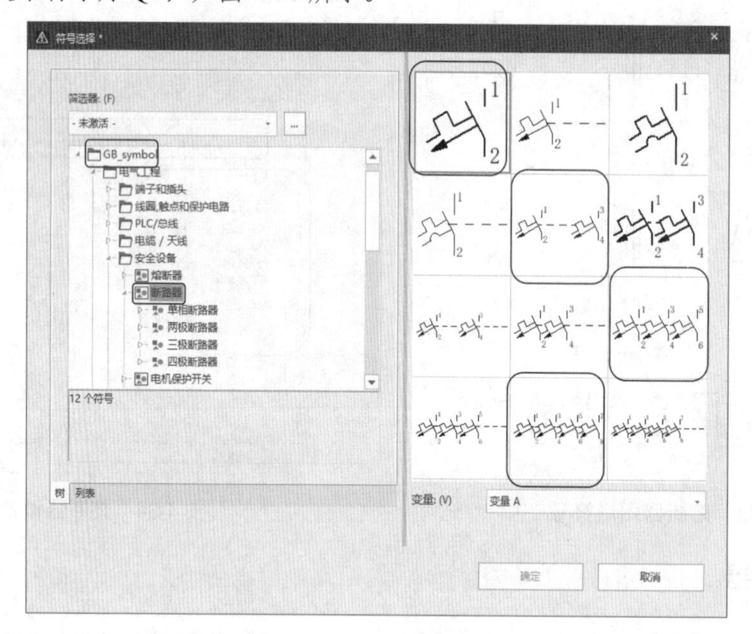

图 4-36　断路器图形符号

4.4.4　继电器

继电器是一种电子控制器件，它具有控制系统（又称输入回路）和被控制系统（又称输出回路）之间的互动关系。在电路中起着自动调节、安全保护、转换电路等作用。

继电器的种类很多，下面介绍常用的几种。

1．电磁继电器

电磁继电器（ElectroMagnetic Relay，EMR）是各种继电器中应用最普遍的一种，被广泛应用于自动控制领域。它的优点是触点接触电阻小，结构简单，工作可靠；缺点是动作时间长，触点寿命较短，体积较大。

电磁继电器的文字符号为 K，一般由铁芯、线圈、衔铁、簧片、触点等部分组成。常见的电磁继电器实物外形及符号如图 4-37 所示。

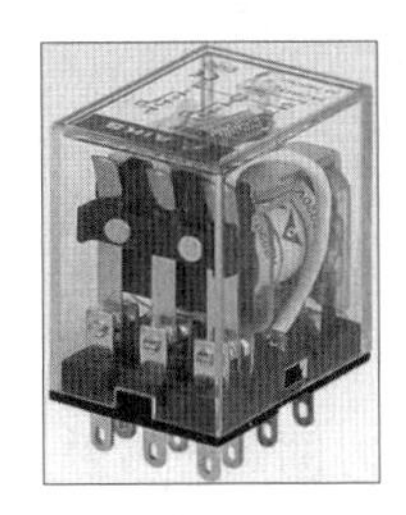

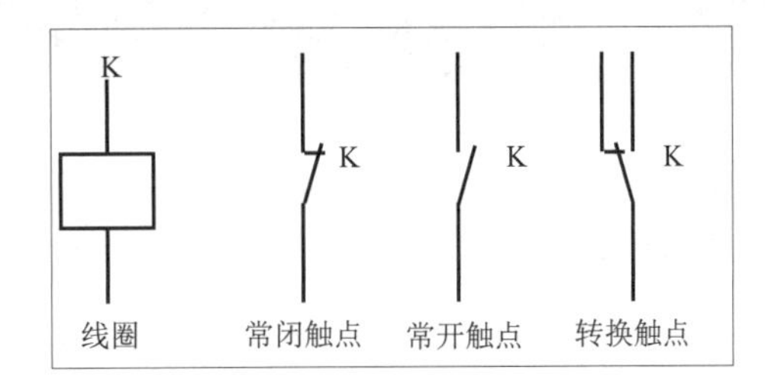

图 4-37　常见的电磁继电器实物外形及符号

2．热继电器

热继电器利用电流的热效应来切断电路，专门用来对连续运转的电动机进行过载及断相保护，以防电动机过热而烧毁。它是一种反时限动作的继电器。

按照相数，热继电器可分为两相热继电器和三相热继电器，三相热继电器又可分为不带断相保护和带断相保护。

热继电器的工作原理：发热元件接入电机主电路，若长时间过载，双金属片被烤热。因双金属片的下层膨胀系数大，使其向上弯曲，扣板被弹簧拉回，使常闭触头断开。

热继电器的文字符号为 FR，包括发热元件、常闭触点、常开触点，图 4-38 所示为常见的热继电器实物外形及符号。

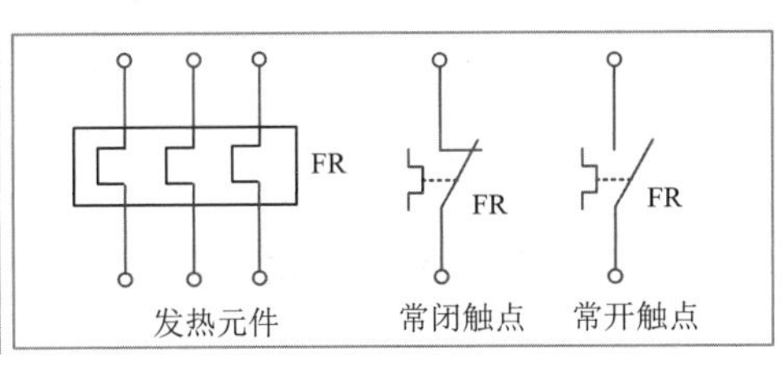

图 4-38　常见的热继电器实物外形及符号

常用的热继电器有 JR0、JR2、JR9、JR10、JR15、JR16、JR20、JR36 等几个系列。

3．中间继电器

当其他电器的触头对数不够用时，可借助中间继电器来扩展它们的触点数量。中间继电器也可以实现触点通电容量的扩展。

中间继电器的原理是将一个输入信号变成多个输出信号或将信号放大（即增大触头容量）。其实质是电压继电器，但它的触点数量较多（可达 8 对），触点容量较大（5~10A），动作灵敏。

中间继电器的文字符号为 KA，包括吸引线圈、常开触点、常闭触点，图 4-39 所示为常见的中间继电器实物外形及符号。

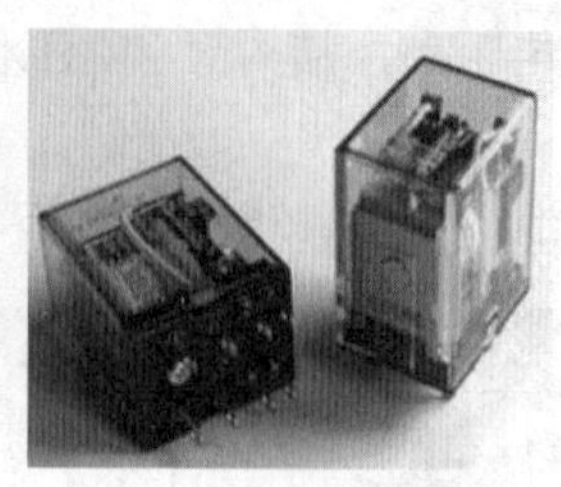
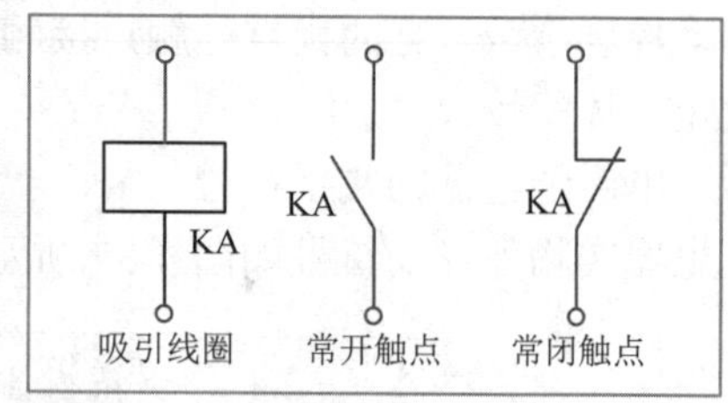

图 4-39　常见的中间继电器实物外形及符号

4. 时间继电器

时间继电器是一种从得到输入信号（线圈通电或断电）起，经过一段时间延时后触点才动作的继电器。时间继电器适用于定时控制。

时间继电器按构成原理可分为电磁式、电动式、空气阻尼式、晶体管式、数字式；按延时方式可分为通电延时型、断电延时型。

时间继电器的文字符号为 KT，包括线圈、触点，图 4-40 所示为常见的时间继电器实物外形及符号。

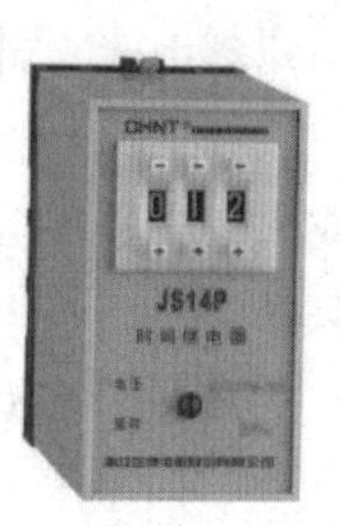
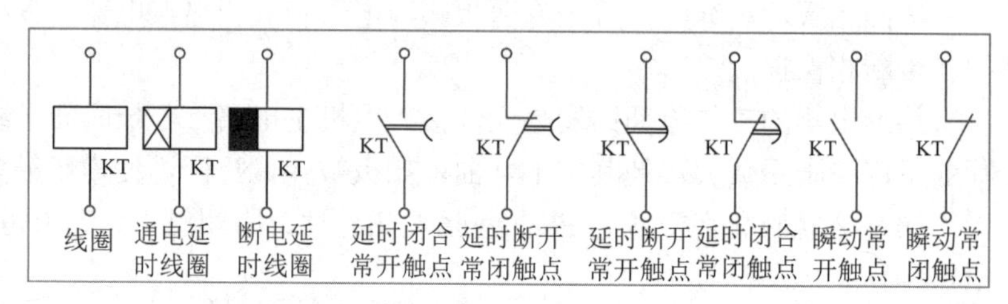

图 4-40　常见的时间继电器实物外形及符号

4.4.5　开关器件

开关是指一个可以使电路开路、使电流中断或使电流流到其他电路的电子元件。

1. 刀开关

刀开关又称闸刀开关，是一种手动配电电器，常用作电源的引入开关或隔离开关，也可用于小容量的三相异步电动机不频繁地启动或停止的控制。刀开关的文字符号为 QS，按刀数的不同有单极、双极、三极等几种。常见的刀开关实物外形及符号如图 4-41 所示。

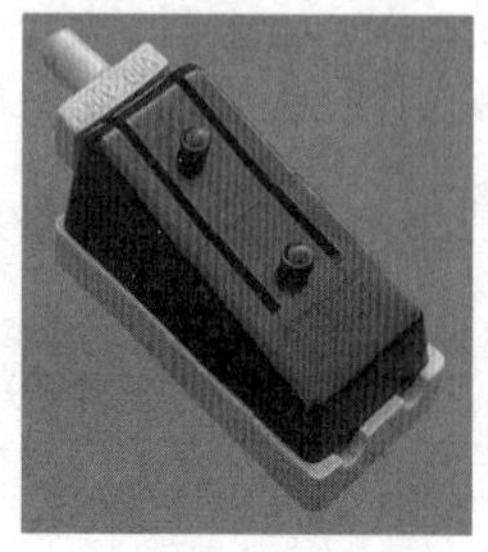

双极刀开关

三极刀开关

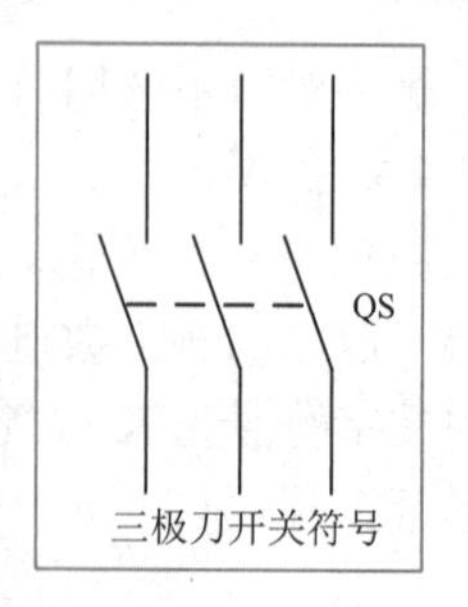

三极刀开关符号

图 4-41　常见的刀开关的实物外形及符号

2. 组合开关

组合开关实质上也是一种刀开关，主要用作电源的引入开关。与普通刀开关不同的是，组合开关的刀片是旋转式的，比刀开关更轻巧，是一种多触点、多位置，可控制多个回路的电器。常见的组合开关实物外形图及符号如图 4-42 所示。

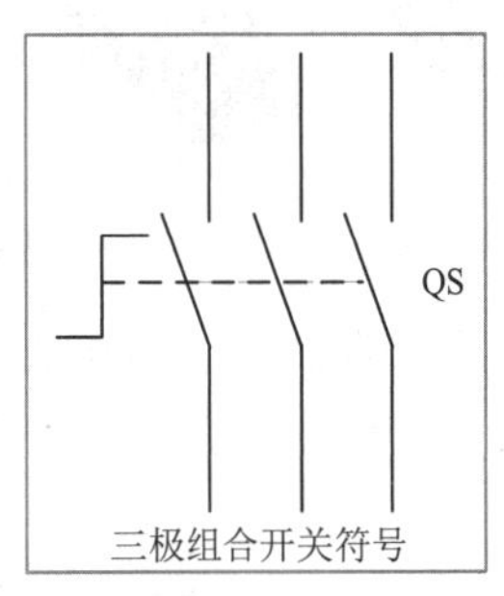

图 4-42　常见的组合开关实物外形及符号

3. 转换开关

转换开关的文字符号为 SA，各触头在手柄转到不同挡位时的通断状态用黑点•表示，有黑点则表示触头闭合，无黑点则表示触头断开，常见的转换开关实物外形及符号如图 4-43 所示。

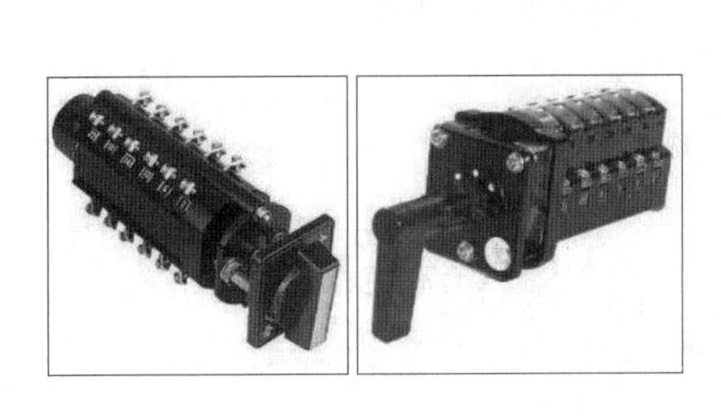

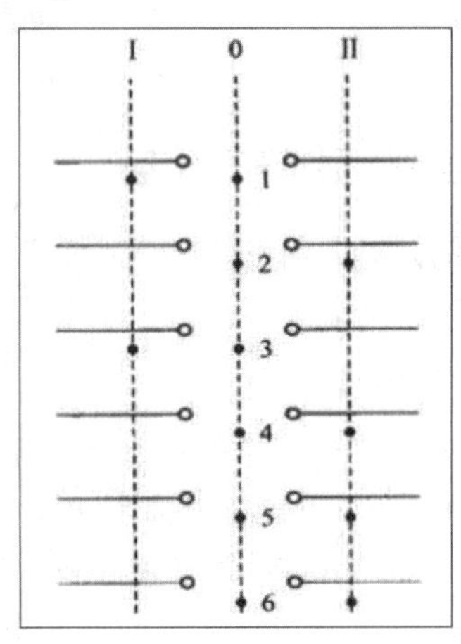

图 4-43　常见的转换开关实物外形及符号

4. 行程开关

行程开关用于控制某些机械部件的运动行程或进行限位保护，也叫限位开关。行程开关由操作机构、触点系统和外壳等部分组成。

行程开关的文字符号为 SQ，分为常开触点、常闭触点，常见的行程开关实物外形及符号如图 4-44 所示。

5. 感应开关

感应开关（接近开关）又称无触点行程开关，它是一种非接触型的检测装置，可以代替行程开关完成传动装置的位移控制和限位保护，还广泛用于检测零件尺寸、测速和快速自动计数以及加工程序的自动衔接等。

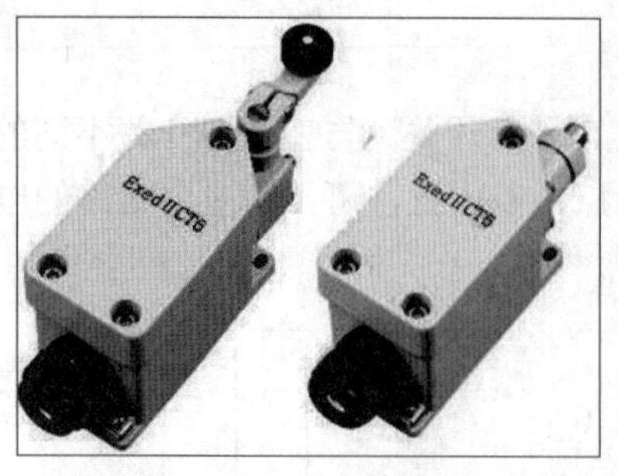

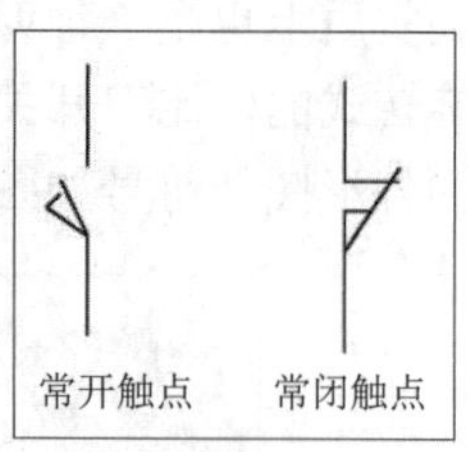

图 4-44　常见的行程开关实物外形及符号

其特点是工作可靠、寿命长、功耗低、重复定位精度高、灵敏度高、频率响应快，以及适应恶劣的工作环境等。常见的感应开关实物外形及符号如图 4-45 所示。

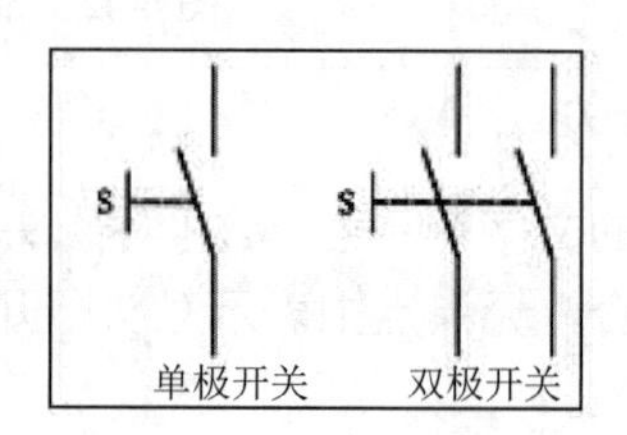

图 4-45　常见的感应开关实物外形及符号

扫一扫，看视频

动手学——显示开关符号

本实例讲解如何在“插入中心”中选择常用的开关符号。

【操作步骤】

选择菜单栏中的“项目”→“打开”命令，打开项目文件 myproject。在“插入中心”的“开始\符号\GB_symbol\电气工程\传感器,开关和按钮”下显示了不同种类的开关图形符号，如图 4-46 所示。

➢ 选择“开关/按钮”，显示根据连接点个数进行分类的开关。

➢ 选择“限位开关,机械的”，显示根据连接点个数进行分类的行程开关。

➢ 选择“接近开关”，显示根据连接点个数进行分类的感应开关。

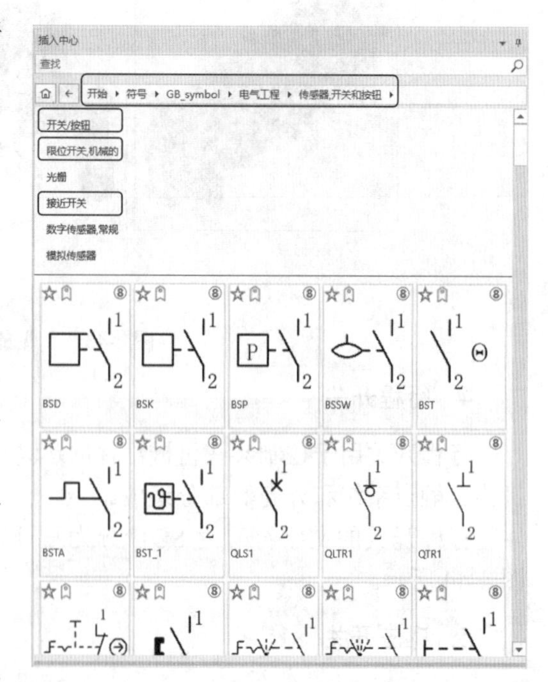

图 4-46　开关图形符号

4.4.6　按钮

按钮是一种由人工控制的主令电器，主要用于发布操作命令、接通或断开控制电路、控制机械与电气设备的运行等。

按钮的文字符号为 SB，分为常闭按钮、常开按钮、复合按钮和启停双按钮，图 4-47 所示为常见的按钮开关实物外形及符号。

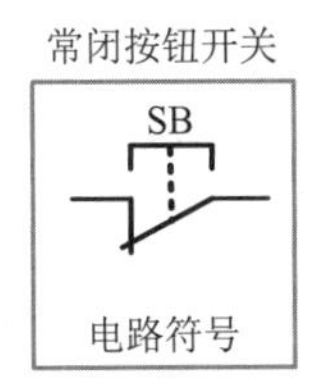

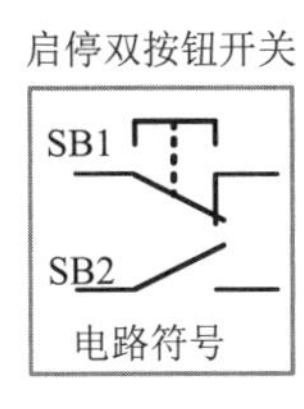

图 4-47　常见的按钮开关实物外形及符号

动手学——显示按钮符号

本实例讲解如何在“插入中心”中选择按钮符号。

【操作步骤】

（1）选择菜单栏中的“项目”→“打开”命令，打开项目文件 myproject。在“插入中心”的“开始\符号\GB _symbol\电气工程\传感器,开关和按钮\开关/按钮”下显示了按钮图形符号，如图 4-48 所示。

（2）在“插入中心”的“开始\设备\电气工程\零部件\传感器,开关和按钮\开关/按钮”下显示了按钮设备型号，如图 4-49 所示。

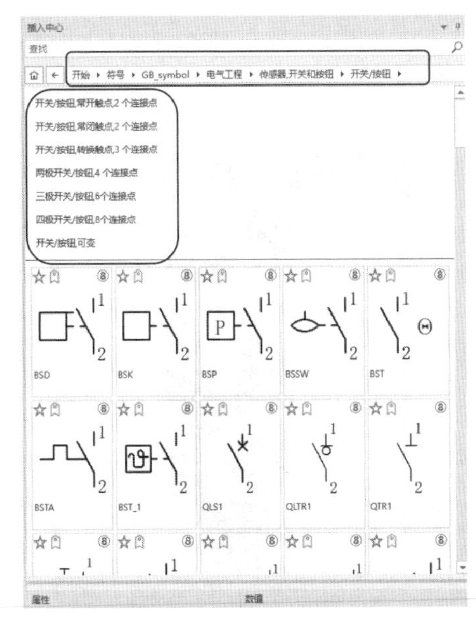

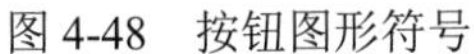
图 4-48　按钮图形符号

图 4-49　按钮设备型号

（3）按钮设备包含 A-B 和 SIE 两种型号，如图 4-50 和图 4-51 所示。

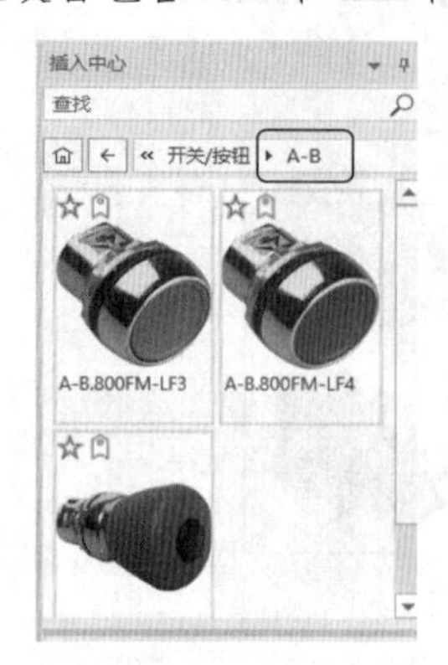

图 4-50　A-B 按钮设备

图 4-51　SIE 按钮设备

4.4.7　光栅

光栅是由大量等宽等间距的平行狭缝构成的光学器件，一般常用的光栅是在玻璃片上刻出大量平行刻痕制成的，刻痕为不透光部分，两刻痕之间的光滑部分可以透光，相当于一条狭缝。

扫一扫，看视频

动手学——显示光栅符号与设备

本实例讲解如何在“插入中心”中选择光栅符号。

【操作步骤】

（1）选择菜单栏中的“项目”→“打开”命令，打开项目文件 myproject。在“插入中心”的“开始\符号\IEC_symbol\电气工程\传感器,开关和按钮\光栅”下显示了光栅图形符号，如图 4-52 所示。

（2）在“插入中心”的“开始\设备\电气工程\零部件\传感器,开关和按钮\光栅\SICK”下显示了光栅设备 SICK.1023958，在“图形预览”中的显示效果如图 4-53 所示。

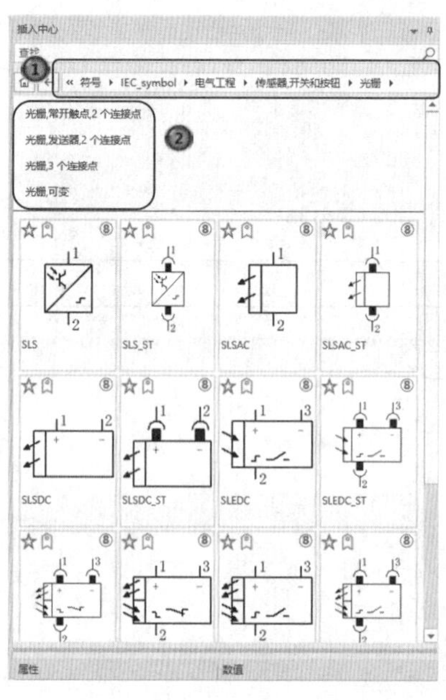

图 4-52　光栅图形符号

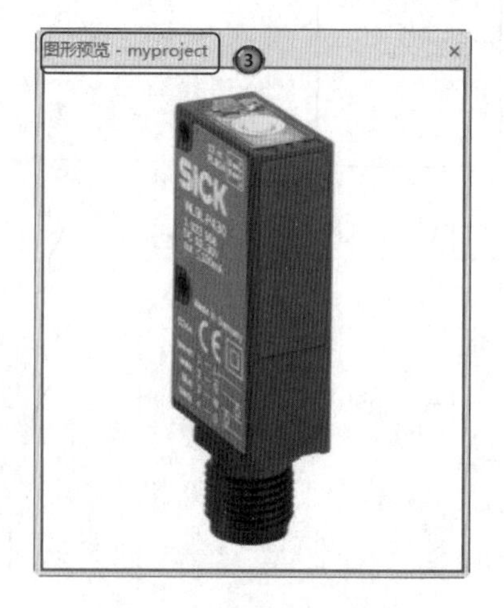

图 4-53　光栅设备预览

4.4.8　指示灯

指示灯通常用于反映电路的工作状态（有电或无电）、电气设备的工作状态（运行、停运或试验）和位置状态（闭合或断开）等。

红绿指示灯的作用有三个：①指示电气设备的运行与停止状态；②监视控制电路的电源是否正常；③利用红灯监视跳闸回路是否正常，利用绿灯监视合闸回路是否正常。

指示灯的文字符号为 HL，图 4-54 所示为常见的指示灯实物外形及符号。

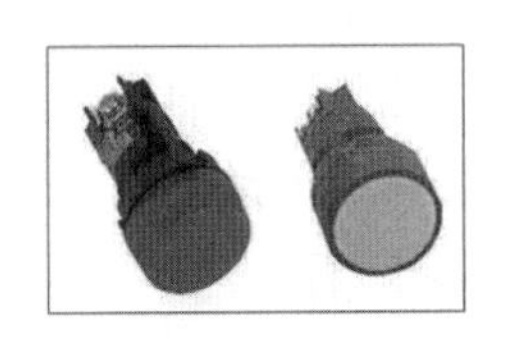
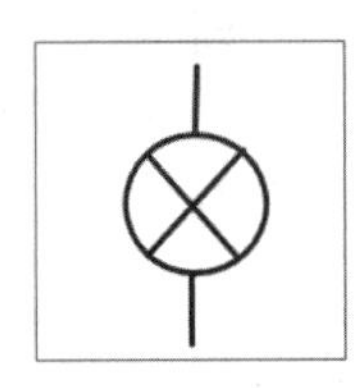

图 4-54　常见的指示灯实物外形及符号

4.4.9　避雷器

避雷器是用于保护电气设备免受高瞬态过电压危害并限制续流时间，也常限制续流幅值的一种电器。避雷器有时也称为过电压保护器、过电压限制器。

避雷器的文字符号 F，图 4-55 所示为常见的避雷器实物外形及符号。

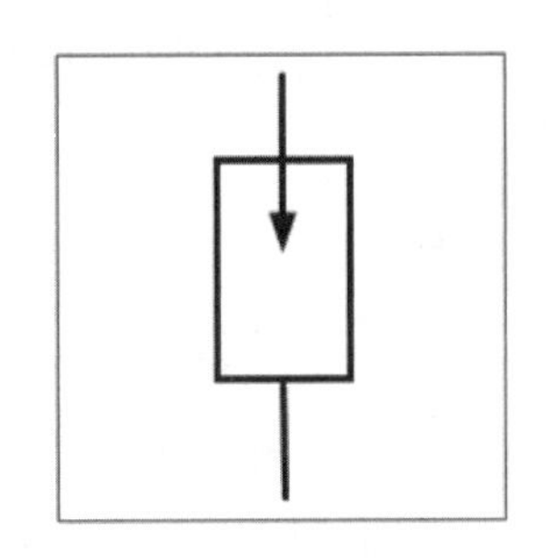

图 4-55　常见的避雷器实物外形及符号

4.5　宏　项　目

在原理图设计过程中经常会重复使用的部分电路或典型电路被保存为可调用的模块称之为宏，如果每次都重新绘制这些电路模块，不仅会造成大量的重复性工作，而且存储这些电路模块及其信息要占据相当大的磁盘空间。宏项目的创建，是系统性标准化工作的第一步，也是非常重要的一环。在 EPLAN 中，宏可分为窗口宏、符号宏和页面宏。

- 窗口宏：包括单页的范围或位于页的全部对象。插入时，窗口宏附着在光标上并能自由定位于 X 和 Y 方向。窗口宏的后缀名为*.ema。
- 符号宏：可以将符号宏认为是对符号库的补充。符号宏和窗口宏的内容没有本质区别，主要是为了区分和方便管理。例如，可将显示相应单位的多个单个符号或对象汇总成一个对象。将符号宏模拟创建到窗口宏，必须在相同的目录下用另外的扩展文件名进行设置。符号宏的后缀名为*.ems。

- 页面宏：包含一页或多页的项目图纸，其后缀名为*.emp。

4.5.1 打开宏项目

在 EPLAN 中，一般推荐采用宏项目来创建和管理宏，这样便于长期的维护和修改。

【执行方式】

- 菜单栏：选择菜单栏中的“项目”→“属性”命令。
- 功能区：单击功能区“文件”选项卡的“项目属性”面板中的“属性”选项卡。
- 快捷操作：在选中的电路上右击，在快捷菜单中选择“属性”命令。

【操作步骤】

执行上述操作，会弹出 EPLAN 项目属性对话框，打开“属性”选项卡，如图 4-56 所示，输入项目信息和模板，并将“项目类型”改为“宏项目”。

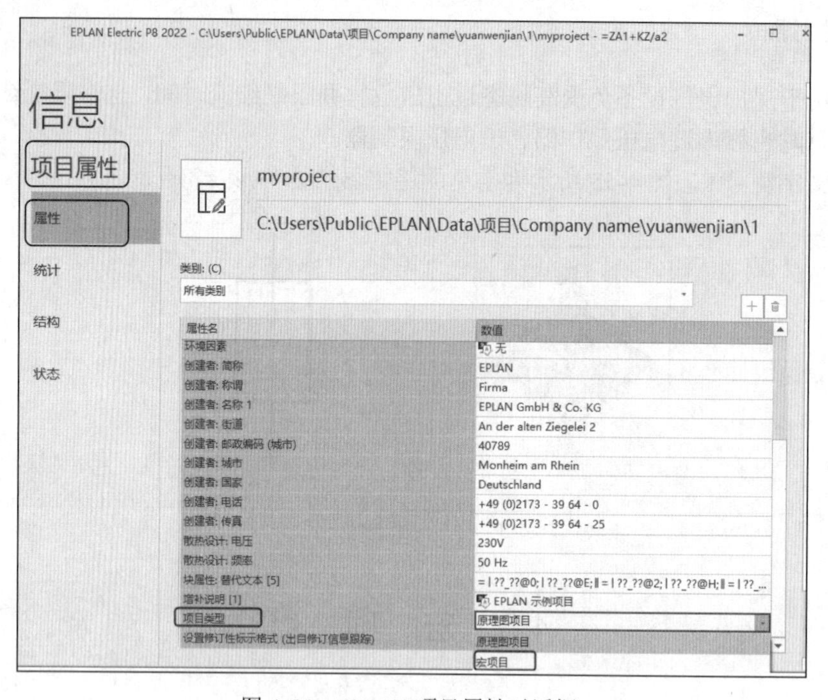

图 4-56 EPLAN 项目属性对话框

4.5.2 创建宏

本小节介绍如何创建宏。

【执行方式】

- 菜单栏：选择菜单栏中的“编辑”→“创建窗口宏/符号宏”命令。
- 功能区：单击功能区“主数据”选项卡的“宏”面板中的“创建”按钮。
- 快捷操作：在选中的电路上右击，在快捷菜单中选择“创建窗口宏/符号宏”命令。
- 快捷键：Ctrl+5。

【操作步骤】

（1）框选选中图 4-57 所示的对象，执行上述操作，系统将弹出如图 4-58 所示的“另存为”对话框。

（2）单击“确定”按钮，完成窗口宏 m.ema 的创建。

（3）符号宏的创建方法是相同的，将符号宏的后缀名改为.ems 即可。

在目录下创建的宏作为一个整体，方便后面使用时直接插入，但在创建原理图中选中创建宏的部分电路时，选中的不是一个整体，取消选中后的部分电路中设备与连接导线仍是单独的个体。

【选项说明】

在“目录”文本框中输入存放宏的位置，在“文件名”文本框中输入宏的名称，单击按钮，弹出宏类型“另存为”对话框，如图 4-59 所示。在该对话框中设置文件名、文件的保存类型及存放目录。

在“表达类型”下拉列表中显示 EPLAN 中宏的表达类型。宏的表达类型用于排序，有助于管理宏，但对宏中的功能没有影响；其保持各自的表达类型。

➢ 多线：对于放置在多线原理图页上的宏。

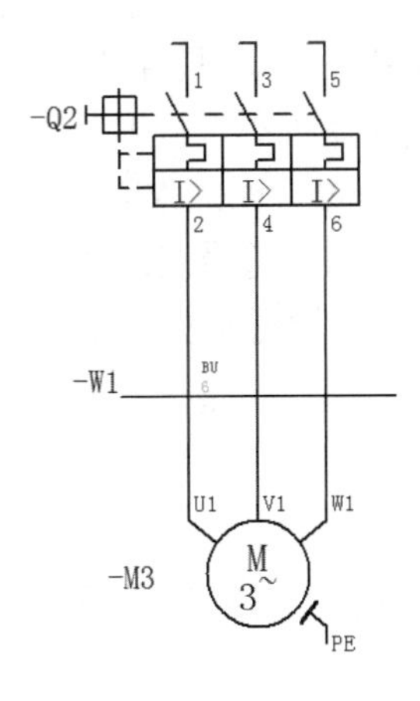

图 4-57　选中部分电路

图 4-58　“另存为”对话框

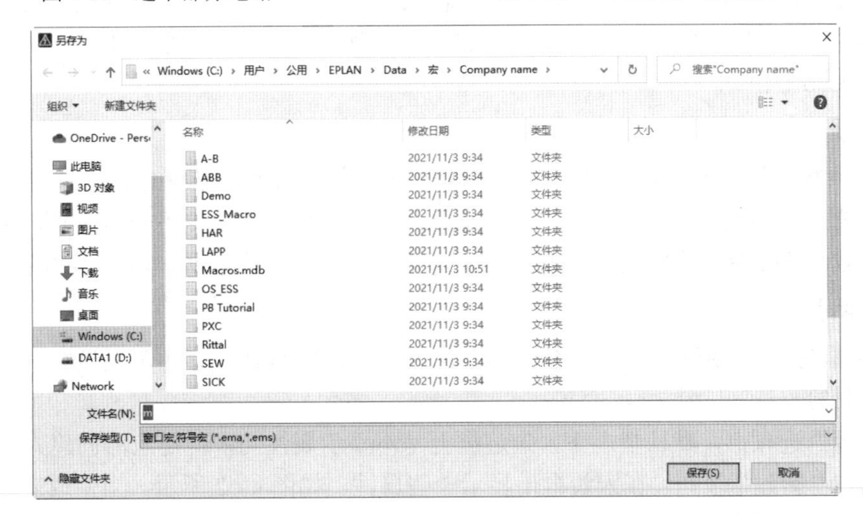

图 4-59　宏类型“另存为”对话框

- 多线流体：对于放置在流体工程原理图页中的宏。
- 总览：对于放置在总览页上的宏。
- 成对关联参考：对于用于实现成对关联参考的宏。
- 单线：对于放置在单线原理图页上的宏。
- 拓扑：对于放置在拓扑图页上的宏。
- 管道及仪表流程图：对于放置在管道及仪表流程图页中的宏。
- 功能：对于放置在功能原理图页中的宏。
- 安装板布局：对于放置在安装板上的宏。
- 预规划：对于放置在预规划图页中的宏。在预规划宏中“考虑页比例”复选框不可用。
- 功能总览（流体）：对于放置在流体总览页中的宏。
- 图形：对于只包含图形元件的宏。既不在报表中，也不在错误检查和形成关联参考时考虑图形元件，也不将其收集为目标。

在“变量”下拉列表中可选择变量A～P的16个变量。在同一个文件名称下，可为同一个宏创建不同的变量。标准情况下，宏默认保存为“变量A”。EPLAN中可为同一个宏的每个表达类型最多创建16个变量。

在“描述”文本框中输入设备组成的宏的注释性文本或技术参数文本，用于在选择宏时方便选择。勾选“考虑页比例”复选框，则宏在插入时会进行外观调整，其原始大小保持不变，但在页上会根据已设置的比例尺放大或缩小显示。如果未勾选该复选框，则宏会根据页比例相应地放大或缩小。

在“页数”文本框中默认显示原理图页数为1，固定不变。窗口宏与符号宏的对象不能超过一页。

在“附加”按钮下选择“定义基准点”命令，在创建宏时会重新定义基准点；选择“分配部件数据”命令，会为宏分配部件。

4.5.3 宏边框

当宏创建完成后，需要在其周围插入一个宏边框，框中的所有内容都是属于这个宏的。

【执行方式】

- 菜单栏：选择菜单栏中的“插入”→“盒子/连接点/安装板”→“宏边框”命令。
- 功能区：单击功能区“主数据”选项卡的“宏”面板中的“导航器”下拉按钮中的“插入宏边框”按钮。

【操作步骤】

框选选中对象，执行上述操作，此时鼠标光标变成交叉形状并附带宏边框符号，移动鼠标光标到需要放置宏边框的起点处，单击确定宏边框的角点，再次单击确定另一个角点，右击选择“取消操作”命令或按Esc键，宏边框即绘制完毕，退出当前宏边框的绘制，如图4-60所示。

【选项说明】

双击宏边框，打开“属性（元件）：宏边框”对话框，如图4-61所示，可以设置宏的使用类型、表达类型、变量等。

打开“显示”选项卡，默认情况下，宏边框上是不显示属性的，但是宏的创建人员有时为了查看方便，会通过“新建”按钮，在宏边框上显示一些属性，如图4-62所示。当生成宏文件之后，宏边框的这些属性也会是默认显示的，如图4-63所示。

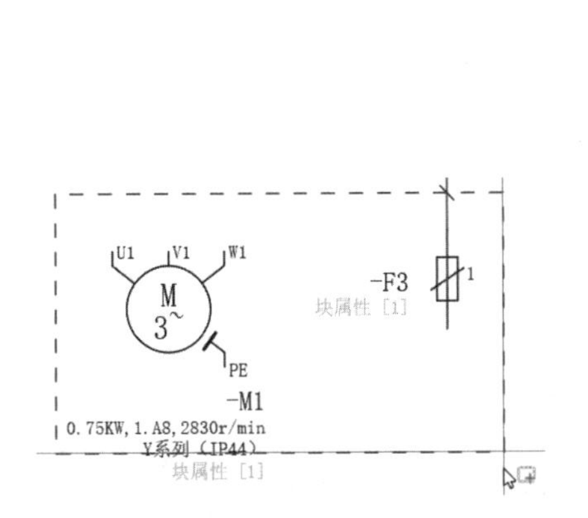

图 4-60　绘制宏边框

图 4-61　“属性（元件）：宏边框”对话框

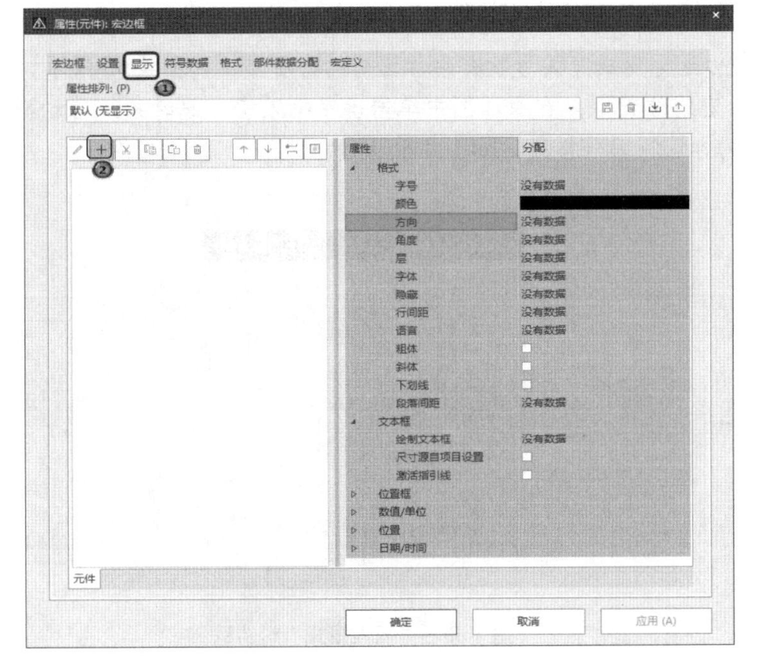

图 4-62　“显示”选项卡

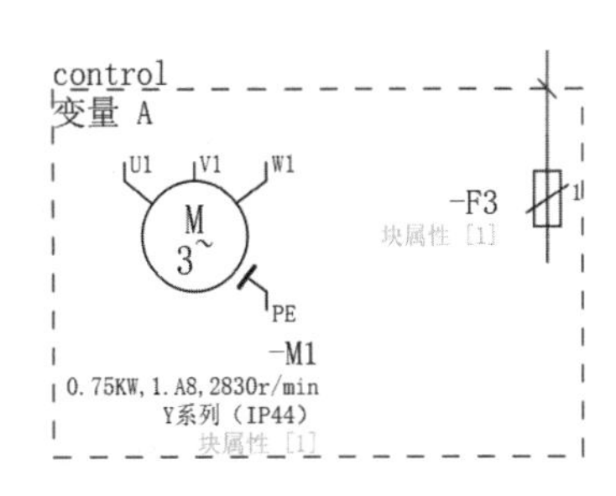

图 4-63　显示宏名称与宏变量

4.5.4　插入宏

【执行方式】

➢ 菜单栏：选择菜单栏中的“插入”→“窗口宏/符号宏”命令。

➢ 快捷键：M 键。

【操作步骤】

（1）执行上述操作，系统将弹出如图 4-64 所示的“选择宏”对话框，在之前的保存目录下选择创建的.ems 宏文件。

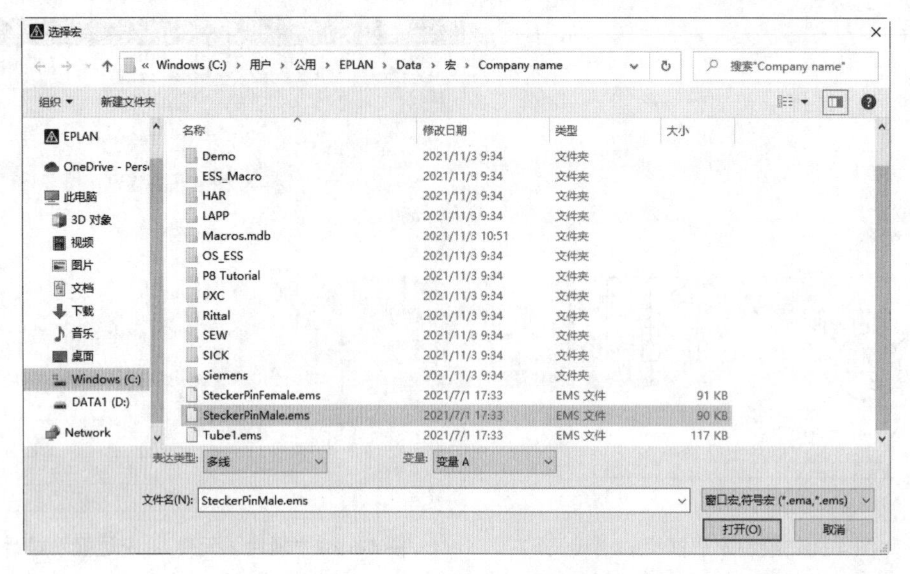

图 4-64 “选择宏”对话框

（2）单击“打开”命令，此时鼠标光标变成交叉形状并附加选择的宏符号，如图 4-65 所示。

（3）将鼠标光标移动到想要插入宏的位置上，在原理图中单击确定插入宏。此时系统自动弹出“插入模式”对话框，选择插入宏的标识符编号格式，如图 4-66 所示。

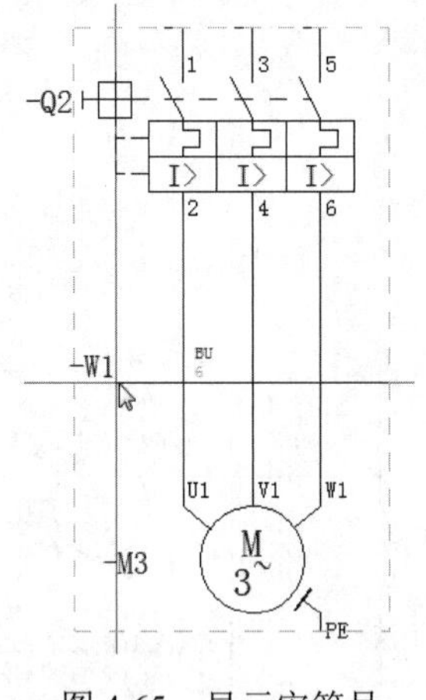

图 4-65 显示宏符号

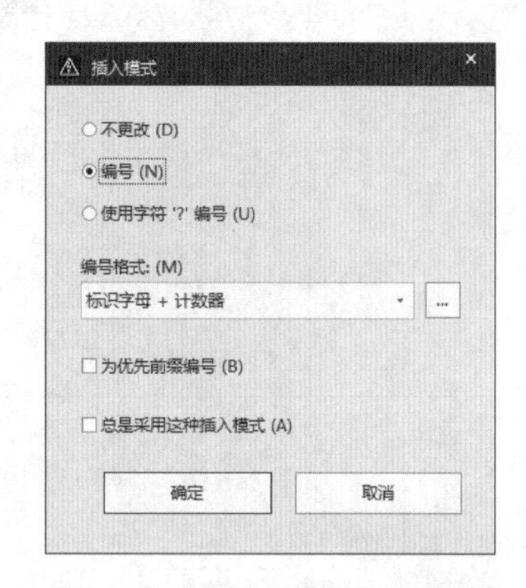

图 4-66 “插入模式”对话框

（4）此时鼠标光标仍处于插入宏的状态，重复上述操作可以继续插入其他的宏。宏插入完毕，右击执行“取消操作”命令或 Esc 键即可退出该操作。

可以发现，插入宏后的电路模块与原电路模块相比，仅多了一个由虚线组成的边框，称之为宏边框。宏通过宏边框储存宏的信息，如果原始宏项目中的宏发生改变，可以通过宏边框来更新项目中的宏。

【选项说明】

在“设置”对话框中的“常规”选项卡中，勾选“带宏边框插入”复选框，如图 4-67 所示，将宏插入原理图项目中时，EPLAN 会自动添加宏边框。

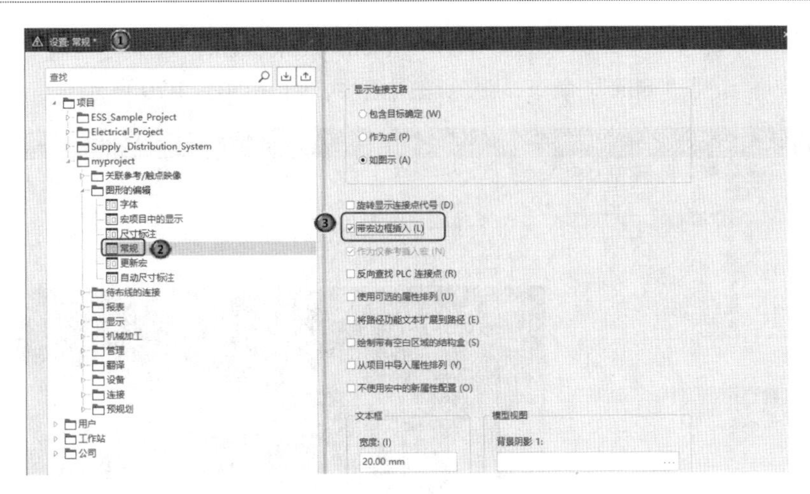

图 4-67　“设置”对话框

扫一扫，看视频

4.6　操作实例——创建宏项目文件

【操作步骤】

1．创建项目

（1）选择菜单栏中的“项目”→“新建”命令，弹出如图 4-68 所示的“创建项目”对话框，在“项目名称”文本框中输入新的项目名称 SWSW_Macro_Project，在“保存位置”文本框中选择项目文件的保存路径，在“基本项目”下拉列表中选择带 GB 标准标识结构的基本项目 GB_bas001.zw9。

（2）单击“确定”按钮，显示项目创建进度对话框，进度条完成后，弹出“项目属性”对话框，显示当前项目图纸的参数属性，如图 4-69 所示。在“属性名-数值”列表中单击“项目类型”右侧下拉按钮，选择“宏项目”，单击“确定”按钮，关闭对话框。

图 4-68　“创建项目”对话框

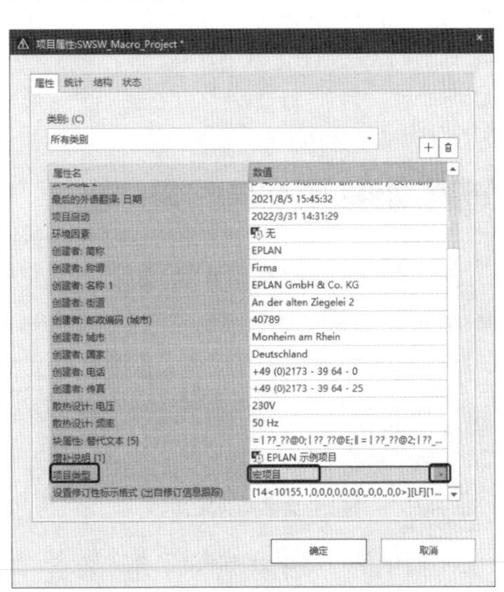

图 4-69　“项目属性”对话框

（3）在“页”导航器中显示新项目 SWSW_Macro_Project.elk，选择标题页“1 首页”，右击，在弹出的快捷菜单中选择“删除”命令，删除该图纸页，结果如图 4-70 所示。

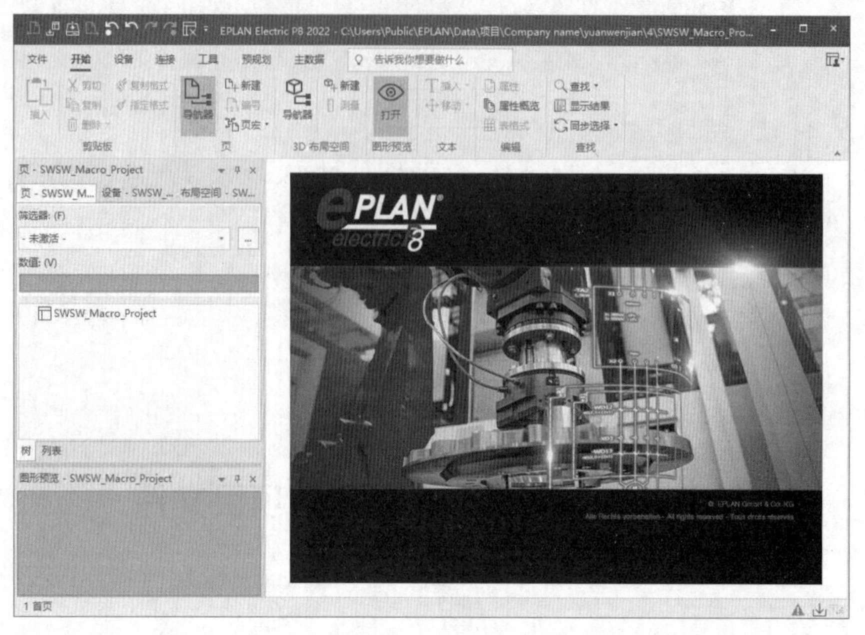

图 4-70　删除图纸页

2．创建图纸页

（1）在“页”导航器中的项目名称上右击，选择“新建”命令，弹出 “新建页”对话框，在该对话框中的“完整页名”文本框内显示默认电路图纸页名称 1。

（2）单击“完整页名”文本框右侧按钮，弹出“完整页名”对话框，设置高层代号与位置代号，如图 4-71 所示。单击“确定”按钮，关闭对话框。

（3）在“页类型”下拉列表中选择“图形（交互式）”，在“页描述”文本框中输入图纸描述“符号宏”，如图 4-72 所示。单击“应用”按钮，完成图纸页 1 的添加。

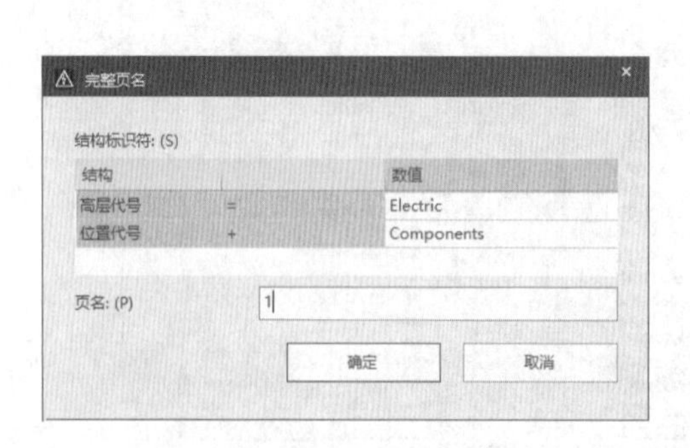

图 4-71　“完整页名”对话框

图 4-72　“新建页”对话框

（4）添加图纸页 2。在“完整页名”文本框内自动递增页名=Electric+Components/2，在“页类型”下拉列表中选择“多线原理图（交互式）”，在“页描述”文本框中输入图纸描述“窗口宏”，如图 4-73 所示。单击“应用”按钮，完成图纸页 2 的添加。

图 4-73　“新建页”对话框

（5）添加图纸页 3。在“完整页名”文本框内自动递增页名=Electric+Components/3，在“页类型”下拉列表中选择“多线原理图（交互式）”，在“页描述”文本框中输入图纸描述“页面宏”。单击“应用”按钮，完成图纸页 3 的添加。

（6）单击“确定”按钮，完成图纸页的创建，在“页”导航器中显示创建图纸页的结果，双击进入图纸页 2 的编辑环境，如图 4-74 所示。

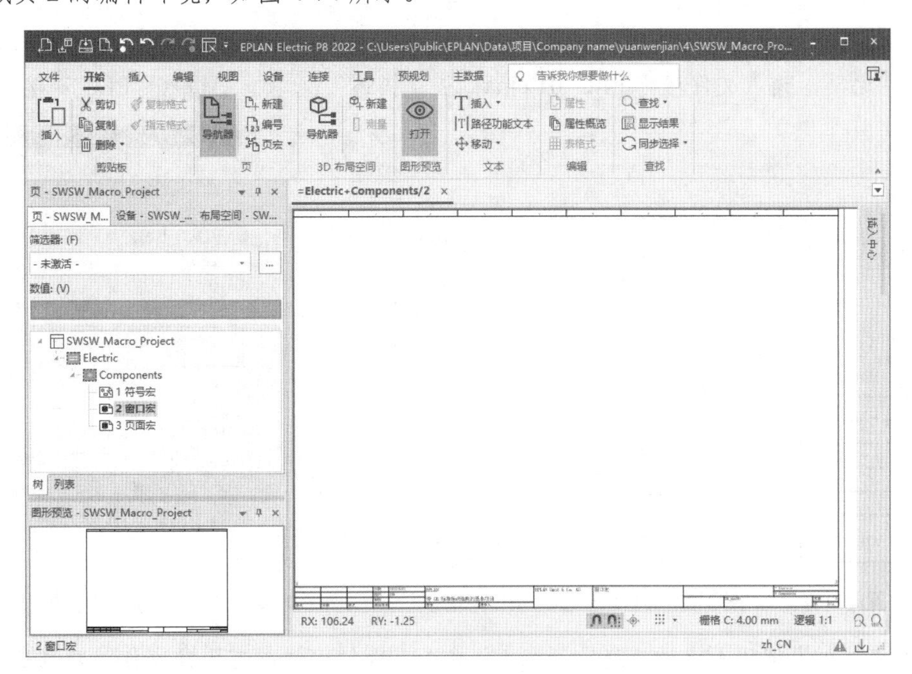

图 4-74　图纸页编辑环境

3. 创建宏

（1）选择菜单栏中的“插入”→“符号”命令，系统将弹出如图 4-75 所示的“符号选择”对话框，选择 PLC 连接点。

（2）在工作区放置 PLC 连接点与插头进行连接，如图 4-76 所示。

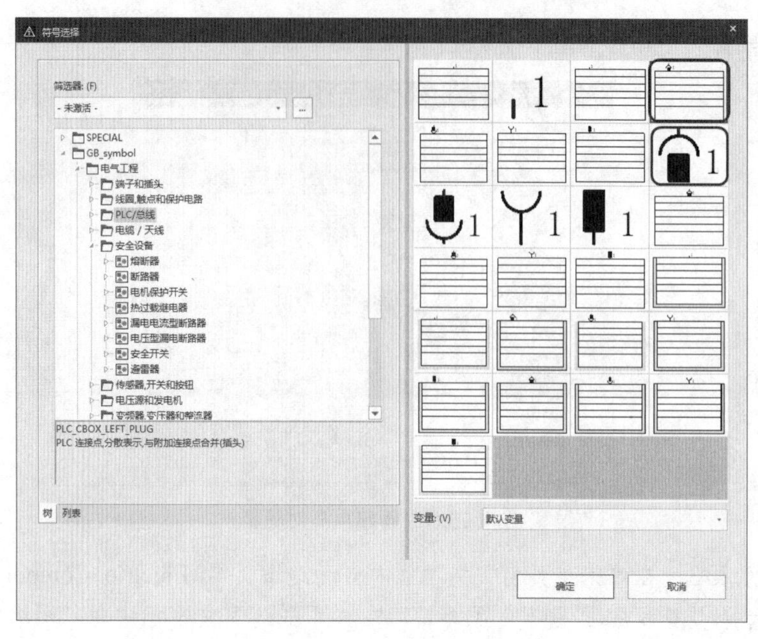

图 4-75 “符号选择”对话框

（3）选择菜单栏中的“插入”→“盒子/连接点/安装板”→“宏边框”命令，在放置的元件外绘制适当大小的边框，如图 4-77 所示。

（4）选择菜单栏中的“编辑”→“创建窗口宏/符号宏”命令，框选图 4-78 所示的对象，弹出“另存为”对话框，输入文件名称 PLC_01.ema，在“描述”文本框中输入“PLC 连接点”。

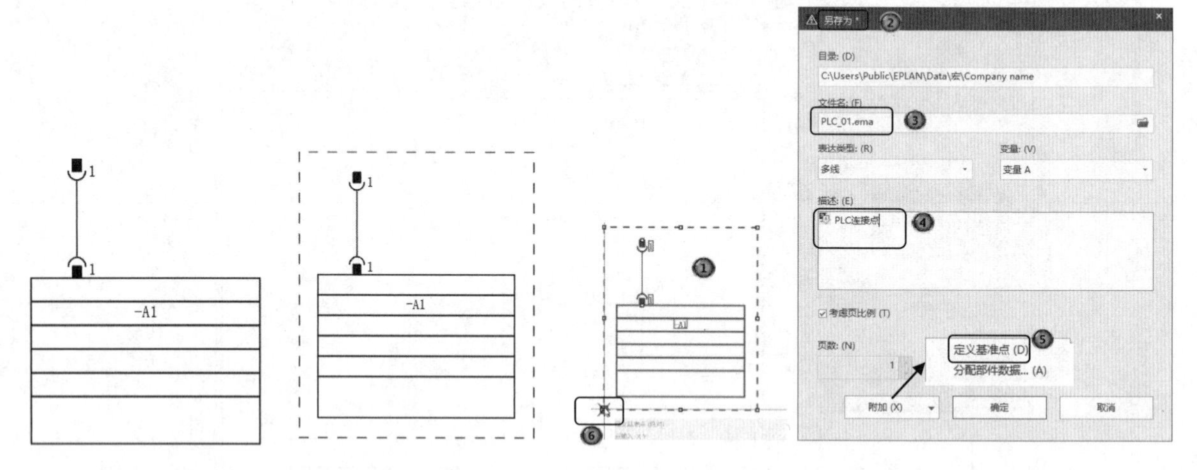

图 4-76 放置元件　　图 4-77 绘制宏边框　　图 4-78 “另存为”对话框

（5）在“附加”按钮下选择“定义基准点”命令，选择宏边框左下角点作为基准点，单击“确定”按钮，关闭对话框，完成宏的创建。

（6）选择菜单栏中的“插入”→“窗口宏/符号宏”命令，系统将弹出如图 4-79 所示的“选择宏”对话框，在之前的保存目录下选择创建的 PLC_01.ema 宏文件。

（7）单击“打开”按钮，将鼠标光标移动到需要插入宏的位置上单击确定插入宏，如图 4-80 所示。

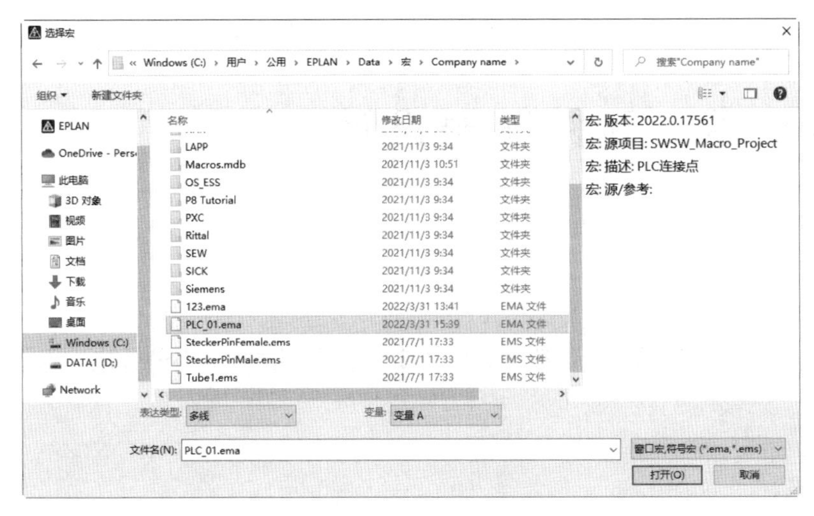

图 4-79 “选择宏”对话框

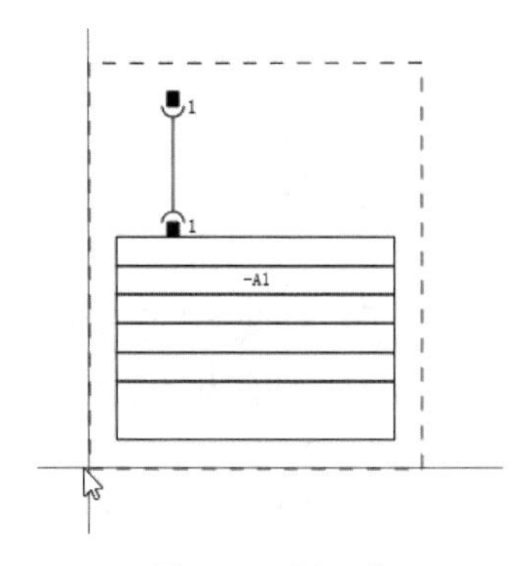

图 4-80 插入宏

（8）双击宏边框，弹出“属性（元件）：宏边框”对话框，在“宏边框”选项卡下设置宏参数，如图 4-81 所示。打开“显示”选项卡，添加“宏：名称”和“宏：描述”。

（9）单击“确定”按钮，关闭对话框，添加属性显示的宏如图 4-82 所示。

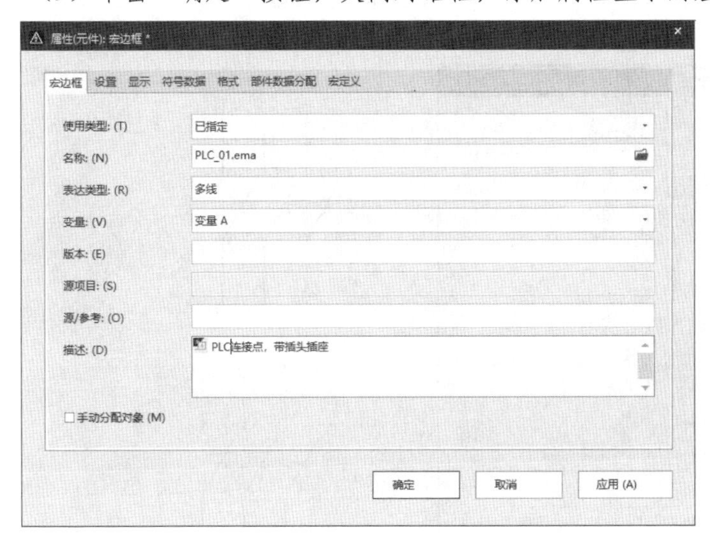

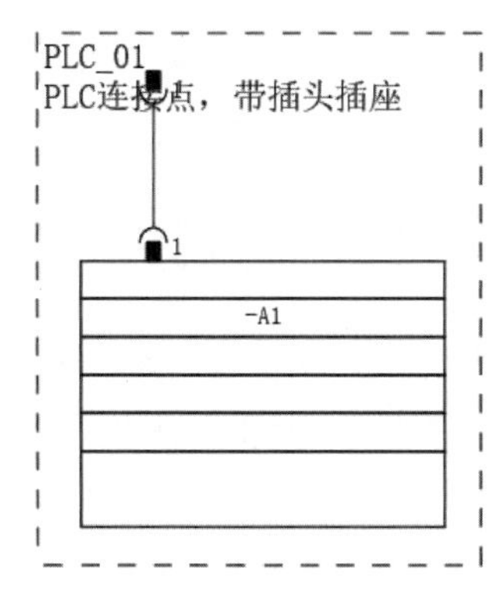

图 4-81 “属性（元件）：宏边框”对话框

图 4-82 添加宏属性

第 5 章　元件符号设计

内容简介

表示一种或多种功能的符号称为元件符号，元件符号是广大电气工程师之间的交流语言，用于传递系统控制的设计思维。

内容要点

- 创建元件符号
- 图形符号属性命令

案例效果

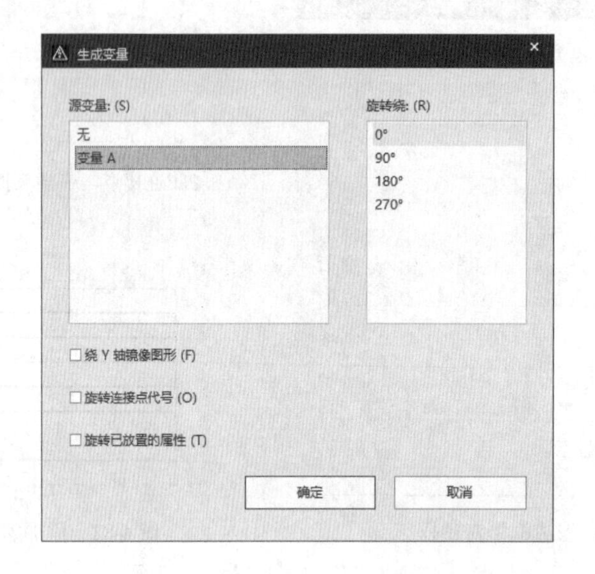

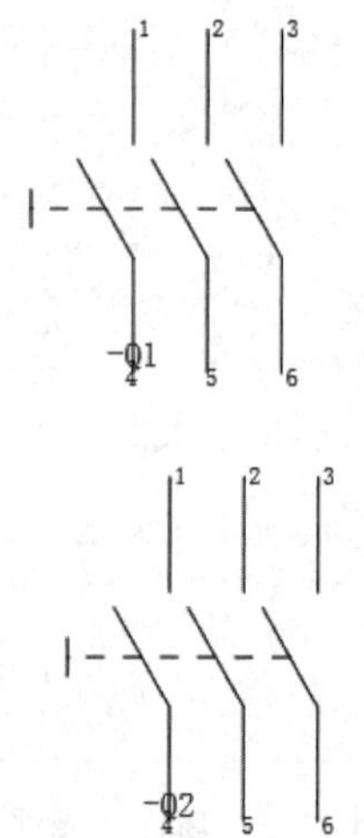

5.1　创建元件符号

一个元件符号通常具有 A～H 8 个变量和 1 个触点映像变量。所有符号变量共有相同的属性，即相同的标识、相同的功能和相同的连接点编号，只有连接点图形有所不同。

5.1.1　符号变量

图 5-1 中的电压源的符号变量包括 1 和 2 两个连接点，图 5-1（a）为开关变量 A，图 5-1（b）

为开关变量 B，图 5-1（c）为开关变量 C，图 5-1（d）为开关变量 D，图 5-1（e）为开关变量 E，图 5-1（f）为开关变量 F，图 5-1（g）为开关变量 G，图 5-1（h）中为开关变量 H。以开关变量 A 为基准，逆时针旋转 90°，形成开关变量 B；再以开关变量 B 为基准，逆时针旋转 90°，形成开关变量 C；再以开关变量 C 为基准，逆时针旋转 90°，形成开关变量 D；而开关变量 E、F、G、H 分别是变量 A、B、C、D 的镜像显示结果。

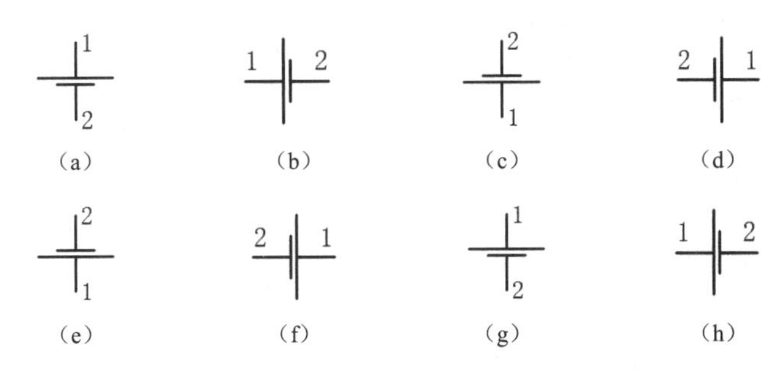

图 5-1 电压源的符号变量

动手学——线圈符号的放置

【操作步骤】

（1）选择菜单栏中的“项目数据”→“符号”命令，在工作窗口左侧就会出现“符号选择”标签，并自动弹出“符号选择”导航器。

（2）在导航器树形结构中选中元件符号后，直接拖动到原理图中的适当位置或在该元件符号上右击，选择“插入”命令，如图 5-2 所示。在“图形预览”窗口中会显示选中符号的缩略图。

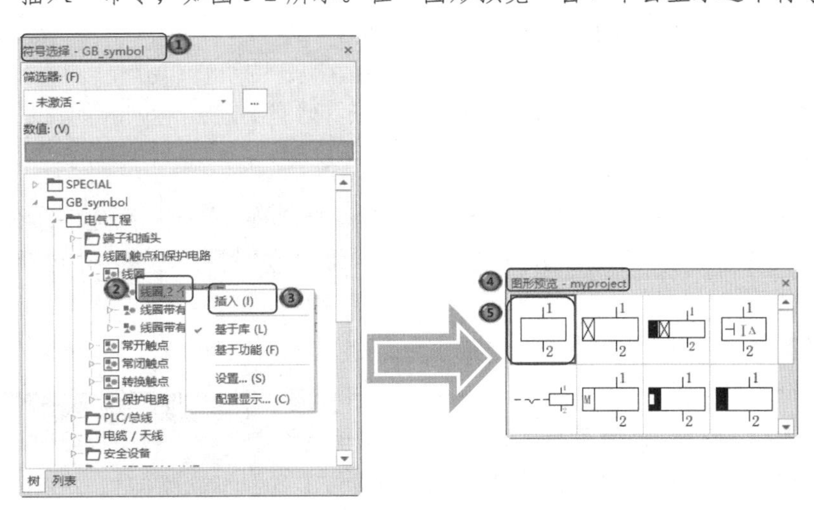

图 5-2 “符号选择”导航器

（3）选中符号后，会自动激活元件放置命令，此时鼠标光标变成十字形状并附加一个交叉记号，如图 5-3 所示。将鼠标光标移动到原理图的适当位置，弹出“属性（元件）：常规设备”对话框，如图 5-4 所示，单击“确定”按钮，关闭对话框。在空白处单击完成元件符号的插入，此时鼠标光标仍处于放置元件符号的状态，如图 5-5 所示。

（4）重复上面的操作可以继续放置其他元件符号。

图 5-3 选择元件符号

（5）右击选择“取消操作”命令，结束符号的放置操作。

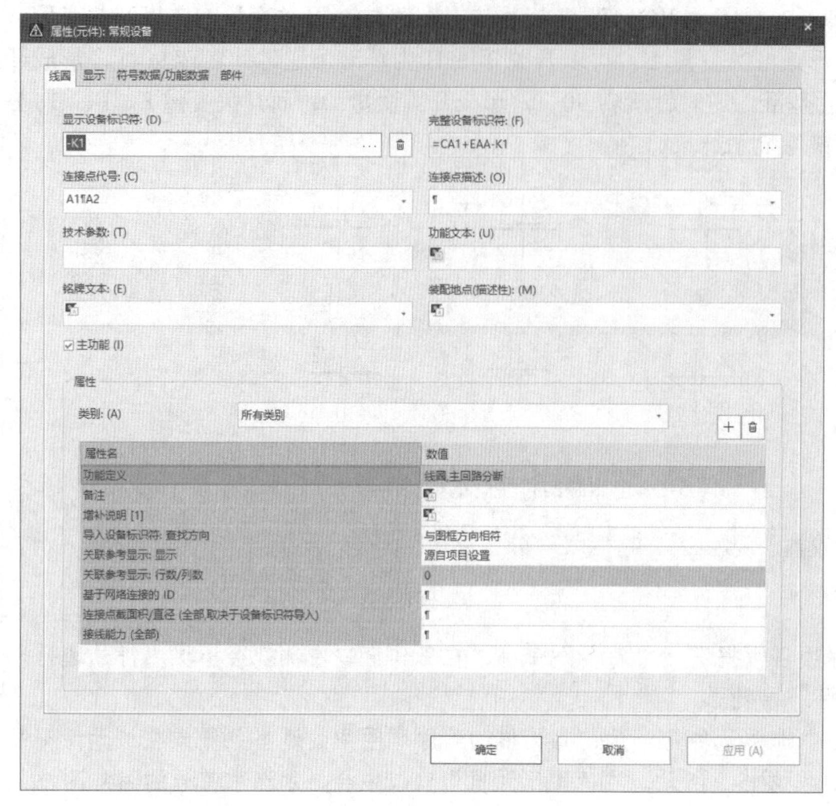

图 5-4 “属性（元件）：常规设备”对话框

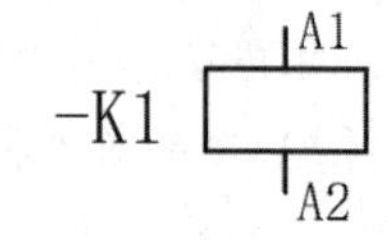

图 5-5 放置元件

5.1.2 创建符号

【执行方式】

➢ 菜单栏：选择菜单栏中的“工具”→“主数据”→“符号”→“新建”命令。

➢ 功能区：单击“主数据”选项卡的“符号”选项组中的“符号”按钮，选择其中的“新建”命令。

【操作步骤】

执行上述操作，弹出“生成变量”对话框，在“目标变量”列表框中选择“变量 A”，如图 5-6 所示。单击“确定”按钮，关闭对话框，弹出“符号属性”对话框，如图 5-7 所示。

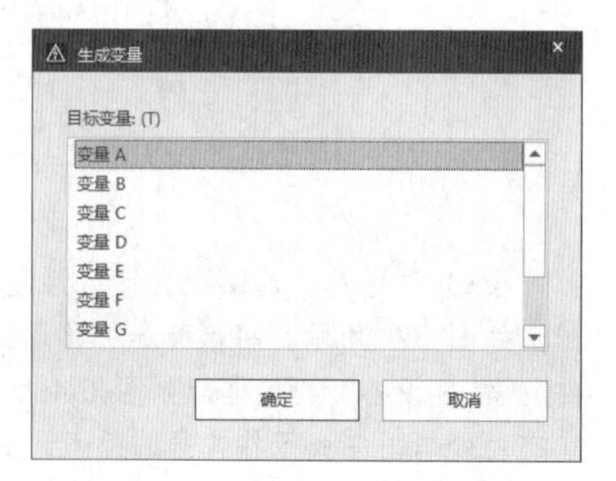

图 5-6 “生成变量”对话框

【选项说明】

（1）“符号编号”文本框：定义符号编号。

（2）“符号名”文本框：定义符号名。

（3）“符号类型”下拉列表：定义符号实现的功能。单击下拉按钮，弹出快捷菜单，选择“功能”，在“功能定义”文本框中进行自定义；选择系统定义的类型，如“角”，则禁用“功能定义”选项，如图 5-8 所示。

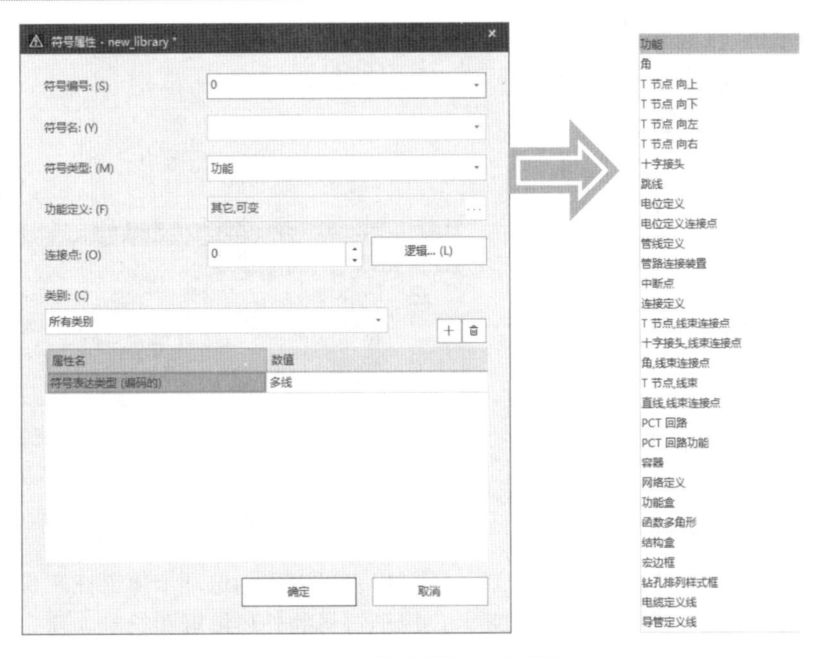

图 5-7 “符号属性”对话框

（4）“功能定义”文本框：在“符号类型”下拉列表中选择“功能”选项后，进行功能说明的自定义。单击…按钮，弹出“功能定义”对话框，可根据绘制的符号类型，选择功能逻辑数据，如图 5-9 所示。

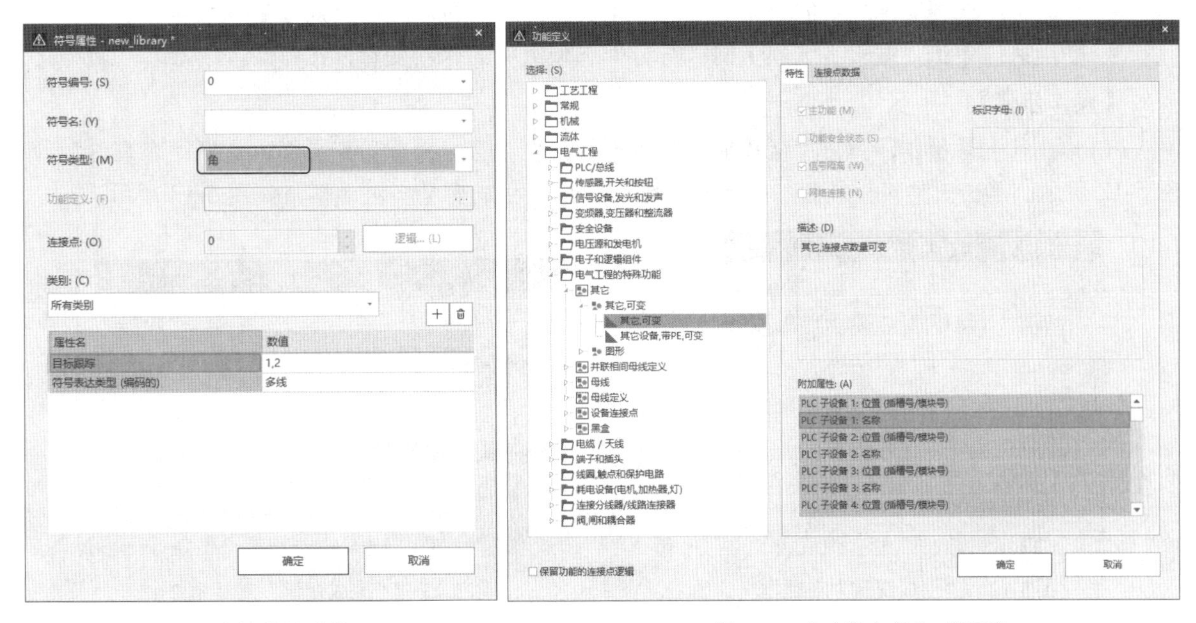

图 5-8 选择符号功能

图 5-9 “功能定义”对话框

（5）“连接点”文本框：定义符号的连接点。单击“逻辑”按钮，弹出“连接点逻辑”对话框，如图 5-10 所示。

单击“属性名-数值”列表右上角的“新建”按钮+，添加符号属性。单击“确定“按钮，进入符号编辑环境，如图 5-11 所示。

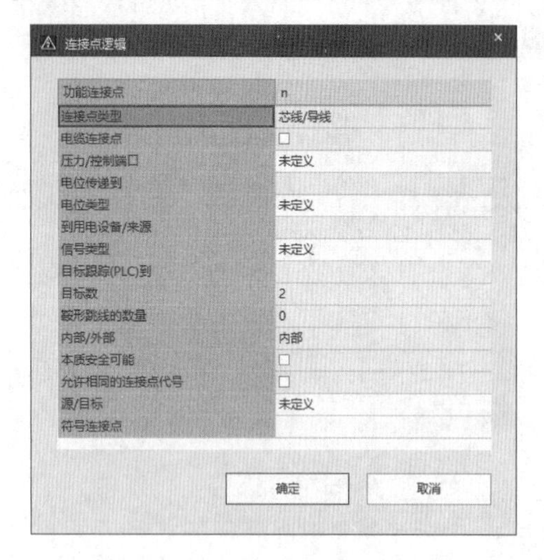

图 5-10 “连接点逻辑”对话框

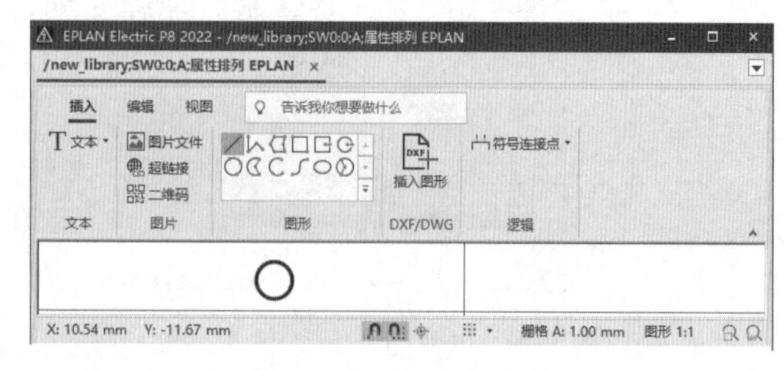

图 5-11 符号编辑环境

编辑环境的上方为浮动显示的编辑窗口，该窗口也可以作为选项卡停靠在工作区。符号编辑窗口中包括“插入”“编辑”“视图”三个选项卡，用于符号的外形编辑和绘制。窗口中间的圆圈为坐标原点。

5.1.3 创建变量

【执行方式】

- 菜单栏：选择菜单栏中的“工具”→“主数据”→“符号”→“新变量”命令。
- 功能区：单击“编辑”选项卡的“符号”选项组中的“新变量”按钮。

【操作步骤】

（1）执行上述操作，弹出“生成变量”对话框，在“目标变量”列表框中选择“变量 B”，如图 5-12 所示。单击“确定”按钮，关闭对话框，弹出“生成变量”对话框，如图 5-13 所示。

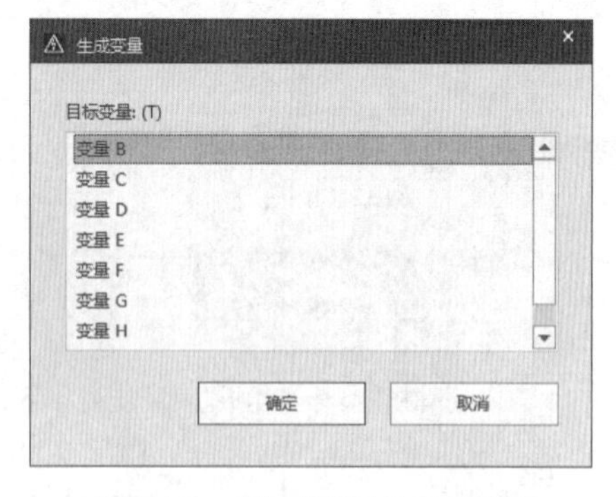

图 5-12 “生成变量”对话框 1

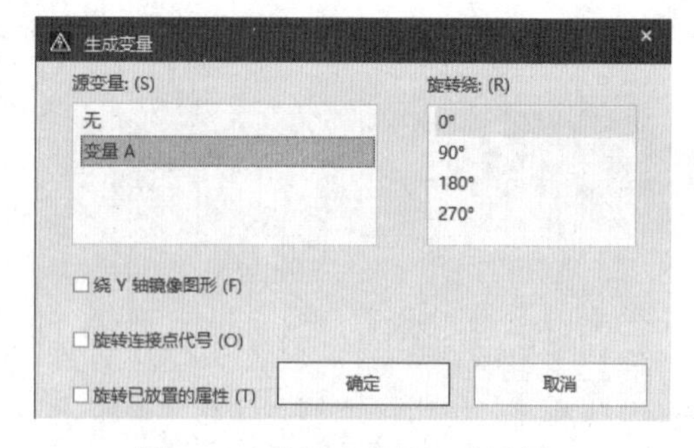

图 5-13 “生成变量”对话框 2

（2）在“源变量”列表中显示变量 B 与变量 A 的图形符号是否相同，选择“无”，则绘制与变量 A 不同的图形符号；选择“变量 A”，则绘制与变量 A 相同的图形符号。

（3）在“旋转绕”列表中选择变量的旋转角度，不同变量可以选择相同的图形符号，但是放置角度不同。变量 B 为 90°，变量 C 为 180°，以此类推，绘制不同角度的 8 个变量。

完成参数设置后，单击“确定”按钮，进入变量 B 的编辑环境。

【选项说明】

（1）绕 Y 轴镜像图形：勾选该复选框，图形符号旋转适当角度后，左右镜像。

（2）旋转连接点代号：勾选该复选框，旋转图形符号的同时旋转连接点。

（3）旋转已放置的属性：勾选该复选框，旋转图形符号的同时旋转属性文本。

5.2　图形符号属性命令

电气元件在电气图中除了采用图形符号来表示其外形外，还需要添加图形符号的属性。只有添加属性的图形符号才有意义。元件符号的属性包括绘制电气连接点，并在图形符号旁标注项目代号（文字符号），必要时还需要标注有关的技术数据。

5.2.1　插入连接点

一个符号上能够连线的点称为连接点。元件连接点赋予元件电气属性并且定义连接端口，如一个单极断路器有两个连接点，而一个三极断路器有六个连接点。

【执行方式】

➢ 菜单栏：选择菜单栏中的“插入”命令，显示四个连接点命令。

➢ 功能区：单击“主数据”选项卡的“符号”选项组中的“符号”按钮，打开如图 5-14 所示的下拉列表。

连接点上
连接点下
连接点左
连接点右
拓扑连接点

图 5-14　连接点命令

【操作步骤】

（1）执行上述操作，此时鼠标光标变成交叉形状并附带连接点符号。选择不同的命令，连接点箭头方向不同。

（2）单击确定连接点的位置，自动弹出“连接点”对话框，在该对话框中，默认显示连接点号 1，如图 5-15 所示。

（3）此时鼠标光标仍处于插入连接点的状态，重复步骤（2）的操作即可绘制其他的连接点，按 Esc 键便可退出操作。

【选项说明】

（1）连接点号：如果在放置连接点前定义连接点属性，定义的设置将会成为默认值，连接点号以数字方式命名，放置的下一个连接点会自动加 1。

（2）连接点代号[1]：描述连接点代号的字号与颜色。

（3）连接点描述[1]：描述连接点的方向与角度。

（4）连接点方向：包括上、下、左、右四个方向。当连接点符号出现在鼠标光标上时，按 Tab 键可以以 90°为增量旋转连接点，如图 5-16 所示。

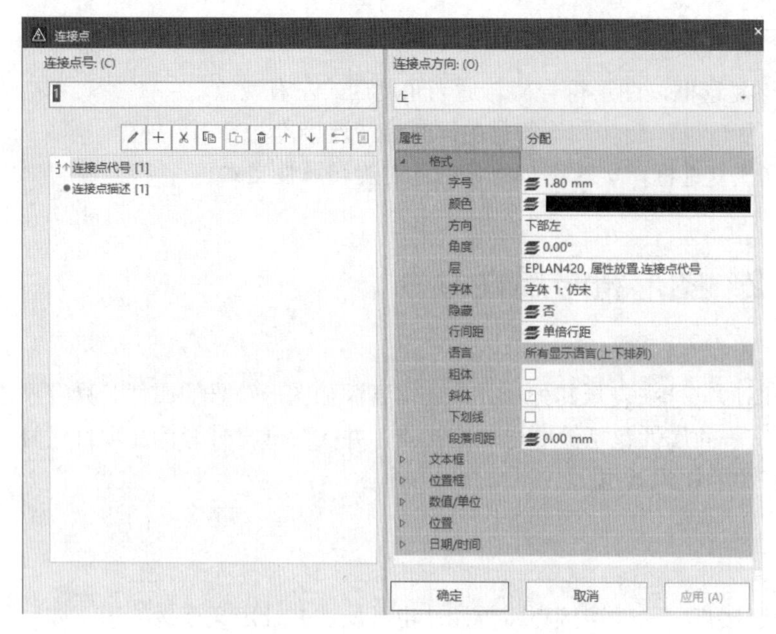

图 5-15 “连接点”对话框

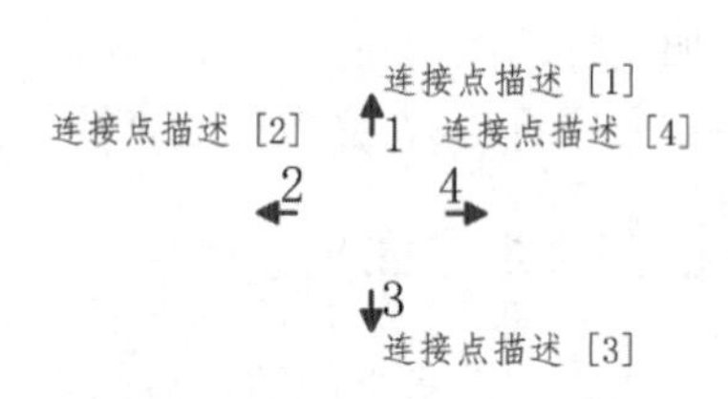

图 5-16 设置连接点方向

5.2.2 显示连接点

连接点上只有一端（直线端）是电气连接点，必须将这一端放置在符号实体外。

【执行方式】

- 菜单栏：选择菜单栏中的“视图”→“插入点”→“符号”→“新变量”命令。
- 功能区：单击“视图”选项卡的“常规”选项组中的“插入点”按钮。

【操作步骤】

执行上述操作，连接点的电气端将出现黑色矩形实心插入点。

5.2.3 属性编辑

元件符号除了包含代表外形的图形符号与表示电气属性的连接点，还具有自身的特定属性，如元件技术数据的标志。

电路中的元件的技术数据（如型号、规格、整定值、额定值等）一般标注在图形符号的近旁，对于图线水平布局图，尽可能标注在图形符号下方；对于图线垂直布局图，则标注在项目代号的右方；对于继电器、仪表、集成块等方框符号或简化外形符号，则可标注在方框内，如图 5-17 所示。

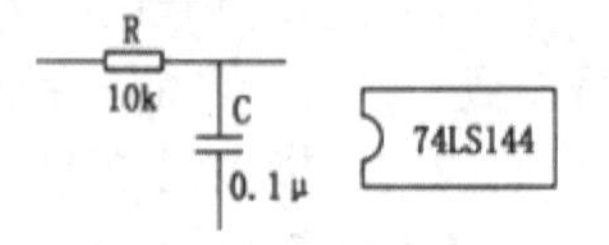

图 5-17 元件技术数据的标志

【执行方式】

- 菜单栏：选择菜单栏中的“编辑”→“已放置的属性”命令。
- 功能区：单击“编辑”选项卡的“符号”→“其他”面板中的“已放置的属性”按钮。

【操作步骤】

执行上述操作，弹出如图 5-18 所示的“属性设置”对话框。

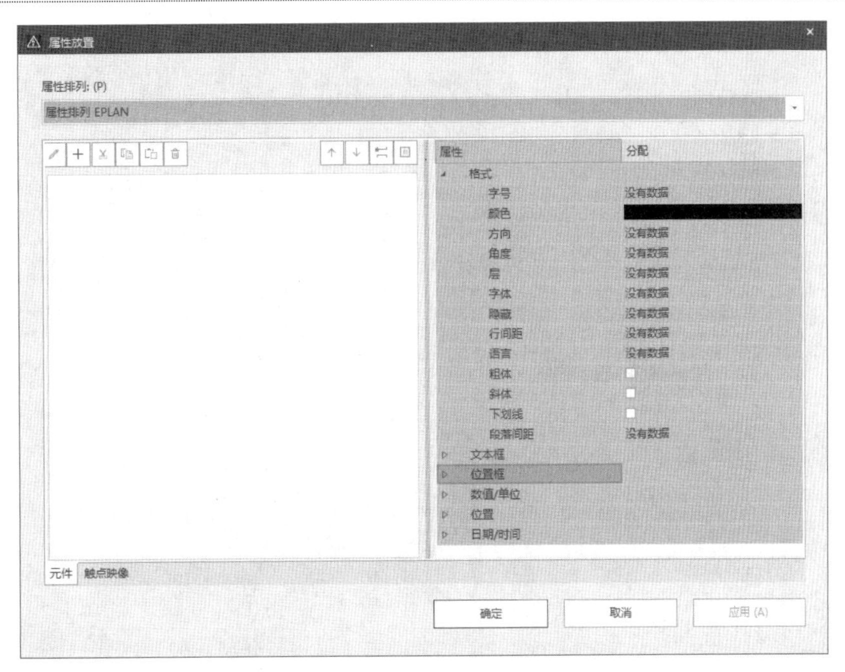

图 5-18　“属性设置”对话框

左侧“属性排列”列表中显示的是添加的属性，下方的工具栏按钮用于新建、删除、剪切、复制、粘贴属性。

右侧“属性-分配”列表中显示的是属性的样式，包括格式、文本框、位置框、数值/单位、位置及日期/时间的设置。

5.3　操作实例——绘制手动三极开关

扫一扫，看视频

本实例绘制如图 5-19 所示的手动三极开关。

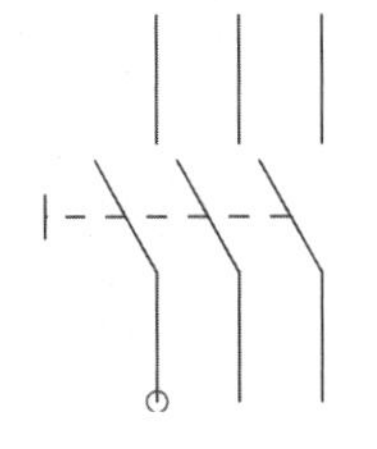

图 5-19　手动三极开关

【操作步骤】

1. 打开电气符号库

选择菜单栏中的“工具”→“主数据”→“符号库”→“打开”命令，弹出“创建符号库”对话框，新建一个名为 new_library 的符号库。

2. 创建符号变量 A

（1）选择菜单栏中的“工具”→“主数据”→“符号”→“新建”命令，弹出“生成变量”对话框，目标变量选择“变量 A”。单击“确定”按钮，关闭对话框，弹出“符号属性”对话框。

（2）在“符号编号”文本框中命名符号编号，在“符号名”文本框中命名符号名为 SW_NEW，在“功能定义”文本框中选择功能定义。单击 ... 按钮，弹出“功能定义”对话框，如图 5-20 所示。可根据绘制的符号类型，选择功能定义，这里的功能定义选择“三极安全开关”，在“连接点”文本框中设置连接点为 6。单击“逻辑”按钮，弹出“连接点逻辑”对话框，如图 5-21 所示。

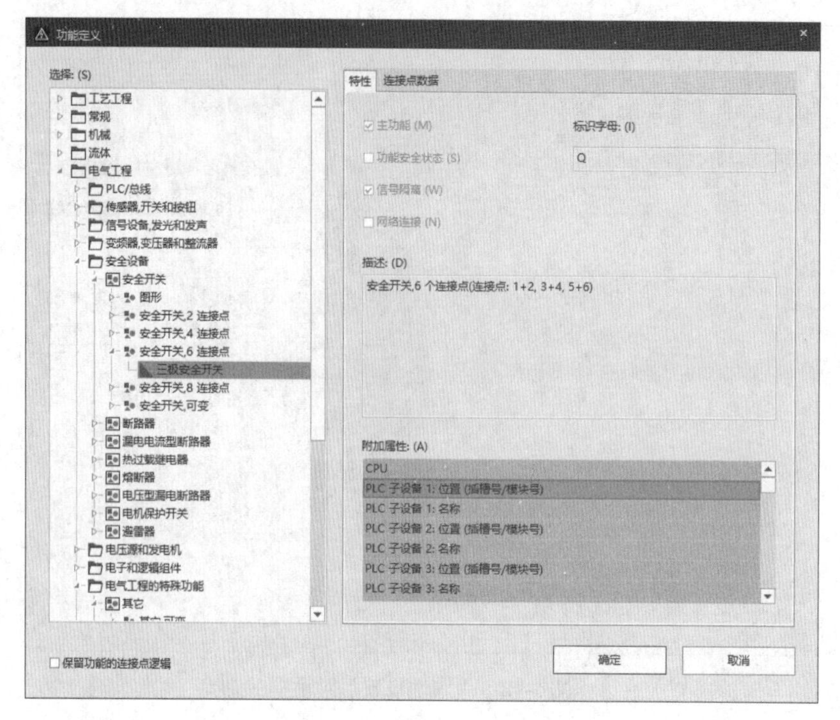

图 5-20　“功能定义”对话框

（3）保持默认的连接点逻辑信息，单击“确定”按钮，进入符号编辑环境，绘制符号外形。此时的“符号属性”对话框如图 5-22 所示。

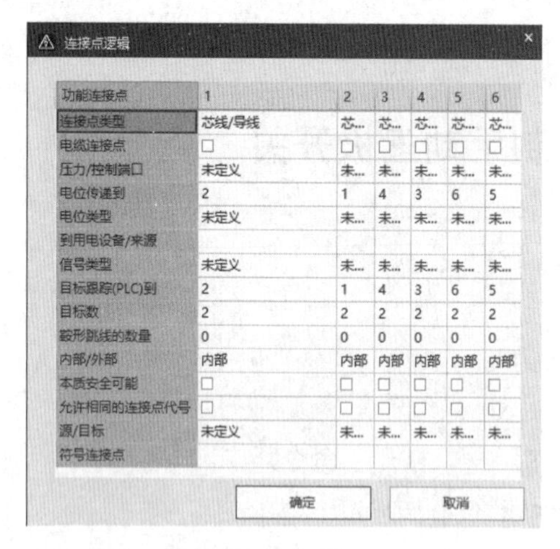

图 5-21　“连接点逻辑”对话框

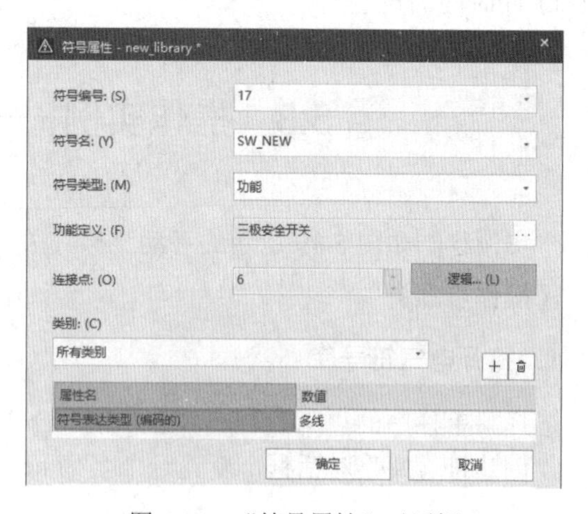

图 5-22　“符号属性”对话框

扫一扫，看视频

3．绘制图形符号

栅格尽量选择 C，以免在后续绘制电气图插入该符号时不能自动连线。启用“捕捉到栅格点”，捕捉栅格点。单击状态栏中的“捕捉到对象”按钮，捕捉特殊点。

（1）绘制单极开关。

1）单击“插入”选项卡的“图形”面板中的“直线”按钮，绘制三条首尾相连、长度为 12 的直线，如图 5-23（a）所示。

2）单击“编辑”选项卡的“图形”面板中的“旋转”按钮，将中间的直线绕下端点旋转 30°，如图 5-23（b）所示。

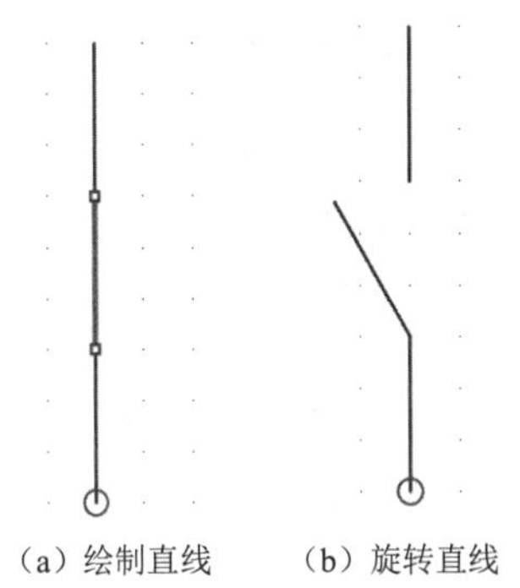

（a）绘制直线　　（b）旋转直线

图 5-23　绘制单极开关

（2）绘制三极开关。

1）单击选中上步绘制的三条直线，单击“编辑”选项卡的“图形”面板中的“多重复制”按钮，单击功能区“编辑”选项卡的“选项”选项组中的“输入框”按钮，打开动态输入，在绘图区直接输入插入点的相对坐标(8, 0)，按 Enter 键确定插入点位置后，系统将弹出如图 5-24 所示的“多重复制”对话框。

2）在“数量”文本框中输入 2，单击“确定”按钮，复制的效果如图 5-25 所示。

3）单击“插入”选项卡的“图形”面板中的“直线”按钮，捕捉旋转线的中点，结合“对象捕捉”功能绘制一条长度为 2 的竖直线和一条长度为 24 的水平线，如图 5-26 所示。

4）单击“编辑”选项卡的“图形”面板中的“修改长度”按钮，将竖直线向下拉长 2，结果如图 5-27 所示。

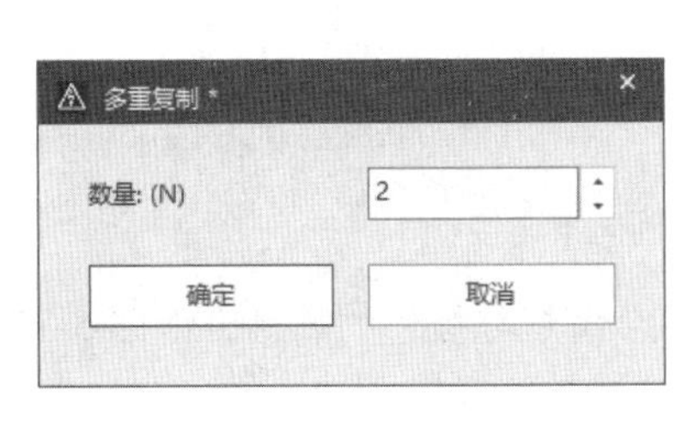

图 5-24　“多重复制”对话框

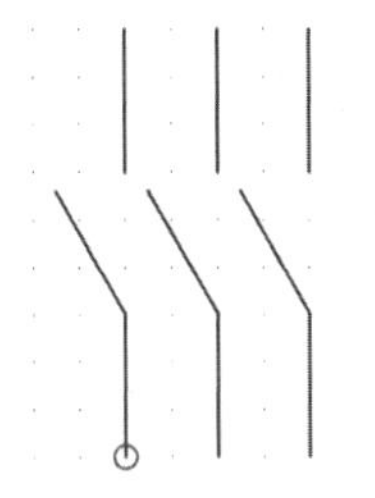

图 5-25　复制单极开关

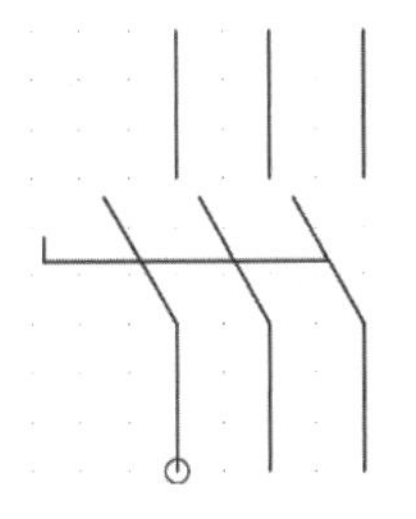

图 5-26　绘制直线

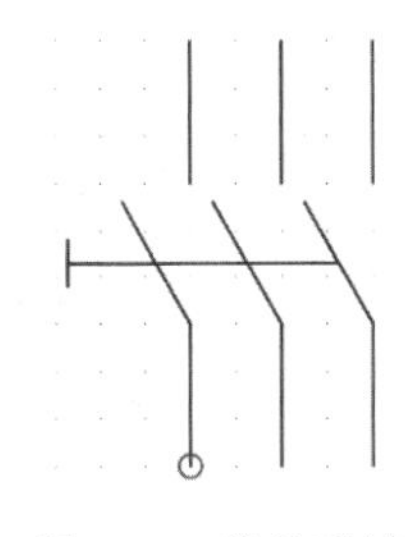

图 5-27　拉长直线

5）双击上面绘制的水平直线，打开“属性（直线）”对话框，在“格式”→“线型”选项组中选择虚线，如图 5-28 所示。单击“确定”按钮，完成线型的设置，符号外形绘制结果如图 5-29 所示。

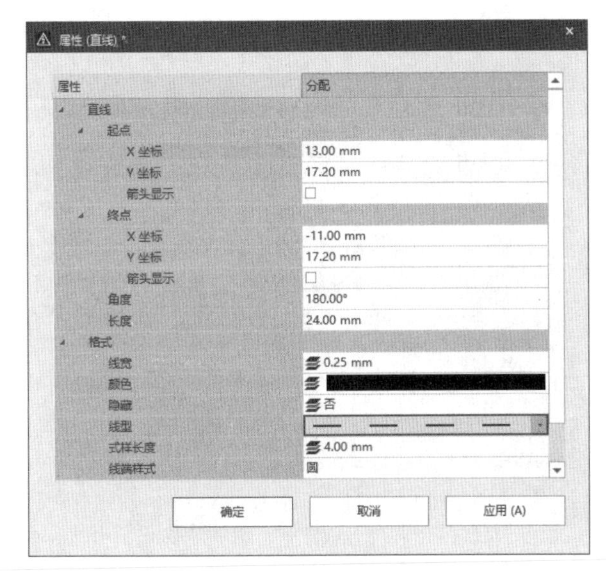

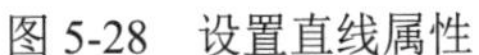

图 5-28　设置直线属性

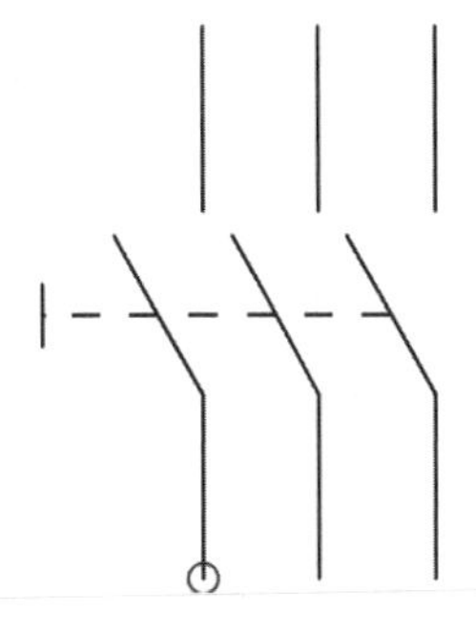

图 5-29　绘制三极开关

4．添加连接点

（1）选择菜单栏中的“插入”→“连接点”命令，此时鼠标光标变成交叉形状并附带连接点符号▲，如图 5-30 所示。

（2）捕捉左侧单极开关上端点，单击确定连接点位置，自动弹出“连接点”对话框。在该对话框中，默认显示连接点号 1。

（3）单击“确定”按钮，关闭对话框，继续选择放置连接点命令，捕捉其余单极开关上端点，放置连接点。

（4）按住 Tab 键，旋转连接点方向，捕捉开关下端点，绘制其他 3 个连接点，如图 5-31 所示。

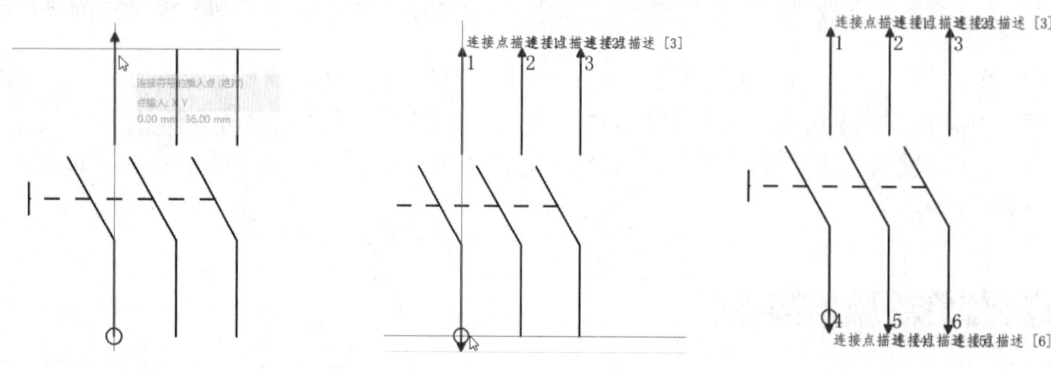

图 5-30　捕捉连接点位置　　　　图 5-31　绘制向下连接点

（5）此时连接点名与编号显示重叠。双击连接点 2，设置连接点代号与描述的属性，如图 5-32 所示。

➢ 连接点 2：设置“行间距”为“双倍行距”。
➢ 连接点 4：设置“方向”为“下部右”。
➢ 连接点 5：设置“方向”为“下部居中”。

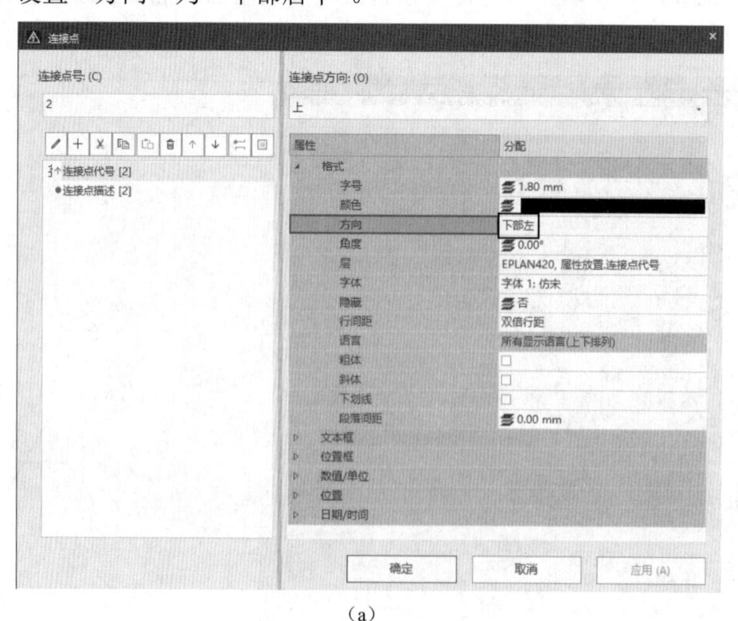

（a）

图 5-32　设置连接点属性

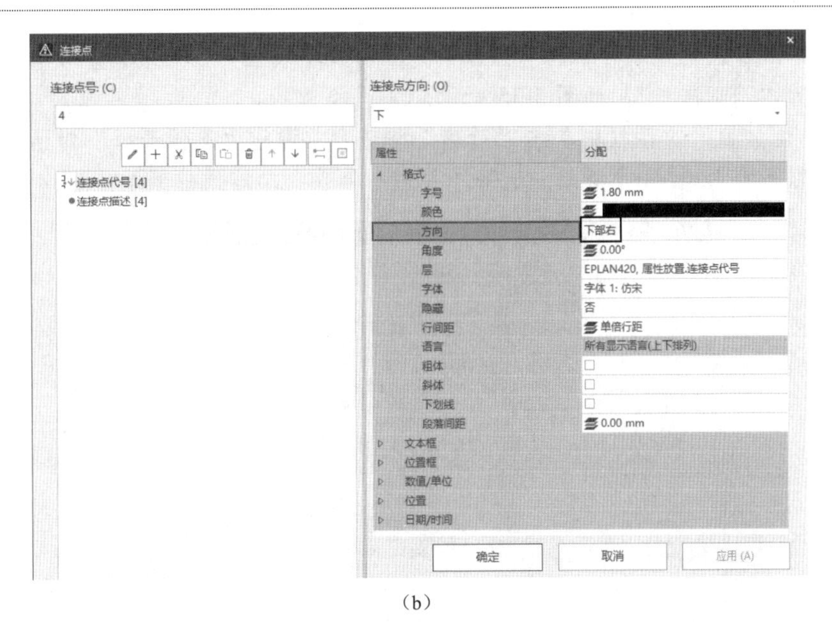

(b)

(c)

图 5-32（续）

（6）现在已经完成了符号变量 A 的绘制，结果如图 5-33 所示。

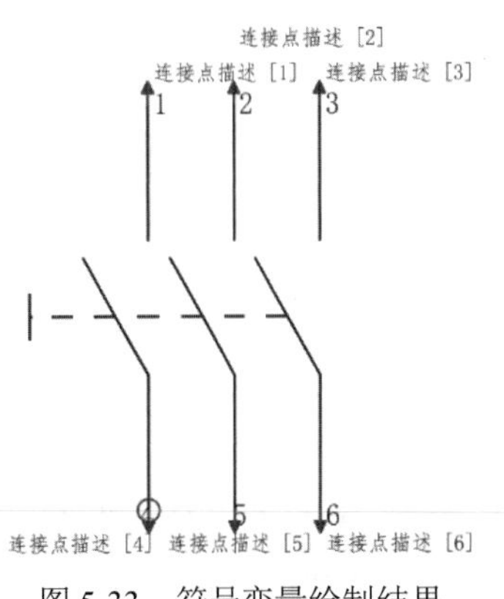

图 5-33　符号变量绘制结果

5．添加属性

（1）选择菜单栏中的“编辑”→“已放置的属性”命令，弹出“属性放置”对话框。单击“新建”按钮+，弹出“属性选择”对话框，显示不同类别的属性。

（2）在右侧“类别”列表框中选择“设备”→“设备标识符（显示）”，如图 5-34 所示，在图形编辑器中显示设备标识符的组成部分。

（3）单击“确定”按钮，在“属性放置”对话框左侧“属性排列”列表中显示添加的“设备标识符（显示）”，在右侧“属性”列表中设置设备标识符文本的颜色为红色，方向为“下部居中”，如图 5-35 所示。

（4）在“属性放置”对话框中单击“新建”按钮[+]，弹出“属性选择”对话框，在查找框中输入属性名“关联参考”，在查找结果中选择“关联参考（主功能或辅助功能）”，如图 5-36 所示。

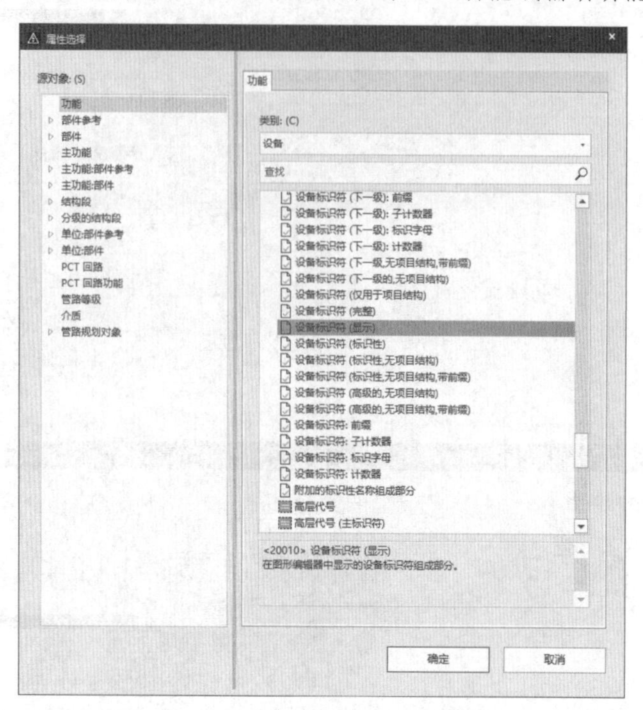

图 5-34　“属性选择”对话框

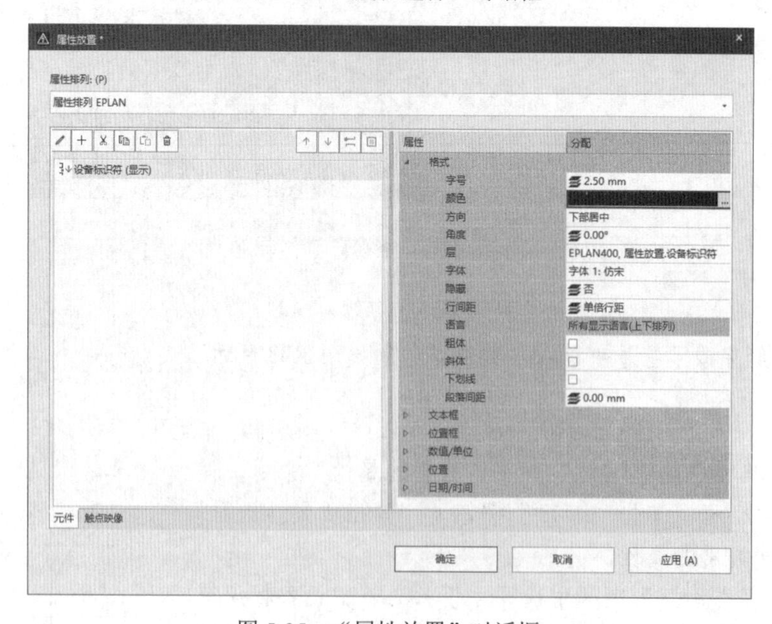

图 5-35　“属性放置”对话框

（5）单击“确定”按钮，在“属性放置”对话框左侧“属性排列”列表中显示添加的“关联参考（主功能或辅助功能）”，属性参数保持默认设置，如图 5-37 所示。

图 5-36　查找属性

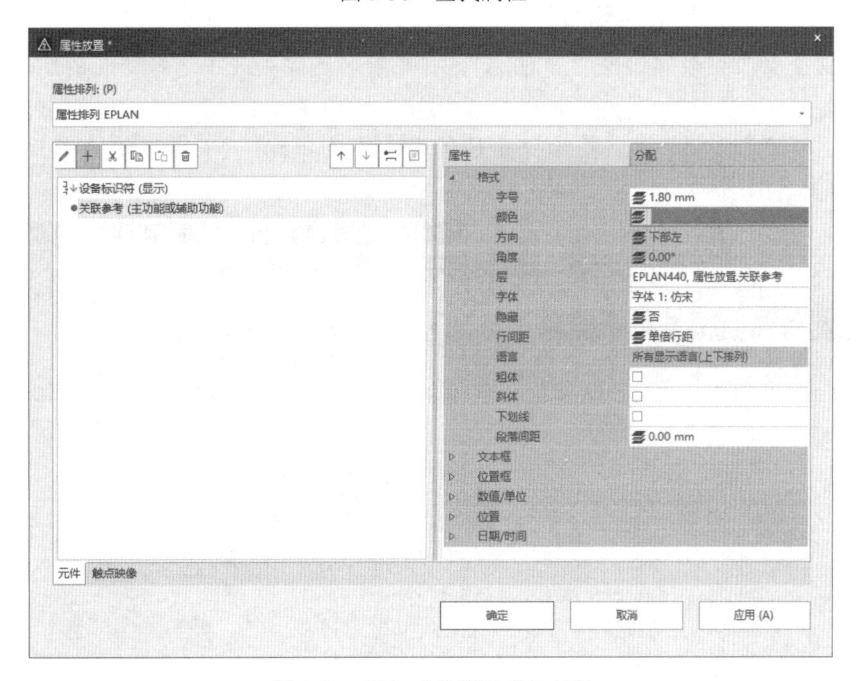

图 5-37　添加“关联参考”属性

（6）使用同样的方法，添加“技术参数”“增补说明[1]”“功能文本”“铭牌文本”“装配地点（描述性）”及“块属性[1]”，结果如图 5-38 所示。单击“确定”按钮，关闭对话框，符号显示效果如图 5-39 所示。

扫一扫，看视频

6．创建其余变量

（1）选择菜单栏中的“工具”→“主数据”→“符号”→“新变量”命令，弹出“生成变量”对话框，在“目标变量”列表框中选择“变量 B”，单击“确定”按钮，关闭对话框，弹出“生成变量”对话框。

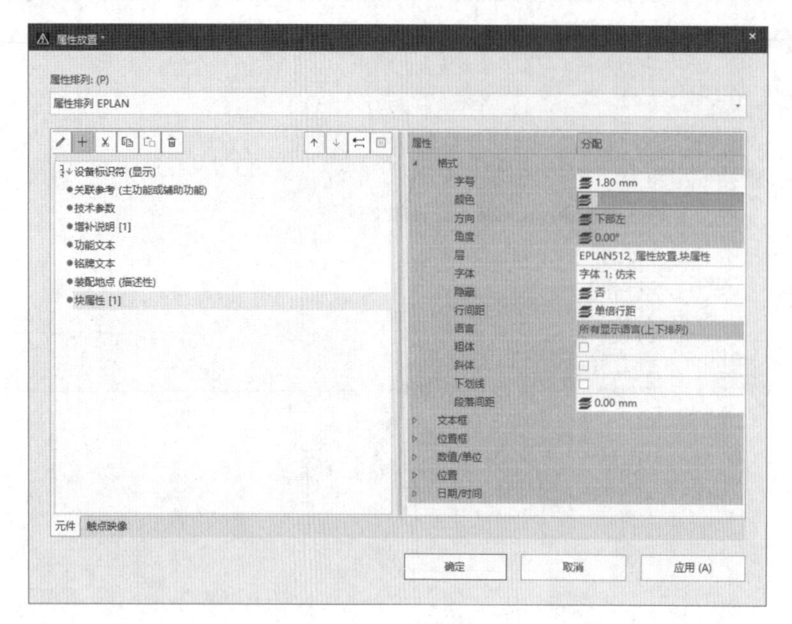

图 5-38　添加属性

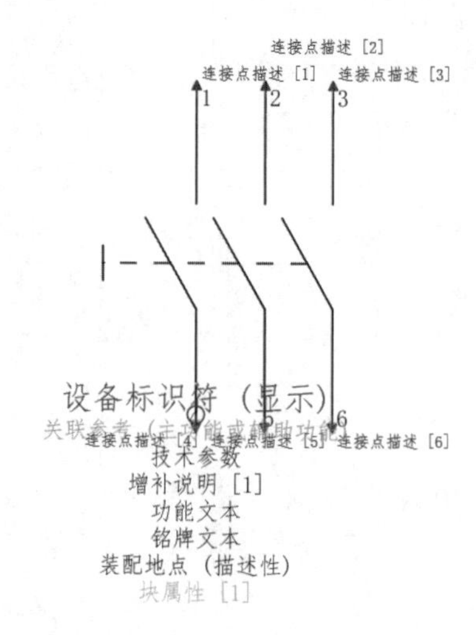

图 5-39　符号变量属性添加结果

（2）在“源变量”列表中选择“变量 A”，在“旋转绕”列表中选择变量的旋转角度为 90°，如图 5-40 所示。

（3）单击“确定”按钮，进入符号变量 B 的编辑环境，显示将符号变量 A 逆时针旋转 90° 的符号变量 B，如图 5-41 所示。

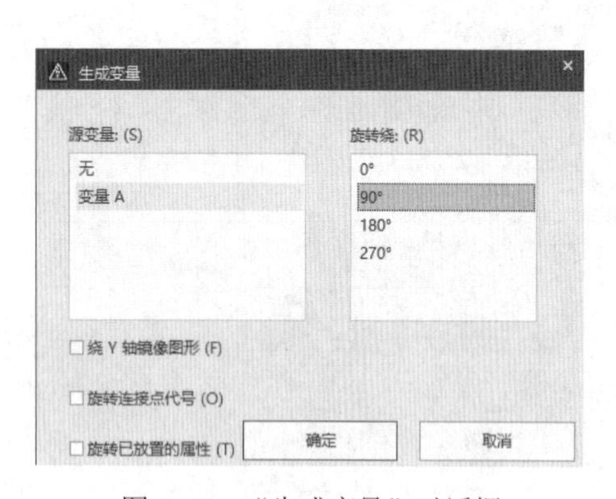

图 5-40　“生成变量”对话框

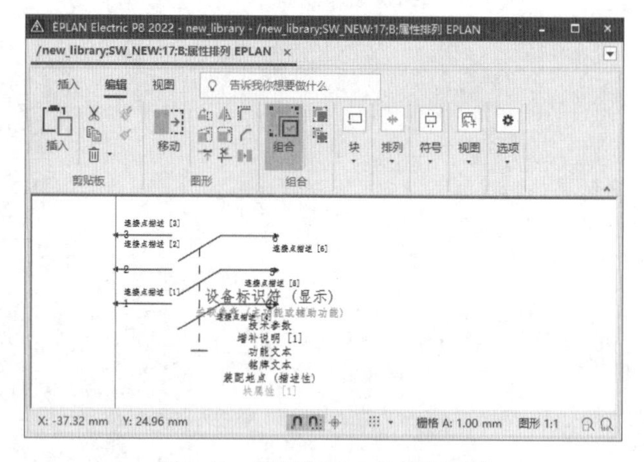

图 5-41　符号变量 B 的编辑环境

（4）使用同样的方法，以符号变量 B 为基准逆时针旋转 90°，形成符号变量 C；再以符号变量 C 为基准逆时针旋转 90°，形成符号变量 D。

（5）符号 E 以符号 A 为基准旋转 0°，勾选“绕 Y 轴镜像图形”复选框，如图 5-42 所示。使用同样的方法，符号 F、G、H 分别是符号 B、C、D 的镜像显示结果。

7. 显示符号变量

选择菜单栏中的“工具”→“主数据”→“符号”→“打开”命令，弹出“符号选择”对话框，在新建的符号库中显示新建的手动三极开关符号的 8 个变量，如图 5-43 所示。

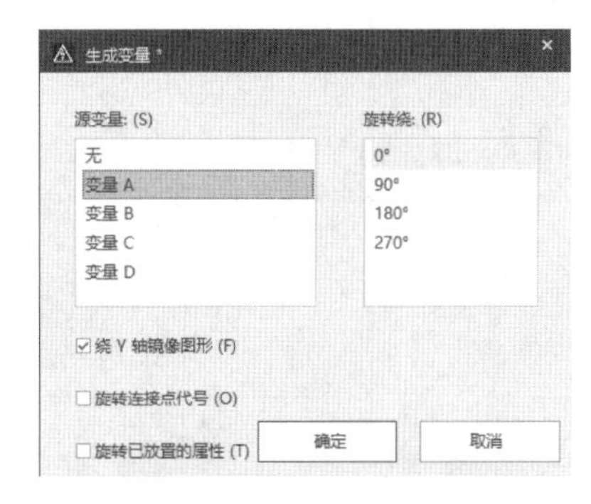

图 5-42　创建符号变量 E

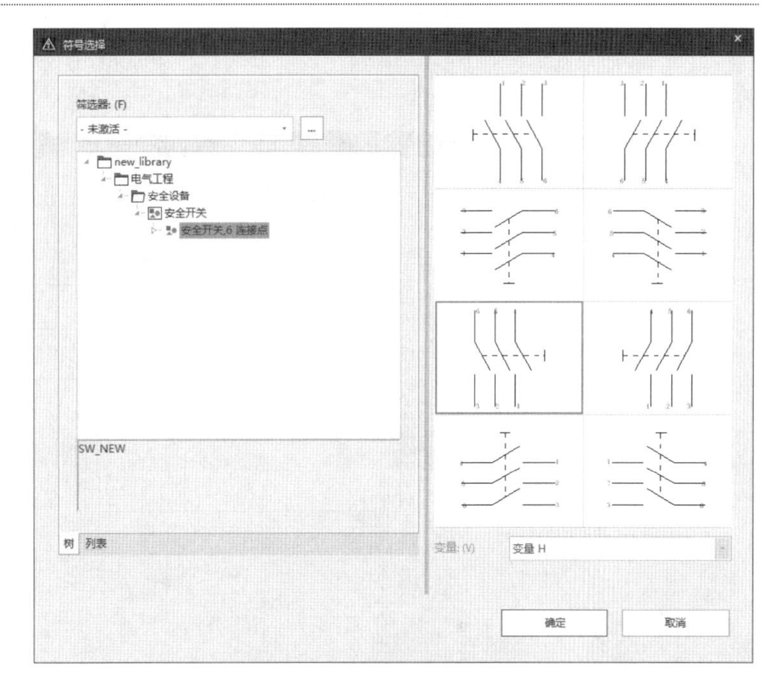

图 5-43　“符号选择”对话框

8．插入符号

进入原理图编辑环境，设置如何放置新建的手动三极开关符号。

（1）选择菜单栏中的“选项”→“设置”命令，弹出“设置”对话框，选择“项目”→myproject→“管理”→“符号库”，如图 5-44 所示，在右侧的符号库表格中单击 ... 按钮，弹出“选择符号库”对话框，添加 new_library 符号库。

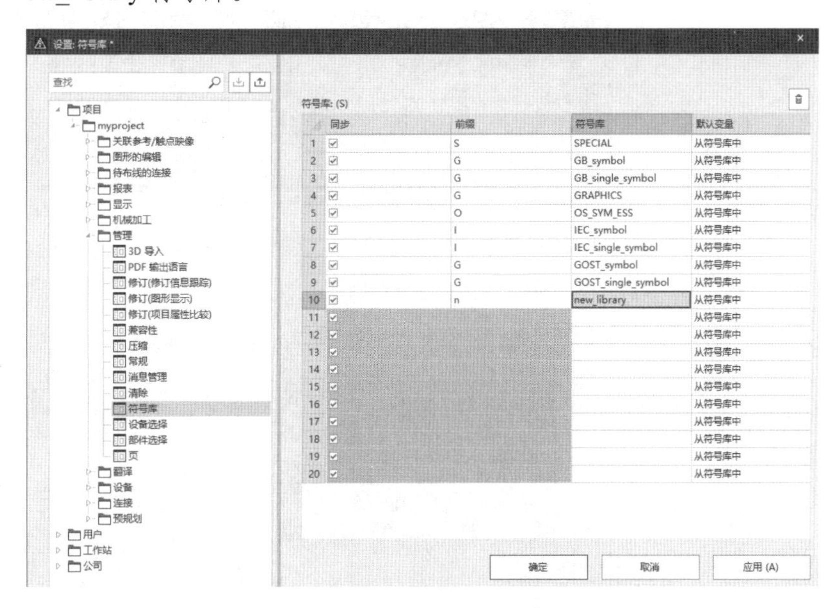

图 5-44　“设置”对话框

（2）完成符号库的加载后，单击“应用”按钮，更新符号库主数据。单击“确定”按钮，关闭对话框。

（3）选择菜单栏中的“插入”→“符号”命令，弹出“符号选择”对话框，如图 5-45 所示，选择适当的元件。

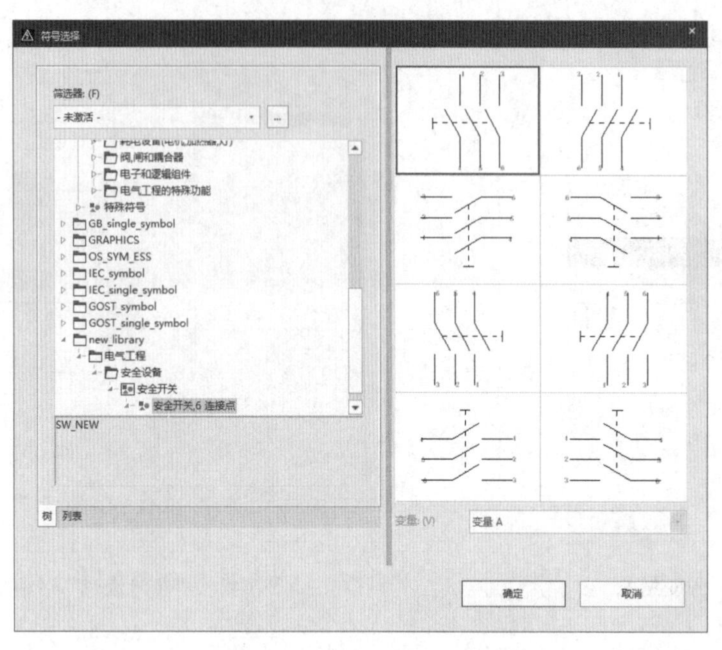

图 5-45 “符号选择”对话框

（4）完成元件的选择后，单击“确定”按钮，原理图中鼠标光标上会显示浮动的元件符号，如图 5-46 所示。选择需要放置的位置，单击以在原理图中放置元件，此时会自动弹出“属性（元件）：常规设备”对话框，保持默认设备标识符的设置，如图 5-47 所示。

图 5-46 显示元件符号

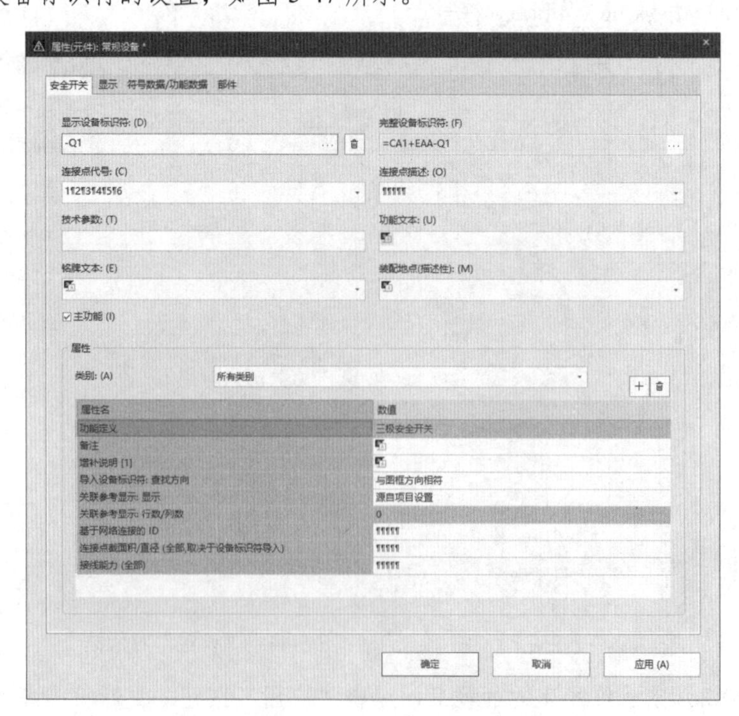

图 5-47 “属性（元件）：常规设备”对话框

（5）选择该符号并插入到图纸中的适当位置，如图 5-48 所示。

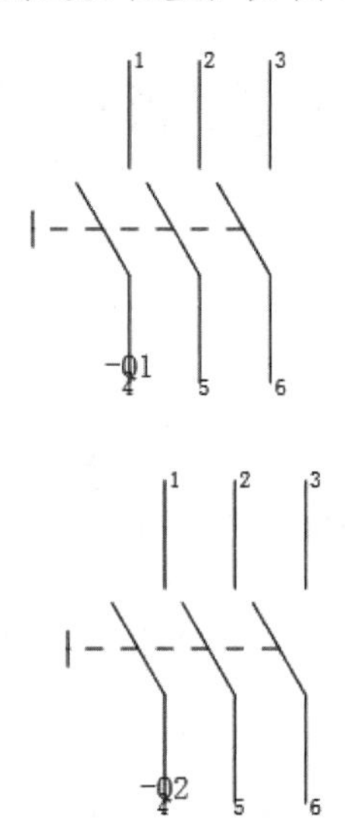

图 5-48　插入元件

第 6 章　图形符号绘制

内容简介

在电气工程图样和技术文件中，图形符号就是一种图形、记号或符号，既可用于表示电气工程中的实物，也可用于表示电气工程中与实物相对应的概念。

内容要点

- 选取图形符号
- 图形符号绘制命令
- 直线图形命令
- 曲线图形命令

案例效果

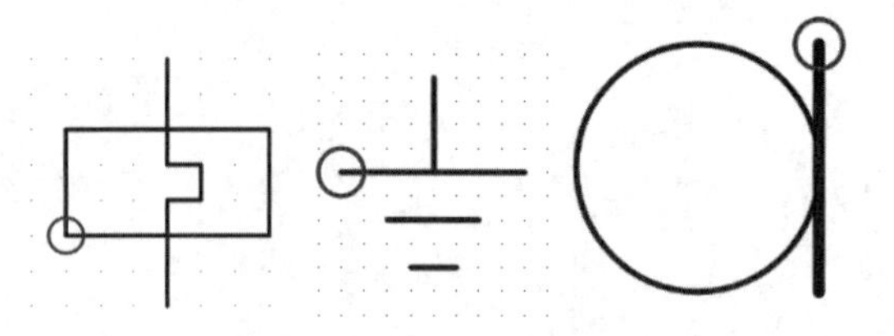

6.1　选取图形符号

EPLAN 把绘制的单个图形符号定义为对象，在绘图中进行编辑操作和一些其他的操作时，必须指定操作对象，即选取目标。

6.1.1　符号的选取

要实现符号位置的调整，首先要选取符号。选取的方法很多，下面介绍几种常用的方法。

1. 使用鼠标直接选取单个或多个符号

对于单个符号的情况，将鼠标光标移到要选取的符号上，符号自动变色，单击选中即可。选中的符号高亮显示，表明该符号已经被选取，如图 6-1 所示。

对于多个符号的情况，将鼠标光标移到要选取的符号上单击即可，按 Ctrl 键选择下一个符号，选中的多个符号高亮显示，表明该符号已经被选取，如图 6-2 所示。

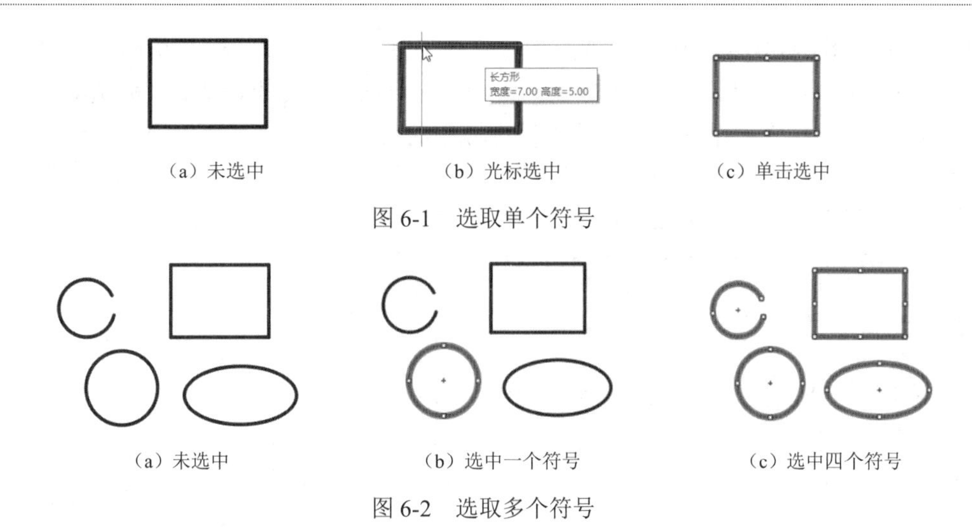

（a）未选中　（b）光标选中　（c）单击选中

图 6-1　选取单个符号

（a）未选中　（b）选中一个符号　（c）选中四个符号

图 6-2　选取多个符号

2．利用矩形框选取

对于单个或多个符号的情况，按住鼠标并拖动，拖出一个矩形框，将要选取的符号包含在该矩形框中，释放鼠标后即可选取单个或多个符号。选中的符号高亮显示，表明该符号已经被选取。根据框选起始方向的不同，共分为两个方向。

- 从左到右框选：只有符号全部包含在矩形框内，才显示选中对象，如图 6-3 所示。
- 从右到左框选：框选符号的任意部分即显示选中，如图 6-4 所示。

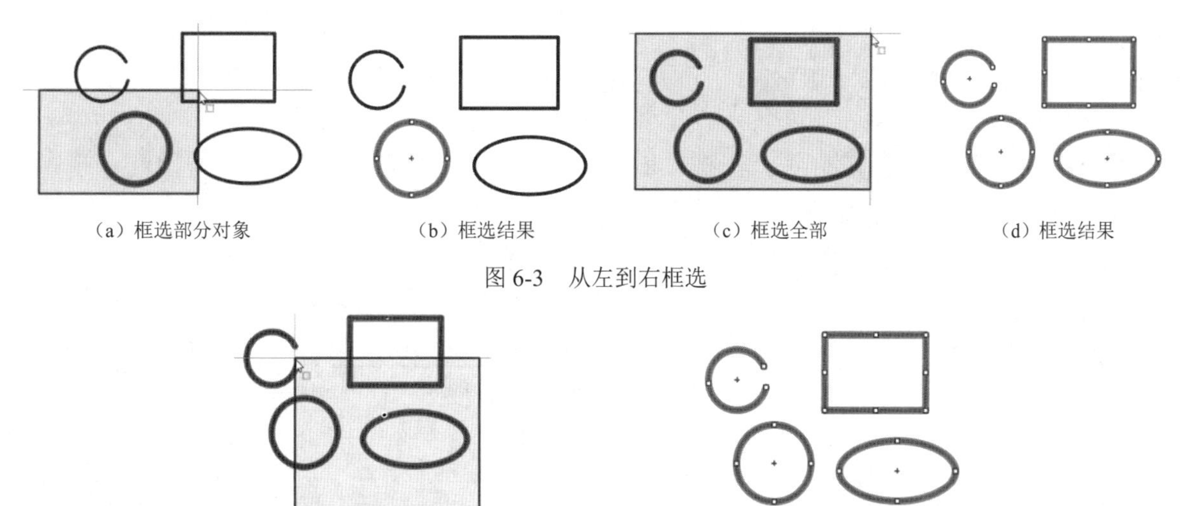

（a）框选部分对象　（b）框选结果　（c）框选全部　（d）框选结果

图 6-3　从左到右框选

（a）框选任意部分　（b）框选结果

图 6-4　从右到左框选

3．通过菜单栏选取

【执行方式】

菜单栏：选择菜单栏中的“编辑”→“选定”命令，弹出如图 6-5 所示的子菜单。

【操作步骤】

执行上述命令，弹出如图 6-5 所示的快捷菜单，显示对象选择命令。

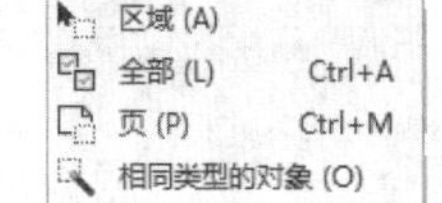

图 6-5 “选定”子菜单

➢ 区域：在工作窗口中选中一个区域。具体操作方法为：执行该命令，鼠标光标将变成十字形状出现在工作窗口中，在工作窗口中单击确定区域的一个顶点，移动鼠标光标确定区域的对角顶点后即可确定一个区域，并选中该区域中的对象。
➢ 全部：选取当前图形窗口中的所有对象。
➢ 页：选中当前页，当前页窗口以灰色粗线框选。
➢ 相同类型的对象：选取当前图形窗口中相同类型的对象。

6.1.2 取消选取

取消选取也有多种方法，这里介绍两种常用的方法。

（1）直接单击电路原理图中的空白区域，即可取消选取。

（2）按住 Ctrl 键，单击某一已被选取的元件，可以将其取消选取。

6.2 图形符号绘制命令

进入图形符号绘制环境后，单击“插入”功能区中的按钮，与“插入”菜单下“图形”命令子菜单中的各项命令具有对应关系，均是图形符号绘制工具，如图 6-6 所示。

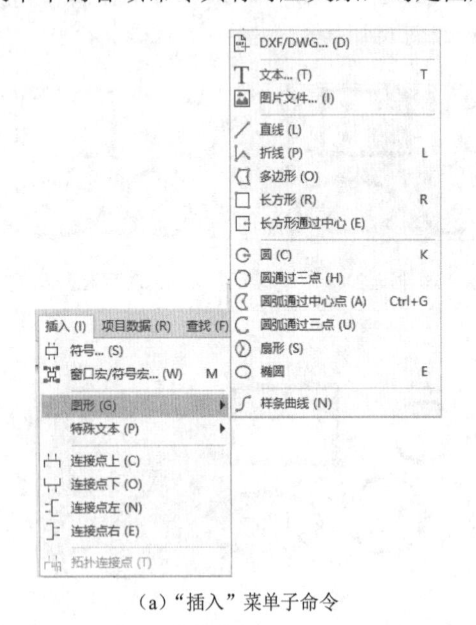

（a）“插入”菜单子命令

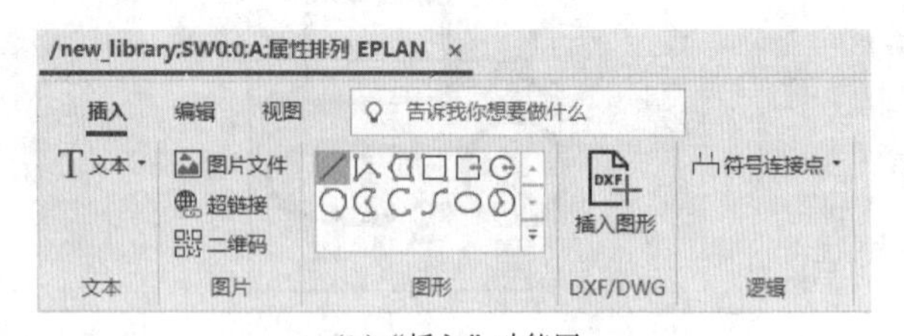

（b）“插入”功能区

图 6-6 图形符号绘制工具

6.3 直线图形命令

直线类命令包括直线、折线、多边形、长方形。这几个命令是 EPLAN P8 2022 中最简单的绘图命令。

6.3.1　绘制直线

直线是 EPLAN P8 2022 绘图中最简单、最基本的一种图形单元，连续的直线可以组成折线，直线与圆弧的组合又可以组成多段线。直线在功能上完全不同于前面所说的连接导线，它不具有电气连接特性，不会影响到电路的电气结构。

【执行方式】

- 菜单栏：选择菜单栏中的“插入”→“图形”→“直线”命令。
- 功能区：单击“插入”选项卡的“图形”面板中的“其他”按钮，在弹出的“图形”面板的“直线”栏中选择“直线”，如图 6-7 所示。
- 快捷命令：选择右键菜单中的“插入图形”→“直线”命令。

【操作步骤】

双击直线，系统将弹出相应的“属性（直线）”对话框，如图 6-8 所示。

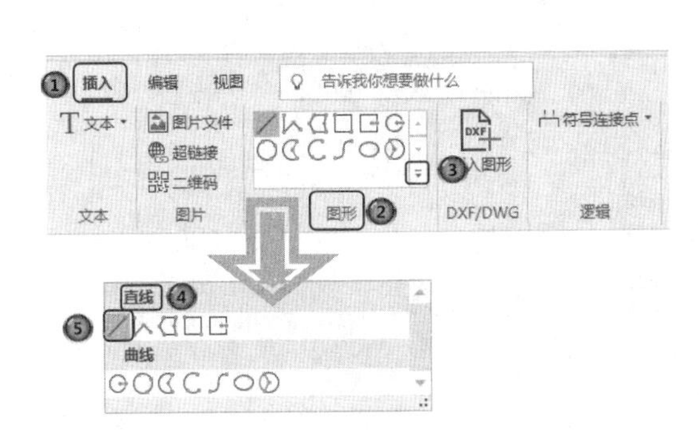

图 6-7　功能区命令

图 6-8　“属性（直线）”对话框

在该对话框中可以对坐标、线宽、线型和直线的颜色等属性进行设置。

【选项说明】

（1）“直线”选项组。在该选项组下输入直线起点、终点的 X 坐标和 Y 坐标。在“起点”选项下勾选“箭头显示”复选框，直线的一段将显示箭头，如图 6-9 所示。

图 6-9　起点显示箭头

直线的表示方法可以是(X,Y)，也可以是(A<L)，其中，A 为直线角度，L 为直线长度。因此直线的显示属性下还包括“角度”与“长度”选项。

（2）“格式”选项组。

- 线宽：用于设置直线的线宽。下拉列表中显示了固定值，包括 0.13mm、0.18mm、0.20mm、0.25mm、0.35mm、0.40mm、0.50mm、0.70mm、1.00mm、2.00mm 10 种线宽供用户选择。
- 颜色：单击该颜色显示框，用于设置直线的颜色。
- 隐藏：控制直线的隐藏与否。
- 线型：用于设置直线的线型。

> 式样长度：用于设置直线的式样长度。
> 线端样式：用于设置直线截止端的样式。
> 层：用于设置直线所在层。
> 悬垂：勾选该复选框，自动从线宽中计算悬垂。

扫一扫，看视频

动手学——绘制接地符号

本实例利用“直线”命令绘制如图 6-10 所示的接地符号。

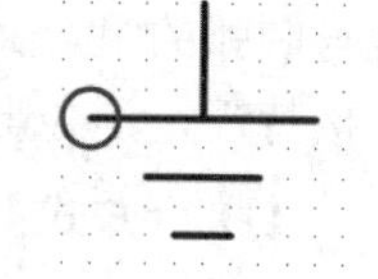

图 6-10 接地符号

【操作步骤】

（1）选择菜单栏中的“项目”→“打开”命令，打开项目文件 myproject。选择菜单栏中的“工具”→“主数据”→“符号”→“新建”命令，弹出“生成变量”对话框。在“目标变量”列表中选择“变量 A”，如图 6-11 所示。单击“确定”按钮，关闭对话框，弹出“符号属性”对话框。

（2）在“符号编号”文本框中输入符号编号为 1，在“符号名”文本框中定义符号名为 GND_NEW，在“符号类型”下拉列表中选择“图形”，如图 6-12 所示。单击“确定”按钮，进入符号编辑环境，如图 6-13 所示。

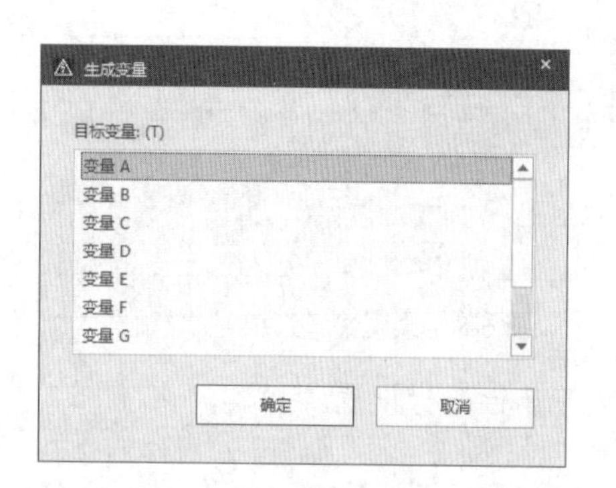

图 6-11 “生成变量”对话框

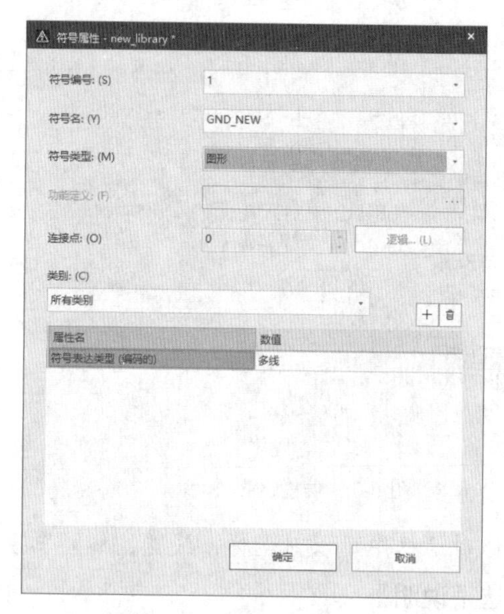

图 6-12 选择符号功能

（3）在直线绘制过程中，打开动态输入绘制会更方便。系统默认打开动态输入，如果动态输入没有打开，单击“编辑”选项卡的“选项”面板中的“开/关输入框”按钮即可激活动态输入，打开输入框。

（4）单击状态栏中的“栅格”按钮，打开栅格以方便绘制。单击状态栏中的“栅格”按钮右侧的下拉按钮选择栅格 A。

（5）选择菜单栏中的“插入”→“图形”→“直线”命令，此时鼠标光标变成交叉形状并附带直线符号。

（6）移动鼠标光标到需要放置直线的位置，鼠标光标跟随移动变化坐标的坐标信息。在原点处单击，确定直线的起点，在动态输入框中输入终点坐标为(8,0)，按 Enter 键确定终点，如图 6-14 所示。

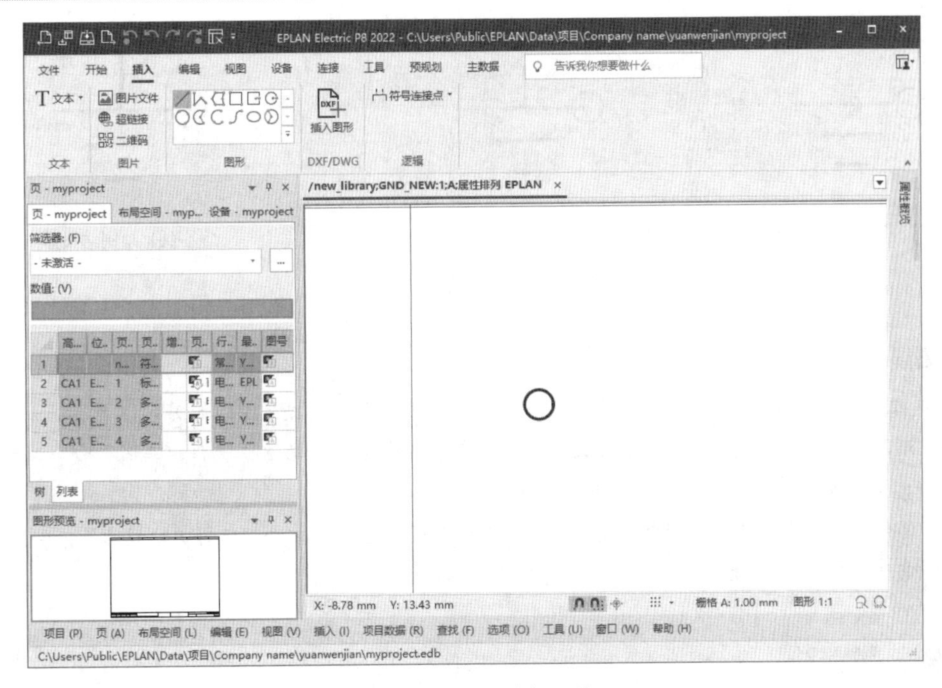

图 6-13　符号编辑环境

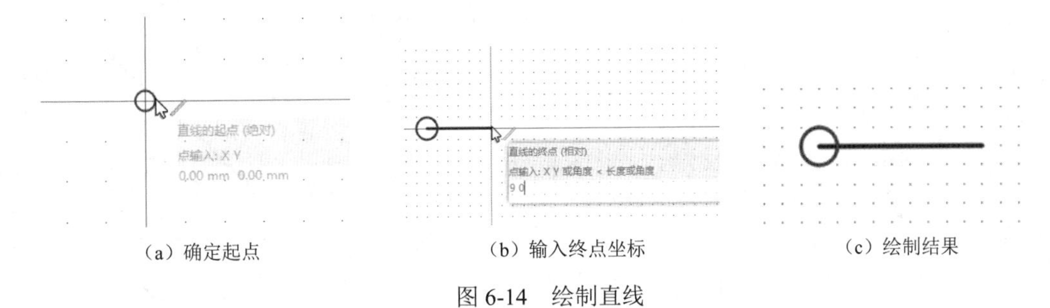

（a）确定起点　　（b）输入终点坐标　　（c）绘制结果

图 6-14　绘制直线

（7）在动态输入框中输入第二条直线的起点和终点坐标(2,−2)、(0<4)，如图 6-15 所示。按 Enter 键确认绘制。

（8）此时鼠标光标仍处于绘制直线的状态，重复步骤（6）的操作即可绘制第三条直线，起点和终点坐标为(3,−4)、(2,0)，按 Enter 键确认绘制，如图 6-16 所示。

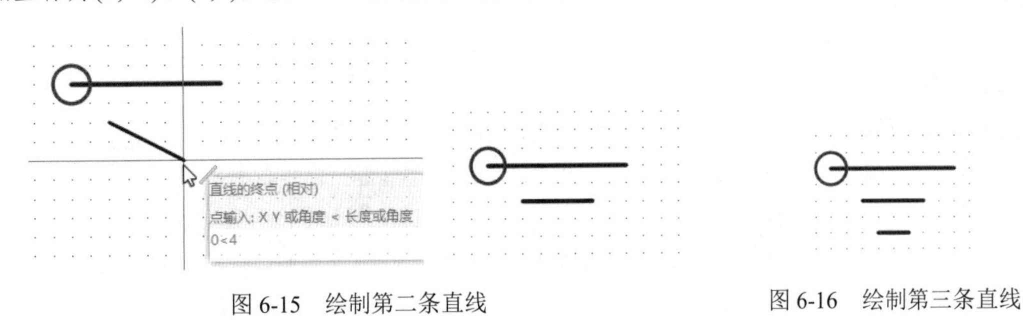

图 6-15　绘制第二条直线　　图 6-16　绘制第三条直线

（9）单击“开/关对象捕捉”按钮，方便捕捉直线中点。选择菜单栏中的“插入”→“图形”→“直线”命令，捕捉第一条直线中点作为直线起始点，输入第二点坐标为(90<4)，按 Enter 键确定终点，如图 6-17 所示。

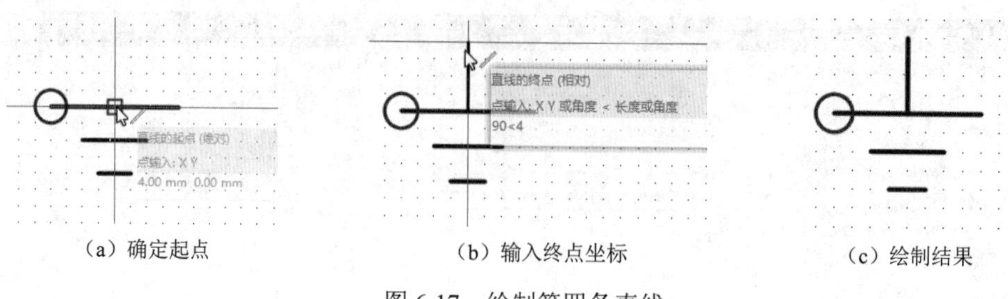

（a）确定起点　　（b）输入终点坐标　　（c）绘制结果

图 6-17　绘制第四条直线

知识拓展：

直线也可作为垂线或切线。在直线的绘制过程中，右击，弹出快捷菜单，如图 6-18 所示。

- 激活直线命令，鼠标光标变成交叉形状并附带直线符号，右击，选择“垂线”命令，鼠标光标附带垂线符号。选中垂足，单击放置垂线，如图 6-19 所示。
- 激活直线命令，鼠标光标变成交叉形状并附带直线符号，右击，选择“切线的”命令，鼠标光标附带切线符号。选中切点，单击放置切线，如图 6-20 所示。

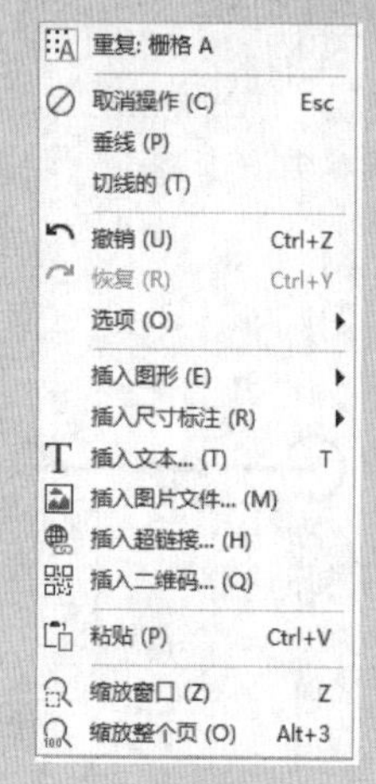

图 6-18　右键快捷菜单

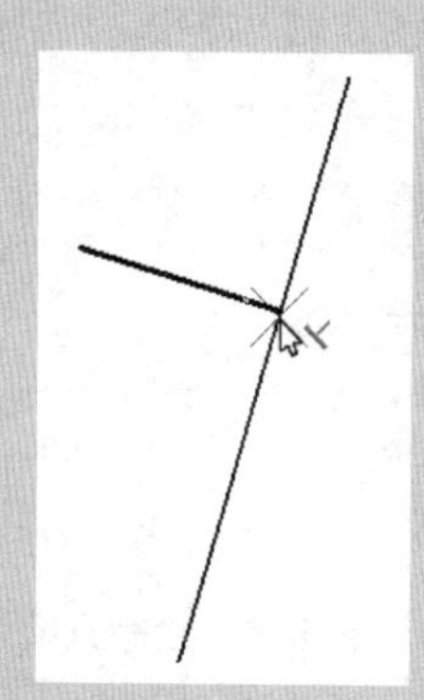

图 6-19　绘制垂线

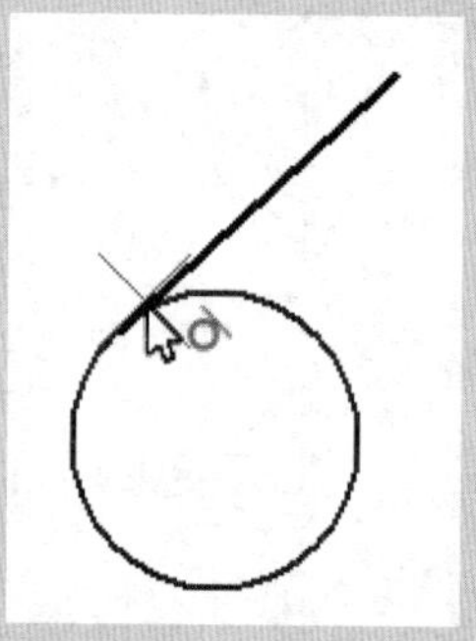

图 6-20　绘制切线

6.3.2　绘制折线

【执行方式】

- 菜单栏：选择菜单栏中的“插入”→“图形”→“折线”命令。
- 功能区：单击“插入”选项卡的“图形”面板中的“其他”按钮，在弹出的“图形”面板的“直线”栏中选择“折线”。
- 快捷命令：选择右键菜单中的“插入图形”→“折线”命令，如图 6-21 所示。

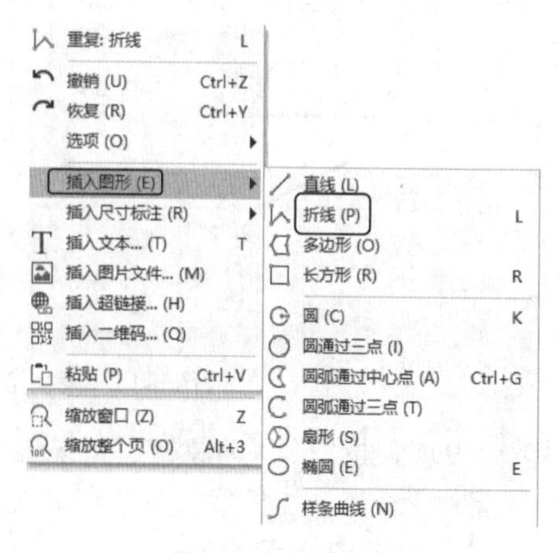

图 6-21　快捷命令

【操作步骤】

（1）执行上述操作，此时鼠标光标变成交叉形状并附带折线符号，移动鼠标光标到需要放置折线的起点处，确定折线的起点。

（2）多次单击确定多个固定点，按空格键或选择右键菜单命令“封闭折线”以确定终点，一条折线即绘制完毕，如图 6-22 所示。

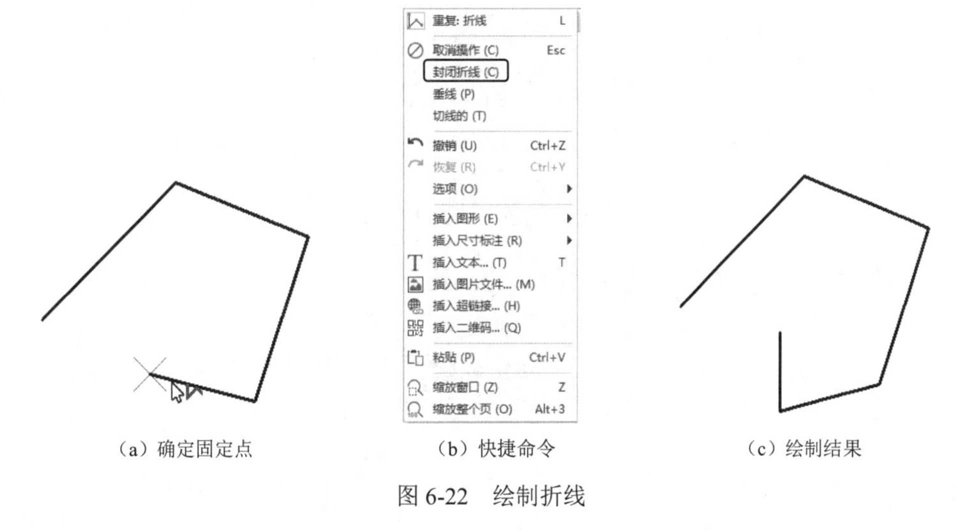

（a）确定固定点　　（b）快捷命令　　（c）绘制结果

图 6-22　绘制折线

（3）此时鼠标光标仍处于绘制折线的状态，重复步骤（2）的操作即可绘制其他的折线，按 Esc 键便可退出操作。

知识拓展：

（1）在折线的绘制过程中，如果绘制多边形，则自动在第一点和最后一点之间绘制连接，如图 6-23 所示。

（2）折线也可作为垂线或切线。在折线的绘制过程中，右击，选择“垂线”命令或“切线的”命令，放置垂线或切线。

（3）编辑折线结构段。选中要编辑的折线，此时折线高亮显示，同时在折线的结构段的角点和中心上显示小方块，如图 6-24 所示。按住鼠标左键将其角点或中心拖到另一个位置。将折线进行变形或增加结构段数量，如图 6-25 和图 6-26 所示。

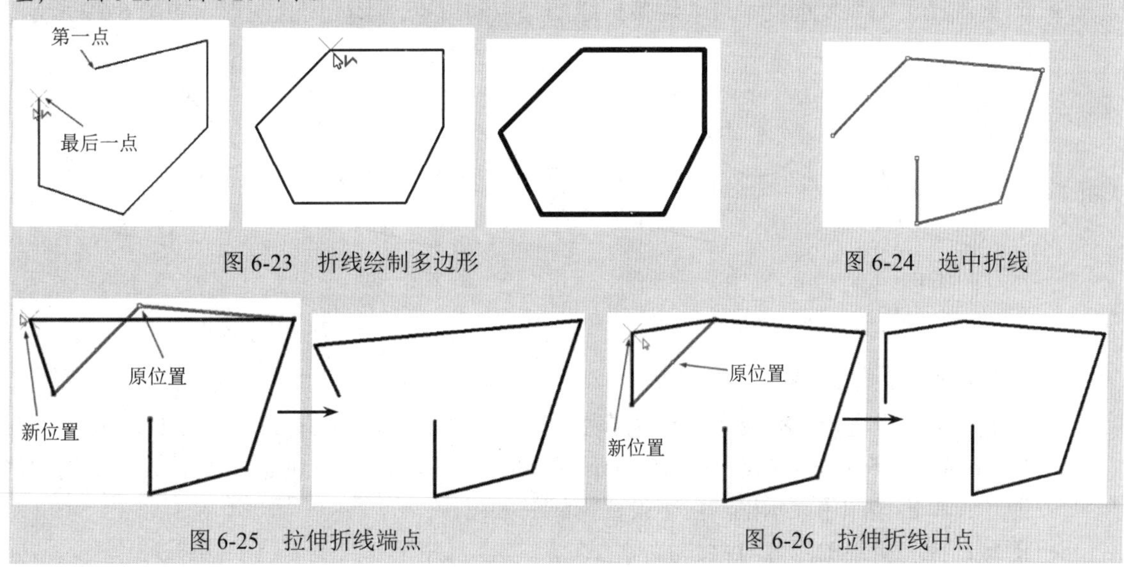

图 6-23　折线绘制多边形　　图 6-24　选中折线

图 6-25　拉伸折线端点　　图 6-26　拉伸折线中点

（4）设置折线属性。双击折线，系统将弹出“属性（折线）”对话框，如图 6-27 所示。

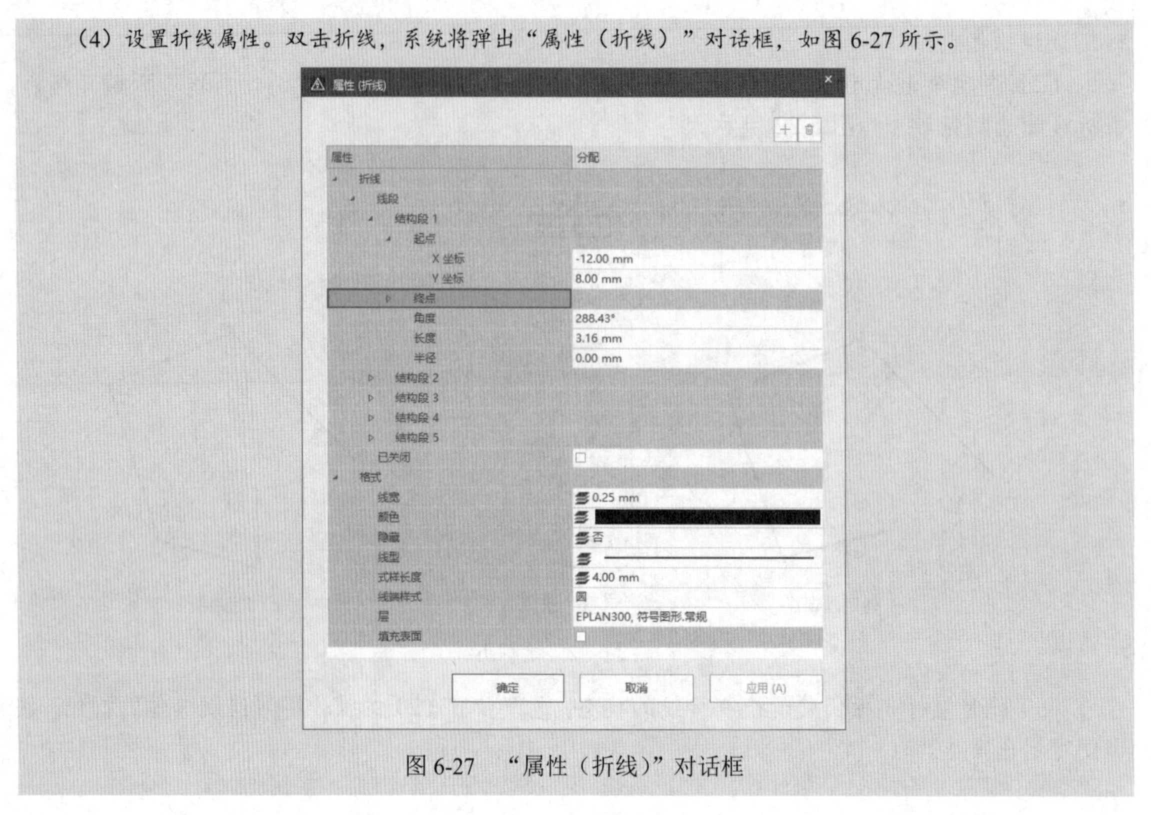

图 6-27　“属性（折线）”对话框

在“属性（折线）”对话框中可以对坐标、线宽、线型和折线的颜色等属性进行设置。

【选项说明】

（1）“折线”选项组。折线是由一个个的结构段组成的，可以在该选项组下输入折线结构段起点和终点的 X 坐标和 Y 坐标、角度、长度和半径。

➢ 在“结构段 1”中的“半径”文本框中输入 10mm，结构段 1 显示半径为 10 的圆弧，如图 6-28 所示。同样地，任何一段结构段均可以设置半径将其转换为圆弧。

➢ 勾选“已关闭”复选框，自动连接折线的起点和终点，形成闭合图形，如图 6-29 所示。

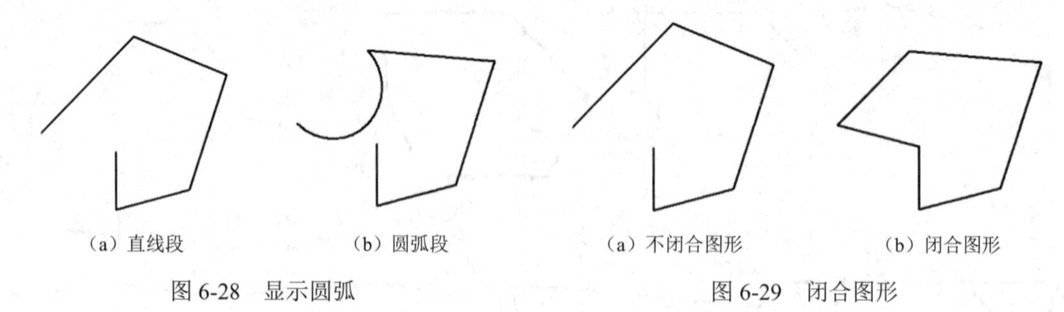

（a）直线段　（b）圆弧段

图 6-28　显示圆弧

（a）不闭合图形　（b）闭合图形

图 6-29　闭合图形

（2）“格式”选项组。

➢ 线宽：用于设置折线的线宽。下拉列表中显示了固定值，包括 0.13mm、0.18mm、0.20mm、0.25mm、0.35mm、0.40mm、0.50mm、0.70mm、1.00mm、2.00mm 10 种线宽供用户选择。

➢ 颜色：单击该颜色显示框，用于设置折线的颜色。

➢ 隐藏：控制折线的隐藏与否。

➢ 线型：用于设置折线的线型。
➢ 式样长度：用于设置折线的式样长度。
➢ 线端样式：用于设置折线截止端的样式。
➢ 层：用于设置折线所在层。
➢ 填充表面：勾选该复选框，填充折线表面。

6.3.3　绘制多边形

由三条或三条以上的线段首尾顺次连接所组成的平面图形称为多边形。在 EPLAN 中，由折线绘制的闭合图形就是多边形。

【执行方式】

➢ 菜单栏：选择菜单栏中的“插入”→“图形”→“多边形”命令。
➢ 功能区：单击“插入”选项卡的“图形”面板中的“其他”按钮，在弹出的“图形”面板的“直线”栏中选择“多边形”。
➢ 快捷命令：选择右键菜单中的“插入图形”→“多边形”命令。

【操作步骤】

（1）执行上述操作，此时鼠标光标变成交叉形状并附带多边形符号，移动鼠标光标到需要放置多边形的起点处，单击确定多边形的起点，多次单击确定多个固定点，按空格键或选择右键菜单命令“封闭折线”以确定终点，多边形即绘制完毕，如图 6-30 所示。

（2）此时鼠标光标仍处于绘制多边形的状态，重复步骤（1）的操作即可绘制其他的多边形，按 Esc 键便可退出操作。

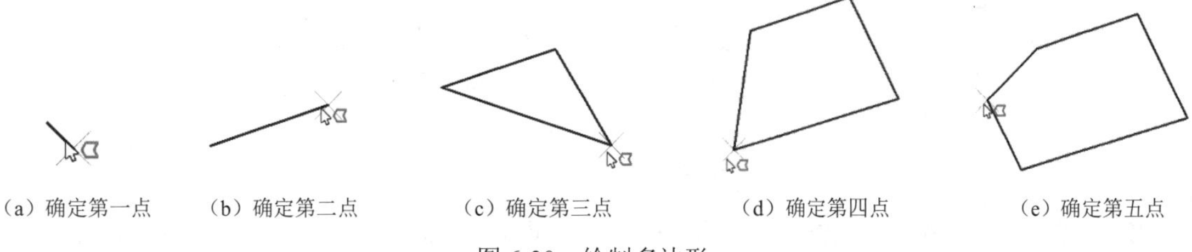

（a）确定第一点　（b）确定第二点　（c）确定第三点　（d）确定第四点　（e）确定第五点

图 6-30　绘制多边形

知识拓展：

（1）多边形也可作为垂线或切线。在多边形的绘制过程中，右击，选择“垂线”命令或“切线的”命令，放置垂线或切线。

（2）选中要编辑的多边形，此时多边形高亮显示，同时在多边形的结构段的角点和中心上显示小方块，如图 6-31 所示。按住鼠标左键将其角点或中心拖到另一个位置。将多边形进行变形或增加结构段数量。

（3）双击多边形，系统将弹出“属性（折线）”对话框，如图 6-32 所示。

在“属性（折线）”对话框中可以对坐标、线宽、线型和多边形的颜色等属性进行设置。

【选项说明】

（1）“多边形”选项组。多边形是由一个个的结构段组成的，可以在该选项组下输入多边形结构段起点和终点的 X 坐标和 Y 坐标、角度、长度和半径。

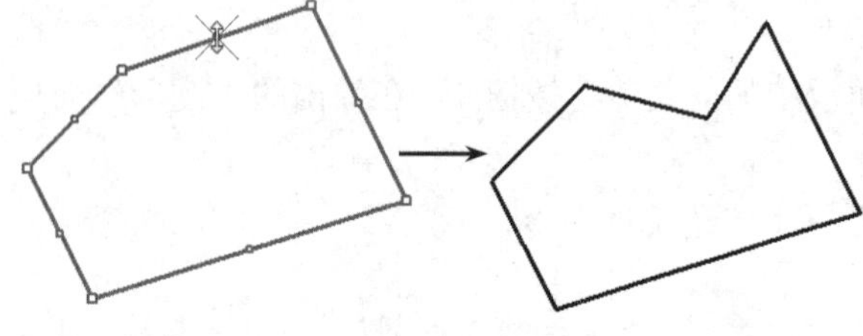

图 6-31　编辑多边形

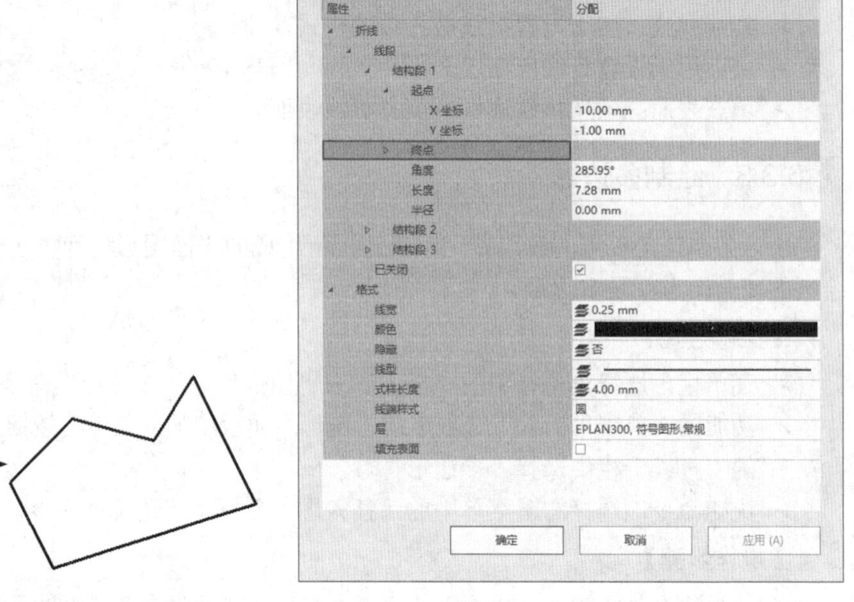

图 6-32　多边形的属性对话框

多边形默认勾选“已关闭”复选框，取消勾选该复选框，将自动断开多边形的起点和终点，如图 6-33 所示。

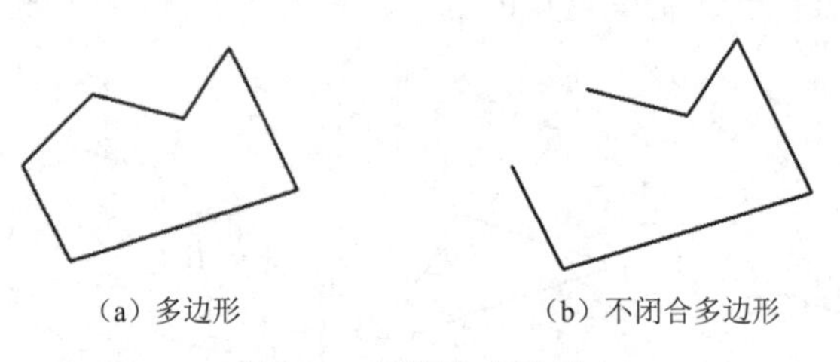

（a）多边形　（b）不闭合多边形

图 6-33　不闭合多边形

（2）“格式”选项组。设置多边形的“格式”选项属性与折线属性相同，这里不再赘述。

扫一扫，看视频

动手学——绘制应急电力配电箱

本实例利用“多边形”命令和“折线”命令绘制如图 6-34 所示的应急电力配电箱。

图 6-34　应急电力配电箱

【操作步骤】

（1）选择菜单栏中的“项目”→“打开”命令，打开项目文件 myproject。选择菜单栏中的“工具”→“主数据”→“符号”→“新建”命令，创建符号 APE_NEW。

（2）绘制多边形。打开“栅格 B”，启用“捕捉到栅格点”方式，捕捉栅格点。单击“插入”选项卡的“图形”面板中的“多边形”按钮，在原点单击确定多边形的起点；在水平方向上向右移动三个栅格点，单击确定第二个固定点；在垂直方向上向上移动一个栅格点，单击确定第三个固定点；按空格键结束操作。绘制一个长度为 6mm、宽度为 2mm 的多边形，效果如图 6-35 所示。

（3）绘制折线。单击“插入”选项卡的“图形”面板中的“折线”按钮，在原点处单击确定折线的起点；在垂直方向上向上移动一个栅格点，单击确定第二个固定点；在水平方向上向右移动三个栅格点，单击确定第三个固定点；按空格键结束操作。连接多边形左下角与右上角，将多边形补充成一个矩形，如图 6-36 所示。

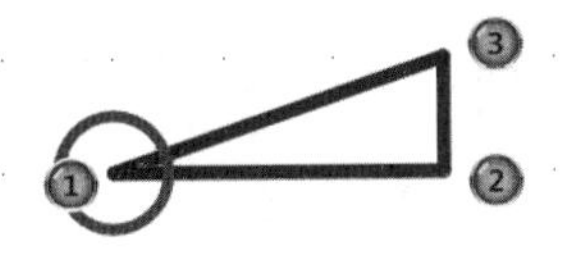

图 6-35　绘制多边形

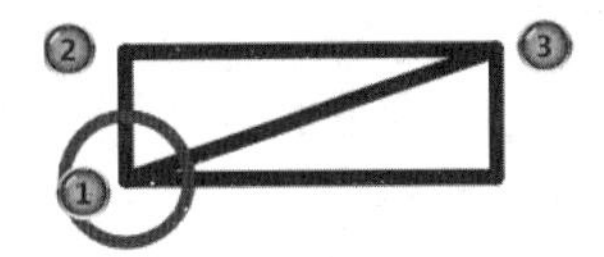

图 6-36　绘制折线

（4）填充多边形。双击右下角的多边形，弹出“属性（折线）”对话框，勾选“填充表面”复选框，如图 6-37 所示，完成多边形的填充，结果如图 6-34 所示。

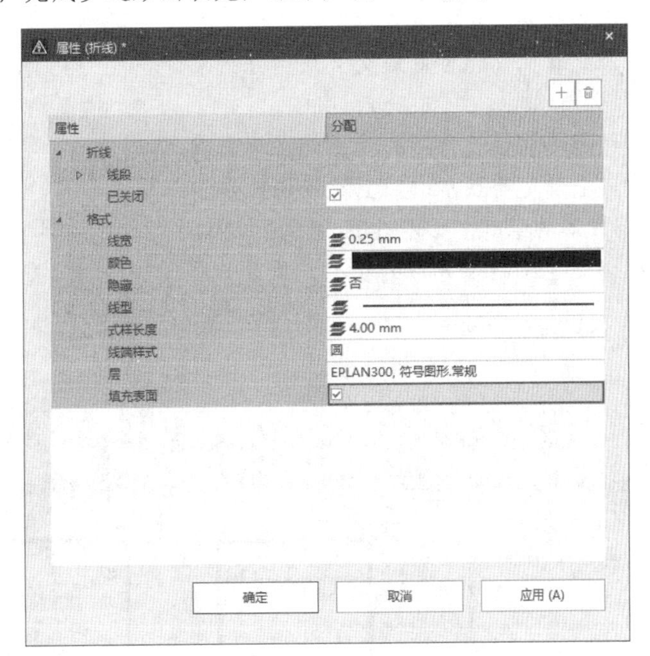

图 6-37　“属性（折线）”对话框

6.3.4　绘制长方形

长方形是特殊的多边形，长方形分为两种绘制方法：①通过起点和终点定义长方形；②通过中心和角点定义长方形。

1．通过起点和终点定义长方形

【执行方式】

- 菜单栏：选择菜单栏中的“插入”→“图形”→“长方形”命令。
- 功能区：单击“插入”选项卡的“图形”面板中的“其他”按钮，在弹出的“图形”面板的“直线”栏中选择“长方形”按钮□。
- 快捷命令：选择右键菜单中的“插入图形”→“长方形”命令。

【操作步骤】

执行上述操作，此时鼠标光标变成交叉形状并附带长方形符号□，移动鼠标光标到需要放置长方形的起点处，单击确定长方形的角点，再次单击确定另一个角点，右击选择“取消操作”命令或按 Esc 键，完成长方形的绘制，如图 6-38 所示。

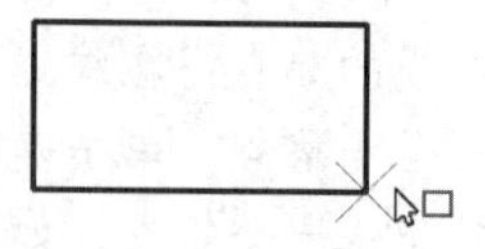

图 6-38　绘制长方形

2. 通过中心和角点定义长方形

【执行方式】

- 菜单栏：选择菜单栏中的“插入”→“图形”→“长方形”命令。
- 功能区：单击“插入”选项卡的“图形”面板中的“其他”按钮，在弹出的“图形”面板的“直线”栏中选择“长方形通过中心”。

【操作步骤】

（1）执行上述操作，此时鼠标光标变成交叉形状并附带长方形符号。

（2）移动鼠标光标到需要放置长方形的起点处，单击确定长方形的中心点，再次单击确定角点，右击选择“取消操作”命令或按 Esc 键，完成长方形的绘制，如图 6-39 所示。

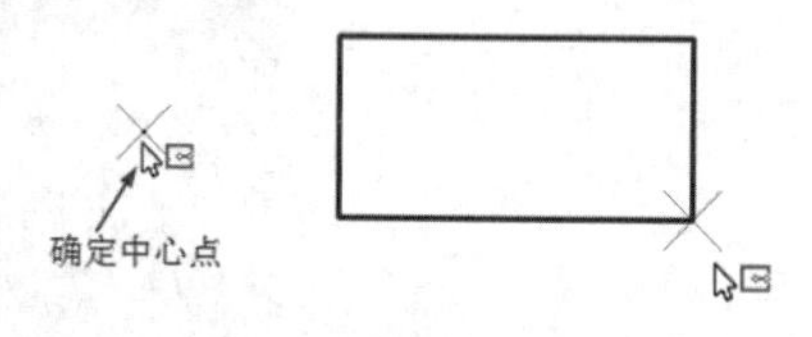

图 6-39　绘制长方形

（3）此时鼠标光标仍处于绘制长方形的状态，重复步骤（2）的操作即可绘制其他的长方形，按 Esc 键便可退出操作。

知识拓展：

（1）编辑长方形。选中要编辑的长方形，此时长方形高亮显示，同时在长方形的角点和中心上显示小方块，如图 6-40 所示。按住鼠标左键将其角点或中心拖到另一个位置，将长方形进行变形。

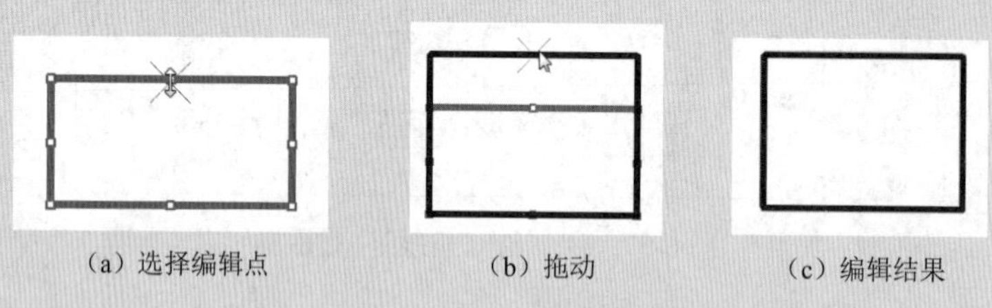

（a）选择编辑点　（b）拖动　（c）编辑结果

图 6-40　编辑长方形

（2）设置长方形属性。双击长方形，系统将弹出“属性（长方形）”对话框，如图 6-41 所示。

在“属性（长方形）”对话框中可以对坐标、线宽、线型和长方形的颜色等属性进行设置。

【选项说明】

（1）“长方形”选项组。在该选项组下输入长方形起点和终点的 X 坐标和 Y 坐标、宽度、高度和角度。

（2）“格式”选项组。

- 勾选“填充表面”复选框，填充长方形，如图 6-42 所示。
- 勾选“倒圆角”复选框，对长方形进行倒圆角。“半径”文本框中显示了圆角的半径，圆角半径根据矩形尺寸自动设置，如图 6-43 所示。

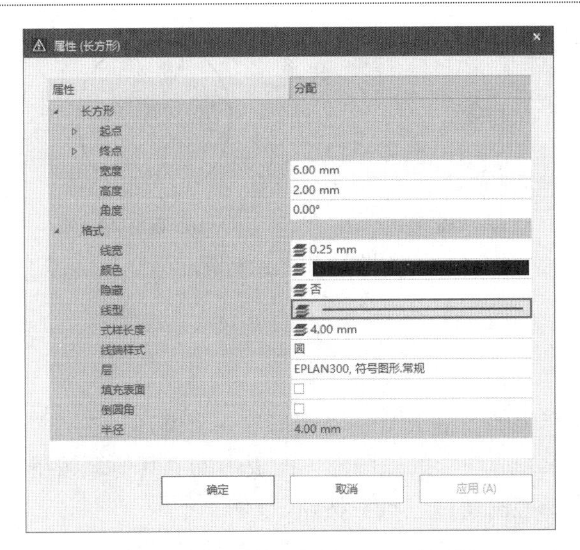

图 6-41　“属性（长方形）”对话框

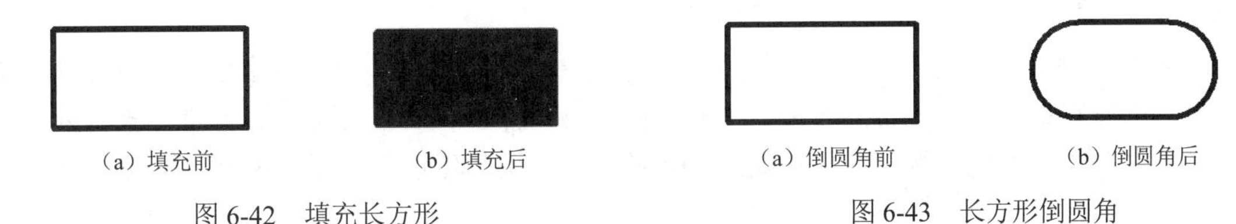

（a）填充前　（b）填充后

图 6-42　填充长方形

（a）倒圆角前　（b）倒圆角后

图 6-43　长方形倒圆角

长方形的其余设置属性与折线属性相同，这里不再赘述。

6.4　曲线图形命令

曲线类命令包括圆、圆弧、扇形、椭圆和样条曲线。

6.4.1　绘制圆

圆是圆弧的一种特殊形式。圆的绘制包括通过圆心和半径定义圆与通过三点定义圆两种方法。

1. 通过圆心和半径定义圆

【执行方式】

- 菜单栏：选择菜单栏中的“插入”→“图形”→“圆”命令。
- 功能区：单击“插入”选项卡的“图形”面板中的“其他”按钮，在弹出的“图形”面板的“曲线”栏中选择“圆”。
- 快捷命令：选择右键菜单中的“插入图形”→“圆”命令。

【操作步骤】

执行上述操作，此时鼠标光标变成交叉形状并附带圆符号，移动鼠标光标到需要放置圆的位置处，单击确定圆的中心，再次单击确定圆的半径。右击选择“取消操作”命令或按 Esc 键，完成圆的绘制，如图 6-44 所示。

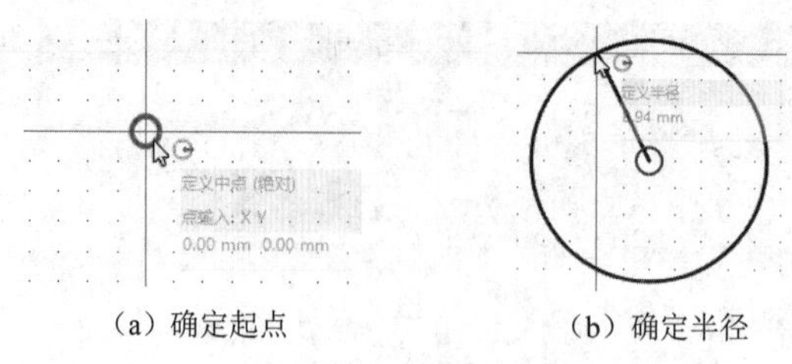

（a）确定起点　　（b）确定半径

图 6-44　绘制圆

2. 通过三点定义圆

【执行方式】

➢ 菜单栏：选择菜单栏中的“插入”→“图形”→“圆通过三点”命令。

➢ 功能区：单击“插入”选项卡的“图形”面板中的“其他”按钮，在弹出的“图形”面板的“直线”栏中选择“圆通过三点”按钮。

➢ 快捷命令：选择右键菜单中的“插入图形”→“圆通过三点”命令。

【操作步骤】

（1）执行上述操作，此时鼠标光标变成交叉形状并附带圆符号，移动鼠标光标到需要放置圆的位置处，单击确定圆的第一点，再次单击确定圆的第二点，再次单击确定圆的第三点，从而完成圆的绘制。右击选择“取消操作”命令或按 Esc 键，完成圆的绘制，如图 6-45 所示。

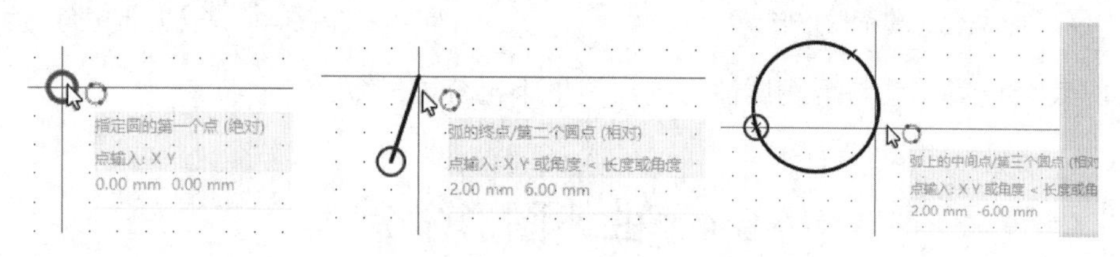

图 6-45　绘制圆

（2）此时鼠标光标仍处于绘制圆的状态，重复步骤（2）的操作即可绘制其他的圆，按 Esc 键便可退出操作。

 **知识拓展：**

（1）切线圆。在圆的绘制过程中，右击，选择“切线的”命令，绘制切线圆，如图 6-46 所示。

（2）编辑圆。选中要编辑的圆，此时圆高亮显示，同时在圆的象限点上显示小方块，如图 6-47 所示。按住鼠标左键将其象限点拖到另一个位置，将圆进行变形。

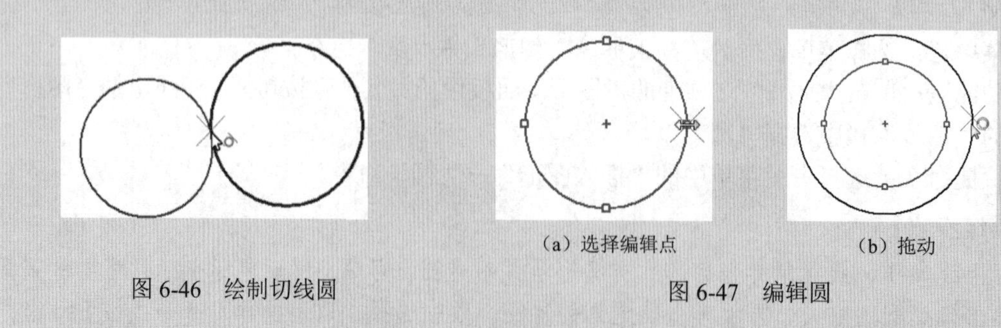

图 6-46　绘制切线圆

（a）选择编辑点　　（b）拖动

图 6-47　编辑圆

（3）设置圆属性。双击圆，系统将弹出“属性（弧/扇形/圆）”对话框，如图 6-48 所示。

在“属性（弧/扇形/圆）”对话框中可以对坐标、线宽、线型和圆的颜色等属性进行设置。

【选项说明】

（1）“弧/扇形/圆”选项组。在该选项组下输入圆的中心的 X 坐标和 Y 坐标、起始角、终止角、半径等。

➢ 起始角与终止角可以设置为 0°、45°、90°、135°、180°、-45°、-90°、-135°，起始角与终止角的差值为 360°时绘制的图形为圆。设置起始角与终止角分别为 0°和 90°，将显示如图 6-49 所示的圆弧。

图 6-48　“属性（弧/扇形/圆）”对话框

➢ 勾选“扇形”复选框，封闭圆弧，显示扇形，如图 6-50 所示。

（2）“格式”选项组。勾选“已填满”复选框，填充圆，如图 6-51 所示。

图 6-49　圆弧

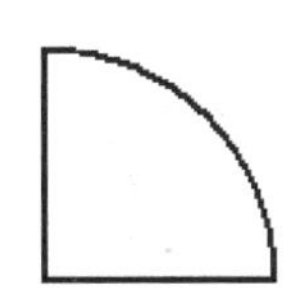

图 6-50　绘制扇形

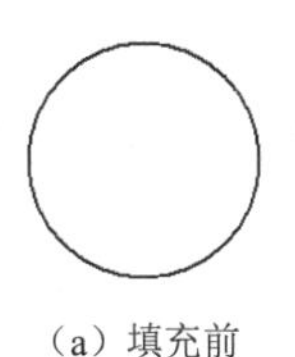

（a）填充前

（b）填充后

图 6-51　填充圆

圆的其余设置属性与折线属性相同，这里不再赘述。

动手学——绘制传声器符号

扫一扫，看视频

本实例利用“直线”和“圆”命令绘制如图 6-52 所示的传声器符号。

【操作步骤】

（1）选择菜单栏中的“项目”→“打开”命令，打开项目文件 myproject。选择菜单栏中的“工具”→“主数据”→“符号”→“新建”命令，创建符号 SW1_NEW。

（2）单击“插入”选项卡的“图形”面板中的“直线”按钮，捕捉原点，确定起点，竖直向下绘制一条直线，如图 6-53 所示。双击直线，弹出“属性（直线）”对话框，设置“长度”为 10.00mm，

“线宽”为 0.50mm，如图 6-54 所示。

（3）打开“栅格 A”，启用“捕捉到栅格点”方式，捕捉栅格点。单击“插入”选项卡的“图形”面板中的“圆”按钮⊙，在(−5,−5)处捕捉栅格点，单击确定圆的中心，捕捉直线与圆的距离确定圆的半径，右击选择“取消操作”命令或按 Esc 键，完成圆的绘制，如图 6-55 所示。

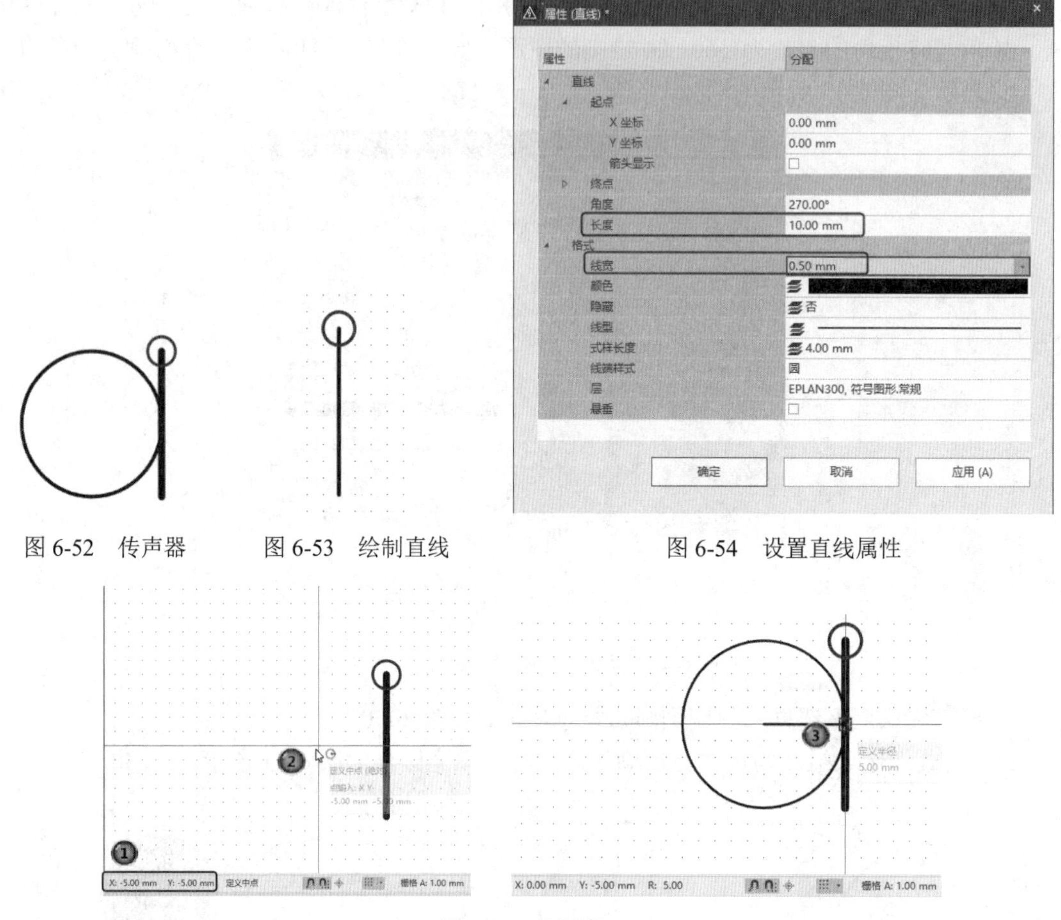

图 6-52　传声器　　图 6-53　绘制直线　　图 6-54　设置直线属性

图 6-55　绘制圆

6.4.2　绘制圆弧

圆上任意两点间的部分叫圆弧。圆弧的绘制包括通过中心点定义圆弧和通过三点定义圆弧两种方法。

1．通过中心点定义圆弧

【执行方式】

- 菜单栏：选择菜单栏中的“插入”→“图形”→“圆弧通过中心点”命令。
- 功能区：单击“插入”选项卡的“图形”面板中的“其他”按钮，在弹出的“图形”面板的“曲线”栏中选择“圆弧通过中心点”。
- 快捷命令：选择右键菜单中的“插入图形”→“圆弧通过中心点”命令。

【操作步骤】

执行上述操作，此时鼠标光标变成交叉形状并附带圆弧符号。移动鼠标光标到需要放置圆弧的位置处，单击一次确定圆弧的中心，第二次确定圆弧的半径，第三次确定圆弧的起点，第四次确定圆弧的终点。右击选择“取消操作”命令或按 Esc 键，完成圆弧的绘制，如图 6-56 所示。

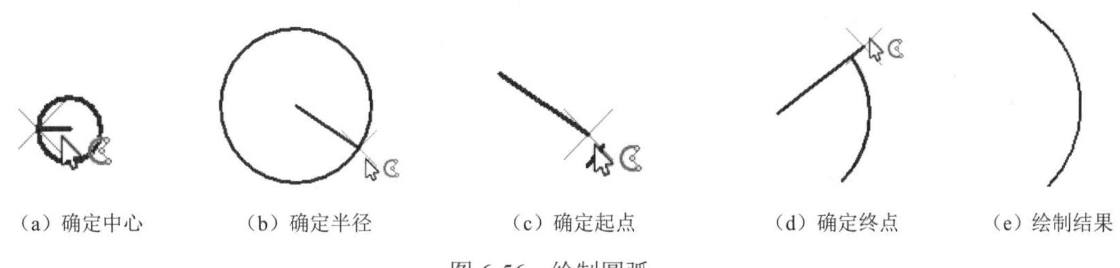

（a）确定中心　（b）确定半径　（c）确定起点　（d）确定终点　（e）绘制结果

图 6-56　绘制圆弧

2．通过三点定义圆弧

【执行方式】

- 菜单栏：选择菜单栏中的“插入”→“图形”→“圆弧通过三点”命令。
- 功能区：单击“插入”选项卡中“图形”面板的“其他”按钮，在弹出的“图形”面板的“曲线”栏中选择“圆弧通过三点”。
- 快捷命令：选择右键菜单中的“插入图形”→“圆弧通过三点”命令。

【操作步骤】

（1）执行上述操作，此时鼠标光标变成交叉形状并附带圆弧符号。移动鼠标光标到需要放置圆弧的位置处，单击第一次确定圆弧的第一点，第二次确定圆弧的第二点，第三次确定圆弧的半径。右击选择“取消操作”命令或按 Esc 键，完成圆弧的绘制，如图 6-57 所示。

（2）此时鼠标光标仍处于绘制圆弧的状态，重复步骤（1）的操作即可绘制其他的圆弧，按 Esc 键便可退出操作。

知识拓展：

（1）切线弧。圆弧也可作为切线圆弧。在圆弧的绘制过程中，右击，选择“切线的”命令，绘制切线圆弧。

（2）编辑圆弧。选中要编辑的圆弧，此时圆弧高亮显示，同时在圆弧的端点和中心点上显示小方块，如图 6-58 所示。按住鼠标左键将其端点和中心点拖到另一个位置，将圆弧进行变形。

圆弧的属性设置与圆属性相同，这里不再赘述。

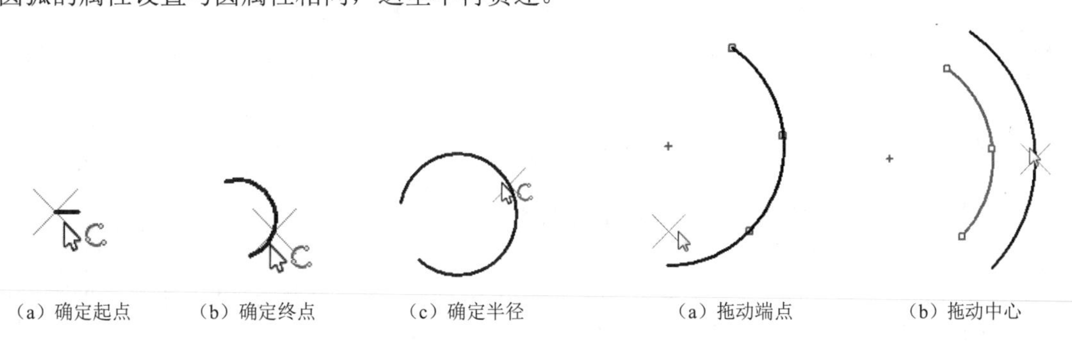

（a）确定起点　（b）确定终点　（c）确定半径

图 6-57　绘制圆弧

（a）拖动端点　（b）拖动中心

图 6-58　编辑圆弧

6.4.3　绘制扇形

【执行方式】

- 菜单栏：选择菜单栏中的“插入”→“图形”→“扇形”命令。
- 功能区：单击“插入”选项卡的“图形”面板中的“其他”按钮，在弹出的“图形”面板的“曲线”栏中选择“扇形”。
- 快捷命令：选择右键菜单中的“插入图形”→“扇形”命令。

【操作步骤】

（1）执行上述操作，此时鼠标光标变成交叉形状并附带扇形符号。移动鼠标光标到需要放置扇形的位置处，单击第一次确定扇形的中心，第二次确定扇形的半径，第三次确定扇形的起点，第四次确定扇形的终点。右击选择“取消操作”命令或按 Esc 键，完成扇形的绘制，如图 6-59 所示。

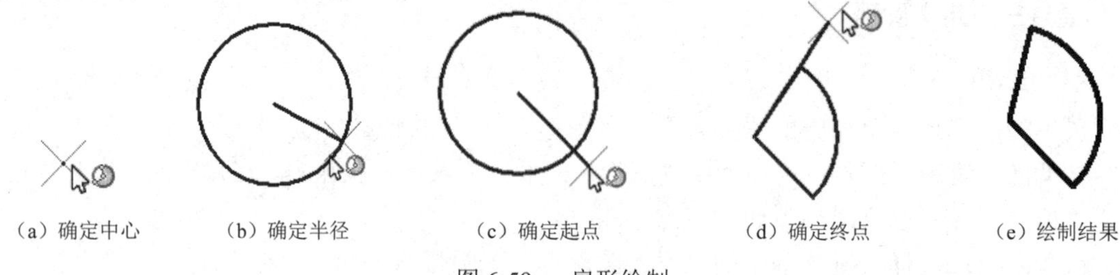

（a）确定中心　（b）确定半径　（c）确定起点　（d）确定终点　（e）绘制结果

图 6-59　扇形绘制

（2）此时鼠标光标仍处于绘制扇形的状态，重复步骤（1）的操作即可绘制其他的扇形，按 Esc 键便可退出操作。

知识拓展：

选中要编辑的扇形，此时扇形高亮显示，同时在扇形的端点和中心点上显示小方块，如图 6-60 所示。按住鼠标左键将其端点和中心点拖到另一个位置，将扇形进行变形。

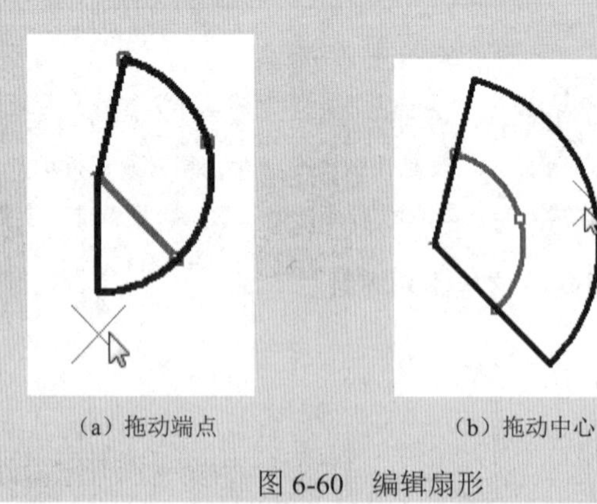

（a）拖动端点　（b）拖动中心

图 6-60　编辑扇形

扫一扫，看视频

扇形的属性设置与圆属性相同，这里不再赘述。

动手练——绘制电话机符号

绘制如图 6-61 所示的电话机符号。

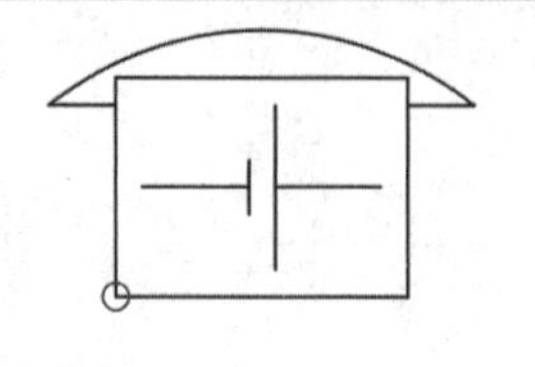

图 6-61　电话机符号

思路点拨：

（1）创建符号 TE_NEW。

（2）使用“长方形”命令绘制电话机底座外轮廓。

（3）使用“直线”命令绘制电话机底座内部。

（4）使用“圆弧通过三点”命令绘制电话机。

6.4.4　绘制椭圆

【执行方式】

- 菜单栏：选择菜单栏中的“插入”→“图形”→“椭圆”命令。
- 功能区：单击“插入”选项卡的“图形”面板中的“其他”按钮，在弹出的“图形”面板的“曲线”栏中选择“椭圆”。
- 快捷命令：选择右键菜单中的“插入图形”→“椭圆”命令。

动手学——绘制感应式仪表符号

本实例利用“椭圆”命令绘制如图 6-62 所示的感应式仪表符号。

扫一扫，看视频

图 6-62　感应式仪表符号

【操作步骤】

（1）选择菜单栏中的“项目”→“打开”命令，打开项目文件 myproject。选择菜单栏中的“工具”→“主数据”→“符号”→“新建”命令，创建符号 GY_NEW。打开“栅格 C”，启用“捕捉到栅格点”方式，捕捉栅格点。

（2）单击“插入”选项卡的“图形”面板中的“椭圆”按钮，此时鼠标光标变成交叉形状并附带椭圆符号，移动鼠标光标到坐标原点，单击第一次确定椭圆的中心，第二次确定椭圆长轴和短轴的长度，右击，选择“取消操作”命令或按 Esc 键，完成椭圆的绘制，如图 6-63 所示。

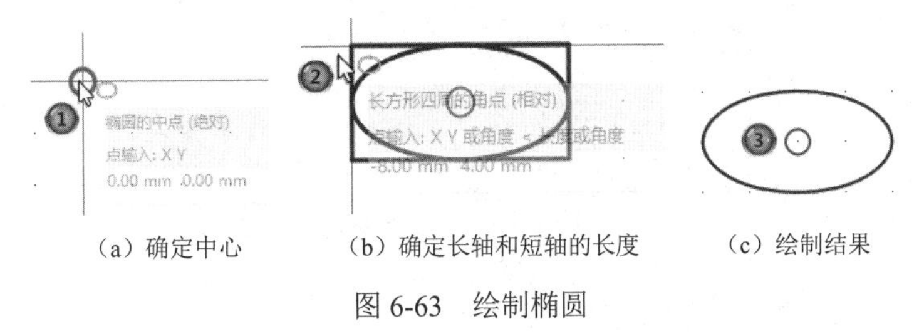

（a）确定中心　（b）确定长轴和短轴的长度　（c）绘制结果

图 6-63　绘制椭圆

（3）单击“插入”选项卡的“图形”面板中的“圆”按钮，在(0,0)处捕捉栅格点，绘制半径为 1 的圆，在“属性（弧/扇形/圆）”对话框中勾选“已填满”复选框，如图 6-64 所示。填充圆，结果如图 6-65 所示。

（4）单击“插入”选项卡的“图形”面板中的“直线”按钮，在填充圆右侧绘制一条竖直向下的直线，如图 6-62 所示。

知识拓展：

（1）编辑椭圆。选中要编辑的椭圆，此时椭圆高亮显示，同时在椭圆的象限点上显示小方块，如图 6-66 所示。按住鼠标左键将其长轴和短轴的象限点拖到另一个位置，将椭圆进行变形。

（2）设置椭圆属性。双击椭圆，系统将弹出“属性（椭圆）”对话框，如图 6-67 所示。

在“属性（椭圆）”对话框中可以对坐标、线宽、线型和椭圆的颜色等属性进行设置。

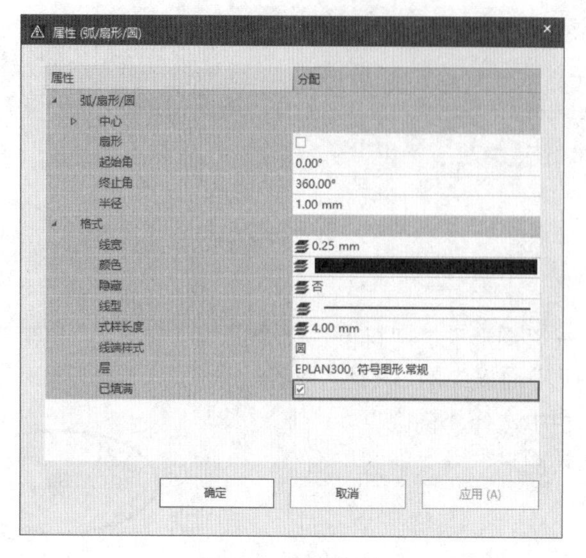

图 6-64　设置属性

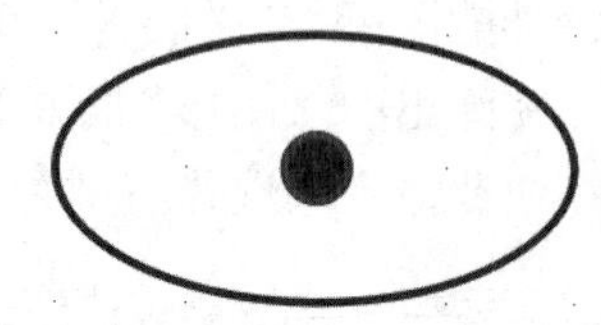

图 6-65　绘制圆

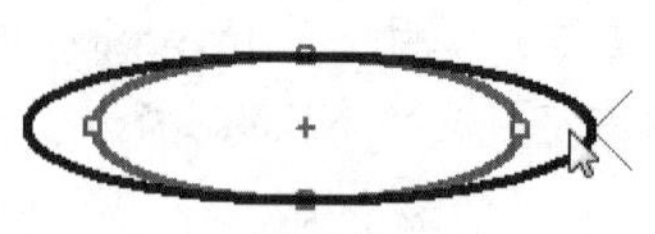

（a）选择长轴象限点

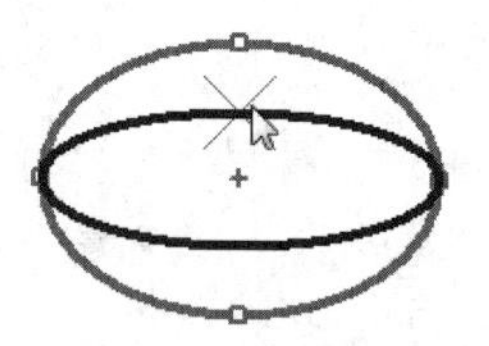

（b）选择短轴象限点

图 6-66　编辑椭圆

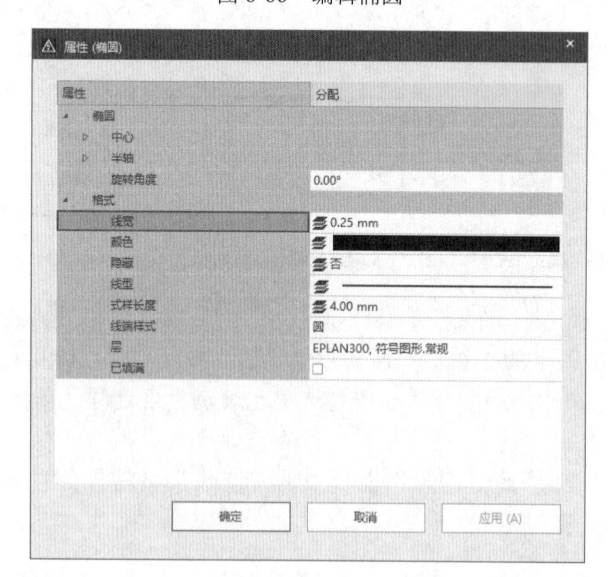

图 6-67　“属性（椭圆）”对话框

【选项说明】

（1）“椭圆”选项组。在该选项组下输入椭圆的中心和半轴的 X 坐标和 Y 坐标，旋转角度。旋转角度可以设置为 0°、45°、90°、135°、180°、−45°、−90°、−135°。

（2）“格式”选项组。在该选项组下勾选“已填满”复选框，填充椭圆，如图 6-68 所示。

图 6-68 填充椭圆

椭圆的其余设置属性与圆属性相同，这里不再赘述。

6.4.5 绘制样条曲线

EPLAN 使用一种称为非一致有理 B 样条（NURBS）曲线的特殊样条曲线类型，NURBS 曲线在控制点之间产生一条光滑的样条曲线。样条曲线可用于创建形状不规则的曲线，如为地理信息系统（GIS）应用或汽车设计绘制轮廓线。

【执行方式】

- 菜单栏：选择菜单栏中的“插入”→“图形”→“样条曲线”命令。
- 功能区：单击“插入”选项卡的“图形”面板中的“其他”按钮，在弹出的“图形”面板的“曲线”栏中选择“样条曲线”。
- 快捷命令：选择右键菜单中的“插入图形”→“样条曲线”命令。

动手学——绘制整流器框形符号

本实例利用“直线”命令绘制如图 6-69 所示的整流器框形符号。

【操作步骤】

（1）选择菜单栏中的“项目”→“打开”命令，打开项目文件 myproject。选择菜单栏中的“工具”→“主数据”→“符号”→“新建”命令，创建符号 U_NEW。打开“栅格 C”，启用“捕捉到栅格点”方式，捕捉栅格点。

（2）单击“插入”选项卡的“图形”面板中的“长方形”按钮□，绘制一个长为 12mm，宽为 12mm 的矩形，结果如图 6-70 所示。

（3）打开“栅格 A”，选择菜单栏中的“插入”→“图形”→“直线”命令，绘制三条直线，如图 6-71 所示。双击下面的水平直线，弹出“属性（直线）”对话框，如图 6-72 所示。设置“线型”为虚线，“式样长度”为 2.00mm，直线修改结果如图 6-73 所示。

图 6-69 整流器框形符号

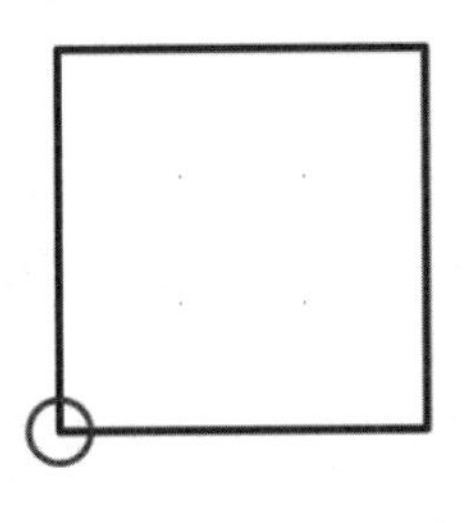

图 6-70 绘制矩形

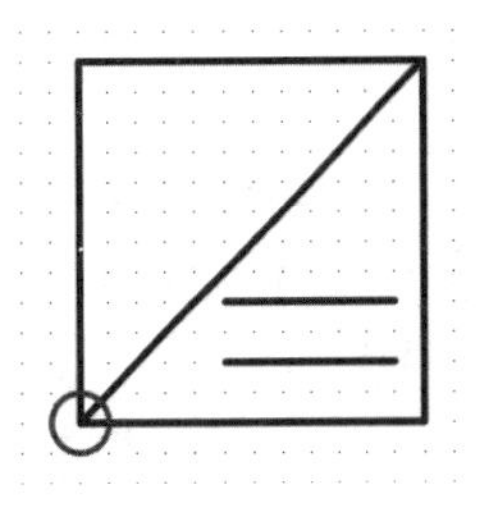

图 6-71 绘制直线

图 6-72　修改直线样式

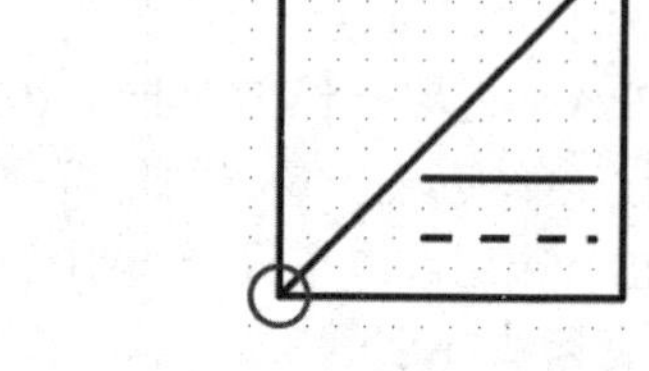

图 6-73　修改结果

（4）单击“插入”选项卡的“图形”面板中的“样条曲线”按钮，此时鼠标光标变成交叉形状并附带样条曲线符号。移动鼠标光标到需要放置样条曲线的位置处，单击确定样条曲线的起点；然后移动鼠标光标，再次单击确定终点，绘制出一条直线，如图 6-74 所示。

1）继续移动鼠标，在起点和终点之间合适的位置单击确定控制点 1，生成一条弧线。

2）继续移动鼠标，曲线将随鼠标光标的移动而变化，单击确定控制点 2，如图 6-74 所示。右击，选择“取消操作”命令或按 Esc 键，完成样条曲线的绘制。

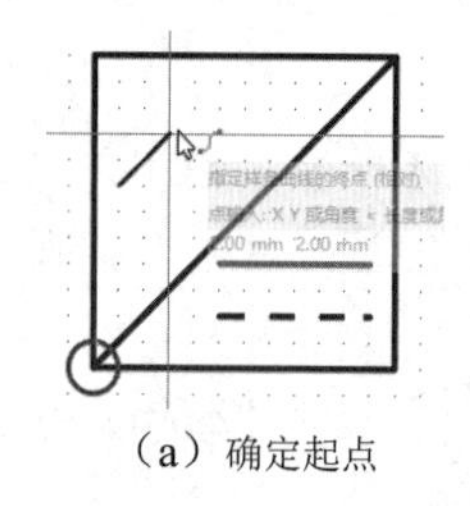

（a）确定起点

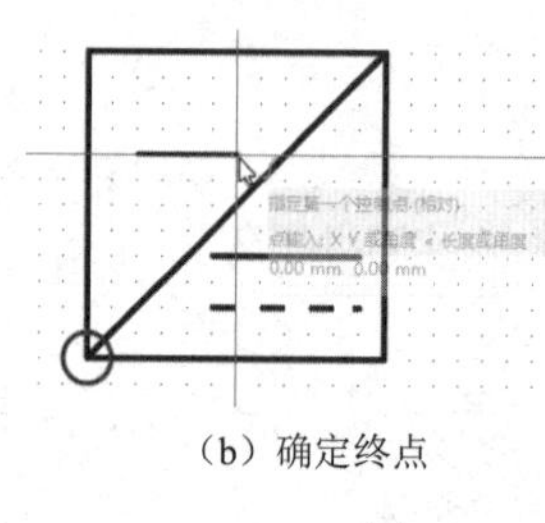

（b）确定终点

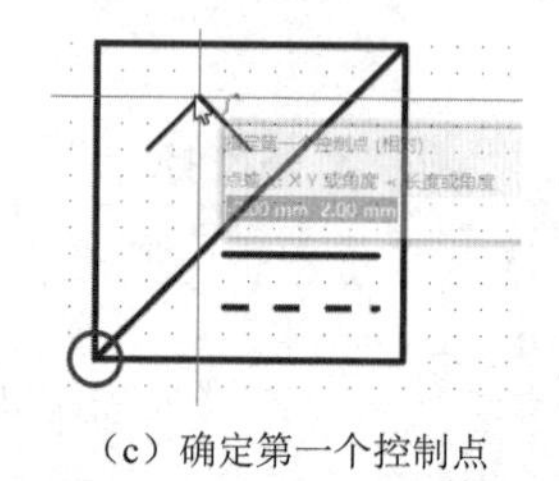

（c）确定第一个控制点

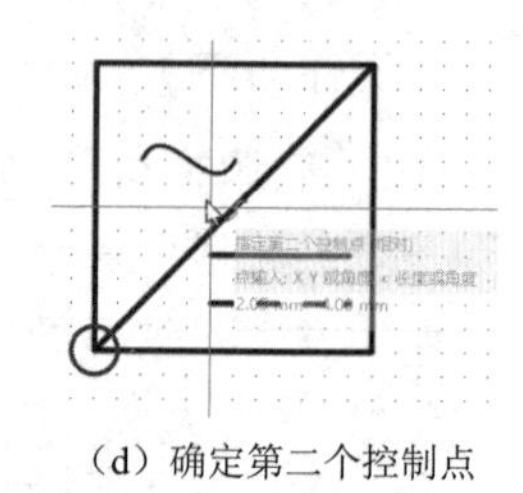

（d）确定第二个控制点

图 6-74　绘制样条曲线

3）此时鼠标光标仍处于绘制样条曲线的状态，重复以上步骤即可绘制其他的样条曲线，按 Esc 键便可退出操作。最终结果如图 6-69 所示。

知识拓展：

（1）编辑样条曲线。选中要编辑的样条曲线，此时样条曲线高亮显示，同时在样条曲线的起点、终点、控制点 1、控制点 2 上显示小方块，如图 6-75 所示。按住鼠标左键将样条曲线上的点拖到另一个位置，将样条曲线进行变形。

（2）设置样条曲线属性。双击样条曲线，系统将弹出“属性（样条曲线）”对话框，如图 6-76 所示。

在“属性（样条曲线）”对话框中可以对坐标、线宽、线型和样条曲线的颜色等属性进行设置。在“样条曲线”选项组下输入样条曲线的起点、终点、控制点 1、控制点 2 的坐标。

样条曲线的其余设置属性与圆属性相同，这里不再赘述。

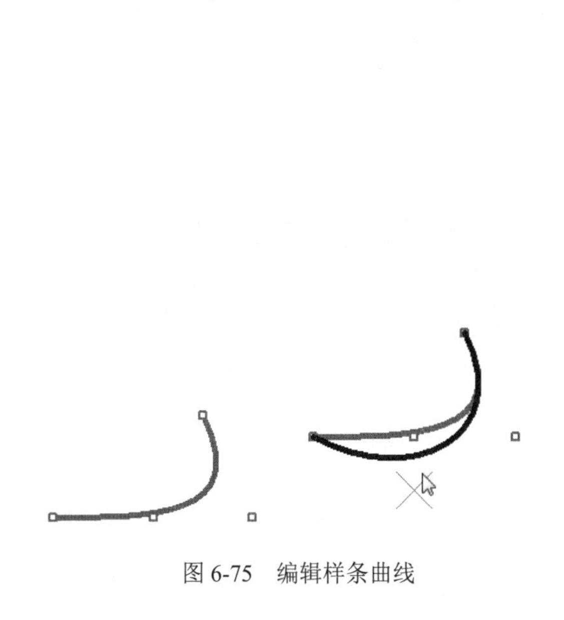

图 6-75　编辑样条曲线

图 6-76　“属性（样条曲线）”对话框

6.5　操作实例——绘制热继电器驱动器件

扫一扫，看视频

本实例利用“长方形”命令和“折线”命令绘制如图 6-77 所示的热继电器驱动器件。

【操作步骤】

（1）选择菜单栏中的“项目”→“打开”命令，打开项目文件 myproject。选择菜单栏中的“工具”→“主数据”→“符号”→“新建”命令，创建符号 FR_NEW。打开“栅格 B”，启用“捕捉到栅格点”方式，捕捉栅格点。

（2）绘制长方形。单击“插入”选项卡的“图形”面板中的“长方形”按钮□，在原点处单击确定长方形的第一个角点；在水平方向上向右移动六个栅格点，在垂直方向上向上移动三个栅格点，单击确定第二个固定点；按空格键结束操作。绘制一个长为 12mm，宽为 6mm 的矩形，结果如图 6-78 所示。

（3）单击“插入”选项卡的“图形”面板中的“折线”按钮，绘制多条折线，结果如图 6-77 所示。

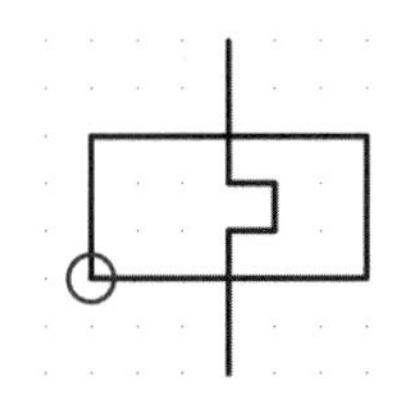

图 6-77　热继电器驱动器件

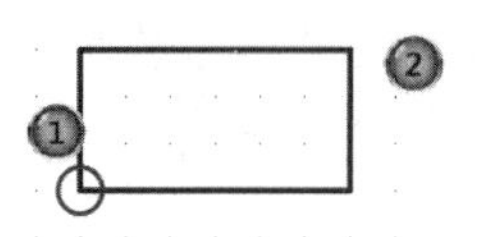

图 6-78　绘制长方形

第 7 章　图形符号编辑

内容简介

图形符号的绘制有一定的基本规则和要求，按照这些基本规则和要求绘制出来的图，具有规范性、通用性和示意性。图形符号的编辑操作配合图形符号绘图命令的使用可进一步完成复杂图形的绘制，并可使用户合理安排和组织图形，保证绘图的准确性，减少重复。因此，对编辑命令的熟练掌握和使用有助于提高设计和绘图的效率。

内容要点

- 复制类命令
- 改变位置类命令
- 改变几何特性命令

案例效果

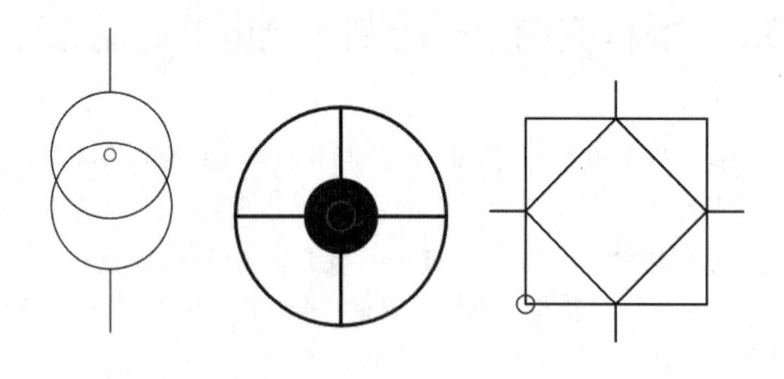

7.1　复制类命令

本节详细介绍 EPLAN P8 2022 的复制类命令。利用这些复制类命令，可以方便地编辑绘制图形。

7.1.1　复制

使用“复制”命令可以从原对象中以指定的角度和方向创建对象副本。“复制”命令默认执行多重复制，也就是选定图形并指定基点后，可以通过定位不同的目标点复制出多份副本。

1.“复制”命令

【执行方式】

- 菜单栏：选择菜单栏中的“编辑”→“复制”命令。
- 功能区：单击“编辑”选项卡的“剪贴板”面板中的“复制”按钮。

➢ 快捷菜单：选择要复制的对象，在绘图区中右击，在弹出的快捷菜单中选择“复制”命令。
➢ 快捷键：Ctrl+C。

2. “粘贴”命令

“粘贴”命令总是与“复制”命令成对出现，“复制”命令只是将对象复制到剪贴板，从剪贴板到图形中这一过程需要用到“粘贴”命令。

【执行方式】

➢ 菜单栏：选择菜单栏中的“编辑”→“粘贴”命令。
➢ 功能区：单击“编辑”选项卡的“剪贴板”面板中的“插入”按钮。
➢ 快捷菜单：选择要复制的对象，在绘图区中右击，在弹出的快捷菜单中选择“粘贴”命令。
➢ 快捷键：Ctrl+V。

动手学——绘制电压互感器符号

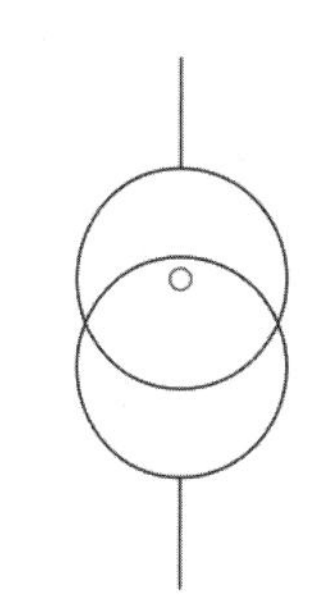
图 7-1　电压互感器符号

扫一扫，看视频

本实例绘制如图 7-1 所示的电压互感器符号。

【操作步骤】

（1）选择菜单栏中的“项目”→“打开”命令，打开项目文件 myproject。选择菜单栏中的“工具”→“主数据”→“符号”→“新建”命令，创建符号 TV_NEW。打开“栅格 C”，启用“捕捉到栅格点”方式，捕捉栅格点。单击状态栏中的“捕捉到对象”按钮，捕捉特殊点。

（2）单击“插入”选项卡的“图形”面板中的“圆”按钮，移动鼠标，在(0,0)处绘制半径为 10 的圆。右击，选择“取消操作”命令或按 Esc 键，完成圆的复制，如图 7-2 所示。

（3）单击选中第（2）步绘制的圆，单击“编辑”选项卡的“剪贴板”面板中的“复制”按钮，将圆复制到剪贴板中。

（4）单击“编辑”选项卡的“剪贴板”面板中的“插入”按钮，鼠标光标上显示浮动的圆符号，在绘图区中指定插入点，打开“动态输入”，在输入框中显示捕捉的栅格点坐标(0,−8)，单击确定插入点，如图 7-3 所示。

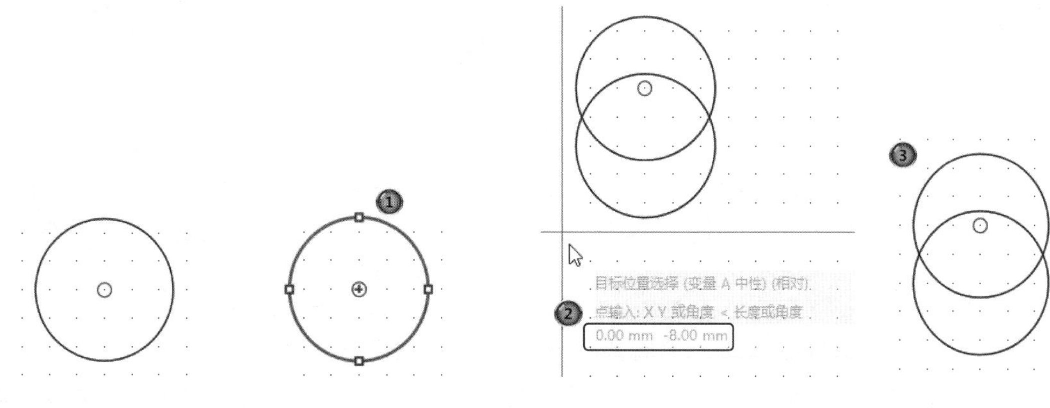

图 7-2　绘制圆　　　　图 7-3　复制圆

（5）单击“插入”选项卡的“图形”面板中的“直线”按钮，绘制两条长度为 10 的引线，如图 7-1 所示。

7.1.2 多重复制

EPLAN P8 2022 提供了高级复制功能，大大方便了复制操作，简化绘制步骤。

【执行方式】

- 菜单栏：选择菜单栏中的“编辑”→“多重复制”命令。
- 功能区：单击“编辑”选项卡的“图形”面板中的“多重复制”按钮。
- 快捷菜单：选择要复制的对象，在绘图区中右击，在弹出的快捷菜单中选择“多重复制”命令。

扫一扫，看视频

动手学——绘制带磁芯的电感器符号

本实例绘制如图 7-4 所示的带磁芯的电感器符号。

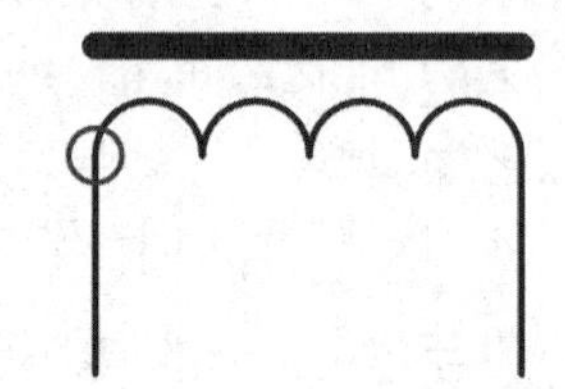
图 7-4 带磁芯的电感器符号

【操作步骤】

（1）选择菜单栏中的“项目”→“打开”命令，打开项目文件 myproject。选择菜单栏中的“工具”→“主数据”→“符号”→“新建”命令，创建符号 IN_NEW。打开“栅格 B”，启用“捕捉到栅格点”方式，捕捉栅格点。单击状态栏中的“捕捉到对象”按钮，捕捉特殊点。

（2）单击“插入”选项卡的“图形”面板中的“圆弧通过三点”按钮，此时鼠标光标变成交叉形状并附带圆弧符号，移动鼠标光标，在(4,0)处单击确定圆弧的第一点，在(0,0)处单击确定圆弧的第二点，在(2,2)处单击确定圆弧的第三点（中间点）。右击选择“取消操作”命令或按 Esc 键，完成圆弧的绘制，如图 7-5（a）所示。绘制半径为 2 的电感线圈。

（3）单击选中第（2）步绘制的圆弧，单击“编辑”选项卡的“图形”面板中的“多重复制”按钮，将圆弧复制到剪贴板中。在绘图区中指定插入点，可以捕捉栅格点确定，也可以直接输入插入点的坐标，如图 7-5（b）和图 7-5（c）所示。

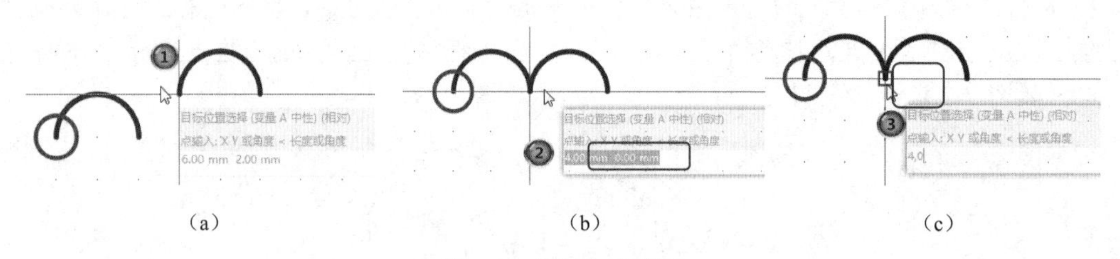

（a） （b） （c）

图 7-5 复制电感线圈

（4）单击确定第一个复制对象的位置后，系统将弹出如图 7-6 所示的“多重复制”对话框。

（5）在“多重复制”对话框中，可以对要粘贴的个数进行设置。在“数量”文本框中输入复制的个数为 3，即复制后元件的个数为 3（复制对象）+1（源对象）=4。

（6）完成个数的设置后，单击“确定”按钮，后面复制对象的位置间隔以第一个复制对象的位置为依据。插入三个圆弧，使四个半圆弧相切。

（7）单击“插入”选项卡的“图形”面板中的“直线”按钮，绘制竖直向下的电感两端引线，如图 7-7 所示。

（8）单击“插入”选项卡的“图形”面板中的“直线”按钮，在电感器上方绘制水平直线表示磁芯，设置磁芯线宽为 1，结果如图 7-4 所示。

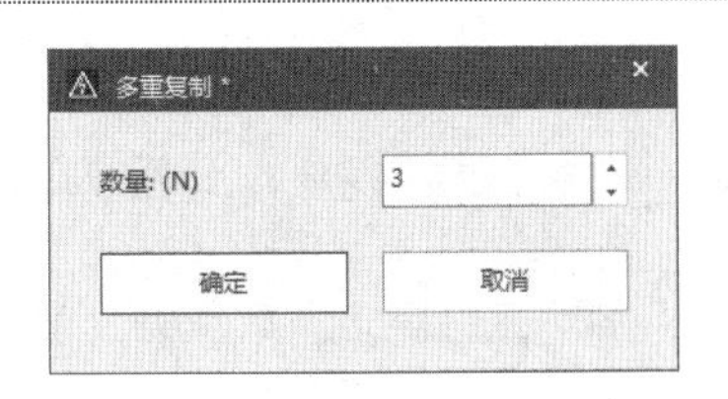

图 7-6　“多重复制”对话框

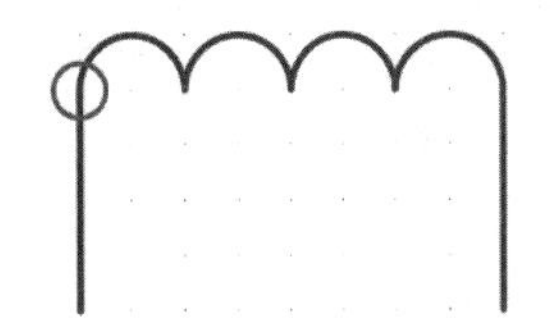

图 7-7　绘制竖直直线

7.2　改变位置类命令

改变位置类命令的功能是按照指定要求改变当前图形或图形某部分的位置，主要包括镜像、移动、旋转、缩放等命令。

7.2.1　镜像

镜像对象是指将选择的对象以一条镜像线为对称轴进行镜像后的对象。镜像操作完成后可保留原对象，也可将其删除。

【执行方式】

- 菜单栏：选择菜单栏中的“编辑”→“镜像”命令。
- 功能区：单击“编辑”选项卡的“图形”面板中的“镜像”按钮。

动手学——绘制双向击穿二极管

本实例绘制如图 7-8 所示的双向击穿二极管。

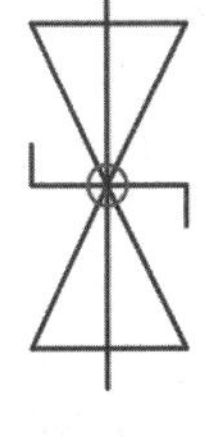

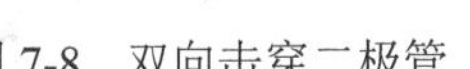

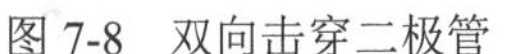

图 7-8　双向击穿二极管

【操作步骤】

（1）选择菜单栏中的“项目”→“打开”命令，打开项目文件 myproject。选择菜单栏中的“工具”→“主数据”→“符号”→“新建”命令，创建符号 DIO_NEW。打开“栅格 B”，启用“捕捉到栅格点”方式，捕捉栅格点。单击状态栏中的“捕捉到对象”按钮，捕捉特殊点。

（2）绘制二极管。单击“插入”选项卡的“图形”面板中的“多边形”按钮，绘制三角形，三点相对坐标分别为(0,0)、(−4,−8)、(8,0)，结果如图 7-9 所示。

（3）绘制竖直直线。单击“插入”选项卡的“图形”面板中的“直线”按钮，在“栅格捕捉”和“对象捕捉”方式下，使用鼠标捕捉绘制过等边三角形的一条长度为 20mm 的竖直直线，起点和终点的相对坐标为(0,−10)、(0,20)，如图 7-10 所示。

（4）绘制击穿方向线。单击“插入”选项卡的“图形”面板中的“折线”按钮，使用鼠标捕捉原点，向右绘制一条水平长度为 4mm、垂直长度为 2mm 的折线，如图 7-11 所示。

图 7-9　绘制二极管

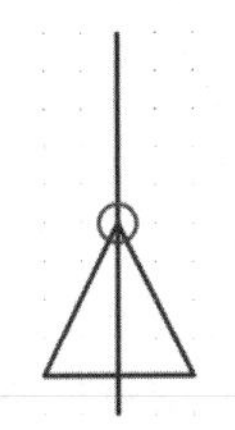

图 7-10　绘制竖直直线

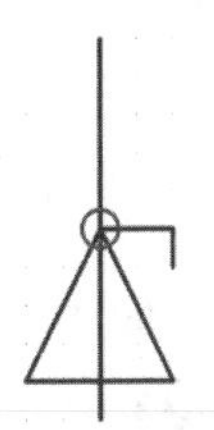

图 7-11　绘制击穿方向线

（5）保留原对象镜像。选择第（4）步绘制的二极管与击穿方向线，单击“编辑”选项卡的“图形”面板中的“镜像”按钮，按 Ctrl 键，选择水平镜像线，向上进行镜像，如图 7-12 所示。

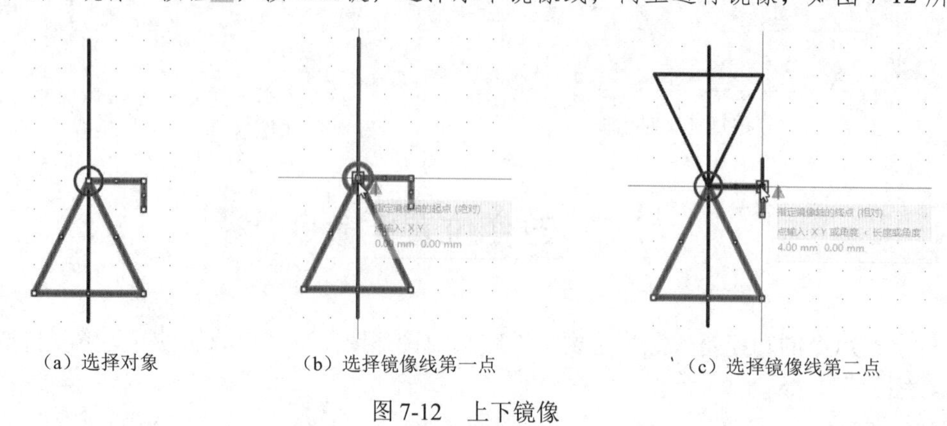

（a）选择对象　　（b）选择镜像线第一点　　（c）选择镜像线第二点

图 7-12　上下镜像

（6）不保留原对象镜像。选择第（5）步镜像的上方二极管与击穿方向线，单击“编辑”选项卡的“图形”面板中的“镜像”按钮，选择垂直镜像线，向左进行镜像，如图 7-13 所示。

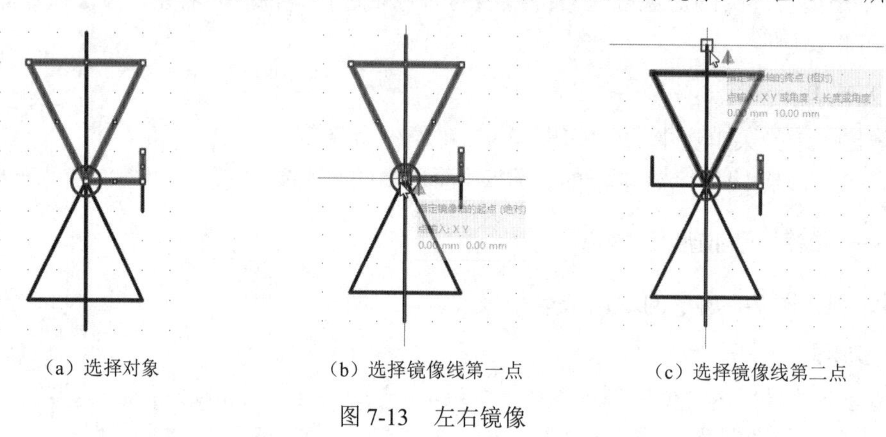

（a）选择对象　　（b）选择镜像线第一点　　（c）选择镜像线第二点

图 7-13　左右镜像

7.2.2　移动

移动对象是指对象的重定位，可以在指定方向上按指定距离移动对象。对象的位置虽然发生了改变，但方向和大小不变。

【执行方式】

- 菜单栏：选择菜单栏中的“编辑”→“移动”命令。
- 功能区：单击“编辑”选项卡的“图形”面板中的“移动”按钮。
- 快捷菜单：选择要移动的对象，在绘图区中右击，在弹出的快捷菜单中选择“移动”命令。

扫一扫，看视频

动手学——绘制门铃符号

本实例绘制如图 7-14 所示的门铃符号。

图 7-14　门铃符号

【操作步骤】

（1）选择菜单栏中的“项目”→“打开”命令，打开项目文件 myproject。选择菜单栏中的“工具”→“主数据”→“符号”→“新建”命令，创建符号Bell_NEW。打开“栅格C”，启用“捕捉到栅格点”方式，捕捉栅格点。单击状态栏中的“捕捉到对象”按钮，捕捉特殊点。

（2）绘制门铃。单击“插入”选项卡的“图形”面板中的“扇形”按钮，在绘图区原点处单击，指定中心点，定义半径为8，在原点右侧指定圆弧起点，在原点左侧指定圆弧终点，如图7-15所示。

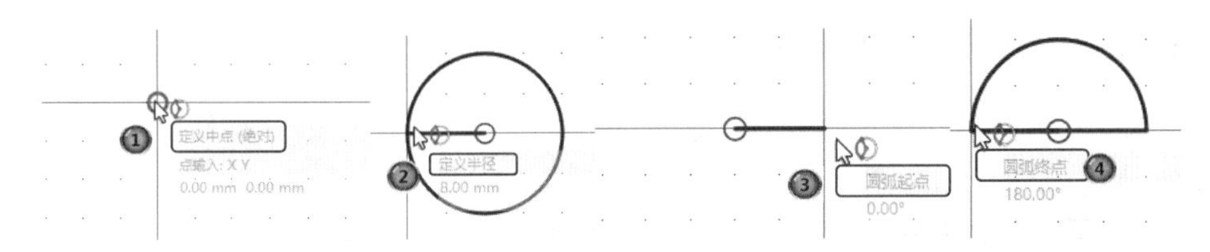

图7-15 绘制门铃

（3）绘制引线。单击“插入”选项卡的“图形”面板中的“直线”按钮，捕捉门铃扇形外形的起点与终点，向下绘制两条长度为8的竖直直线，如图7-16所示。

（4）平移竖直直线。单击“默认”选项卡的“修改”面板中的“移动”按钮，选中左侧直线，向右平移至(4,0)，得到平移直线，如图7-17所示。

（5）使用同样的方法移动右侧直线，结果如图7-14所示。

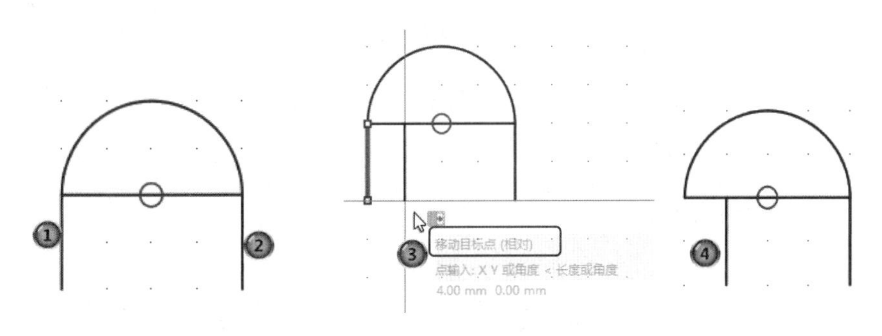

图7-16 绘制引线　　图7-17 完成绘制

7.2.3 旋转

在保持原形状不变的情况下，以一定点为中心且以一定角度旋转以得到图形。

【执行方式】

- 菜单栏：选择菜单栏中的“编辑”→“旋转”命令。
- 功能区：单击“编辑”选项卡的“图形”面板中的“旋转”按钮。
- 快捷键：Ctrl+R。

动手学——绘制熔断式隔离开关符号

本实例绘制如图7-18所示的熔断式隔离开关符号。

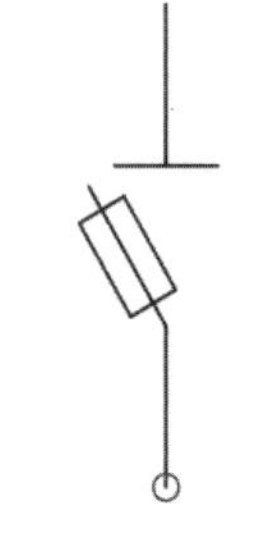

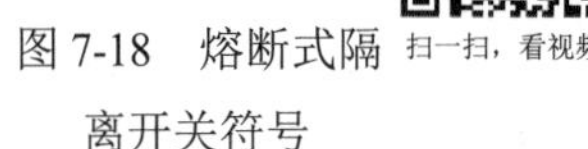

图7-18 熔断式隔离开关符号

扫一扫，看视频

【操作步骤】

（1）选择菜单栏中的“项目”→“打开”命令，打开项目文件myproject。选择菜单栏中的“工具”→“主数据”→“符号”→“新建”命令，创建符号QKF_NEW。打开“栅格B”，启用“捕捉到栅格点”方式，捕捉栅格点。单击状态栏中的“捕捉到对象”按钮，捕捉特殊点。

（2）单击“插入”选项卡的“图形”面板中的“直线”按钮，绘制一条长度为 8 的水平线段和三条长度为 12 的首尾相连的竖直线段，其中上面两条竖直线段以水平线段为分界点，如图 7-19 所示。

注意：

这里绘制的三条首尾相连的竖直线段不能用一条线段代替，否则后面无法操作。

（3）单击“插入”选项卡的“图形”面板中的“长方形”按钮□，绘制一个穿过中间竖直线段的矩形，坐标为(−2,22)、(4,−8)，如图 7-20 所示。

（4）单击“默认”选项卡的“修改”面板中的“旋转”按钮，捕捉如图 7-21 所示的端点，旋转矩形和中间竖直线段，指定旋转角度，如图 7-22 所示。最终结果如图 7-18 所示。

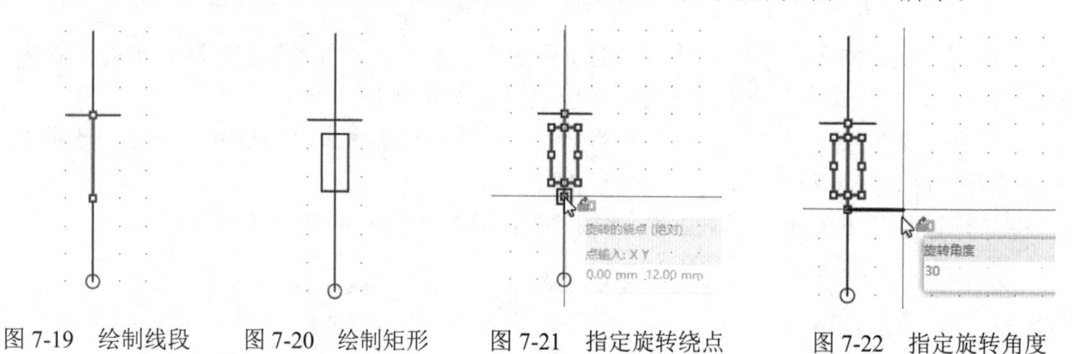

图 7-19　绘制线段　　图 7-20　绘制矩形　　图 7-21　指定旋转绕点　　图 7-22　指定旋转角度

扫一扫，看视频

动手练——绘制探测器符号

绘制如图 7-23 所示的探测器符号。

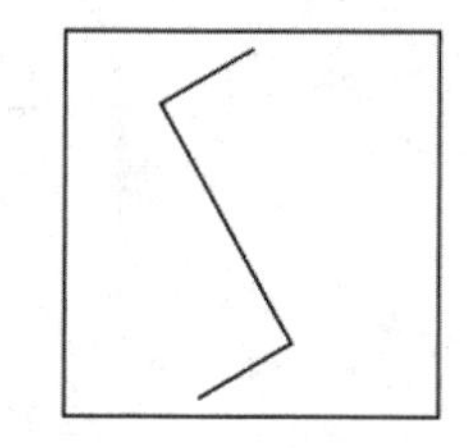
图 7-23　探测器符号

思路点拨：

（1）使用“长方形”命令绘制探测器外框。
（2）使用“折线”命令绘制内部结构。
（3）使用“镜像”命令镜像折线。
（4）使用“旋转”命令旋转折线。

7.2.4　缩放

缩放命令是将已有图形对象以基点为参照进行等比例缩放，它可以调整对象的大小，使其在一个方向上按照要求增大或缩小一定的比例。

【执行方式】

➢ 菜单栏：选择菜单栏中的“编辑”→“图形”→“比例缩放”命令。
➢ 功能区：单击“编辑”选项卡的“图形”面板中的“比例缩放”按钮。

扫一扫，看视频

动手学——绘制防水防尘灯符号

本实例绘制如图 7-24 所示的防水防尘灯符号。

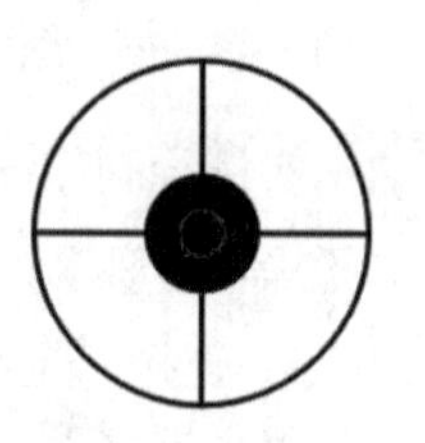
图 7-24　防水防尘灯符号

【操作步骤】

（1）选择菜单栏中的“项目”→“打开”命令，打开项目文件 myproject。选择菜单栏中的“工具”→“主数据”→“符号”→“新建”命令，创建符号 FC_NEW。打开“栅格 C”，启用“捕捉到栅格点”方式，捕捉栅格点。单击状态栏中的“捕捉到对象”按钮，捕捉特殊点。

（2）绘制圆。单击“插入”选项卡的“图形”面板中的“圆”按钮，绘制半径为 2.5mm 的圆，如图 7-25 所示。

（3）单击“编辑”选项卡的“剪贴板”面板中的“复制”按钮，将第（2）步绘制的圆复制到剪贴板中。单击“编辑”选项卡的“剪贴板”面板中的“插入”按钮，在空白处确定插入点，插入圆，如图 7-26 所示。

（4）单击“编辑”选项卡的“图形”面板中的“比例缩放”按钮，此时鼠标光标变成交叉形状并附带缩放符号。移动鼠标光标到缩放对象位置处，框选对象，单击选择缩放比例的原点，如图 7-27 所示。弹出“比例缩放”对话框，在“缩放比例因数”文本框中输入放大倍数为 3，如图 7-28 所示。单击“确定”按钮，关闭对话框，完成图形的缩放，如图 7-29 所示。

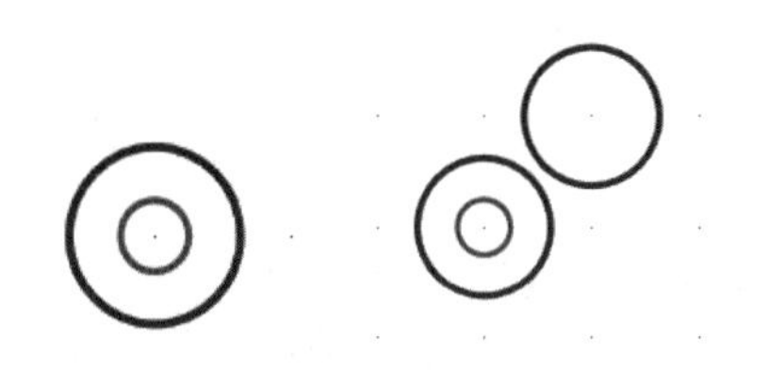

图 7-25　绘制圆　　图 7-26　复制圆

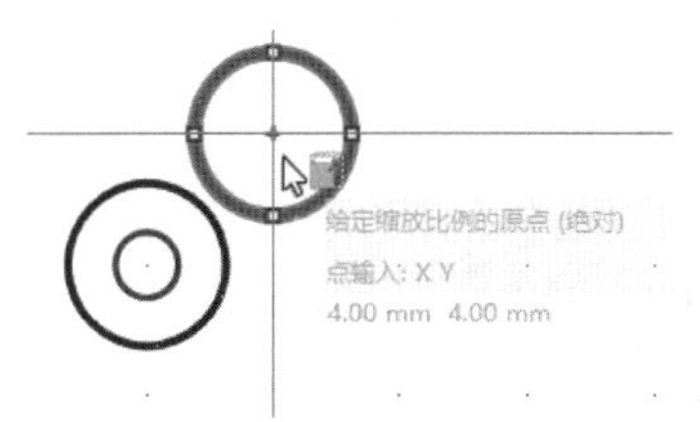

图 7-27　选择缩放原点

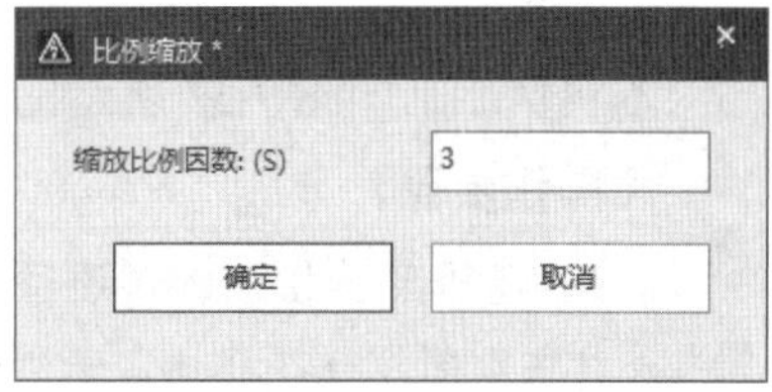

图 7-28　“比例缩放”对话框

（5）填充圆。将小圆移动到大圆的中心处，双击绘制的小圆，弹出“属性（弧/扇形/圆）”对话框，如图 7-30 所示。勾选“已填满”复选框，单击“确定”按钮，关闭对话框，填充后的圆如图 7-31 所示。

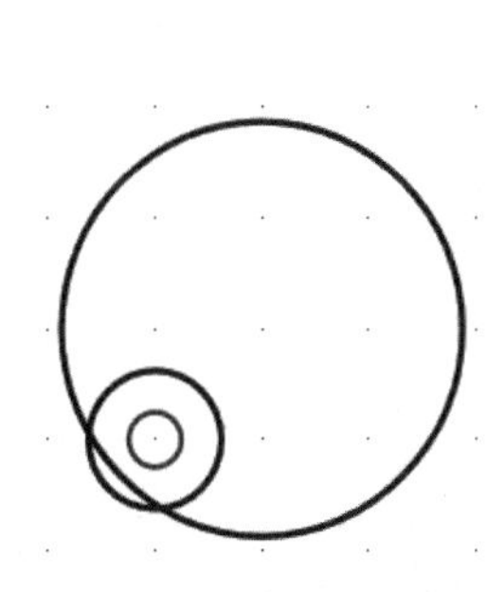

图 7-29　图形缩放

图 7-30　“属性（弧/扇形/圆）”对话框

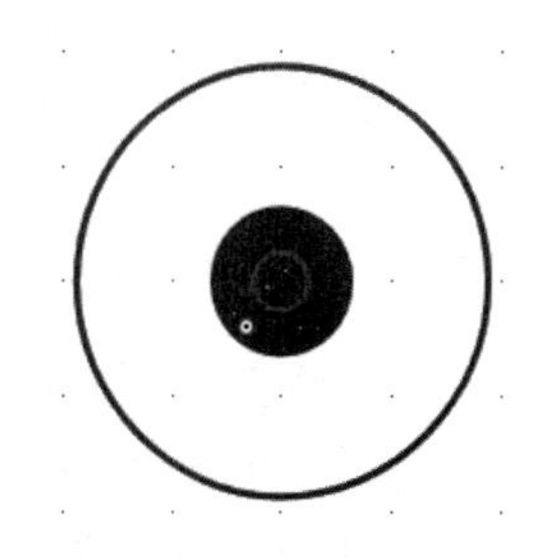

图 7-31　填充后的圆

（6）绘制直线。单击“插入”选项卡的“图形”面板中的“直线”按钮，以圆的左象限点为起点水平向右绘制直径，以圆的上象限点为起点水平向下绘制直径，结果如图 7-24 所示。

7.3 改变几何特性命令

此类命令在对指定对象进行编辑后，使编辑对象的几何特性发生改变，包括倒角、倒圆、断开、修剪、延长、加长、伸展等。

7.3.1 修改长度

修改长度对象是指拖动选择的，且长度发生改变后的对象。

【执行方式】

- 菜单栏：选择菜单栏中的“编辑”→“图形”→“修改长度”命令。
- 功能区：单击“编辑”选项卡的“图形”面板中的“修改长度”按钮。

扫一扫，看视频

动手学——绘制射灯符号

本实例绘制如图 7-32 所示的射灯符号。

【操作步骤】

（1）选择菜单栏中的“项目”→“打开”命令，打开项目文件 myproject。选择菜单栏中的“工具”→“主数据”→“符号”→“新建”命令，创建符号 SD_NEW。单击状态栏中的“捕捉到对象”按钮，捕捉特殊点。

（2）单击“插入”选项卡的“图形”面板中的“圆”按钮，在图中适当位置绘制半径为 60 的圆，结果如图 7-33 所示。

（3）单击“插入”选项卡的“图形”面板中的“直线”按钮，捕捉圆的象限点，绘制两条过圆心的直线，结果如图 7-34 所示。

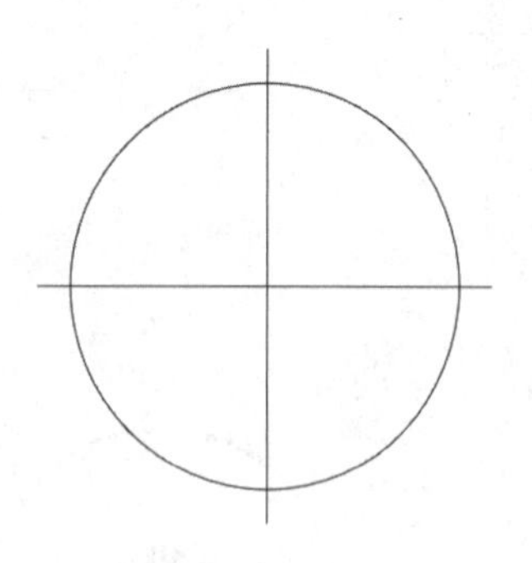
图 7-32 射灯符号

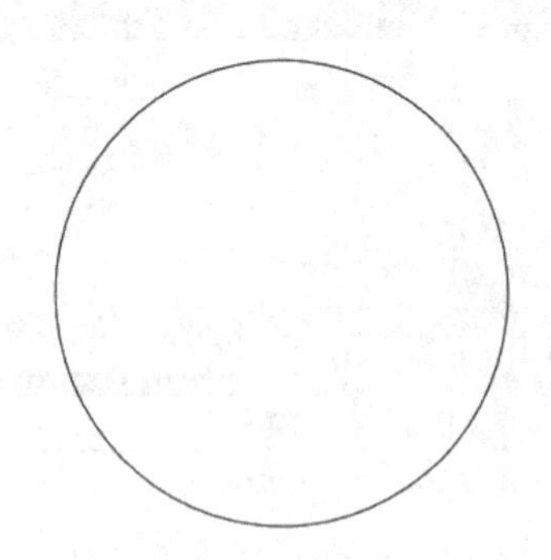
图 7-33 绘制圆

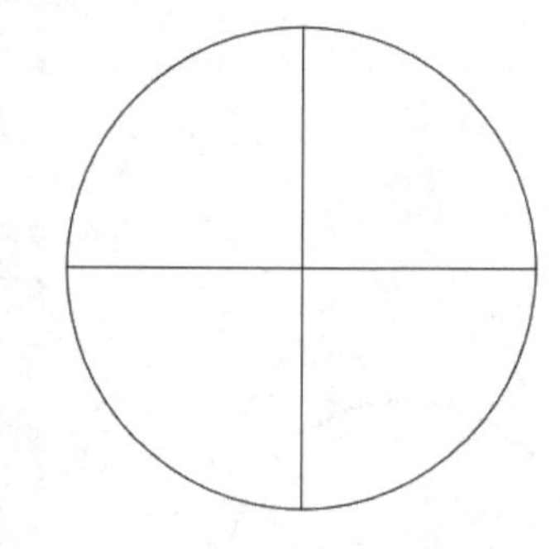
图 7-34 绘制过圆心的直线

（4）单击“编辑”选项卡的“图形”面板中的“修改长度”按钮，此时鼠标光标变成交叉形状并附带修改长度符号，移动鼠标光标到要修改长度的对象所在的位置处，打开“动态输入”，在输入框中输入拉伸长度为 10，按 Enter 键确定修改的长度，如图 7-35 所示。确定位置后，单击完成图形长度的修改。

（5）此时鼠标光标仍处于修改长度的状态，重复以上步骤即可修改其他图形长度，按 Esc 键便可退出操作。

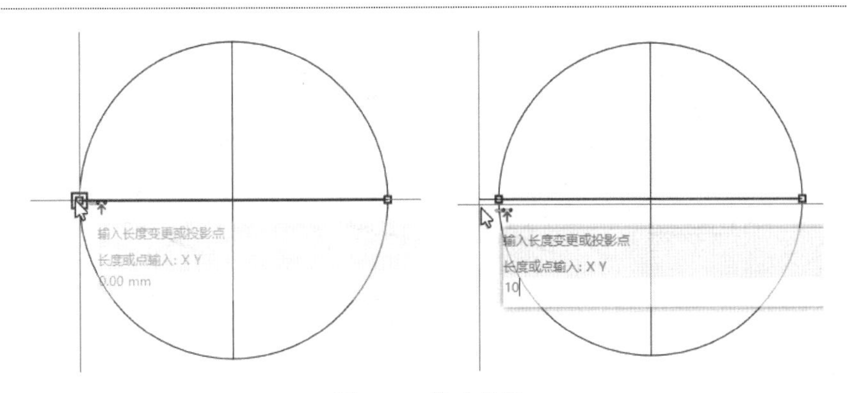

图 7-35　修改长度

7.3.2　修剪

【执行方式】

➢ 菜单栏：选择菜单栏中的“编辑”→“图形”→“修剪”命令。
➢ 功能区：单击“编辑”选项卡的“图形”面板中的“修剪”按钮。

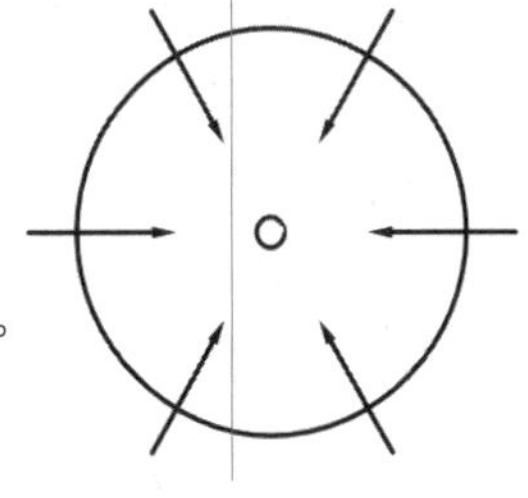

图 7-36　点火分离器符号

扫一扫，看视频

动手练——绘制点火分离器符号

绘制如图 7-36 所示的点火分离器符号。

思路点拨：

（1）使用“直线”命令绘制中心线。
（2）使用“旋转”命令旋转中心线。
（3）使用“圆”命令在中心线的交点处绘制同心圆。
（4）使用“修改长度”命令拉伸相交线。
（5）使用“修剪”命令修剪相交线。
（6）设置直线属性，在端点添加箭头。

7.3.3　拉伸

拉伸对象时，应指定拉伸的基点和移置点，可以使用拖动鼠标的方法动态地改变对象的长度或角度。利用一些辅助工具如捕捉、相对坐标等可以提高拉伸的精度。

【执行方式】

➢ 菜单栏：选择菜单栏中的“编辑”→“图形”→“拉伸”命令。
➢ 功能区：单击“编辑”选项卡的“图形”面板中的“拉伸”按钮。

【操作步骤】

（1）执行上述操作，此时鼠标光标变成交叉形状并附带拉伸符号。移动鼠标光标到需要拉伸的对象所在的位置，框选选中对象并单击确定基点，拖动鼠标确定拉伸后的位置，如图 7-37 所示。确定位置后，单击完成图形的拉伸。

（2）此时鼠标光标仍处于图形拉伸的状态，重复步骤（1）即可拉伸其他图形，按 Esc 键便可退出操作。

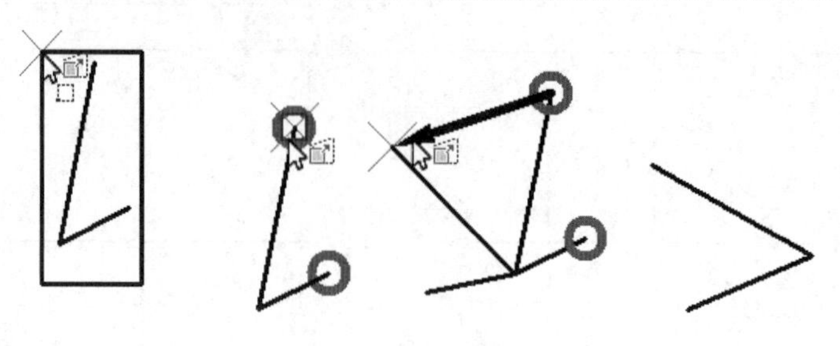

图 7-37　拉伸图形

7.3.4　圆角

圆角是指使用由指定的半径决定的一段平滑的圆弧连接两个对象。系统规定可以使用圆角连接一对直线段、非圆弧的多段线段、样条曲线、双向无限长线、射线、圆、圆弧和椭圆。可以在任何时刻使用圆角连接非圆弧多段线的每个节点。

【执行方式】

- 菜单栏：选择菜单栏中的“编辑”→“图形”→“圆角”命令。
- 功能区：单击“编辑”选项卡的“图形”面板中的“圆角”按钮。

【操作步骤】

（1）执行上述操作，此时鼠标光标变成交叉形状并附带圆角符号。移动鼠标光标到需要倒圆角的对象所在的位置，单击确定倒圆角位置，系统会根据指定的圆弧半径把多段线各顶点用圆滑的弧连接起来。拖动鼠标，调整圆角大小，单击确定圆角大小，如图 7-38 所示，完成图形的倒圆角。

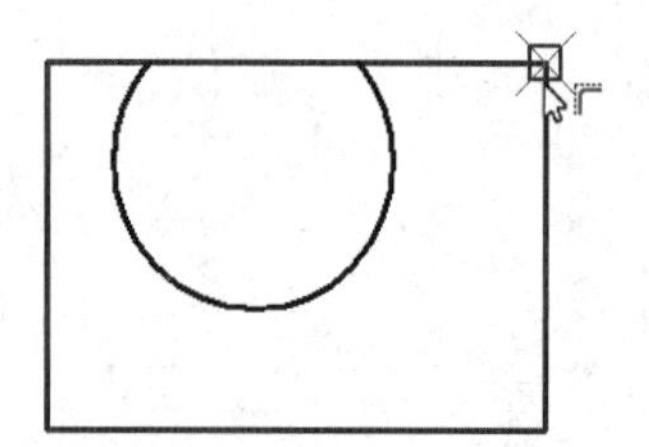

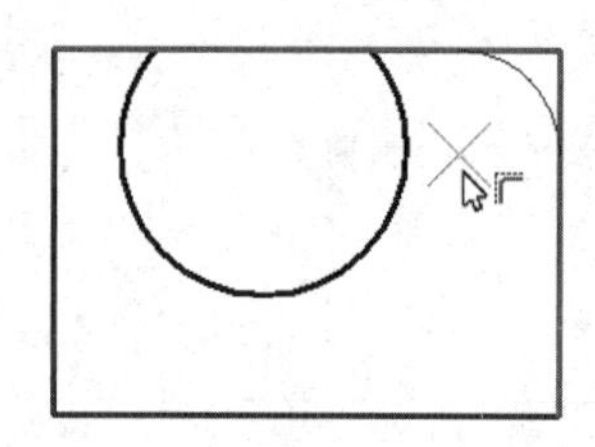

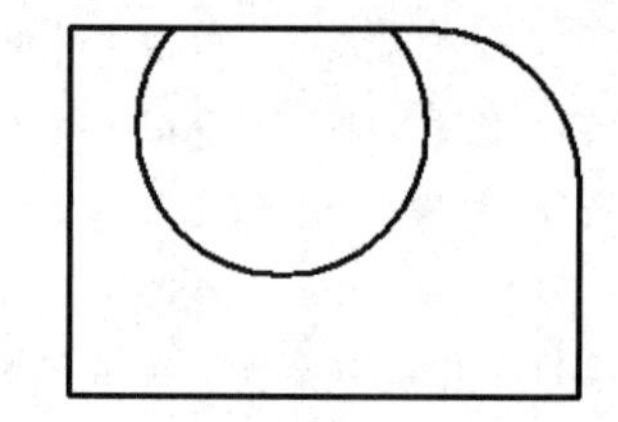

图 7-38　图形倒圆角

（2）此时鼠标光标仍处于绘制倒圆角的状态，重复步骤（1）即可绘制其他的倒圆角，按 Esc 键便可退出操作。

7.3.5　倒角

倒角是指使用斜线连接两个不平行的线型对象。可以使用斜线连接直线段、双向无限长线、射线和多段线。

【执行方式】

- 菜单栏：选择菜单栏中的“编辑”→“图形”→“倒角”命令。
- 功能区：单击“编辑”选项卡的“图形”面板中的“倒角”按钮。

【操作步骤】

（1）执行上述操作，此时鼠标光标变成交叉形状并附带倒角符号。移动鼠标光标到需要倒角的对象所在的位置，单击确定倒角位置，系统会根据指定的选择倒角的两个斜线距离将两个对象连接起来。拖动鼠标，调整倒角大小，单击确定倒角大小，如图 7-39 所示，完成图形的倒角。

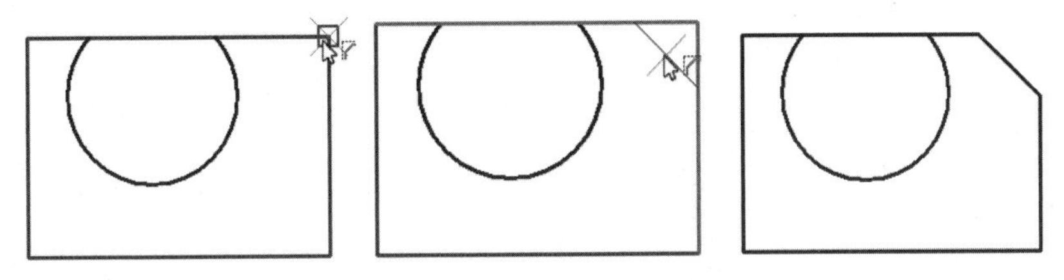

图 7-39 图形倒角

（2）此时鼠标光标仍处于绘制倒角的状态，重复步骤（1）即可绘制其他的倒角，按 Esc 键便可退出操作。

7.4 操作实例——绘制混合线圈

本实例利用“直线”“矩形”“修剪”等命令绘制如图 7-40 所示的混合线圈。

【操作步骤】

（1）选择菜单栏中的“项目”→“打开”命令，打开项目文件 myproject。选择菜单栏中的“工具”→“主数据”→“符号”→“新建”命令，创建符号 HY_NEW。打开“栅格 C”，启用“捕捉到栅格点”方式，捕捉栅格点。单击状态栏中的“捕捉到对象”按钮，捕捉特殊点。

（2）单击“插入”选项卡的“图形”面板中“长方形”按钮，以坐标原点为角点，绘制 20×20 的正方形，结果如图 7-41 所示。

（3）单击“插入”选项卡的“图形”面板中的“多边形”按钮，捕捉正方形各边中点，绘制多边形，结果如图 7-42 所示。

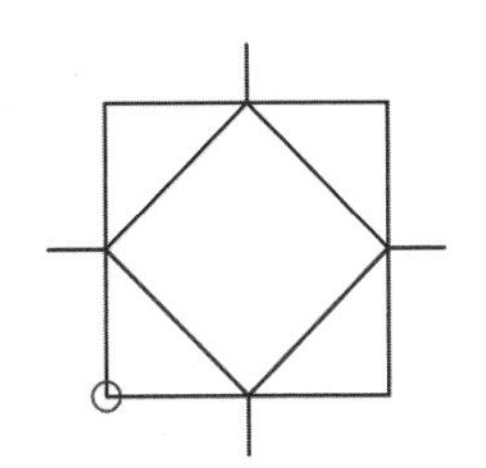

图 7-40 混合线圈

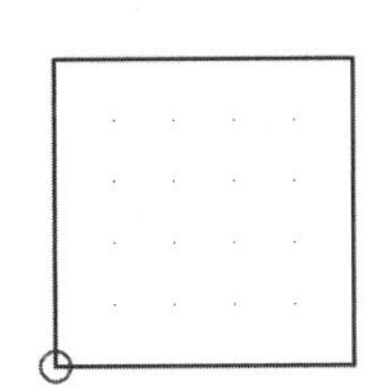

图 7-41 绘制正方形

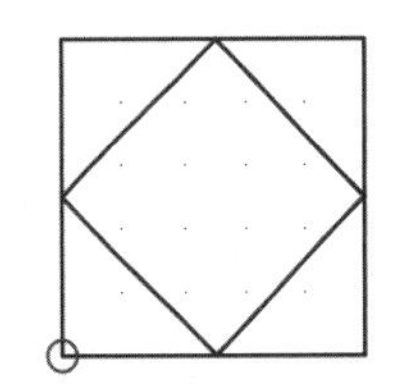

图 7-42 绘制多边形

技巧：

这里的正方形可以使用“多边形”命令进行绘制，第二个正方形也可以在第一个正方形的基础上利用“旋转”命令获得。

（4）单击“插入”选项卡的“图形”面板中的“直线”按钮，绘制过多边形的水平、垂直相交线，结果如图 7-43 所示。

（5）单击“编辑”选项卡的“图形”面板中的“修改长度”按钮，每个直线端点向外延伸 4mm，结果如图 7-44 所示。

（6）单击“编辑”选项卡的“图形”面板中的“修剪”按钮，此时鼠标光标变成交叉形状并附带修剪符号，移动鼠标光标到要修剪的对象所在的位置，单击边界对象外需要修剪的部分，如图 7-45 所示，完成图形的修剪。

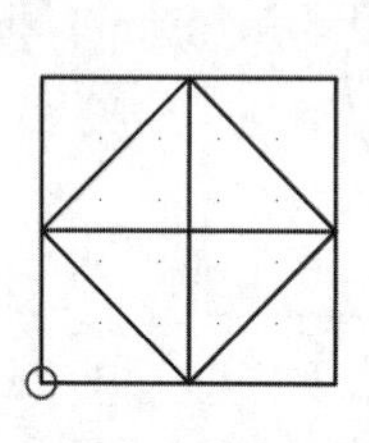

图 7-43　绘制直线

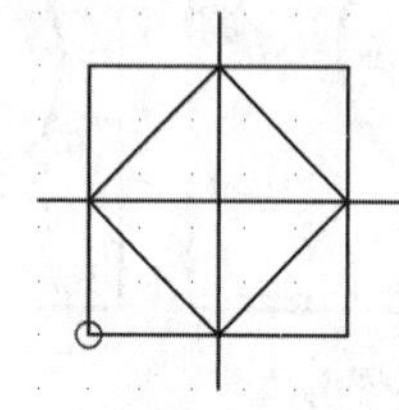

图 7-44　拉伸直线

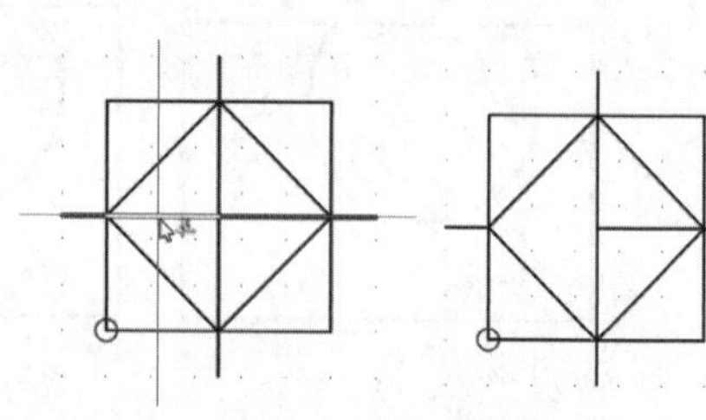

图 7-45　修剪图形

（7）此时鼠标光标仍处于修剪的状态，重复上述步骤即可修剪其他的对象，按 Esc 键便可退出操作，结果如图 7-40 所示。

第 8 章　设 备 管 理

内容简介

EPLAN 的宗旨就是面向对象设计，在插入元件前，就应该知道图纸中元件所使用的型号，此时插入符号不再适用，需要直接插入设备。同时还可以看到设备功能的使用情况，包括连接点代号等问题。本章将详细讲解如何在电气工程图中插入设备，同时重点介绍常用的设备、黑盒设备和 PLC。

内容要点

- 设备简介
- 黑盒设备
- PLC 盒子设备

案例效果

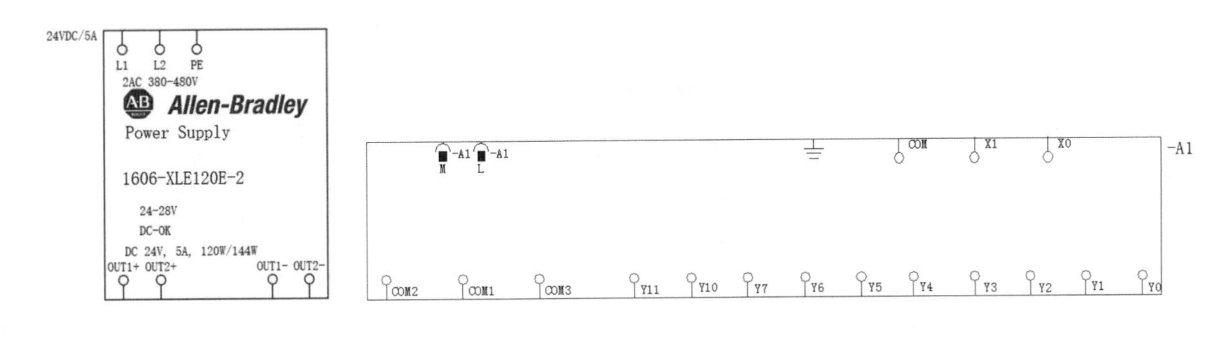

8.1　设 备 简 介

在 EPLAN 中，电气图中的元件经过选型、添加部件后称之为设备。对于一个元件，如图 8-1 所示的开关元件符号，可以分配（选型）编号为 A-B.800FM-LF3 的开关，也可分配编号为 A-B.800FM-LF4 的开关，如图 8-2 所示。

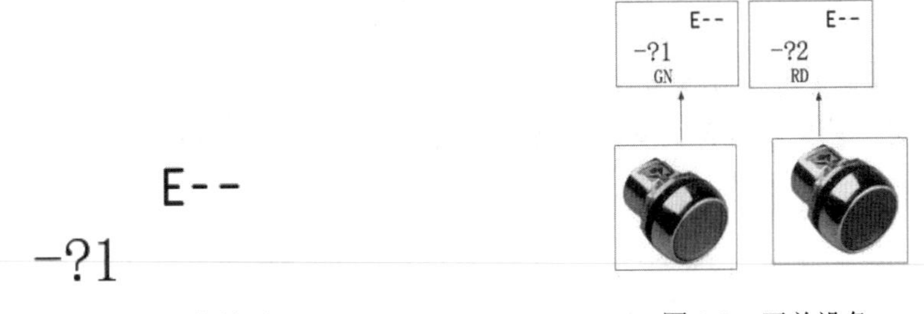

图 8-1　开关元件符号

图 8-2　开关设备

8.1.1 插入设备

【执行方式】

扫一扫，看视频

菜单栏：选择菜单栏中的“插入”→“设备”命令。

动手学——继电器控制电路插入设备

按钮开关 S1 在未按下时内部触点不接通，因此使所连接线路处于断开状态；按下按钮，其内部机械联动装置使其内部触点接通，触点所在线路接通。继电器 K1 所在线路未接通，其线圈未得到电流，常开触点 K1 无法吸合，继电器所在线路接通使其线圈得电，在磁力的作用下带动其内部机械部件运作，其常开触点 K1 接通电路，照明灯 H1 点亮。

【操作步骤】

选择菜单栏中的“项目”→“打开”命令，打开“打开项目”对话框。打开项目文件 Relay control.elk，在“页”导航器中选择“2 原理图”，双击打开电气图编辑器。

1．放置继电器设备

（1）选择菜单栏中的“插入”→“设备”命令，弹出如图 8-3 所示的“部件选择”对话框，选择继电器设备，单击“确定”按钮。

图 8-3 “部件选择”对话框

（2）原理图中鼠标光标上显示浮动的设备符号，在图纸空白处单击，在原理图中放置继电器设备，包括 1 个线圈、2 个常开触点和 2 个常闭触点，如图 8-4 所示。

-K1 DC 24V A1 A2 13 14 21 22 31 32 43 44

图 8-4 放置继电器设备

2．放置开关设备

（1）选择菜单栏中的“插入”→“设备”命令，弹出如图 8-5 所示的“部件选择”对话框，选择开关设备，单击“确定”按钮。

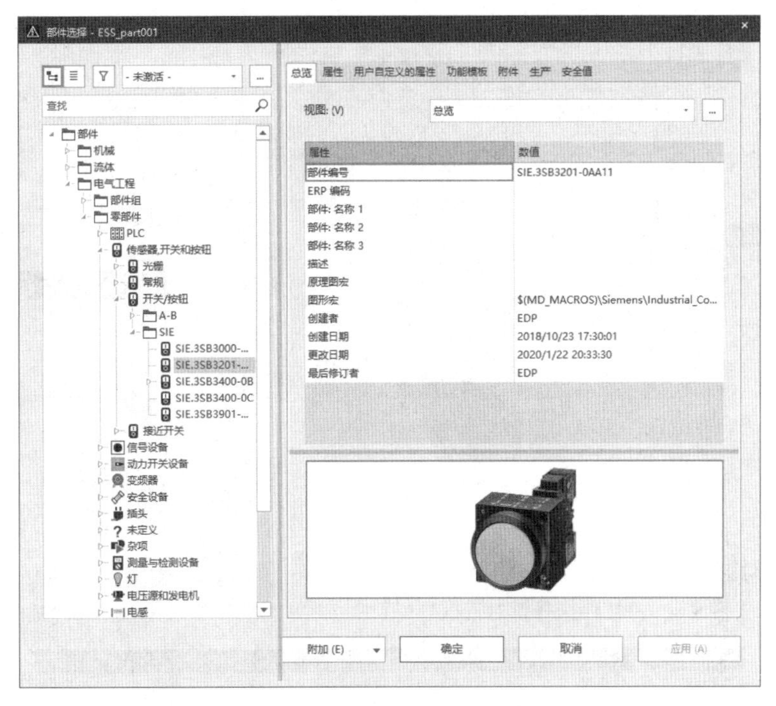

图 8-5 “部件选择”对话框

（2）原理图中鼠标光标上显示浮动的设备符号，将鼠标光标移动到继电器线圈上方，显示自动连接，如图 8-6 所示。单击，在原理图中放置开关设备，包含开关设备的常开按钮与常闭按钮，如图 8-7 所示。

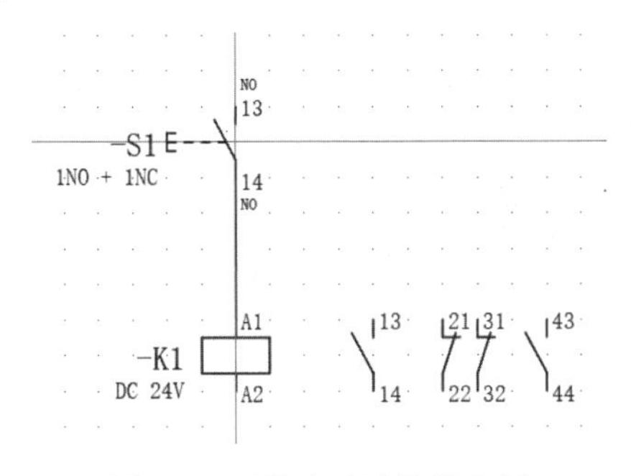

图 8-6 开关自动连接设备图

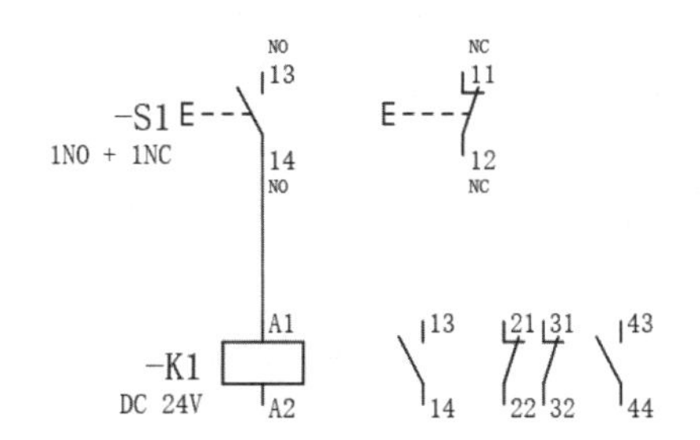

图 8-7 放置开关设备

3. 放置信号灯设备

（1）选择菜单栏中的“插入”→“设备”命令，弹出如图 8-8 所示的“部件选择”对话框，选择信号灯设备，单击“确定”按钮。

（2）由于该设备内有对应的图形符号，会弹出“插入设备”对话框，如图 8-9 所示。选择“符号选择”选项，弹出“符号选择”对话框，选择该设备对应的图形符号，如图 8-10 所示。单击“确定”按钮，关闭对话框。

（3）原理图中鼠标光标上显示浮动的设备符号，将鼠标光标移动到继电器常开触点上方，显示自动连接，如图 8-11 所示。单击，在原理图中放置信号灯设备，如图 8-12 所示。

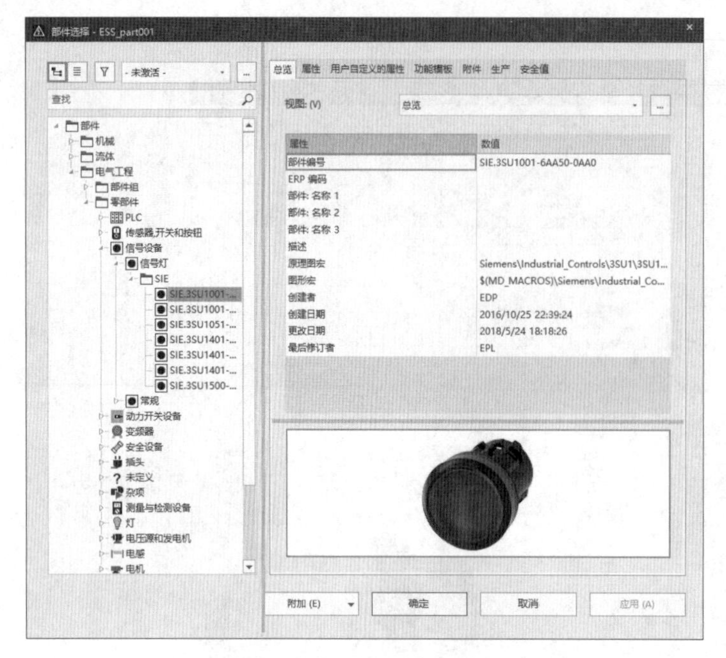

图 8-8 “部件选择”对话框

图 8-9 “插入设备”对话框

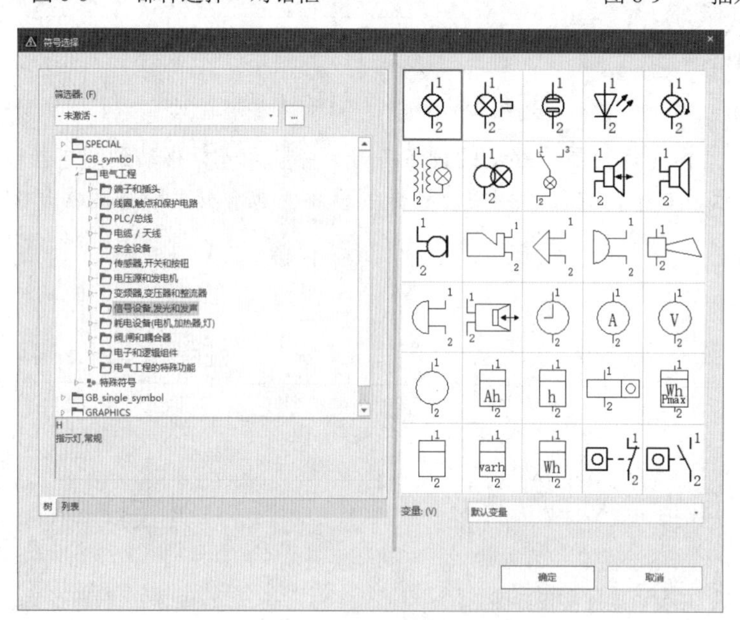

图 8-10 “符号选择”对话框

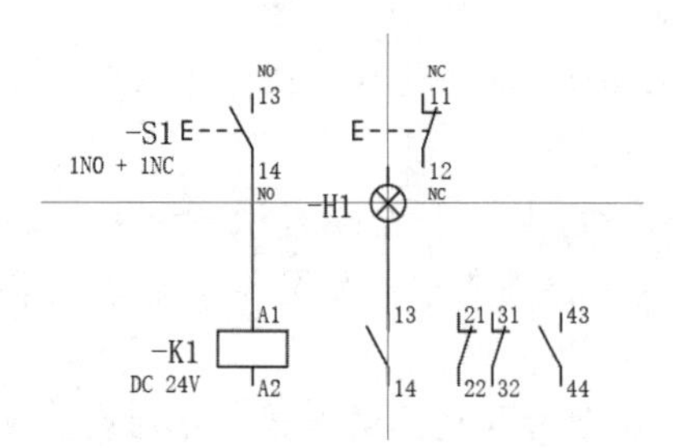

图 8-11 信号灯自动连接设备图

图 8-12 放置信号灯设备

8.1.2　设备功能

一个设备标识符表示一个设备，如-KM1 接触器代表一个设备。一个设备可以由几个不同的组件构成，如接触器的主触点、线圈和辅助触点。一个设备内每个组件都使用相同的设备标识符表示，这样很容易混淆。为了区分主触点、线圈和辅助触点，EPLAN 建立了一个“主功能”的概念，在多个具备相同设备标识符的组件中选出一个代表，让其代表本设备，而其他组件不具备代表的身份。这个代表的身份就是“主功能”属性，其他不具备“主功能”身份的组件称为“辅助功能”。

动手学——插入接触器设备

扫一扫，看视频

【操作步骤】

选择菜单栏中的“项目”→“打开”命令，打开项目文件 Relay control.elk。选择菜单栏中的“插入”→“设备”命令，弹出如图 8-13 所示的“部件选择”对话框，选择需要的零部件或部件组。完成零部件的选择后，单击“确定”按钮，原理图中鼠标光标上显示浮动的设备符号。选择需要放置的位置然后单击，设备被放置在原理图中，如图 8-14 所示。

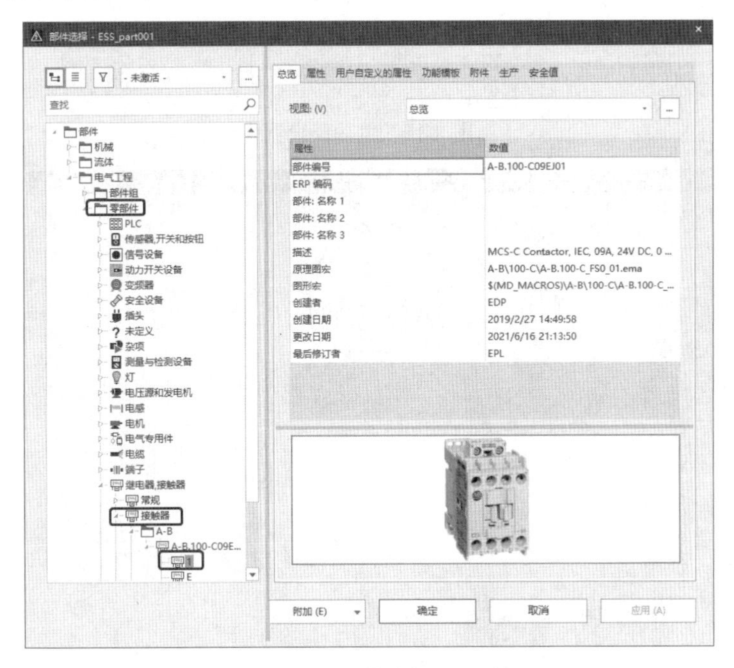

图 8-13　“部件选择”对话框

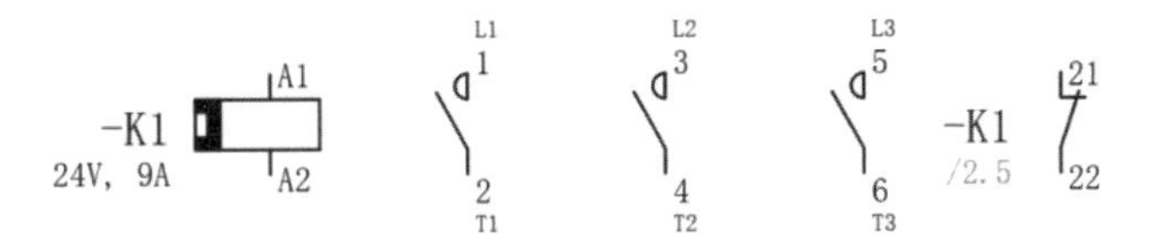

图 8-14　显示放置的零部件

放置“接触器线圈”时，默认放置的是“主功能”，如图 8-15 所示，默认勾选“主功能”复选框。

放置“主触点”和“辅助触点”时，默认放置的是“辅助功能”，如图 8-16 所示，主功能复选框未勾选。

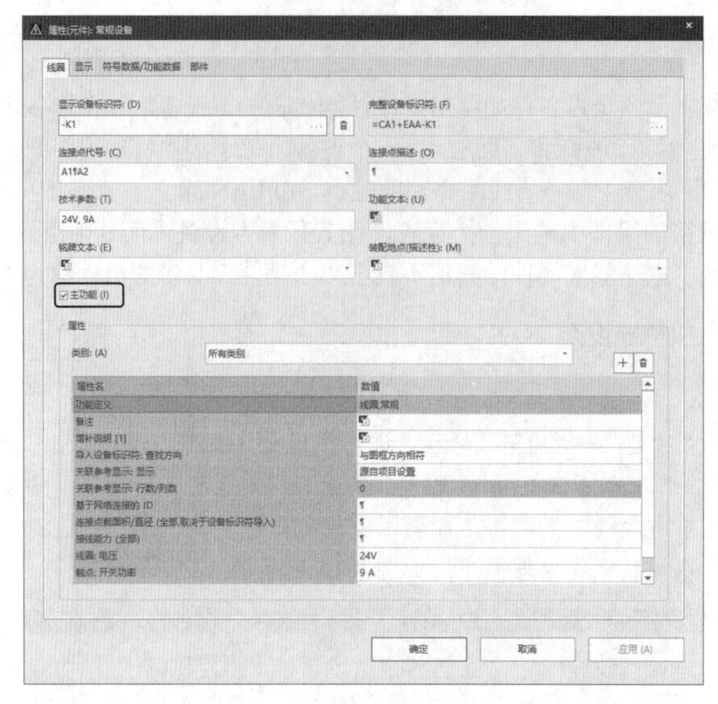

图 8-15　主功能设置

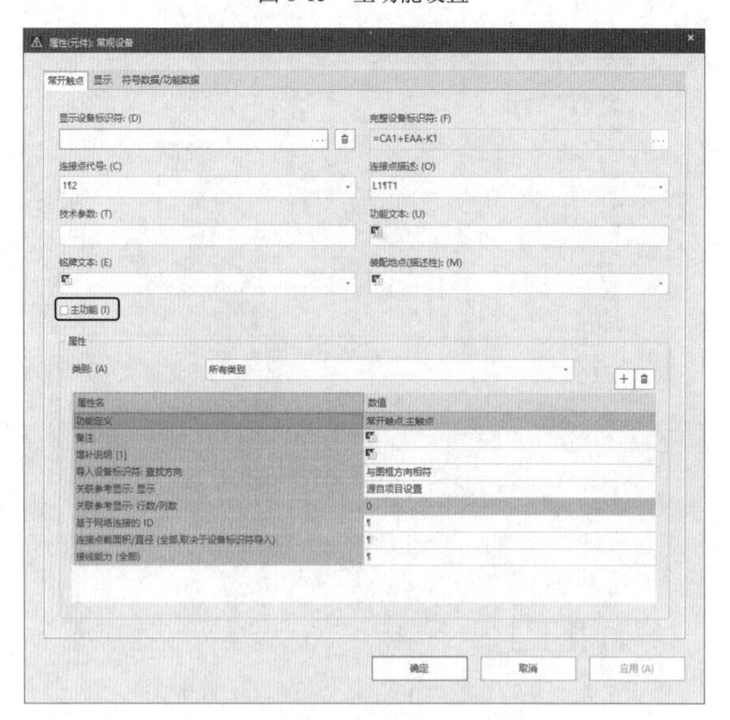

图 8-16　辅助功能设置

8.1.3　设备导航器

【执行方式】

➢ 菜单栏：选择菜单栏中的“项目数据”→“设备”→“导航器”命令。

➢ 功能区：单击“设备”选项卡的“设备”面板中的“导航器”按钮。

【操作步骤】

执行上述操作，打开“设备”导航器，如图 8-17 所示。“设备”导航器中包含项目所有的设备信息，提供和修改设备的功能，包括修改设备名称、改变显示格式、编辑设备属性等。

总体来说，通过该导航器可以对整个原理图中的设备进行全局的观察及修改，其功能非常强大。

【选项说明】

（1）筛选对象的设置。单击“筛选器”面板最上部的下拉按钮，可在该下拉列表中选择想要查看的对象类别，如图 8-18 所示。

（2）定位对象的设置。在“设备”导航器中还可以快速定位导航器中的元件在原理图中的位置。选择项目文件下的设备 K1，右击，弹出如图 8-19 所示的快捷菜单，选择“转到（图形）”命令，自动打开该设备所在的原理图页，并高亮显示该设备的图形符号，如图 8-20 所示。

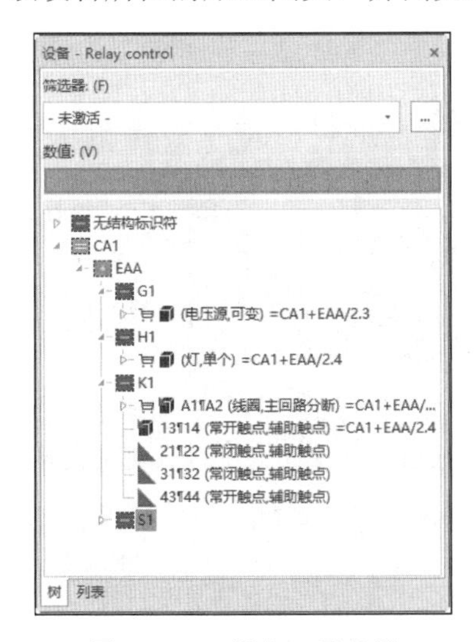

图 8-17　“设备”导航器

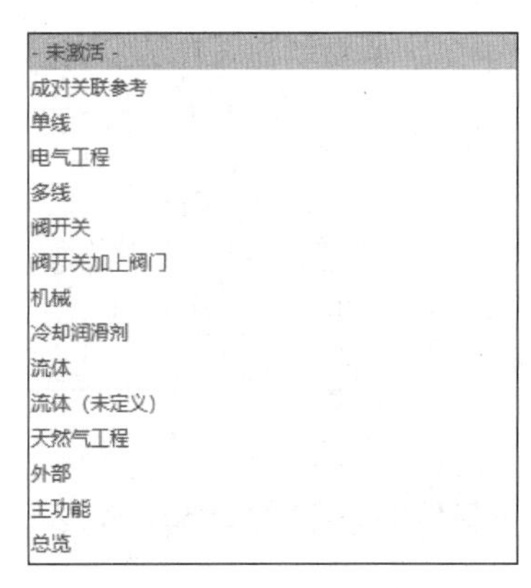

图 8-18　对象的类别

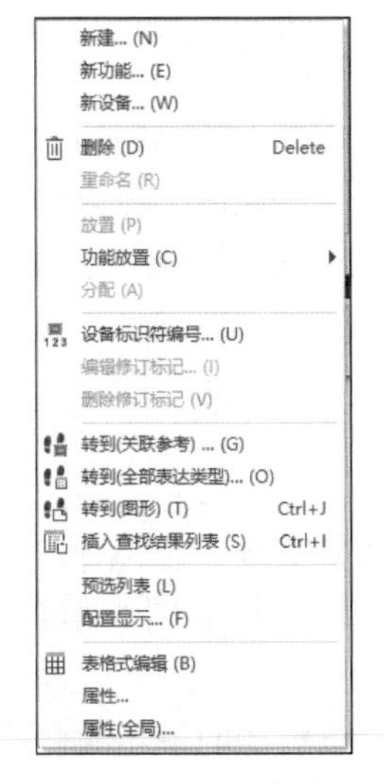

图 8-19　快捷菜单

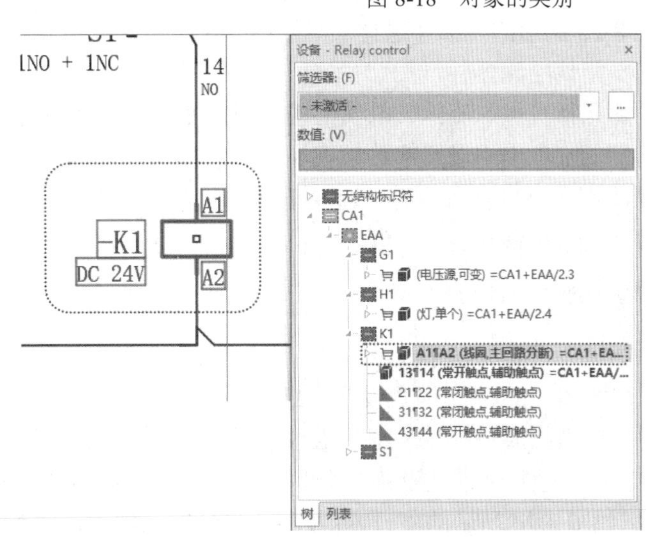

图 8-20　快速查找设备

8.1.4 设备属性设置

双击放置到原理图中的设备，弹出“属性（元件）：常规设备”对话框，该对话框中的选项卡属性设置与元件属性设置相同，这里不再赘述。

打开“部件”选项卡，如图 8-21 所示，显示该设备中已添加的部件，即已经选型。

图 8-21 “部件”选项卡

1. “部件编号-件数/数量”列表

在左侧“部件编号-件数/数量”列表中显示添加的部件。单击“部件编号”空白行中的⋯按钮，弹出如图 8-22 所示的“部件选择”对话框，在该对话框中显示部件库，可浏览所有部件信息，为元件符号选择正确的元器件。

部件库包括机械、流体、电气工程专业，在相应专业下的部件组或零部件产品中的元器件，还可以在右侧的选项卡中设置部件常规属性，包括为元件符号制定部件编号。但由于是自定义选择元器件，因此需要用户查找手册以选择正确的元器件，否则容易造成元件符号与部件不匹配的情况，导致符号功能与部件功能不一致。

2. “数据源”下拉列表

“数据源”下拉列表中显示部件库的数据库，默认情况下选择“默认”，若有需要，可单击⋯按钮，弹出如图 8-23 所示的“设置：部件（用户）”对话框，设置新的数据源。在该对话框中显示默认部件库的数据源为 Access，在后面的文本框中显示数据源路径，该路径与软件安装路径有关。

在“属性（元件）：常规设备”对话框中的“部件”选项卡中选择“设置”按钮下的“选择设备”命令，弹出如图 8-24 所示的“设置：设备选择”对话框，在该对话框下显示选择的设备的参数设置。

图 8-22　“部件选择”对话框

图 8-23　“设置：部件（用户）”对话框

图 8-24　“设置：设备选择”对话框

选择“设置”按钮下的“部件选择（项目）”命令，弹出如图 8-25 所示的“设置：部件选择（项目）”对话框，在该对话框下设置部件从项目中选择或自定义选择。

单击“设备选择”按钮，弹出如图 8-26 所示的“设备选择”对话框，可以在该对话框中进行智能选型，该对话框中自动显示筛选后的与元件符号相匹配的元件的部件信息。该对话框中不显示所有的元件部件信息，只显示一致性的部件。这种方法既节省了查找部件的时间，也避免了匹配错误部件的情况。

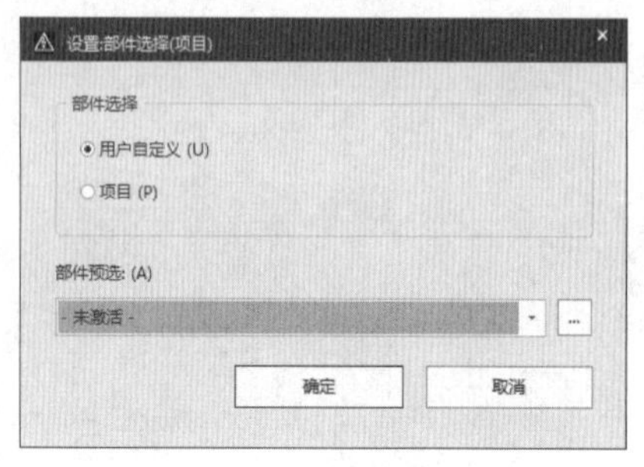

图 8-25 “设置：部件选择（项目）”对话框

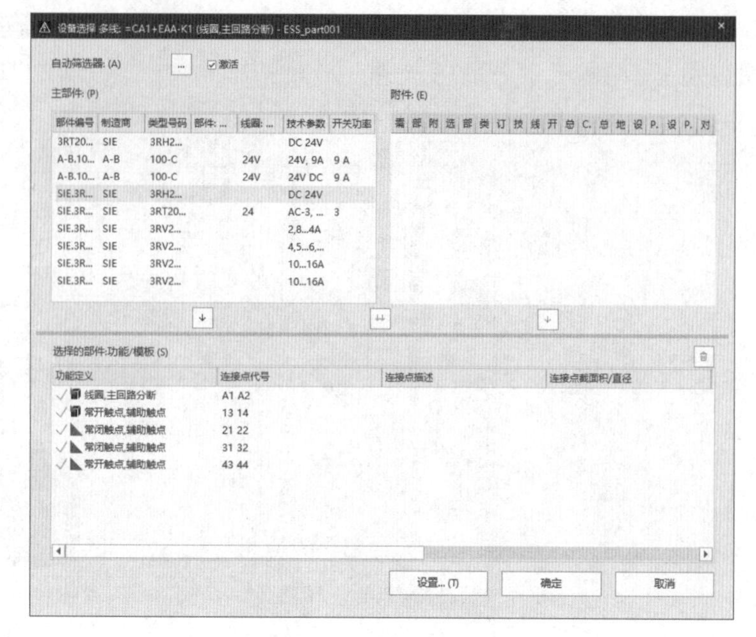

图 8-26 “设备选择”对话框

8.2 黑 盒 设 备

黑盒可以作为符号库的补充，“黑盒+符号”基本上可以代表任何电气元件，“黑盒+设备连接点”基本上可以代表符号替代不了的部件。

8.2.1 黑盒

黑盒是由图形元素构成，代表物理上存在的设备。默认的黑盒是长方形，也可使用多边形，如图 8-27 所示。

【执行方式】

- 菜单栏：选择菜单栏中的“插入”→“盒子连接点/连接板/安装板”→“黑盒”命令。
- 功能区：单击“插入”选项卡的“设备”面板中的“黑盒”按钮。

【操作步骤】

（1）执行上述操作，此时鼠标光标变成交叉形状并附加一个黑盒符号。将鼠标光标移动到需要插入黑盒的位置，单击确定黑盒的一个顶点，移动鼠标光标到合适的位置再次单击确定其对角顶点，即可完成黑盒的插入，如图 8-28 所示。

图 8-27 黑盒图形

图 8-28 插入黑盒

（2）此时鼠标光标仍处于插入黑盒的状态，重复上述操作可以继续插入其他的黑盒。黑盒插入完毕，按 Esc 键即可退出该操作。

【选项说明】

（1）在插入黑盒的过程中，用户可以对黑盒的属性进行设置。双击黑盒或在插入黑盒后，会弹出如图 8-29 所示的“属性（元件）：黑盒”对话框。在该对话框中可以对黑盒的属性进行设置，在“显示设备标识符”中输入黑盒的编号。

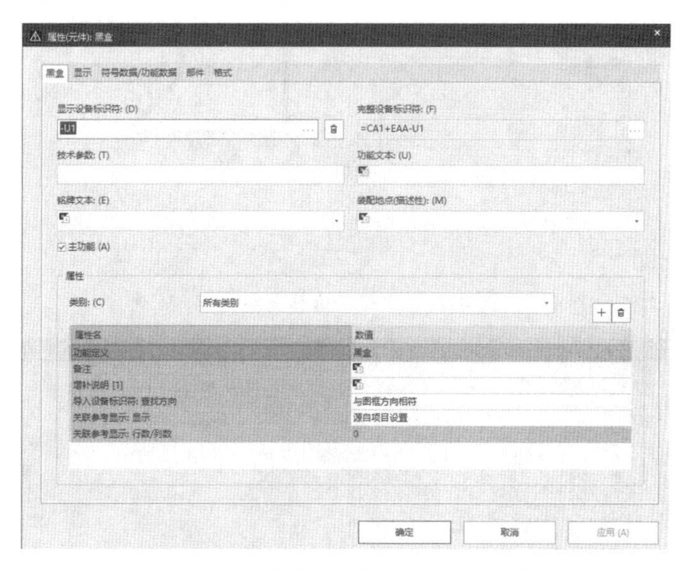

图 8-29 “属性（元件）：黑盒”对话框

（2）打开“符号数据/功能数据”选项卡，在“符号数据（图形）”组中显示选择的图形符号预览图，如图 8-30 所示。在“编号/名称”文本框右侧单击…按钮，弹出“符号选择”对话框，如图 8-31 所示，在其中选择黑盒图形符号。

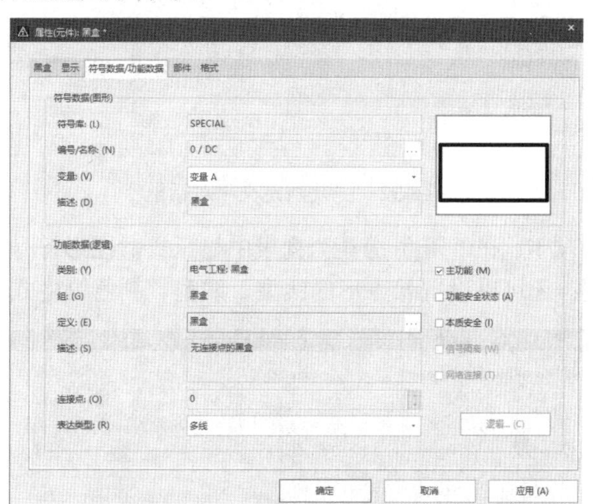

图 8-30 “符号数据/功能数据”选项卡

（3）在“功能数据（逻辑）”组中的“定义”文本框右侧单击…按钮，弹出“功能定义”对话框，定义设备的所属类别，如图 8-32 所示。

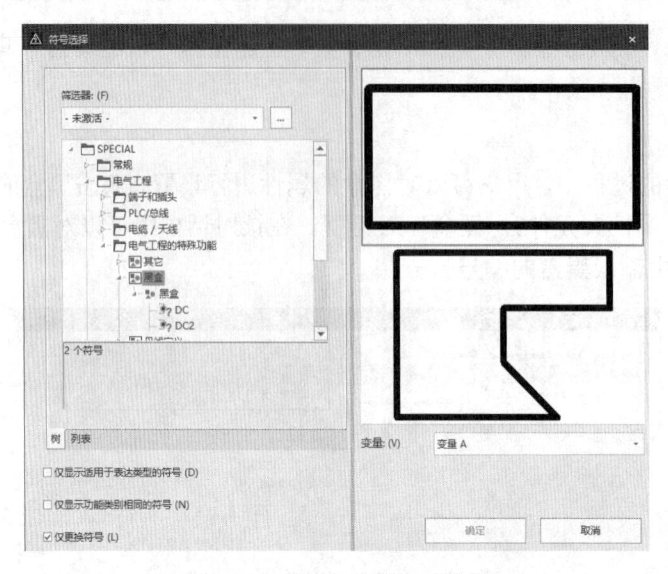

图 8-31 “符号选择”对话框

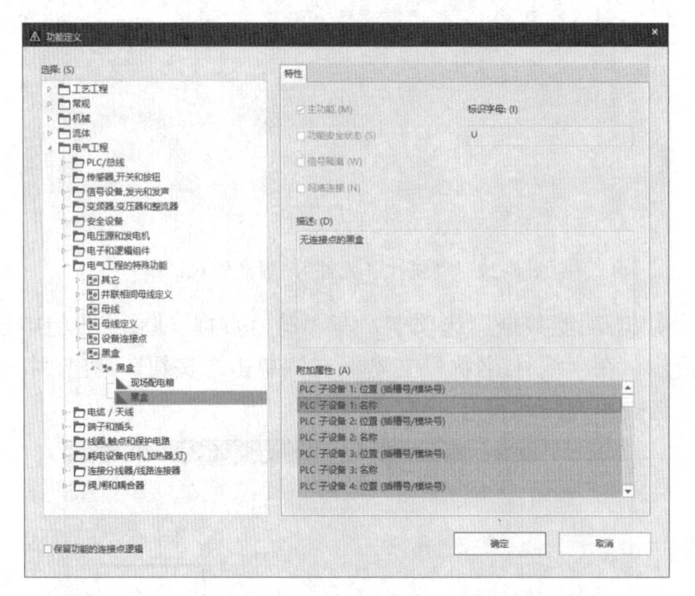

图 8-32 “功能定义”对话框

（4）打开“格式”选项卡，在“属性-分配”列表中显示黑盒图形符号的参数：长方形的起点、终点、宽度、高度与角度；还可以设置长方形的线型、线宽、颜色等格式，如图 8-33 所示。

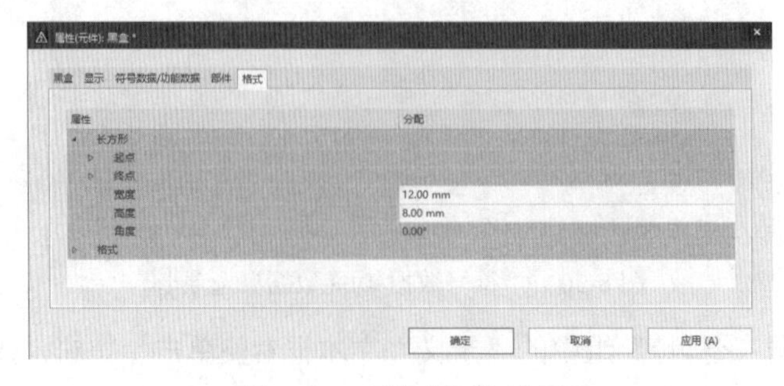

图 8-33 “格式”选项卡

8.2.2 设备连接点

设备连接点的符号看起来像端子符号，但却有所不同。使用设备连接点，这些点不会被 BOM 统计而端子会，设备连接点不会被生成端子表而端子会。设备连接点通常指电子设备上的端子，如 Q401.2 指空气开关 Q401 的 2 端子。

设备连接点分为两种，一种是单向连接，另一种是双向连接，如图 8-34 所示。单向连接的设备连接点有一个连接点，双向连接的设备连接点有两个连接点。

【执行方式】

- 菜单栏：选择菜单栏中的“插入”→“设备连接点”命令。
- 功能区：单击“插入”选项卡的“设备”面板中的“设备连接点”按钮。

【操作步骤】

（1）执行上述操作，此时鼠标光标变成交叉形状并附加一个设备连接点符号。将鼠标光标移动到黑盒内需要插入设备连接点的位置，单击插入设备连接点，如图 8-35 所示。

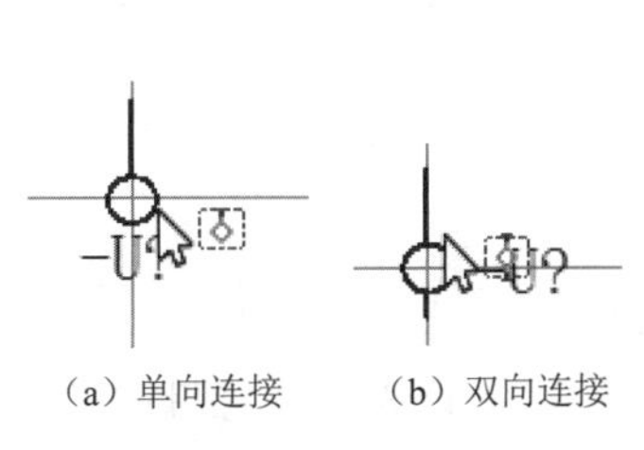

（a）单向连接　（b）双向连接

图 8-34　设备连接点

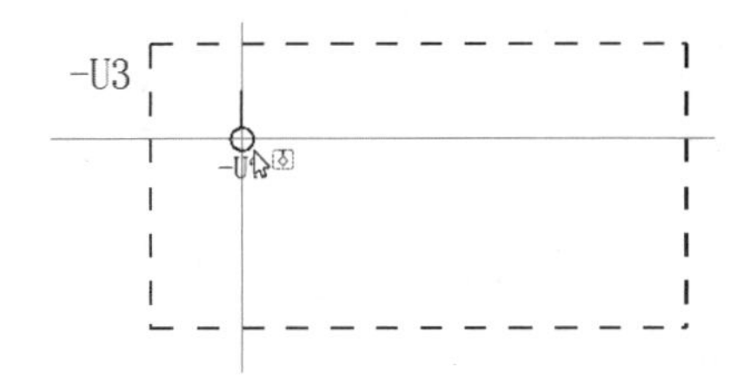

图 8-35　插入设备连接点

（2）此时鼠标光标仍处于插入设备连接点的状态，重复上述操作可以继续插入其他的设备连接点。设备连接点插入完毕，按 Esc 键即可退出该操作。

在鼠标光标处于放置设备连接点的状态时按 Tab 键，可以旋转设备连接点符号，变换设备连接点模式。

【选项说明】

在插入设备连接点的过程中，用户可以对设备连接点的属性进行设置。双击设备连接点或在插入设备连接点后，会弹出如图 8-36 所示的设备连接点属性设置对话框，在该对话框中可以对设备连接点的属性进行设置。

图 8-36　设备连接点属性设置对话框

注意：

如果在一个黑盒设备中使用了同名的连接点号，可以通过属性 Plug DT 进行区分，使这些连接点分属不同的插头。

8.2.3 放置图片

在黑盒的设计过程中，有时需要添加一些图片文件，如设备的外观、厂家标志等。

【执行方式】

菜单栏：选择菜单栏中的“插入”→“图形”→“图片文件”命令。

【操作步骤】

（1）执行上述命令，弹出“选取图片文件”对话框，如图 8-37 所示。选择图片后，单击“打开”按钮，弹出“复制图片文件”对话框，如图 8-38 所示，然后单击“确定”按钮。

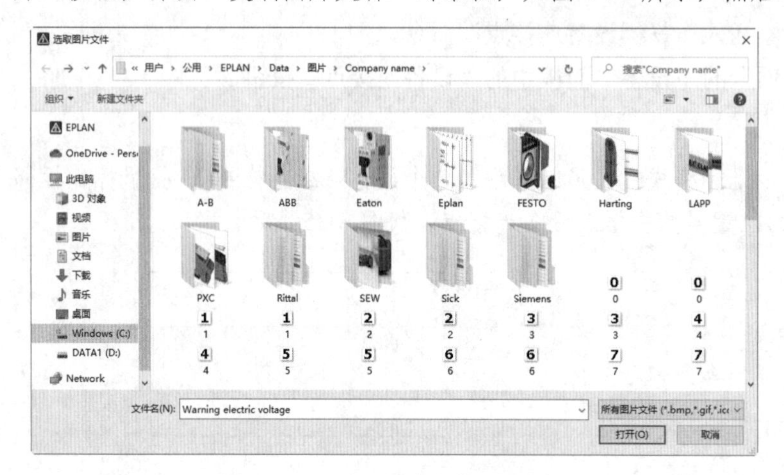

图 8-37 “选取图片文件”对话框

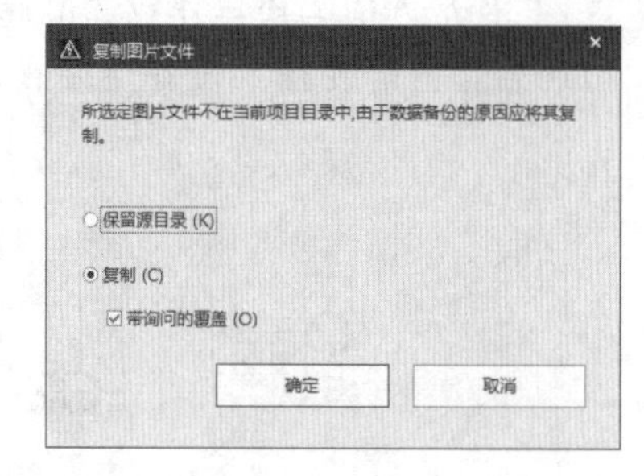

图 8-38 “复制图片文件”对话框

（2）此时鼠标光标变成交叉形状并附带图片符号，并附有一个矩形框。移动鼠标光标到指定位置，单击确定矩形框的位置。移动鼠标可改变矩形框的大小，在合适的位置再次单击确定另一顶点，如图 8-39 所示，同时弹出“属性（图片文件）”对话框，如图 8-40 所示。完成属性设置后，单击即可将图片添加到原理图中。

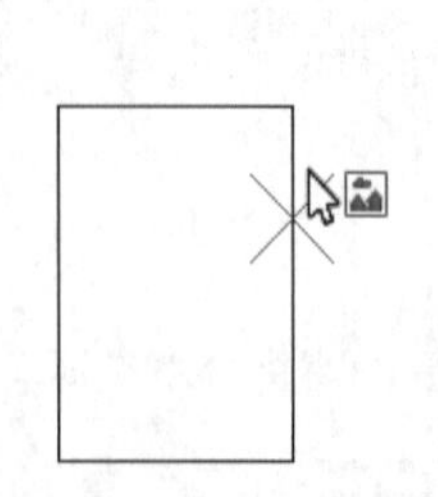

图 8-39 确定位置

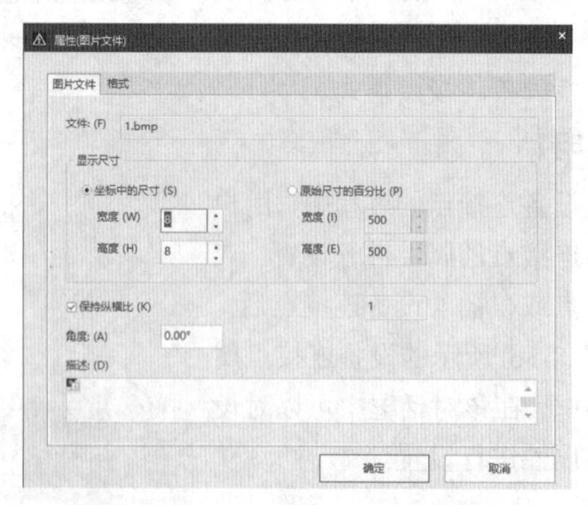

图 8-40 “属性（图片文件）”对话框

【选项说明】

在放置状态下，或者放置完成后，双击需要设置属性的图片，会弹出“属性（图片文件）”对话框，如图 8-40 所示。

➢ 文件：显示图片文件所在路径。
➢ 显示尺寸：显示图片文件的宽度与高度。
➢ 原始尺寸的百分比：设置原始图片文件的宽度与高度比例。
➢ 保持纵横比：勾选该复选框，保持缩放后原始图片文件的宽度与高度的比例。

8.2.4 黑盒的组合与取消

【执行方式】

➢ 菜单栏：选择菜单栏中的“编辑”→“其他”→“组合”命令。
➢ 功能区：单击“编辑”选项卡的“组合”面板中的“组合”按钮。

【操作步骤】

执行上述操作，将黑盒与设备连接点或端子等对象组合成一个整体。

动手练——绘制发电机设备说明

绘制如图 8-41 所示的发电机设备说明。

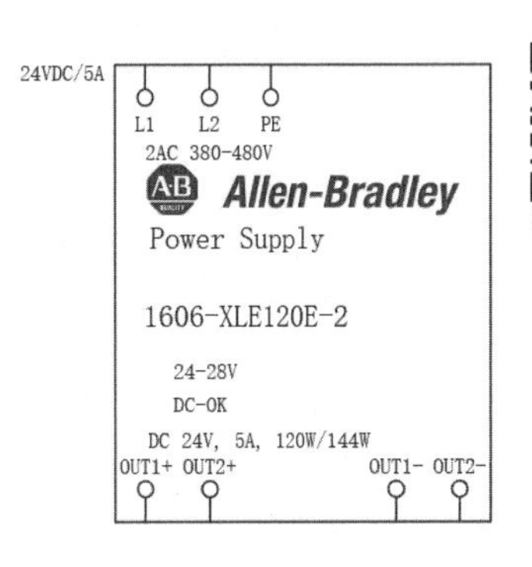

图 8-41 发电机设备说明

扫一扫，看视频

思路点拨：

> 源文件：yuanwenjian\8\myproject.elk
> （1）使用“黑盒”命令绘制黑盒边框。
> （2）使用“设备连接点”命令在黑盒中插入设备连接点。
> （3）使用“图片文件”命令在黑盒中插入图片。

8.3 PLC 盒子设备

EPLAN 中的 PLC 管理可以与不同的 PLC 配置程序进行数据交换，可以分开管理多个 PLC 系统，也可以为 PLC 连接点重新分配地址。

在原理图编辑环境中，有专门的 PLC 命令与工具栏，如图 8-42 所示，各种 PLC 工具按钮与菜单中的各项 PLC 命令具有对应的关系。EPLAN 中使用 PLC 盒子和 PLC 连接点来表达 PLC。

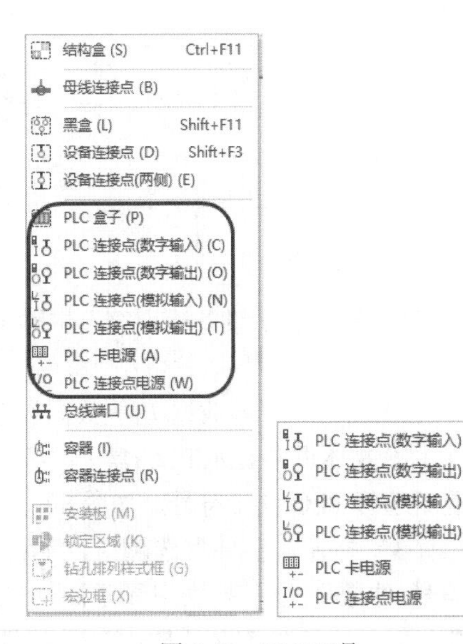

图 8-42 PLC 工具

8.3.1 创建 PLC 盒子

通过在原理图中绘制各种 PLC 盒子，描述 PLC 系统的硬件表达。

【执行方式】

➢ 菜单栏：选择菜单栏中的“插入”→“盒子连接点/连接板/安装板”→“PLC 盒子”命令。

➢ 功能区：单击“插入”选项卡的“设备”面板中的“PLC 盒子”按钮。

【操作步骤】

（1）执行上述操作，此时鼠标光标变成交叉形状并附加一个 PLC 盒子符号。将鼠标光标移动到想要插入 PLC 盒子的位置上，选择 PLC 盒子的插入点，单击确定 PLC 盒子的角点，再次单击确定另一个角点，确定插入 PLC 盒子，如图 8-43 所示。

（2）此时鼠标光标仍处于插入 PLC 盒子的状态，重复上述操作可以继续插入其他的 PLC 盒子。PLC 盒子插入完毕，右击选择“取消操作”命令或按 Esc 键即可退出该操作。

【选项说明】

在插入 PLC 盒子的过程中，用户可以对 PLC 盒子的属性进行设置。双击 PLC 盒子或在插入 PLC 盒子后，会弹出如图 8-44 所示的“属性（元件）：PLC 盒子”对话框，在该对话框中可以对 PLC 盒子的属性进行设置。

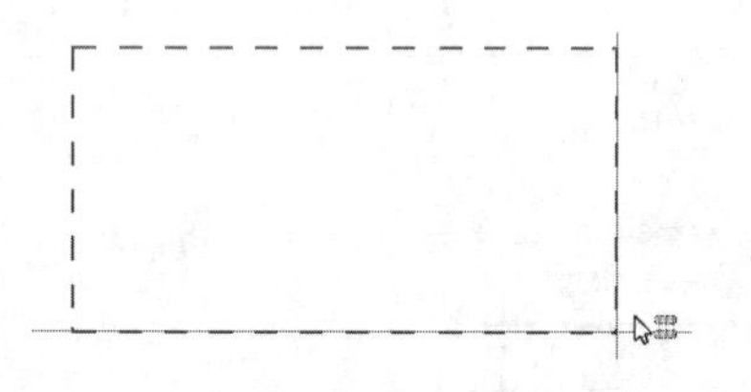

图 8-43　插入 PLC 盒子

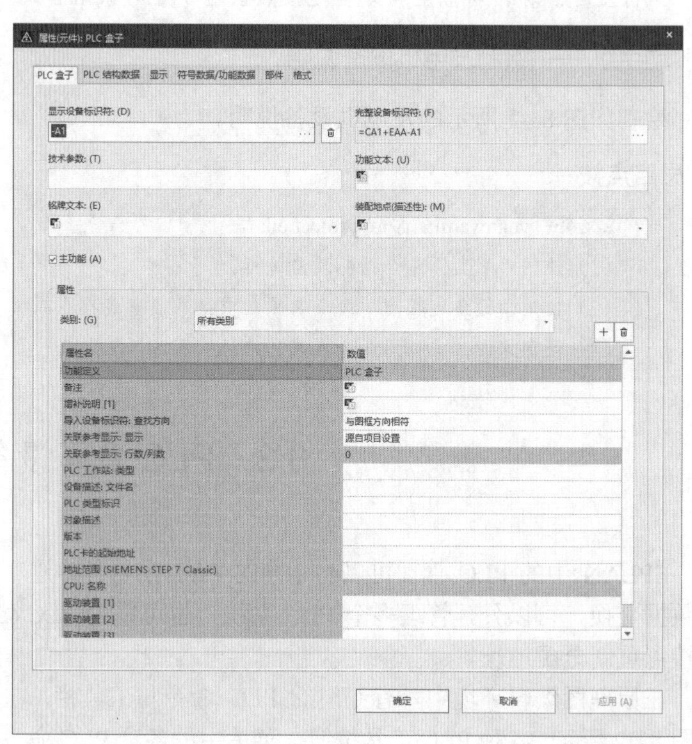

图 8-44　“属性（元件）：PLC 盒子”对话框

（1）在“显示设备标识符”中输入 PLC 盒子的编号，PLC 盒子编号可以是信号的名称，也可以自定义。

（2）打开“符号数据/功能数据”选项卡，如图 8-45 所示，显示 PLC 盒子的符号数据。在“编号/名称”文本框中显示 PLC 盒子的编号，单击右侧的…按钮，弹出“符号选择”对话框，在符号库中重新选择 PLC 盒子符号，如图 8-46 所示。

（3）打开“部件”选项卡，如图 8-47 所示，显示 PLC 盒子中已添加的部件。在左侧“部件编号-件数/数量”列表中显示添加的部件。单击“部件编号”空白行中的…按钮，弹出“部件选择”对话框，在该对话框中显示部件管理库，可浏览所有部件的信息，为元件符号选择正确的部件。

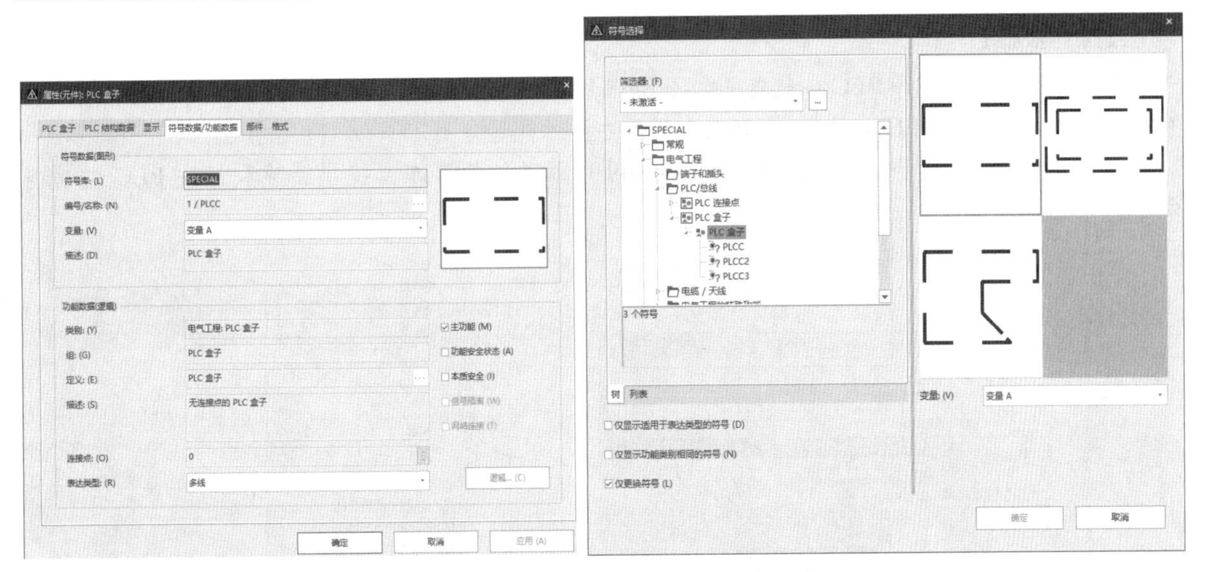

图 8-45　“符号数据/功能数据”选项卡　　　　图 8-46　“符号选择”对话框

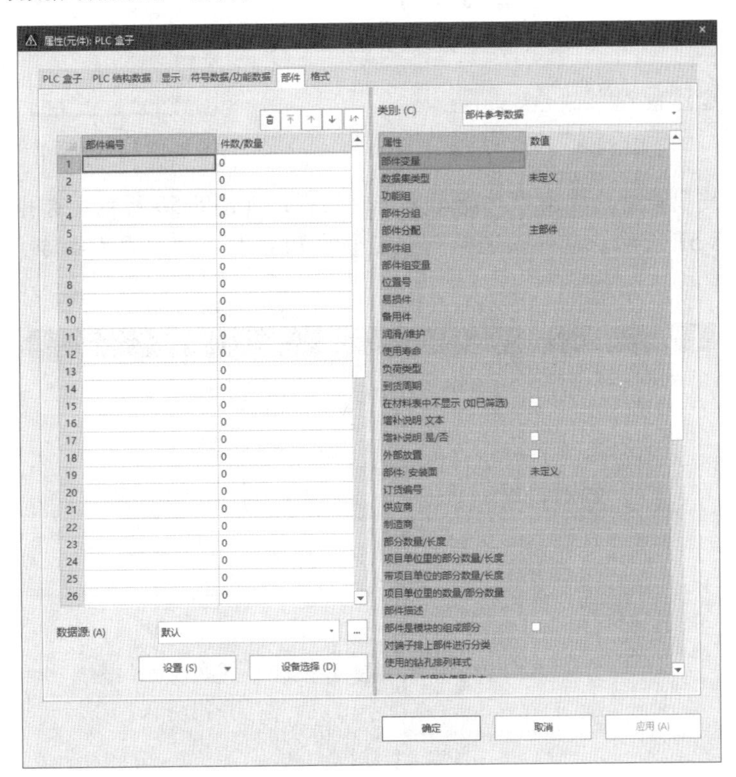

图 8-47　“部件”选项卡

8.3.2　PLC 导航器

【执行方式】

➢ 菜单栏：选择菜单栏中的“项目数据”→PLC→“导航器”命令。

➢ 功能区：单击“设备”选项卡的 PLC 面板中的“导航器”按钮。

【操作步骤】

执行上述操作，打开 PLC 导航器，如图 8-48 所示，包括“树”标签与“列表”标签。“树”标签中包含项目中所有 PLC 的信息，“列表”标签中显示配置信息。

在选中的 PLC 盒子上右击，弹出如图 8-49 所示的快捷菜单，提供新建和修改 PLC 的功能命令。

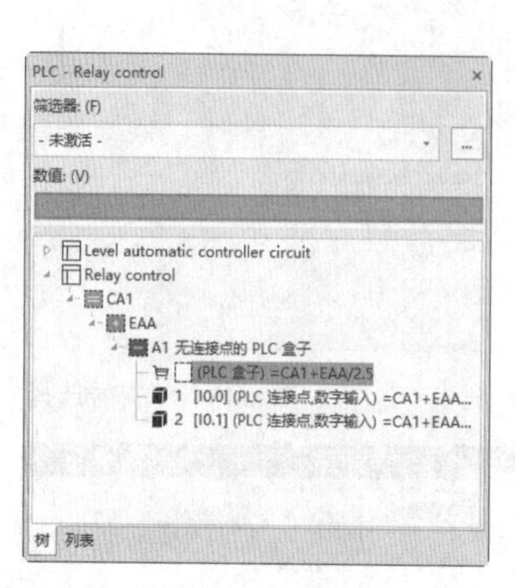

图 8-48　PLC 导航器

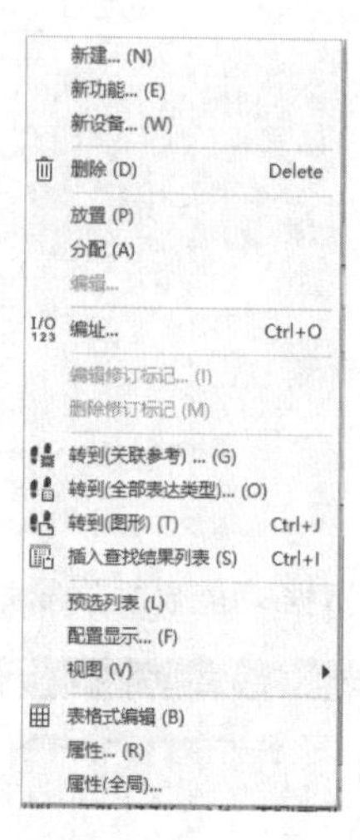

图 8-49　快捷菜单

（1）选择“新建”命令，弹出“功能定义”对话框，如图 8-50 所示。选择 PLC 型号，创建一个新的 PLC，如图 8-51 所示。也可以选择一个相似的 PLC 执行“复制”命令，进行修改后达到新建 PLC 的目的。

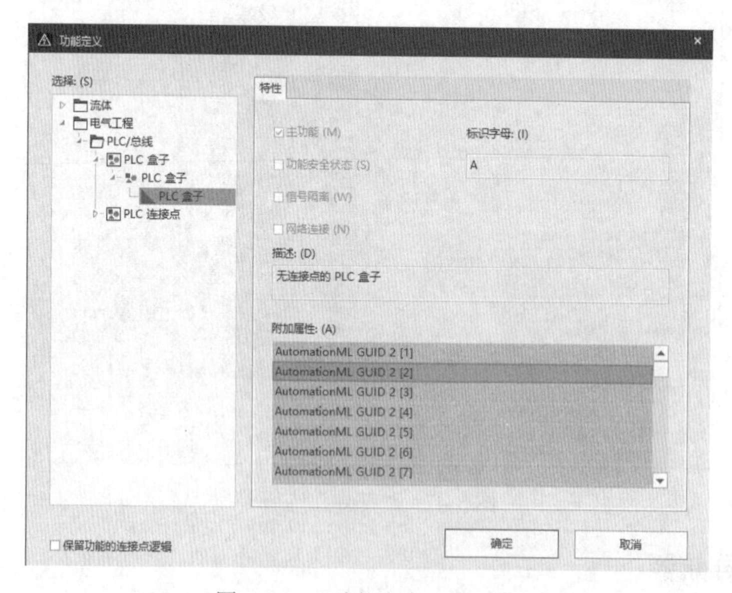

图 8-50　“功能定义”对话框

（2）直接将 PLC 导航器中的 PLC 连接点拖动到 PLC 盒子上，完成 PLC 连接点的放置，如图 8-52 所示。若需要插入多个连接点，选中第一个连接点后按 Shift 键再选中最后一个连接点，拖住最后一个连接点放入电气图中即可。

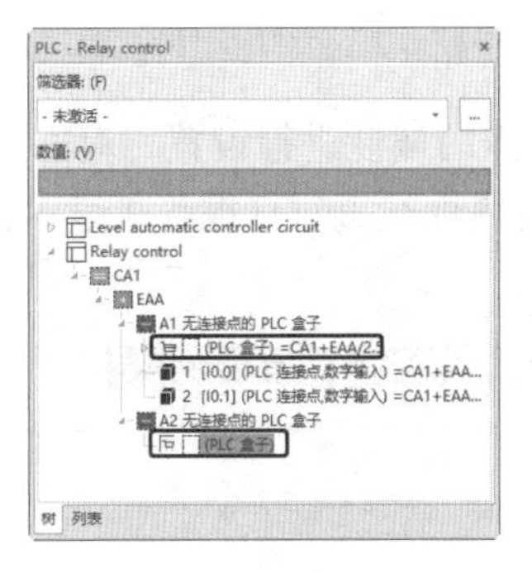

图 8-51 新建 PLC

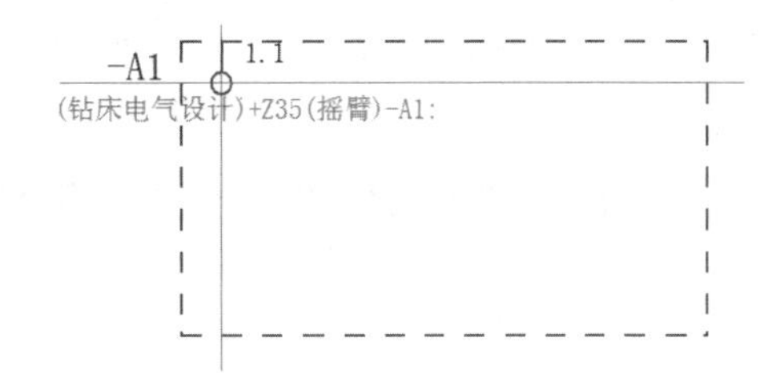

图 8-52 拖动导航器中的 PLC 连接点

8.3.3 PLC 连接点

通常情况下，PLC 连接点代号在每张卡中仅允许出现一次，而在 PLC 中可多次出现。如果通过附加插头名称区分 PLC 连接点，则连接点代号允许在一张卡中多次出现。连接点描述每个通道只允许出现一次，而每个卡可出现多次。卡电源可具有相同的连接点描述。

在实际设计中常用的 PLC 连接点有以下几种，如图 8-53 所示。

➢ PLC 数字输入（DI）。
➢ PLC 数字输出（DO）。
➢ PLC 模拟输入（AI）。
➢ PLC 模拟输出（AO）。
➢ PLC 连接点：多功能（可编程的 IO 点）。
➢ PLC 端口和网络连接点。

【执行方式】

➢ 菜单栏：选择菜单栏中的“插入”→“盒子连接点/连接板/安装板”→“PLC 连接点（数字输入）”命令。
➢ 功能区：单击“插入”选项卡的“设备”面板中的“PLC 连接点”按钮，在打开的下拉菜单中单击“PLC 连接点（数字输入）”按钮。

【操作步骤】

（1）执行上述操作，此时鼠标光标变成交叉形状并附加一个 PLC 连接点（数字输入）符号。将鼠标光标移动到 PLC 盒子边框上，单击确定 PLC 连接点的位置，如图 8-54 所示。

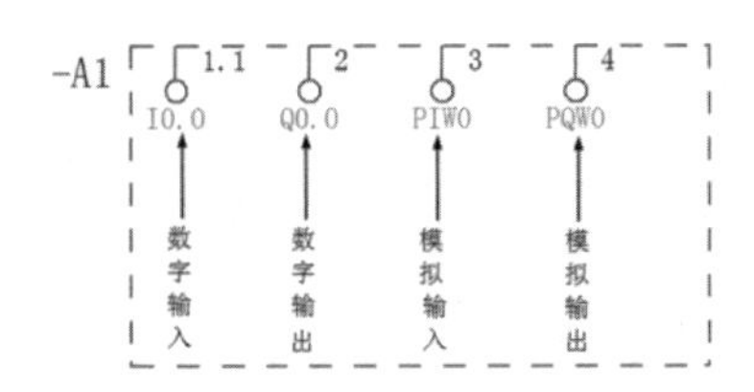

图 8-53 常用的 PLC 连接点

图 8-54 放置 PLC 连接点（数字输入）

（2）此时鼠标光标仍处于放置 PLC 连接点的状态，重复上述操作可以继续放置其他的 PLC 连接点。右击选择“取消操作”命令或按 Esc 键即可退出该操作。

（3）在鼠标光标处于放置 PLC 连接点的状态时按 Tab 键，旋转 PLC 连接点符号，变换 PLC 连接点模式。

【选项说明】

在插入 PLC 连接点的过程中，用户可以对 PLC 连接点的属性进行设置。双击 PLC 连接点或在插入 PLC 连接点后，会弹出如图 8-55 所示的 PLC 连接点属性设置对话框，在该对话框中可对 PLC 连接点的属性进行设置。

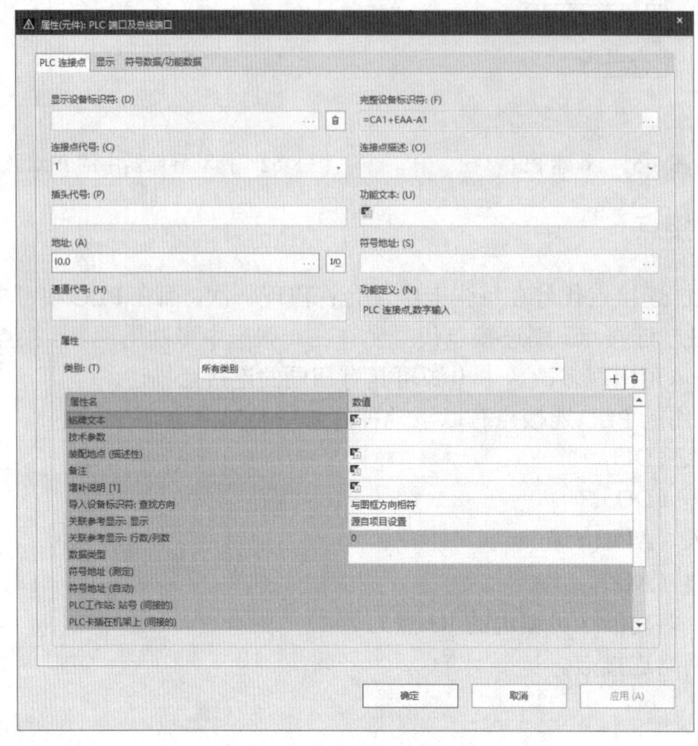

图 8-55　PLC 连接点属性设置对话框

➢ 在“显示设备标识符”中输入 PLC 连接点的编号。单击 ··· 按钮，弹出如图 8-56 所示的“设备标识符”对话框，在该对话框中选择 PLC 连接点的标识符。完成选择后，单击“确定”按钮，关闭对话框，返回 PLC 连接点属性设置对话框。
➢ 在“连接点代号”文本框中自动输入 PLC 连接点的连接代号 1.1。
➢ 在“地址”文本框中自动显示地址 I0.0。其中，PLC 连接点（数字输入）地址以 I 开头（图 8-57），PLC 连接点（数字输出）地址以 Q 开头，PLC 连接点（模拟输入）地址以 PIW 开头，PLC 连接点（模拟输出）地址以 PQW 开头。

图 8-56　“设备标识符”对话框

图 8-57　放置 PLC 连接点（数字输入）

PLC 连接点（数字输出）、PLC 连接点（模拟输入）、PLC 连接点（模拟输出）的插入方法与 PLC（数字输入）相同，这里不再赘述。

8.3.4　PLC 卡电源和 PLC 连接点电源

在 PLC 设计中，为避免传感器故障对 PLC 本体的影响，确保安全回路切断 PLC 输出端时，PLC 通信系统仍然能够正常工作，会将 PLC 电源和通道电源分开供电。

1. PLC 卡电源

为 PLC 卡供电的电源称为 PLC 卡电源。

【执行方式】

- 菜单栏：选择菜单栏中的“插入”→“盒子连接点/连接板/安装板”→“PLC 卡电源”命令。
- 功能区：单击“插入”选项卡的“设备”面板中的“PLC 连接点”按钮，在打开的下拉菜单中单击“PLC 卡电源”按钮。

【操作步骤】

（1）执行上述操作，此时鼠标光标变成交叉形状并附加一个 PLC 卡电源符号。将鼠标光标移动到 PLC 盒子边框上，单击确定 PLC 卡电源的位置，如图 8-58 所示。

（2）此时鼠标光标仍处于放置 PLC 卡电源的状态，重复上述操作可以继续放置其他的 PLC 卡电源。PLC 卡电源放置完毕，右击选择“取消操作”命令或按 Esc 键即可退出该操作。

（3）在鼠标光标处于放置 PLC 卡电源的状态时按 Tab 键，旋转 PLC 卡电源符号，变换 PLC 卡电源模式。

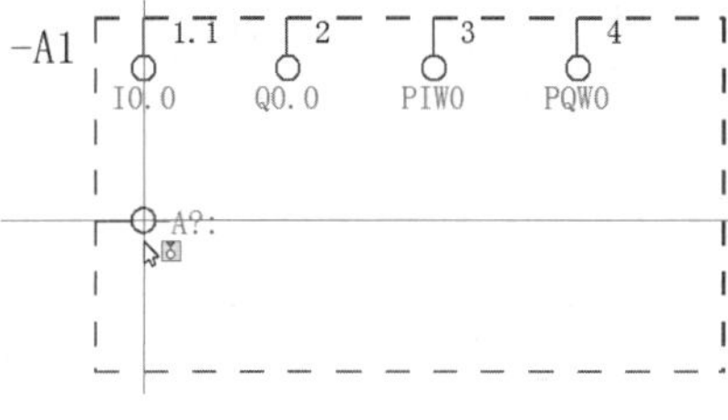

图 8-58　放置 PLC 卡电源

【选项说明】

在插入 PLC 卡电源的过程中，用户可以对 PLC 卡电源的属性进行设置。双击 PLC 卡电源或在插入 PLC 卡电源后，会弹出如图 8-59 所示的 PLC 卡电源属性设置对话框，在该对话框中可以对 PLC 卡电源的属性进行设置。

- 在“显示设备标识符”中输入 PLC 卡电源的编号。
- 在“连接点代号”文本框中自动输入 PLC 卡电源的连接代号。
- 在“连接点描述”文本框中选择 PLC 卡电源符号，如 DC、L+、M。

结果如图 8-60 所示。

2. PLC 连接点电源

为 PLC I/O 通道供电的电源称为 PLC 连接点电源。

【执行方式】

- 菜单栏：选择菜单栏中的“插入”→“盒子连接点/连接板/安装板”→“PLC 连接点电源”命令。
- 功能区：单击“插入”选项卡的“设备”面板中的“PLC 连接点”按钮，在打开的下拉菜单中单击“PLC 连接点电源”按钮 。

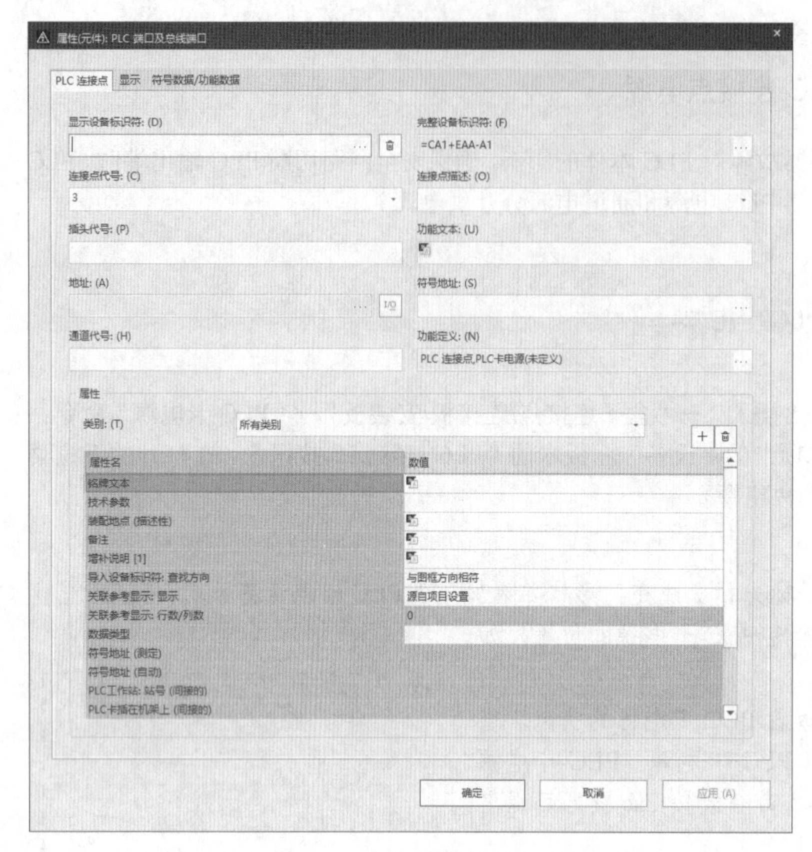

图 8-59　PLC 卡电源属性设置对话框

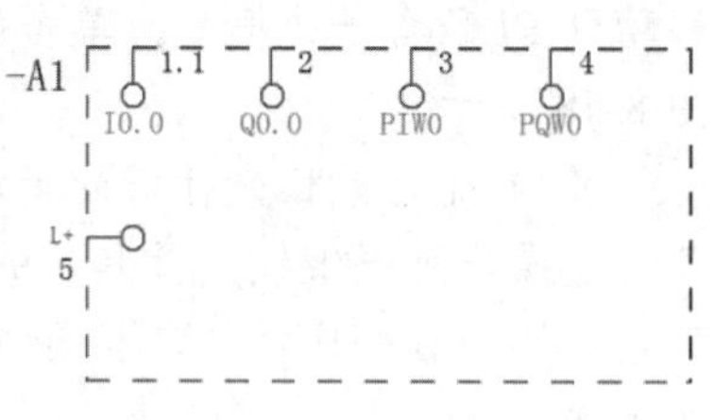

图 8-60　放置 PLC 卡电源

【操作步骤】

（1）执行上述操作，此时鼠标光标变成交叉形状并附加一个 PLC 连接点电源符号。将鼠标光标移动到 PLC 盒子边框上，单击确定 PLC 连接点电源的位置。

（2）此时鼠标光标仍处于放置 PLC 连接点电源的状态，重复上述操作可以继续放置其他的 PLC 连接点电源。PLC 连接点电源放置完毕，右击选择“取消操作”命令或按 Esc 键即可退出该操作。

（3）在鼠标光标处于放置 PLC 连接点电源的状态时按 Tab 键，旋转 PLC 连接点电源符号，变换 PLC 连接点电源模式。

【选项说明】

在插入 PLC 连接点电源的过程中，用户可以对 PLC 连接点电源的属性进行设置。双击 PLC 连接点电源或在插入 PLC 连接点电源后，会弹出如图 8-61 所示的 PLC 连接点电源属性设置对话框，在该对话框中可以对 PLC 连接点电源的属性进行设置。

➢ 在“显示设备标识符”中输入 PLC 连接点电源的编号。

➢ 在“连接点代号”文本框中自动输入 PLC 连接点电源的连接代号。

➢ 在“连接点描述”文本框中选择 PLC 连接点电源，如 1M、2M。

结果如图 8-62 所示。

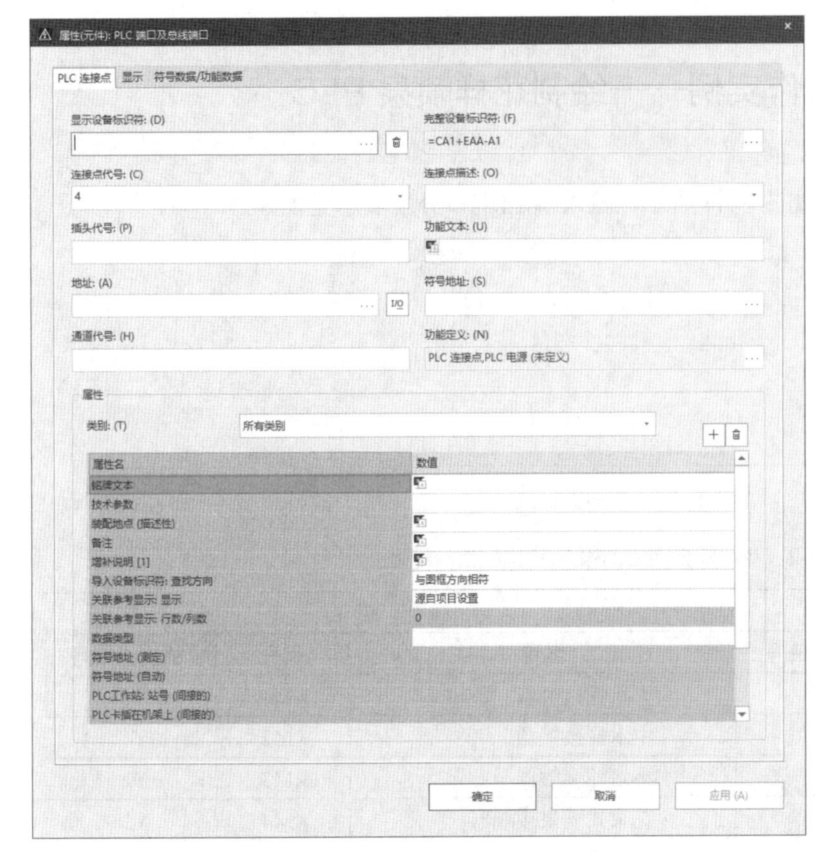

图 8-61　PLC 连接点电源属性设置对话框

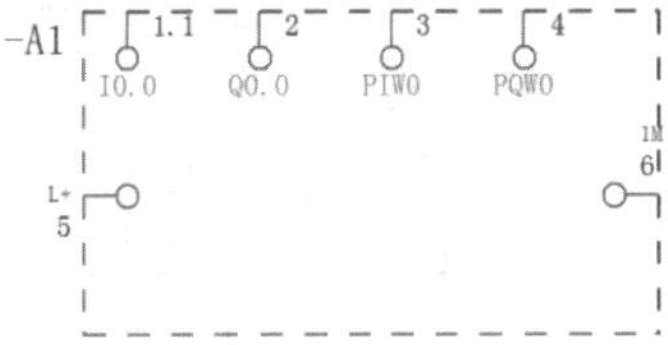

图 8-62　放置 PLC 连接点电源

动手练——三台电动机顺序启动 PLC

扫一扫，看视频

三台电动机顺序启动 PLC，如图 8-63 所示，输入/输出端口分配显示见表 8-1。

表8-1　三台电动机顺序启动PLC的输入/输出端口分配表

输 入 端 口			输 出 端 口		
输入继电器	输入元件	作用	输入继电器	输入元件	作用
X1	SB1	启动按钮	Y1	接触器 KM1	M1
X2	SB2	停止按钮	Y2	接触器 KM2	M2
			Y3	接触器 KM3	M3

思路点拨：

利用 PLC 盒子、PLC 连接点、PLC 卡电源命令绘制 PLC，从而使用户灵活掌握 PLC 绘制命令的使用方法。

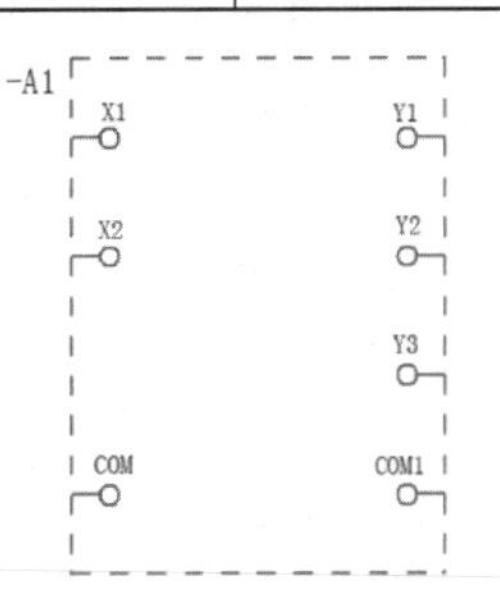

图 8-63　三台电动机顺序启动

扫一扫，看视频

8.4　操作实例——绘制花样喷泉 PLC

本实例绘制花样喷泉 PLC，如图 8-64 所示，输入/输出端口分配显示见表 8-2。

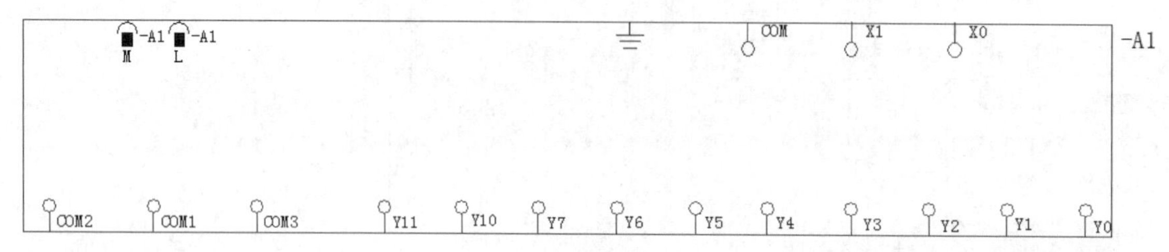

图 8-64　花样喷泉 PLC

表8-2　花样喷泉PLC的输入/输出端口分配表

输入端口			输出端口		
名称	代号	输入点编号	名称	代号	输出点编号
启动按钮	SB1	X0	大水柱接触器	KM1	Y0
停止按钮	SB2	X1	中水柱接触器	KM2	Y1
			小水柱接触器	KM3	Y2
			花朵式喷泉接触器	KM4	Y3
			旋转式喷泉接触器	KM5	Y4
			大水柱映灯接触器	KM6	Y5
			中水柱映灯接触器	KM7	Y6
			小水柱映灯接触器	KM8	Y7
			花朵式喷泉映灯接触器	KM9	Y10
			旋转式喷泉映灯接触器	KM10	Y11

【操作步骤】

选择菜单栏中的“项目”→“打开”命令，弹出“打开项目”对话框，打开项目文件 Pattern Fountain Control.elk，在“页”导航器中选择“1 PLC 线路图”，双击打开电气图编辑器。

1．插入 PLC 盒子

（1）选择菜单栏中的“插入”→“盒子连接点/连接板/安装板”→“PLC 盒子”命令，此时鼠标光标变成交叉形状并附加一个 PLC 盒子符号，单击确定 PLC 盒子的角点，再次单击确定另一个角点，确定插入 PLC 盒子。

（2）弹出如图 8-65 所示的 PLC 盒子属性设置对话框，在“显示设备标识符”文本框中输入 PLC 盒子的编号。打开“格式”选项卡，在“线型”下拉列表中选择线型，如图 8-66 所示。单击“确定”按钮，关闭对话框。结果如图 8-67 所示。此时鼠标光标仍处于插入 PLC 盒子的状态，右击选择“取消操作”命令或按 Esc 键即可退出该操作。

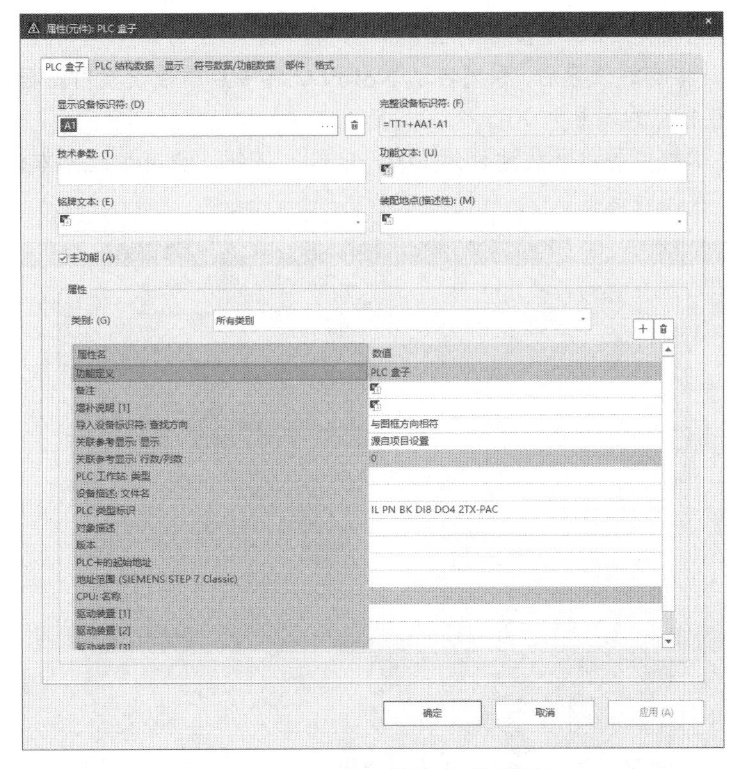

图 8-65　PLC 盒子属性设置对话框

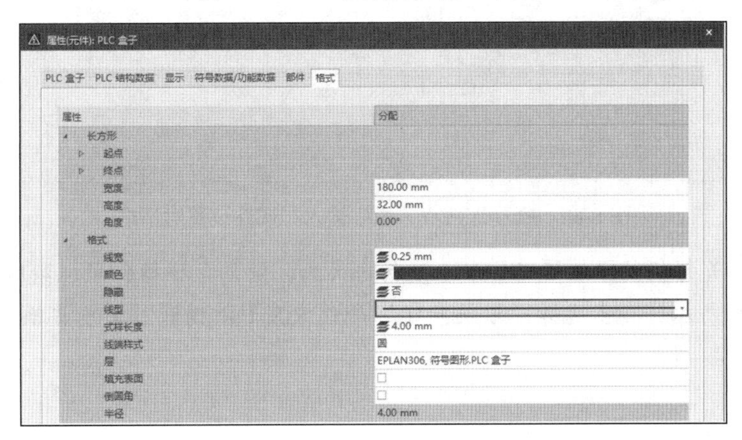

图 8-66　选择线型

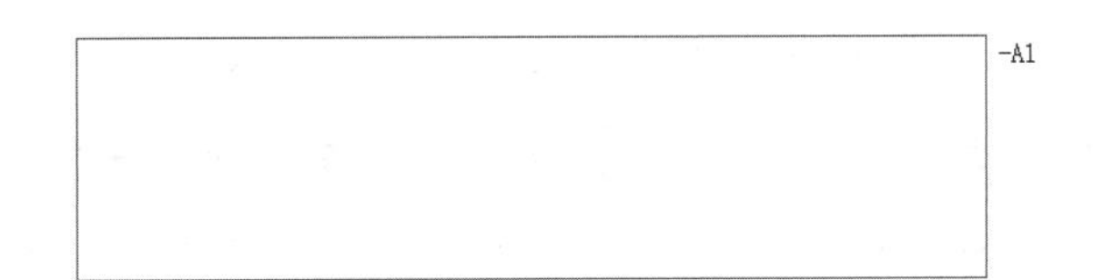

图 8-67　插入 PLC 盒子

2. 插入 PLC 连接点

（1）选择菜单栏中的“插入”→“盒子连接点/连接板/安装板”→“PLC 连接点（数字输入）”命令，此时鼠标光标变成交叉形状并附加一个 PLC 连接点（数字输入）符号，将鼠标光标移动到

PLC 盒子边框上，单击确定 PLC 连接点的位置。

（2）确定 PLC 连接点的位置后，系统自动弹出 PLC 连接点属性设置对话框，在“连接点代号”文本框中输入 PLC 连接点的编号为 X0。

（3）“地址”文本框中显示默认地址为 I0.0，单击 I/O 按钮，清空地址文本框，如图 8-68 所示。单击“确定”按钮，关闭对话框。

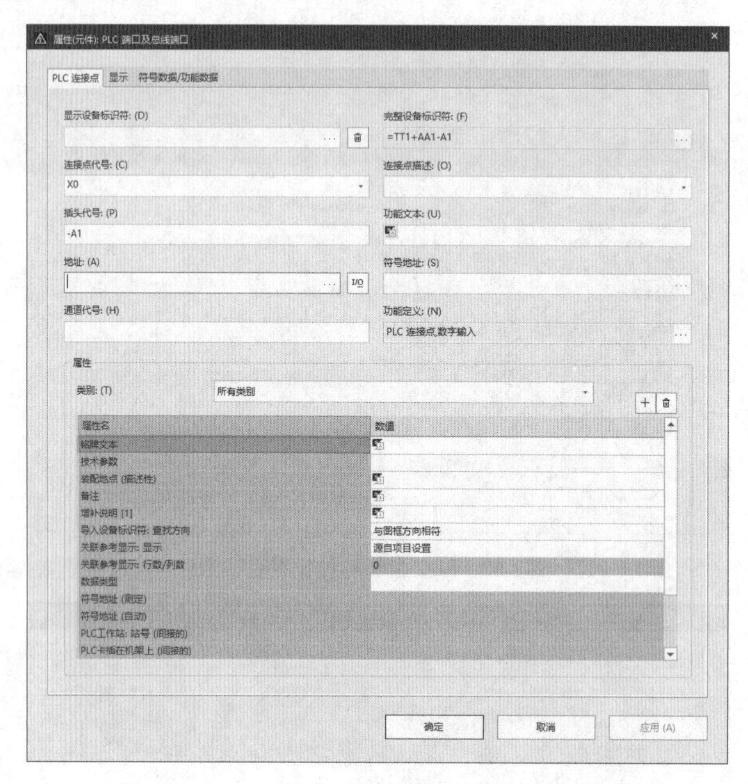

图 8-68　PLC 连接点（数字输入）属性设置对话框

（4）此时鼠标光标仍处于放置 PLC 连接点的状态，重复上述操作可以继续放置 PLC 连接点 X1，结果如图 8-69 所示。右击选择“取消操作”命令或按 Esc 键即可退出该操作。

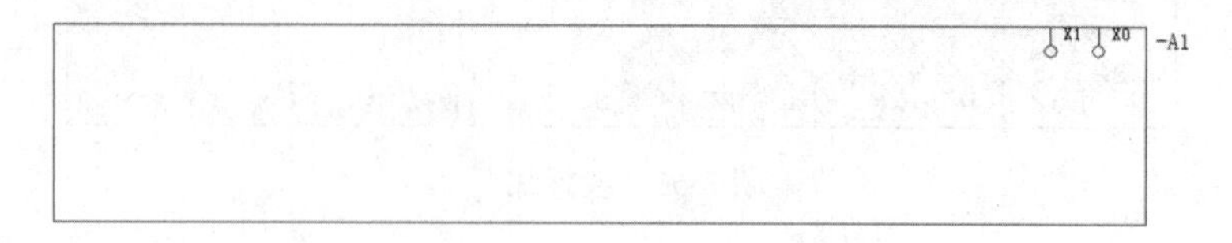

图 8-69　放置 PLC 连接点（数字输入）

（5）选择菜单栏中的“插入”→“盒子连接点/连接板/安装板”→“PLC 连接点（数字输出）”命令，此时鼠标光标变成交叉形状并附加一个 PLC 连接点（数字输出）符号，放置 PLC 连接点（数字输出）Y0、Y1、Y2、Y3、Y4、Y5、Y6、Y7、Y10、Y11，结果如图 8-70 所示。右击选择“取消操作”命令或按 Esc 键即可退出该操作。

3．插入 PLC 连接点电源

（1）选择菜单栏中的“插入”→“盒子连接点/连接板/安装板”→“PLC 连接点电源”命令，

此时鼠标光标变成交叉形状并附加一个 PLC 连接点电源符号，放置 PLC 连接点电源 COM，弹出如图 8-71 所示的 PLC 连接点电源属性设置对话框。

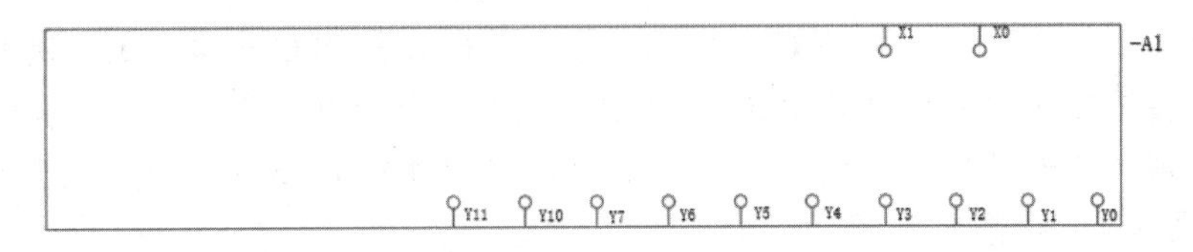

图 8-70　放置 PLC 连接点（数字输出）

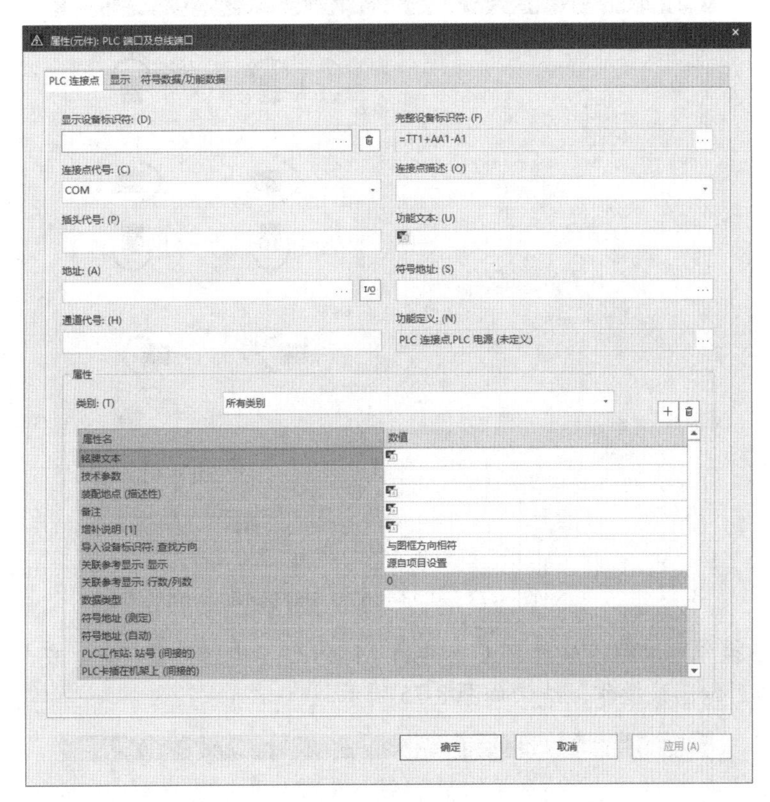

图 8-71　PLC 连接点电源属性设置对话框

（2）在该对话框中可以对 PLC 连接点电源的属性进行设置，在“连接点代号”中输入 PLC 连接点电源的编号为 COM。

（3）在鼠标光标处于放置 PLC 连接点电源的状态时按 Tab 键，旋转 PLC 连接点电源符号，变换 PLC 连接点电源模式。

（4）可以继续放置其他的 PLC 连接点电源 COM1、COM2、COM3，如图 8-72 所示。PLC 连接点电源放置完毕，右击选择“取消操作”命令或按 Esc 键即可退出该操作。

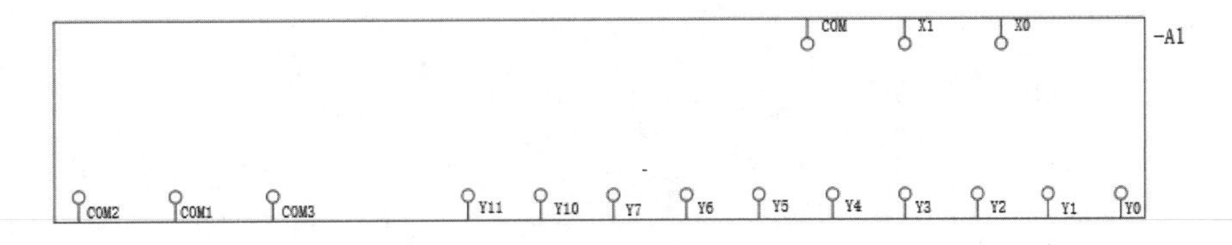

图 8-72　放置 PLC 连接点电源

4. 插入 PLC 卡电源

（1）选择菜单栏中的“插入”→“盒子连接点/连接板/安装板”→“PLC 卡电源”命令，此时鼠标光标变成交叉形状并附加一个 PLC 卡电源符号。单击放置 PLC 卡电源 L，弹出 PLC 卡电源属性设置对话框，在该对话框中可以对 PLC 卡电源的属性进行设置。在“符号数据/功能数据”选项卡中选择符号数据，单击“编号/名称”后的…按钮，弹出如图 8-73 所示的“符号选择”对话框，选择 PLC 卡电源符号，如图 8-74 所示。

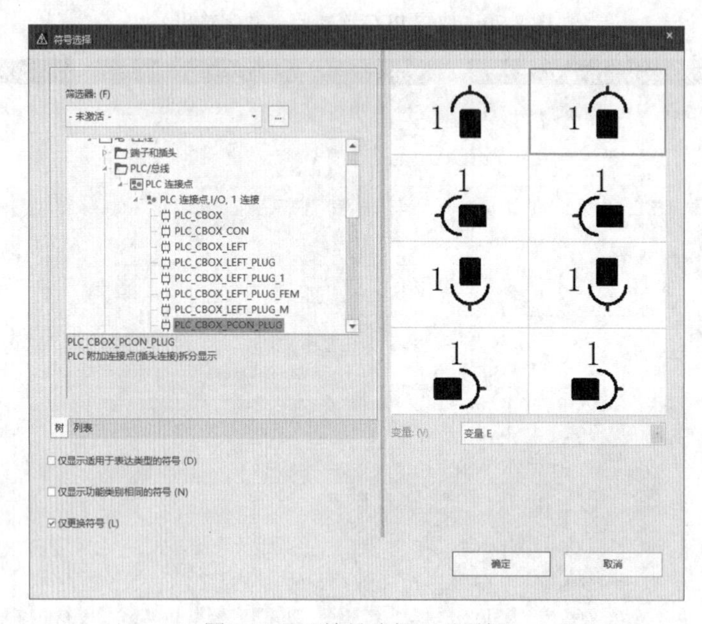

图 8-73　“符号选择”对话框

（2）重复上述操作可以继续放置 PLC 卡电源 M。PLC 卡电源放置完毕，右击选择“取消操作”命令或按 Esc 键即可退出该操作，结果如图 8-75 所示。

图 8-74　PLC 卡电源属性设置对话框

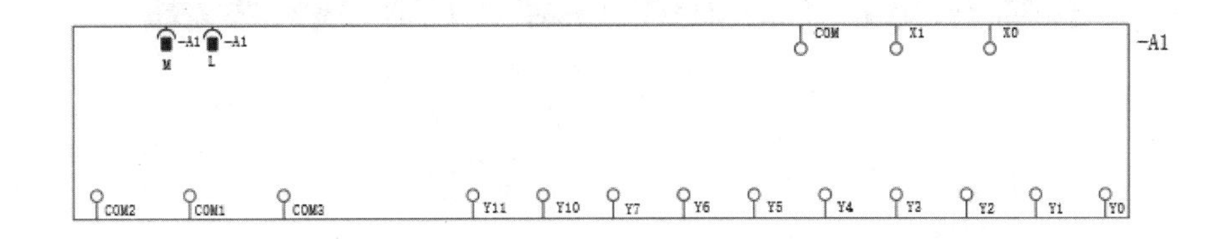

图 8-75　放置 PLC 卡电源

5．插入接地符号

选择菜单栏中的“插入”→“符号”命令，弹出如图 8-76 所示的“符号选择”对话框，选择需要的接地符号。完成符号选择后，单击“确定”按钮，在原理图中放置元件符号，如图 8-77 所示。

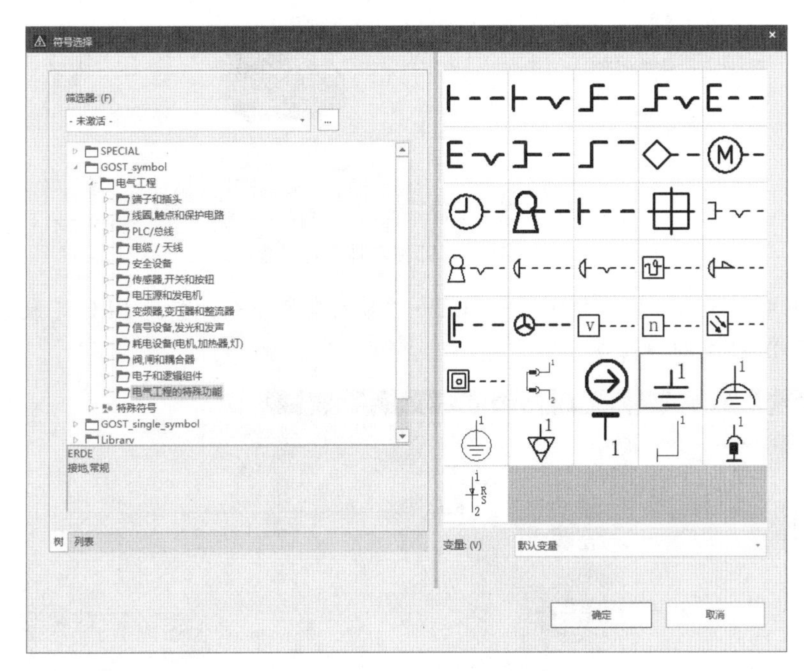

图 8-76　“符号选择”对话框

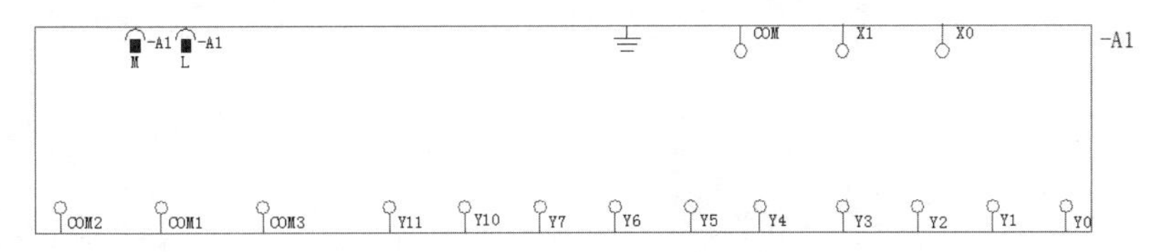

图 8-77　放置接地符号

6．组成 PLC

（1）框选绘制完成的 PLC，选择菜单栏中的“编辑”→“其他”→“组合”命令，组合 PLC 盒子、PLC 连接点、PLC 电源，将其组成一体。

（2）双击组合的 PLC 元件，弹出属性设置对话框。打开“部件”选项卡，单击…按钮，弹出“部件选择”对话框，如图 8-78 所示。选择设备部件，部件编号为 PXC.2703994，添加部件后如图 8-79 所示。单击“确定”按钮，关闭对话框。

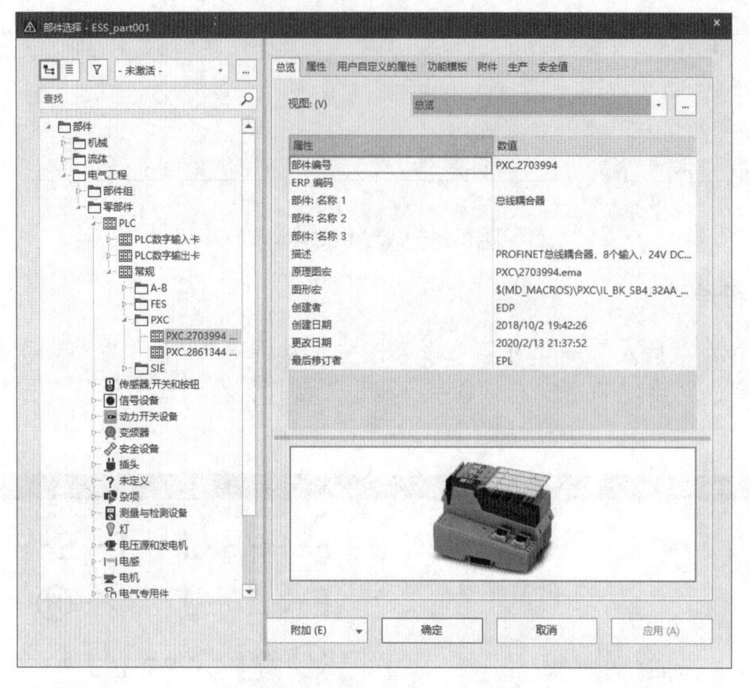

图 8-78 “部件选择”对话框

（3）选择菜单栏中的“项目数据”→PLC→“导航器”命令，打开 PLC 导航器，如图 8-80 所示，显示 PLC 及 PLC 中的输入点、输出点。

图 8-79 添加部件

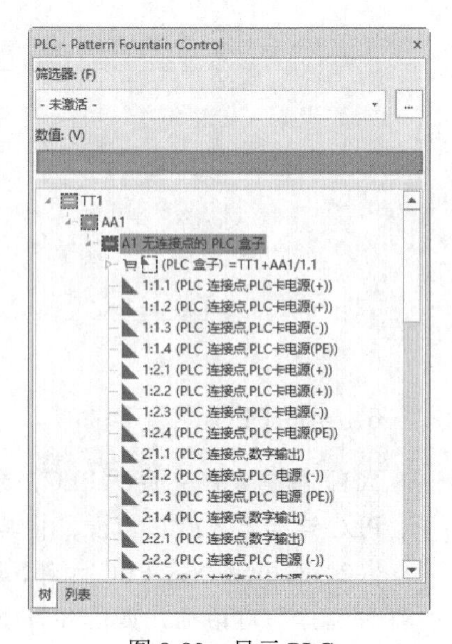

图 8-80 显示 PLC

第 9 章　电路设计流程

内容简介

在整个电气设计过程中，电路图的设计是最根本也是最基础的步骤。EPLAN P8 2022 电路设计充分利用其所提供的各种设计工具、丰富的在线库、强大的全局编辑能力来达到设计目的。

内容要点

- 电路设计准备工作
- 元件属性设置
- 元件布局
- 自动连接
- 文本注释工具

案例效果

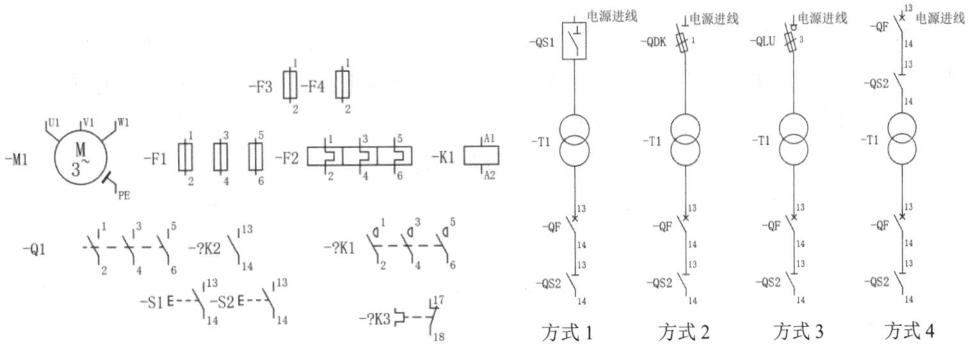

方式 1　方式 2　方式 3　方式 4

9.1　电路设计准备工作

电路图使用电路的简化传统的图形进行表示，展示了电气元件是如何连接在一起的。工程师和电工通常使用电路图来解释部件和电气电路，这对于设计、建造和维护电气和电子设备十分重要。

9.1.1　电路设计构成

电路设计中整个项目的图纸按构成主要分为三部分。

（1）总览图。主要包括项目的标题、目录、部件列表、网络图。

（2）原理图。原理图是整个项目图纸的最主要部分，包括所有电气柜和客户现场的详细接线图、布局图等。对于重要电气部件（如电动机、传感器等）接线需附上详细的文字说明以防出现错接、混接等现象。

原理图中包含不同的组成部分，下面简单介绍这些概念。

➢ 符号：是元件的图形化表示。使用图形标识一个设备或概念的元件、标记或符号。
➢ 设备：由一个或多个元件组成，如接触器线圈和触点，其中，线圈和触点是元件，也可称之为主功能线圈和辅助功能触点。
➢ 元件：在原理图设计中元件以元件符号的形式出现。元件是组成设备的个体单位。
➢ 黑盒：由图形元素构成，代表物理上存在的设备。通常用黑盒描述标准符号库中没有的符号。
➢ 结构盒：表示隶属现场同一位置，功能相近或者具有相同页结构的一组设备。它没有设备标识名称，只是一种示意。
➢ PLC 盒子：PLC 系统的硬件描述，如数字输入/输出卡、模拟输入/输出卡、电源单元等。

（3）工艺图。工艺图主要展示现场的详细布局以及电气元件的安装位置。图纸来源于机械的平面图，需要在平面图的每个细节处对所有用到的电气元件进行位置和型号的标识，方便现场施工，同时提高准确度。工艺图指出了电气元件的具体安装位置，减少了安装时的沟通时间，防止安装位置错误现象的发生。工艺图上给定了电气元件的具体型号，防止安装时的型号错误。

9.1.2 电路图设计步骤

在设计电路图之前，应该准备两方面内容。

（1）公司设计的相关标准已经确定。

（2）方案计划已经制订。

在使用 EPLAN 进行项目设计时，如果按照以下步骤/流程进行，则有助于提高设计效率。

（1）创建主数据（公司自己的图框、符号、表格、厂商数据、字典等，如已经创建，则略过）。

（2）创建基本项目模板（供今后使用）。

（3）进行原理图设计（包括标识符和指定项目结构等）。

原理图的设计大致可以分为创建工程、设置工作环境、放置设备、连接、生成报表等几个步骤。设计原理图的具体步骤如下。

1）新建原理图文件。在进入电路图设计系统之前，首先要创建新的项目文件与图页文件，在项目中建立图页文件。

2）设置工作环境。根据实际电路的复杂程度来设置图纸参数。在电路图设计的整个过程中，图纸的参数都可以不断地调整，设置合适的图纸参数是完成图纸设计的第一步。

3）放置元件、设备并布局。从部件库中选取设备，放置到图纸的合适位置，并对设备的名称、部件进行定义和设定，根据设备之间的连线等联系对设备在工作平面上的位置进行调整和修改，使原理图美观且易懂。

在 EPLAN 中，符号、部件、设备的定义如下。

➢ 符号：即电气符号，如触点、开关、指示灯等，符号库用于管理符号。
➢ 部件：部件是厂商提供的电气设备的数据集合，部件库用于管理部件。
➢ 设备：设备与符号、部件的关系可简单理解为设备=符号+部件。在 EPLAN 中，设备分为“常规”设备（如电机、熔断器、阀等）和“专用”设备（如端子、电缆、PLC 连接点、黑盒等）。

4）电路图的布线。根据实际电路的需要，利用原理图提供的各种工具、指令进行布线，将工作平面上的设备使用具有电气意义的符号连接起来，构成一幅完整的电路图。

（4）进行安装板设计。

（5）创建宏，供今后使用。

（6）自动生成报表。

EPLAN P8 2022 提供了利用各种报表工具生成的报表，同时可以对设计好的原理图和各种报表进行存盘和输出打印，为印刷板电路的设计作准备。

9.1.3 设置工作环境

在原理图的绘制过程中，其效率和正确性往往与环境参数的设置有着密切的关系。参数设置得合理与否，直接影响到设计过程中软件的功能能否得到充分的发挥。

在 EPLAN P8 2022 电路设计系统中，原理图编辑器工作环境的设置是通过原理图的“设置”对话框来完成的。

【执行方式】

菜单栏：选择菜单栏中的“选项”→“设置”命令。

【操作步骤】

执行上述命令，系统将弹出“设置”对话框。该对话框中主要有四个标签页，即项目、用户、工作站和公司，如图 9-1 所示。

图 9-1 “设置”对话框

在对话框的树形结构中显示四个类别的设置：项目指定的、用户指定的、工作站指定的和公司指定的，该类别下分别包含更多的子类别。

动手学——设置数据路径

扫一扫，看视频

在 EPLAN 安装过程中，已经设置了系统主数据的路径、公司代码和用户名称，EPLAN 自动将主数据保存在默认路径下。

【操作步骤】

（1）选择菜单栏中的“选项”→“设置”命令，在“设置”对话框中选择“用户”→“管理”→“目录”，右侧显示主数据存储路径，如图 9-2 所示。

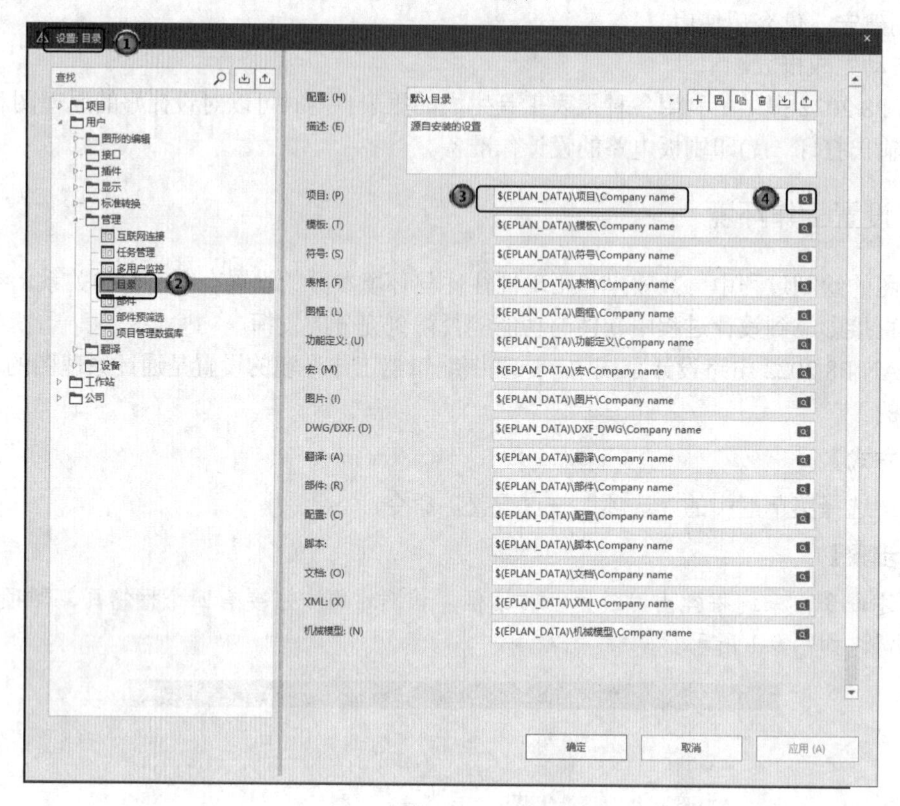

图 9-2 “设置”对话框

（2）项目文件的存储路径为“EPLAN_DATA\项目\Company name”，单击“项目”文本框右侧的按钮，弹出“选择文件夹”对话框，如图 9-3 所示，选择路径为“EPLAN\Data\项目\Company name\yuanwenjian”。

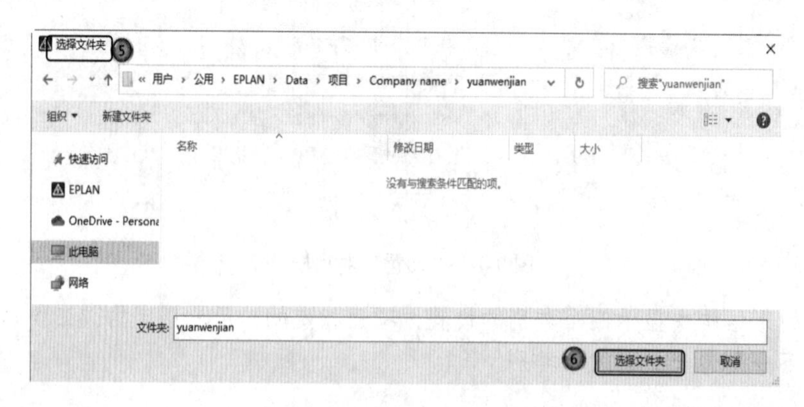

图 9-3 “选择文件夹”对话框

（3）单击“选择文件夹”按钮，返回“设置”对话框，完成路径的修改，如图 9-4 所示。单击“应用”按钮，更新应用设置；单击“关闭”按钮，关闭对话框。

图 9-4　修改路径

9.1.4　元件的选择与放置

在符号库中找到元件符号后，加载该符号库，就可以在原理图上放置该元件符号了。在工作区中可以将元件符号一次或多次放置在电气图上，但不能同时选择多个元件符号一次放置在电气图上。

在放置元件符号之前，应该首先选择所需元件符号，并且确认所需元件符号所在的符号库文件已经被装载。若没有装载符号库文件，请先按照前面介绍的方法进行装载，否则系统无法找到所需要的元件符号。EPLAN P8 2022 中有三种选择元件符号的方法。

- “插入中心”导航器。
- “符号选择”导航器。
- “符号选择”对话框。

在前面章节中已经详细介绍了如何在符号库中选择元件符号，这里不再赘述。

动手学——放置三相全压启动电路元件

电动机的全压启动也称直接启动，是最常用的启动方式，三相电动机全压启动的原理图如图 9-5 所示。

主电路由隔离开关 QS、熔断器 FU、接触器 KM 的常开主触点、热继电器 FR 的热元件和电动机 M 组成。控制电路由启动按钮 SB2、停止按钮 SB1、接触器 KM 线圈和常开辅助触点 KM-1、热继电器 FR 的常闭触点 FR-1 构成。

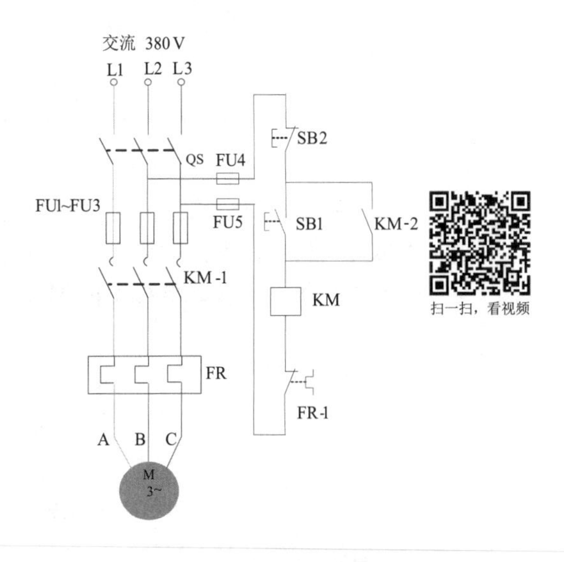

图 9-5　三相电动机全压启动原理图

由于该项目创建时使用的模板为带 IEC 标准标识结构的基本项目 IEC_bas001，因此符号库中默认加载的符号库包含

IEC_symbol（符合 IEC 标准的原理图符号库）、IEC_single_symbol（符合 IEC 标准的单线图符号库）。本实例绘制的是多线原理图，因此使用 IEC_symbol 符号库中的元件符号。

【操作步骤】

选择菜单栏中的“项目”→“打开”命令，弹出“打开项目”对话框，打开项目文件 Electrical_Project.elk，在“页”导航器中选择“=G01+A100/2 三相全压启动电路原理图”，双击打开电气图编辑器。

1. 插入电机元件 M1

（1）选择菜单栏中的“插入”→“符号”命令，弹出如图 9-6 所示的“符号选择”对话框，选择电机元件“带有 PE 的电机，4 个连接点”。完成元件的选择后，单击“确定”按钮，电气图中鼠标光标上显示浮动的元件符号，如图 9-7 所示。在电气图空白处单击，放置电机元件。

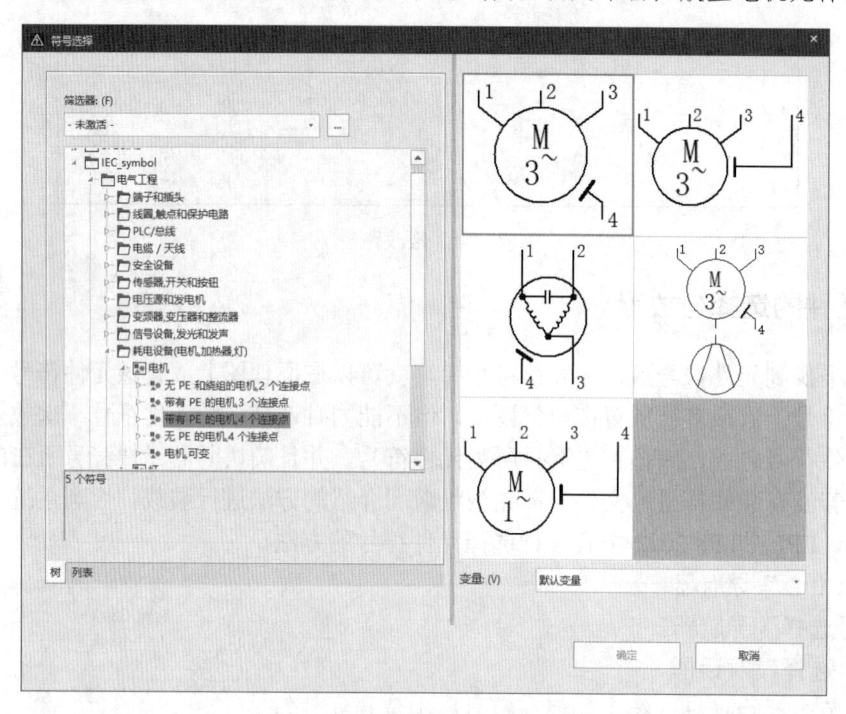

图 9-6　“符号选择”对话框

（2）放置电机元件的同时自动弹出“属性（元件）：常规设备”对话框。使用默认属性，单击“确定”按钮，关闭对话框，显示电气图中的电机元件 M1，如图 9-8 所示。同时，在“设备”导航器中显示新添加的电机元件 M1。

图 9-7　显示元件符号　　　　图 9-8　显示放置的元件

提示：

为了后期布局方便，放置元件时要打开栅格。

2. 插入熔断器元件 F1

（1）选择菜单栏中的“项目数据”→“符号”命令，在工作窗口左侧就会出现“符号选择”标签，并自动弹出“符号选择”导航器，在导航器树形结构中选中 IEC_symbol→“电气工程”→“安全设备”→“熔断器”→F3 元件符号，如图 9-9 所示，直接拖动到电气图中的适当位置或在该元件符号上右击，选择“插入”命令。

（2）选择元件符号时，打开“图形预览”窗口，在其中选择元件的图形符号。

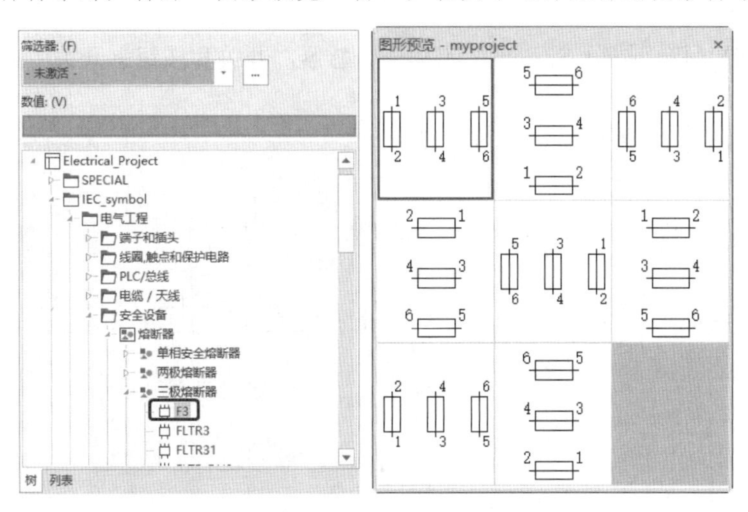

图 9-9　选择元件符号

（3）在图纸空白处单击完成元件符号的插入，在电气图中放置元件，会自动弹出“属性（元件）：常规设备”对话框，使用默认属性，单击“确定”按钮，关闭对话框。此时鼠标光标仍处于放置熔断器元件符号的状态，右击选择“取消操作”命令或按 Esc 键即可退出该操作。放置的熔断器元件如图 9-10 所示。

3. 插入隔离开关元件 Q1

在“符号选择”导航器树形结构中选中“电气工程”→“传感器、开关和按钮”→“开关/按钮”→“三极开关/按钮”→Q3_1 元件符号，直接拖动到电气图中的适当位置，如图 9-11 所示。

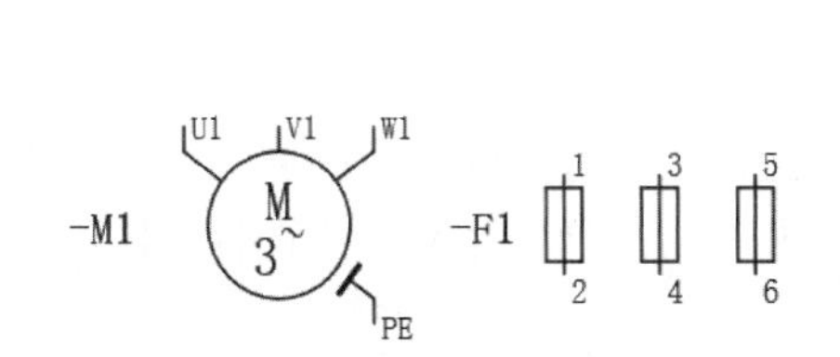

图 9-10　放置熔断器元件

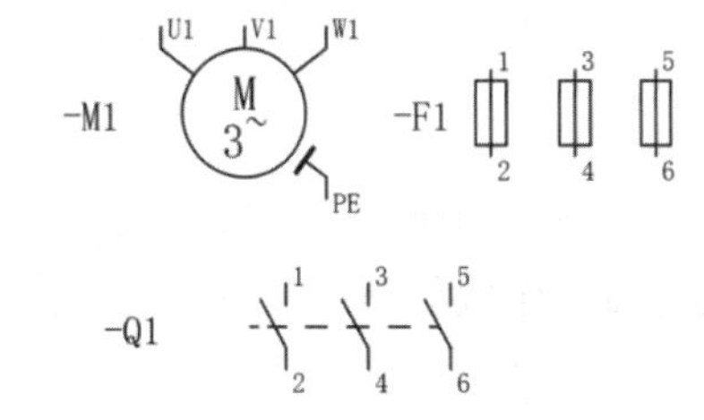

图 9-11　放置隔离开关元件

4. 插入其余元件

在 IEC_symbol 符号库下选择以下符号元件。

- 继电器元件 F2：电气工程→安全设备→热过载继电器→散热，6 个连接点→FT3。
- 熔断器 F3、F4：电气工程→安全设备→三极熔断器→F3。

- 线圈元件 K1：电气工程→线圈，触点和保护电路→线圈→线圈，2 个连接点→K。
- 线圈常开主触点?K1：电气工程→线圈，触点和保护电路→常开触点→三极常开触点，6 个连接点→SL3。
- 线圈辅助常开触点?K2：电气工程→线圈，触点和保护电路→常开触点→常开触点，2 个连接点→S。
- 热继电器 F2 的常闭触点?K3：电气工程→线圈，触点和保护电路→常闭触点→常闭触点，2 个连接点→OT。
- 启动按钮 S1、停止按钮 S2：电气工程→传感器，开关和按钮→开关/按钮→开关/按钮，常开触点 2 个连接点→SSD。

在图纸中插入上面的元件符号，如图 9-12 所示。

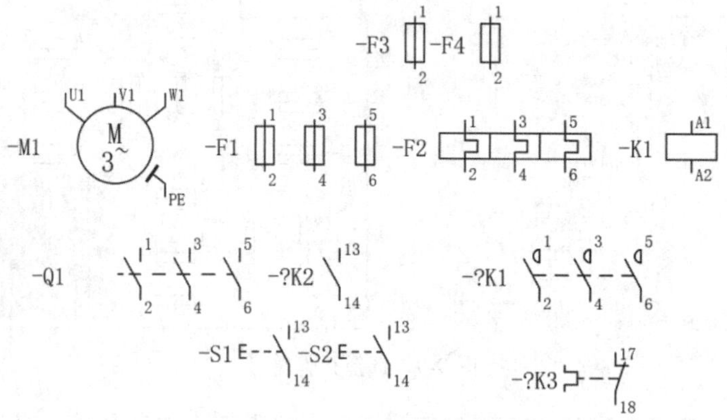

图 9-12　放置元件

注意：

EPLAN 中，两元件接地端在水平或垂直方向会激活自动连接命令，实现元件之间的电气连接。在一般的电路绘制过程中，放置元件的同时会进行自动连接。但在本书中，上面的实例中并未涉及自动连接，需要单独放置元件，避开接线端的自动连接。

9.2　元件属性设置

在电路图上放置的所有元件符号都具有自身的特定属性，通过对元件符号的属性进行设置，一方面可以确定后面生成的网络报表的部分内容；另一方面也可以设置元件符号或设备在图纸上的摆放效果。

在“插入中心”中选择元件或设备时，元件符号缩略图下方显示选中元件的基本属性，如图 9-13 所示。

除了上面的基本属性外，EPLAN 中还包含了关于元件的技术数据属性。

【执行方式】

- 菜单栏：选择菜单栏中的“编辑”→“属性”命令。
- 快捷菜单：选择要移动的对象，右击，在弹出的快捷菜单中选择“属性”命令。

➢ 快捷操作：双击电路图中的元件或设备。

【操作步骤】

执行上述操作，自动弹出元件属性设置对话框，如图 9-14 所示。

知识拓展：

将元件符号或设备放置到原理图中后，会自动弹出属性设置对话框。

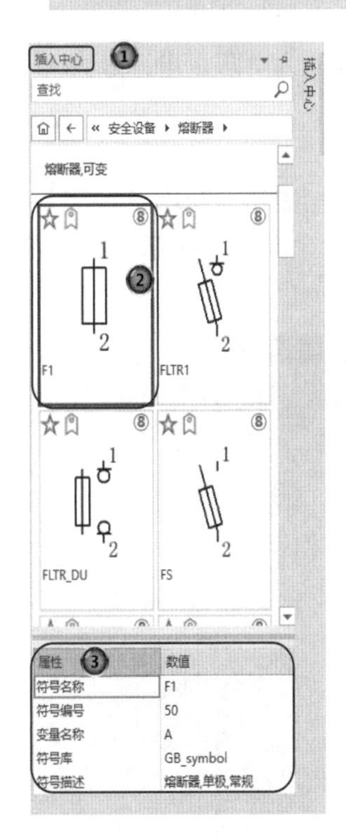

图 9-13　显示元件的基本属性

图 9-14　元件属性设置对话框

属性设置对话框中包括 4 个选项卡，分别是元件（此处为“插针”符号名称）、显示、符号数据/功能数据、部件。可在该对话框中进行设置，赋予元件符号更多的属性信息和逻辑信息。

9.2.1　元件

在元件选项卡下显示与此元件符号相关的属性，不同的元件符号会显示不同的名称，在图 9-15 中对“常开触点”元件进行属性设置时，该属性对话框中第一个元件名称选项卡显示为“常开触点”。

该选项卡中包含的各参数含义如下。

➢ 显示设备标识符：在该文本框中输入元件或设备的标识名和编号，元件设备的命名通过预设的配置实现设备的在线编号。若设备元件采用“标识符+计数器”的命名规则，当插入熔断器时，该文本框中默认自动命名为 F1、F2 等，可以在该文本框中修改标识符及计数器。

➢ 完整设备标识符：在该文本框中进行层级结构、设备标识和编号的修改。单击 ... 按钮，弹出“完整设备标识符”对话框，在该对话框中通过修改设备标识符和结构标识符确定“完整设备标识符”，将设备标识符分割为前缀、标识字母、计数器和子计数器，分别进行修改。

➢ 连接点代号：显示元件符号或设备在电气图中的连接点编号，元件符号上能够连成的点为连接点。图 9-15 中的熔断器有 2 个连接点，每个连接点都有一个编号，图中默认显示为 1¶2，标识该设备的编号为 1、2，也可以称为“连接点代号”。创建电气符号时，需要规定连接点数量，若定义功能为“可变”，则可自动设置连接点数量。
➢ 连接点描述：显示元件符号或设备连接点编号间的间隔符，默认为¶。按快捷键 Ctrl+Enter 可以输入字符¶。
➢ 技术参数：输入元件符号或设备的技术参数，可输入元件的额定电流等参数。
➢ 功能文本：输入元件符号或设备的功能描述文字，如熔断器的功能为“防止电流过大”。
➢ 铭牌文本：输入元件符号或设备铭牌上的文字。
➢ 装配地点（描述性）：输入元件符号或设备的装配地点。
➢ 主功能：元件符号或设备常规功能的主要功能，常规功能包括主功能和辅助功能。
➢ 属性列表：在“属性名-数值”列表中显示元件符号或设备的属性，单击 + 按钮，新建元件符号或设备的属性；单击 🗑 按钮，删除元件符号或设备的属性。

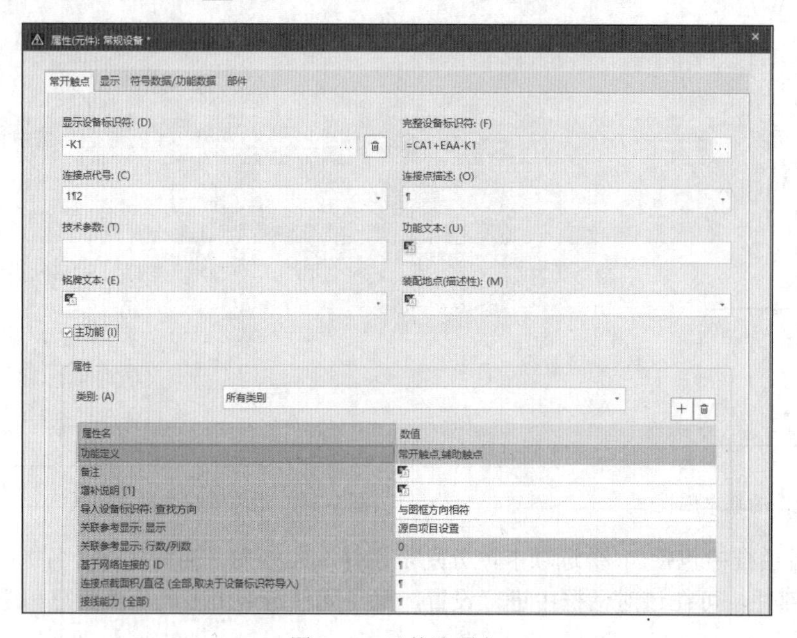

图 9-15　元件选项卡

提示：

在 EPLAN 中，主功能和辅助功能会形成关联参考，主功能还包括部件的选型。勾选“主功能”复选框，会显示“部件”选项卡，如图 9-15 所示。

取消勾选“主功能”复选框，则属性设置对话框中只显示辅助功能，隐藏“部件”选项卡，辅助功能中包含部件的选型。

一个元件只能有一个主功能，一个主功能对应一个部件。若一个元件具有多个主功能，说明它包含多个部件。

扫一扫，看视频

动手学——设置三相全压启动电路设备标识符

一般情况下，元件符号都有其指定的文字符号，如隔离开关 QS、熔断器 FU、接触器 KM 的常开主触点 KM-1、热继电器 FR 的热元件和电动机 M、启动按钮 SB2、停止按钮 SB1、接触器 KM

线圈和常开辅助触点 KM-2、热继电器 FR 的常闭触点 FR-1。

【操作步骤】

（1）选择菜单栏中的“项目”→“打开”命令，弹出“打开项目”对话框，打开项目文件 Electrical_Project.elk，在“页”导航器中选择“=G01+A100/2 三相全压启动电路原理图”，双击打开电气图编辑器。

（2）在电气图中双击电机元件 M1，弹出“属性（元件）：常规设备”对话框，如图 9-16 所示。在“显示设备标识符”文本框中输入-M，单击“确定”按钮，完成设置，结果如图 9-17 所示。

图 9-16　“属性（元件）：常规设备”对话框

（3）单击功能区“编辑”选项卡的“选项”选项组中的“直接编辑”按钮，进入文本编辑模式。在三极熔断器元件 F1 上单击，如图 9-18 所示，显示“设备标识符（显示）”编辑框，输入-FU1-FU3，结果如图 9-19 所示。

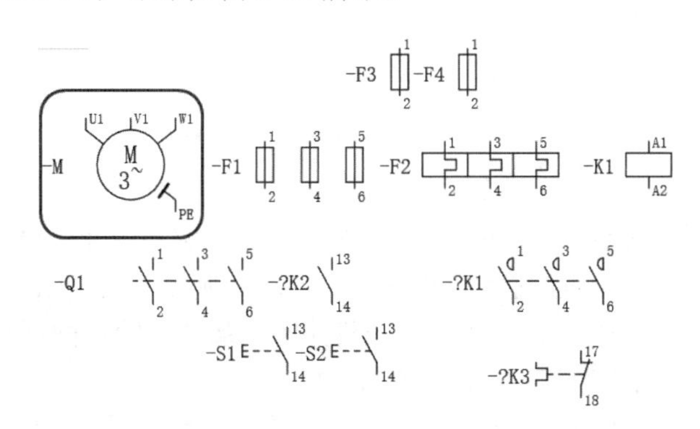

图 9-17　设备标识符修改结果 1

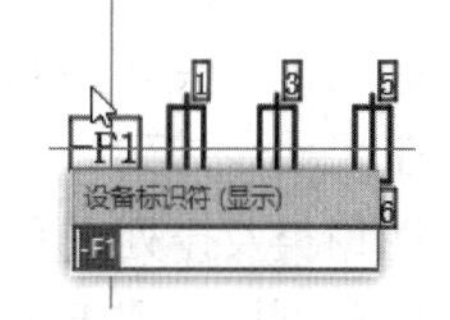

图 9-18　激活文本编辑模式

（4）选择步骤（2）或步骤（3）所述方法，按照标准修改元件设备标识符，结果如图 9-20 所示。

-M　U1　V1　W1　M　3~　PE　-F5　-F4　1　2　1　2

-FU1-FU3　1　3　5　2　4　6　-FR　1　3　5　2　4　6　-KM　A1　A2

-QS　1　3　5　2　4　6　-KM-2　13　14　-KM-1　1　3　5　2　4　6

-FU1-FU3　1　3　5　2　4　6　-SB1　13　14　-SB2　13　14　-FR-1　17　18

图 9-19　设备标识符修改结果 2　　　　图 9-20　设备标识符修改结果 3

9.2.2　显示

“显示”选项卡用于定义元件符号或设备的属性，包括显示对象与显示样式，如图 9-21 所示。

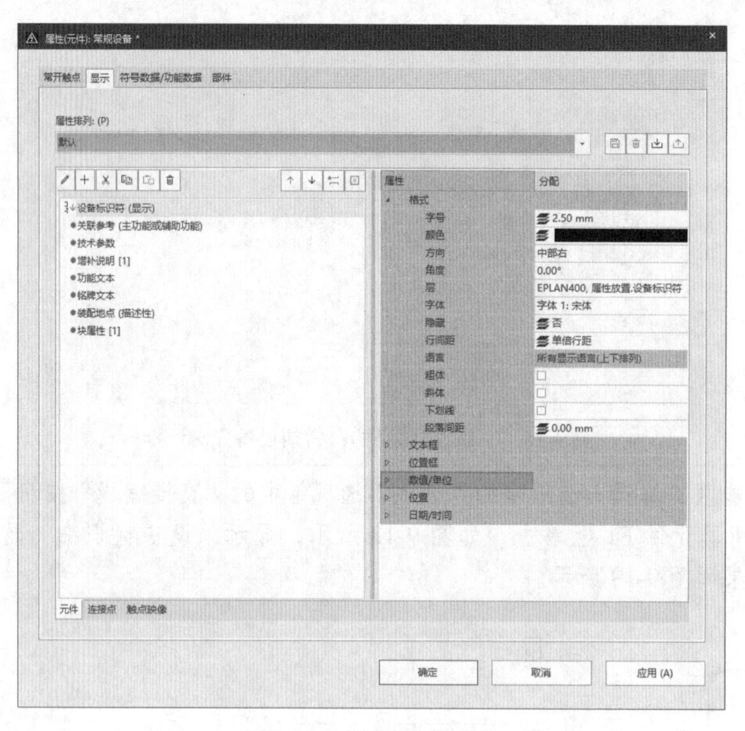

图 9-21　“显示”选项卡

在“属性排列”下拉列表中显示默认与自定义两种属性的排列方法，默认定义的 8 种属性包括设备标识符、关联参考、技术参数、增补说明、功能文本、铭牌文本、装配地点、块属性。

在“属性排列”下拉列表中选择“用户自定义”，可对默认属性进行新增或删除。同样地，当对属性种类及排列进行修改时，属性排列自动变为“用户自定义”。

在左侧属性列表上方显示工具按钮，可对属性进行新建、删除、上移、下移、固定及拆分。

默认情况下，电路图中的元件符号与功能文本是组合在一起的，固定一同移动、复制，单击工具栏中的“拆分”按钮进行拆分后，在电路图中可以单独移动、复制功能文本。

右侧“属性-分配”列表中显示的是属性的样式，包括格式、文本框、位置框、数值/单位、位置和日期/时间的设置。

扫一扫，看视频

动手学——显示项目属性的编号

【操作步骤】

（1）选择菜单栏中的“项目”→“打开”命令，打开项目文件 Electrical_Project.elk，打开右侧的“插入中心”导航器，选择“开始\符号\GB_symbol\电气工程\线圈，触点和保护电路”，在列表中选择线圈符号，如图 9-22 所示。

（2）选中元件符号后，单击“确定”按钮，此时鼠标光标变成十字形状并附加一个交叉记号，如图 9-23 所示。将鼠标光标移动到电路图中的适当位置，在空白处单击完成元件符号的放置，此时会自动弹出属性设置对话框，打开“显示”选项卡，如图 9-24 所示。单击“确定”按钮，关闭对话框。

（3）选择菜单栏中的“选项”→“设置”命令，弹出“设置”对话框。选择“用户”→“显示”→“用户界面”选项，在该界面中勾选“显示标识性的编号”“在名称后”复选框，为元件符号或设备的属性显示编号，如图 9-25 所示。

（4）完成上面的设置后，双击线圈元件，弹出属性设置对话框，打开“显示”选项卡，显示元件属性名称及编号，并设置属性编号显示位置为“在名称后”，如图 9-26 所示。

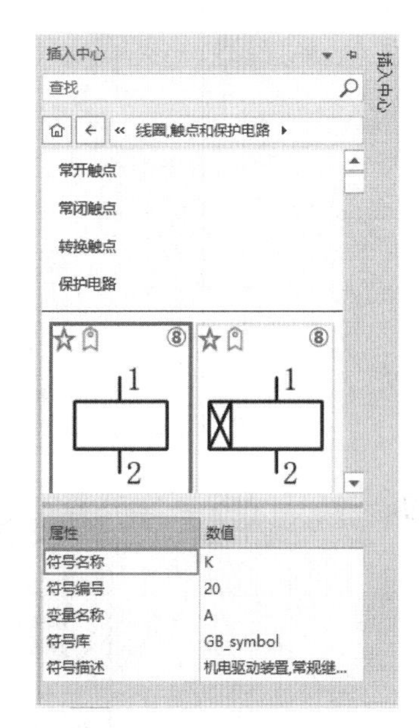

图 9-22 选择线圈符号

图 9-23 放置线圈符号

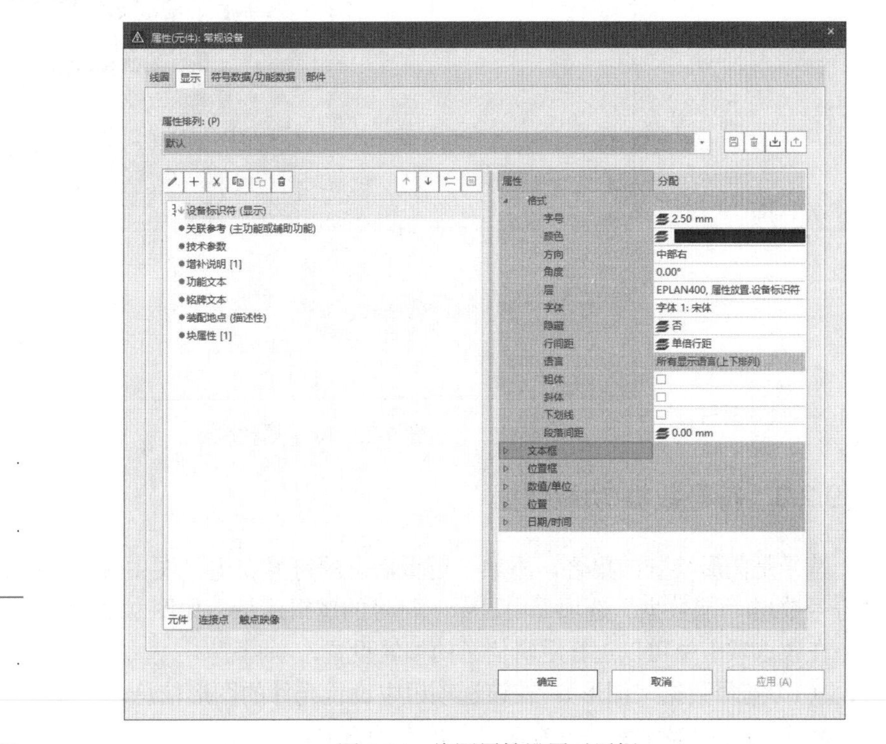

图 9-24 线圈属性设置对话框

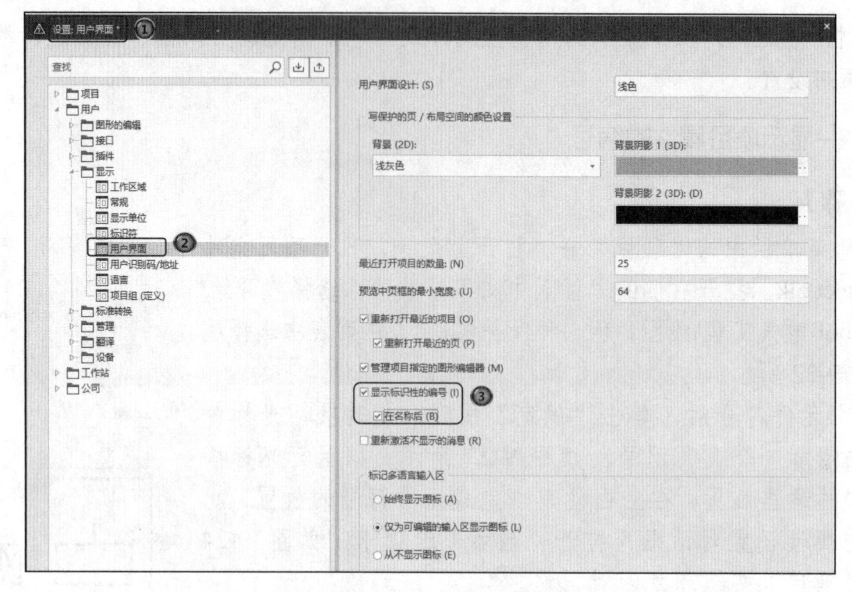

图 9-25　“设置”对话框

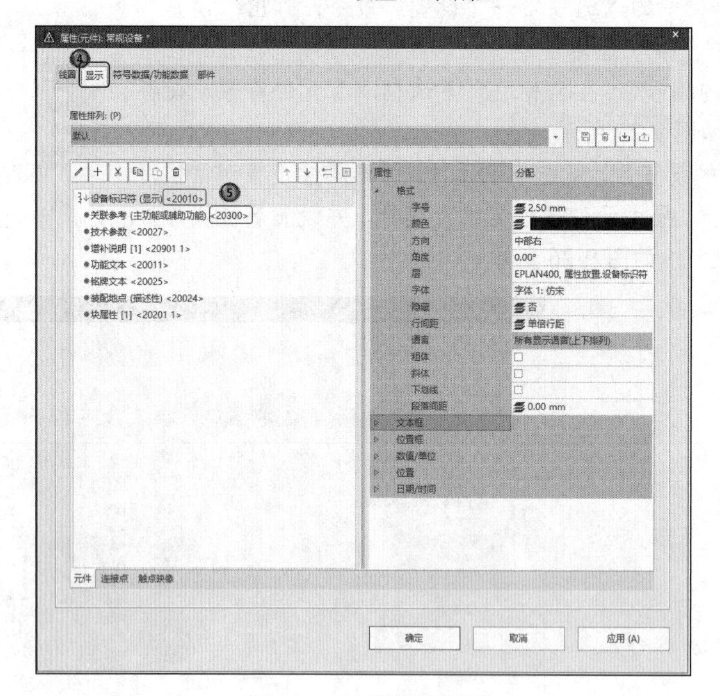

图 9-26　显示属性编号

9.2.3　符号数据/功能数据

符号是图形绘制的集合，添加了逻辑信息的符号在电气图中称为元件，不再是无意义的符号。“符号数据/功能数据”选项卡中显示了符号的逻辑信息，如图 9-27 所示。

在该选项卡中可以进行逻辑信息的编辑设置。

（1）符号数据（图形）：在该选项组中设置元件的图形信息。

➢ 符号库：显示元件符号或设备所在的符号库名称。

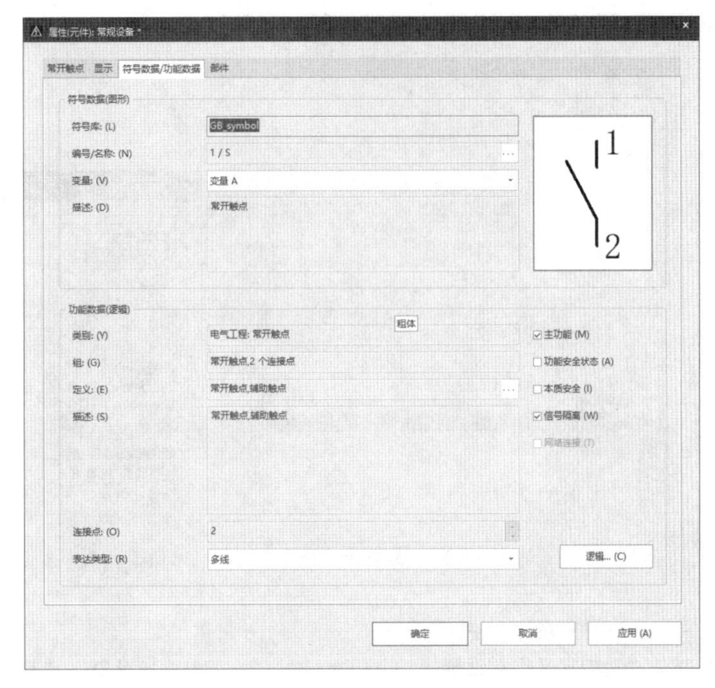

图 9-27 “符号数据/功能数据”选项卡

- 编号/名称：显示元件符号或设备的符号编号，单击…按钮，弹出“符号选择”对话框，打开符号库可重新选择替代符号。
- 变量：每个元件符号或设备包括 8 个变量，在下拉列表中选择不同的变量，相当于旋转元件符号或设备，也可将元件符号或设备放置在原理图中后进行旋转。
- 描述：描述元件符号或设备的型号。
- 缩略图：在右侧显示元件符号或设备的推行符号，并显示连接点与连接点编号。

（2）功能数据（逻辑）：在该选项中设置元件的图形信息。

- 类别：显示元件符号或设备的所属类别。
- 组：显示元件符号或设备的所属类别下的组别。
- 定义：显示元件符号或设备的功能，显示电器逻辑。单击…按钮，弹出如图 9-28 所示的“功能定义”对话框，选择该元件符号或设备对应的特性及连接点属性。
- 描述：描述简单的元件符号或设备的名称及连接点信息。
- 连接点：显示该元件符号或设备的连接点个数。
- 表达类型：显示该元件符号或设备的表达类型。选择不同的表达类型，显示对应图纸中显示的功能，达到不同的效果。一个功能可以在项目中以不同的表达类型使用，但每个表达类型仅允许出现一次。
- 主功能：激活该复选框，显示“部件”选项卡。
- 功能安全状态：指接收或触发与安全相关的信号功能。
- 本质安全：针对设计防爆场合应用的项目，勾选该复选框后，必须选择带有本质安全特性的电气元件，避免选择不防爆的元件。
- 逻辑：单击该按钮，打开“连接点逻辑”对话框，如图 9-29 所示，可查看和定义元件连接点的连接类型。这里选择的“熔断器”只有 2 个连接点，因此只显示 1、2 两个连接点的信息。

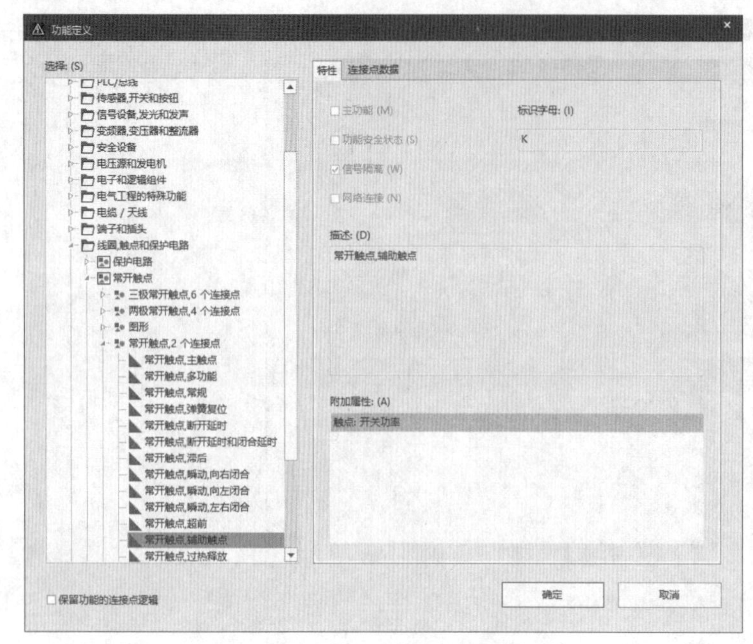

图 9-28　“功能定义”对话框

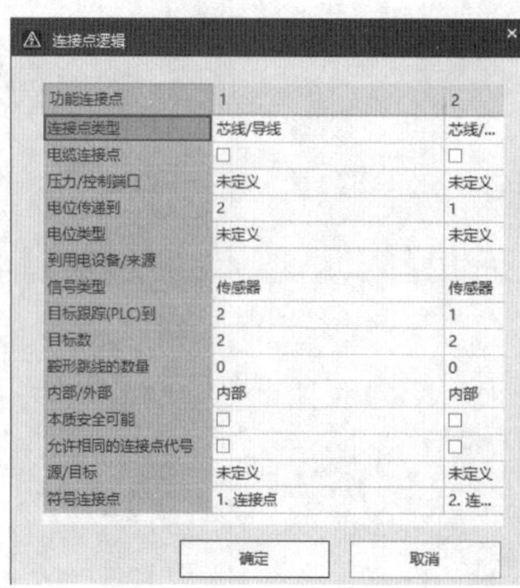

图 9-29　“连接点逻辑”对话框

9.2.4　部件

“部件”选项卡用于为元件符号的部件进行选型，完成部件选型的元件符号不再是元件符号，可以成为设备。元件选型前部件编号显示为空，如图 9-30 所示。

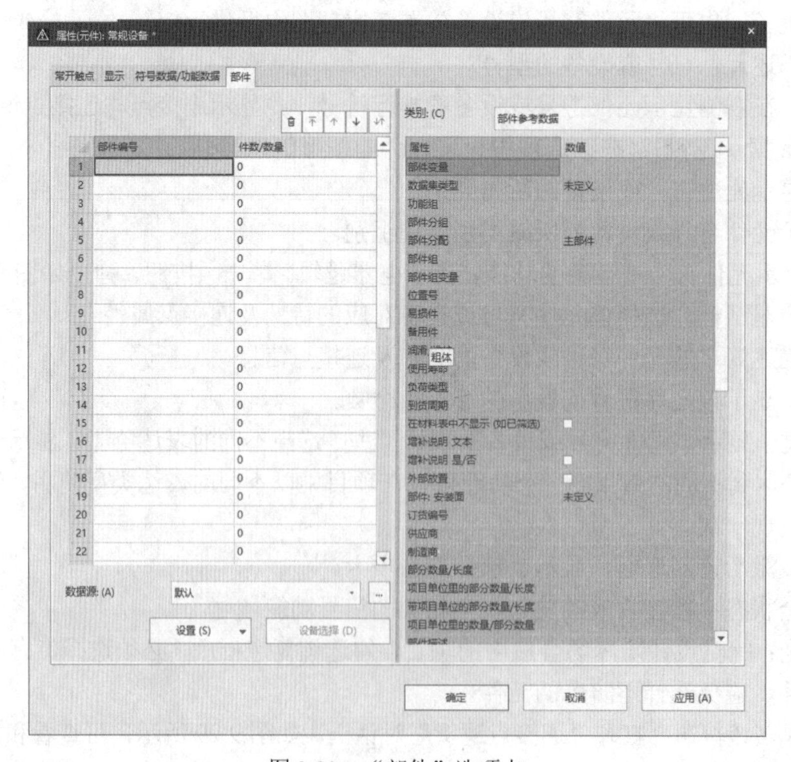

图 9-30　“部件”选项卡

动手学——电机元件符号选型

对元件符号进行选型，设置部件后的元件符号，也就是完成了元件的属性设置（元件到设备的转换）。本实例利用插入符号命令在电路图中放置如图 9-31 所示的三相异步电机符号，并通过元件属性设置对话框为电动机选型。

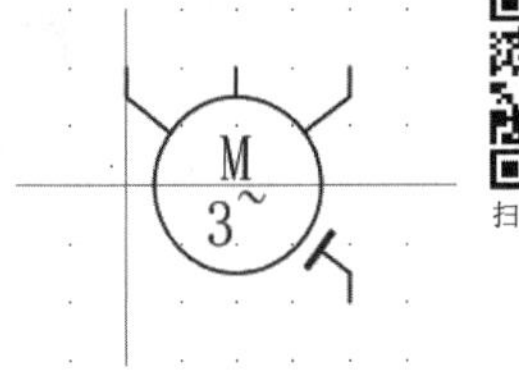

图 9-31 三相异步电机符号

【操作步骤】

（1）选择菜单栏中的“项目”→“打开”命令，打开项目文件 Electrical_Project.elk，选择菜单栏中的“插入”→“符号”命令，弹出“符号选择”对话框，如图 9-32 所示，在“筛选器”下的列表中选择三相异步电机符号。

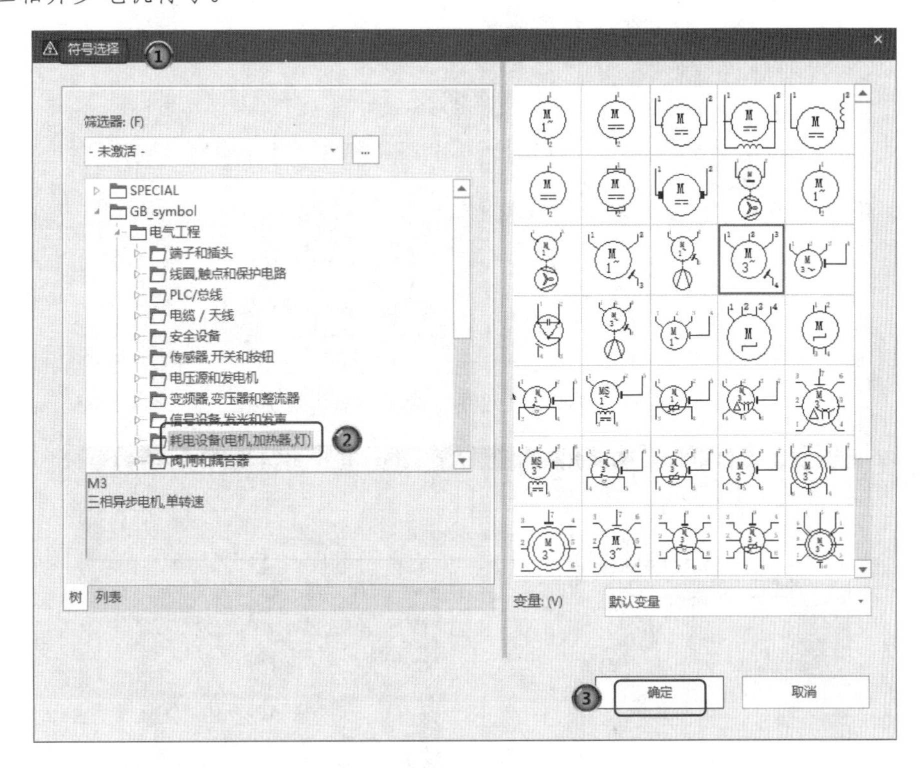

图 9-32 选择三相异步电机符号

（2）选择元件符号后，单击“确定”按钮，此时鼠标光标变成十字形状并附加一个交叉记号，将鼠标光标移动到电路图中的适当位置，在空白处单击完成元件符号的放置，此时会自动弹出“属性（元件）：常规设备”对话框，如图 9-33 所示。

（3）单击“部件”选项卡，如图 9-34 所示，单击...按钮，弹出“部件选择”对话框。选择“部件”→“电气工程”→“零部件”→“电机”→“常规”→SEW→SEW.DRN90L4/FE/TH，如图 9-35 所示。

（4）单击“确定”按钮，返回“属性（元件）：常规设备”对话框，显示添加的部件编号，如图 9-36 所示。单击“确定”按钮，完成元件属性的设置。

（5）关闭属性设置对话框，此时鼠标光标仍处于放置元件符号的状态，按 Esc 键即可取消该操作。

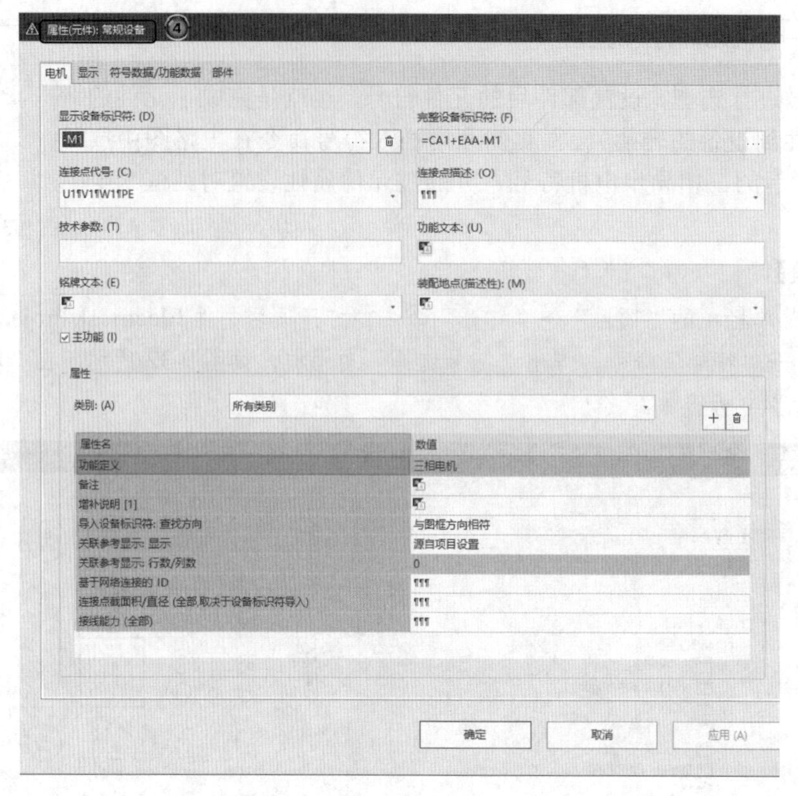

图 9-33　“属性（元件）：常规设备”对话框

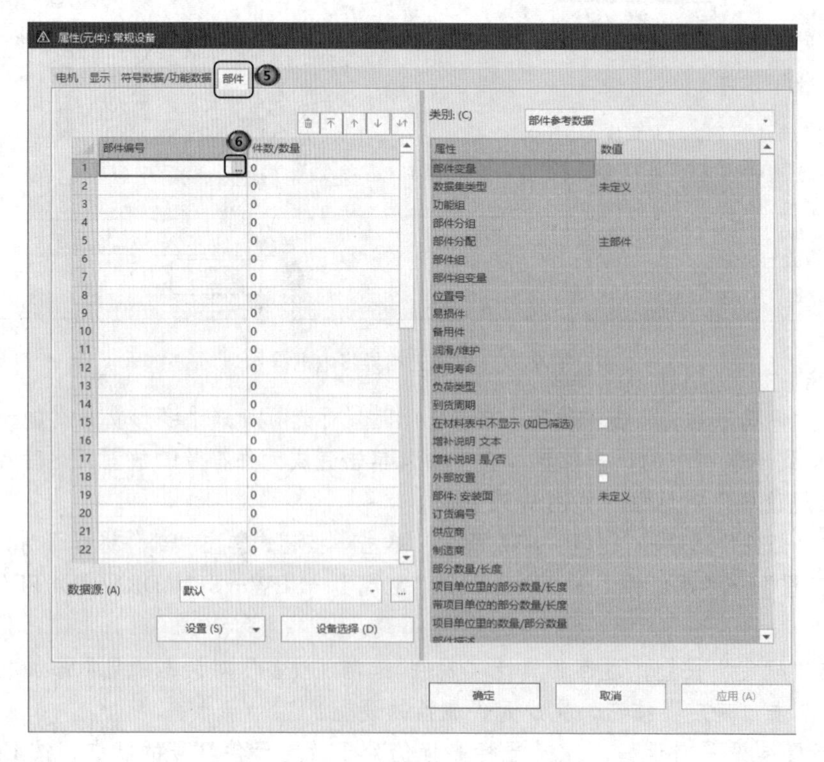

图 9-34　“部件”选项卡

图 9-35　选择部件编号

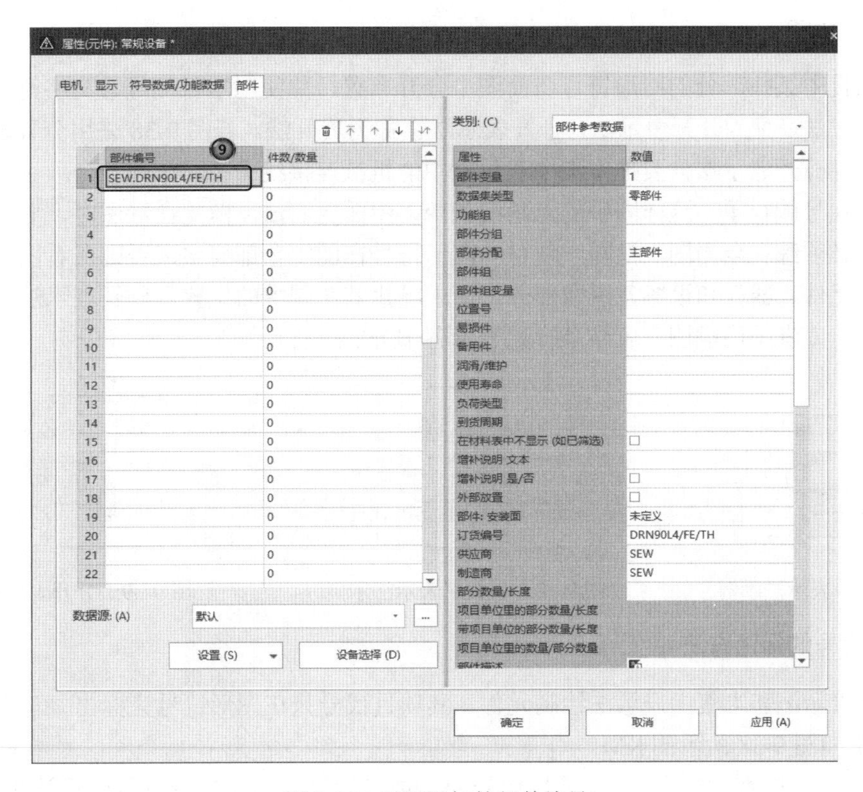

图 9-36　显示添加的部件编号

9.3 元件布局

元件布局实际上就是利用移动命令将元件移动到图纸上指定的位置，并将元件旋转到指定的方向，有时为了美观还需要对元件进行对齐、间距调整等操作。

9.3.1 电气元件的表示方法

一个元件在电气图中的完整图形符号的表示方法有：集中表示法、半集中表示法和分开表示法。

1. 集中表示法

把设备或成套装置中的一个项目各组成部分的图形符号在简图上绘制在一起的方法，称为集中表示法。在集中表示法中，各组成部分用机械连接线（虚线）互相连接起来，连接线必须是一条直线。可见这种表示法只适用于简单的电路图。图 9-37 所示为两个项目，继电器 KA 有一个线圈和一对触点，接触器 KM 有一个线圈和三对触头，它们分别用机械连接线联系起来，各自构成一体。

2. 半集中表示法

把一个项目中某些部分的图形符号在简图中分开布置，并用机械连接线把它们连接起来的方法，称为半集中表示法。例如，图 9-38 中 KM 具有一个线圈、三对主触头和一对辅助触头，表达得很清楚。在半集中表示法中，机械连接线可以弯折、分支和交叉。

3. 分开表示法

把一个项目中某些部分的图形符号在简图中分开布置，并使用项目代号（文字符号）表示它们之间的关系的方法，称为分开表示法，分开表示法也称为展开法。若图 9-38 采用分开表示法，就成为图 9-39。可见分开表示法只要把半集中表示法中的机械连接线去掉，在同一个项目图形符号上标注同样的项目代号就行了。这样图中的点画线就少，图面更简洁。但是在看图时，要寻找各组成部分比较困难，必须综观全局图，把同一项目的图形符号在图中全部找出，否则在看图时就可能会遗漏。为了看清元件、器件和设备各组成部分，便于寻找其在图中的位置，分开表示法可与半集中表示法结合使用，或者采用插图、表格等形式表示各部分的位置。

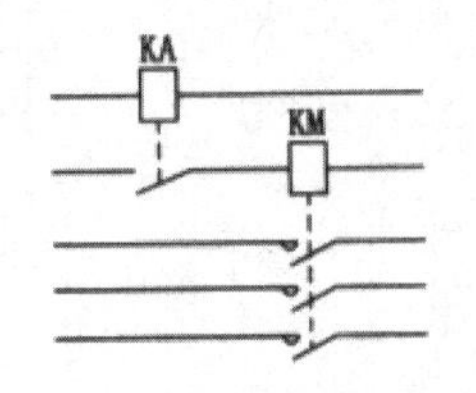

图 9-37　集中表示法示例

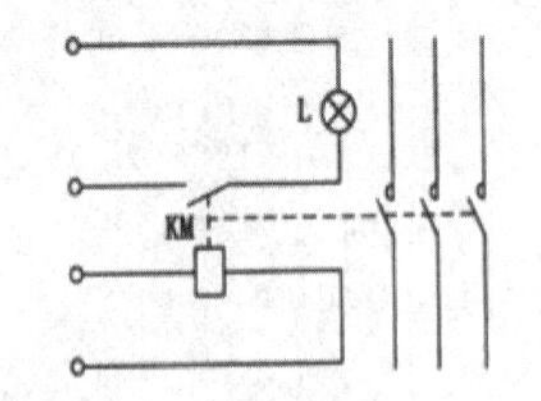

图 9-38　半集中表示法示例

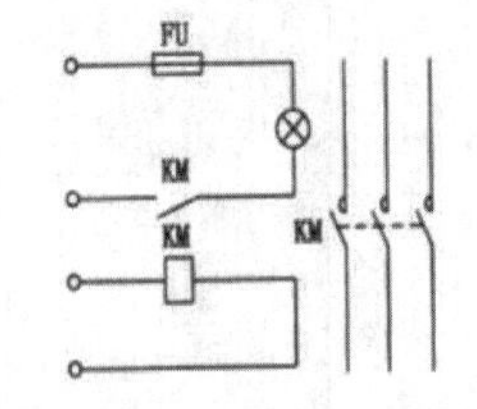

图 9-39　分开表示法示例

4. 项目代号的标注方法

采用集中表示法和半集中表示法绘制元件，其项目代号只在图形符号旁标出并与机械连接线对齐，如图 9-37 和图 9-38 所示的 KM。

采用分开表示法绘制的元件，其项目代号应在项目的每一部分自身符号旁标注出，如图 9-39

所示。必要时，对同一项目的同类部件（如各辅助开关、各触点）可加注序号。

标注项目代号时应注意以下几点。

（1）项目代号的标注位置尽量靠近图形符号。

（2）图线水平布局的图，项目代号应标注在符号上方；图线垂直布局的图，项目代号应标注在符号的左侧。

（3）项目代号中的端子代号应标注在端子或端子位置的旁边。

（4）围框的项目代号应标注在其上方或右侧。

9.3.2 元件的移动

在执行移动操作时，不单是移动元件主体，还包括移动元件标识符（文字符号）或元件连接点；同样地，如果需要调整元件标识符的位置，则先选择元件或元件标识符即可改变。将左右并排的两个元件调整为上下排列，可节省图纸空间。

1. 直接拖动

在实际原理图的布局过程中，最常用的方法是直接使用鼠标拖动来实现元件的移动，如图 9-40 所示。

（1）使用鼠标移动未选中的单个元件。将鼠标光标指向需要移动的元件（不需要选中），元件变色即可，按住鼠标左键不放，拖动鼠标，元件会随之一起移动。到达合适的位置后，释放鼠标，元件即被移动到当前鼠标光标所在的位置。

（2）使用鼠标移动已选中的单个元件。如果需要移动的元件已经处于选中状态，则将鼠标光标指向该元件，同时按住鼠标左键不放，拖动元件到指定位置后，释放鼠标，元件即被移动到当前鼠标光标所在的位置。

（3）使用鼠标移动多个元件。需要同时移动多个元件时，首先应将要移动的元件全部选中，在选中元件上显示浮动的移动图标✥，然后在其中任意一个元件上按住鼠标左键并拖动，到达合适的位置后，释放鼠标，则所有选中的元件都移动到了当前鼠标光标所在的位置。

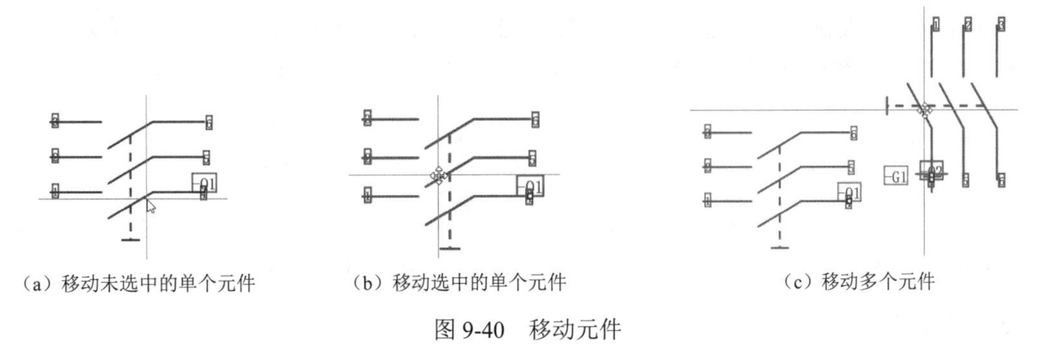

（a）移动未选中的单个元件　（b）移动选中的单个元件　（c）移动多个元件

图 9-40　移动元件

2. 命令操作

【执行方式】

➢ 菜单栏：选择菜单栏中的“编辑”→“移动”命令。

➢ 快捷菜单：选择要移动的对象，右击，在弹出的快捷菜单中选择“移动”命令。

➢ 功能区：单击“编辑”选项卡的“图形”面板中的“移动”按钮。

【操作步骤】

执行上述操作，在鼠标光标上显示浮动的移动图标，然后在其中任意元件上单击，鼠标光标上显示浮动的元件，到合适的位置后，单击，则选中的元件都移动到了当前鼠标光标所在的位置，如图 9-41 所示。

元件在移动过程中，可以向任意方向移动，如果要元件在同一水平线或同一垂直线上移动，则在移动过程中需要确定方向，可以通过按 X 键或 Y 键来切换元件的移动模式。

按 X 键，元件在水平方向上沿直线移动，在鼠标光标上浮动的元件符号上自动添加菱形虚线框；按 Y 键，元件在垂直方向上沿直线移动，如图 9-42 所示。

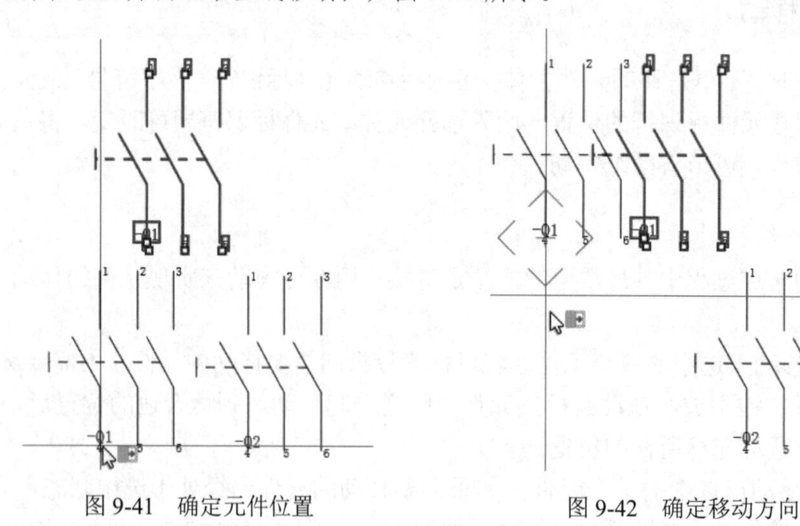

图 9-41　确定元件位置　　图 9-42　确定移动方向

9.3.3　元件的旋转

元件的旋转分为放置前旋转和放置后旋转两种。

1．放置前旋转

选择元件符号或设备后，在电气图中十字光标上显示浮动的元件符号，此时可以旋转元件，如图 9-43 所示。在单击放置前按 Tab 键，可 90°旋转元件符号或设备，如图 9-44 所示。

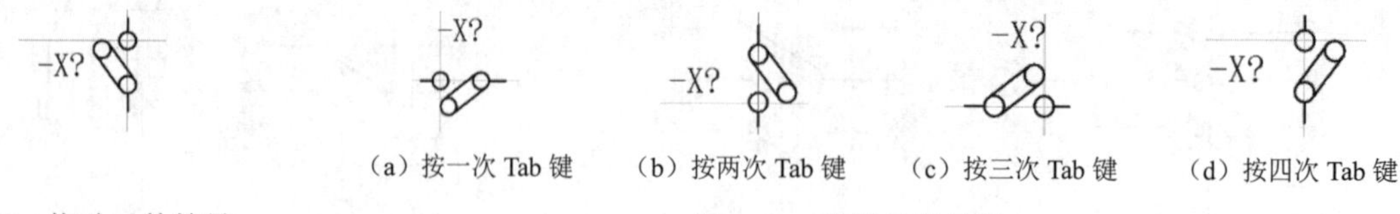

（a）按一次 Tab 键　（b）按两次 Tab 键　（c）按三次 Tab 键　（d）按四次 Tab 键

图 9-43　拖动元件符号　　图 9-44　旋转元件符号 1

2．放置后旋转

选择要旋转的元件符号，选中的元件符号被高亮显示。

【执行方式】

- 菜单栏：选择菜单栏中的“编辑”→“旋转”命令。
- 功能区：单击“编辑”选项卡的“图形”面板中的“旋转”按钮。
- 快捷键：Ctrl+R。

【操作步骤】

执行上述操作，在元件符号上显示操作提示，选择元件旋转的绕点（基准点），在元件符号上单击，确定基准点；将元件符号旋转 90°后，此时原理图中同时显示旋转前与旋转后的元件符号，单击完成旋转操作，如图 9-45 所示。

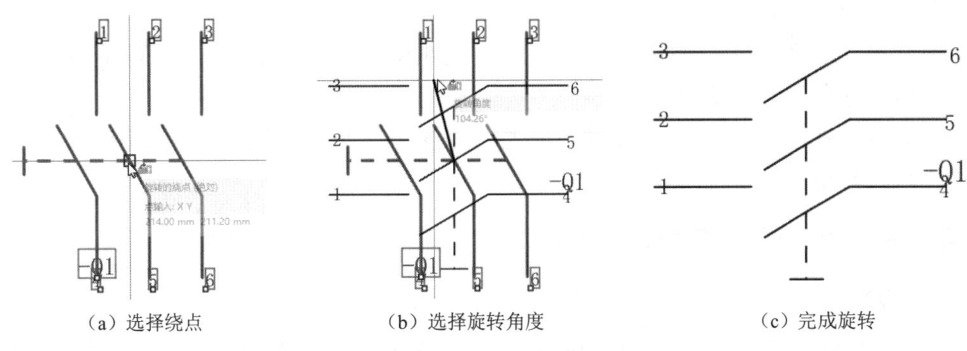

（a）选择绕点　　（b）选择旋转角度　　（c）完成旋转

图 9-45　旋转元件符号 2

9.3.4　元件的对齐

在布置元件时，为使电路图美观以及方便连线，应将元件摆放整齐、清晰，这就需要使用 EPLAN P8 2022 中的对齐与分布功能。

【执行方式】

- 菜单栏：选择菜单栏中的“编辑”→“其他”命令，如图 9-46 所示。
- 功能区：单击“编辑”选项卡的“排列”面板，如图 9-47 所示。

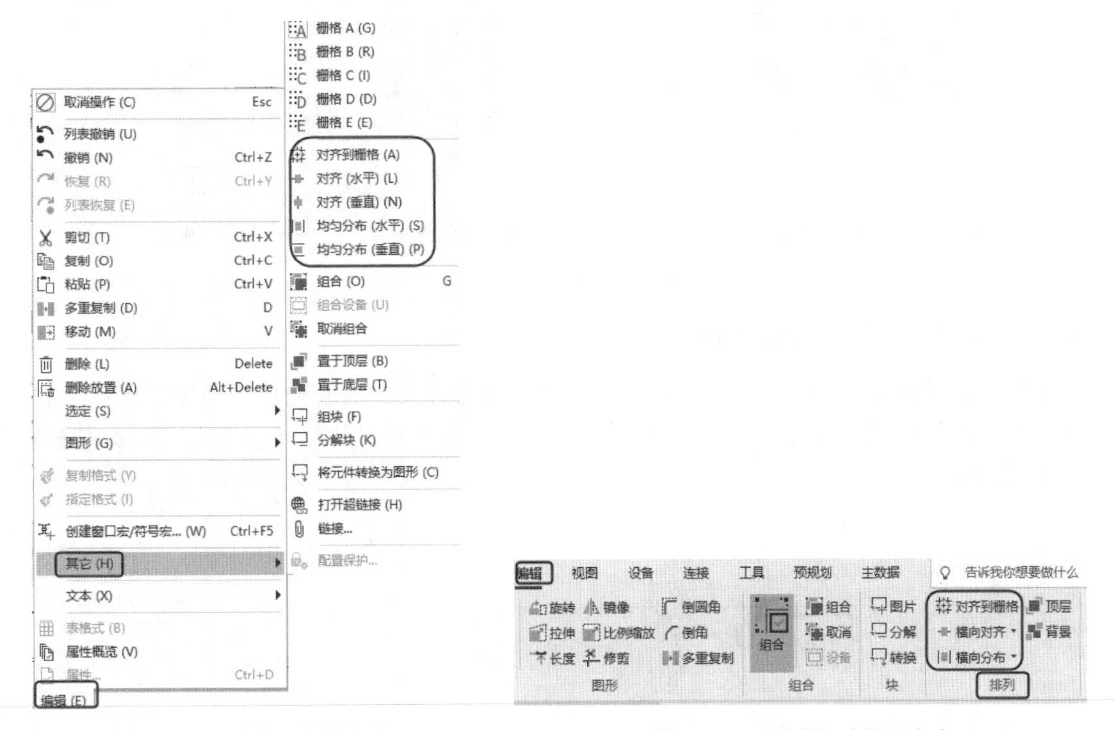

图 9-46　“对齐”菜单命令　　图 9-47　“对齐”功能区命令

- 对齐到栅格：将选中的元件对齐在网格点上，便于电路连接。
- 对齐（水平）：将选中的元件向最左边元件和最右边元件的插入点对齐。与功能区中的“横向对齐”命令相同。
- 对齐（垂直）：将选中的元件向最上方元件和最下方元件的插入点对齐。与功能区中的“纵向对齐”命令相同。
- 均匀分布（水平）：将选中的元件向最左边元件和最右边元件之间等间距对齐。与功能区中的“横向分布”命令相同。
- 均匀分布（垂直）：将选中的元件向最上方元件和最下方元件之间等间距对齐。与功能区中的“纵向分布”命令相同。

扫一扫，看视频

动手学——三相全压启动电路元件的布局

【操作步骤】

选择菜单栏中的“项目”→“打开”命令，弹出“打开项目”对话框，打开项目文件 Electrical_Project.elk，在“页”导航器中选择“=G01+A100/2 三相全压启动电路原理图”，双击打开电气图编辑器。

1．旋转熔断器

框选选中熔断器 F4、F5，按快捷键 Ctrl+R，捕捉熔断器 F5 的插入点（中心点）作为选择元件旋转的绕点（基准点），在 F4 插入点上单击，确定基准点；旋转被选中的元件，将元件符号旋转适当角度（270°）后，单击完成旋转操作，如图 9-48 所示。

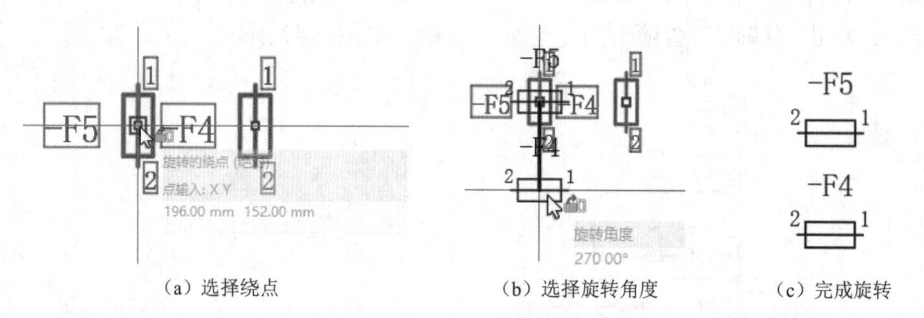

（a）选择绕点　（b）选择旋转角度　（c）完成旋转

图 9-48　旋转元件符号

2．镜像热继电器 FR 的常闭触点 FR-1

单击选中热继电器 FR 的常闭触点 FR-1，元件高亮显示。单击功能区“编辑”选项卡的“图形”选项组中的“镜像”按钮，在垂直方向上捕捉元件镜像线的起点和终点，完成左右镜像，如图 9-49 所示。

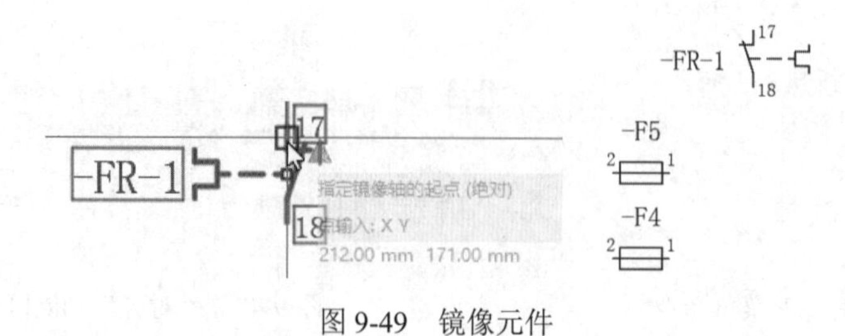

图 9-49　镜像元件

9.4　自动连接

在绘制电路图的过程中，当设备或电位点在同一水平或垂直位置时，EPLAN 自动将两端连接起来，这种操作称为自动连接。

9.4.1　自动连接步骤

将鼠标光标移动到想要完成电气连接的设备上，选中设备，按住鼠标移动鼠标光标到需要连接的设备的水平或垂直位置，两个设备之间出现红色连接线符号，表示电气连接成功。最后松开鼠标放置设备，完成两个设备之间的电气连接，如图 9-50 所示。

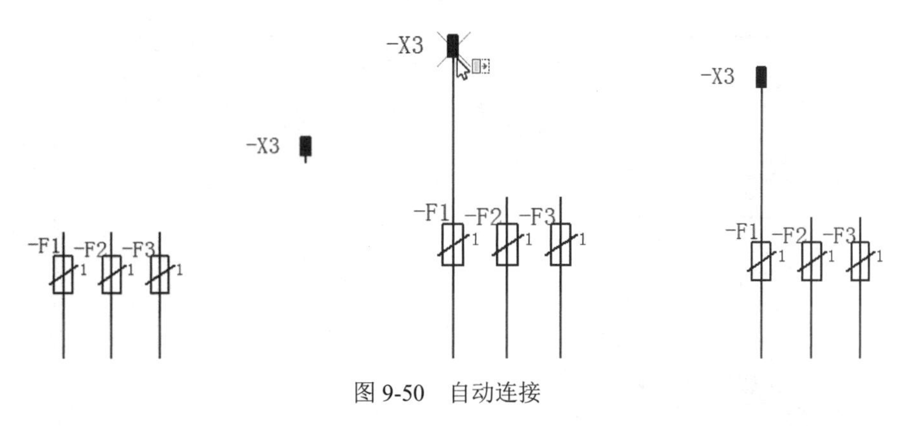

图 9-50　自动连接

由于启用了“捕捉到栅格”的功能，因此，电气连接很容易完成。重复上述操作可以继续放置其他的设备进行自动连接。

两个设备之间的自动连接线无法删除。可以直接移动设备与另一个设备进行连接，自动取消原设备间自动连接的导线。

9.4.2　自动连接线颜色设置

【执行方式】

菜单栏：选择菜单栏中的“项目数据”→“层管理”命令。

【操作步骤】

执行上述命令，系统将弹出“层管理”对话框，在该对话框中选择“符号图形”→“连接符号”→“自动连接”选项，显示设备间自动连接线的颜色默认是红色，如图 9-51 所示。在该界面中还可以设置自动连接线所在层、描述、线型、线宽、字号等参数。

选择“符号图形”→“连接符号”→“支路”选项，显示设备间支路连接线的颜色默认是红色，如图 9-52 所示。在该界面中还可以设置支路连接线所在层、描述、线型、线宽、字号等参数。

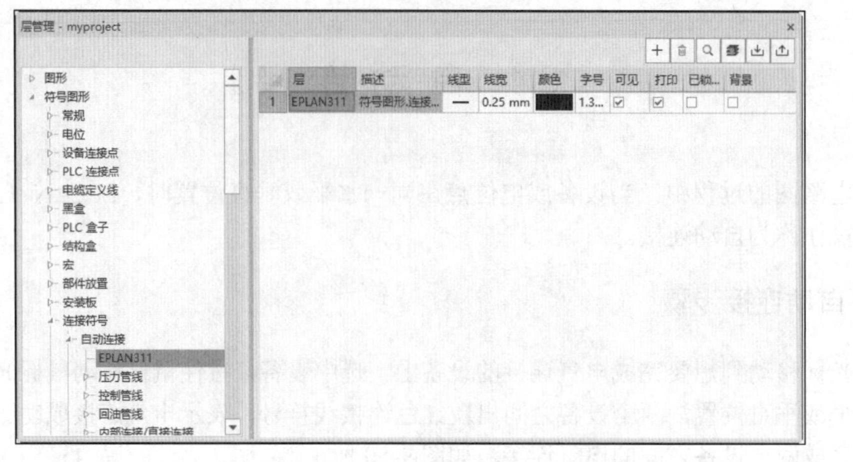

图 9-51 “自动连接”选项

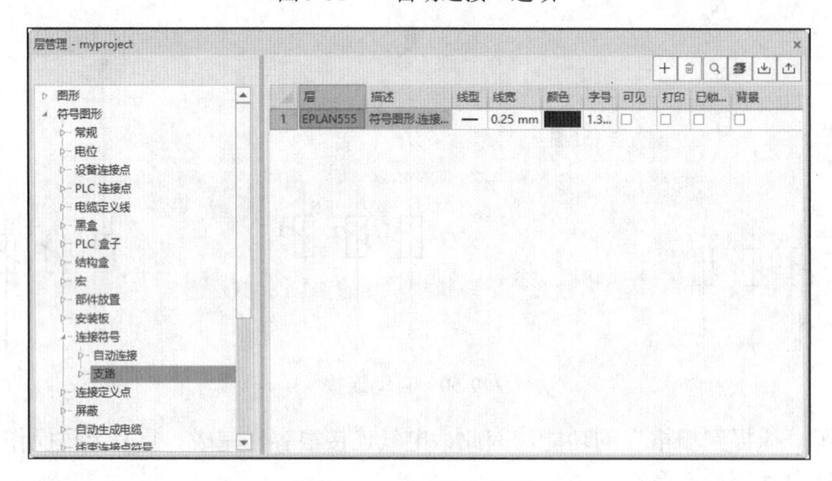

图 9-52 “支路”选项

9.4.3 智能连接

图纸中元件的自动连接只要满足元件的水平或垂直对齐即可实现，相对地，移动图纸中的元件，当元件之间不再满足水平或垂直对齐的条件时，元件间的连接将自动断开。需要利用角连接进行重新连接，这种特性对于图纸的布局有很大困扰，步骤过于烦琐。这里引入“智能连接”命令，自动跟踪元件自动连接线，属于自动连接的升级版。

所谓智能连接，就是移动原理图上的符号，保持自动连接线不变，即保持原有的电气连接关系不变。

【执行方式】

- 菜单栏：选择菜单栏中的“选项”→“智能连接”命令。
- 功能区：单击“编辑”选项卡的“选项”面板中的“智能连接”按钮。

【操作步骤】

执行上述操作，激活智能连接。单击选择图 9-53 中的元件，在原理图内移动元件，松开鼠标后将自动跟踪自动连接线，如图 9-54 所示。

如果不再需要使用智能连接，则重新执行上面的操作，取消激活智能连接。单击选择元件，在原理图内移动元件，松开鼠标后将断开自动连接线，如图 9-55 所示。

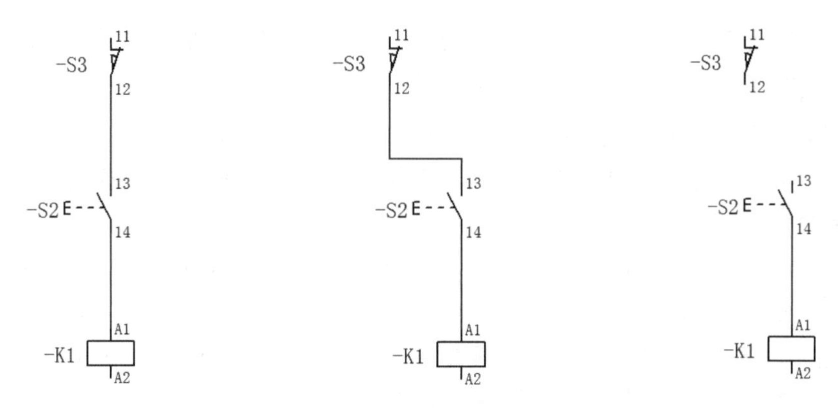

图 9-53 原始图形　　图 9-54 智能连接　　图 9-55 断开自动连接线

扫一扫，看视频

动手学——三相全压启动电路自动连接

【操作步骤】

（1）选择菜单栏中的“项目”→“打开”命令，弹出“打开项目”对话框，打开项目文件 Electrical_Project.elk，在“页”导航器中选择“=G01+A100/2 三相全压启动电路原理图”，打开电气图编辑器。

（2）将鼠标光标移动到热继电器 FR 上，按住鼠标左键移动鼠标光标到电机 M 的垂直位置上方，两元件间出现红色连接线符号，松开鼠标，完成两个元件之间的自动连接，如图 9-56 所示。

（3）启用“捕捉到栅格”功能，重复上述操作可以继续放置其他的元件进行自动连接。主电路的连接结果如图 9-57 所示，控制电路的连接结果如图 9-58 所示。

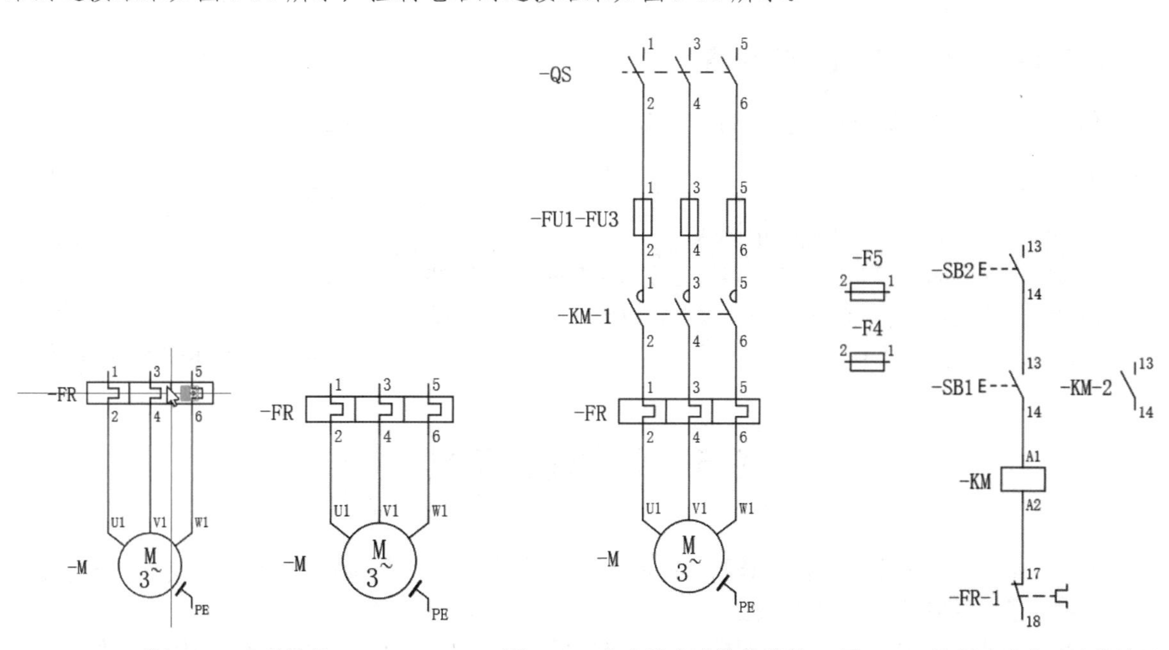

图 9-56 自动连接　　图 9-57 主电路自动连接结果　　图 9-58 控制电路自动连接结果

9.4.4 断点连接

在 EPLAN 中，当两个元件的连接点水平或垂直对齐时，系统会自动连接。若不希望自动连接，需要引入“断点”命令，在任意自动连接的导线上插入一个断点，断开自动连接的导线。

【执行方式】

➢ 菜单栏：选择菜单栏中的“插入”→“连接符号”→“断点”命令。
➢ 功能区：单击“插入”选项卡的“符号”面板中的“断开连接”按钮。

【操作步骤】

执行上述操作，此时鼠标光标变成交叉形状并附加一个断点符号。将鼠标光标移动到需要阻止自动连线的位置（想要插入断点的导线上），导线由红色变为灰色，单击插入断点，如图 9-59 所示。此时鼠标光标仍处于插入断点的状态，重复上述操作可以继续插入其他的断点。断点插入完毕，右击选择“取消操作”命令或按 Esc 键即可退出该操作。

断点默认是隐藏的，可以通过菜单栏中的“视图”→“隐藏元素”命令查看隐藏元素。断点显示为一个灰色的小圆圈，如图 9-60 所示。删掉它系统可以恢复自动连接，如图 9-61 所示。

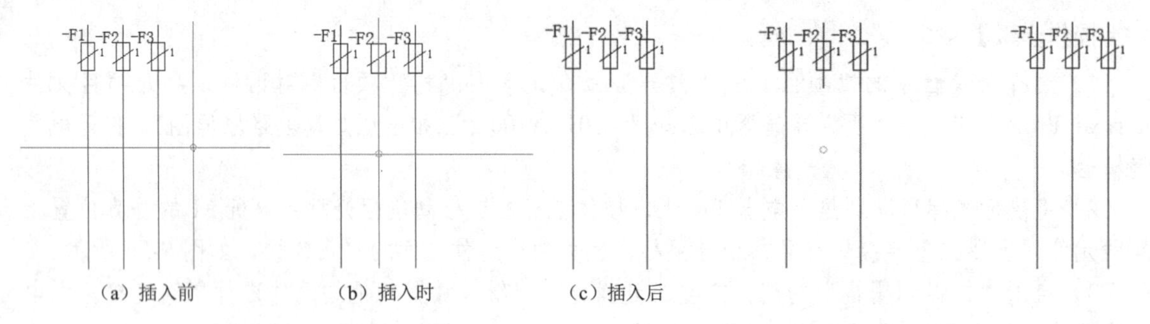

（a）插入前　（b）插入时　（c）插入后

图 9-59　插入断点　　图 9-60　显示断点　　图 9-61　恢复自动连接

动手练——绘制车床电路辅助电路

绘制如图 9-62 所示的车床电路辅助电路。

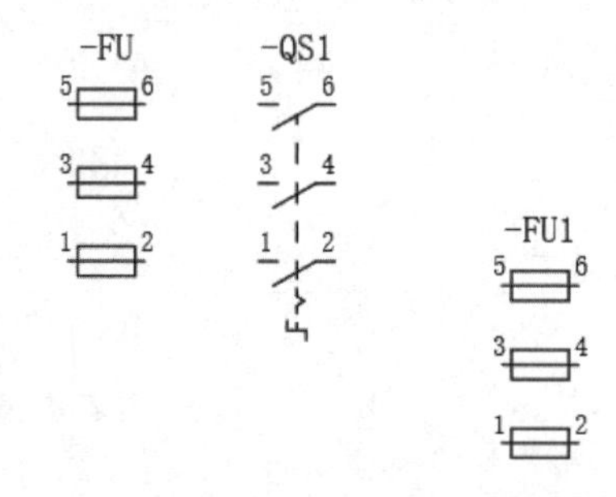

图 9-62　车床电路辅助电路

思路点拨：

> 源文件：源文件\第 9 章\myproject.elk
>
> 在 IEC_symbol 符号库中选择三极熔断器、三极开关，利用“断点”命令取消自动连接，从而使用户灵活地掌握元件选择、放置、移动、旋转的方法。

9.5　文本注释工具

在电气图编辑环境中，注释工具用于在图纸中或符号库中绘制各种标注信息，使电气图中的元件更清晰，数据更完整，可读性更强。

文本注释是图形中很重要的一部分内容，进行各种设计时，通常不仅要绘出图形，还要在图形中标注一些文字，如技术要求、注释说明等，对图形对象加以解释。EPLAN 中对文本作了三种定义，分别是静态文本、功能文本和路径功能文本。

9.5.1　静态文本

静态文本是指纯静态的文本，只是一段普通文字，属于注释、解释性文本。在插入时可修改文字属性，无任何关联。生成报表时也无法自动去对应显示。

【执行方式】

菜单栏：选择菜单栏中的“插入”→“图形”→“文本”命令。

【操作步骤】

执行上述命令，弹出“属性（文本）”对话框，如图 9-63 所示。

在“文本”编辑区中输入文本后，关闭对话框，此时鼠标光标变成交叉形状并附带文本符号 **T**，移动鼠标光标到需要放置文本的位置处，单击完成当前文本放置。

此时鼠标光标仍处于插入文本的状态，重复上述步骤即可插入其他的文本，右击选择“取消操作”命令或按 Esc 键便可退出该操作。

【选项说明】

双击文本，系统将弹出“属性（文本）”对话框。该对话框中包括两个选项卡。

（1）“文本”选项卡。

- 文本：用于输入文本内容。
- 路径功能文本：勾选该复选框，插入路径功能文本。
- 不自动翻译：勾选该复选框，不自动翻译输入的文本内容。

（2）“格式”选项卡。

所有 EPLAN 原理图图形中的文字都有与其相对应的文本格式。当输入文字对象时，EPLAN 使用当前设置的文本格式。文本格式是用于控制文字基本形状的一组设置。

下面介绍“格式”选项卡中的选项，如图 9-64 所示。

图 9-63　“属性（文本）”对话框

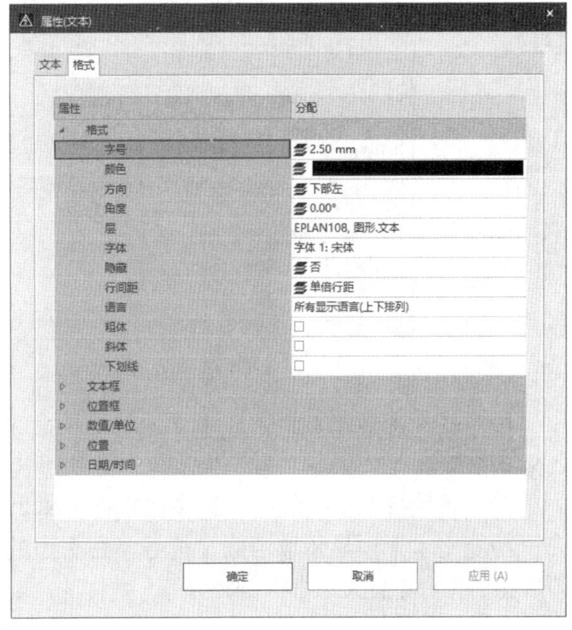

图 9-64　“格式”选项卡

➢ 字号：用于确定文本的字符高度。可在文本编辑器中设置输入新的字符高度，也可从此下拉列表中选择已设定过的高度值。
➢ 颜色：用于确定文本的颜色。
➢ 方向：用于确定文本的方向。
➢ 角度：用于确定文本的角度。
➢ 层：用于确定文本所在的层。
➢ 字体：通过文字的字体确定字符的形状。在 EPLAN 中，一种字体可以设置不同的效果，从而被多种文本样式使用，下拉列表中显示同一种字体（宋体）的不同样式。
➢ 隐藏：不显示文本。
➢ 行间距：用于确定文本的行间距。这里所说的行间距是指相邻两文本行基线之间的垂直距离。
➢ 语言：用于确定文本的语言。
➢ “粗体”复选框：用于设置加粗效果。
➢ “斜体”复选框：用于设置斜体效果。
➢ “下划线”复选框：用于设置或取消文字的下划线。
➢ “应用”按钮：确认对文字格式的设置。在对现有文字格式的某些特征进行修改后，需要单击此按钮，系统才会确认所做的改动。

9.5.2 功能文本

功能文本属于关联于元件属性内的文本，其属性编号为 20011，常用于表示元件功能，在生成报表时可调出属性显示。

在放置元件时或编辑元件属性时，在“属性（元件）：常规设备”对话框的“功能文本”文本框中进行定义，如图 9-65 所示。

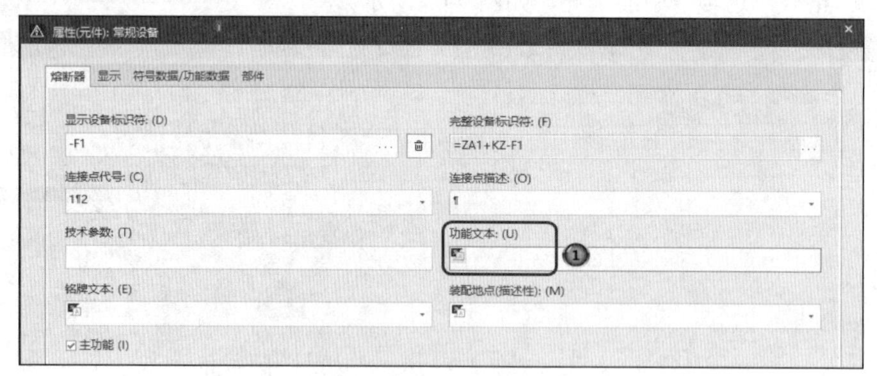

图 9-65 输入功能文本

在图纸上选取需要取消固定文本的单个或多个元件，打开“显示”选项卡，“位置”选项下的“X 坐标”和“Y 坐标”显示为灰色，无法进行修改。

在“属性排列”列表框中选中“功能文本”项，右击选择“取消固定”命令，如图 9-66 所示。在“功能文本”项显示取消固定符号，在右边的“属性”列表中的“位置”选项下激活“X 坐标”“Y 坐标”，调整 X 轴和 Y 轴坐标。

图 9-66 取消固定功能文本

9.5.3 路径功能文本

路径功能文本是指在此路径区域内的元件下的功能文本。在生成报表时功能文本显示的优先级是：功能文本>路径功能文本。

【执行方式】

- 菜单栏：选择菜单栏中的“插入”→“路径功能文本”命令。
- 功能区：单击“插入”选项卡的“文本”面板中的“路径功能文本”按钮。
- 单击“开始”选项卡的“文本”面板中的“路径功能文本”按钮。

【操作步骤】

执行上面的操作，在弹出的“属性（路径功能文本）”对话框中默认勾选“路径功能文本”复选框，插入路径功能文本，如图 9-67 所示。同一区域下的所有元件共享路径功能文本的内容。

图 9-67 “属性（路径功能文本）”对话框

注意：

该对话框与“属性（文本）”对话框类似，区别在于该对话框中默认勾选了“路径功能文本”复选框。

9.5.4　文本编辑

图纸中的元件包含元件符号与文本符号，如图 9-68 所示。

在图纸绘制过程中，不可避免地会出现压线、叠字等情况，可通过解除文本固定、移动文本等操作进行修改。下面讲解文本编辑的方法与相关命令。

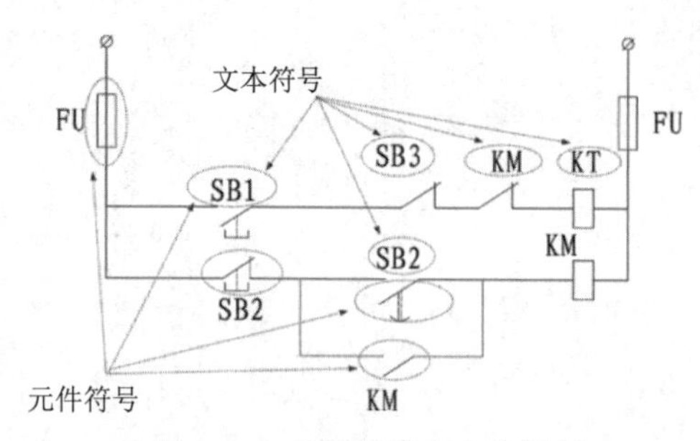

图 9-68　元件符号与文本符号

【执行方式】

- 菜单栏：选择菜单栏中的“编辑”→“文本”命令。
- 功能区：单击“开始”选项卡的“文本”面板中的“移动”按钮。
- 快捷操作：右击选择“文本”命令。

【操作步骤】

执行上面的操作，弹出如图 9-69 所示的子菜单，包含如下几种文本编辑命令。

- 固定。
- 取消固定。
- 移动属性文本。
- 复原被移动的属性文本。
- 恢复属性排列。

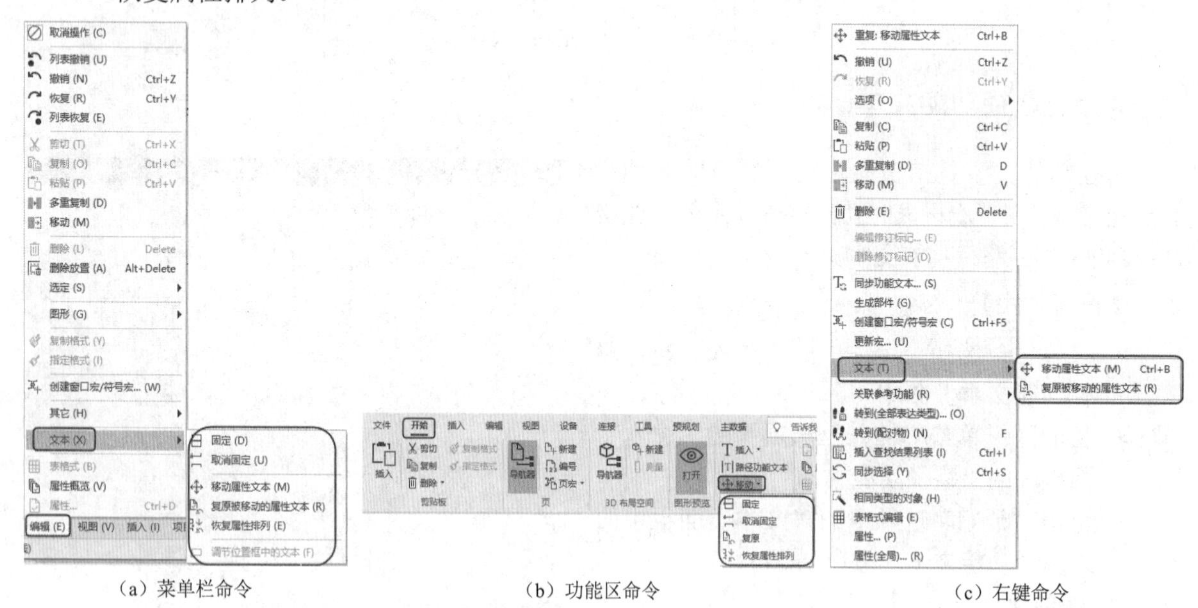

（a）菜单栏命令　（b）功能区命令　（c）右键命令

图 9-69　文本编辑命令

扫一扫，看视频

动手学——编辑电动机文本

Y 系列三相异步电动机是全国统一设计的新系列产品，将取代 JO 系列电动机，Y 系列三相异步电动机具有高效、节能、噪声低、震动小等特点。电动机主体外壳防护等级全封闭为 IP44、IP54 或 IP55，电动机冷却方式为 IC410、IC411 及 IC0041。Y 系列（IP44）三相异步电动机的技术参数见表 9-1。

表9-1 Y系列（IP44）三相异步电动机的技术参数

型　号	功率/kW	电流/A	转速/(r/min)	铁芯长度/mm	定子外径/mm	定子内径/mm	输出轴径/mm
Y801-2	0.75	1.8	2830	65	120	67	
Y8012-2	1.1	2.5	2830	80	120	67	
Y801-4	0.55	1.5	1390	65	120	75	
Y802-4	0.75	2.0	1390	80	125	75	
Y90S-2	1.5	3.4	2840	80	130	72	ϕ24
Y90S-4	1.1	2.8	1400	90	130	80	
Y90L-4	1.5	3.7	1400	120	130	80	
Y90S-6	0.75	2.3	910	100	130	86	
Y90L-6	1.1	3.2	910	125	130	86	
Y100L-2	3.0	6.4	2870	100	155	94	
Y100L1-4	2.2	5.0	1430	105	155	98	

根据上面的资料，本实例为电动机元件添加技术参数与功能文本。

【操作步骤】

（1）选择菜单栏中的“项目”→“打开”命令，打开项目文件 Electrical_Project.elk，双击“三相异步电机”符号，弹出“属性（元件）：常规设备”对话框。在“技术参数”文本框中输入 0.75kW,1.A8,2830r/min，在“功能文本”文本框中输入“Y 系列（IP44）”，如图 9-70 所示。

（2）单击“确定”按钮，完成元件属性设置。关闭属性设置对话框，此时鼠标光标仍处于放置元件符号的状态，按 Esc 键取消操作。电机修改结果如图 9-71 所示。

图 9-70 “属性（元件）：常规设备”对话框

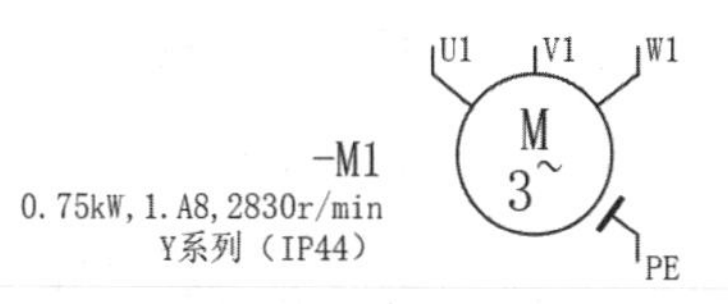

图 9-71 添加功能文本

知识拓展：

电路中的元件的技术数据（如型号、规格、整定值、额定值等）一般标在图形符号的近旁，对于图线水平布局图，尽可能标在图形符号下方；对于图线垂直布局图，则标在项目代号的右方；对于继电器、仪表、集成块等方框符号或简化外形符号，则可标在方框内。电机元件的功能文本放置在元件符号左侧，为了后面布局的方便，可以将添加的文本放置在元件符号下方。

（3）选中电机元件 M1，即同时选中元件符号和元件文本，右击，选择“文本”→“移动属性文本”命令，单击需要移动的属性文本，将其放置到任意位置，如图 9-72 所示。

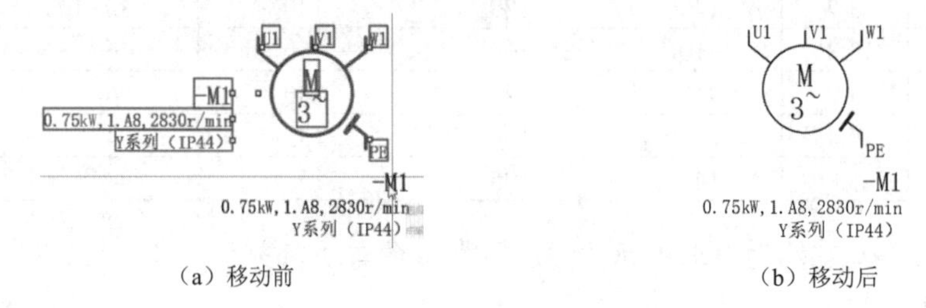

图 9-72　移动属性文本

扫一扫，看视频

9.6　操作实例——绘制变配电所主电路接线图

当只有一路电源和一台变压器时，变配电所主电路可采用线路-变压器的接线方式。线路-变压器接线方式的优点是接线简单、设备最少，不需要高压配电装置。其缺点是当线路发生故障或检修时，变压器停运；变压器发生故障或检修时，线路停运。

根据变压器高压侧采用的开关器件的不同，该方式有四种具体形式。

- 方式 1：若电源侧继电保护装置能保护变压器且灵敏度满足要求，则变压器高压侧可使用隔离开关。
- 方式 2、3：若变压器高压侧短路容量不超过高压熔断器断流容量，而又允许采用高压熔断器保护变压器，则变压器高压侧可使用跌落式熔断器或负荷开关-熔断器。
- 方式 4：一般情况下可在变压器高压侧使用隔离开关和断路器。如果在高压侧使用负荷开关，变压器容量不能大于 1250kV·A；如果在高压侧使用隔离开关或跌落式熔断器，变压器容量一般不能大于 630kV·A。

9.6.1　插入元件符号

选择菜单栏中的“项目”→“打开”命令，弹出“打开项目”对话框，打开项目文件 Supply_Distribution_System.elk，在“页”导航器中选择“=B01+M1/2 接线图”，双击打开电气图编辑器。

1. 插入电压互感器

（1）选择菜单栏中的“插入”→“符号”命令，弹出如图 9-73 所示的“符号选择”对话框，在符号库 GB_single_symbol 中选择元件 TV（电压互感器）。

（2）单击“确定”按钮，在鼠标光标上显示浮动的元件符号，在图纸空白处单击放置元件，同时自动弹出“属性（元件）：常规设备”对话框，设置电机属性，如图 9-74 所示。

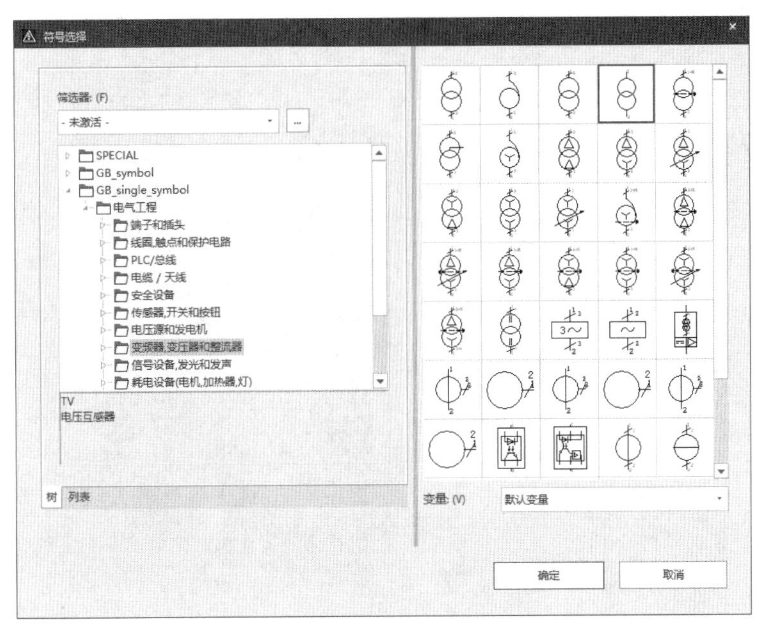

图 9-73　“符号选择”对话框

（3）完成属性设置后，单击“确定”按钮，关闭对话框。图纸中显示放置的电压互感器元件 T1，如图 9-75 所示。

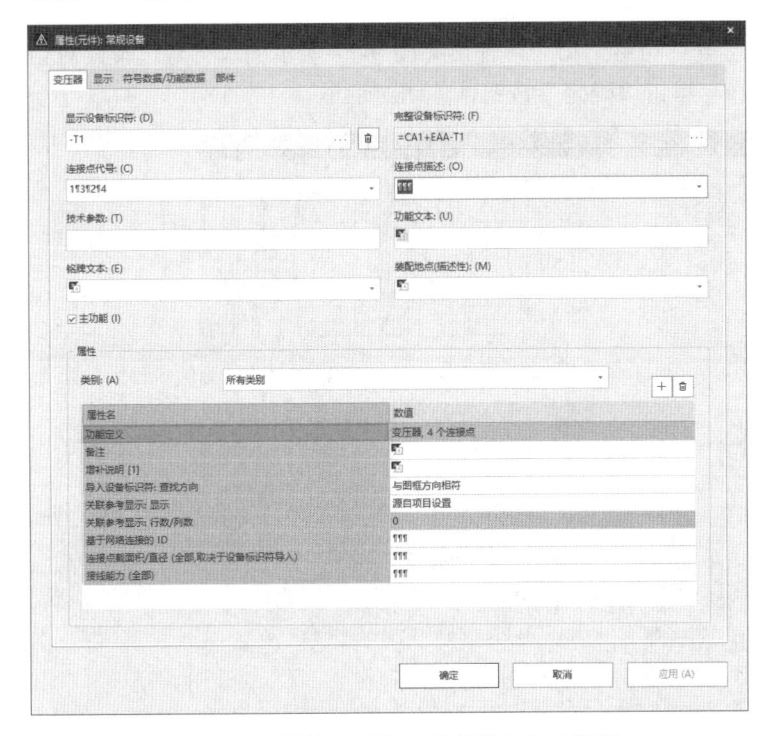

图 9-74　“属性（元件）：常规设备”对话框

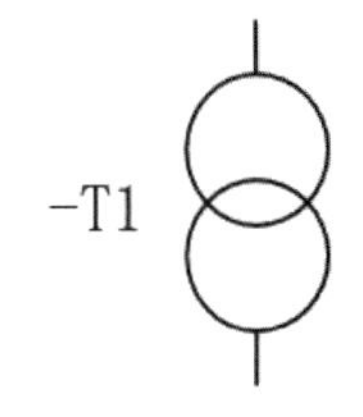

图 9-75　放置电压互感器元件

知识拓展：

从“符号选择”对话框中选择的电压互感器元件是符号，不是设备，没有部件信息，如图 9-76 所示。

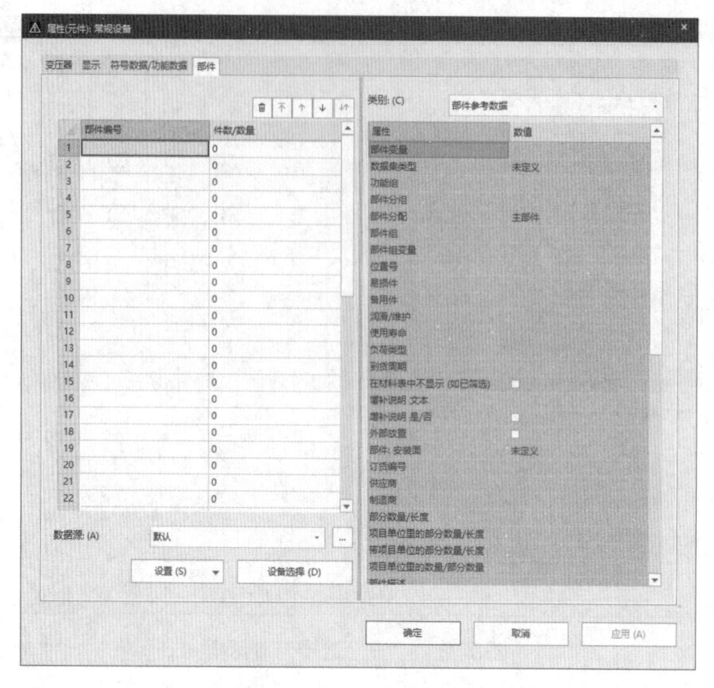

图 9-76 “部件”选项卡

2．插入元件

（1）选择菜单栏中的“插入”→“符号”命令，弹出如图 9-77 所示的“符号选择”对话框。选择元件 QTR1（隔离开关，单极），单击“确定”按钮，关闭对话框。

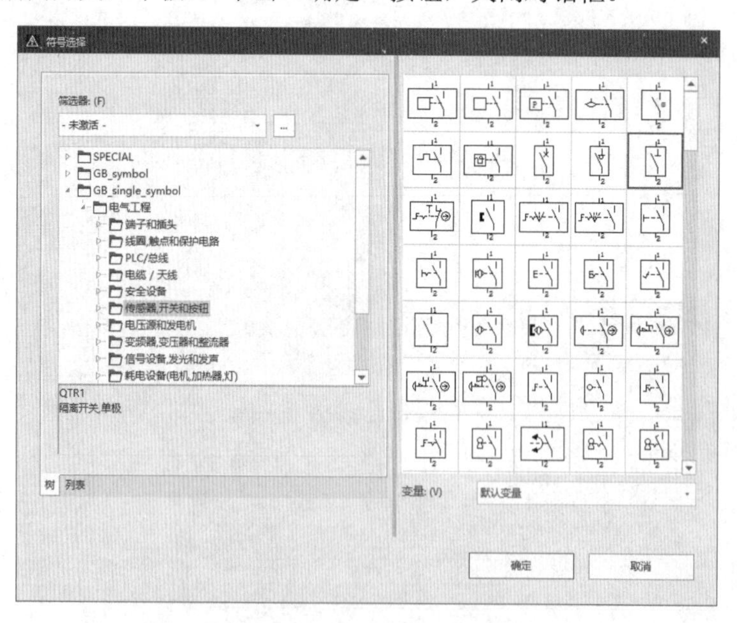

图 9-77 “符号选择”对话框

（2）此时鼠标光标变成十字形状并附加一个交叉记号，在空白处单击完成元件符号的插入，自动弹出“属性（元件）：常规设备”对话框，输入设备标识符-QS1，如图 9-78 所示。单击“确定”按钮，关闭对话框。

（3）此时鼠标光标仍处于放置元件符号的状态，右击选择“取消操作”命令或按 Esc 键即可退出该操作，如图 9-79 所示。

图 9-78　修改设备标识符

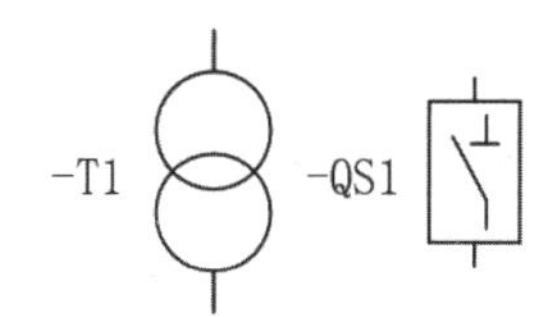

图 9-79　放置单极隔离开关元件

3．插入其余元件

（1）选择菜单栏中的“插入”→“符号”命令，弹出如图 9-80 所示的“符号选择”对话框。在符号库 GB_symbol 中选择元件 QLS1（常开触点，断路器）和 QTR1（隔离开关，单极）。单击“确定”按钮，关闭对话框。

（2）在图纸中插入元件符号，如图 9-81 所示。

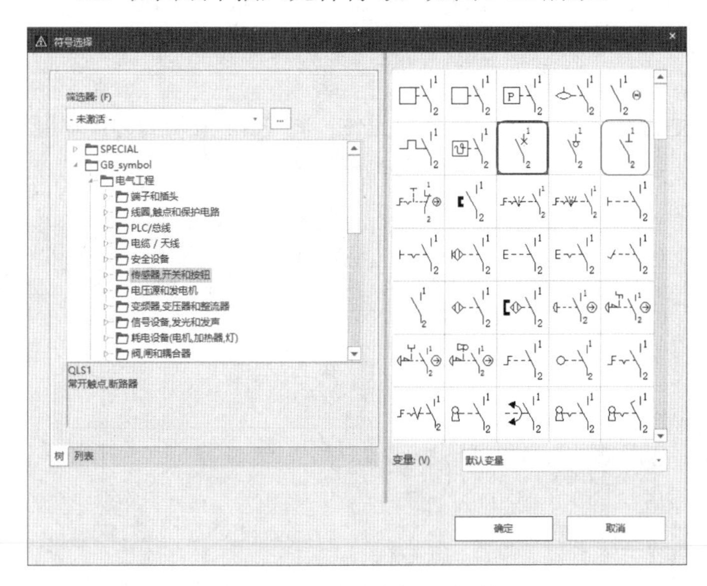

图 9-80　“符号选择”对话框

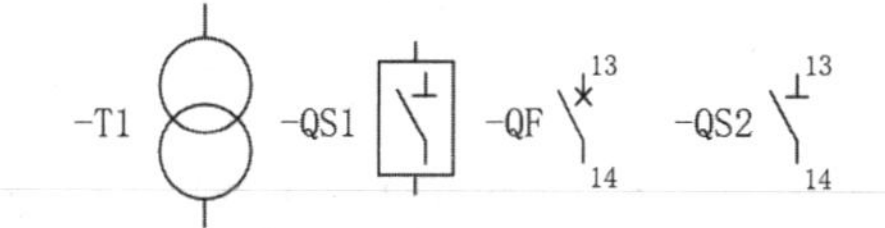

图 9-81　放置元件

（3）选择菜单栏中的“插入”→“符号”命令，弹出如图 9-82 所示的“符号选择”对话框。在符号库 GB_single_symbol 中选择元件 FTR1（熔断开关，单极）、FLTR3（分断熔断器式负荷开关，三极）。单击“确定”按钮，关闭对话框。

（4）在图纸中插入元件符号，如图 9-83 所示。

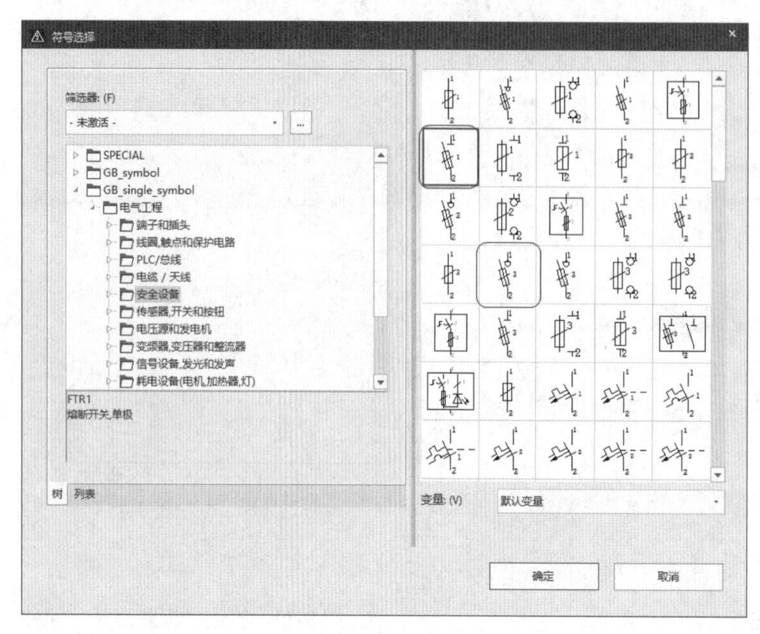

图 9-82 “符号选择”对话框

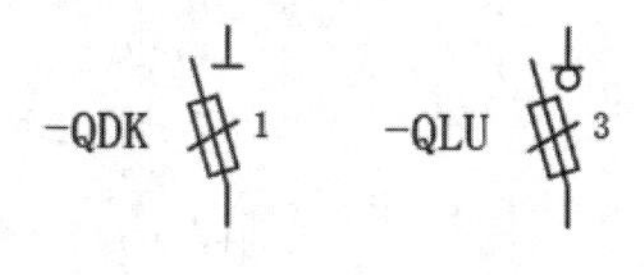

图 9-83 放置元件

9.6.2 连接接线图

在 EPLAN 电气工程中，自动连接功能极大地方便了绘图，自动连线是指当两个连接点水平或垂直对齐时自动进行连线。

将鼠标光标放置在隔离开关 QS1 上，元件高亮显示，按住鼠标拖动元件，将元件放置到电压互感器 T1 垂直线上方，两元件间出现红色连接线符号，表示电气连接成功。最后松开鼠标放置隔离开关 QS1，完成两个元件之间的电气连接，如图 9-84 所示。

使用同样的方法，将 QF 拖动到 T1 垂直线下方，自动连接两元件；将 QS2 拖动到 QF 垂直线下方，自动连接两元件，如图 9-85 所示。

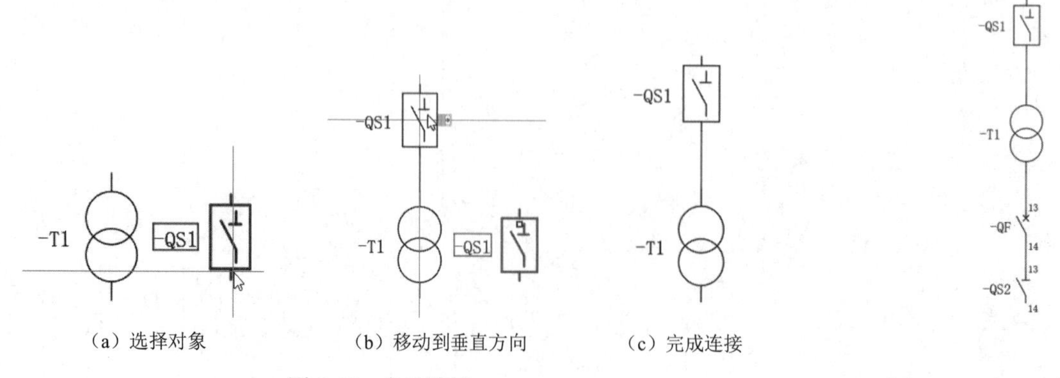

（a）选择对象　（b）移动到垂直方向　（c）完成连接

图 9-84 自动连接

图 9-85 自动连接结果

9.6.3　绘制其余接线图

1．复制对象

（1）选择菜单栏中的“编辑”→“多重复制”命令，框选选中接线图中的局部电路，如图 9-86 所示。向外拖动元件，确定元件的复制方向与间隔，如图 9-87 所示。

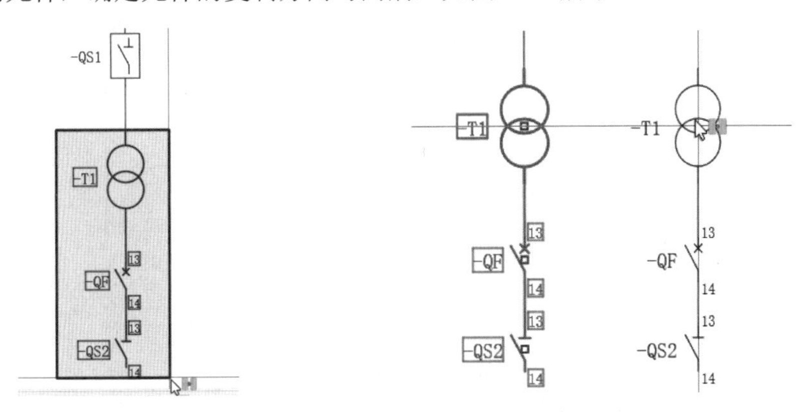

图 9-86　选择复制对象　　　　图 9-87　确定复制方向与间隔

（2）单击确定第一个复制对象的位置后，系统将弹出如图 9-88 所示的“多重复制”对话框。在“数量”文本框中输入的复制的个数为 3，即复制后的元件个数为 3（复制对象）+1（源对象）=4。

（3）单击“确定”按钮，弹出“插入模式”对话框，默认选择元件编号模式为“不更改”，如图 9-89 所示。单击“确定”按钮，关闭对话框，复制结果如图 9-90 所示。

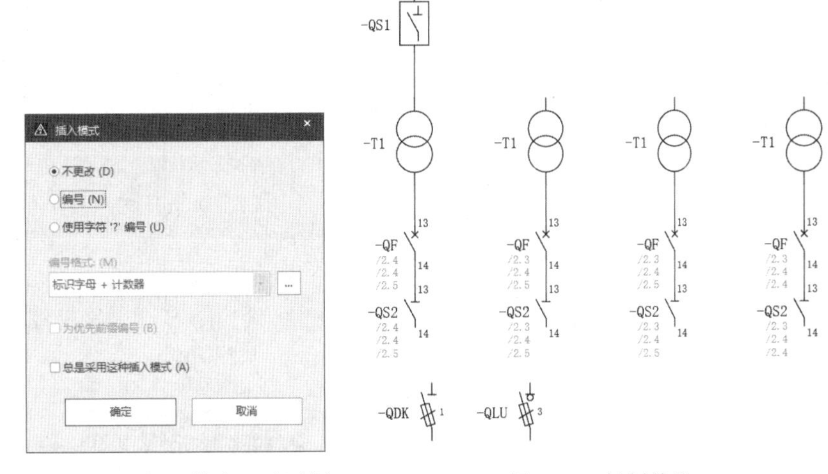

图 9-88　“多重复制”对话框　图 9-89　“插入模式”对话框　　图 9-90　复制结果

2．自动连接

（1）将元件 QDK 拖动到第二列元件 T1 垂直线上方，自动连接两元件；将元件 QLU 拖动到第三列元件 T1 垂直线上方，自动连接两元件，如图 9-91 所示。

（2）选中第四列元件 QF、QS2，选择菜单栏中的“编辑”→“复制”命令，复制被选中的元件。选择菜单栏中的“编辑”→“粘贴”命令，此时鼠标光标变成十字形状并附加被选中的元件，将鼠标光标移动到第四列元件 T1 垂直线上方，单击完成元件符号的插入。

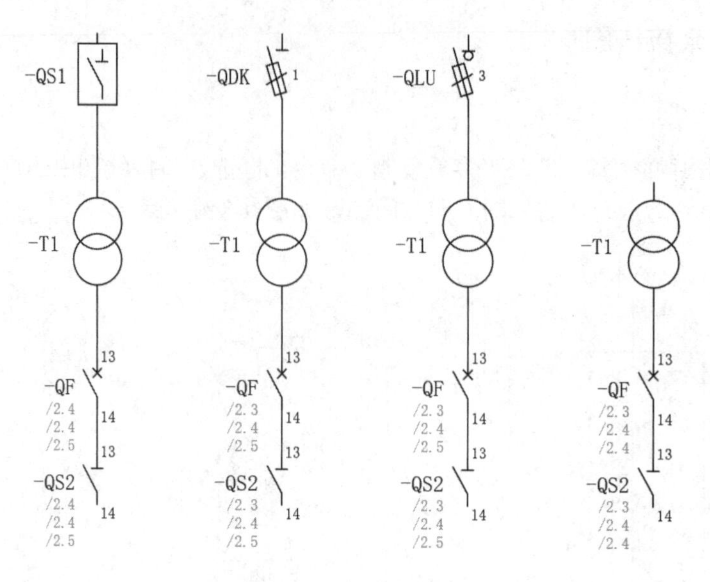

图 9-91　自动连接结果

（3）此时，自动弹出“插入模式”对话框，默认选择元件编号模式为“不更改”，单击“确定”按钮，关闭对话框，粘贴被选中的元件，结果如图 9-92 所示。

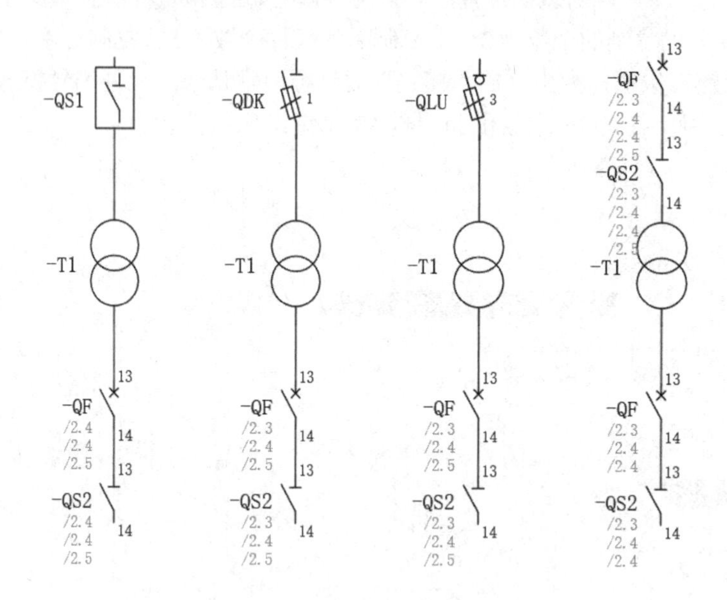

图 9-92　复制并粘贴元件

3．属性编辑

由于元件名称相同，在相同名称的元件一侧会显示关联参考，为避免显示错误，取消关联参考的显示。

（1）双击上面复制的元件 QF，弹出“属性（元件）：常规设备”对话框，打开“显示”选项卡，选择“关联参考（主功能或辅助功能）”属性，在右侧“格式”→“隐藏”下拉列表中选择“是”，如图 9-93 所示，隐藏关联参考。

（2）使用同样的方法隐藏其余显示关联参考的元件，结果如图 9-94 所示。

图 9-93　设置关联参考属性

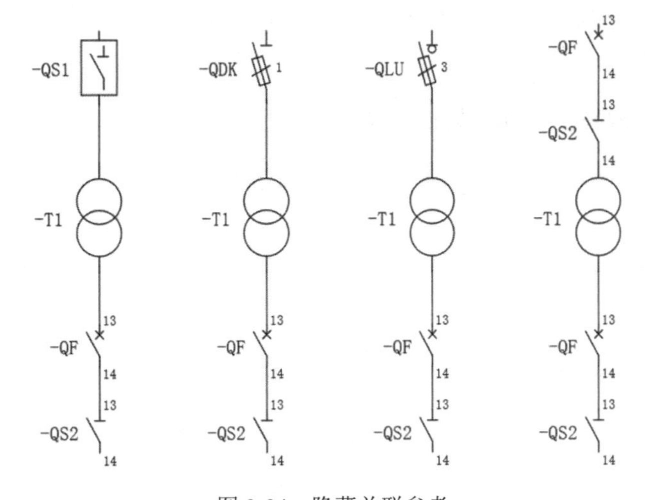

图 9-94　隐藏关联参考

9.6.4　放置文本标注

1．添加路径功能文本

（1）选择菜单栏中的“插入”→“路径功能文本”命令，弹出“属性（路径功能文本）”对话框，在文本框中输入“电源进线”，如图 9-95 所示。

（2）单击“确定”按钮，关闭对话框。在图纸中的适当位置单击放置路径功能文本，完成放置后，右击选择“取消操作”命令或按 Esc 键便可退出该操作，结果如图 9-96 所示。

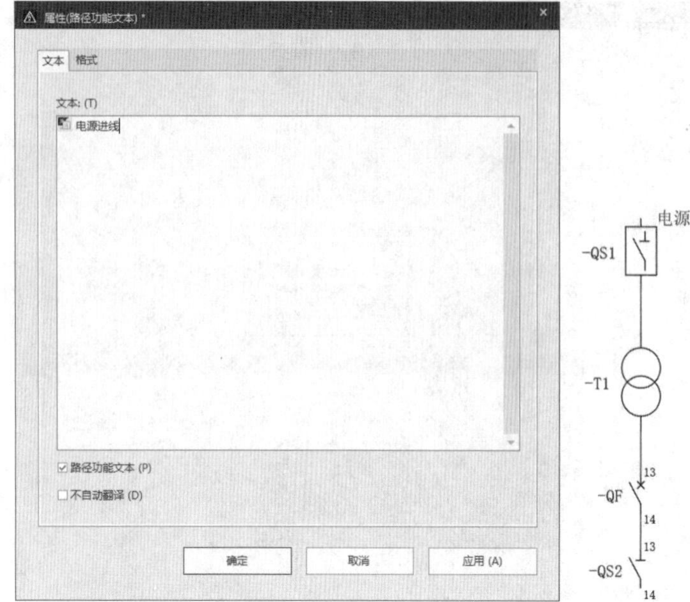

图 9-95 “属性（路径功能文本）”对话框

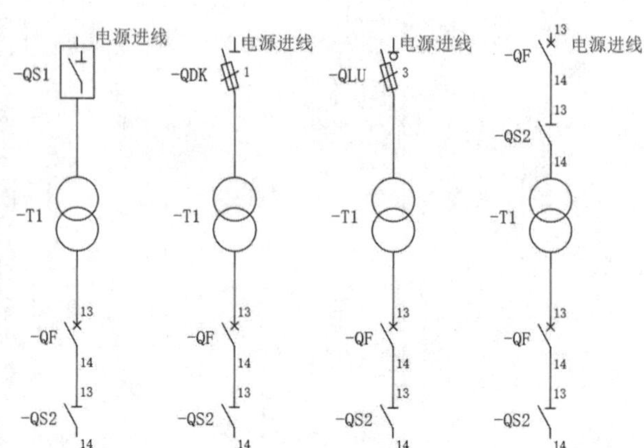

图 9-96 放置路径功能文本

2．添加静态文本

（1）选择菜单栏中的“插入”→“图形”→“文本”命令，弹出“属性（文本）”对话框，在文本框中输入“方式 1”，如图 9-97 所示。

（2）在图纸适当位置单击放置静态文本。使用同样的方法放置“方式 2”“方式 3”“方式 4”，结果如图 9-98 所示。

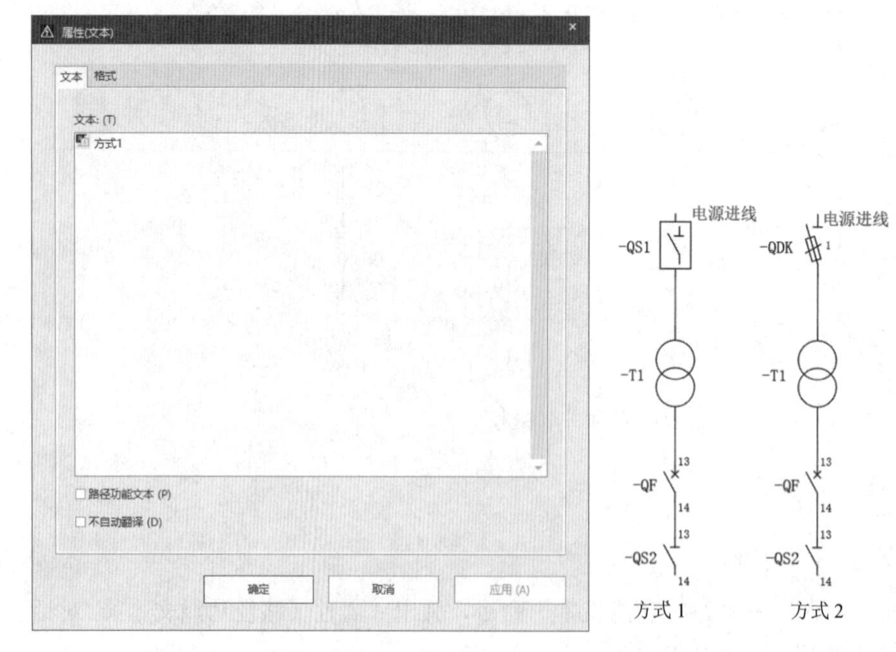

图 9-97 “属性（文本）”对话框

图 9-98 放置静态文本

（3）双击静态文本“方式 1”，在弹出的“属性（文本）”对话框中打开“格式”选项卡，在“字号”下拉列表中选择 5.00mm，如图 9-99 所示。单击“确定”按钮，关闭对话框。

（4）选中静态文本“方式 1”，单击“开始”选项卡的“剪贴板”面板中的“复制格式”按钮，复制文本的字号格式。选中静态文本“方式 2”，单击“开始”选项卡的“剪贴板”面板中的“指定格式”按钮，将文本的字号格式指定给静态文本“方式 2”，即将静态文本“方式 2”的字号修改为 5.00mm。使用同样的方法修改“方式 3”和“方式 4”的格式，结果如图 9-100 所示。

（5）选择菜单栏中的“编辑”→“其他”→“对齐（水平）”命令，框选所有静态文本，对齐文本，如图 9-101 所示。

图 9-99　“格式”选项卡

图 9-100　修改文本格式

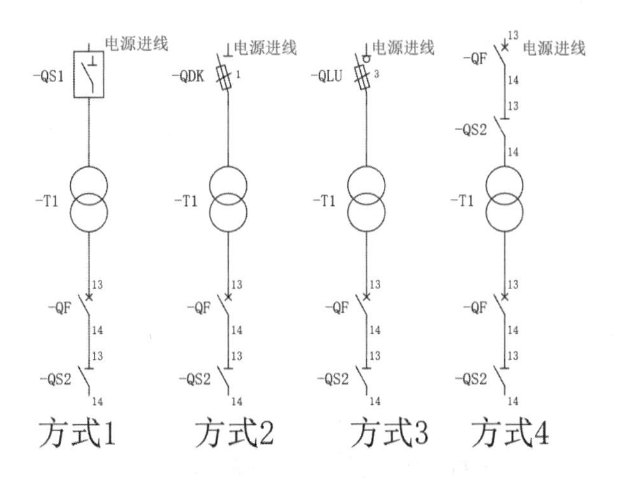

图 9-101　对齐文本

第 10 章　导 线 连 接

内容简介

完成元件的放置后，按照电路设计流程，需要将各个元件连接起来，以建立并实现电路的实际连通性。这里所说的连接，是指具有电气意义的连接，即电气连接。

EPLAN 是一款专业的电气制图软件，元件之间的接线被称为导线。在电气工程中，导线连接包括芯线连接、电缆连接和母线连接等。

内容要点

- 导线连接方法
- 导线连接符号
- 多张图页导线连接
- 电位连接
- 电缆连接

案例效果

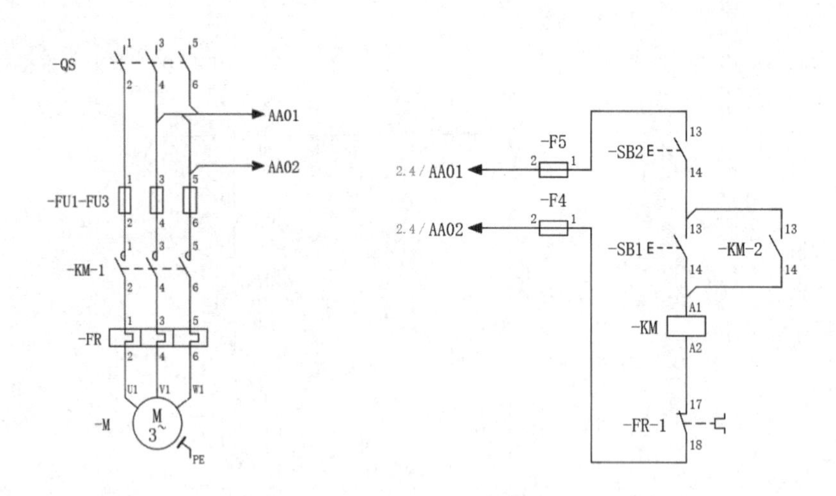

10.1　导线连接方法

电气图上各种图形符号之间的相互连线统称为电气连接线，简称导线。电气连接线可能是传输能量流、信息流的导线，也可能是表示逻辑流、功能流的某种特定的图线。

10.1.1　导线的一般表示方法

1. 导线的符号

导线的一般表示符号如图 10-1 所示，可用于表示单根导线、导线组、母线、总线等。可以根据情况通过图线粗细、图形符号、文字、数字来区分各种不同的导线。

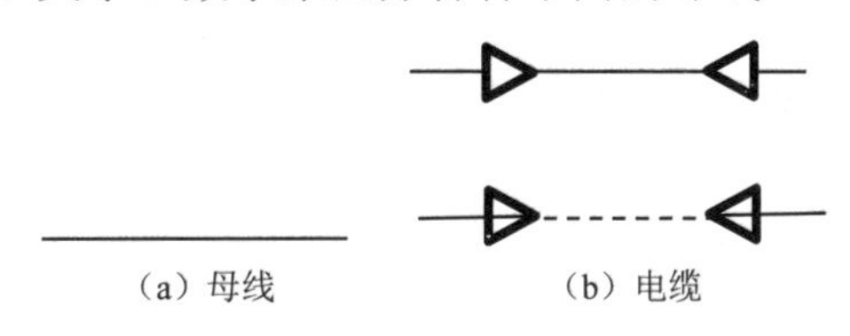

图 10-1　导线的符号

2. 多根导线的表示

在表示多根导线时，可用多根单导线符号组合在一起进行表示，也可用单线来表示多根导线，如图 10-2 所示。根数较少时，用斜线（45°）数量代表线根数；根数较多时，用一根小短斜线旁加注数字 *n* 表示，其中 *n* 为正整数。

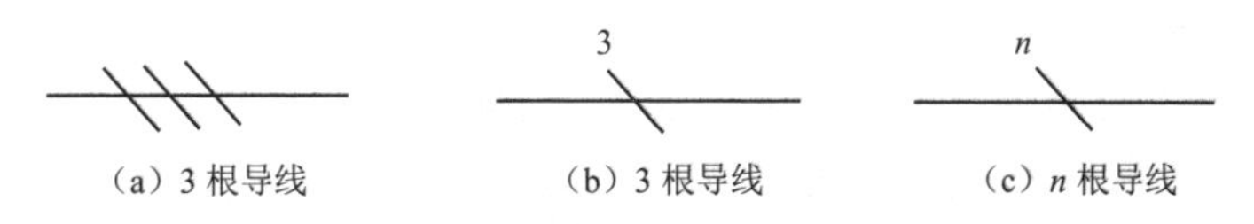

图 10-2　多根导线表示示例

3. 导线特征的表示

导线的特征主要有导线材料、截面积、电压、频率等，一般直接标注在导线旁边，也可在导线上画 45°短斜线来指定该导线的特征，如图 10-3 所示。在图 10-3（a）中，3N~50Hz380V 表示有 3 根相线、1 根中性线，导线电源频率和电压分别为 50Hz 和 380V；3×10+1×4 表示 3 根相线的截面积为 10mm^2，1 根中性线的截面积为 4mm^2。在图 10-3（b）中，BLV-3×6-PC25-FC 表示有 3 根铝芯塑料绝缘导线，导线的截面积为 6mm^2，用管径为 25mm 的塑料电线管（PC）埋地暗敷（FC）。

4. 导线换位的表示

在某些情况下需要导线相序变换、极性反向和交换导线，可采用图 10-4 所示的方法进行表示，图中表示 L1 和 L3 相线互换。

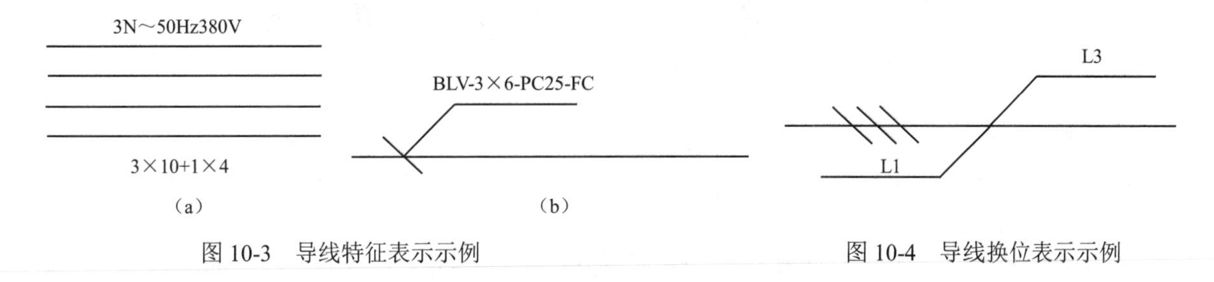

图 10-3　导线特征表示示例

图 10-4　导线换位表示示例

10.1.2 导线连接点

导线的连接处称为导线连接点，导线连接点有 T 字形和十字形。

对于 T 字形连接点，可加黑圆点，也可不加，如图 10-5（a）所示。

对于十字形连接点，如果交叉导线电气上不连接，交叉处不加黑圆点，如图 10-5（b）所示；如果交叉导线电气上有连接关系，交叉处应加黑圆点，如图 10-5（c）所示；导线应避免在交叉点改变方向，应跨过交叉点再改变方向，如图 10-5（d）所示。

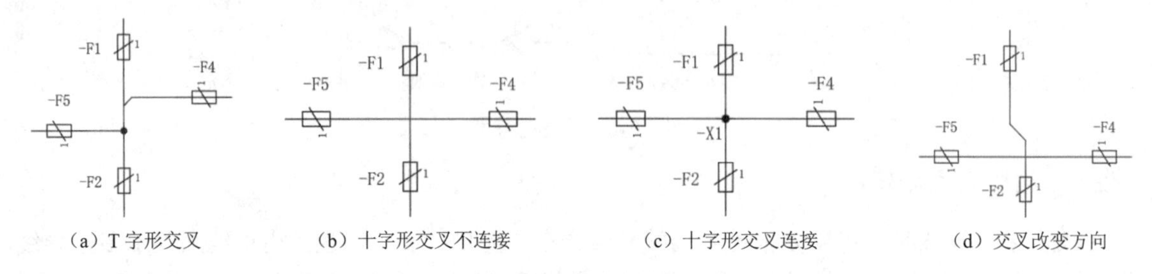

（a）T 字形交叉　（b）十字形交叉不连接　（c）十字形交叉连接　（d）交叉改变方向

图 10-5　导线连接点

10.1.3 导线连接方法

在电气线路、设备的安装过程中，当导线不够长或要分接支路时，就需要进行导线与导线之间的连接。导线连接方法随芯线的金属材料、股数不同而异。单股导线之间使用单芯线连接，如图 10-6 所示；多股导线、线束之间均需要使用管道或专门的连接器进行连接，如图 10-7 所示。

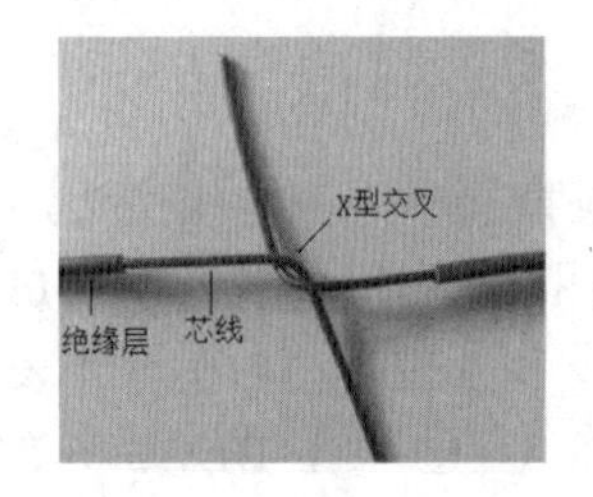

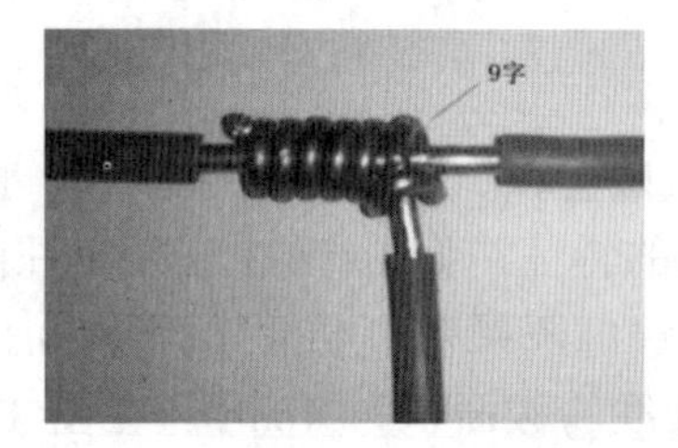

图 10-6　单芯线连接

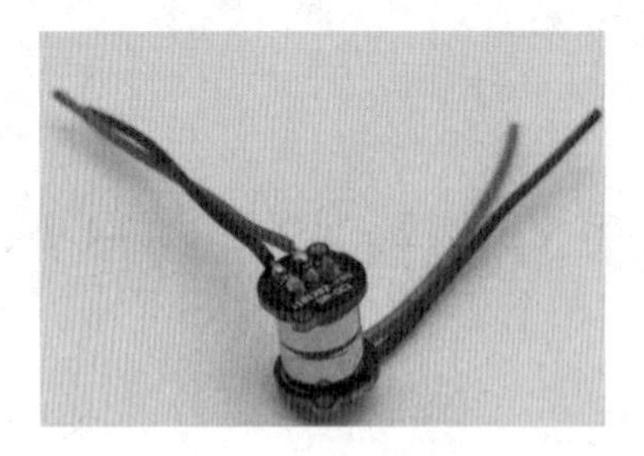

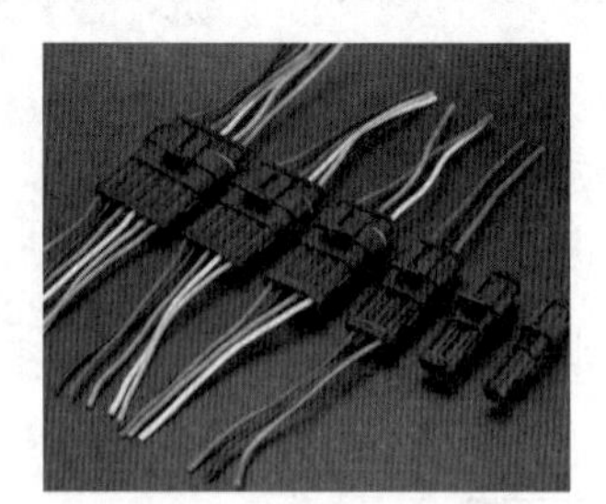

图 10-7　连接器连接

【执行方式】

➢ 菜单栏：选择菜单栏中的“插入”→“线束连接点”“连接符号”“连接分线器/线路连接器”命令，如图 10-8 所示。

➢ 功能区：单击“插入”选项卡的“符号”面板中的“连接器”下拉按钮，如图 10-9 所示。

图 10-8　导线连接命令

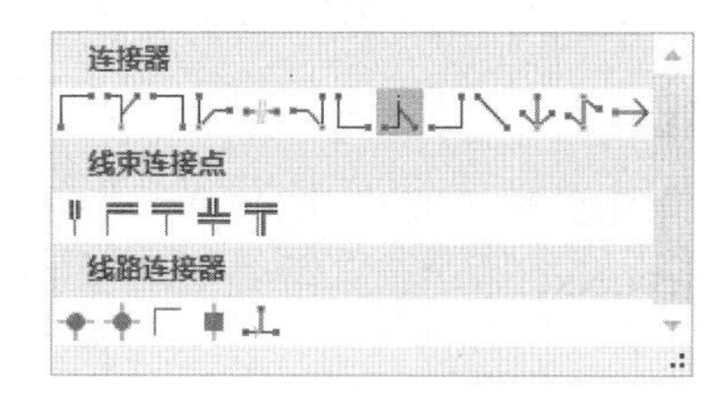

图 10-9　连接符号按钮

【选项说明】

执行上述操作，显示三种导线连接命令组：线束连接点、连接符号、连接分线器/线路连接器(E)。

➢ 线束连接点：包含线束与线束、线束与电气部件之间使用线束连接器连接的命令。
➢ 连接符号：单芯导线之间的连接。
➢ 连接分线器/线路连接器：多股导线之间使用线束连接器或管道进行连接。

10.2　导线连接符号

在 EPLAN 中，自动连接只能进行水平或垂直方向上的电气连接，遇到需要拐弯、多元件连接、不允许连线等情况时，需要使用专门的连接符号，如角、T 节点等连接符号。

在“插入”→“连接符号”子菜单中，根据导线连接模式的不同将可连接符号分为角连接、T 节点连接、十字接头连接等命令，如图 10-10 所示。

上述各项命令都有相应的快捷键。例如，设置右下角命令的快捷键是 F3，绘制向下 T 节点的快捷键是 F7 等。使用快捷键可以大大提升操作速度。

图 10-10　“连接符号”子菜单

10.2.1　角连接

如果要连接的两个管脚不在同一水平线或同一垂直线上，则在放置导线的过程中需要使用角连接确定导线的拐角位置，包括四个方向上的“角”命令，分别为右下角、右上角、左下角、左上角，如图 10-11 所示。

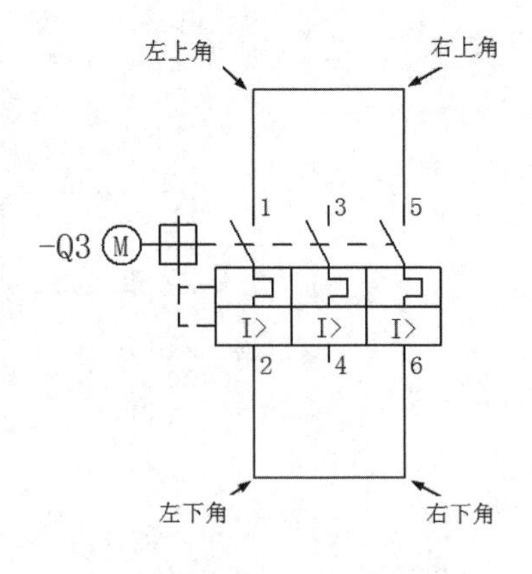

图 10-11　导线的角连接模式

【执行方式】

- 菜单栏：选择菜单栏中的“插入”→“连接符号”→“角（右下）”“角（右上）”“角（左下）”“角（左上）”命令。
- 功能区：单击“插入”选项卡的“符号”面板中的“左上角”按钮、“右下角”按钮、“左下角”按钮、“右上角”按钮。

扫一扫，看视频

动手学——三相全压启动电路角连接

【操作步骤】

（1）选择菜单栏中的“项目”→“打开”命令，弹出“打开项目”对话框，打开项目文件 Electrical_Project.elk，在“页”导航器中选择“=G01+A100/2 三相全压启动电路原理图”，双击打开电气图编辑器。

（2）选择菜单栏中的“插入”→“连接符号”→“角（左下）”命令，或单击“插入”功能区“符号”选项中的“左下角”按钮，鼠标光标处于放置左下角连接的状态，将鼠标光标放置在电路中需要放置左下角的元件的垂直上方，即可自动进行角连接，如图 10-12 所示。在该处单击，完成连接。

（3）此时鼠标光标仍处于放置左下角的状态，重复上述操作可以继续放置其他的左下角导线。导线放置完毕，右击选择“取消操作”命令或按 Esc 键即可退出该操作。

（4）选择菜单栏中的“插入”→“连接符号”→“角（左上）”命令，在需要放置左上角的电路处单击，自动进行角连接，如图 10-13 所示。

（5）电路中包含不同方向的角连接，为简化步骤，任意选择一种角连接命令，按 Tab 键，旋转角连接符号，可以得到不同方向的角连接。角连接结果如图 10-14 所示。

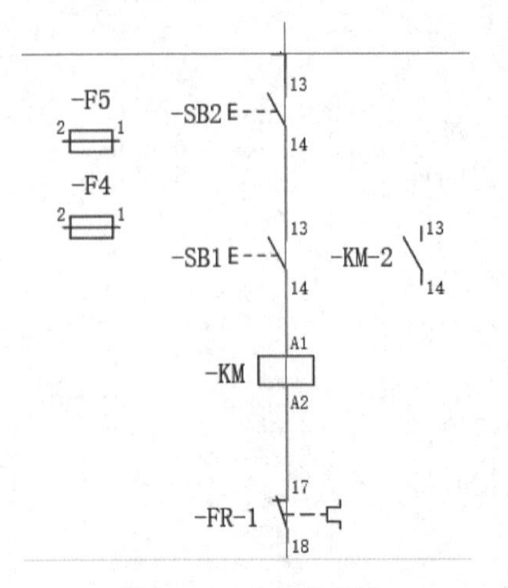

图 10-12　左下角连接

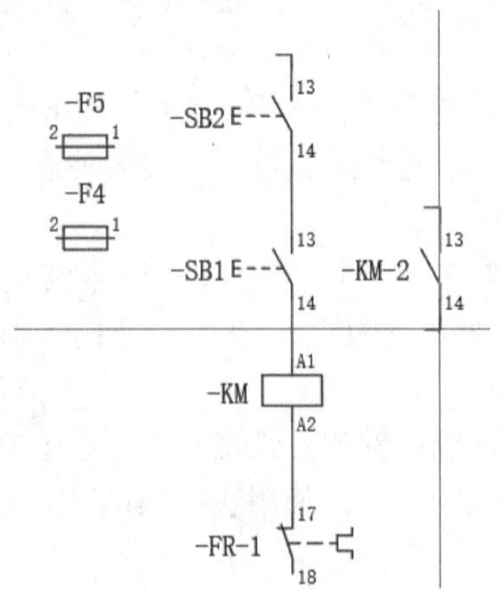

图 10-13　左上角连接

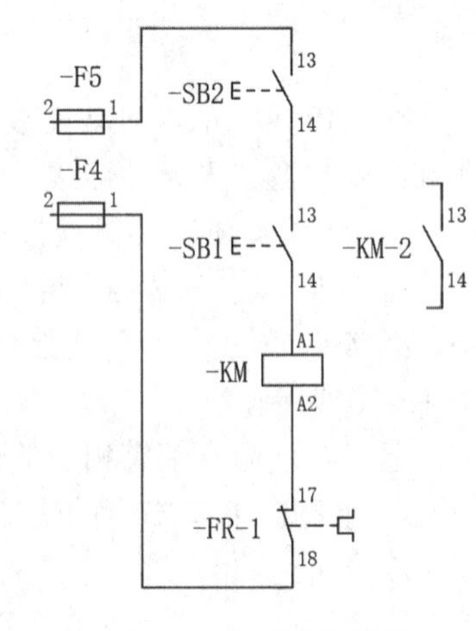

图 10-14　角连接结果

10.2.2　T 节点连接

面对电气图中出现支路的情况，需要使用 T 节点连接。T 节点连接是多个设备连接的逻辑标识，节点要带三个连接点。T 节点还可以显示元件的连接顺序，如图 10-15 所示。

T 节点连接中没有名称的点表示连接起点，显示通过直线箭头找到的第 1 个目标和通过斜线找到的第 2 个目标，可以理解为实际项目中的电路并联。这些信息都将在生成的连接图标、接线表和设备接线图中显示。

数字显示连接电位源

箭头显示信号方向

图 10-15　T 节点显示连接顺序

【执行方式】

- 菜单栏：选择菜单栏中的“插入”→“连接符号”→“T 节点（向下）”“T 节点（向上）”“T 节点（向右）”“T 节点（向左）”命令。
- 功能区：单击“插入”选项卡的“符号”面板中的“T 节点，向下”按钮、“T 节点，向右”按钮、“T 节点，向左”按钮、“T 节点，向上”按钮。

【操作步骤】

（1）执行上述操作，此时鼠标光标变成交叉形状并附加一个 T 节点符号。将鼠标光标移动到想要完成电气连接的设备的水平或垂直位置上，移动鼠标光标，确定导线的 T 节点插入位置，出现红色的连接线时表示电气连接成功，如图 10-16 所示。

（2）单击完成两个设备之间的电气连接，此时 T 节点显示“点”模式，如图 10-17 所示。此时鼠标光标仍处于放置 T 节点连接的状态，重复上述操作可以继续放置其他的 T 节点导线。导线放置完毕，右击选择“取消操作”命令或按 Esc 键即可退出该操作。

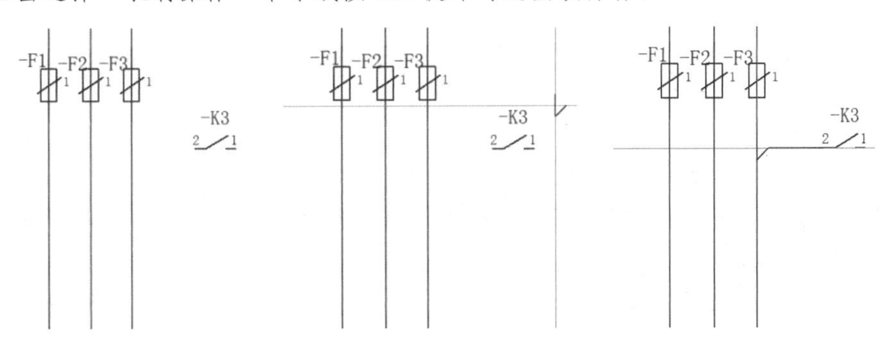

图 10-16　T 节点连接步骤

放置其他方向的 T 节点步骤相同，这里不再赘述。

（3）在鼠标光标处于放置 T 节点的状态时按 Tab 键，旋转 T 节点连接符号，变换 T 节点连接模式。EPLAN 中有四个方向的 T 节点连接命令，而每一个方向的 T 节点连接符号又有四种连接关系可选，见表 10-1。

表10-1　不同方向的T节点连接符号

方向	按钮	按 Tab 键次数			
		0	1	2	3
向下					

续表

方向	按钮	按 Tab 键次数			
		0	1	2	3
向上					
向右					
向左					

【选项说明】

（1）设置 T 节点的属性。双击 T 节点即可打开 T 节点属性设置对话框，如图 10-18 所示。

（2）在 T 节点属性设置对话框中显示 T 节点的四个方向及不同方向的目标连线顺序，勾选“作为点描绘”复选框，T 节点显示为“点”模式；取消勾选该复选框，根据选择的 T 节点方向显示对应的符号或其变量关系，如图 10-19 所示。

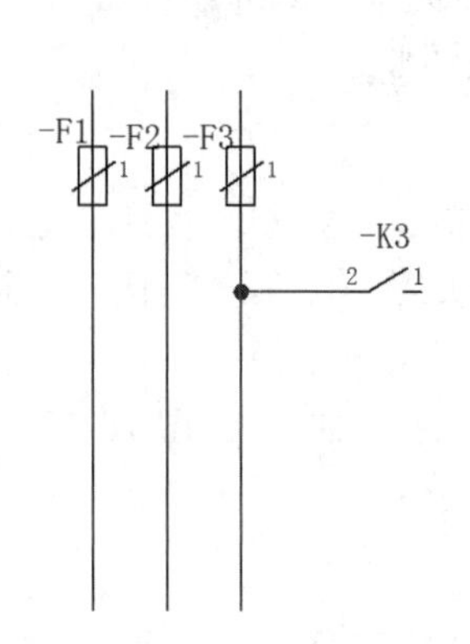

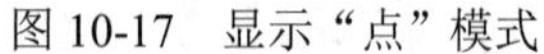
图 10-17　显示“点”模式

图 10-18　T 节点属性设置

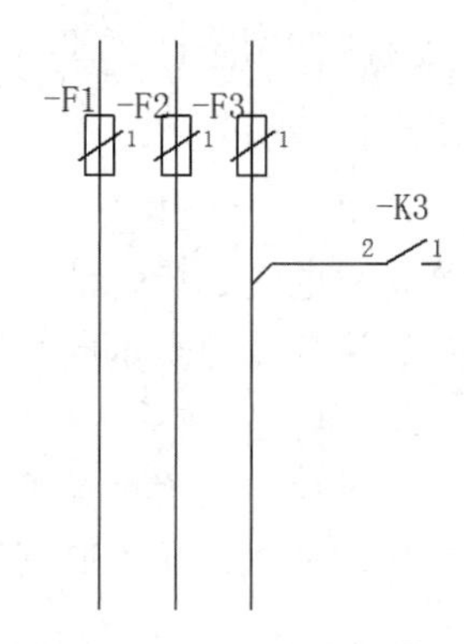

图 10-19　取消“点”模式

知识拓展：

EPLAN 中默认 T 节点是 T 型显示的，有些公司可能要求使用点来表示 T 型连接，有些公司可能要求使用 T 型显示。对于这些要求，通过修改 T 节点属性进行一个个的更改未免过于烦琐，可以通过设置来更改整个项目的 T 节点设置，具体操作方法如下。

选择菜单栏中的“选项”→“设置”命令，弹出“设置”对话框，选择“项目”→myproject→“图形的编辑”→“常规”选项，在“显示连接支路”组中选择“如图示”，如图 10-20 所示。完成设置后，进行 T 节点连接后直接为 T 型显示，如图 10-21 所示。

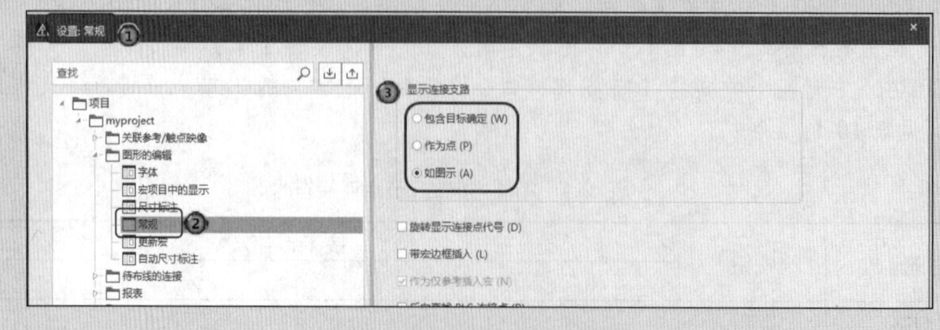

图 10-20　选择 T 型显示模式

若选择“作为点”和选项，则 T 节点连接后直接为点显示，如图 10-22 所示，可通过 T 节点属性设置对话框进行修改。

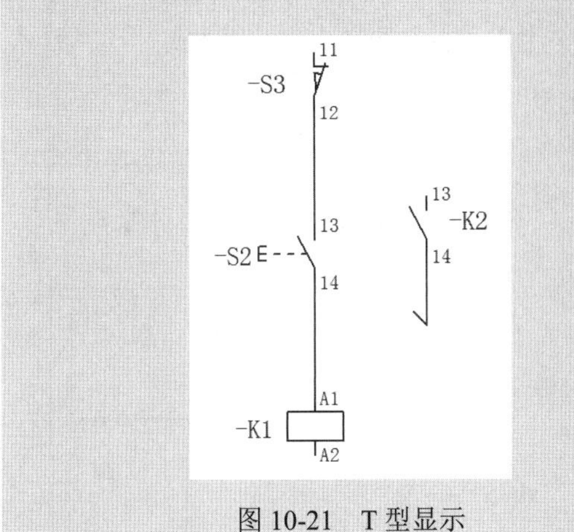

图 10-21　T 型显示

图 10-22　作为点显示

扫一扫，看视频

动手学——三相全压启动电路 T 节点连接

【操作步骤】

（1）选择菜单栏中的“项目”→“打开”命令，系统会“打开项目”对话框，打开项目文件 Electrical_Project.elk，在“页”导航器中选择“=G01+A100/2 三相全压启动电路原理图”，双击打开电气图编辑器。

（2）选择菜单栏中的“插入”→“连接符号”→“T 节点（向右）”命令，或单击“连接符号”工具栏中的“T 节点，向右”按钮，将鼠标光标放置在隔离开关 QS 节点 4 下方、与熔断器 F5 水平的位置，图中自动显示 T 节点连接符号，单击以连接电路图，如图 10-23 所示。

（3）此时鼠标光标仍处于插入十字接头的状态，重复上述操作可以继续插入其他的十字接头。插入完毕，右击选择“取消操作”命令或按 Esc 键即可退出该操作，结果如图 10-24 所示。

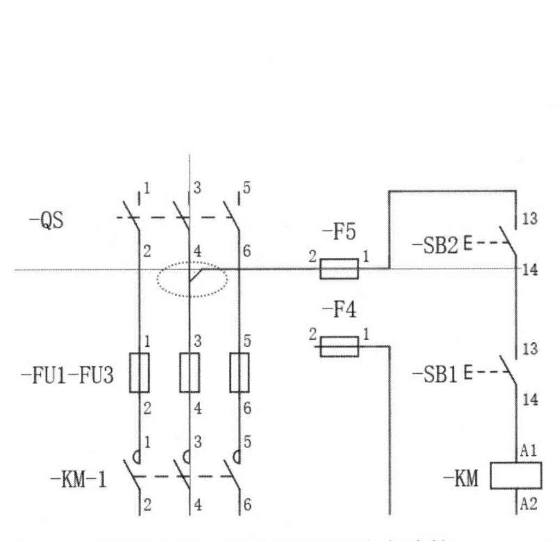

图 10-23　自动进行 T 节点连接

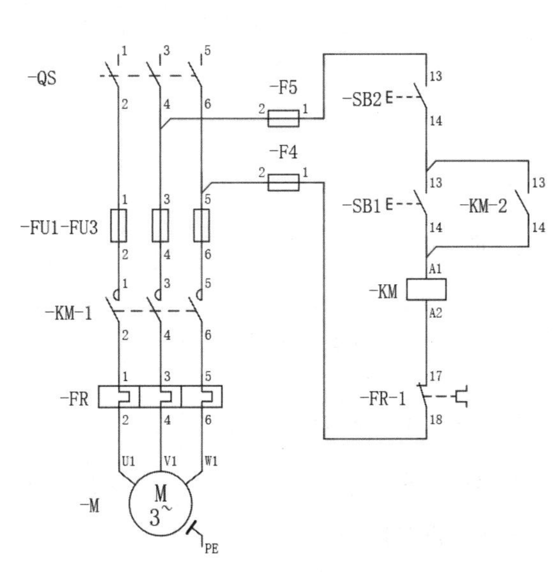

图 10-24　T 节点连接结果

提示：

绘制 T 节点前，黑色虚线框中的导线连接-FU1-FU3 元件的节点 3 与 QS 元件的接头 4[图 10-25（a）]。

绘制 T 节点后，黑色虚线框中的导线连接-FU1-FU3 元件的节点 3 与 QS 元件的接头 4，同时还连接 F5 元件的节点 2[图 10-25（b）]。

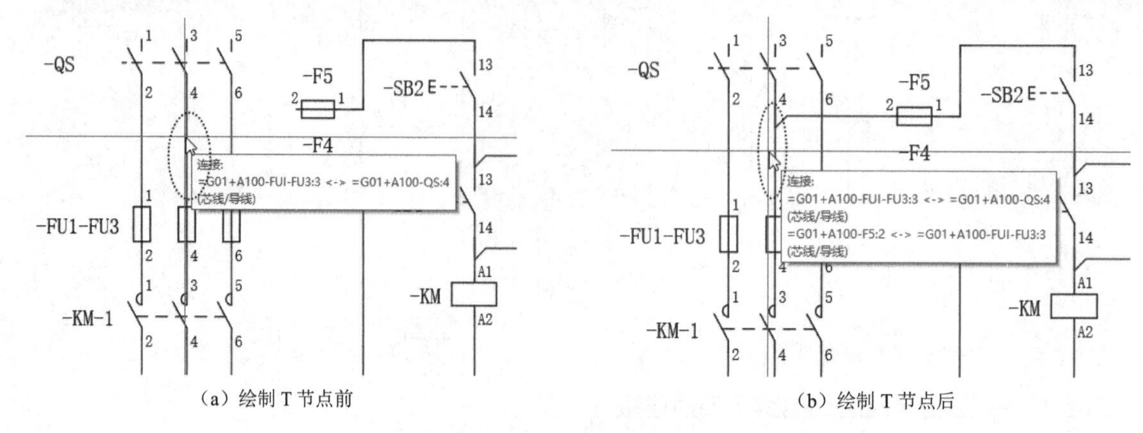

（a）绘制 T 节点前　　（b）绘制 T 节点后

图 10-25　T 节点连接信息

扫一扫，看视频

动手练——绘制细纱机控制电路

绘制如图 10-26 所示的细纱机控制电路。

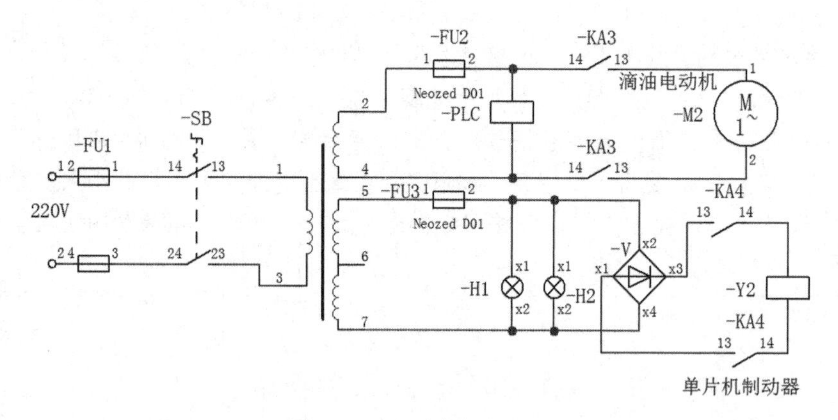

图 10-26　细纱机控制电路

思路点拨：

打开放置元件的电路图，利用自动连接、角连接命令及 T 节点连接命令绘制电气图，从而使用户灵活掌握导线连接命令的使用方法。

10.2.3　十字接头连接

十字形的连接点表示交叉导线上的电气连接顺序，每个十字接头连接三个方向。

【执行方式】

- 菜单栏：选择菜单栏中的“插入”→“连接符号”→“十字接头”命令。
- 功能区：单击“插入”选项卡的“符号”面板中的“十字接头”按钮。

动手学——三相全压启动电路十字接头连接

扫一扫，看视频

【操作步骤】

（1）选择菜单栏中的“项目”→“打开”命令，弹出“打开项目”对话框，打开项目文件 Electrical_Project.elk，在“页”导航器中选择“=G01+A100/2 三相全压启动电路原理图”，双击打开电气图编辑器。

图 10-27 中黑色虚线框中的两条导线相交，但相交处没有任何表示符号。在 EPLAN 中，这种表达方式表示两条导线不相连，即相交的两条导线包含两条信息流。

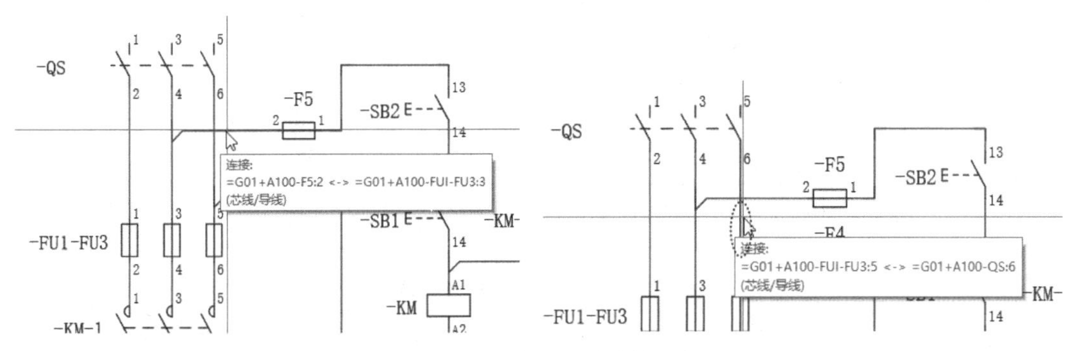

图 10-27　十字交叉线连接信息

（2）选择菜单栏中的“插入”→“连接符号”→“十字接头”命令，此时鼠标光标变成交叉形状并附加一个十字接头符号。将鼠标光标移动到需要插入十字接头的导线上，确定导线的十字接头插入位置，单击即可插入，如图 10-28 所示。

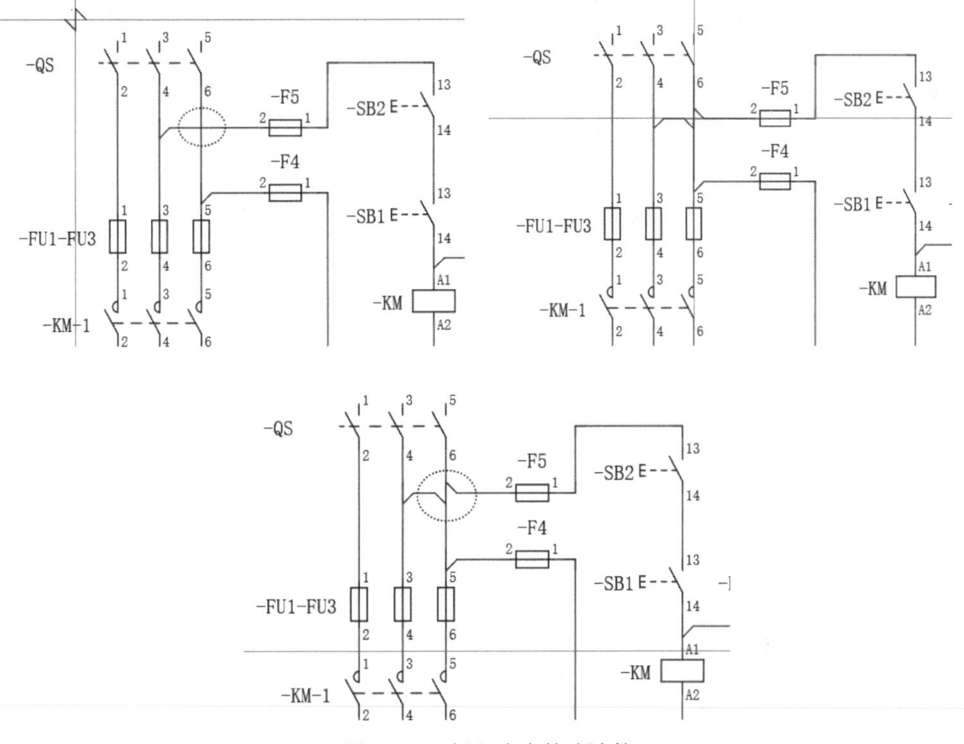

图 10-28　插入十字接头连接

（3）此时鼠标光标仍处于插入十字接头的状态，重复上述操作可以继续插入其他的十字接头。十字接头插入完毕，右击选择“取消操作”命令或按 Esc 键即可退出该操作。

此时相交处变为十字接头连接，即相交的两条导线包含三条信息流。默认是垂直方向十字接头，将左下线互联、右上线互联、上下线互联。垂直方向包含两条信息流，水平方向包含一条信息流，如图 10-29 所示。

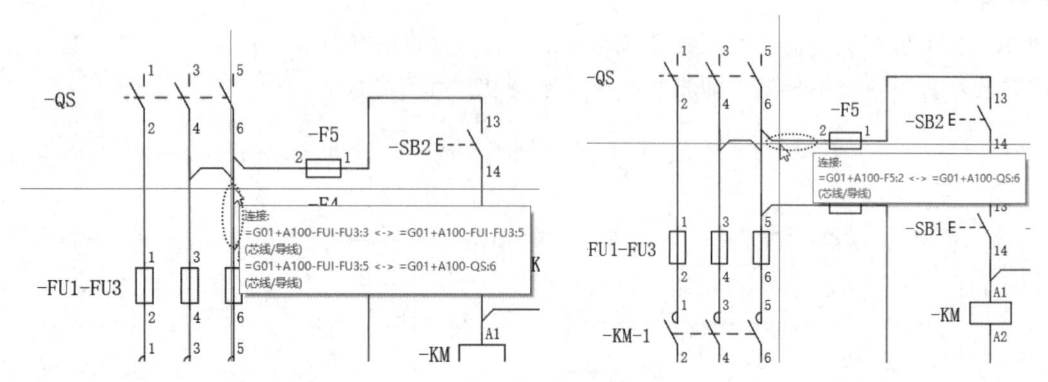

图 10-29　显示垂直十字接头连接信息

（4）设置十字接头的属性。双击十字接头即可打开十字接头属性设置对话框，如图 10-30 所示。在该对话框中显示十字接头的四个方向，选择水平方向十字接头。

（5）单击“确定”按钮，完成设置。水平方向十字接头将左下线互联、右上线互联、左右线互联。水平方向包含两条信息流，垂直方向包含一条信息流，如图 10-31 所示。

注意：

在鼠标光标处于放置十字接头的状态时按 Tab 键，可以旋转十字接头连接符号，变换十字接头连接模式（水平、垂直）。

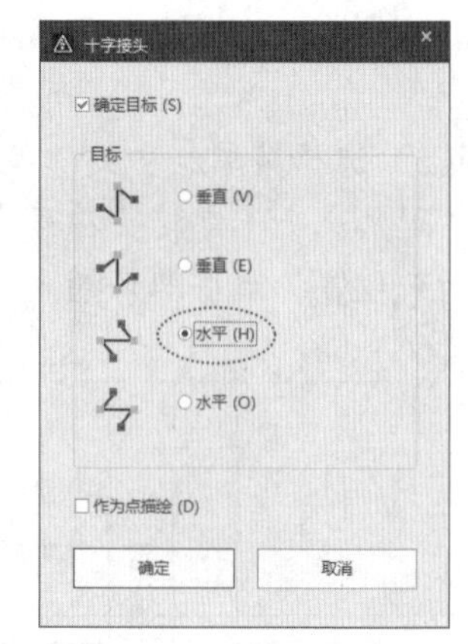

图 10-30　十字接头属性设置

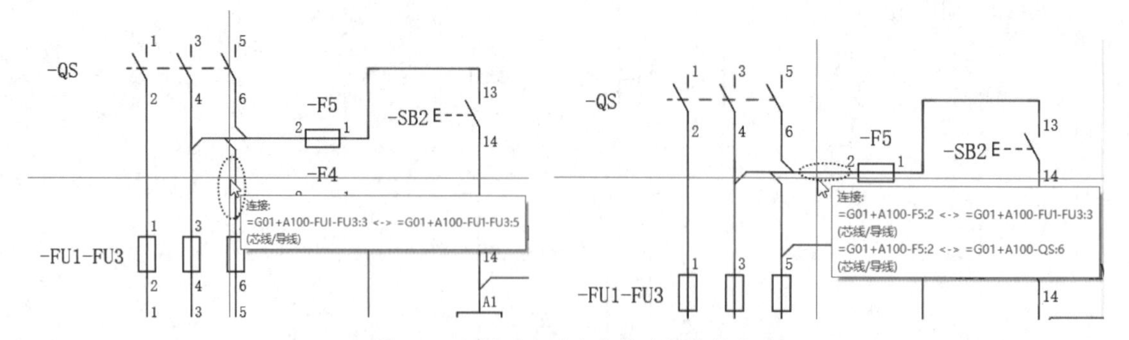

图 10-31　显示水平十字接头连接信息

10.2.4　对角线连接

有时为了增强原理图的可观性，会将导线绘制成斜线，在 EPLAN 中，对角线其实就是斜线的连接。

【执行方式】

➢ 菜单栏：选择菜单栏中的“插入”→“连接符号”→“对角线”命令。

➢ 功能区：单击“插入”选项卡的“符号”面板中的“对角线连接”按钮。

【操作步骤】

（1）执行上述操作，此时鼠标光标变成交叉形状并附加一个对角线符号。将鼠标光标移动到需要插入对角线的导线上，导线由红色变为灰色，单击插入对角线起点。拖动鼠标向外移动，单击确定第一段导线的终点，完成斜线的绘制，如图 10-32 所示。

（2）此时鼠标光标仍处于插入对角线的状态，重复上述操作可以继续插入其他的对角线。对角线插入完毕，右击选择“取消操作”命令或按 Esc 键即可退出该操作。

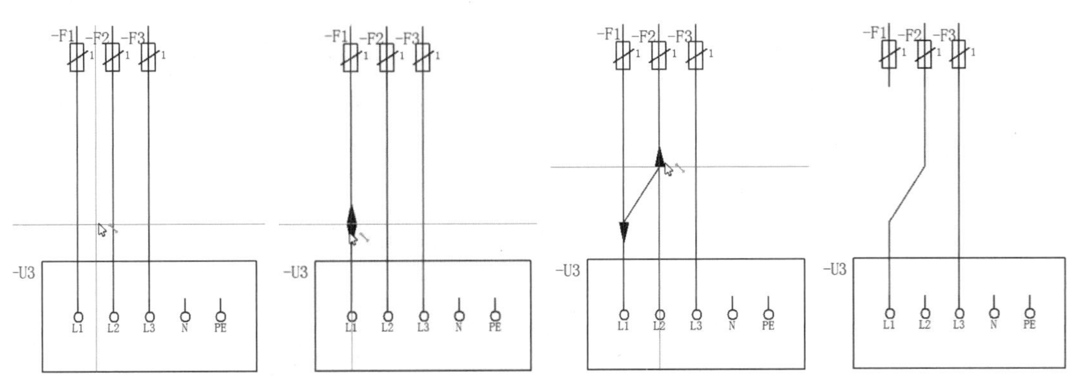

图 10-32　插入对角线

（3）在鼠标光标处于放置对角线的状态时按 Tab 键，变换对角线箭头方向，切换为回屏或处置方向；任意旋转对角线连接符号，变换对角线倾斜角度。

动手练——绘制车床电路辅助电路双绞线

绘制如图 10-33 所示的车床电路辅助电路双绞线。

思路点拨：

删除“断点”，恢复自动连接线，利用“对角线”命令绘制双绞线（按 Ctrl 键旋转箭头方向），从而使用户灵活掌握对角线的使用方法。

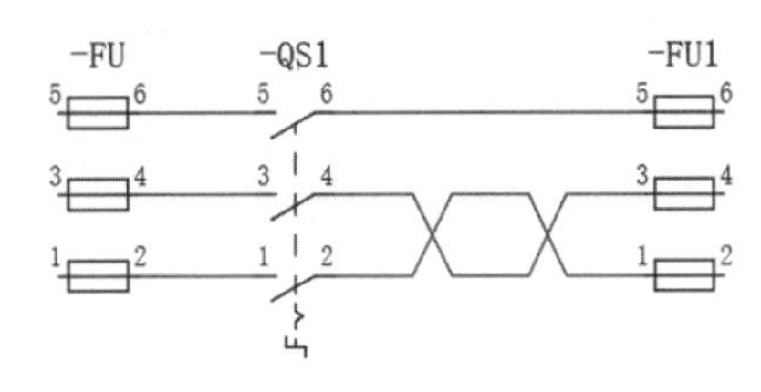

图 10-33　车床电路辅助电路双绞线

10.3　多张图页导线连接

EPLAN 是最佳的电气辅助制图软件，功能相当强大，在电气工程图中经常使用中断点来表示两张图纸使用同一根导线，单击中断点可以自动在两个图纸页中进行跳转。

10.3.1　中断点

为了简化线路图或使多张图纸页采用相同的连接表示，连接线一般采用中断表示法。在 EPLAN 中，中断点必须成对出现，一个中断点标识“信号流”流出；另一个中断点标识“信号流”流入。

可以使用“项目检查”功能发现未成对的中断点。

【执行方式】

➢ 菜单栏：选择菜单栏中的“插入”→“连接符号”→“中断点”命令。
➢ 功能区：单击“插入”选项卡的“符号”面板中的“中断点”按钮→。

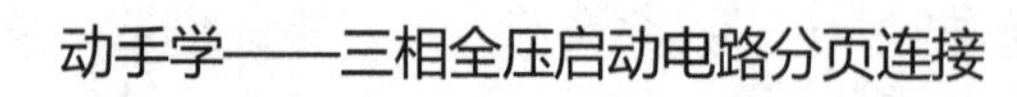

动手学——三相全压启动电路分页连接

【操作步骤】

（1）选择菜单栏中的“项目”→“打开”命令，弹出“打开项目”对话框，打开项目文件 Electrical_Project.elk，在“页”导航器中选择“=G01+A100/2 三相全压启动电路原理图”，双击打开电气图编辑器。

（2）选择菜单栏中的“插入”→“连接符号”→“中断点”命令，插入断点，断开自动连接线，如图 10-34 所示。将左侧的主电路复制到“=G01+A101/2 主电路”中，将右侧控制电路复制到“=G01+A101/3 控制电路”中。

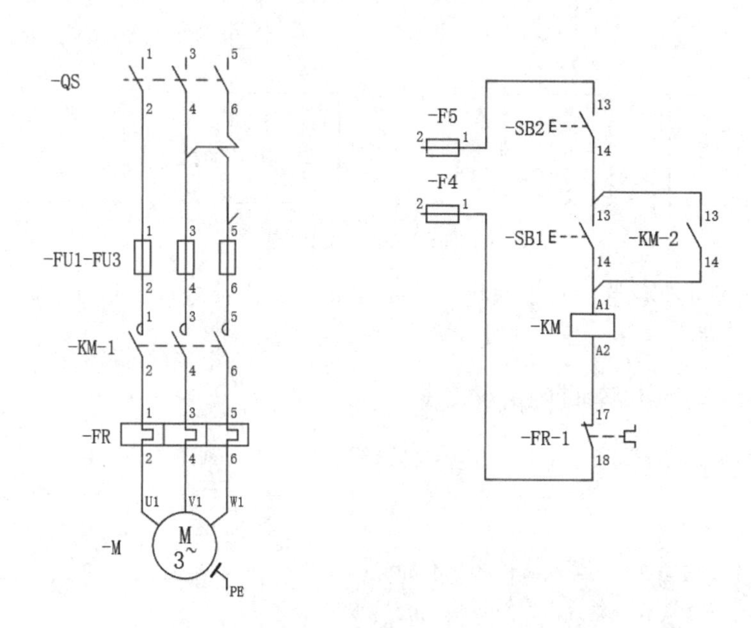

图 10-34 断开主电路与控制电路

（3）打开图纸页“=G01+A101/2 主电路”，选择菜单栏中的“插入”→“连接符号”→“中断点”命令，此时鼠标光标变成交叉形状并附加一个中断点符号，如图 10-35 所示。将鼠标光标移动到想要插入中断点的导线上单击，弹出如图 10-36 所示的中断点属性设置对话框。

（4）在该对话框中可以对中断点的属性进行设置，在“显示设备标识符”中输入中断点的编号为 AA01。

提示：

中断点命名：三相 380V 建议分别命名为 L1、L2、L3，1L1、1L2、1L3，2L1、2L2、2L3 等；AC110V 建议命名为 L11、N11，L12、N12，L13、N13 等；DC24V 建议命名为 L+、L−，L1+、L1−，L2+、L2−等。中断点名称可以是信号的名称，也可以自定义。

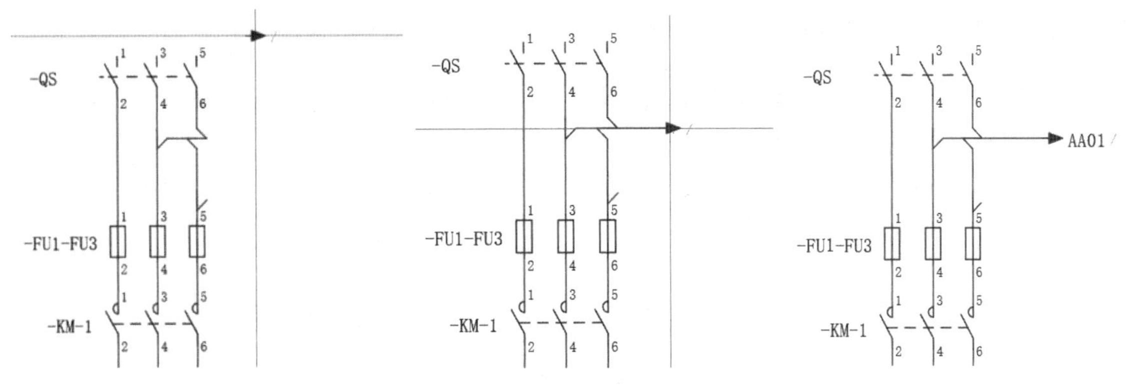

图 10-35 主电路插入中断点

图 10-36 中断点属性设置对话框

（5）单击“确定”按钮，关闭对话框，完成中断点的插入。此时鼠标光标仍处于插入中断点的状态，重复上述操作可以继续插入其他的中断点。中断点插入完毕，右击选择“取消操作”命令或按 Esc 键即可退出该操作。最终如图 10-37 所示。

（6）打开图纸页“=G01+A101/3 控制电路”，选择菜单栏中的“插入”→“连接符号”→“中断点”命令，插入中断点 AA01、AA02，如图 10-38 所示。

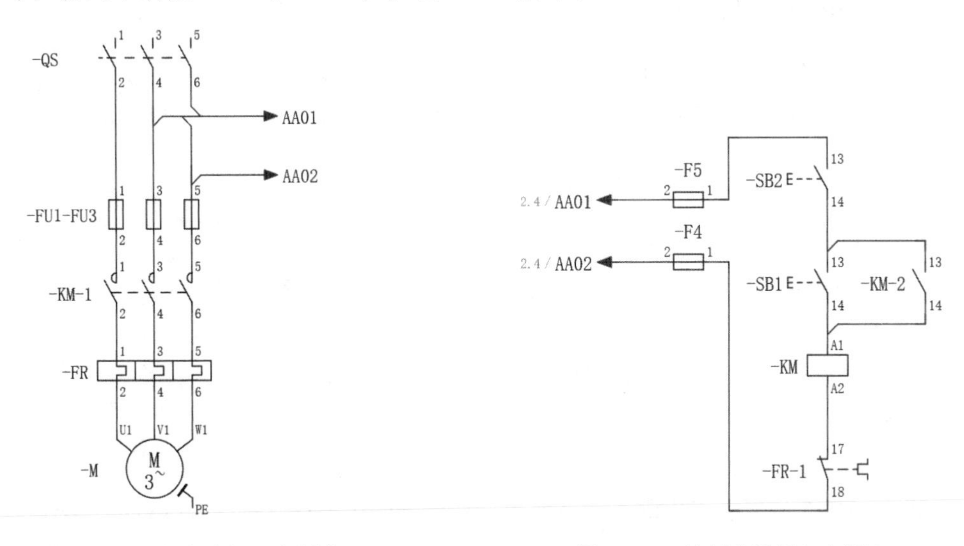

图 10-37 主电路插入中断点

图 10-38 控制电路插入中断点

10.3.2 中断点关联参考

中断点用于描述包含一页以上的连接，中断点的名称即中断点所在位置，由 EPLAN 自动生成，该名称由两部分组成：页名+图区编号。

同名的中断点在电气上是连接在一起的，它们之间互为关联参考，在中断点一侧显示中断点和关联参考之间的分隔符“/”与关联参考。

中断点的关联参考分为三种。

- 链式关联参考：根据中断点在图纸中的位置，先按照图纸次序，同一页中的从上到下、从左到右扫描配对。
- 星形关联参考：在星形关联参考中，中断点被视为出发点。具有相同名称的所有其他中断点参考该出发点。在出发点显示一个对其他中断点关联参考的可格式化列表，在此能确定应该显示多少并排或上下排列的关联参考。
- 连续性关联参考：在连续性关联参考中，始终是第一个中断点提示第二个中断点，第三个中断点提示第四个，以此类推，提示始终从页到页进行。

扫一扫，看视频

动手学——三相全压启动电路分页跳转

【操作步骤】

（1）选择菜单栏中的“项目”→“打开”命令，弹出“打开项目”对话框，打开项目文件 Electrical_Project.elk，在“页”导航器中选择“=G01+A101/2 主电路”，双击打开电气图编辑器。

（2）选中中断点（AA01/3.4），按 F 键，会跳转到相关联的另一点，图纸页“=G01+A101/3 控制电路”中的 AA01/2.4 如图 10-39 所示。

不过中断点只能一一对应，不能一对多或多对一。

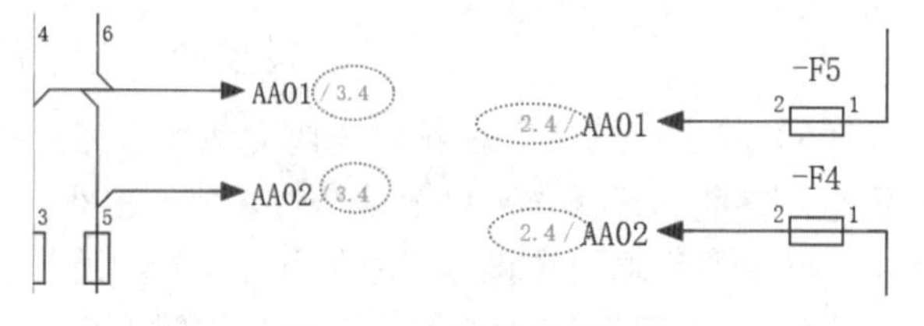

图 10-39　显示关联参考

10.3.3 “中断点”导航器

中断点分为源中断点和目标中断点，其属性会被自动判定，因此在使用中不区分；若 EPLAN 无法找到配对物，就会被识别为错误并输入到信息管理。为了集中管理和编辑中断点，可以打开“中断点”导航器。

【执行方式】

- 菜单栏：选择菜单栏中的“项目数据”→“连接”→“中断点导航器”命令。
- 功能区：单击“连接”选项卡的“中断点”面板中的“导航器”按钮。

【操作步骤】

执行上述操作，系统打开“中断点”导航器，如图 10-40 所示，在树形结构中显示所有项目下的中断点。

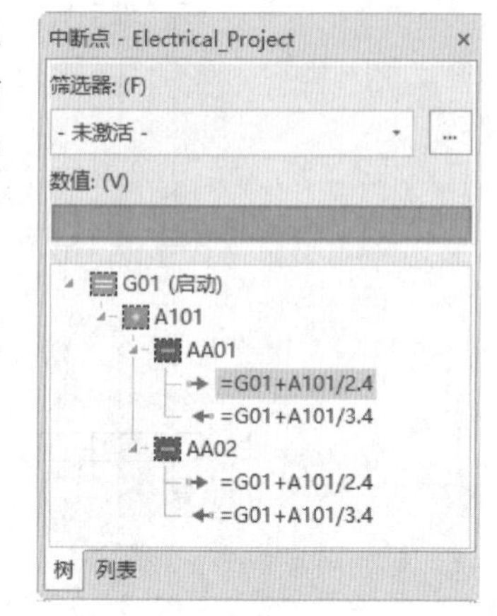

图 10-40　“中断点”导航器

10.3.4　中断点排序

【执行方式】

➢ 菜单栏：选择菜单栏中的“项目数据”→“连接”→“中断点导航器”命令。
➢ 功能区：单击“连接”选项卡的“中断点”面板中的“导航器”按钮。
➢ 快捷操作：右击，在弹出的快捷菜单中选择“中断点排序”命令。

【操作步骤】

执行上述操作，弹出“中断点排序”对话框，如图 10-41 所示。在该对话框中可以对中断点的关联顺序进行更改，也可以显示中断点的序号、类型与连接模式。下面介绍该对话框中的工具按钮选项。

➢ ：将选中的中断点位置移至始端。
➢ ：将选中的中断点位置向上移动。
➢ ：更换选中的两个中断点的位置。
➢ ：将选中的中断点位置向下移动。
➢ ：将选中的中断点位置移至末尾。

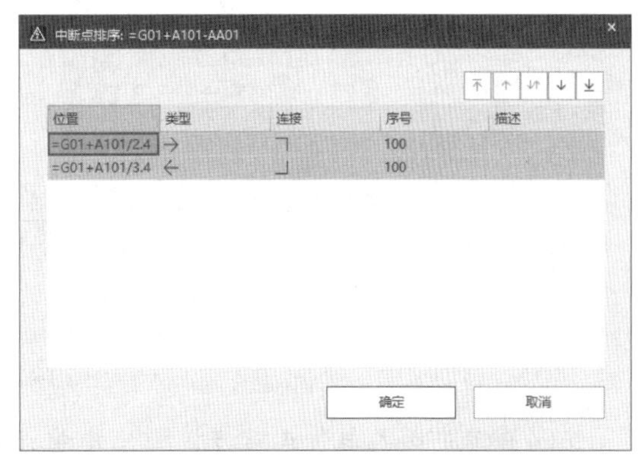

图 10-41　“中断点排序”对话框

10.4　电位连接

电位是指在特定时间内的电压水平。导线连接的颜色代表了其电位的传递路径，连接的颜色最终通过“电位定义点”进行设置。电位连接不会立即更新连接，需要在更新连接后更新。

10.4.1　电位连接点

电位连接点用于定义电位，可以为其设定电位类型（L、N、PE、+、-等）。其外形看起来像端子，但它不是真实的设备。

电位连接点通常可以代表某一路电源的源头，系统所有的电源都是从这一点开始的。添加电位的目的主要是在图纸中分清不同的电位。

【执行方式】

➢ 菜单栏：选择菜单栏中的“插入”→“连接符号”→“电位连接点”命令。
➢ 功能区：单击“插入”选项卡的“电缆/导线”面板中的“电位连接点”按钮。

动手学——三相全压启动电路插入电位连接点

扫一扫，看视频

当配线采用多相导线时，其相线的颜色应易于区分。三相电源引入三相电度表箱内时，相线宜采用黄、绿、红三色；如果有接地线，应采用黄兼绿的线。

【操作步骤】

（1）选择菜单栏中的“项目”→“打开”命令，弹出“打开项目”对话框，打开项目文件 Electrical_Project.elk，在“页”导航器中选择“=G01+A101/2 主电路”，双击打开电气图编辑器。

（2）选择菜单栏中的“插入”→“电位连接点”命令，此时鼠标光标变成交叉形状并附加一个电位连接点符号。

（3）将鼠标光标移动到想要插入电位连接点的元件的水平或垂直位置上，在鼠标光标处于放置电位连接点的状态时按 Tab 键，旋转电位连接点连接符号，变换电位连接点连接模式，电位连接点与元件间显示自动连接，如图 10-42 所示。

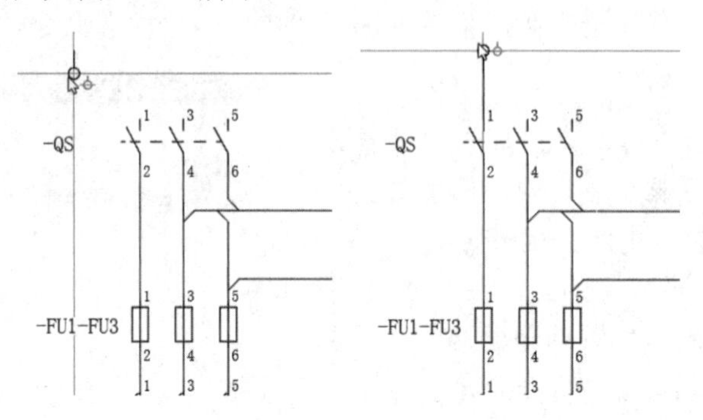

图 10-42　插入电位连接点

（4）单击插入电位连接点，弹出电位连接点属性设置对话框，在该对话框中可以对电位连接点的属性进行设置，如图 10-43 所示。

- 在“电位名称”文本框中输入电位名称为 L1。电位连接点名称可以是信号的名称，也可以自定义。
- 在“颜色/编号”文本框右侧单击···按钮，弹出“连接颜色”对话框，选择黄色对应的编号 YE。

（5）完成设置后，单击“确定”按钮，关闭对话框。此时鼠标光标仍处于插入电位连接点的状态，重复上述操作继续插入其他的电位连接点：L2（绿色）、L3（红色）、PE（绿色），结果如图 10-44 所示。

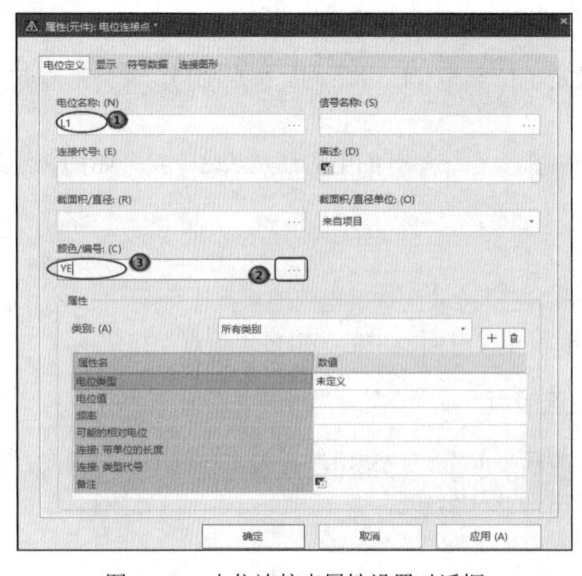

图 10-43　电位连接点属性设置对话框

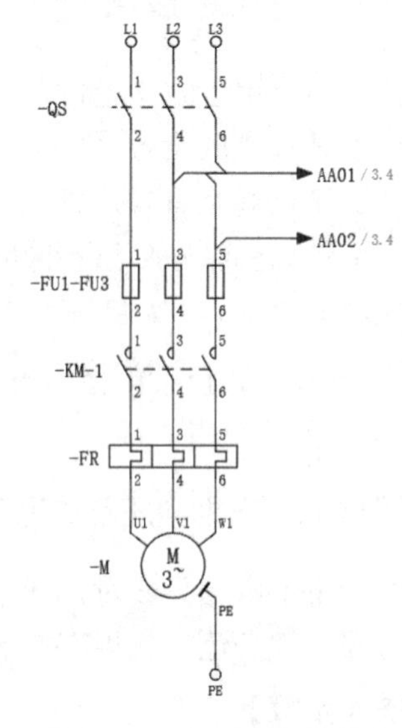

图 10-44　放置电位连接点

（6）电位连接点插入完毕，右击选择“取消操作”命令或按 Esc 键即可退出该操作。

知识拓展：

在插入电位连接点的过程中，用户可以对电位连接点的属性进行设置，也可以在“符号数据”选项卡中的“变量”下拉列表中选择变量，切换电位连接点的方向，如图 10-45 所示。

（7）自动连接的导线颜色都来源于层，基本上为红色。在导线上插入电位连接点时，为区分不同电位，需要修改电位连接点的颜色，从而改变插入电位连接点的导线的颜色。打开“连接图形”选项卡，单击颜色块，选择导线颜色，如图 10-46 所示。

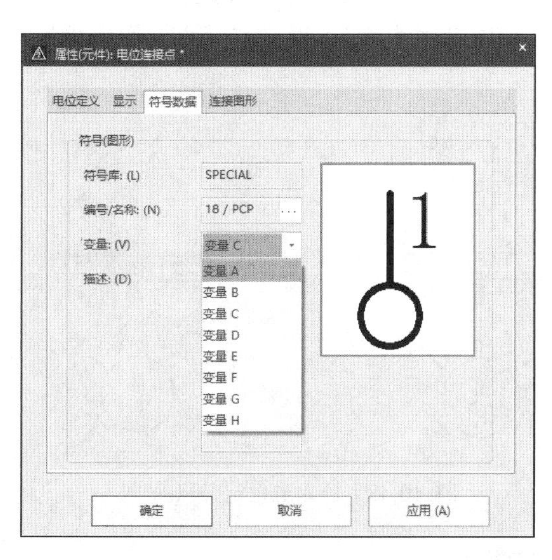

图 10-45　选择变量

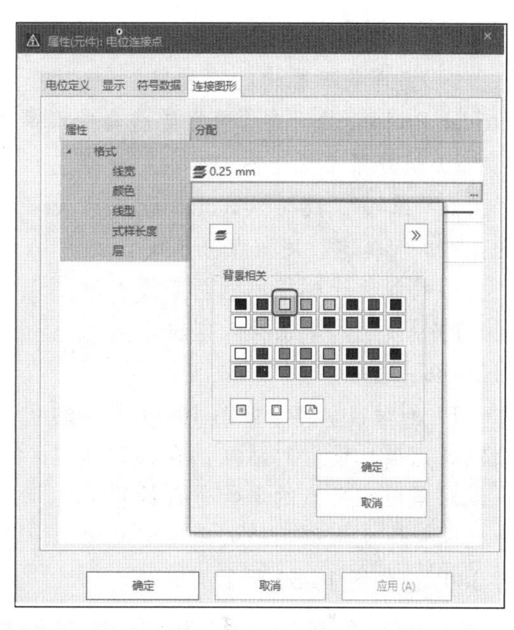

图 10-46　选择颜色

10.4.2　更新连接信息

设置电位连接点图形符号的颜色后，电气图中的导线不自动更新信息，导线依旧显示为默认的红色，此时需要更新连接信息。

【执行方式】

- 菜单栏：选择菜单栏中的“项目数据”→“连接”→“更新“命令。
- 功能区：单击“连接”选项卡的“连接”面板中的“更新”按钮。

【操作步骤】

执行上述操作，更新导线信息，修改导线的颜色，如图 10-47 所示。

如果为电位设置了显示颜色，则整个项目中等电位的连接都会以相同的颜色显示。最常见的情况就是将 PE 电位连接点设置为绿色虚线显示。

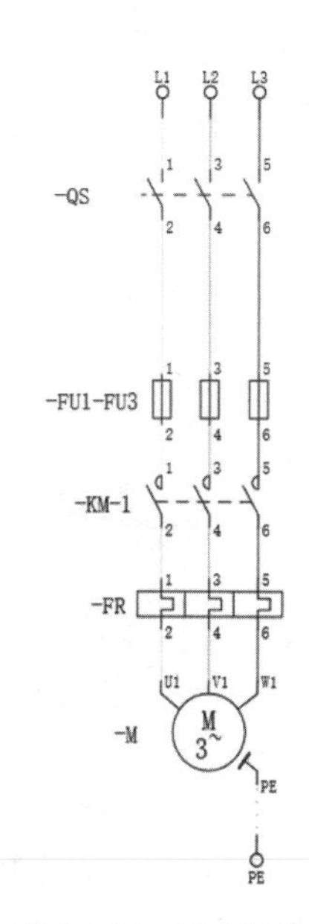

图 10-47　修改导线颜色

10.4.3　电位定义点

电位定义点用于定义电位，如 220V、380V 等。与电位连接点功能不完全相同，也不代表真实的设备。与电位连接点不同的是，它的外形与连接定义点类似，不是放在电源的起始位置。

电位定义点一般位于变压器、整流器与开关电源输出侧，因为这些设备改变了回路的电位值。

【执行方式】

➢ 菜单栏：选择菜单栏中的“插入”→“电位定义点”命令。

➢ 功能区：单击“插入”选项卡的“电缆/导线”面板中的“电位定义点”按钮。

扫一扫，看视频

动手学——三相全压启动电路插入电位定义点

【操作步骤】

（1）选择菜单栏中的“项目”→“打开”命令，弹出“打开项目”对话框，打开项目文件 Electrical_Project.elk，在“页”导航器中选择“=G01+A101/2 主电路”，双击打开电气图编辑器。

（2）选择菜单栏中的“插入”→“电位定义点”命令，此时鼠标光标变成交叉形状并附加一个电位定义点符号。

（3）将鼠标光标移动到想要插入电位定义点的导线上，单击插入电位定义点，如图 10-48 所示。

（4）同时自动弹出如图 10-49 所示的电位定义点属性设置对话框，在该对话框中可以对电位定义点的属性进行设置。在“电位名称”文本框中输入电位定义点名称为 380V，如图 10-50 所示。

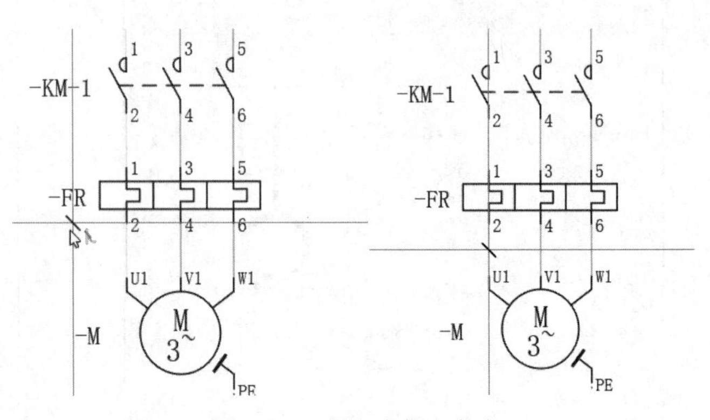

图 10-48　插入电位定义点

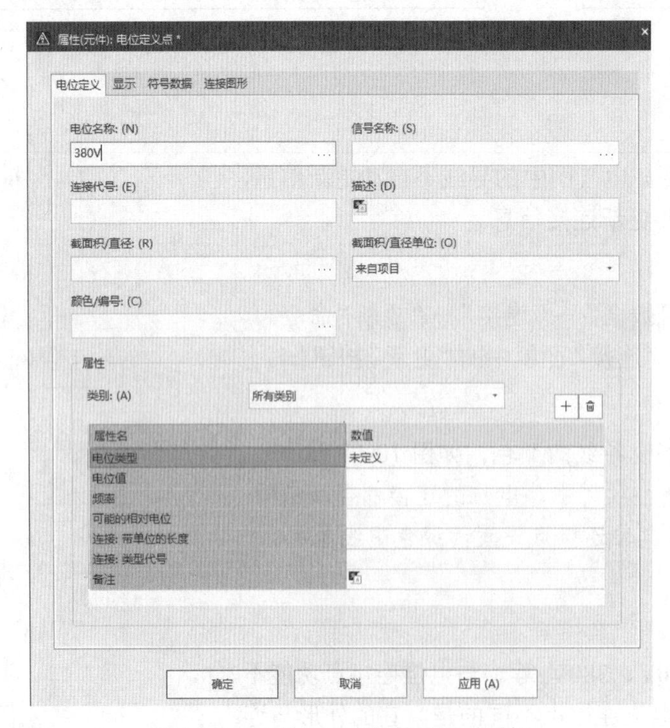

图 10-49　电位定义点属性设置对话框

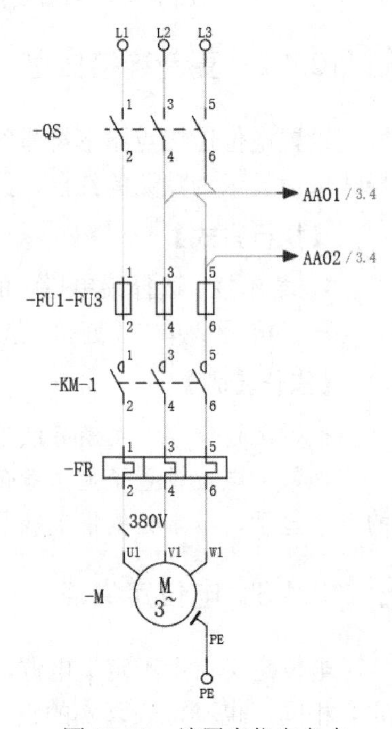

图 10-50　放置电位定义点

10.4.4　“电位”导航器

在电气图绘制初始阶段一般会用到电位连接点或电位定义点来定义电位。除了定义电位，还可以使用它的一些其他属性和功能。

【执行方式】

- 菜单栏：选择菜单栏中的“项目数据”→“连接”→“电位导航器”命令。
- 功能区：单击“连接”选项卡的“连接”面板中的“电位”按钮。

【操作步骤】

执行上述操作，系统打开“电位”导航器，如图 10-51 所示，在树形结构中显示所有项目下的电位。

在“电位”导航器中可以快速查看系统中的电位连接点与电位定义点。例如，给每个电位定义颜色，可以很容易地在电气图中看出每条线的电位类型，在放置连接代号时也能够清楚地知道导线应该使用什么颜色。

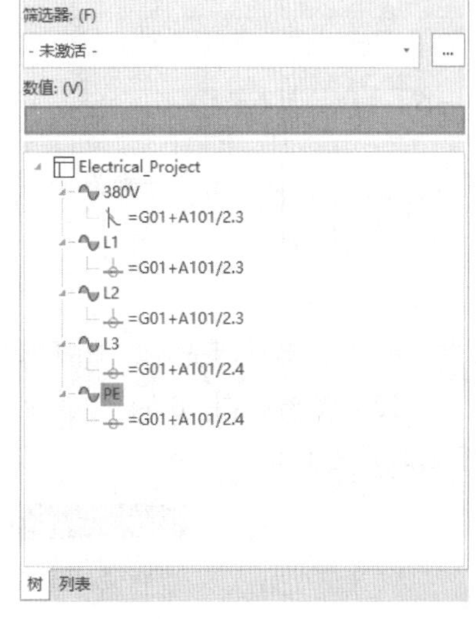

图 10-51　“电位”导航器

10.4.5　母线连接点

母线连接点和端子连接点组合使用一般用作表示等电位的连接端子；常用于地线、零线、24V、OV 等电位端子的连接中，所有的连接点是相互连通的，可以传递电位和信号。电气图中最常见的就是使用“母线连接点”进行表达。

【执行方式】

- 菜单栏：选择菜单栏中的“插入”→“盒子连接点/连接板/安装板”→“母线连接点”命令。
- 功能区：单击“插入”选项卡的“设备”面板中的“母线连接点”按钮。

动手学——三相全压启动电路插入母线连接点

【操作步骤】

（1）选择菜单栏中的“项目”→“打开”命令，弹出“打开项目”对话框，打开项目文件 Electrical_Project.elk，在“页”导航器中选择“=G01+A102/2 主电路”，双击打开电气图编辑器。将“=G01+A101/2 主电路”中的电气图复制到该图纸页中，调整图形，如图 10-52 所示。

（2）选择菜单栏中的“插入”→“盒子连接点/连接板/安装板”→“母线连接点”命令，此时鼠标光标变成交叉形状并附加一个母线连接点符号，如图 10-53 所示。

（3）在鼠标光标处于放置母线连接点的状态时按 Tab 键，旋转

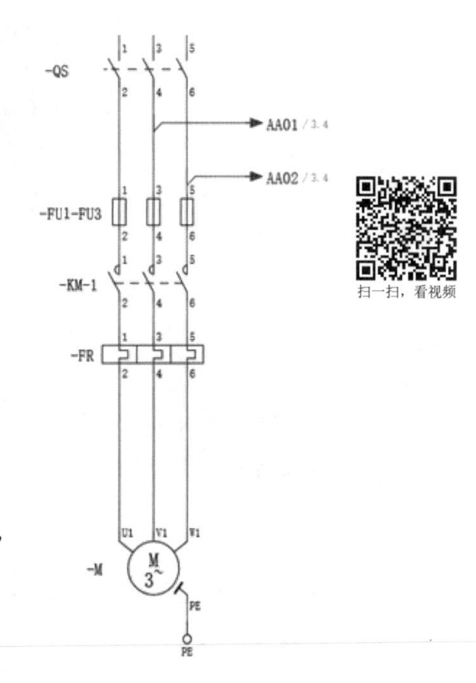

图 10-52　调整电气图

母线连接点连接符号，变换母线连接点连接模式。将鼠标光标移动到想要插入母线连接点的元件的水平或垂直位置上，出现红色的连接符号时表示电气连接成功。

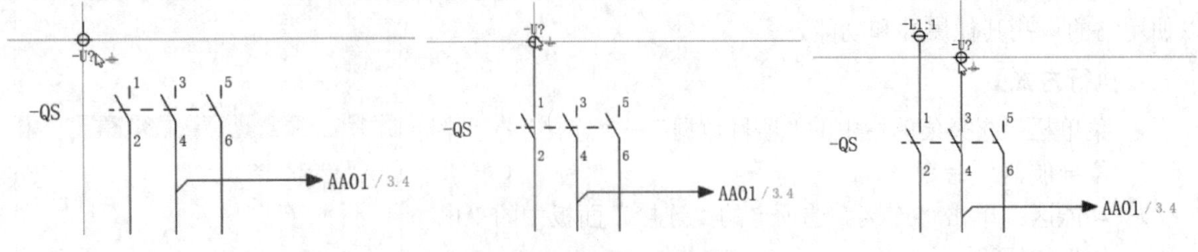

图 10-53　插入母线连接点

（4）移动鼠标光标，选择母线连接点的插入点，在电气图中单击确定插入母线连接点。

（5）弹出如图 10-54 所示的母线连接点属性设置对话框，在“显示设备标识符”中输入母线连接点的设备标识符和连接点代号。

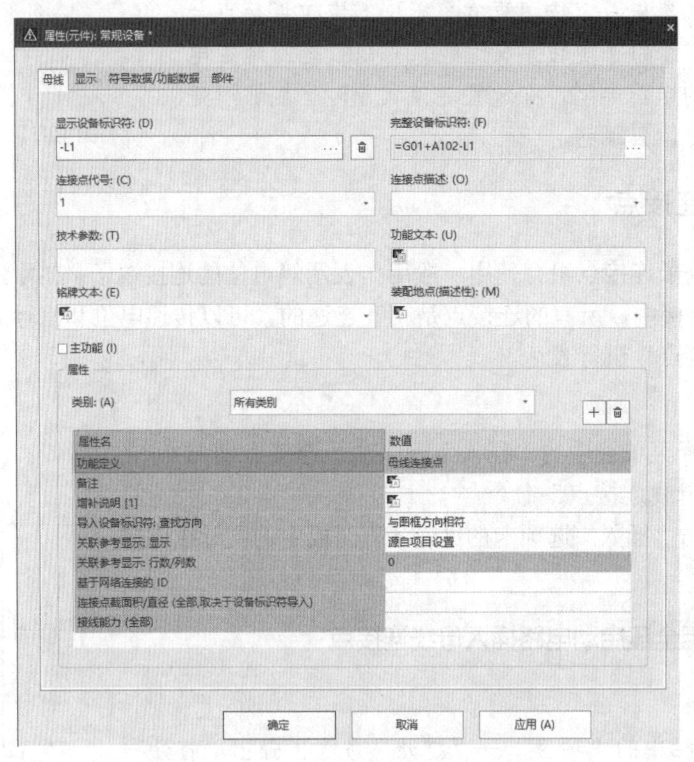

图 10-54　母线连接点属性设置对话框

（6）此时鼠标光标仍处于插入母线连接点的状态，重复上述操作可以继续插入其他的母线连接点。母线连接点插入完毕，右击选择“取消操作”命令或按 Esc 键即可退出该操作。结果如图 10-55 所示。

（7）为了让别人能够看懂图纸，也可以在母线连接点上添加直线。选择菜单栏中的“插入”→“图形”→“直线”命令，绘制三条过母线连接点的水平直线，如图 10-56 所示。

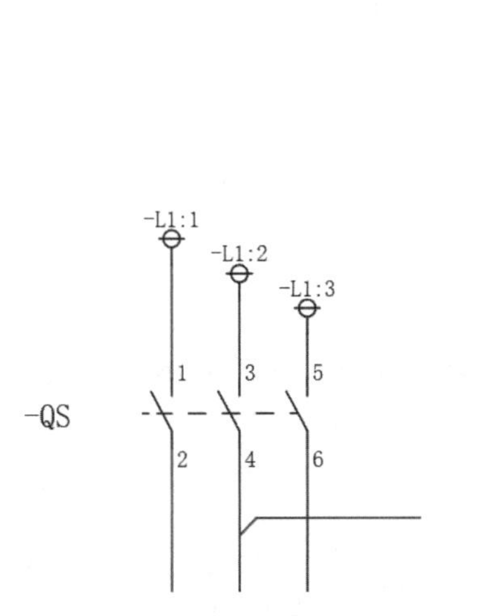

图 10-55　母线连接点插入结果

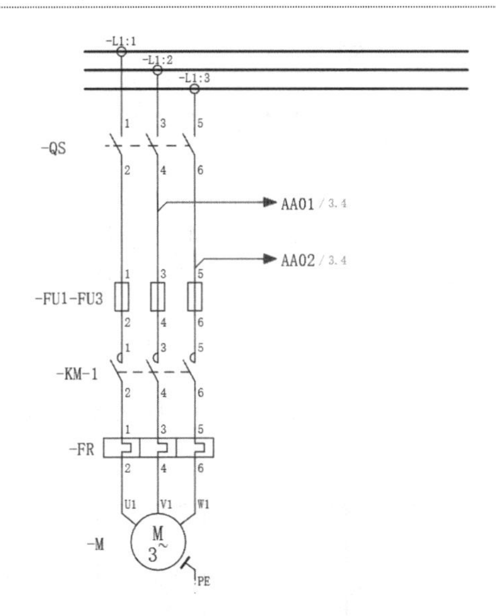

图 10-56　绘制直线

10.4.6　网络定义点

对于多个继电器的公共端短接在一起，门上的按钮、指示灯公共端短接在一起的情况，如图 10-57 所示。

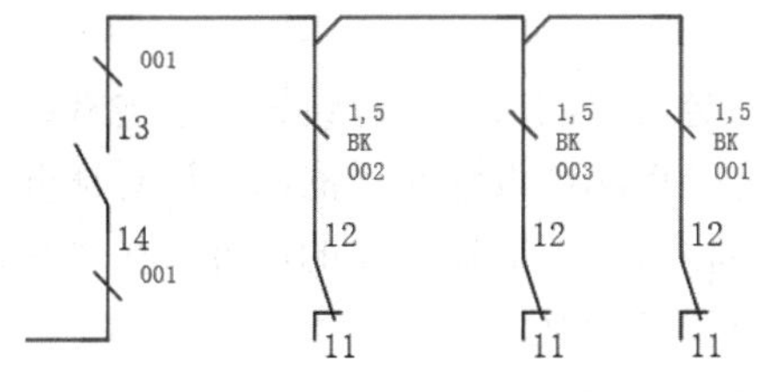

（a）多个继电器公共端短接

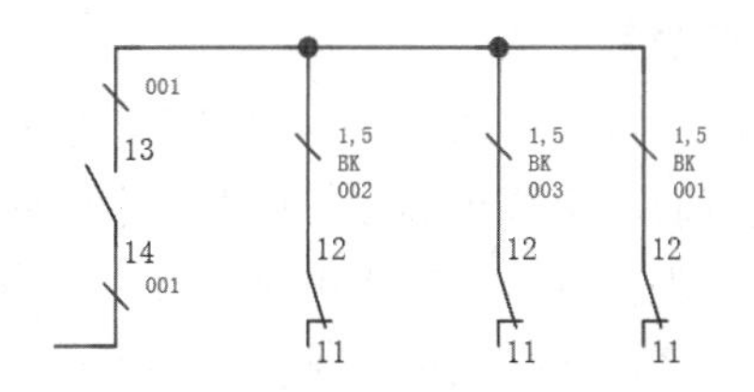

（b）门上的按钮、指示灯公共端短接

图 10-57　元件公共端短接

元件之间的连接称为一个网络，包含源对象与目标对象。图 10-57（a）的图形网络是有方向的，但图 10-57（b）的图形无法定义整个网络的接线的源和目标。可以插入网络定义点，图 10-57（b）的图形转换为指向目标的连接。

【执行方式】

➢ 菜单栏：选择菜单栏中的“插入”→“网络定义点”命令。

➢ 功能区：单击“插入”选项卡的“电缆/连接”面板中的“网络定义点”按钮 。

【操作步骤】

（1）执行上述操作，此时鼠标光标变成交叉形状并附加一个网络定义点符号。将鼠标光标移动到想要插入网络定义点的导线上，单击插入网络定义点，如图 10-58 所示。

（2）此时鼠标光标仍处于插入网络定义点的状态，重复上述操作可以继续插入其他的网络定义点。网络定义点插入完毕，右击选择“取消操作”命令或按 Esc 键即可退出该操作。

（3）在鼠标光标处于放置网络定义点的状态时按 Tab 键，旋转网络定义点。网络定义点的图标为一个颠倒的三角形，如图 10-59 所示。

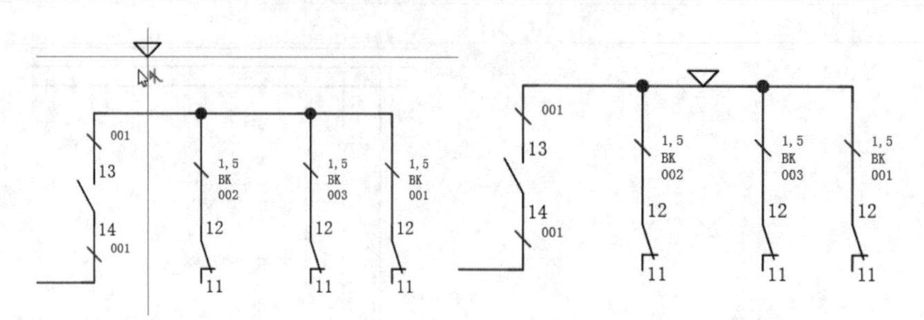

图 10-58　插入网络定义点

（4）在“电位”导航器中可以快速查看系统中的网络定义点，如图 10-60 所示。

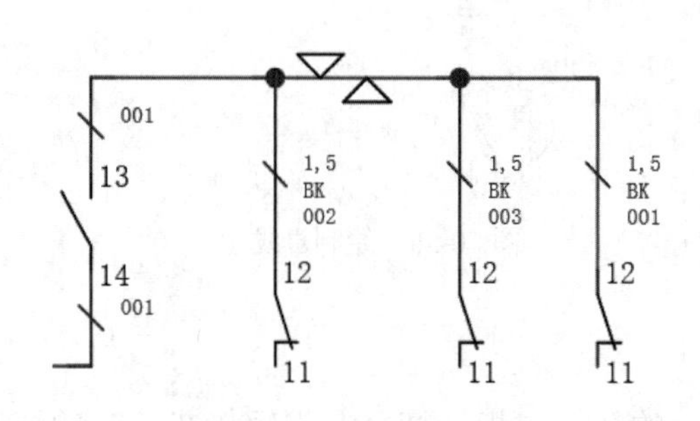

图 10-59　旋转网络定义点

图 10-60　“电位”导航器

【选项说明】

在插入网络定义点的过程中，用户可以对网络定义点的属性进行设置。双击网络定义点或在插入网络定义点后，会弹出如图 10-61 所示的网络定义点属性设置对话框，在该对话框中可以对网络定义点的属性进行设置。在“电位名称”文本框中输入网络放置位置的电位，在“网络名称”文本框中输入网络名，网络名可以是信号的名称，也可以自定义。

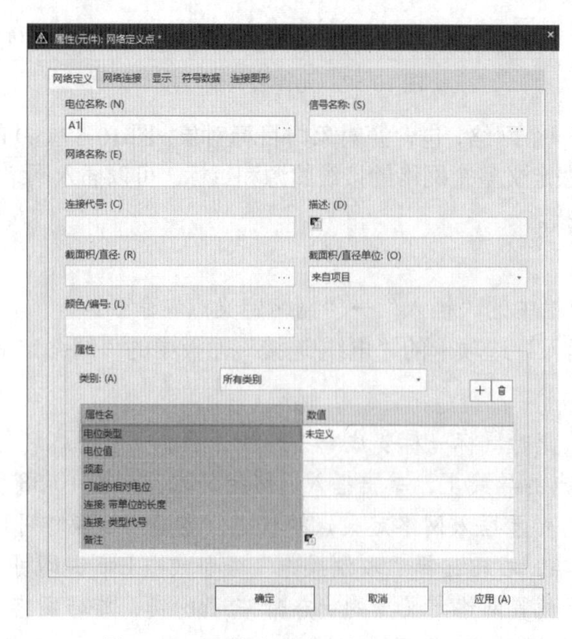

图 10-61　网络定义点属性设置对话框

10.5　电缆连接

电缆是由许多电缆芯线组成时带有常规连接功能定义的连接。电缆有控制电缆、屏蔽电缆等，用于连接电路、电器等。一个正确的电缆标注包含电缆定义线、屏蔽线和芯线。

10.5.1　电缆定义

在 EPLAN 中电缆通过电缆定义体现，也可通过电缆定义线或屏蔽线对电缆进行图形显示，在生成的电缆总览表中可以看到该电缆对应的各个线号。

【执行方式】

➢ 菜单栏：选择菜单栏中的“插入”→“电缆定义”命令。

➢ 功能区：单击“插入”选项卡的“电缆/导线”面板中的“电缆”按钮。

扫一扫，看视频

动手学——机床控制电路插入电缆定义

电缆是高度分散的设备，电缆由电缆定义线、屏蔽线和芯线组成，具有相同的设备名称 DT。

【操作步骤】

（1）选择菜单栏中的“项目”→“打开”命令，弹出“打开项目”对话框，打开项目文件 Machine Tool Control Circuit.elk，在“页”导航器中选择“1 电气原理图”，双击打开电气图编辑器。

（2）选择菜单栏中的“插入”→“电缆定义”命令，此时鼠标光标变成交叉形状并附加一个电缆符号。

（3）将鼠标光标移动到想要插入电缆的位置上，单击确定电缆的第一点，移动鼠标光标，选择电缆的第二点，在电气图中单击确定插入电缆，如图 10-62 所示。

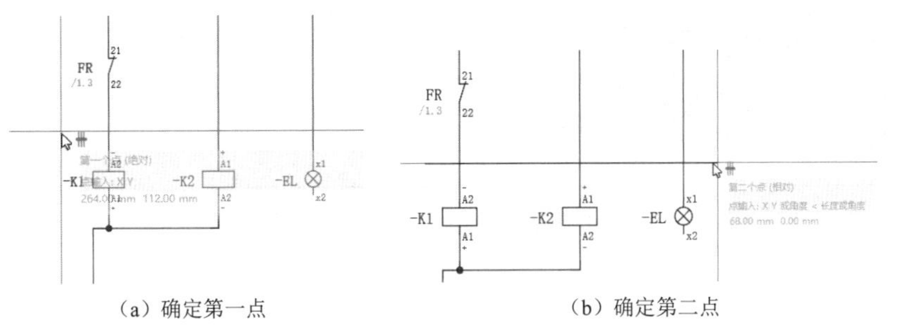

（a）确定第一点　（b）确定第二点　（c）单击确定插入电缆

图 10-62　插入电缆

（4）此时，自动弹出电缆属性设置对话框，在“显示设备标识符”文本框中输入电缆的编号，默认为-W1。单击“确定”按钮，关闭对话框。

（5）此时鼠标光标仍处于插入电缆的状态，重复上述操作可以继续插入其他的电缆。电缆插入完毕，右击选择“取消操作”命令或按 Esc 键即可退出该操作。插入完成的电缆自动在与导线的交点处生成连接定义点，如图 10-63 所示。其中，BK、BN、GY 为电缆连接定义点的颜色代号。

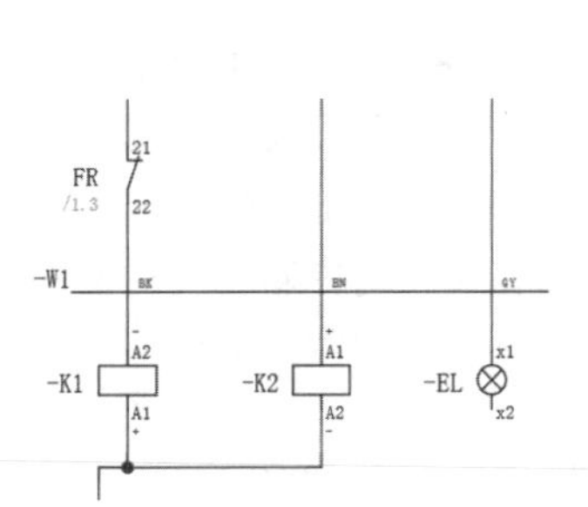

图 10-63　电缆插入结果

10.5.2 电缆属性编辑

【执行方式】

➢ 菜单栏：选择菜单栏中的“编辑”→“属性”命令。

➢ 快捷操作：双击电缆。

➢ 快捷命令：右击选择“属性”命令。

扫一扫，看视频

动手学——机床控制电路电缆属性设置

双击电缆，自动弹出如图 10-64 所示的电缆属性设置对话框，在该对话框中可以对电缆的属性进行设置。

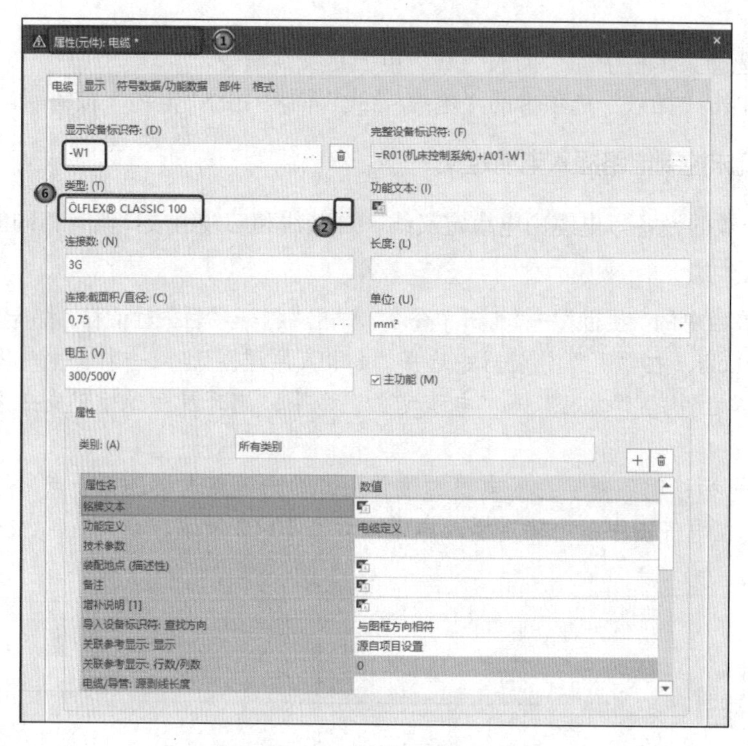

图 10-64 电缆属性设置对话框

【操作步骤】

（1）“电缆”选项卡。

➢ 在“显示设备标识符”文本框中输入电缆的编号，默认为-W1。

➢ 在“类型”文本框中选择电缆的类型，单击…按钮，弹出如图 10-65 所示的“部件选择”对话框，在该对话框中选择电缆的型号。在电缆属性设置对话框中显示选择类型，根据类型自动更新类型对应的信息。单击“确定”按钮，关闭对话框，完成类型选择后的电缆显示结果如图 10-66 所示。

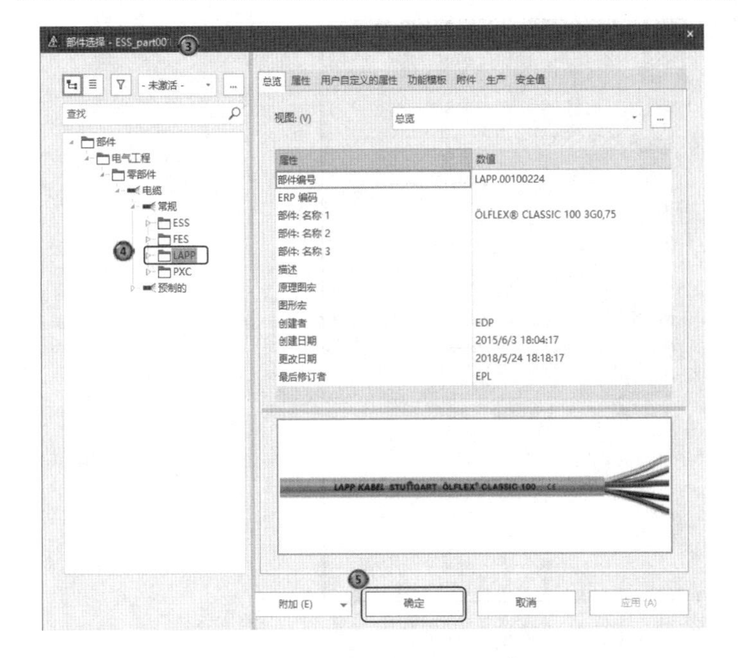

图 10-65　“部件选择”对话框

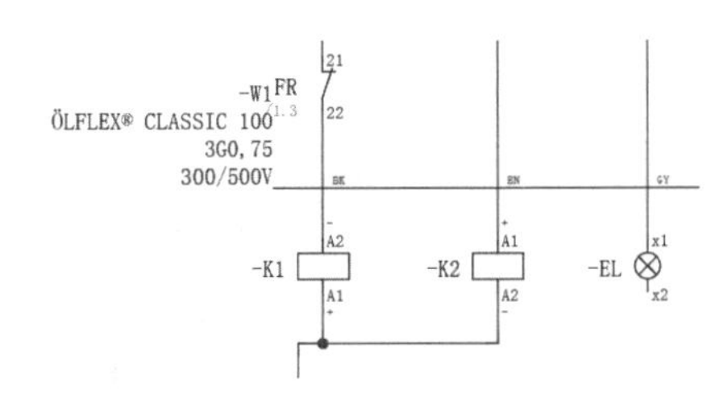

图 10-66　设置电缆属性

（2）打开“显示”选项卡。在该选项卡下显示电缆的属性，如图 10-67 所示。

（3）打开“符号数据/功能数据”选项卡。在该选项卡下显示电缆的符号数据，如图 10-68 所示。在“编号/名称”文本框中显示电缆符号编号，单击…按钮，弹出“符号选择”对话框，在符号库中重新选择电缆符号，如图 10-69 所示。单击“确定”按钮，返回电缆属性设置对话框，显示选择编号后的电缆。完成编号选择后的电缆显示结果如图 10-70 所示。

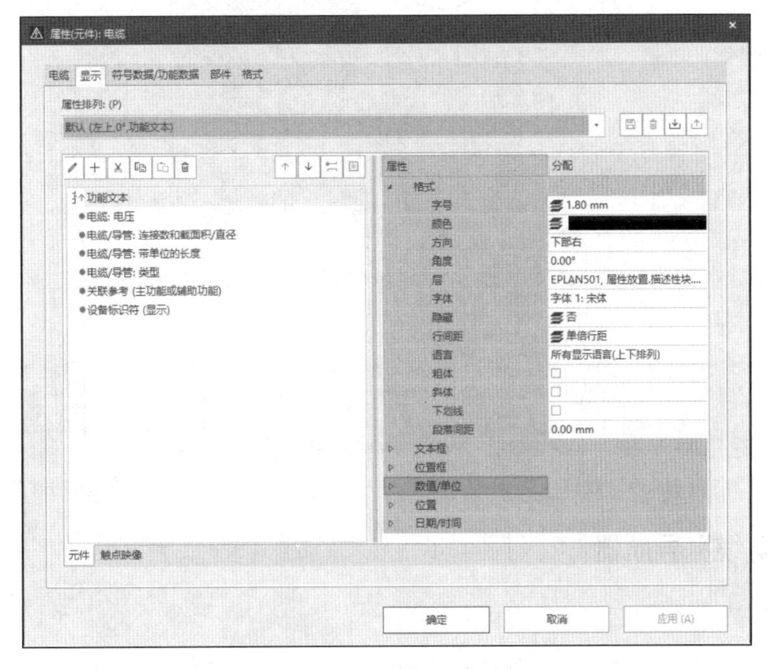

图 10-67　“显示”选项卡

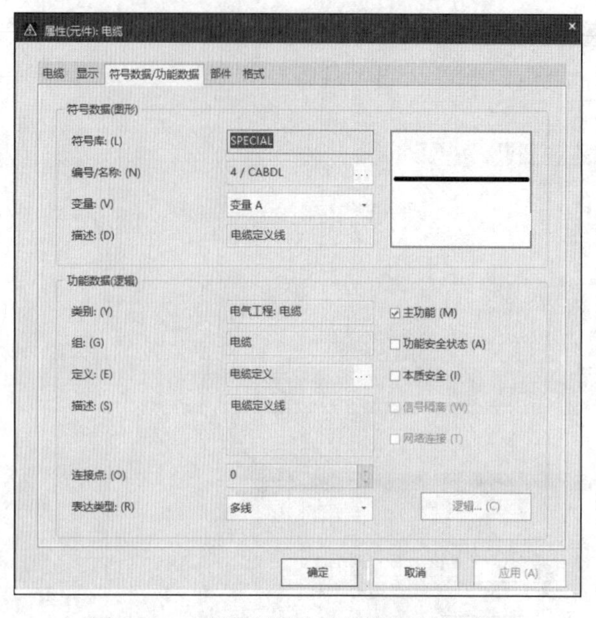

图 10-68 “符号数据/功能数据”选项卡

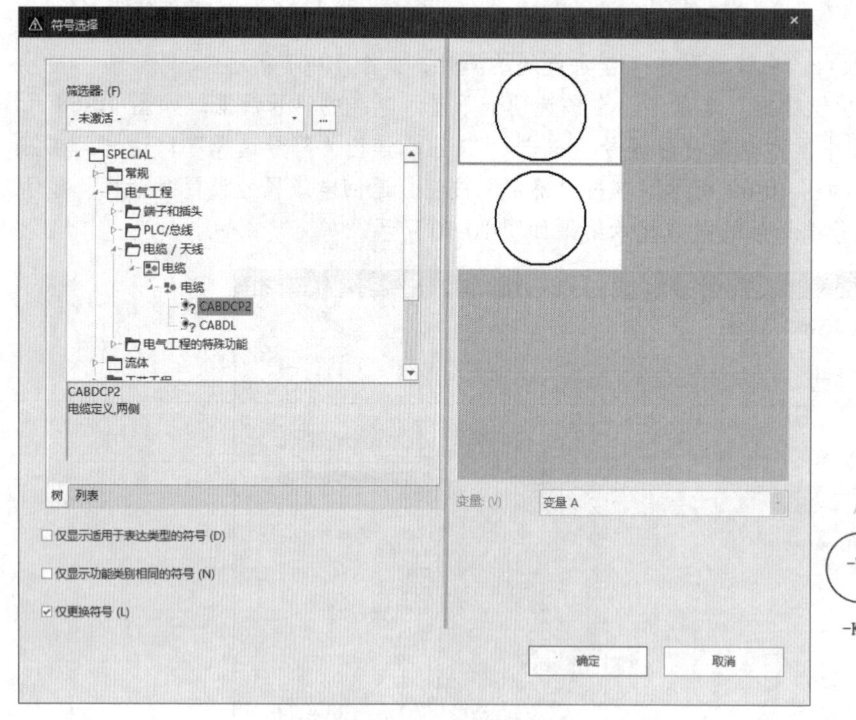

图 10-69 设置电缆编号

图 10-70 修改编号后的电缆

10.5.3 “电缆”导航器

【执行方式】

➢ 菜单栏：选择菜单栏中的“项目数据”→“电缆”→“导航器”命令。
➢ 功能区：单击“连接”选项卡的“电缆”面板中的“导航器”按钮。

【操作步骤】

执行上述操作，打开“电缆”导航器，如图 10-71 所示，显示电缆定义与该电缆连接的导线及元件。

图 10-71　“电缆”导航器

10.5.4　屏蔽电缆

在电气工程设计中，屏蔽线是为了减少外电磁场对电源或通信线路的影响。屏蔽线的屏蔽层需要接地，外来的干扰信号可被该层导入大地。

【执行方式】

- 菜单栏：选择菜单栏中的“插入”→“屏蔽”命令。
- 功能区：单击“插入”选项卡的“电缆/导线”面板中的“屏蔽”按钮。

【操作步骤】

（1）执行上述操作，鼠标光标变成交叉形状并附加一个屏蔽符号。将鼠标光标移动到想要插入屏蔽的位置上，单击确定屏蔽的第一点，移动鼠标光标，选择屏蔽的第二点，在电气图中单击确定插入屏蔽，如图 10-72 所示。

（2）此时鼠标光标仍处于插入屏蔽的状态，重复上述操作可以继续插入其他的屏蔽。屏蔽插入完毕，右击选择“取消操作”命令或按 Esc 键即可退出该操作。

（3）在图纸中绘制屏蔽时，需要从右往左放置，屏蔽符号本身带有一个连接点，具有连接属性。

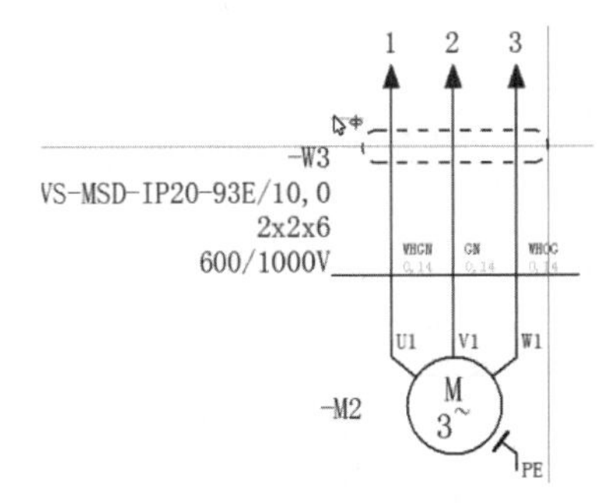

图 10-72　插入屏蔽

【选项说明】

双击屏蔽线，弹出如图 10-73 所示的屏蔽属性设置对话框，在该对话框中可以对屏蔽的属性进行设置。

在“显示设备标识符”中输入屏蔽的编号，根据选择的电缆会自动更新设备标识符。

注意：

用于表示同一个电缆的电缆定义线和屏蔽应该定义相同的设备名称。电缆定义线或屏蔽也可隐藏。在此，电缆定义线和屏蔽具有关联参考性，也可显示关联参考。但不显示受到屏蔽或电缆定义线影响的连接定义点的关联参考。

打开“符号数据/功能数据”选项卡，显示屏蔽的符号数据，如图 10-74 所示。

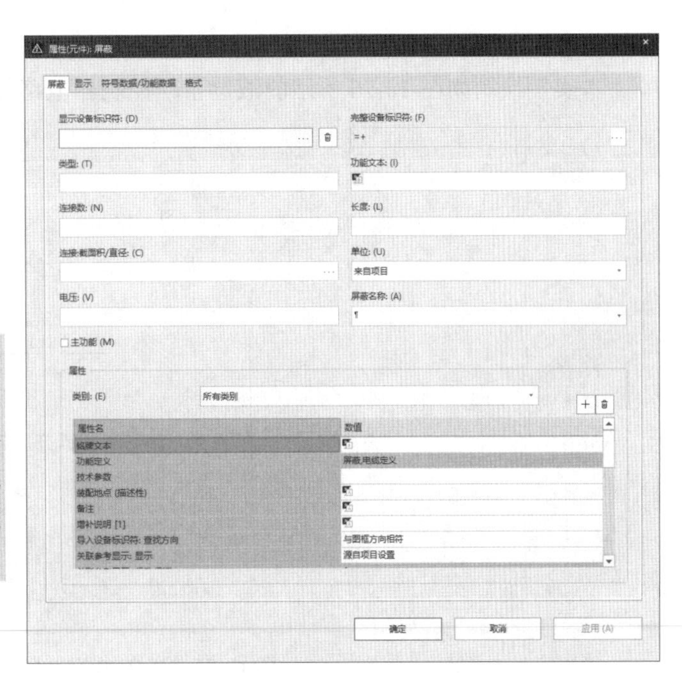

图 10-73　屏蔽属性设置对话框

完成电缆选择后的屏蔽，屏蔽层需要接地，可以通过连接符号来生成自动连线，结果如图 10-75 所示。

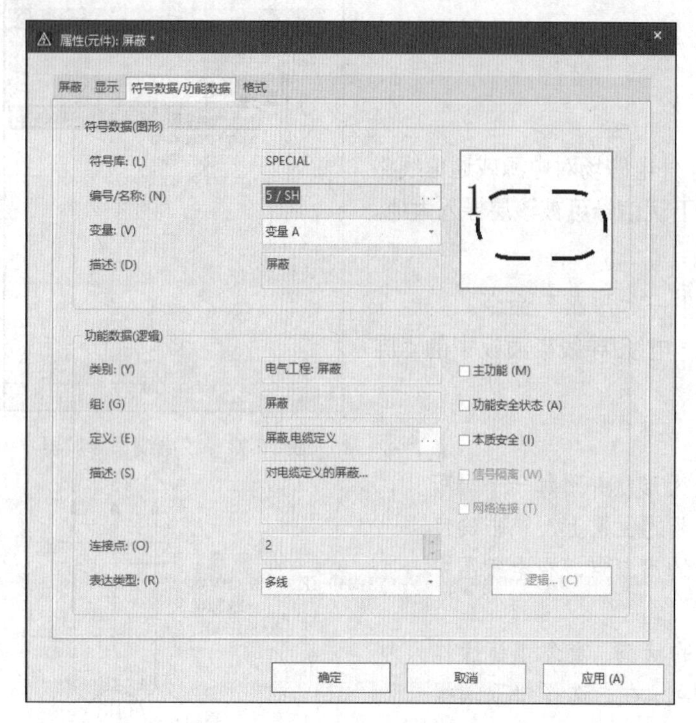

图 10-74　“符号数据/功能数据”选项卡

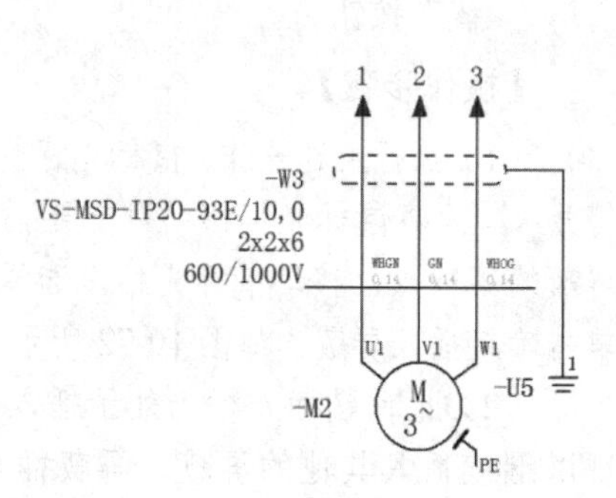

图 10-75　生成自动连线

10.6　操作实例——液位自动控制器电路原理图

本实例绘制如图 10-76 所示的液位自动控制器电路原理图。

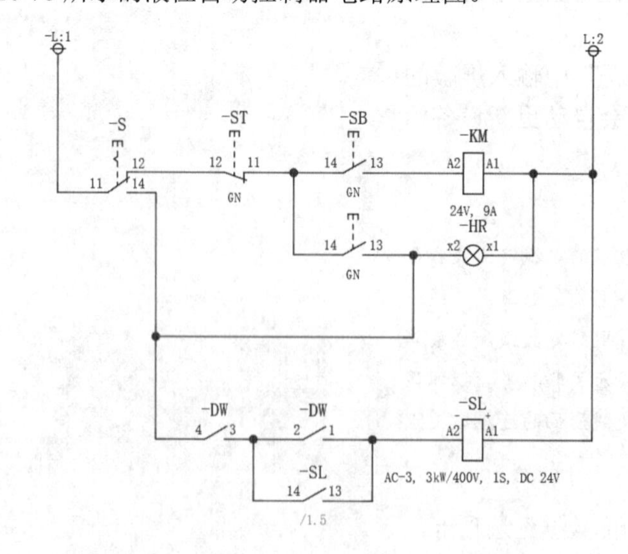

图 10-76　液位自动控制器电路原理图

10.6.1　创建项目

扫一扫，看视频

（1）选择菜单栏中的“项目”→“新建”命令，弹出如图 10-77 所示的“创建项目”对话框，在“项目名称”文本框中输入新的项目名称 Level_Controller，在“保存位置”文本框中选择项目文件的保存路径，在“基本项目”下拉列表中选择带 GB 标准标识结构的基本项目 GB_bas001.zw9。

（2）单击“确定”按钮，在“页”导航器中显示创建的新项目 Level_Controller.elk，如图 10-78 所示。

图 10-77　“创建项目”对话框　　　　　图 10-78　创建的空白新项目

（3）在“页”导航器中选中项目名称，右击选择“新建”命令，弹出如图 10-79 所示的“新建页”对话框。

（4）单击“确定”按钮，完成图页的创建，如图 10-80 所示。在“页”导航器中显示添加原理图页的结果，进入原理图编辑环境。

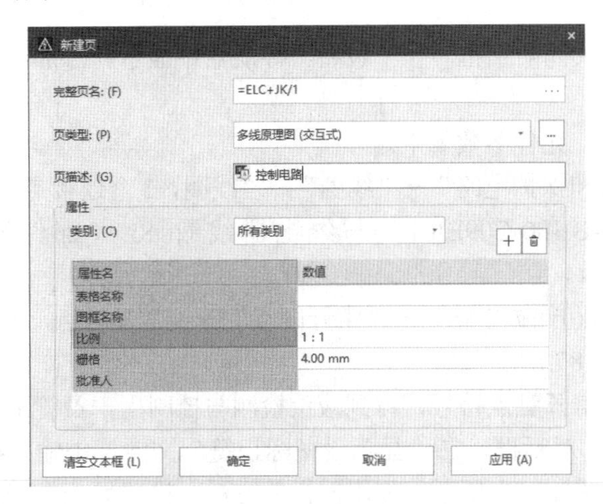

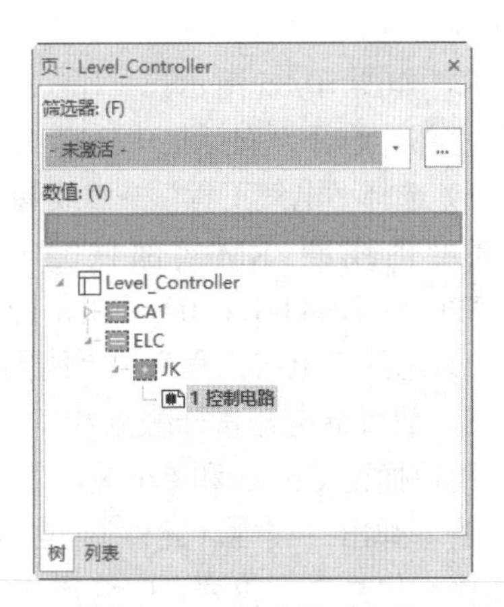

图 10-79　“新建页”对话框　　　　　图 10-80　新建图页文件

扫一扫，看视频

10.6.2 放置元件

液位自动控制器电路中包含以下元件：启动按钮 ST、停止按钮 SB、接触器线圈 KM、继电器线圈 SL、常开触点 SL、手动和自动转换开关 S、工作指示灯 HR。

选择菜单栏中的“插入”→“符号”命令，弹出“符号选择”对话框，在 GB_symbol 符号库中选择信号灯元件，如图 10-81 所示。

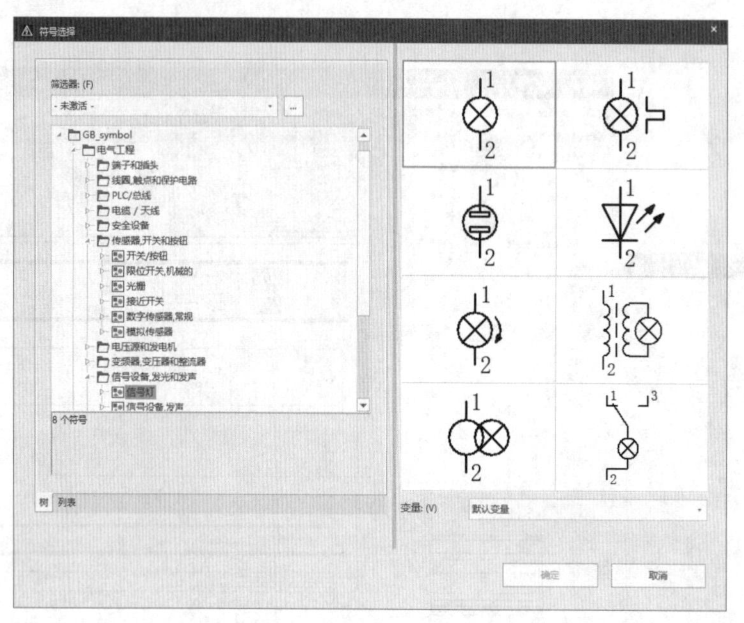

图 10-81 “符号选择”对话框

单击“确定”按钮，在鼠标光标上显示浮动的元件符号，单击，在原理图中放置元件，自动弹出信号灯属性设置对话框。

打开“信号灯”选项卡，在“显示设备标识符”文本框中输入-HR，如图 10-82 所示，打开“部件”选项卡。在“部件编号”栏单击⋯按钮，弹出“部件选择”对话框，选择 SIE.3SU1001-6AA50-0AA0，如图 10-83 所示。单击“确定”按钮，关闭对话框，在“部件”选项卡中显示加载的部件，如图 10-84 所示。

完成属性设置后，单击“确定”按钮，关闭对话框。在“设备”导航器中显示新添加的信号灯元件 HR，如图 10-85 所示。

在“部件选择”对话框中选择其余元件，元件参数如下。

（1）选择“电气工程”→“线圈，触点和保护电路”→“线圈”→“线圈，2 个连接点”→K，放置接触器线圈 KM（部件编号为 A-B.100-C09EJ01）与继电器线圈 SL（部件编号为 SIE.3RT2015-1BB41-1AA0），如图 10-86 所示。

（2）选择“电气工程”→“线圈，触点和保护电路”→“常开触点”→“常开触点，2 个连接点”→S，放置继电器常开触点 SL，如图 10-87 所示。

利用快捷键 Ctr+C 和 Ctr+V，复制两个常开触点符号，得到液位检测与控制用干簧管 DW。双击干簧管，弹出“属性（元件）：常规设备”对话框，在“显示设备标识符”文本框中输入-DW，在“连接点代号”下拉列表中选择 1¶2，如图 10-88 所示。使用同样的方法，设置另一个干簧管，在“连接点代号”下拉列表中选择 3¶4，结果如图 10-89 所示。

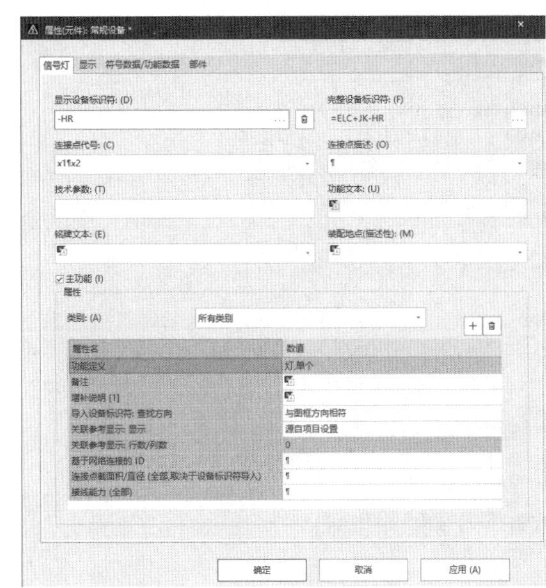

图 10-82　“信号灯”选项卡

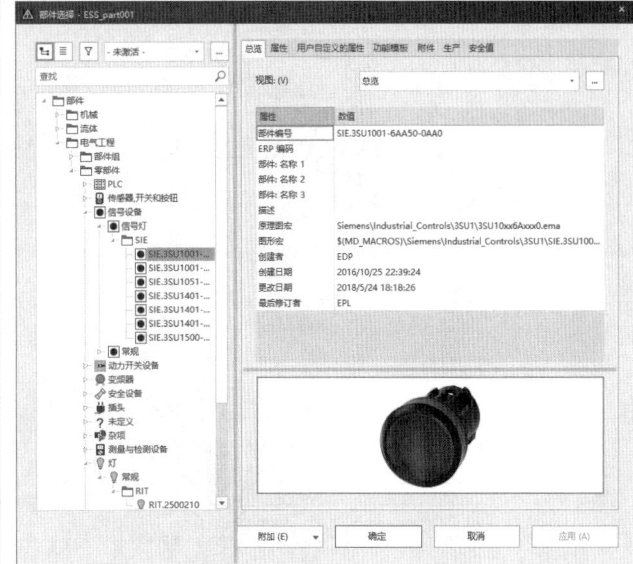

图 10-83　“部件选择”对话框

图 10-84　“部件”选项卡

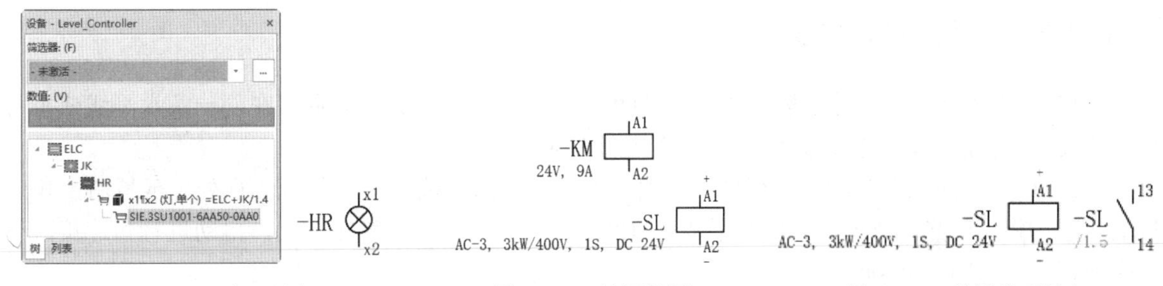

图 10-85　“设备”导航器　　图 10-86　放置线圈　　图 10-87　放置常开触点

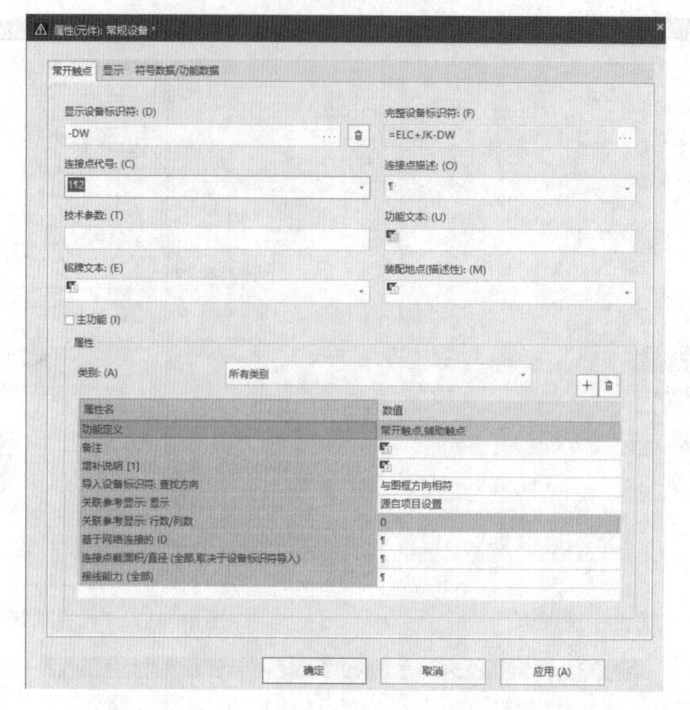

图 10-88 “属性（元件）：常规设备”对话框

（3）选择“电气工程”→“传感器，开关和按钮”→“开关/按钮”→“开关/按钮，常开触点，2 个连接点”→SSD，放置启动按钮 SB（部件编号为 A-B.800FM-LF3），如图 10-90 所示。

（4）选择“电气工程”→“传感器，开关和按钮”→“开关/按钮”→“开关/按钮，常闭触点，2 个连接点”→SOD，放置停止按钮 SB（部件编号为 A-B.800FM-LF3），如图 10-91 所示。

图 10-89 放置液位检测与控制用干簧管 DW

图 10-90 放置启动按钮

（5）选择“电气工程”→“传感器，开关和按钮”→“开关/按钮”→“开关/按钮，转换触点，3 个连接点”→SW2DR 1，放置自动手动转换开关 S（部件编号为 FES.543861），如图 10-92 所示。

图 10-91 放置停止按钮

图 10-92 放置自动手动转换开关

扫一扫，看视频

10.6.3 原理图布局布线

（1）使用鼠标拖动元件，按快捷键 Ctrl+R 旋转元件，进行元件布局。在同一条水平线或垂直线上的元件会激活自动连接，元件初步布线如图 10-93 所示。

（2）单击“插入”功能区“符号”选项中的“右上角”按钮，鼠标光标处于放置右上角连接的状态，将鼠标光标放置在元件水平和垂直线方向，按 Tab 键旋转角方向，自动进行角连接，单击完成连接，如图 10-94 所示。

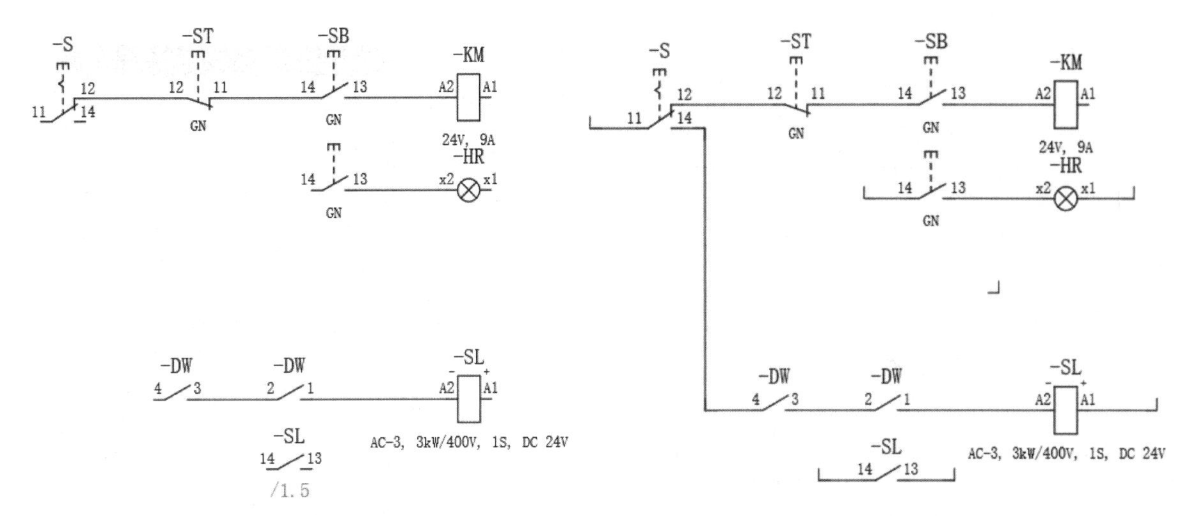

图 10-93　原理图布局　　　　　图 10-94　角连接结果

（3）单击“连接符号”工具栏中的“T 节点，向下”按钮，将鼠标光标放置在元件节点下方，图中自动显示 T 节点连接符号，连接电路图。右击选择“取消操作”命令或按 Esc 键即可退出该操作，如图 10-95 所示。

（4）单击“连接符号”工具栏中的“T 节点，向右”按钮，将鼠标光标处放置在元件节点右方，图中自动显示 T 节点连接符号，如图 10-96 所示。

（5）选择菜单栏中的“插入”→“盒子连接点/连接板/安装板”→“母线连接点”命令，将鼠标光标移动到想要插入母线连接点的元件的水平或垂直位置上，选择母线连接点的插入点，单击确定插入母线连接点，如图 10-97 所示。

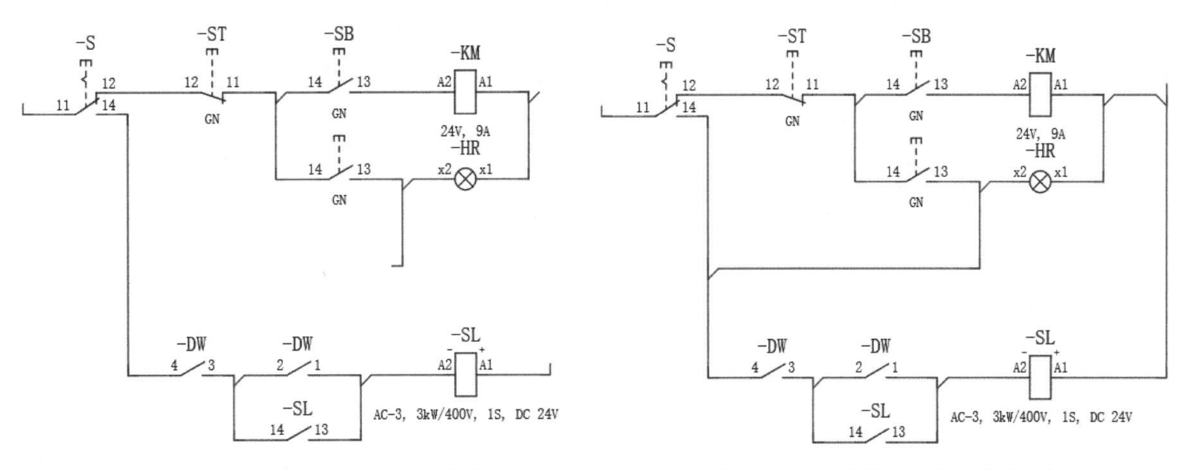

图 10-95　自动进行向下 T 节点连接　　　　　图 10-96　自动进行向右 T 节点连接

（6）双击 T 节点，打开 T 节点属性设置对话框，如图 10-98 所示。在该对话框中勾选“作为点描述”复选框，单击“确定”按钮，完成设置，结果如图 10-76 所示。

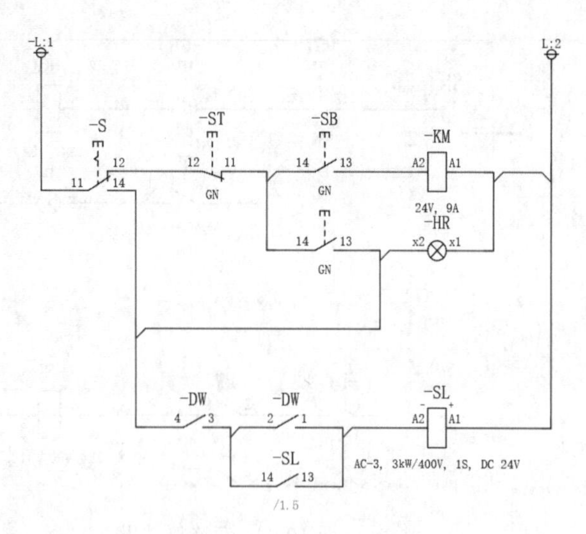

图 10-97　插入母线连接点

图 10-98　T 节点属性设置对话框

第 11 章　连接定义点

内容简介

电气图中的导线是自动连接的，无法定义连接的类型。这就需要引入“连接定义点”。导线通过连接定义点来定义其连接类型，也就是导线的功能描述。

内容要点

- 导线特征
- 放置连接编号
- 连接编号管理

案例效果

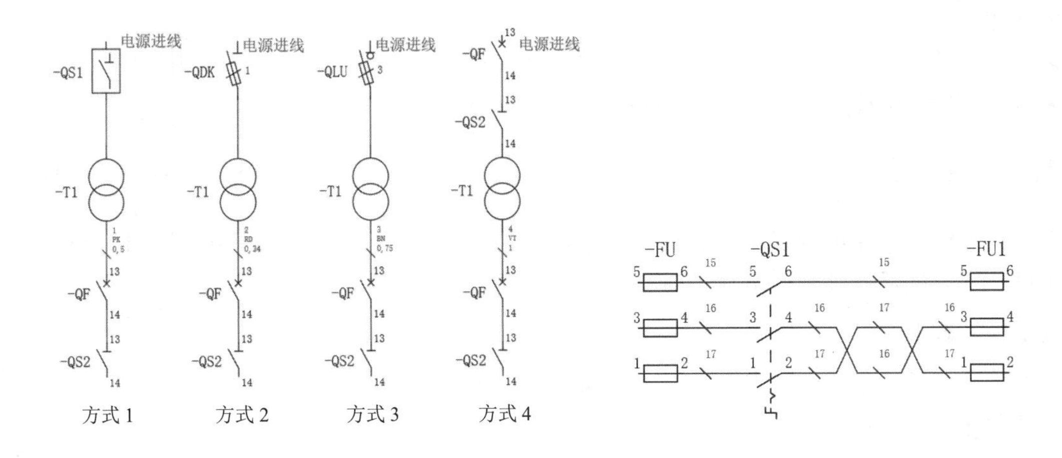

11.1　导 线 特 征

导线的特征主要有导线材料、截面积、电压、频率等，一般通过“设置”对话框进行设置。在 EPLAN 中，导线连接颜色与连接编号是导线特征的主要体现。

11.1.1　连接类型定义

导线连接的类型一般是由源和目标自动确定的，在系统无法确定连接类型时它被称为“常规连接”或“芯线/导线”，电气图中的连接通常都是“常规连接”或“芯线/导线”。连接定义点可以修改导线的连接类型，如图 11-1 所示。

在 EPLAN 中，导线的连接类型如下：

- 一般连接。
- 芯线。
- 电缆。
- 管路。
- 非电连接。
- 鞍型跳线。
- 跳线。
- 功能性连接（软件）。
- 内部。
- 转换跳线。
- 导线。
- 接线式线束。
- 管道。
- 光纤。
- 接线式跳线。
- 插入式跳线。
- 传输路径。
- 直接连接。
- 工艺工程。
- 并联相间母线连接。

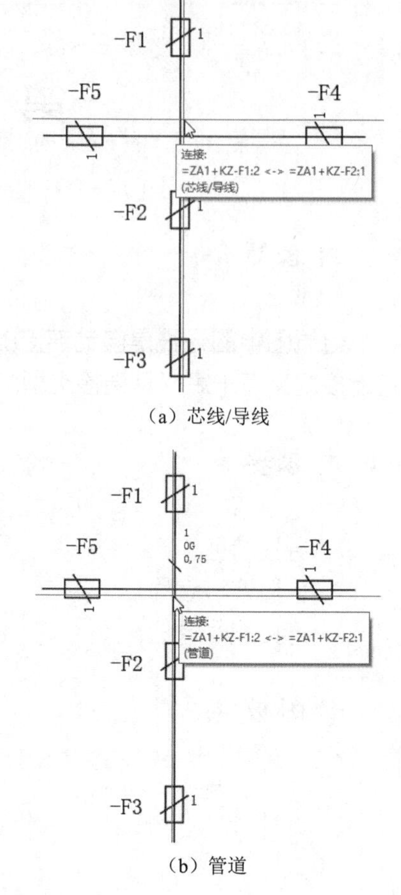

（a）芯线/导线

（b）管道

图 11-1　连接定义点应用

11.1.2　导线属性

在不同专业领域中的导线不能只通过文字简单地定义连接定义，不同功能的连接导线截面积、颜色不同，需要根据标准进行定义。

【执行方式】

菜单栏：选择菜单栏中的“选项”→“设置”命令。

【操作步骤】

执行上述命令，系统将弹出“设置”对话框，在该对话框中主要有 4 个标签页，即项目、用户、工作站和公司。

选择“项目”→打开的项目→“连接”→“属性”选项，打开项目默认属性下的连接线属性设置界面，如图 11-2 所示。在该界面设置的连接属性，会自动更新到该项目下的每个连接线上。

在该界面包括 8 个专业分类，分别设置不同专业项目中的连接属性。打开“电气工程”选项卡，可以预定义连接线的颜色/编号、截面积/直径、导线加工数据、套管截面积和剥线长度等信息。

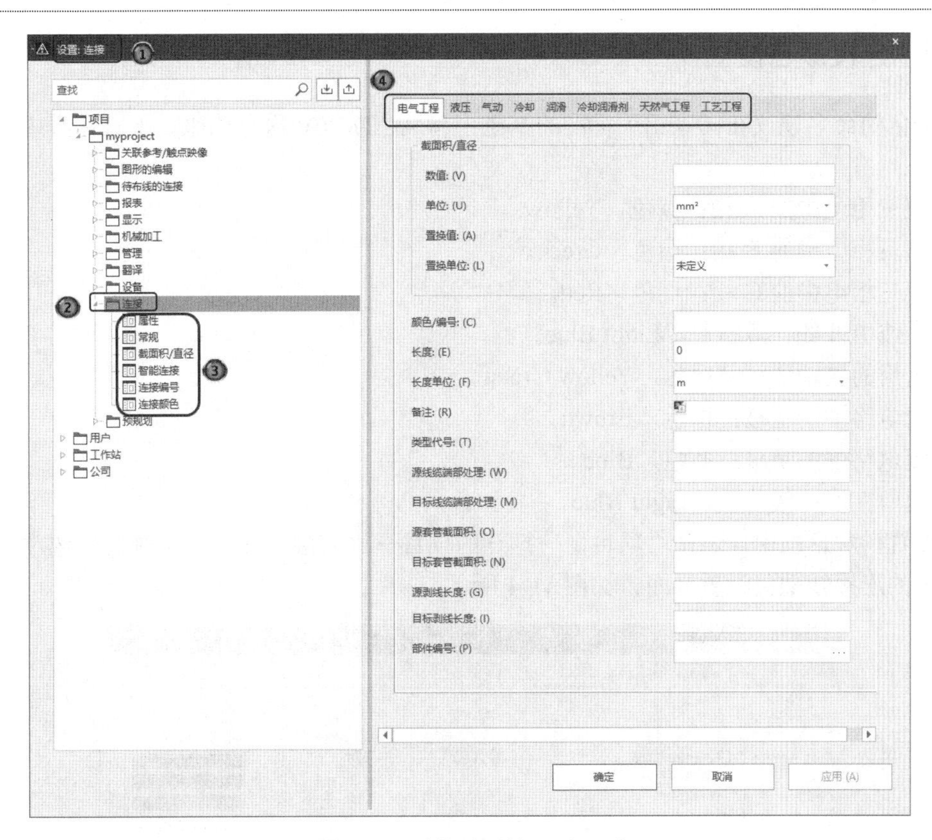

图 11-2　连接线属性设置界面

11.1.3　截面积/直径设置

在“设置”对话框中，选择“项目”→打开的项目→“连接”→“截面积/直径”选项，打开项目默认属性下的连接线截面积/直径设置界面，如图 11-3 所示。导线截面的选择应结合敷设环境，满足允许载流量（发热）、短路热稳定、允许电压降、机械强度等要求。

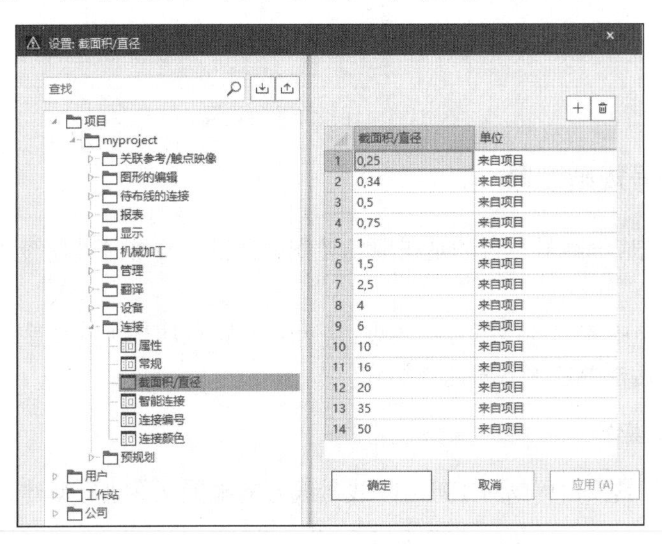

图 11-3　连接线截面积/直径设置界面

11.1.4　连接颜色设置

导线颜色的命名建议在国家相关标准的基础上将 AC/DC 0V 区分出来，国家标准中对导线颜色规定如下。

- 交流三相电中的 A 相：黄色，Yellow。
- 交流三相电中的 B 相：绿色，Green。
- 交流三相电中的 C 相：红色，Red。
- 零线或中性线：浅蓝色，Light Blue。
- 安全用的接地线：黄绿色，Yellow Green。
- 直流电路中的正极：棕色，Brown。
- 直流电路中的负极：蓝色，Blue。
- 接地中性线：浅蓝色，Light Blue。

在“设置”对话框中，选择“项目”→打开的项目→“连接”→“连接颜色”选项，打开项目默认属性下的连接线颜色设置界面，如图 11-4 所示。

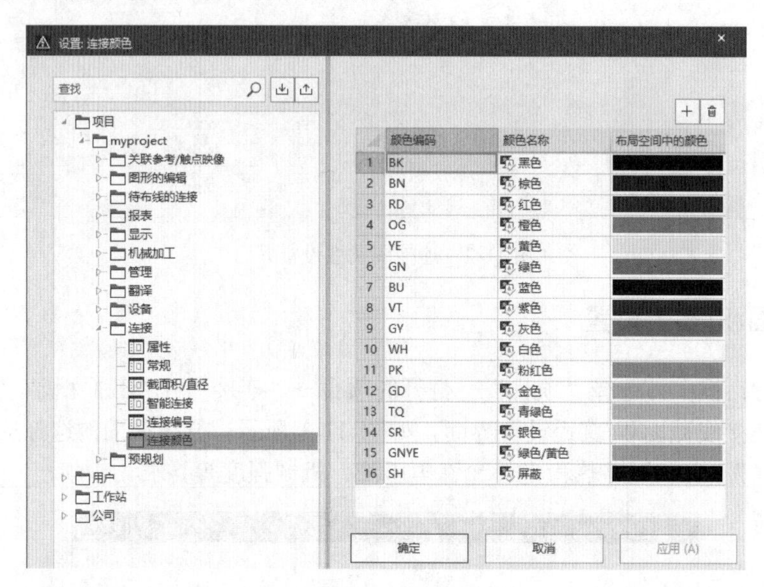

图 11-4　连接线颜色设置

11.1.5　连接编号规则设置

标准中规定了导线应编线号，目的是在现场装配、调试、检修时方便查线，使真实的接线与电气图能够方便地对应。

选择“设置”对话框中的“连接编号”选项，打开项目默认属性下的连接线连接编号设置界面，如图 11-5 所示。该对话框中包含下面几个部分。

1. 配置信息基本操作

“配置”栏后的工具按钮可以对 EPLAN 线号编号的配置文件进行新建、复制、粘贴、删除、导入、导出等操作。

2. “筛选器”选项卡

➢ 行业：勾选需要进行连接编号的行业。
➢ 功能定义：确定可用连接的功能定义。

图 11-5　连接线连接编号设置界面

3. “放置”选项卡

➢ 符号（图形）：EPLAN 在自动放置线号时，在图纸中自动放置的符号显示复制的连接符号所在符号库、编号/名称、变量、描述，如图 11-6 所示。
➢ 放置数：在图纸中放置线号设置的规则，包括 4 个单选按钮，选择不同的单选按钮，连接放置效果不同，如图 11-7 所示。
  ✧ 在每个独立的部分连接上：在连接的每个独立部分连接上放置一个连接定义点。对于并联回路，每一根线为一个连接。
  ✧ 每个连接一次：分别在连接图形的第一个独立部分连接上放置一个连接定义点。根据图框的报表生成方向确定图形的第一部分连接。
  ✧ 每页一次：每页一次在不换页的情况下等同每个连接一次，涉及换页使用中断点时选择该选项，会在每页的中断点上都生成线号。
  ✧ 在连接的开端和末尾：分别在连接的第一个和最后一个部分上放置连接定义点。
➢ 使放置相互对齐：勾选该复选框，部分连接保持水平，部分连接之间的距离相同，部分连接拥有共用的坐标区域，放置的连接相互对齐。

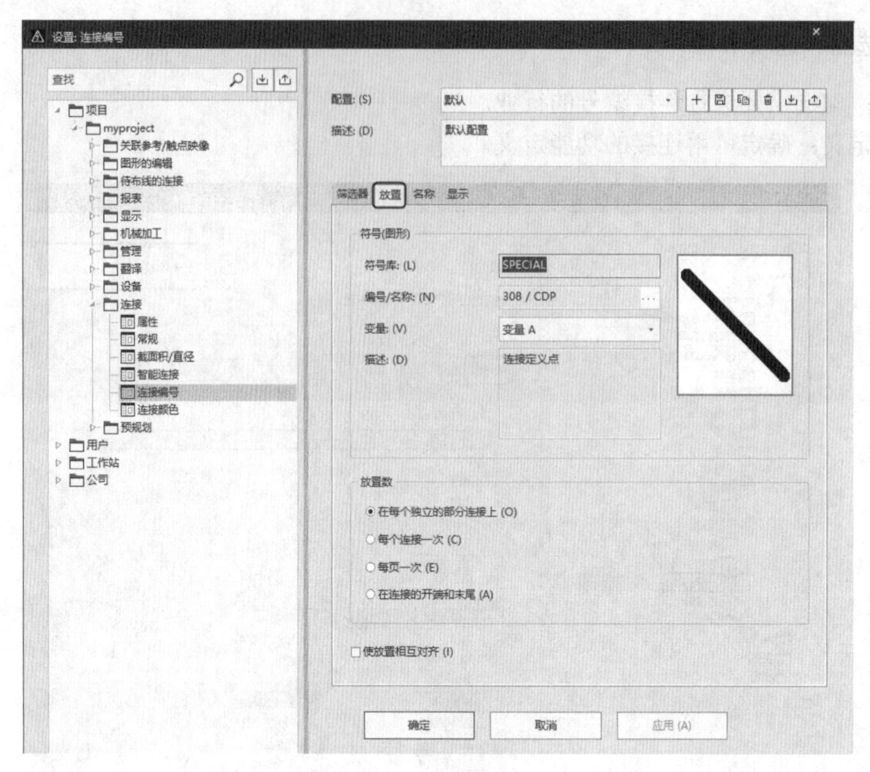

图 11-6 “放置”选项卡

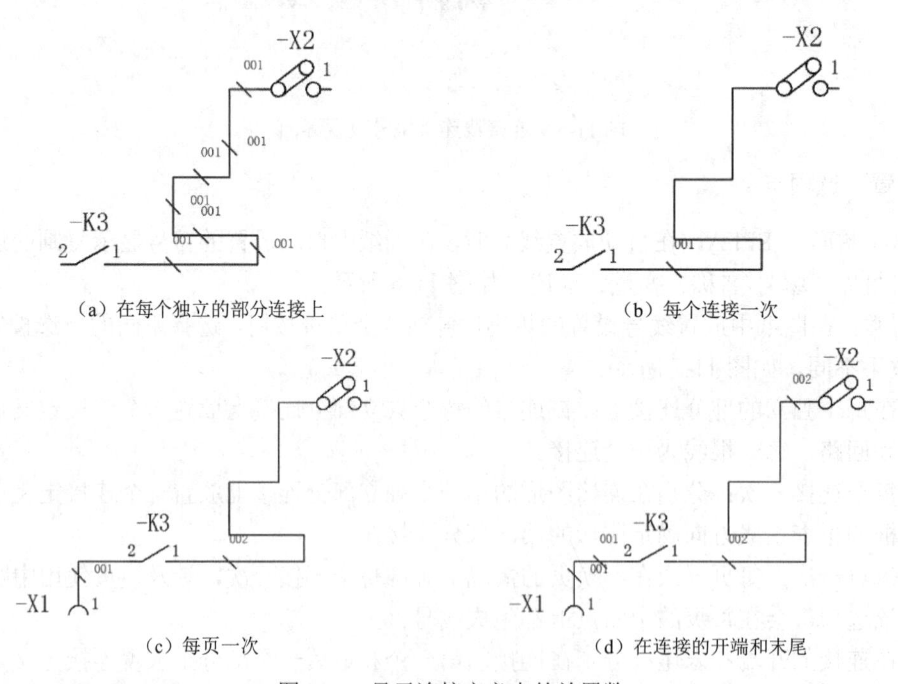

图 11-7 显示连接定义点的放置数

4.“名称”选项卡

“名称”选项卡中显示编号规则，如图 11-8 所示，可以新建、编辑、删除一个编号规则，根据需求调整编号的优先顺序。

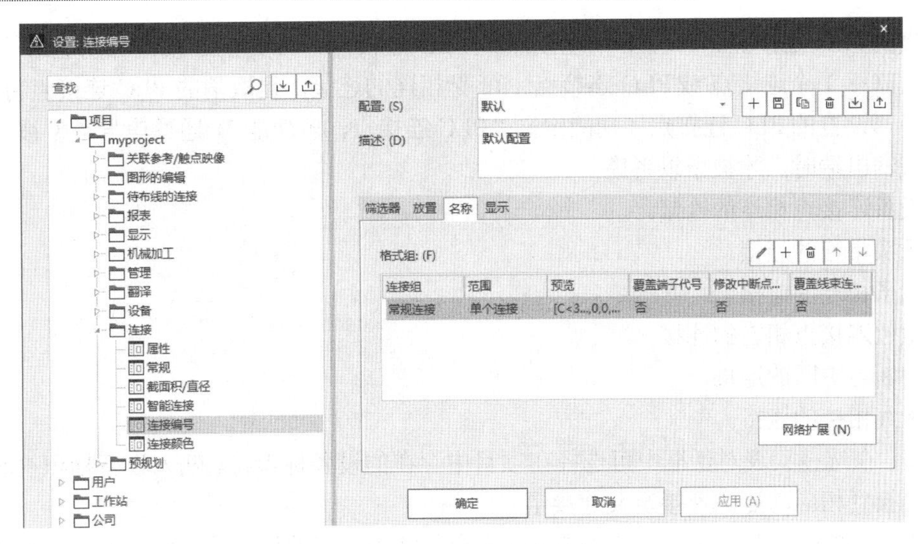

图 11-8　“名称”选项卡

单击“格式组”栏后的+按钮，弹出“连接编号：格式”对话框，定义编号的连接组、连接组显示范围、可用的格式元素和设置的格式预览等，如图 11-9 所示。

在“连接组”中选择已预定义的连接组，包括 11 种，如图 11-10 所示。

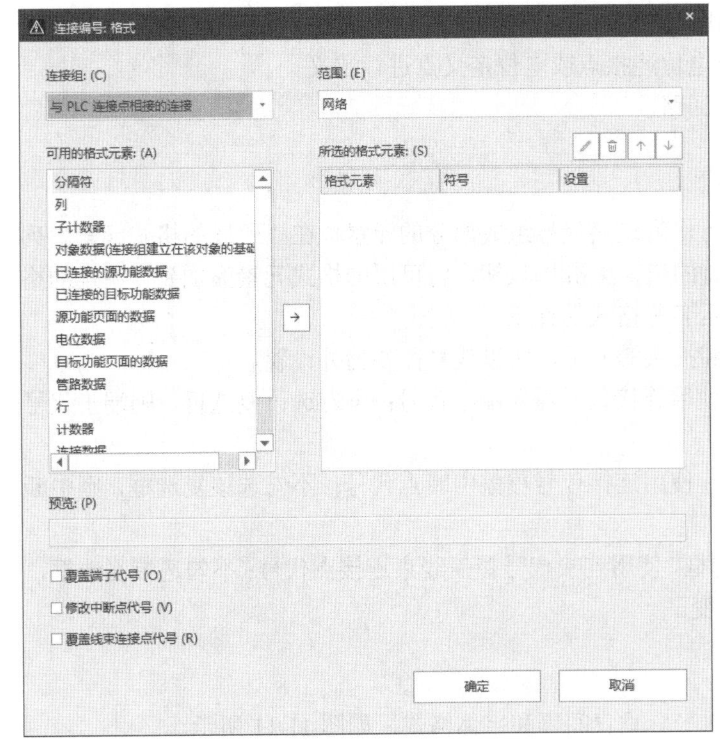

图 11-9　“连接编号：格式”对话框

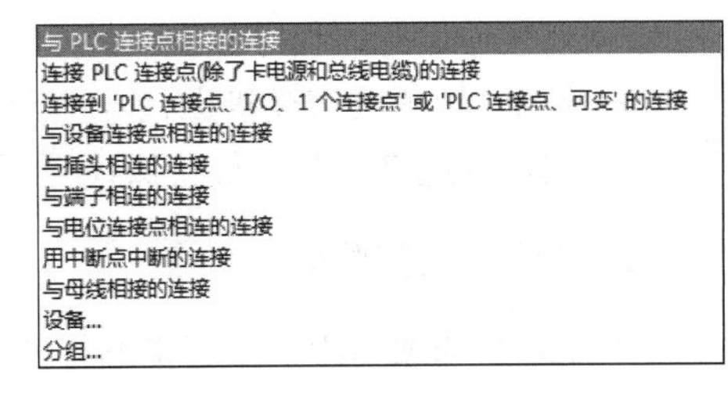

图 11-10　已预定义的连接组

➢ 与 PLC 连接点相接的连接。
➢ 连接 PLC 连接点（除了卡电源和总线电缆）的连接：将卡电源和总线电缆视为特殊，除此以外与 PLC 连接点相接的连接。

- 连接到'PLC 连接点、I/O、1 个连接点'或'PLC 连接点、可变'的连接：与功能组的'PLC 连接点、I/O、1 个连接点'或'PLC 连接点、可变'相连的连接。已取消的 PLC 连接点将不予考虑。仅当可设置的 PLC 连接点（功能定义“PLC 连接点，多功能”）通过信号类型被定义为输入端或输出端时，才被予以考虑。
- 与设备连接点相连的连接。
- 与插头相连的连接。
- 与端子相连的连接。
- 与电位连接点相连的连接。
- 用中断点中断的连接。
- 与母线相接的连接。
- 设备：在选择列表对话框中可选择在项目中存在的设备标识符。输入设备标识符时，通过全部连接到相应功能的连接定义连接组。
- 分组：在选择列表对话框中可选择已在组合属性中分配的值。连接组将通过全部已指定组合的值的连接进行定义。

在“范围”下拉列表中选择编号范围，包括电位、信号、网络、单个连接和到执行器或传感器。在实现 EPLAN 线号自动编号之前，需要先了解 EPLAN 内部的一些逻辑传递关系。在 EPLAN 中，电位、信号、网络、连接以及传感器，这几个因素直接关系到线号编号规则的作用范围。

- 电位：从电源到耗电设备之间的所有回路，电位的传递通过变频器、变压器、整流器等整流设备时发生改变，电位可以通过电位连接点或电位定义点进行定义。
- 信号：非连接性元件之间的所有回路。
- 网络：元件之间的所有回路。
- 连接：每个物理性连接。

在“可用的格式元素”列表中显示可作为连接代号组成部分的元素，在“所选的格式元素”列表中显示格式元素的名称、符号和已设置的值；单击按钮，将可用的格式元素添加到“所选的格式元素”列表中。在“预览”选项下显示名称格式的预览。

信号中的非连接性元件指的是端子和插头等元件，所以代号需要另外设置。

- 勾选“覆盖端子代号”复选框，使用连接代号覆盖端子代号；不勾选该复选框，则端子代号保持原代号不变。
- 勾选“修改中断点代号”复选框，使用连接代号覆盖中断点代号；不勾选该复选框，则中断点代号保持原代号不变。
- 勾选“覆盖线束连接点代号”复选框，使用连接代号覆盖线束连接点代号；不勾选该复选框，则线束连接点代号保持原代号不变。

5．“显示”选项卡

“显示”选项卡中显示连接编号的水平、垂直间隔和字体格式，如图 11-11 所示。

在“角度”下拉列表中包含“与连接平行”选项，如图 11-12 所示。如果选择“与连接平行”，则生成的线号的字体方向自动与连接方向平行，如图 11-13 所示。

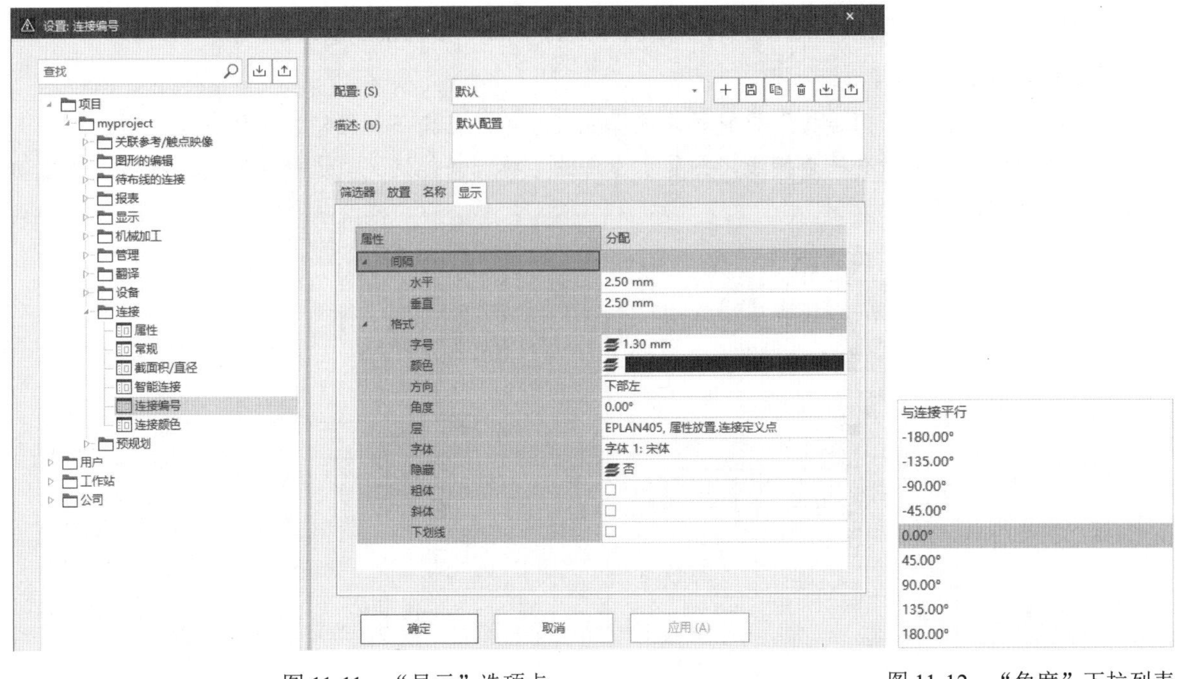

图 11-11 “显示”选项卡

图 11-12 “角度”下拉列表

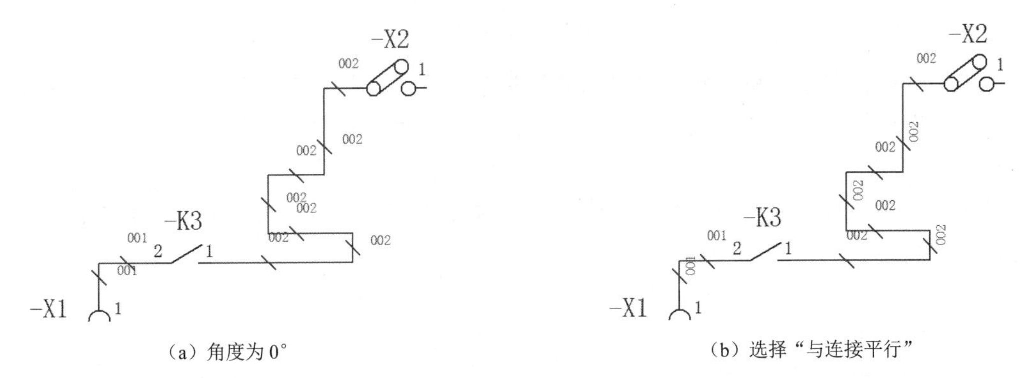

图 11-13 连接编号放置方向

11.2 放置连接编号

完成连接编号的规则设置后，需要在电气图中放置编号。首先需要选中进行编号的部分电路或单个甚至多个图页，也可以是整个项目。下面介绍放置连接定义点的不同方法。

11.2.1 “连接”导航器

在 EPLAN 中，“连接”导航器列出了项目中所有的连接线，可执行基于连接线的重要编辑操作，还可以定义导线的连接功能。

【执行方式】

➢ 菜单栏：选择菜单栏中的“项目数据”→“连接”→“导航器”命令。

➢ 功能区：单击“连接”选项卡的“连接”面板中的“导航器”按钮。

【操作步骤】

执行上述操作，打开“连接”导航器，选择元件左侧的三角下拉按钮，如图 11-14 所示。在下一级列表中显示该元件所有的连接线，并显示元件的名称与功能定义。选择指定的连接线，将自动定位到工作区的连接线处。

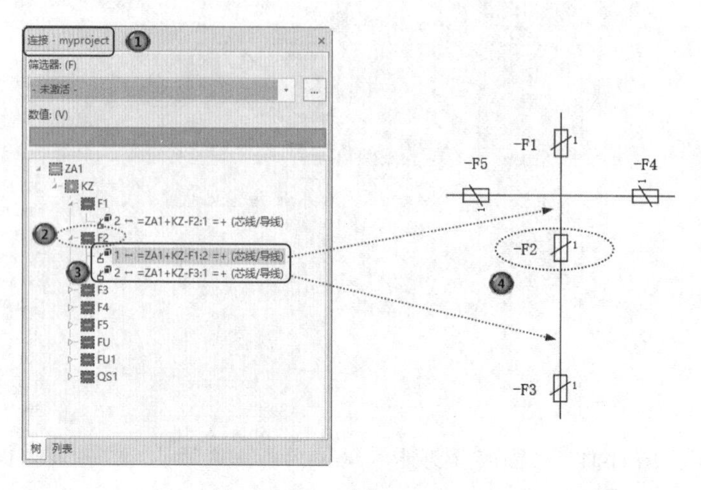

图 11-14 “连接”导航器

“连接”导航器包括“树”标签与“列表”标签。在“树”标签中包含项目所有元件的连接信息，在“列表”标签中显示连接线的功能定义、源对象、目标对象、连接颜色或连接编号信息，如图 11-15 所示。

在“连接”导航器中选中的导线上右击，弹出如图 11-16 所示的快捷菜单，其中提供了新建和修改连线的功能。

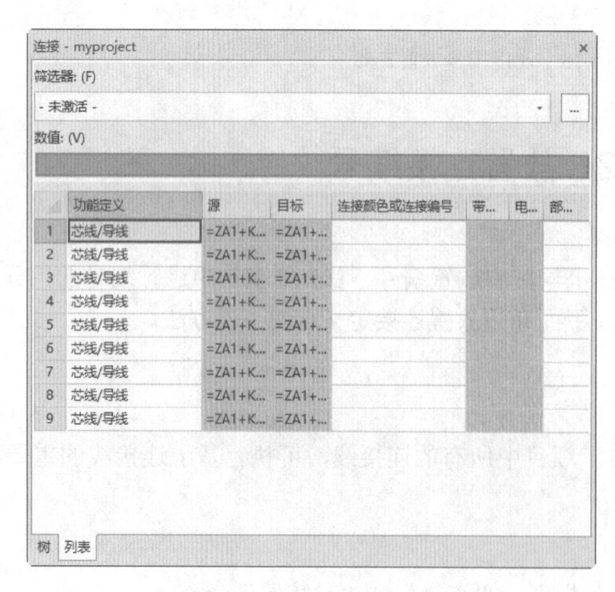

图 11-15 “列表”标签

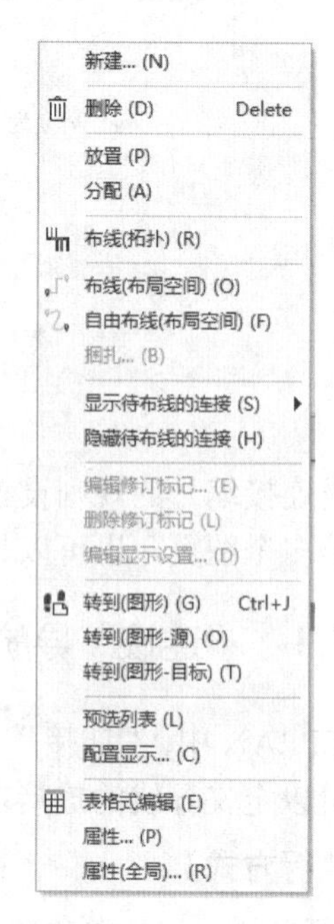

图 11-16 快捷菜单

选择“属性”命令，弹出“属性（元件）：连接”对话框，显示连接线的参数信息，如图 11-17 所示。

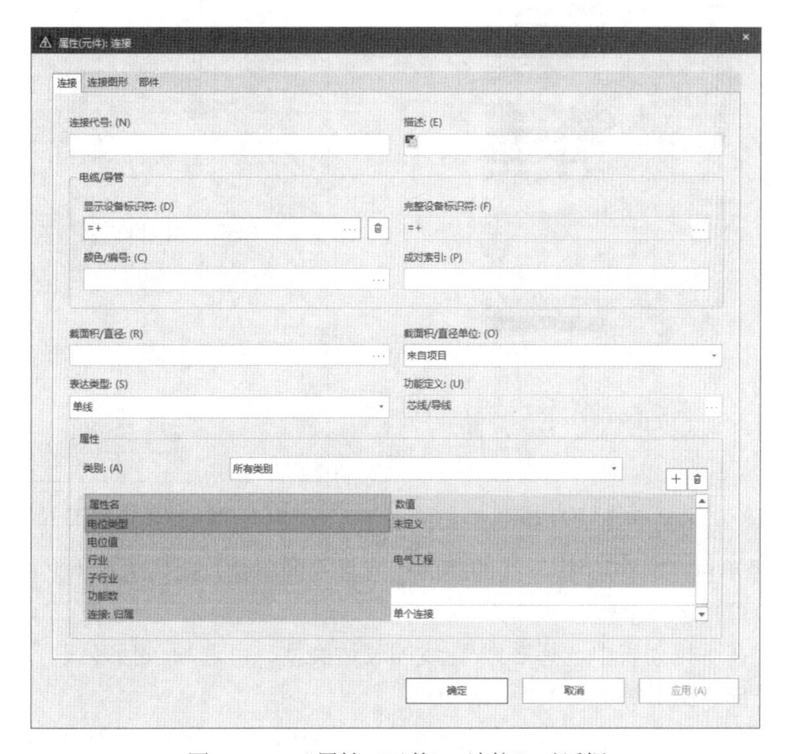

图 11-17　“属性（元件）：连接”对话框

【选项说明】

“属性（元件）：连接”对话框中包括三个选项卡，下面分别介绍选项卡中的各选项。

1. “连接”选项卡

➢ 连接代号：在 EPLAN 中，每个连接点都有一个编号，称作“连接代号（connection designation）”。例如，常见接触器线圈的连接点有两个，代号为 A1¶A2。

➢ 描述：输入芯线/导线的特性解释文字，属于附加信息，不是标识性信息，起辅助作用。也就是“描述”对应“连接代号”，描述连接点的位置。

➢ 电缆/导管：显示电缆/导管的设备标识符、完整设备标识符、颜色/编号、成对索引。在“显示设备标识符”文本框右侧单击 ··· 按钮，弹出如图 11-18 所示的“使用现有连接”对话框，选择使用现有的连接线的设备标识符。在“颜色/编号”文本框中，不同的颜色对应不同的编号，可直接输入所选颜色的编号。单击右侧的 ··· 按钮，弹出如图 11-19 所示的“连接颜色”对话框，也可以选择使用现有的连接线的颜色编号。

➢ 截面积/直径：输入芯线/导线的截面积或直径。单击 ··· 按钮，弹出如图 11-20 所示的“截面积/直径”对话框，选择使用现有的连接线的截面积或直径。

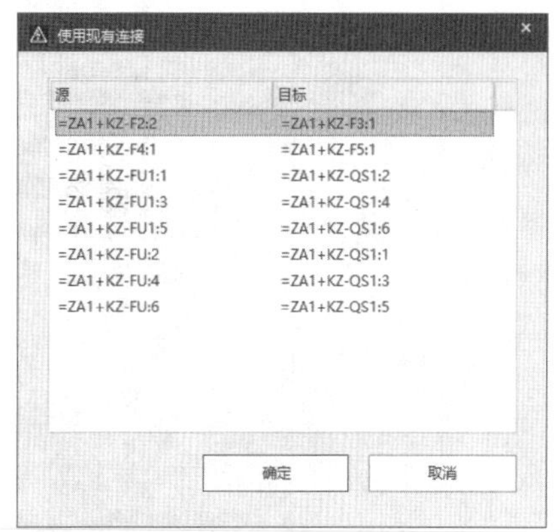

图 11-18　“使用现有连接”对话框

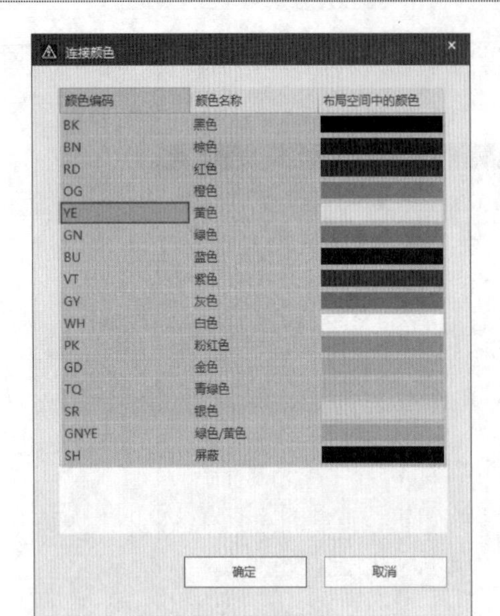

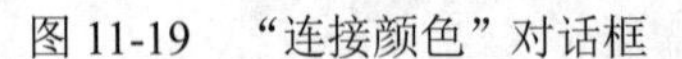
图 11-19 “连接颜色”对话框

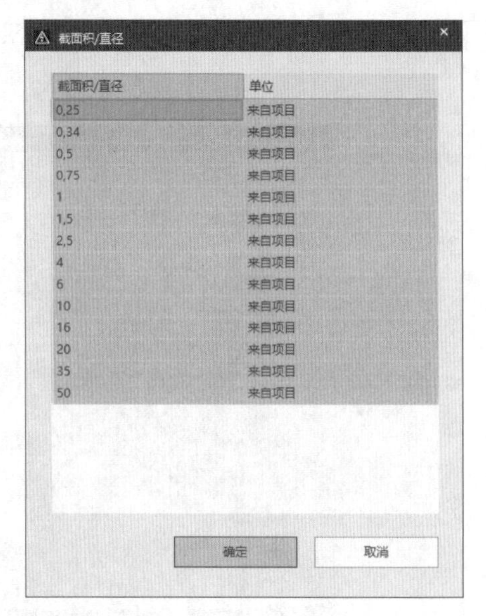

图 11-20 “截面积/直径”对话框

> 截面积/直径单位：选择芯线/导线的截面积或直径的单位，默认选择“来自项目”，也可以在下拉列表中直接选择单位。
> 表达类型：在下拉列表中选择芯线/导线的表达类型，可选项包括多线、单线、管道及仪表流程图、外部、图形等。
> 功能定义：输入芯线/导线的功能定义。单击⋯按钮，弹出如图 11-21 所示的“功能定义”对话框，设置芯线/导线的特性。
> 属性：显示芯线/导线的属性，可新建或删除属性。

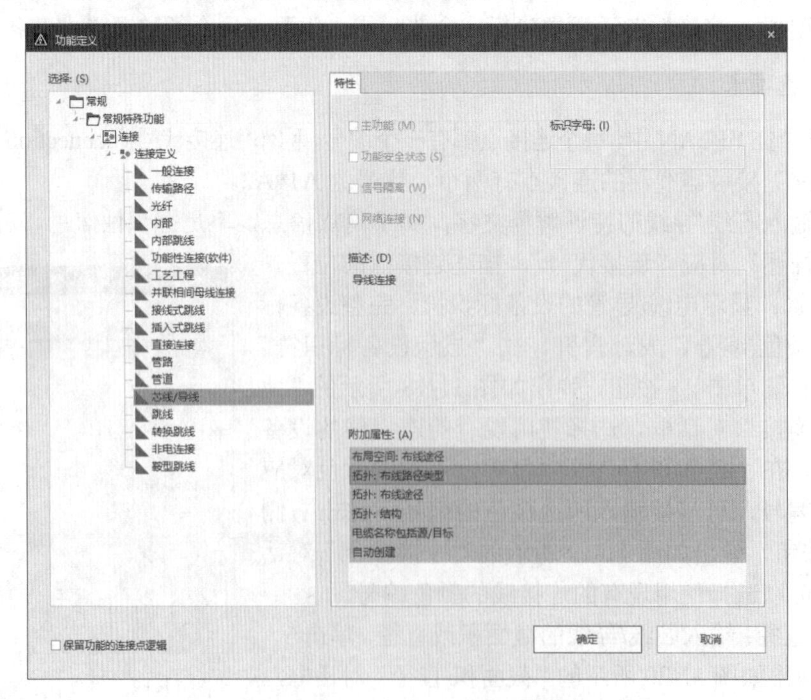

图 11-21 “功能定义”对话框

2. “连接图形”选项卡

在该选项卡中显示连接线的格式属性，包括线宽、颜色、线型、式样长度、层，如图 11-22 所示。

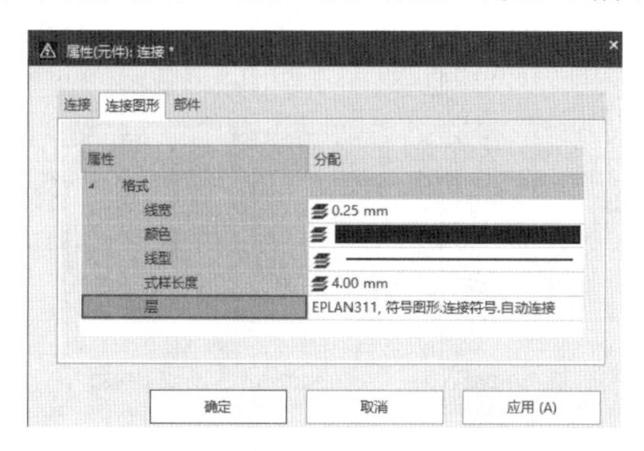

图 11-22　“连接图形”选项卡

3. “部件”选项卡

在该选项卡中显示连接的部件信息，可以选择导线的部件编号及部件的属性，如图 11-23 所示。

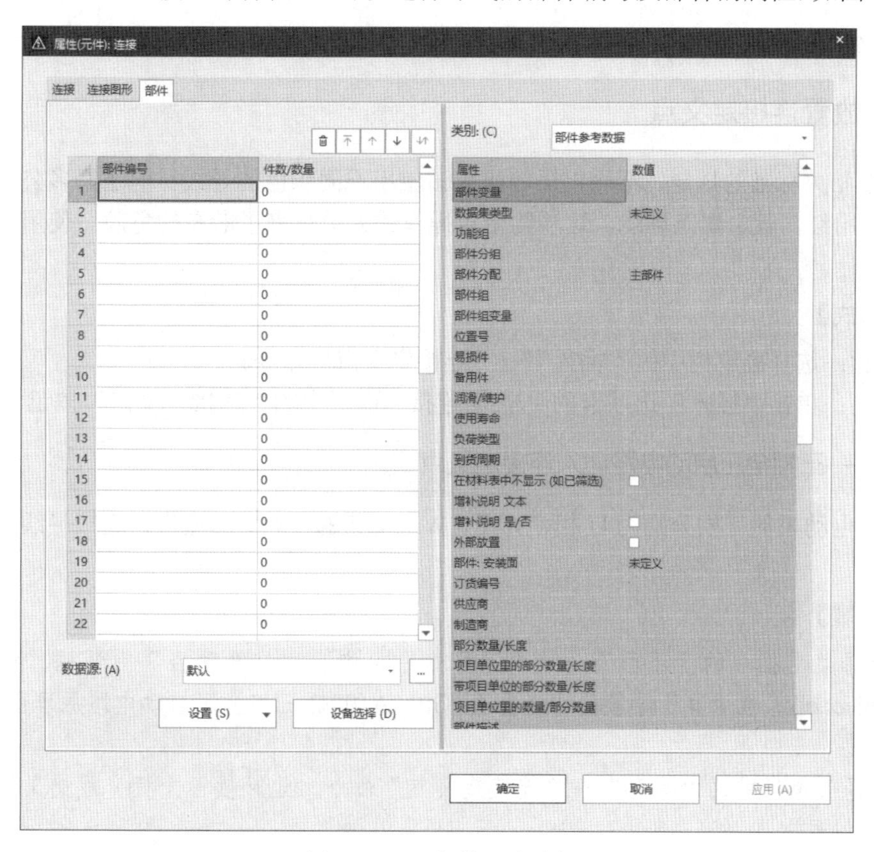

图 11-23　“部件”选项卡

动手练——定义供配电系统连接线功能

扫一扫，看视频

在供配电系统电气图中对 T1 与 QF 连接线进行定义，绘制如图 11-24 所示的电气图。

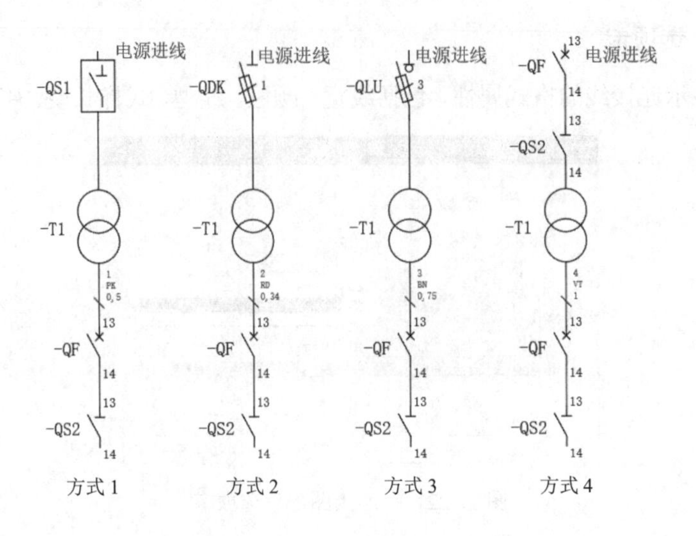

图 11-24　供配电系统电气图

思路点拨：

设置连接线的连接代号、描述、颜色/编号、截面积/直径、截面积/直径单位、功能定义，方便线路的识别。

11.2.2　放置连接定义点

根据 IEC 相关标准的规定，不同电压等级应该使用不同颜色的导线。但是好多公司不太注意这个问题，仅使用红、蓝、黑三种线，这样给带电操作的人员带来了潜在的危险。使用连接定义点可以解决这个问题。

【执行方式】

- 菜单栏：选择菜单栏中的“插入”→“连接定义点”命令。
- 功能区：单击“插入”选项卡的“电缆/连接”面板中的“连接定义点”按钮。

扫一扫，看视频

动手学——三相全压启动电路插入连接定义点

三相异步电动机的三相分别为 U 相、V 相、W 相，连接 380V 交流电，连接导线的颜色分别为黄、绿、红。

【操作步骤】

（1）选择菜单栏中的“项目”→“打开”命令，弹出“打开项目”对话框，打开项目文件 Electrical_Project.elk，在“页”导航器中选择“=G01+A100/2 三相全压启动电路原理图”，双击打开电气图编辑器。

（2）选择菜单栏中的“插入”→“连接定义点”命令，此时鼠标光标变成交叉形状并附加一个连接定义点符号。

（3）将鼠标光标移动到想要插入连接定义点的导线上，移动鼠标光标，选择连接定义点的插入点，在电气图中单击确定插入连接定义点，如图 11-25 所示。

（4）自动弹出连接定义点属性设置对话框，在该对话框中可以对连接定义点的属性进行设置。在“连接代号”中输入连接定义点的代号为 G1，如图 11-26 所示。

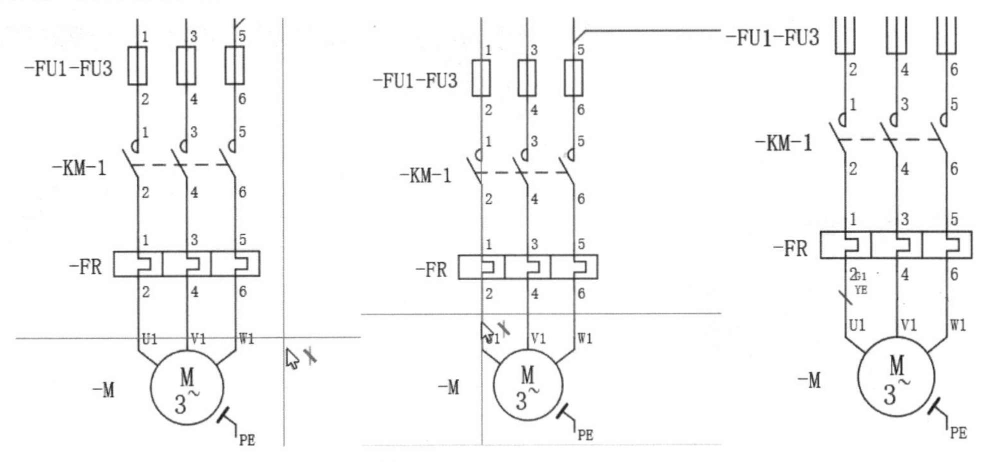

图 11-25　插入连接定义点

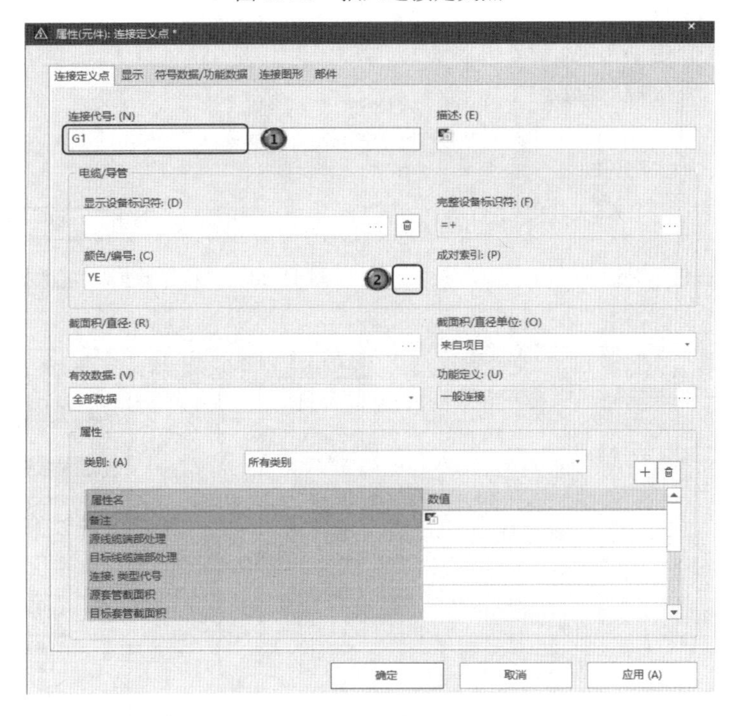

图 11-26　连接定义点属性设置对话框

（5）在“颜色/编号”文本框右侧单击···按钮，弹出“连接颜色”对话框，选择黄色对应的颜色编码 YE，如图 11-27 所示。单击“确定”按钮，关闭对话框。

（6）打开“符号数据/功能数据”选项卡，在“编号/名称”文本框右侧单击···按钮，弹出“符号选择”对话框，选择 CDP，结果如图 11-28 所示。单击“确定”按钮，关闭对话框，完成连接定义点的放置。

（7）此时鼠标光标仍处于插入连接定义点的状态，重复上述操作可以继续插入其他的连接定义点。连接定义点插入完毕，右击选择“取消操作”命令或按 Esc 键即可退出该操作。结果如图 11-29 所示。

（8）选择菜单栏中的“项目数据”→“连接”→“导航器”命令，打开“连接”导航器，如图 11-30 所示，显示元件下的连接导线信息。

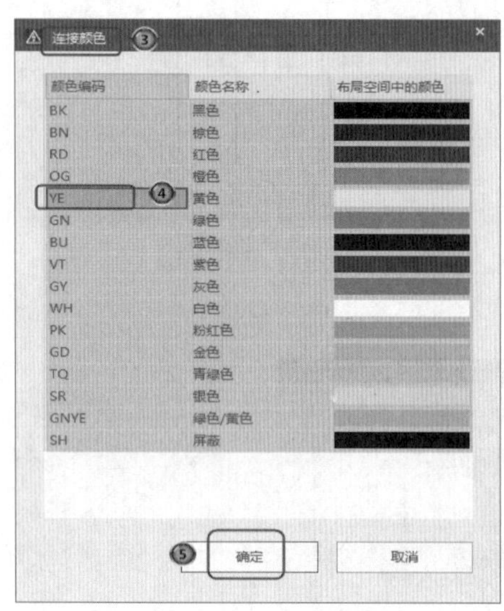

图 11-27 “连接颜色”对话框

图 11-28 “符号数据/功能数据”选项卡

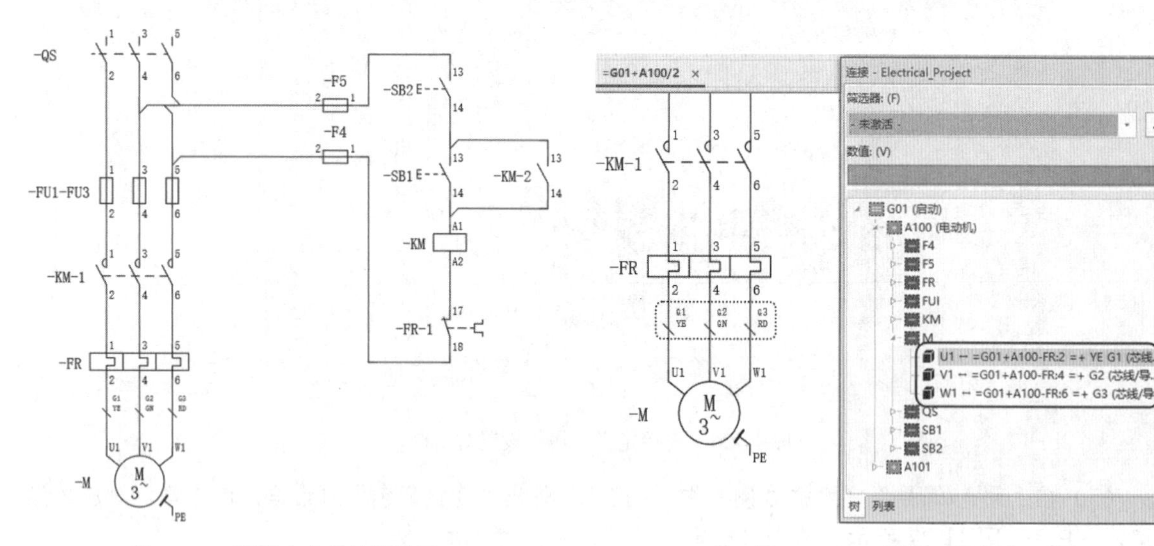

图 11-29 连接定义点放置结果

图 11-30 “连接”导航器

11.2.3 放置连接编号的要求

每个公司对线号的编号要求都不尽相同，比较常见的编号要求有以下三种。

（1）主回路用“电位+数字”的方式，PLC 部分用 PLC 地址，其他部分用“字母+计数器”的方式。

（2）用相邻的设备连接点代号，如 KM01:3-FR01:1。

（3）使用“页号+列号+计数器”的方式，如图纸第二页第三列的线号为 00203-01、00203-02 等。

【执行方式】

➢ 菜单栏：选择菜单栏中的“项目数据”→“连接”→“编号”→“放置”命令。

➢ 功能区：单击“连接”选项卡的“连接”面板中的“放置定义点”按钮。

扫一扫，看视频

动手学——三相全压启动电路插入连接编号

在电路图中，连接编号也是连接导线的重要组成部分。在 EPLAN 中，连接编号默认使用“?”表示。

【操作步骤】

（1）选择菜单栏中的“项目”→“打开”命令，弹出“打开项目”对话框，打开项目文件 Electrical_Project.elk，在“页”导航器中选择“=G01+A101/2 主电路”，双击打开电气图编辑器。

（2）框选主电路中的所有对象，如图 11-31 所示。单击“连接”选项卡的“连接”面板中的“放置定义点”按钮，弹出“放置连接定义点”对话框。

（3）在“设置”下拉列表中选择放置连接定义点的编号方案为“基于电位”，如图 11-32 所示。

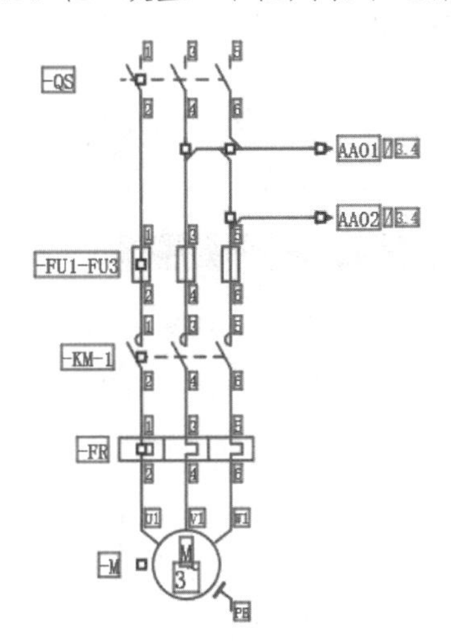

图 11-31　框选所有对象

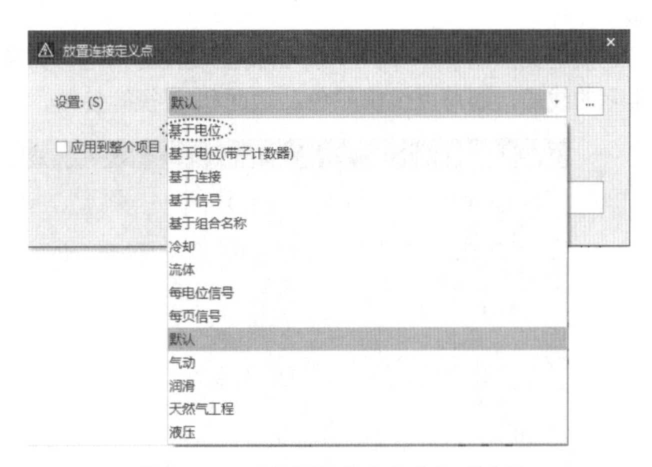

图 11-32　“放置连接定义点”对话框

（4）单击“确定”按钮，在所选择区域根据配置文件设置的规则为线路添加连接定义点。“放置数”默认选择“每个连接一次”，默认情况下，每个连接定义点的连接代号为“????”，如图 11-33 所示。

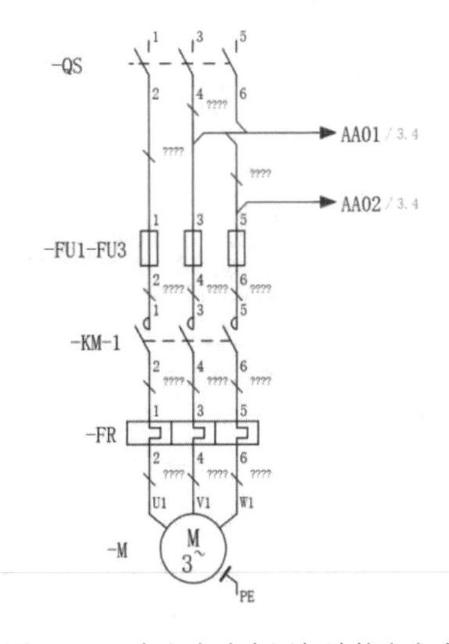

图 11-33　在主电路中添加连接定义点

注意：

> 若需要对整个项目进行编号，可勾选“应用到整个项目”复选框，在整个项目中创建连接定义点。

11.3 连接编号管理

EPLAN 为用户提供了强大的自动编号功能。首先要确定一种编号方案，即要确定线号字符集（数字/字母的组合方式）、线号的产生规则（基于电位还是基于信号等）、线号的外观（位置/字体等）等。

11.3.1 手动编号

如果项目中有一部分线号需要手动编号，则可在显示连接编号位置处放置的“?”代号中进行修改。

手动编号的作用范围与配置的编号方案有关。例如，如果编号是基于电位进行的，那么与手动放置编号的连接电位相同的所有连接均会被放置手动编号。也就是说，相同编号只需手动编号一处即可。手动放置的编号处于自动编号的范围外，否则自动产生的编号会与手动编号重复。

双击连接定义点的“?”代号，弹出属性设置对话框，如图 11-34 所示。在“连接代号”文本框中输入实际的线号，还可以编辑颜色、截面积/直径等参数，如图 11-35 所示。

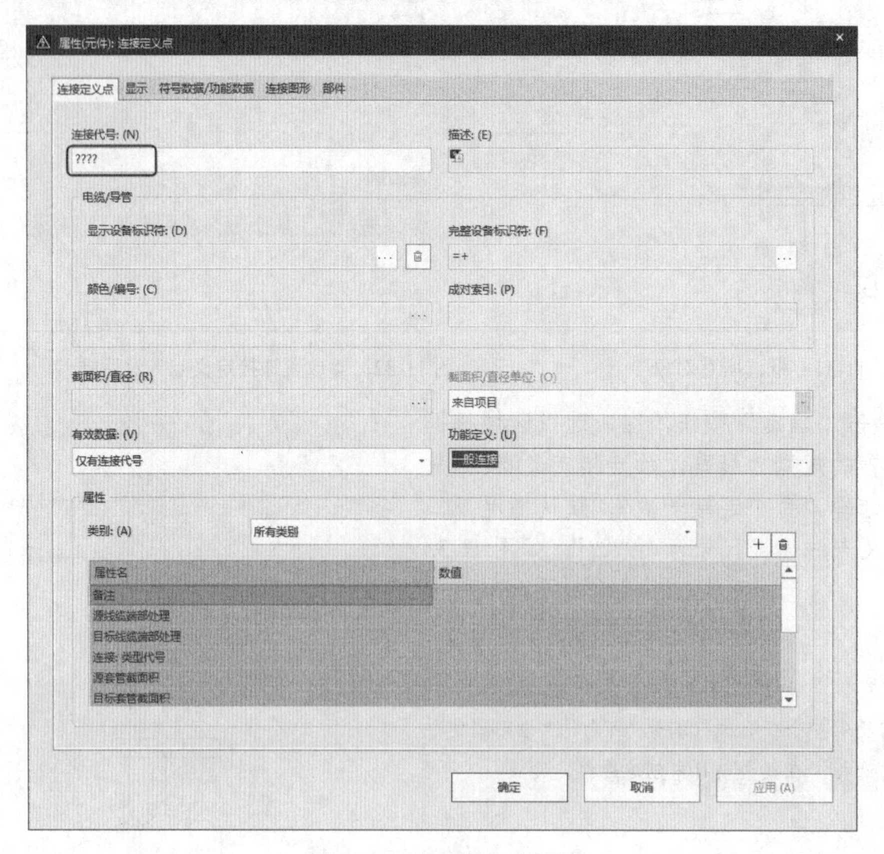

图 11-34　属性设置对话框

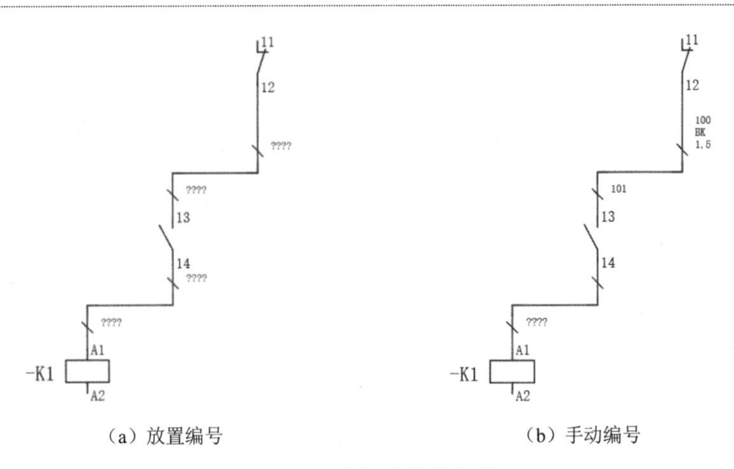

（a）放置编号　（b）手动编号

图 11-35　编辑连接定义点

11.3.2　删除编号

连接定义点包含连接代号、连接定义点符号与其他连接定义点信息，如图 11-36 所示。若有需要，可以删除部分信息或全部连接定义点。

其中，连接定义点 1 的连接代号为 100、颜色编号为 BK，截面积/直径为 1,5；连接定义点 2 的连接代号为 101；连接定义点 3 的连接代号为空；连接定义点 4 的连接代号为????。

【执行方式】

- 菜单栏：选择菜单栏中的“项目数据”→“连接”→“编号”→“删除”命令。
- 功能区：单击“连接”选项卡的“连接”面板中的“说明”按钮，在打开的下拉列表中单击“删除名称”按钮。

【操作步骤】

执行上述操作，弹出如图 11-37 所示的“删除连接代号”对话框。在“设置”下拉列表中显示了放置连接定义点的编号方案。该对话框中还包含下列选项。

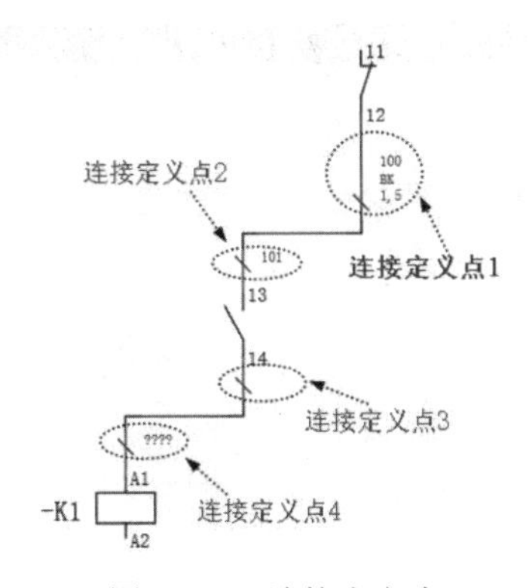

图 11-36　连接定义点

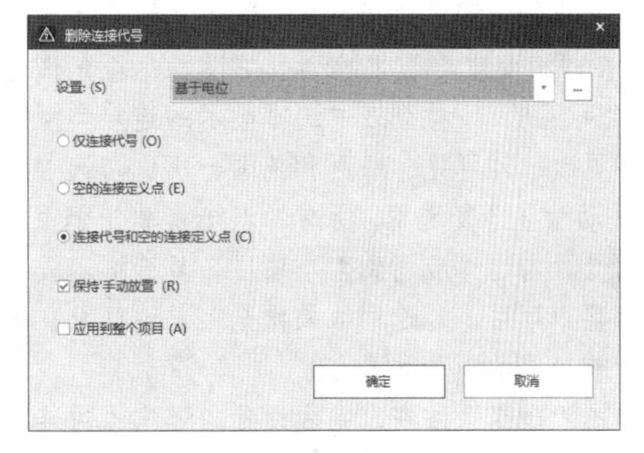

图 11-37　“删除连接代号”对话框

- 仅连接代号：只删除连接定义点中的所有连接代号。
- 空的连接定义点：删除连接定义点中连接代号为空或????的连接定义点。
- 连接代号和空的连接定义点：删除连接定义点中的连接代号和空的连接定义点。
- 保持'手动放置'：勾选该复选框，保留连接定义点符号，只删除连接代号和说明文字。

> 应用到整个项目：在整个项目所有图纸页中执行删除操作，默认只在该图纸页中执行删除操作。

单击“确定”按钮，在所选择的区域内根据配置文件设置的规则为线路删除连接定义点，如图 11-38 所示。

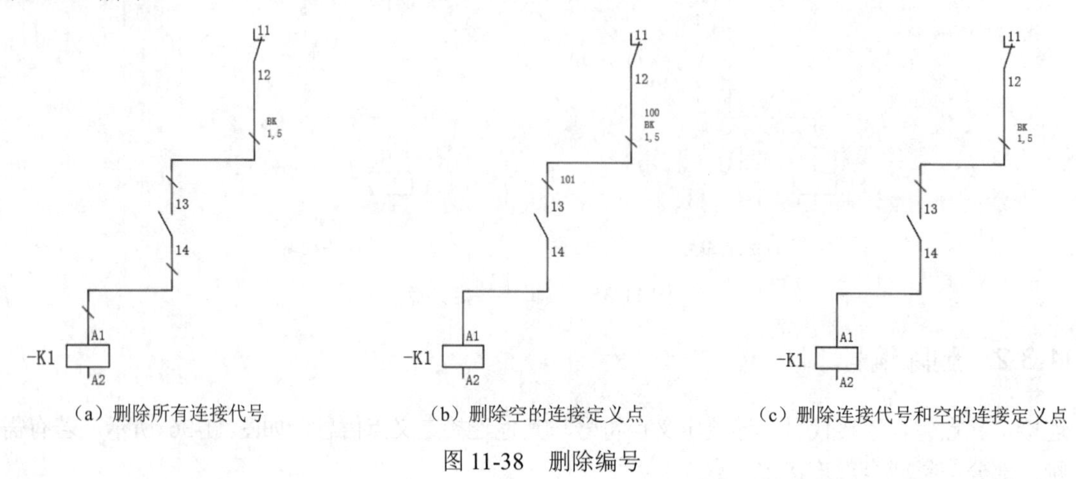

（a）删除所有连接代号　（b）删除空的连接定义点　（c）删除连接代号和空的连接定义点

图 11-38　删除编号

11.3.3　自动编号

执行自动编号需要选中进行编号的部分电路或单个甚至多个图页，也可以是整个项目。

【执行方式】

菜单栏：选择菜单栏中的“项目数据”→“连接”→“编号”→“命名”命令。

【操作步骤】

执行上述命令，弹出如图 11-39 所示的“对连接进行说明”对话框，根据配置好的编号方案执行自动编号。

“起始值/增量”表格中列出了当前配置中的定义规则。在“覆盖”下拉列表中确定进行编号的连接定义点的范围，包括“全部”和“除了'手动放置'”。在“避免重名”下拉列表中设置是否允许重名。在“可见度”下拉列表中选择显示的连接类型，包括不更改、均可见、每页和范围一次。勾选“标记为'手动放置'”复选框，所有的连接将被分配手动放置属性。勾选“应用到整个项目”复选框，编号范围为整个项目。勾选“结果预览”复选框，在编号执行前，显示预览结果。

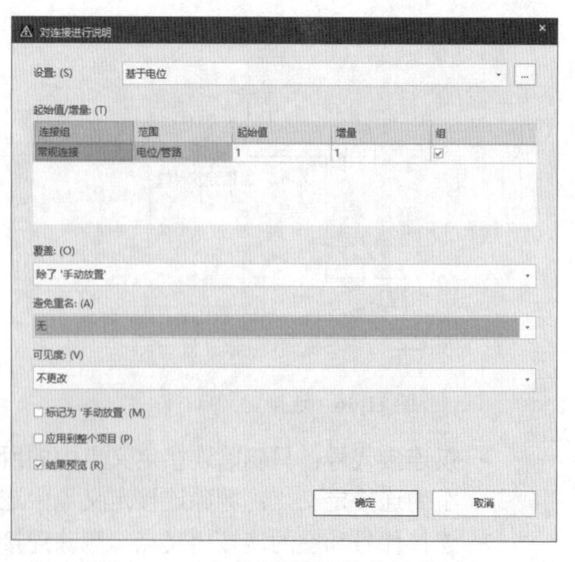

图 11-39　“对连接进行说明”对话框

单击“确定”按钮，完成设置，弹出“对连接进行说明：结果预览”对话框，如图 11-40 所示。对结果进行预览，对不符合的编号可进行修改。单击“确定”按钮，按照预览结果对选择区域的连接定义点进行编号，结果如图 11-41 所示。可以发现，原理图上的“????”用编号代替了。

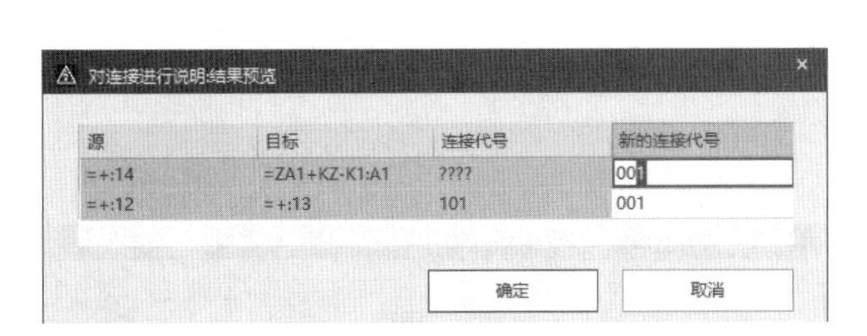

图 11-40 “对连接进行说明：结果预览”对话框

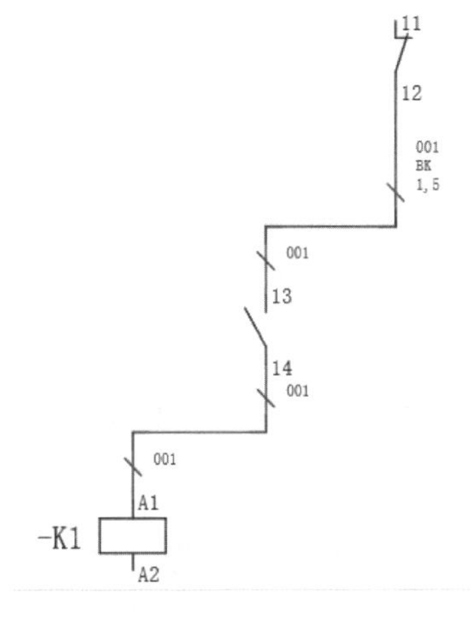

图 11-41 编号结果

11.3.4 编号对齐

【执行方式】

➢ 菜单栏：选择菜单栏中的“项目数据”→“连接”→“编号”→“对齐与格式化”命令。

➢ 功能区：单击“连接”选项卡的“连接”面板中的“对齐与格式化”按钮。

【操作步骤】

选择连接定义点对象，执行上述操作，弹出如图 11-42 所示的“对齐和格式化连接代号”对话框。

在“设置”下拉列表中显示连接定义点的编号方案，根据下面的选项定义应用对象范围。

➢ 连接定义点：设置对象的应用范围。选择“全部”，对齐整个连接定义点对象；选择“其只能获得该连接代号”，对齐只包含连接代号的连接定义点对象；选择“只能获得一个连接代号”，对齐所有包含连接代号的连接定义点对象，如图 11-43 所示。

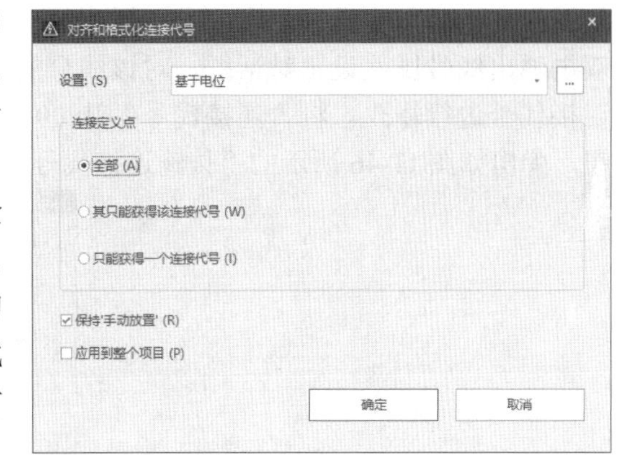

图 11-42 “对齐和格式化连接代号”对话框

➢ 保持'手动放置'：勾选该复选框，保留连接定义点符号，只删除连接代号和说明文字。

➢ 应用到整个项目：在整个项目所有图纸页中执行删除操作，默认只在该图纸页中执行删除操作。

单击“确定”按钮，在所选择的区域内根据配置文件设置的规则为线路对齐连接定义点。

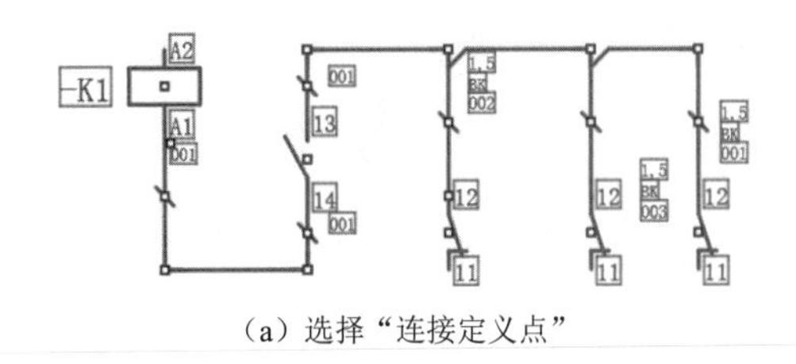

（a）选择“连接定义点”

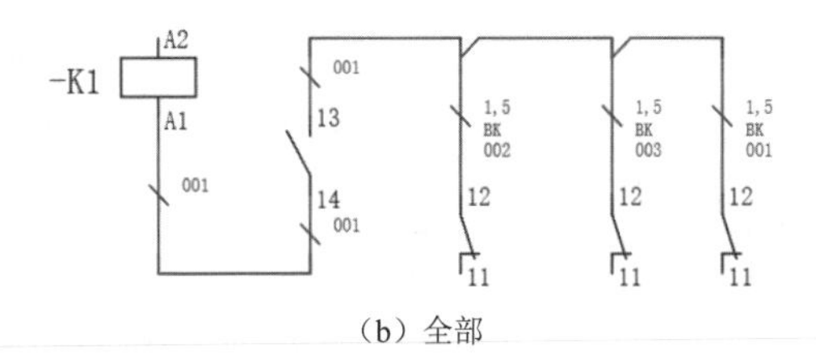

（b）全部

图 11-43 对齐连接定义点

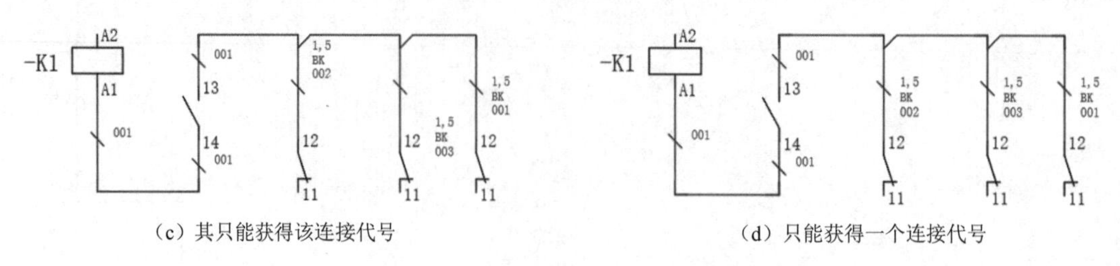

（c）其只能获得该连接代号　　（d）只能获得一个连接代号

图 11-43（续）

11.3.5　手动批量更改线号

通过设定编号规则，可以实现 EPLAN 的自动线号编号。在自动编号过程中，因为某些原因，不一定能够完全生成自己想要的线号，这时需要进行手动修改，逐个地修改步骤又过于烦琐，可以通过对 EPLAN 进行设置，手动批量修改。

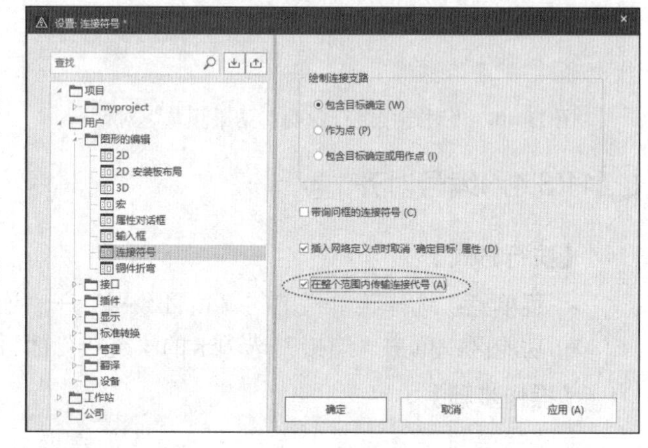

图 11-44　“设置”对话框

选择菜单栏中的“选项”→“设置”命令，弹出“设置”对话框，选择“用户”→“图形的编辑”→“连接符号”，勾选“在整个范围内传输连接代号”复选框，如图 11-44 所示。

单击“确定”按钮，关闭对话框。在电气图中选择单个线号，如图 11-45（a）所示，双击弹出线号属性设置对话框，对该线号的连接代号进行修改。将“连接代号”从 001 改为 1001，如图 11-45（b）所示。单击“确定”按钮，弹出如图 11-46 所示的“传输连接代号”对话框，该对话框中的选项简单介绍如下。

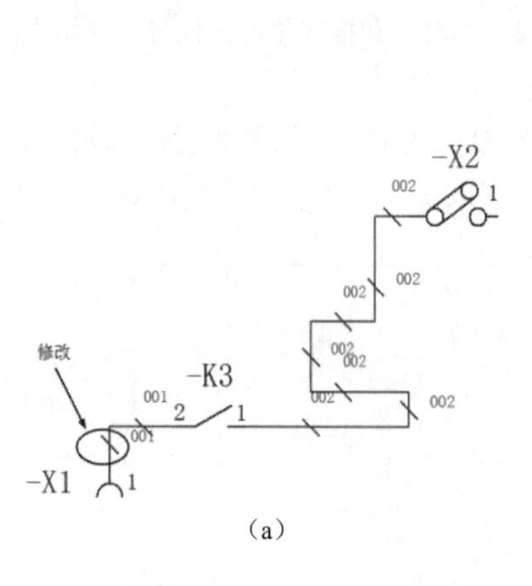

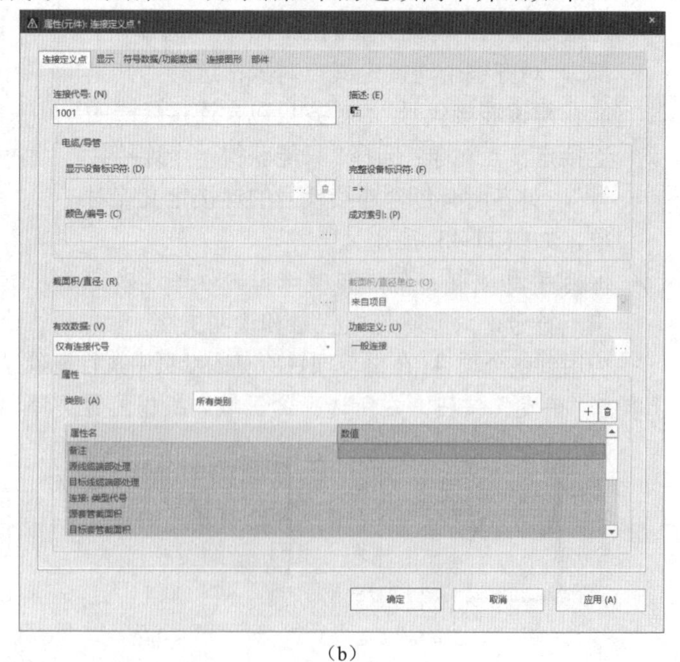

（a）　　（b）

图 11-45　修改连接代号

➢ 不传输至其他连接：只更改当前连接代号。
➢ 传输至电位的所有连接：更改该电位范围内的所有连接代号。
➢ 传输至信号的所有连接：更改该信号范围内的所有连接代号。
➢ 传输至网络的所有连接：更改该网络范围内的所有连接代号。

根据不同的选项进行更改，结果如图 11-47 所示。

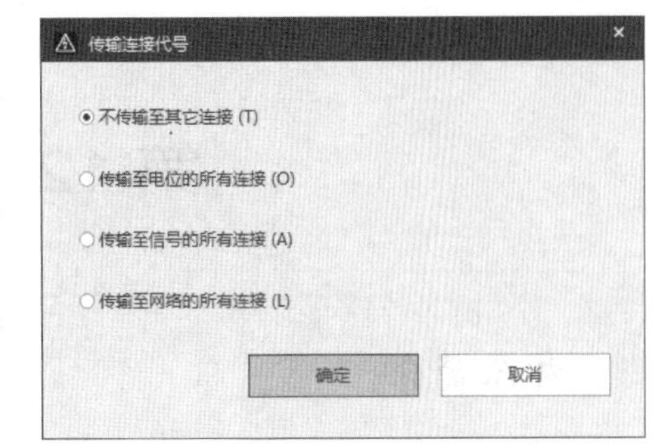

图 11-46　“传输连接代号”对话框

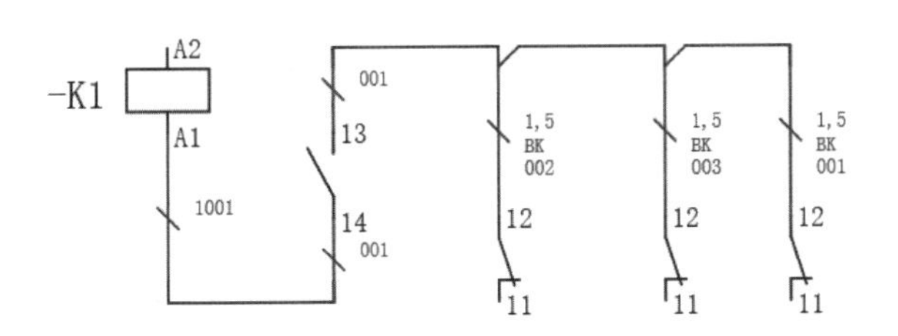

（a）不传输至其他连接

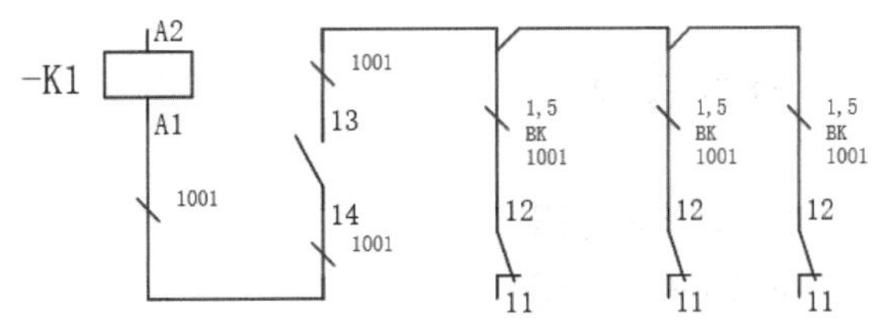

（b）传输至电位的所有连接

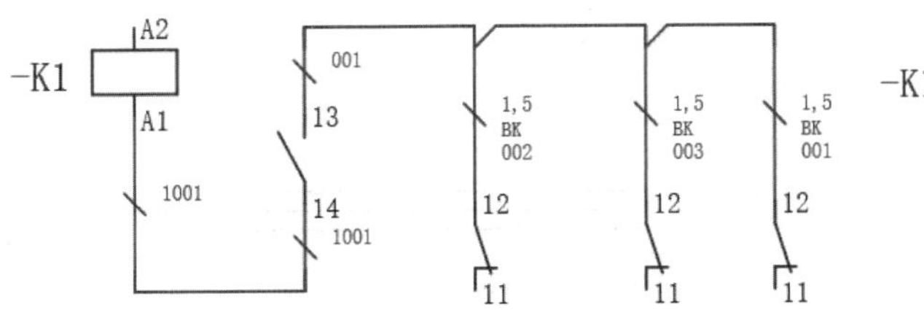

（c）传输至信号的所有连接

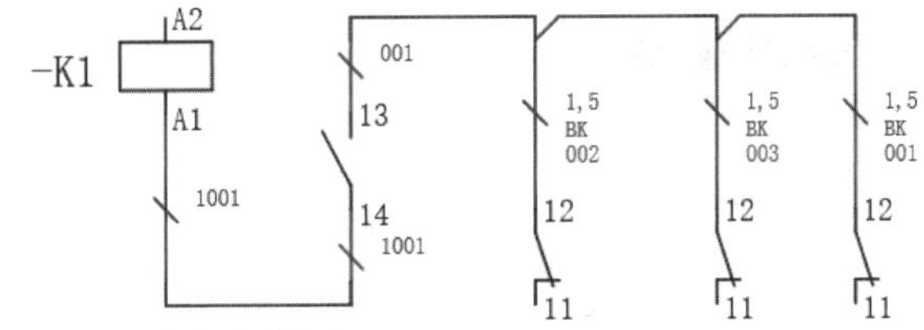

（d）传输至网络的所有连接

图 11-47　手动更改连接

动手练——编辑连接线号

扫一扫，看视频

在车床电路辅助电路中添加线号并进行编号，如图 11-48 所示。

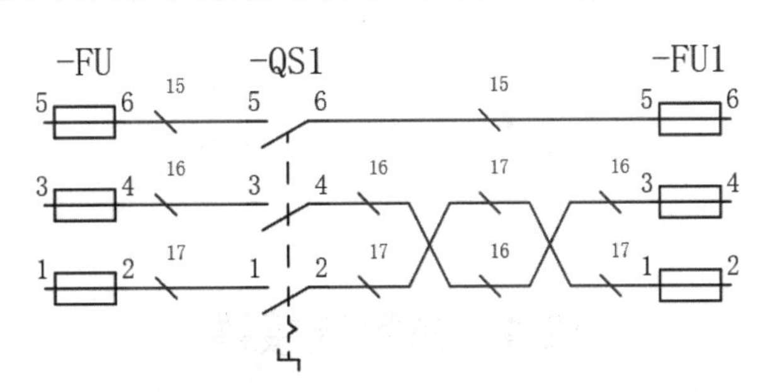

图 11-48　车床电路辅助电路

思路点拨：

（1）利用“放置”命令放置连接代号。
（2）修改连接代号，通过“传输至电位的所有连接”更新线号。

第 12 章　连　接　器

内容简介

连接器又称插接器，由插头和插座组成，是指具有特殊功能的连接设备，常用的连接器包括线束连接器、线路连接器等。

内容要点

- 常用连接器
- 端子连接器
- 端子的跳线连接
- 插头连接器

案例效果

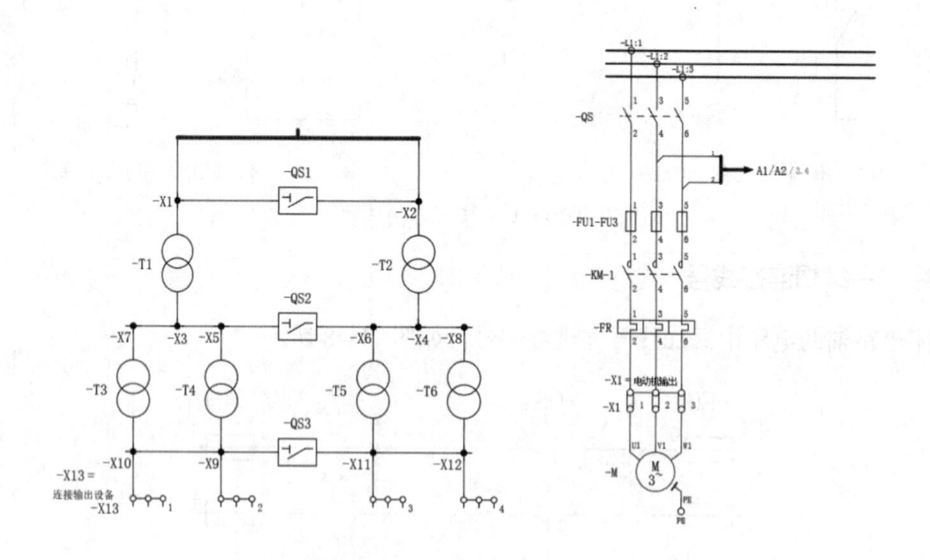

12.1　常用连接器

12.1.1　线路连接器

线路连接器用于连接导线，全面替代“焊锡+胶带”工艺，广泛应用于电气工程中，如图 12-1 所示。

图 12-1　线路连接器

【执行方式】

➢ 菜单栏：选择菜单栏中的“插入”→“连接分线器/线束分线器”→“连接分线器”“连接分线器（十字接头）”“线路连接器（角）”“线路连接器”命令。
➢ 功能区：单击“插入”选项卡的“符号”面板中的“连接分线器”按钮、“连接分线器（十字接头）”按钮、“线路连接器（角）”按钮、“线路连接器”按钮。

扫一扫，看视频

动手学——三相全压启动电路插入线路连接器

本实例在三相全压启动电路导线 T 形连接处使用线路连接器替换图形符号。

【操作步骤】

（1）选择菜单栏中的“项目”→“打开”命令，弹出“打开项目”对话框，打开项目文件 Electrical_Project.elk。在“页”导航器中选择=G01+A102，复制图纸页=G01+A103，双击打开“=G01+A103 2 主电路”电气图编辑器，删除图纸中 T 节点连接符号和连接线，如图 12-2 所示。

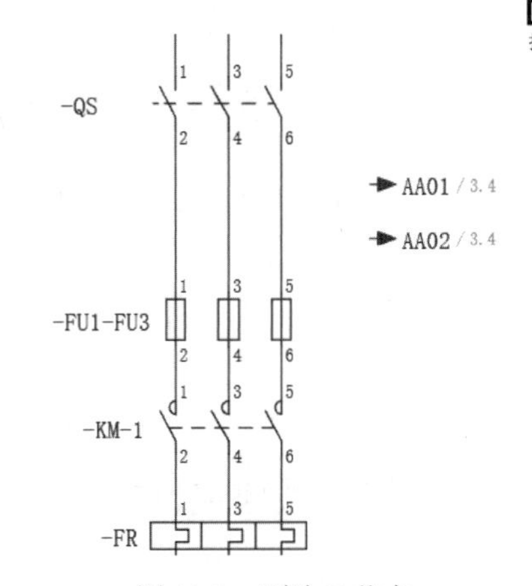

图 12-2　删除 T 节点

（2）选择菜单栏中的“插入”→“连接分线器/线束分线器”→“连接分线器”命令，此时鼠标光标变成交叉形状并附加一个连接分线器符号，如图 12-3 所示。

（a）旋转符号　（b）移动符号

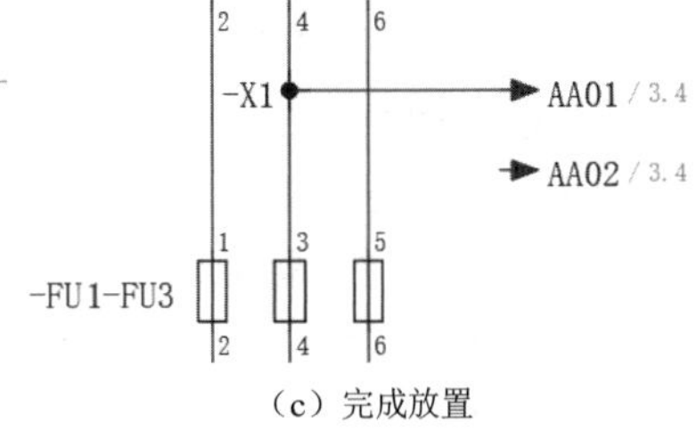

（c）完成放置

图 12-3　插入连接分线器

（3）在鼠标光标处于放置连接分线器的状态时按 Tab 键，旋转连接分线器连接符号，变换连接分线器连接模式。

（4）将鼠标光标移动到想要插入连接分线器的元件的水平或垂直位置上，出现红色的连接符号时表示电气连接成功。移动鼠标光标，在插入点单击放置连接分线器。

（5）弹出如图 12-4 所示的连接分线器属性设置对话框，在“显示设备标识符”文本框中输入连接分线器的编号为-X1，单击“确定”按钮，关闭对话框。

（6）在电气图中单击确定插入连接分线器 X1。此时鼠标光标仍处于插入连接分线器的状态，重复上述操作可以继续插入其他的连接分线器，如图 12-5 所示。连接分线器插入完毕，右击选择“取消操作”命令或按 Esc 键即可退出该操作。

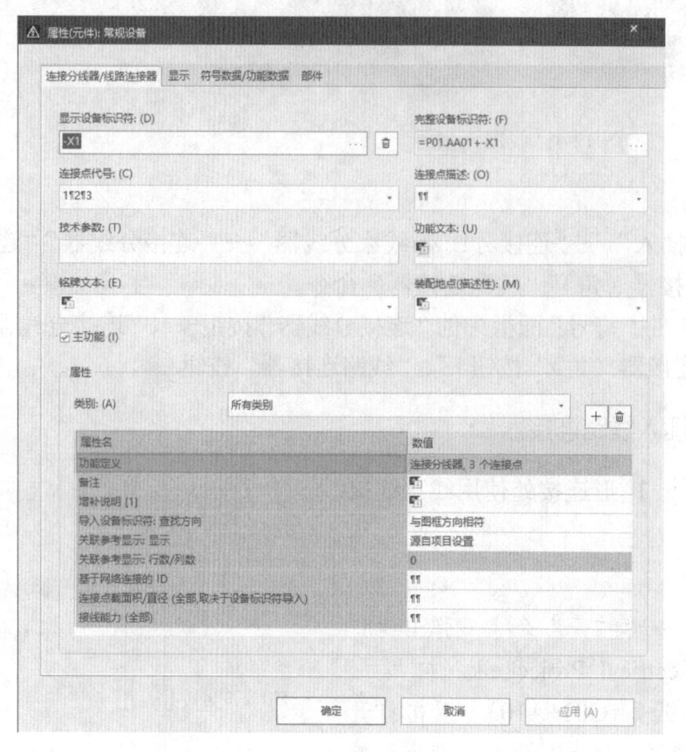

图 12-4　连接分线器属性设置对话框

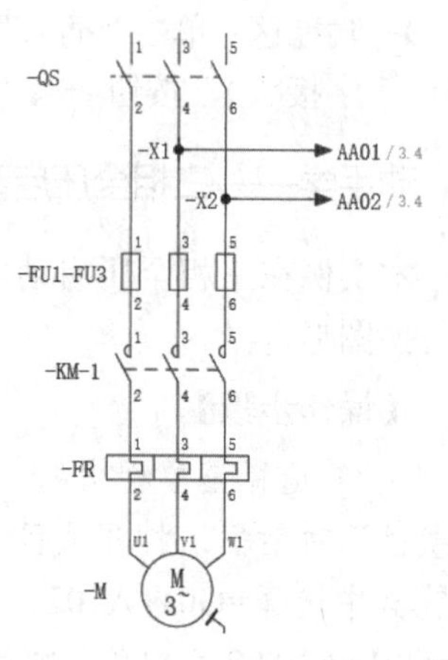

图 12-5　插入连接分线器

12.1.2　线束连接器

线束一般由导线、绝缘护套、接线端子以及包扎材料组成。简单地说，线束是一组具有相同性质的并行信号线的组合。为了图纸的美观，多用线束来表示多张图纸上中断的线缆。线束与线束、线束与电气部件之间的连接一般采用线束连接器，如图 12-6 所示。

图 12-6　线束连接器

在 EPLAN 中，插入线束连接器的交点为线束连接点，也就是线束与导线连接点。线束连接点与导线连接点类似，包括 5 种类型：直线、角、T 节点、十字接头、T 节点分配器。其中，进入线束并退出线束的连接点一端显示为细状，线束和线束之间的连接点显示为粗状。

【执行方式】

➢ 菜单栏：选择菜单栏中的“插入”→“线束连接点”→“直线”“角”“T 节点 D”“十字接头”“T 节点分配器”命令。

➢ 功能区：单击“插入”选项卡的“符号”面板中的“线束连接点直线”按钮、“线束连接点角”按钮、“线束连接点 T 节点”按钮、“线束连接点十字接头”按钮、“线束分配器 T 节点”按钮。

动手学——三相全压启动电路插入线束连接器

扫一扫，看视频

【操作步骤】

选择菜单栏中的“项目”→“打开”命令，弹出“打开项目”对话框，打开项目文件 Electrical_Project.elk，在“页”导航器中选择=G01+A102，复制图纸页=G01+A104，双击打开“=G01+A104 2 主电路”电气图编辑器，在图纸中删除中断点符号，如图 12-7 所示。

1. 插入角线束连接器

（1）选择菜单栏中的“插入”→“线束连接点”→“角”命令，此时鼠标光标变成交叉形状并附加一个角线束连接器符号，如图 12-8 所示。

（2）在鼠标光标处于放置角线束连接器的状态时按 Tab 键，旋转角线束连接器符号。将鼠标光标移动到想要插入角线束连接器的元件的水平或垂直位置上，出现红色的连接符号时表示电气连接成功。移动鼠标光标，在插入点单击放置角线束连接器。

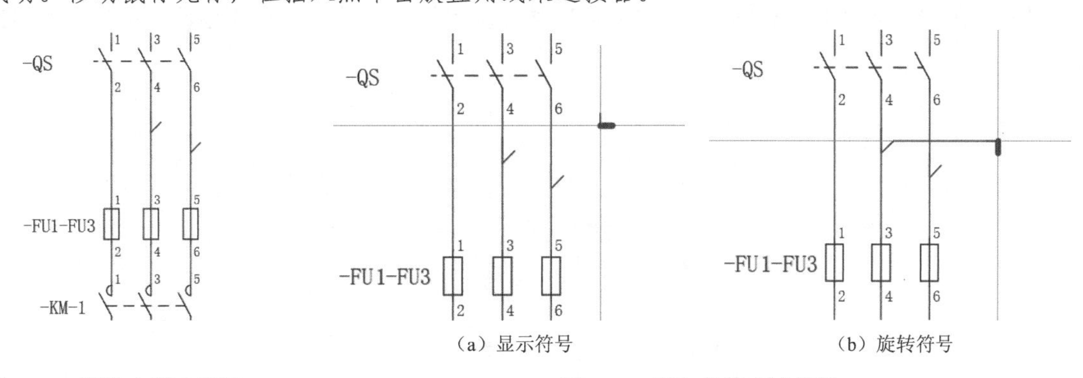

（a）显示符号　（b）旋转符号

图 12-7　删除中断点符号　　图 12-8　插入角线束连接器

（3）弹出如图 12-9 所示的线束连接点属性设置对话框，在“线束连接点代号”文本框中输入线束的编号为 1，单击“确定”按钮，关闭对话框。

（4）在电气图中单击确定插入角线束连接器。此时鼠标光标仍处于插入角线束连接器的状态，重复上述操作可以继续插入其他的角线束连接器，如图 12-10 所示。角线束连接器插入完毕，右击选择“取消操作”命令或按 Esc 键即可退出该操作。

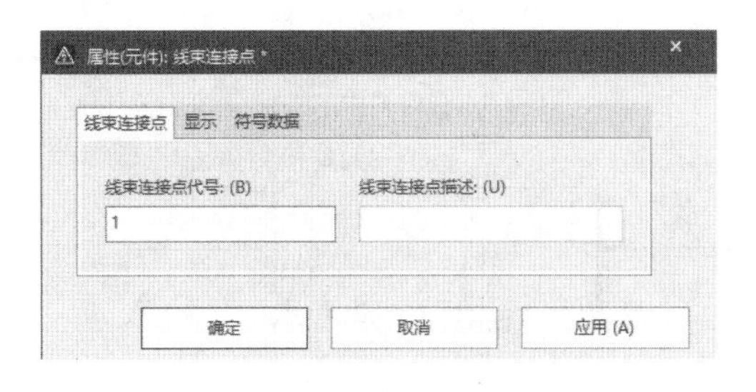

图 12-9　线束连接点属性设置对话框

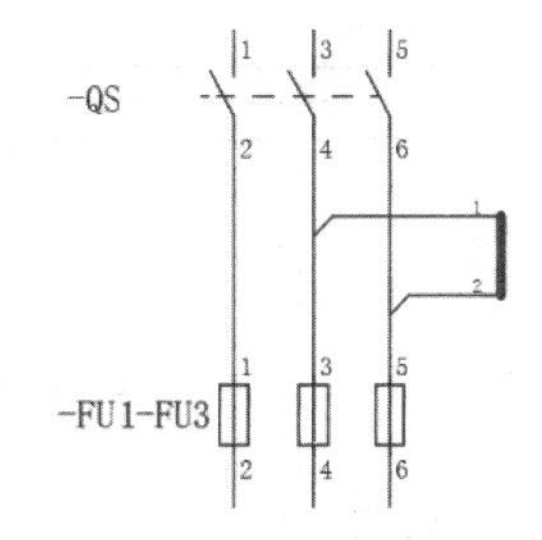

图 12-10　插入角线束连接器

2. 插入 T 节点分配器

（1）选择菜单栏中的“插入”→“线束连接点”→“T 节点分配器”命令，此时鼠标光标变成十字形状，鼠标光标上显示浮动的 T 节点分配器符号。

（2）将鼠标光标移动到想要放置 T 节点分配器的元件的水平或垂直位置上，在鼠标光标处于放置 T 节点分配器的状态时按 Tab 键，旋转 T 节点分配器符号，变换 T 节点分配器模式。

（3）移动鼠标光标，出现红色的符号时表示电气连接成功，如图 12-11 所示。单击插入 T 节点分配器后，此时鼠标光标仍处于插入 T 节点分配器线的状态，重复上述操作可以继续插入其他的 T 节点分配器。

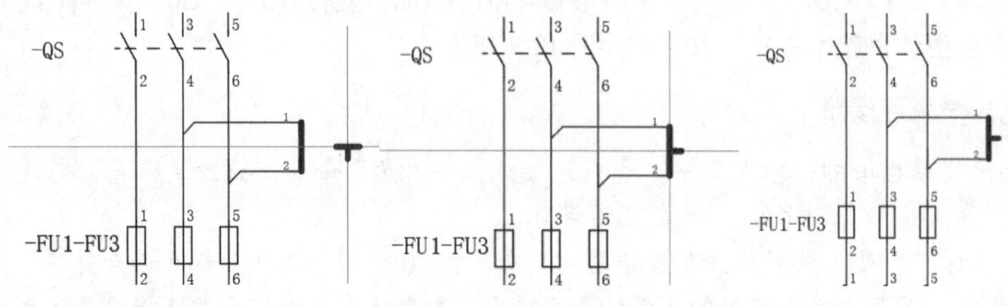

图 12-11　插入 T 节点分配器

（4）双击打开“=G01+A104 3 控制电路”电气图编辑器，插入线束连接器，结果如图 12-12 所示。

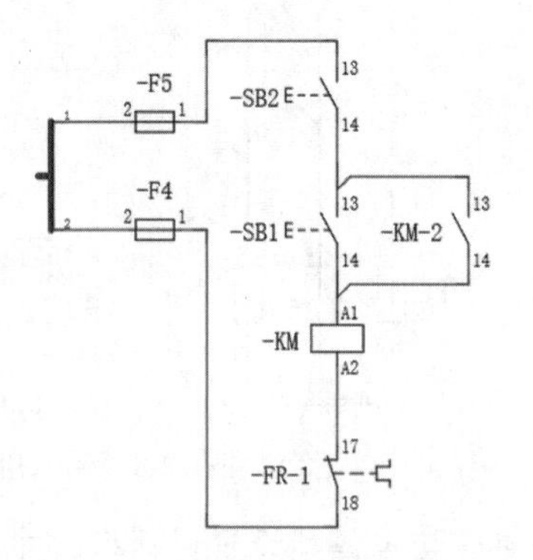

图 12-12　在控制电路中插入线束连接器

（5）线束连接点的作用类似总线，它把许多连接汇总起来用一个中断点连接，所以线束连接点往往与中断点配合使用。选择菜单栏中的“插入”→“连接符号”→“中断点”命令，在主电路与控制电路中添加中断点，如图 12-13 所示。

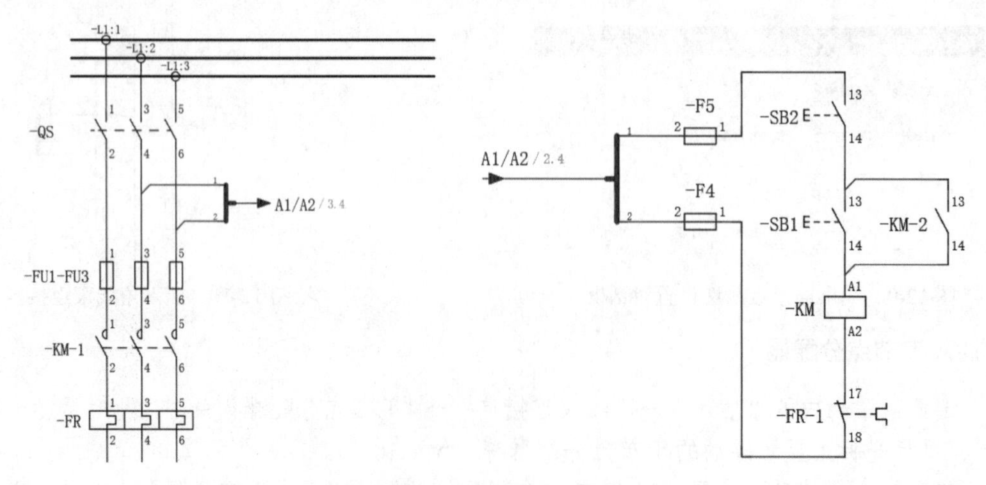

图 12-13　插入中断点

(6)单击功能区“连接”选项卡的“连接”面板中的“更新”按钮，更新线束与中断点连接，中断点连接线束段变粗，如图 12-14 所示。

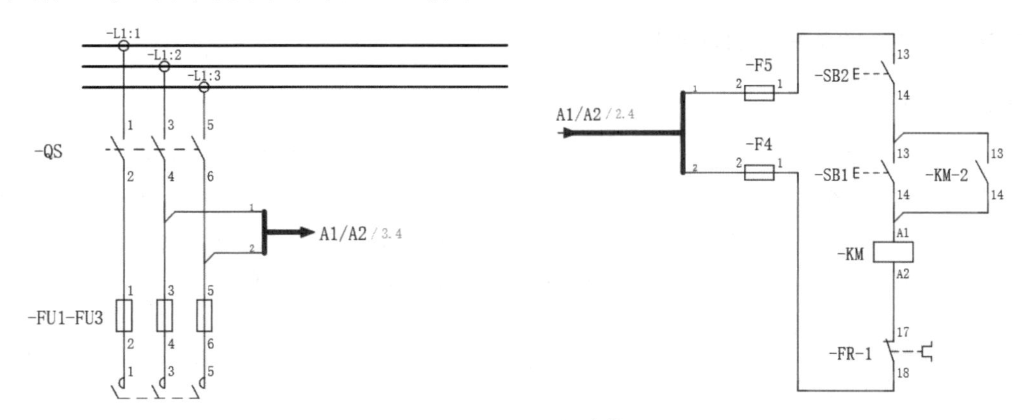

图 12-14 更新连接

(7)将鼠标光标放置在中断点连接线束段，如图 12-15 所示，显示连接信息，表示连接成功。

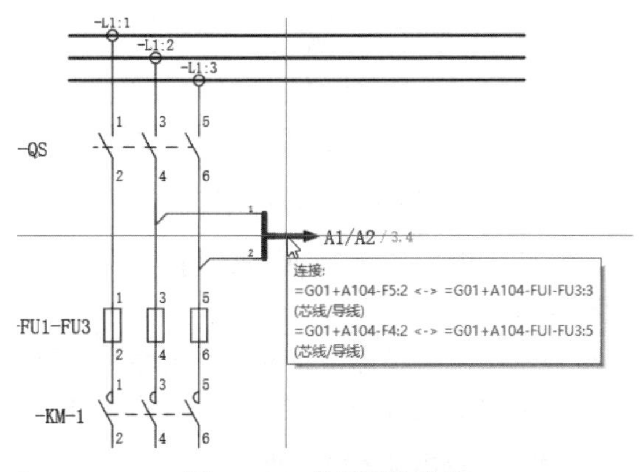

图 12-15 显示连接信息

12.2 端子连接器

端子作为连接器的一种，是为了方便导线的连接而应用的，它其实就是一段封在绝缘塑料里面的金属片，两端都可以插入导线，如图 12-16 所示。

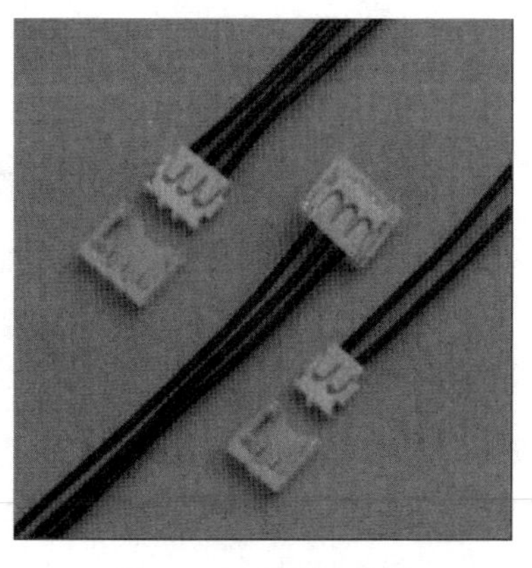

图 12-16 端子连接器

12.2.1 端子

端子连接器一般两端都有孔可以插入，可以任意选择导线数目及间距，使连接更方便、更快捷，最适合于移动部件与主板之间、PCB 板与 PCB 板之间、小型化电气设备中用作数据传输线缆。

【执行方式】

➢ 菜单栏：选择菜单栏中的“插入”→“设备”命令，选择

“端子”。

➢ 功能区：单击“插入”选项卡的“端子”面板中的“端子”按钮▪|||▪。

动手学——三相全压启动电路插入端子

【操作步骤】

（1）选择菜单栏中的“项目”→“打开”命令，弹出“打开项目”对话框，打开项目文件 Electrical_Project.elk，在“页”导航器中选择“=G01+A104/2 主电路”，双击打开电气图编辑器。

（2）单击“插入”选项卡的“端子”面板中的“端子”按钮▪|||▪，此时鼠标光标变成交叉形状并附加一个端子符号▯。将鼠标光标移动到想要插入端子的位置，单击确定端子的位置，如图 12-17 所示。

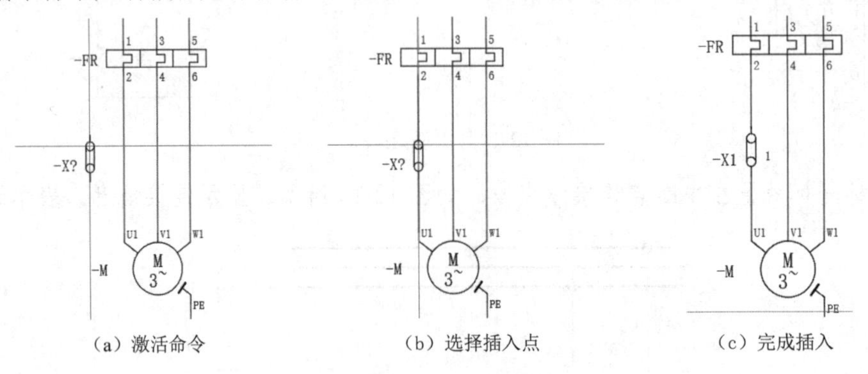

（a）激活命令　（b）选择插入点　（c）完成插入

图 12-17　插入端子

（3）确定端子插入点后，自动弹出如图 12-18 所示的端子属性设置对话框。在“显示设备标识符”文本框中输入端子的编号为-X1。

（4）此时鼠标光标仍处于插入端子的状态，重复上述操作可以继续插入其他端子的连接点，右击选择“取消操作”命令或按 Esc 键即可退出该操作，结果如图 12-19 所示。

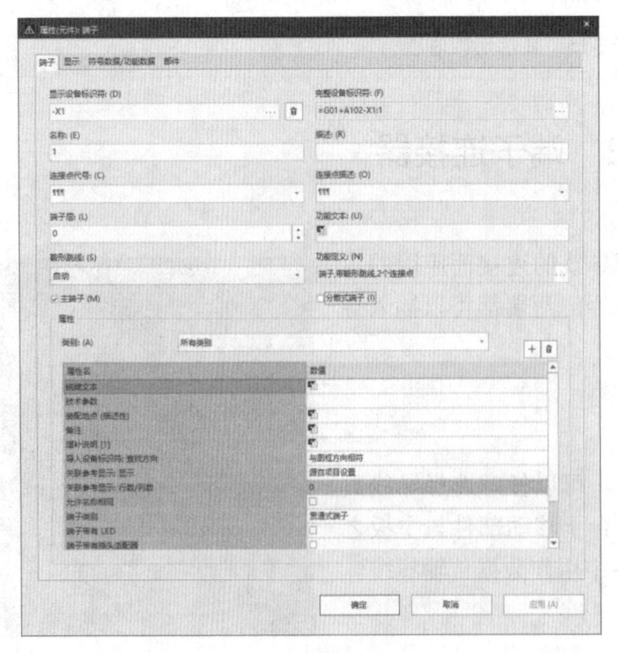

图 12-18　端子属性设置对话框

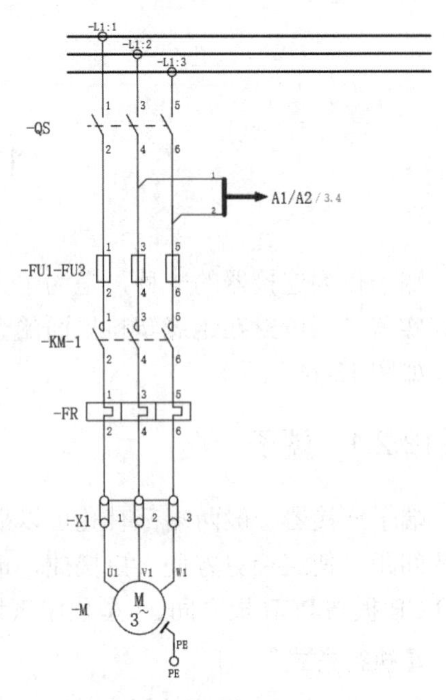

图 12-19　插入端子

提示：

在端子属性设置对话框中显示“主端子”复选框。勾选“主端子”复选框，表示赋予端子主功能。端子也分主功能与辅助功能，取消勾选该复选框的端子被称为辅助端子，在电气图中起辅助功能。

12.2.2 分散式端子

一个端子可在同一页的不同位置或不同页中显示可以使用分散式端子，在端子属性设置对话框中勾选“分散式端子”复选框即可，下面详细讲述该类端子的功能。

【执行方式】

- 菜单栏：选择菜单栏中的“插入”→“分散式端子”命令。
- 功能区：单击“插入”选项卡的“端子”面板中的“分散式端子”按钮。

【操作步骤】

（1）执行上述操作，此时鼠标光标变成交叉形状并附加一个分散式端子符号。将鼠标光标移动到想要插入分散式端子并连接的元件的水平或垂直位置上，出现红色的连接符号时表示电气连接成功。

（2）移动鼠标光标，确定端子的终点，完成分散式端子与元件之间的电气连接,如图 12-20 所示。

（3）此时鼠标光标仍处于插入分散式端子的状态，重复上述操作可以继续插入其他的分散式端子。分散式端子放置完毕，右击选择“取消操作”命令或按 Esc 键即可退出该操作。

（4）双击选中的分散式端子符号或在插入端子的状态时，单击确认插入位置后，自动弹出分散式端子属性设置对话框，如图 12-21 所示。显示分散式端子为带鞍形跳线、4 个连接点的端子，默认勾选“分散式端子”复选框。单击“确定”按钮，在电气图中放置分散式端子。

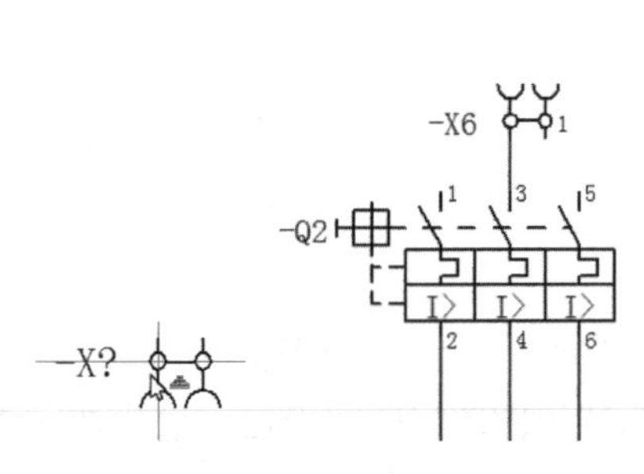

图 12-20　显示分散式端子符号

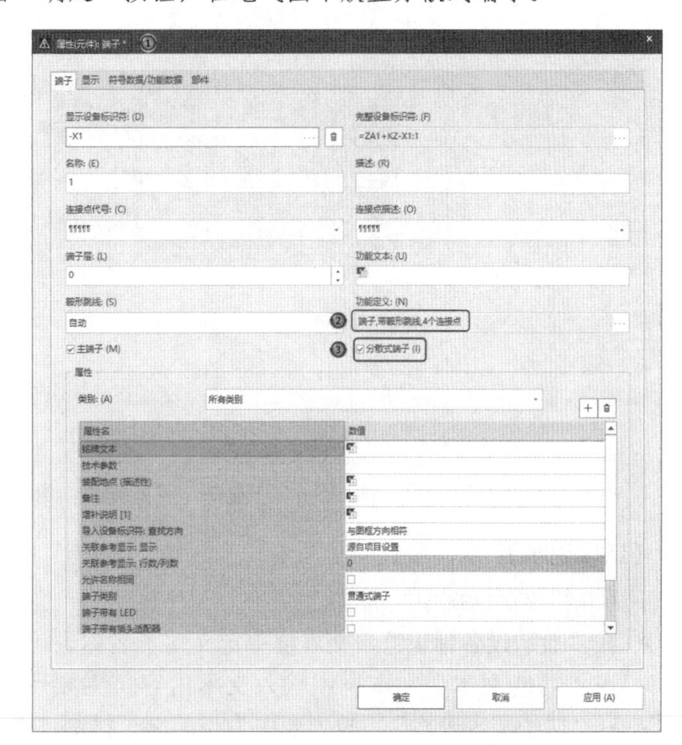

图 12-21　分散式端子属性设置对话框

12.2.3 端子排

许多（不同类型的）端子组合在一起构成端子排。端子排的作用就是将屏内设备和屏外设备的线路相连接，起到信号（电流电压）传输的作用。有了端子排，使得接线美观，连接牢靠，施工和维护更方便。表示端子排内各端子与外部设备之间导线连接的图称为端子排接线图，也称为端子排图。

在 EPLAN 中，每个端子排由一个端子排定义与端子组成。通过端子排定义管理端子排，端子排定义识别端子排并显示排的全部重要数据及排部件。

【执行方式】

- 菜单栏：选择菜单栏中的“插入”→“端子排定义”命令。
- 功能区：单击“插入”选项卡的“端子”面板中的“端子排定义”按钮。
- 快捷操作：在“端子排”导航器空白处右击选择“生成端子排定义”命令。

【操作步骤】

执行上述操作，此时鼠标光标变成交叉形状并附加一个端子排符号，将鼠标光标移动到想要插入端子排的端子上，单击系统弹出如图 12-22 所示的“属性（元件）：端子排定义”对话框，设置端子排的功能定义。

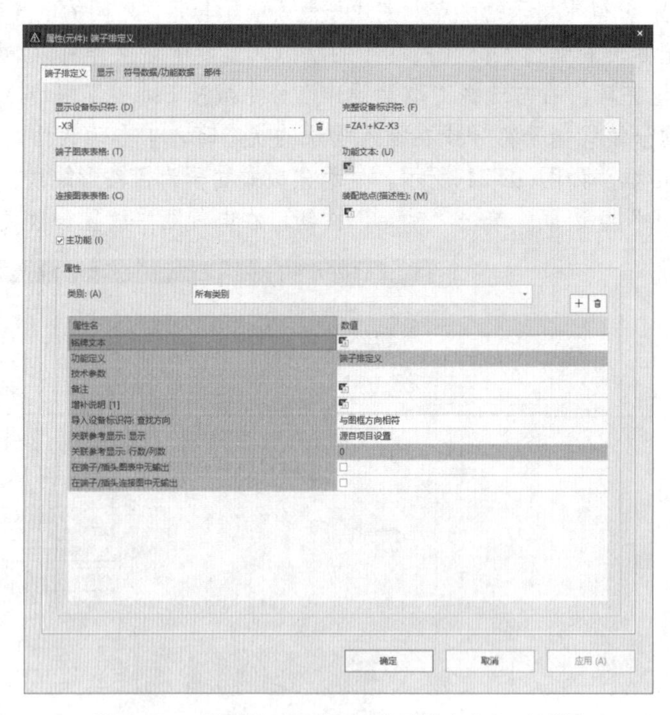

图 12-22 “属性（元件）：端子排定义”对话框

【选项说明】

下面介绍该对话框中的选项。

- 在“显示设备标识符”文本框中定义端子名称。
- 在“功能文本”文本框中输入文本内容，主要用于高度客户，显示端子的用途。
- 在“端子图表表格”下拉列表中为当前端子排制订专用的端子图表，该图表在自动生成时不适用报表设置中的模板。

12.2.4 “端子排”导航器

在“端子排”导航器里，每个端子排下会增加一个端子排定义，可以在这里选择主功能并添加部件。

【执行方式】

- 菜单栏：选择菜单栏中的“项目数据”→“端子排”→“导航器”命令。
- 功能区：单击“设备”选项卡的“端子”面板中的“导航器”按钮。

【操作步骤】

执行上述操作，打开“端子排”导航器，如图 12-23 所示，包括“树”标签与“列表”标签。在“树”标签中包含项目所有端子的信息，在“列表”标签中显示配置信息。

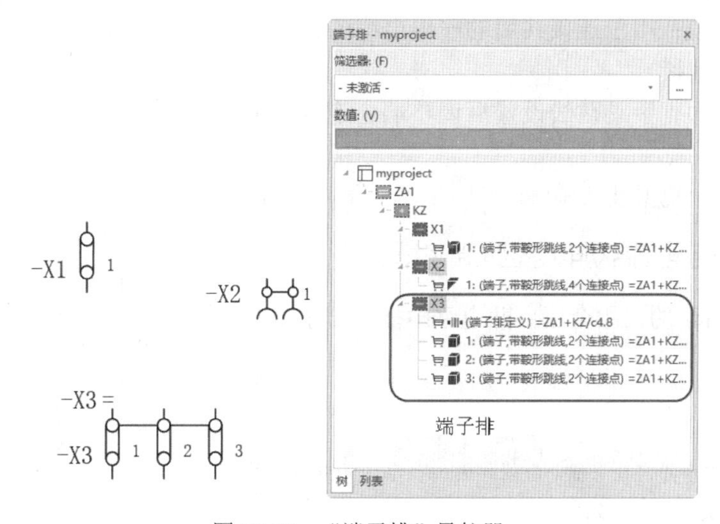

图 12-23 “端子排”导航器

在“端子排”导航器中直接拖动创建的端子排到电气图中即可创建端子排。

【拓展应用】

1．编辑端子排

在“端子排”导航器中新建的端子排上右击选择“编辑”命令，弹出“编辑端子排”对话框，提供各种编辑端子排的功能，如端子排的排序、编号、重命名、移动、添加端子排附件等，如图 12-24 所示。

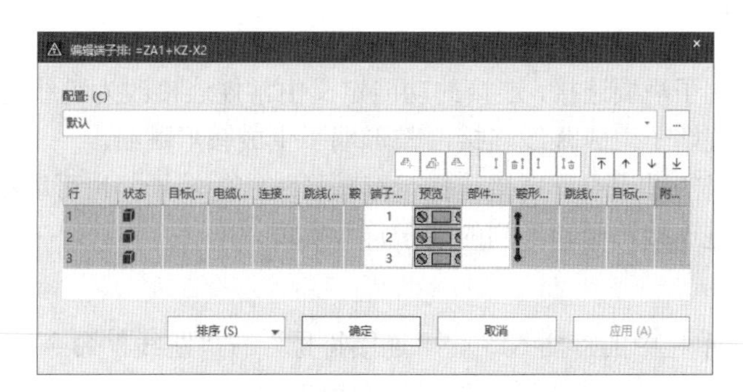

图 12-24 “编辑端子排”对话框

2．端子排序

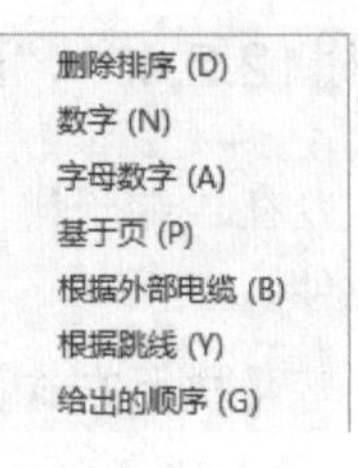

图 12-25　排序类别

端子排上的端子默认按字母数字进行排序，也可选择其他排序类别，在端子上右击，选择“端子排序”命令，弹出如图 12-25 所示的排序类别。

➢ 删除排序：删除端子的排序序号。
➢ 数字：对以数字开头的所有端子名称进行排序（按照数字大小升序排列），所有端子仍保持在原来的位置。
➢ 字母数字：端子按照其代号进行排序（数字升序→字母升序）。
➢ 基于页：基于图框逻辑进行排序，即按照电气图中的图形顺序排序。
➢ 根据外部电缆：用于连接共用的一根电缆的相邻的端子（外部连接）。
➢ 根据跳线：根据手动跳线设置后调整端子连接，生成鞍形跳线。
➢ 给出的顺序：根据默认顺序。

扫一扫，看视频

动手练——三相全压启动电路插入端子排

在如图 12-26 所示的三相全压启动电路中插入端子排定义 X1。

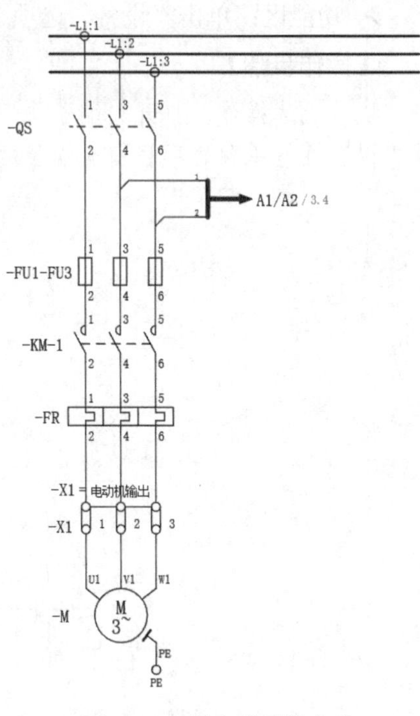

图 12-26　插入端子排定义

思路点拨：

利用“生成端子排定义”命令为创建的由多个端子组成的端子排添加功能定义。

12.3　端子的跳线连接

在 EPLAN 中，端子排上的端子通过“跨接线”相连，这些跨接线称为跳线。跳线是带有特殊属性的连接，也就是相邻端子间的短接片。

12.3.1　跳线连接

若端子排上相邻的端子需要连接，连接的功能定义由常规连接改为跳线连接，并根据端子类型，自动生成跳线，其中常规端子生成跳线连接，鞍形端子生成鞍形跳线。

在进行端子符号选择的过程中可直接选择带有鞍形跳线的端子，也可以根据端子属性设置选择“鞍形跳线”类型，通过连接符号和不同的端子符号实现。

【执行方式】

➢ 菜单栏：选择菜单栏中的“插入”→“连接符号”→“跳线”命令。
➢ 功能区：单击“插入”选项卡的“符号”面板中的“跳线”按钮。

动手学——三相全压启动电路端子跳线连接

扫一扫，看视频

【操作步骤】

（1）选择菜单栏中的“项目”→“打开”命令，弹出“打开项目”对话框，打开项目文件 Electrical_Project.elk，在“页”导航器中选择“=G01+A104/2 主电路”，双击打开电气图编辑器。

（2）双击鞍形跳线端子 X1，弹出“属性（元件）：端子”对话框。打开“符号数据/功能数据”选项卡，单击“编号/名称”文本框右侧的···按钮，弹出“符号选择”对话框，选择 X2，如图 12-27 所示。单击“确定”按钮，完成端子符号的修改，如图 12-28 所示。修改结果如图 12-29 所示。

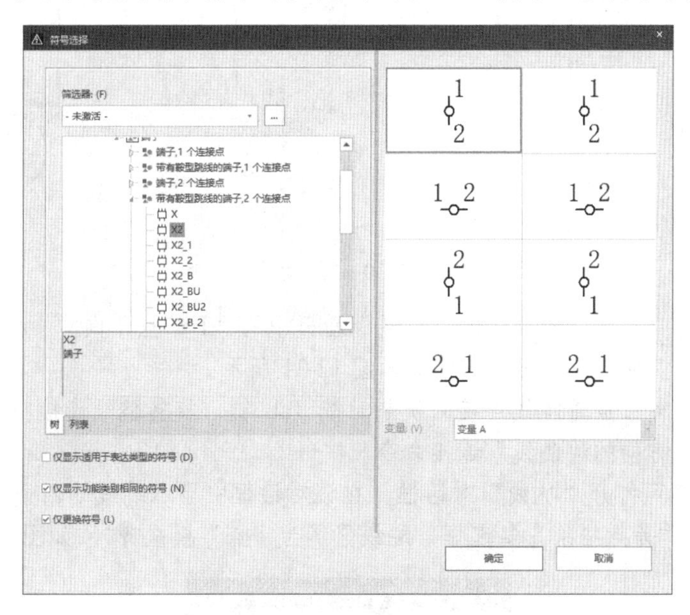

图 12-27　“符号选择”对话框

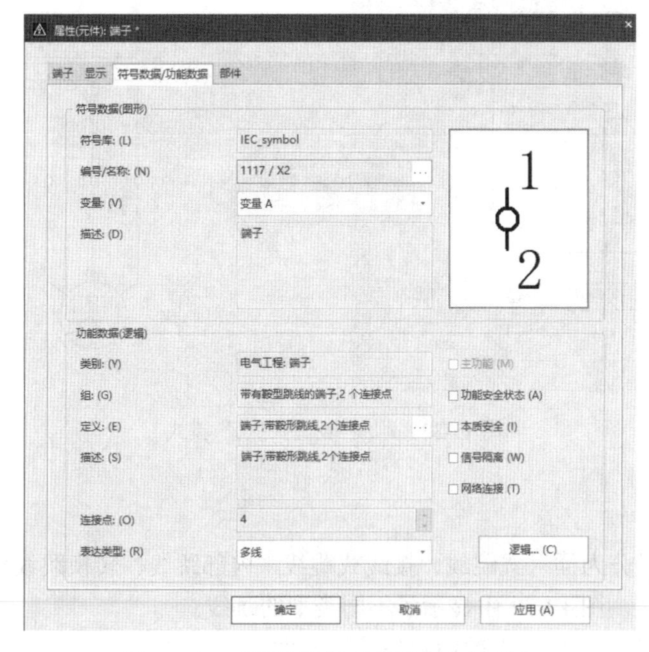

图 12-28　“符号数据/功能数据”选项卡

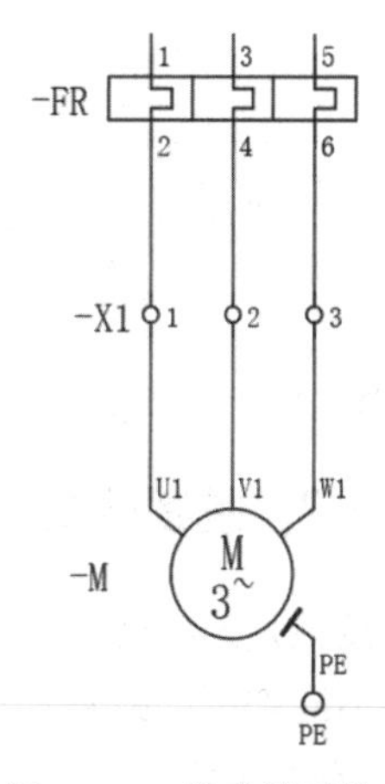

图 12-29　修改端子结果

（3）单击功能区“插入”选项卡的“符号”面板中的“跳线”按钮，此时鼠标光标变成交叉形状并附加一个跳线符号。

（4）将鼠标光标移动到想要插入跳线的端子的水平或垂直位置上，移动鼠标光标，确定端子的跳线插入位置，出现红色的连接线时表示电气连接成功，如图 12-30 所示。右击选择“取消操作”命令或按 Esc 键即可退出该操作。

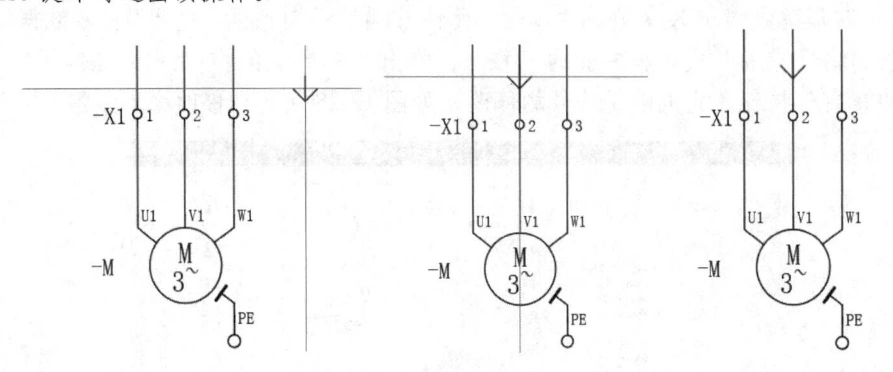

图 12-30　插入跳线

（5）单击功能区“插入”选项卡的“符号”面板中的“T 节点，向右”按钮、“T 节点，向左”按钮，连接左、右侧两个端子，结果如图 12-31 所示。

（6）在鼠标光标处于放置跳线连接的状态时按 Tab 键，旋转跳线连接符号，变换跳线连接模式。EPLAN 中有四个方向的“跳线”连接命令。

（7）双击跳线即可打开“跳线”对话框，在该对话框中显示跳线的四个方向及不同方向的目标连线顺序。勾选“作为点描绘”复选框，跳线显示为“点”模式，如图 12-32 所示。

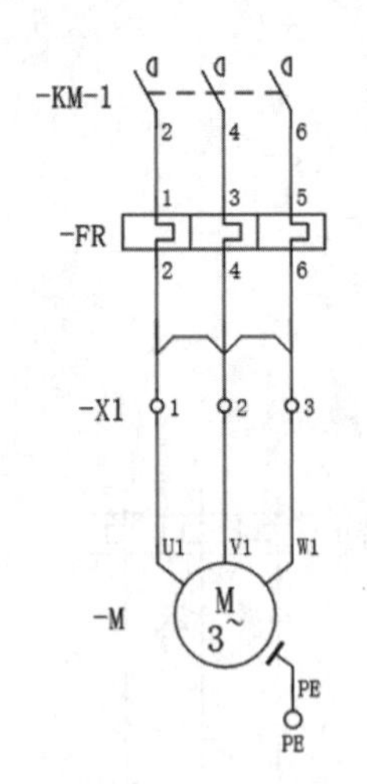

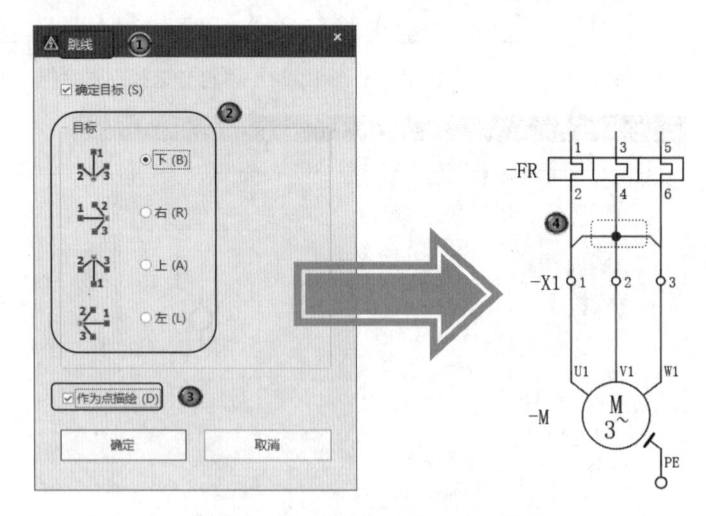

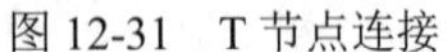
图 12-31　T 节点连接

图 12-32　跳线显示为“点”模式

12.3.2　跳线分类

跳线也是连接线的一种，通常可以分为插入式跳线、接线式跳线、内部跳线、转换跳线和鞍形跳线。不同类型的跳线通过连接点定义，图 12-33 中显示了不同类型的跳线。

➢ 插入式跳线：通常为已固定在端子连接点上的齿轮型连接元件。

- 接线式跳线：原则上通过相互之间距离较远的端子连接。
- 内部跳线：在端子内部使用。
- 转换跳线：将大截面的馈流端子桥接到小端子上。
- 鞍形跳线：为了在连接点上分配一个确定的电位，经常在直接相邻的端子上使用螺旋金属鞍形跳线，使用这种跳线将相邻的端子连接在一起。

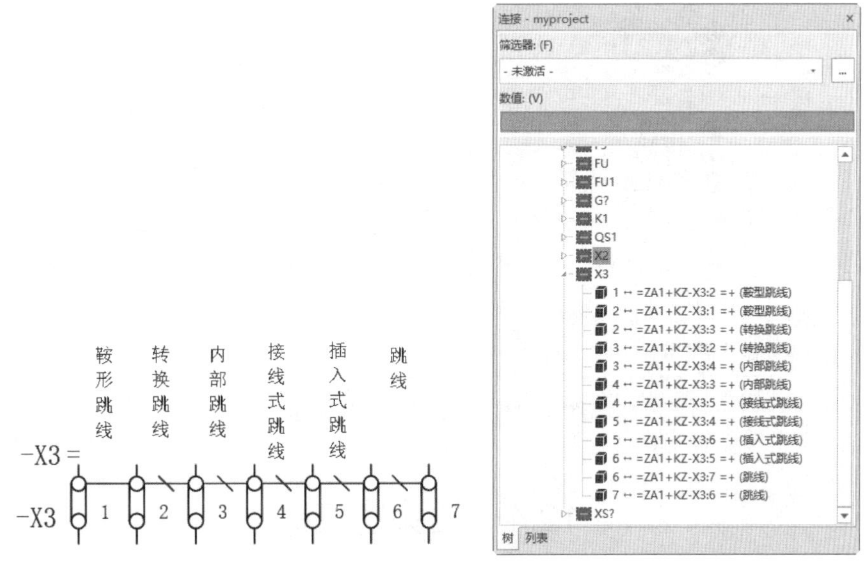

图 12-33　不同类型的跳线

打开“连接”导航器，选择端子排 X3 下的连接线，显示端子连接均为鞍形跳线，如图 12-34 所示。

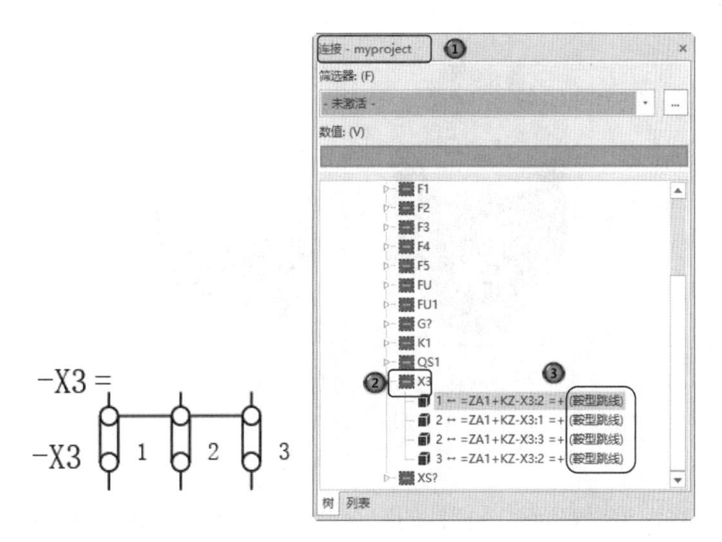

图 12-34　鞍形跳线

在鞍形跳线上右击，选择“属性”命令，弹出“属性（元件）：连接”对话框。单击“功能定义”文本框右侧的⋯按钮，打开“功能定义”对话框，如图 12-35 所示。显示所有连接线的连接定义，跳线连接定义包括内部跳线、接线式跳线、插入式跳线、跳线、转换跳线、鞍形跳线。

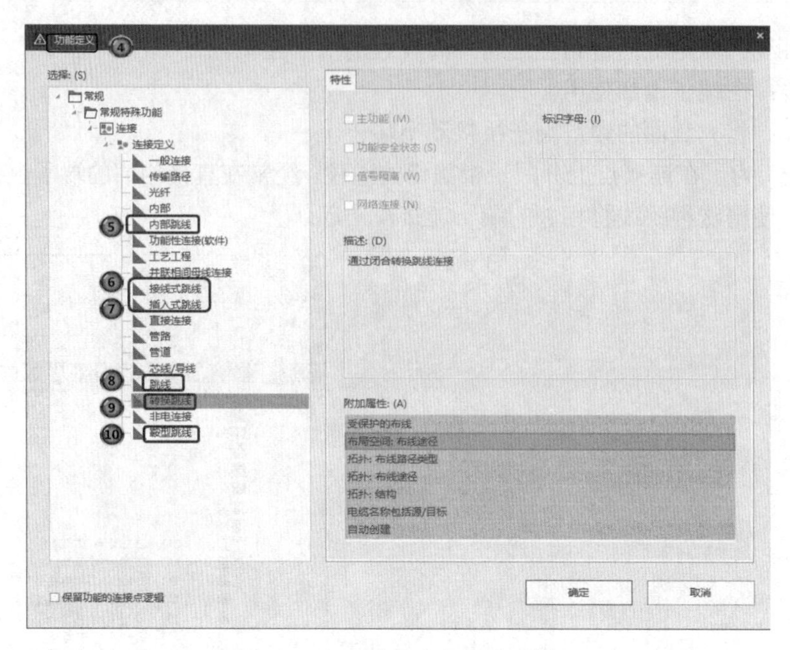

图 12-35 “功能定义”对话框

12.4 插头连接器

插头、耦合器和插座是可分解的连接，称为插头连接器，主要用于安装元件、设备和机器连接，如图 12-36 所示。

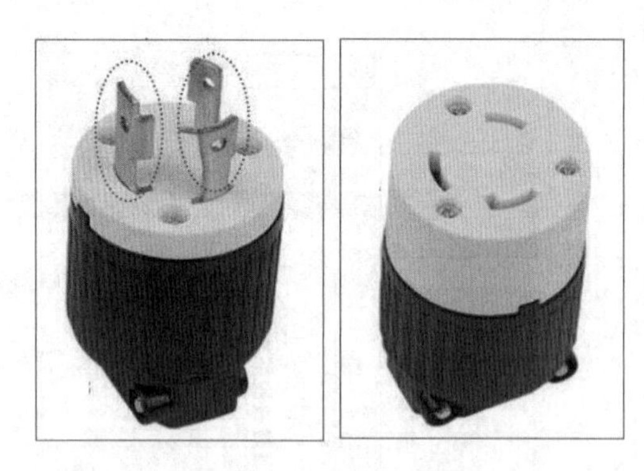

图 12-36 插头连接器

12.4.1 插头

在 EPLAN 中，将插头理解为多个插针的组合，插针分为公插针与母插针。插头包含多个用于安插到嵌入式插头的公插针。插头的配对物称为耦合器，通常配有母插针。公插针与母插针符号如图 12-37 所示。

【执行方式】

功能区：单击“插入”选项卡的“插头”面板中的“插针”按钮。

【操作步骤】

（1）执行上述操作，图纸中鼠标光标上显示浮动的插头符号，如图12-38所示。选择需要放置的位置，单击，在电气图中放置插头。

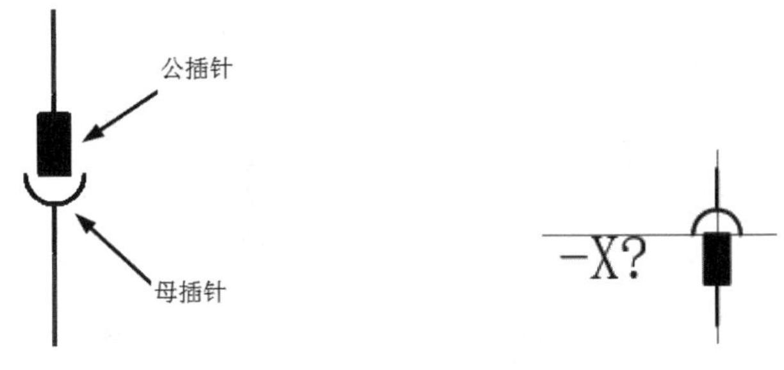

图12-37　插针分类　　　　图12-38　显示插头符号

（2）此时鼠标光标仍处于放置插头的状态，重复上述操作可以继续放置其他的插头。插头放置完毕，右击选择“取消操作”命令或按Esc键即可退出该操作。

【选项说明】

单击放置插头时，会自动弹出“属性（元件）：插针”对话框，如图12-39所示。插头自动根据原理图中放置的元件编号进行更改。

打开“符号数据/功能数据”选项卡，显示插头的图形符号和功能定义，如图12-40所示。

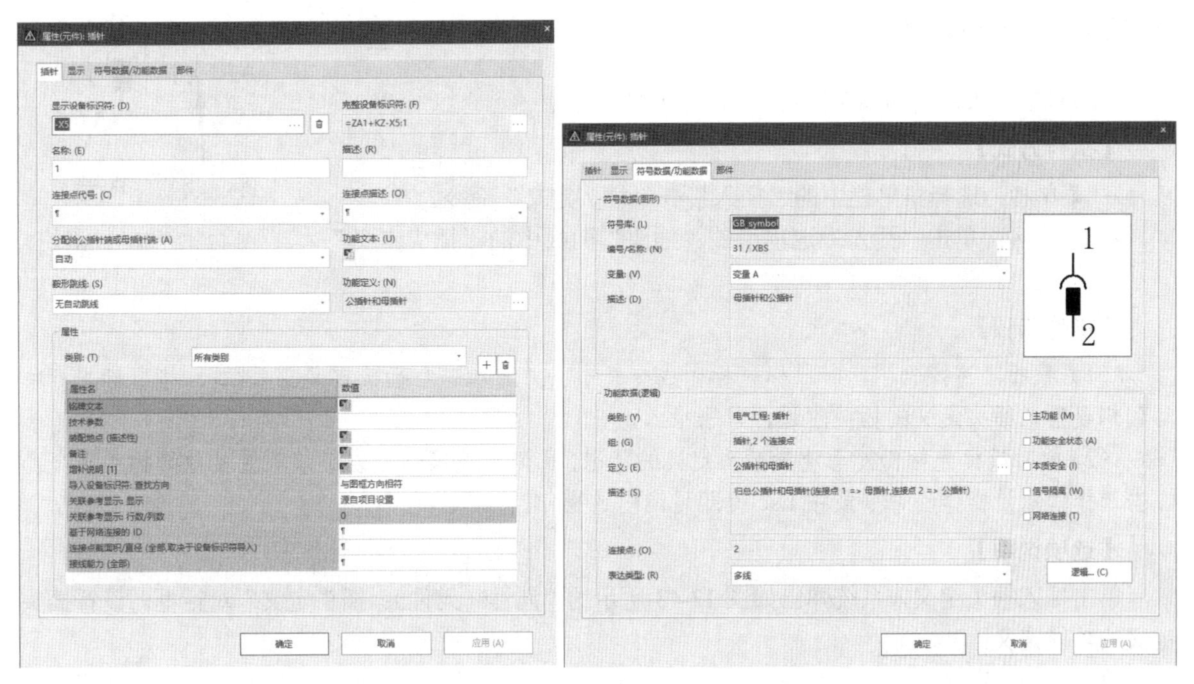

图12-39　“属性（元件）：插针”对话框　　　　图12-40　“符号数据/功能数据”选项卡

单击“编号/名称”文本框右侧的…按钮，打开“符号选择”对话框，在右侧显示所有的插头符号，如图12-41所示。

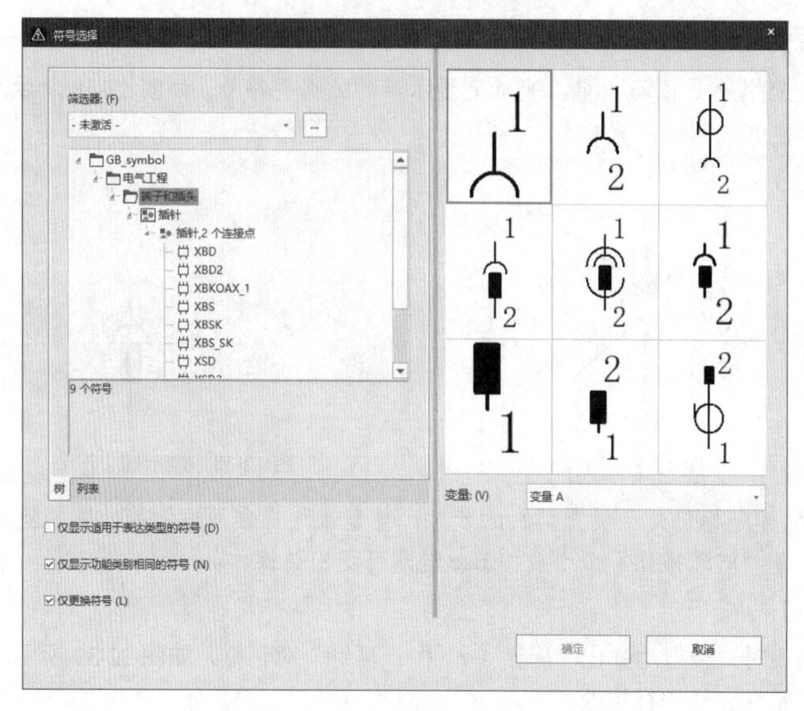

图 12-41 “符号选择”对话框

12.4.2 插头定义

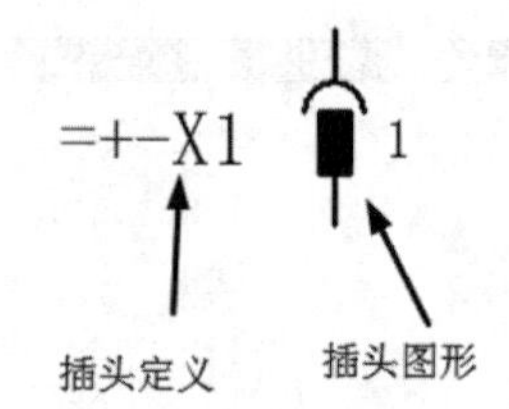

图 12-42 插头元件

插头包括插头定义和插头图形，如图 12-42 所示。

【执行方式】

- 菜单栏：选择菜单栏中的“插入”→“插头定义”命令。
- 功能区：单击“插入”选项卡的“插头”面板中的“插头定义”按钮。

【操作步骤】

（1）执行上述操作，此时鼠标光标变成交叉形状并附加一个插头定义符号〓，将鼠标光标移动到想要插入插头定义的插头附近，单击插入。

（2）此时鼠标光标仍处于放置插头定义的状态，重复上述操作可以继续放置其他的插头定义，右击选择“取消操作”命令或按 Esc 键即可退出该操作。

【选项说明】

单击插入插头定义，系统弹出如图 12-43 所示的“属性（元件）：插头定义”对话框，设置插头定义的功能定义。

单击“功能定义”文本框右侧的…按钮，打开“功能定义”对话框，选择创建插头定义或插头图形，也可创建包含连接点的插针，如图 12-44 所示。

图 12-43 “属性（元件）：插头定义”对话框

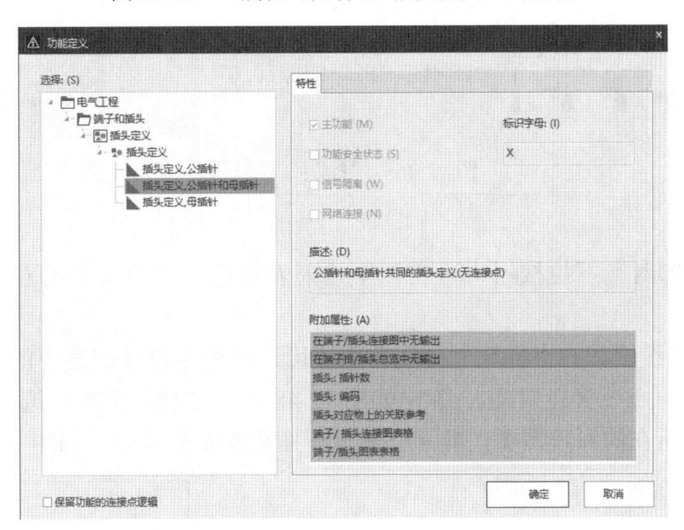

图 12-44 “功能定义”对话框

扫一扫，看视频

动手练——绘制插头设备

绘制如图 12-45 所示的插头设备。

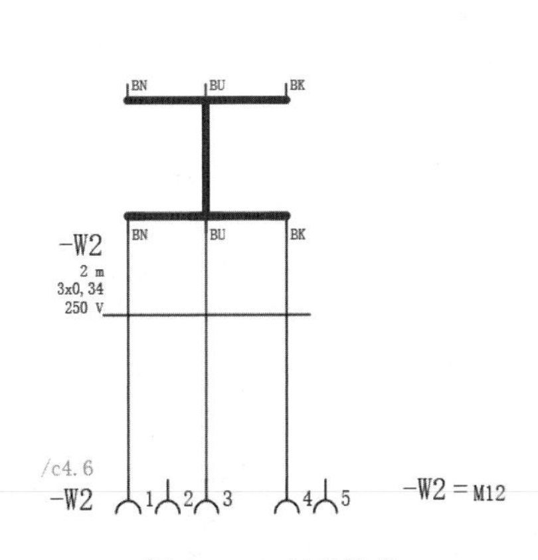

图 12-45 插头设备

思路点拨：

(1) 使用“插针”命令绘制插头。

(2) 使用“插头定义”命令定义多个插头。

(3) 使用“线束分线器”命令绘制线束连接点。

(4) 使用“电缆”命令绘制电缆。

12.4.3 “插头”导航器

【执行方式】

➢ 菜单栏：选择菜单栏中的“项目数据”→“插头”→“导航器”命令。

➢ 功能区：单击“设备”选项卡的“插头”面板中的“导航器”按钮。

【操作步骤】

执行上述操作，打开“插头”导航器，如图 12-46 所示。在“插头”导航器中包含项目所有的插头信息，提供修改插头的功能，包括修改插头名称、改变显示格式、编辑插头属性等。

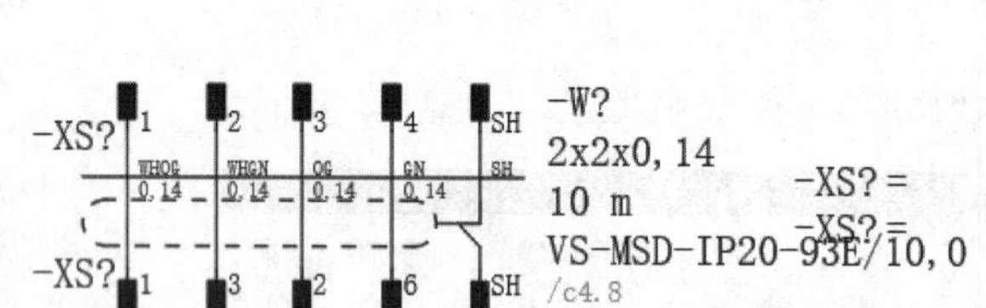

图 12-46 “插头”导航器

【选项说明】

（1）单击“筛选器”下拉按钮，可在该下拉列表中选择想要查看的对象类别，如图 12-47 所示。

（2）定位对象的设置。在“插头”导航器中还可以快速定位导航器中的元件在原理图中的位置。选择项目文件下的插头 X1，右击，弹出如图 12-48 所示的快捷菜单，选择“转到（图形）”命令，自动打开该插头所在的原理图页，并高亮显示该插头的图形符号，如图 12-49 所示。

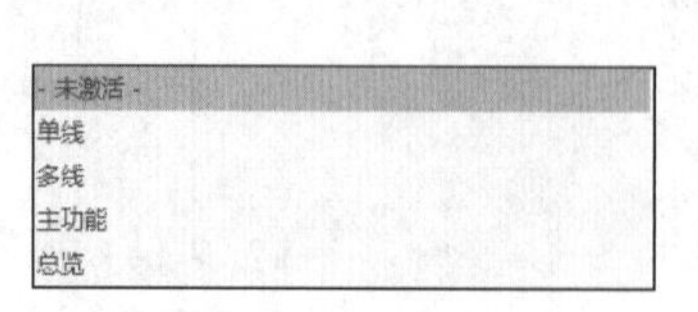

图 12-47 对象的类别显示

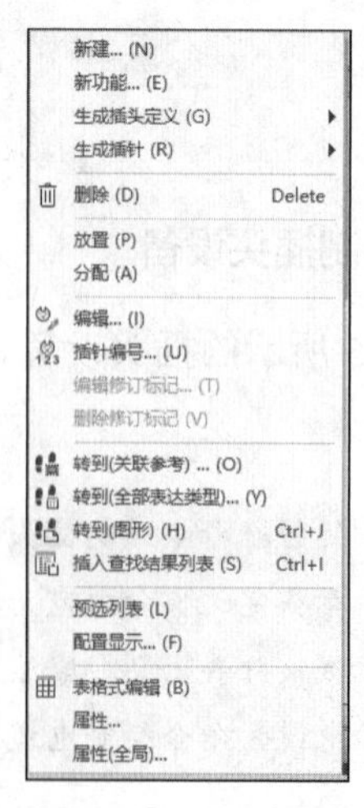

图 12-48 快捷菜单

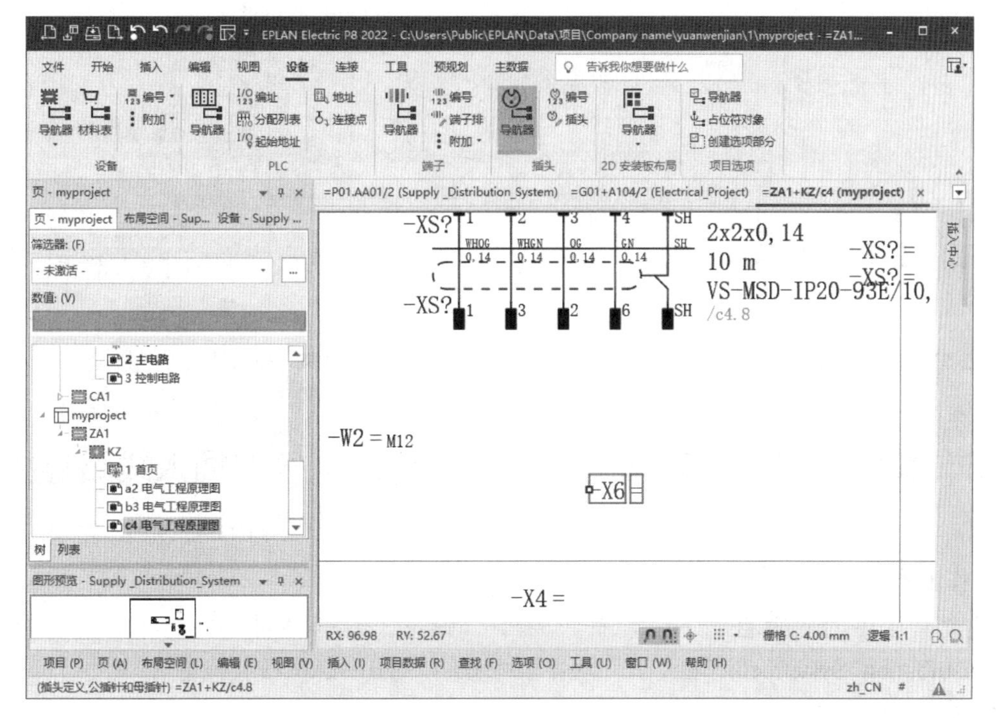

图 12-49　快速定位插头

动手学——使用导航器插入插头

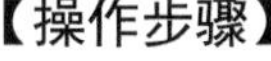

【操作步骤】

（1）单击“插入”选项卡的“插头”面板中的“插针”按钮，图纸中鼠标光标上显示浮动的插头符号。选择需要放置的位置，在电气图中放置插头 X1，如图 12-50 所示。右击选择“取消操作”命令或按 Esc 键即可退出该操作。

（2）单击“插入”选项卡的“插头”面板中的“插头定义”按钮，此时鼠标光标变成交叉形状并附加一个插头定义符号。将鼠标光标移动到想要插入插头定义的插头附近，单击插入，如图 12-51 所示。

（3）单击“设备”选项卡的“插头”面板中的“导航器”按钮，打开“插头”导航器，如图 12-52 所示。将 1（公插针和母插针）拖动到图纸中，此时鼠标光标变成交叉形状并附加一个插头图形符号，如图 12-53 所示。移动鼠标光标，单击确定插头定义的位置。此时“插头”导航器中会自动添加放置的插头，如图 12-54 所示。

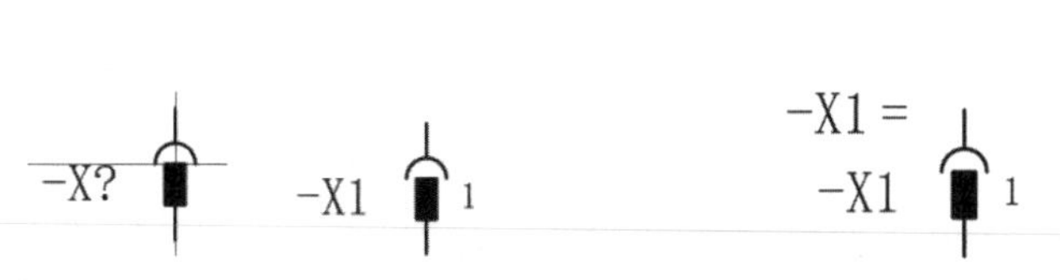

图 12-50　放置插头　　图 12-51　插入插头定义

图 12-52　选择对象

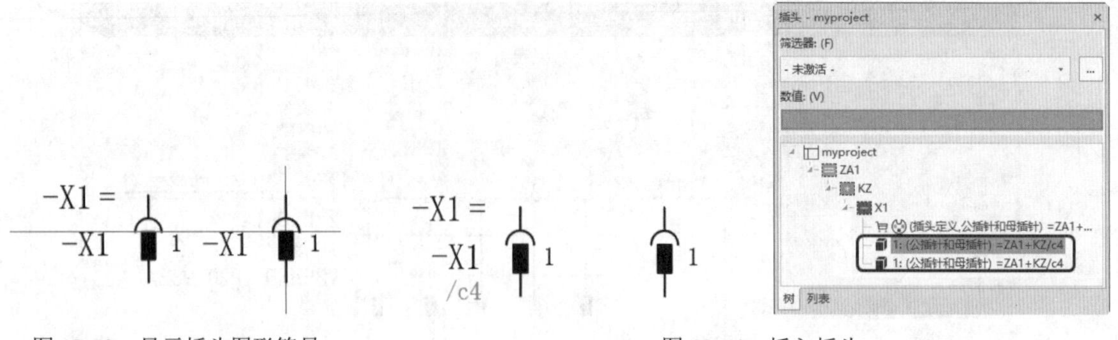

图 12-53　显示插头图形符号　　　　图 12-54　插入插头

扫一扫，看视频

12.5　操作实例——某车间的供配电线路电气图插入线路连接器

【操作步骤】

选择菜单栏中的“项目”→“打开”命令，弹出“打开项目”对话框，打开项目文件 Supply_Distribution_System.elk，在“页”导航器中选择“=P01.AA01/2 接线图”，双击打开电气图编辑器，如图 12-55 所示。

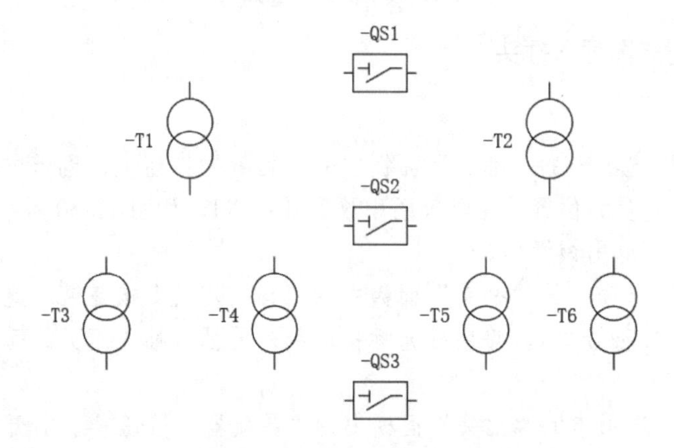

图 12-55　供配电线路电气图

1. 插入连接分线器

（1）选择菜单栏中的“插入”→“连接分线器/线束分线器”→“连接分线器”命令，此时鼠标光标变成交叉形状并附加一个连接分线器符号，如图 12-56 所示。

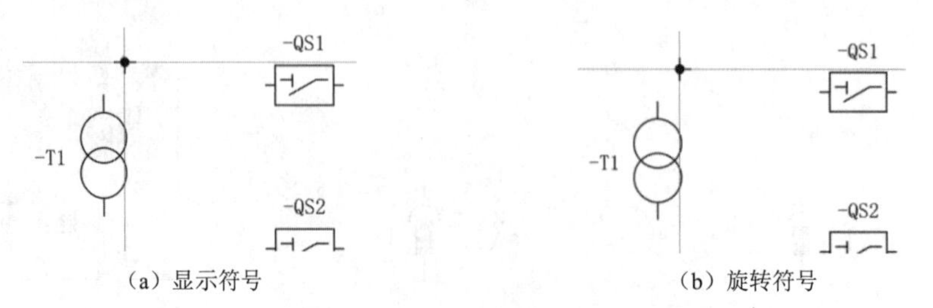

（a）显示符号　　　　（b）旋转符号

图 12-56　插入连接分线器

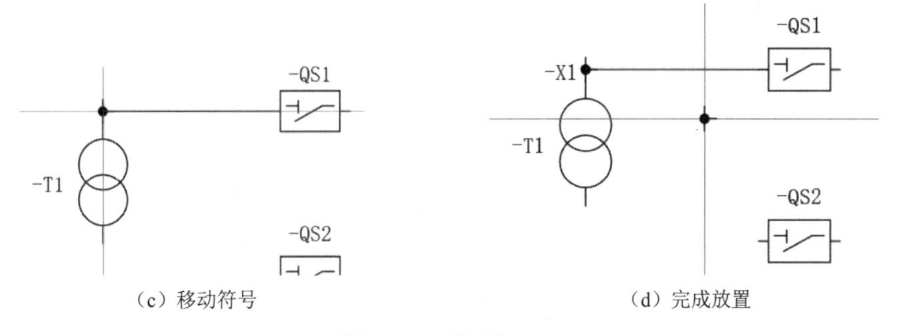

（c）移动符号　　（d）完成放置

图 12-56（续图）

（2）在鼠标光标处于放置连接分线器的状态时按 Tab 键，旋转连接分线器连接符号，变换连接分线器连接模式。

（3）将鼠标光标移动到想要插入连接分线器的元件的水平或垂直位置上，出现红色的连接符号时表示电气连接成功。移动鼠标光标，在插入点单击放置连接分线器。

（4）弹出如图 12-57 所示的“属性（元件）：常规设备”对话框，在“显示设备标识符”文本框中输入连接分线器的编号为-X1，单击“确定”按钮，关闭对话框。

图 12-57　“属性（元件）：常规设备”对话框

（5）在电气图中单击确定插入连接分线器 X1。此时鼠标光标仍处于插入连接分线器的状态。重复上述操作可以继续插入其他的连接分线器，如图 12-58 所示。连接分线器插入完毕，右击选择“取消操作”命令或按 Esc 键即可退出该操作。

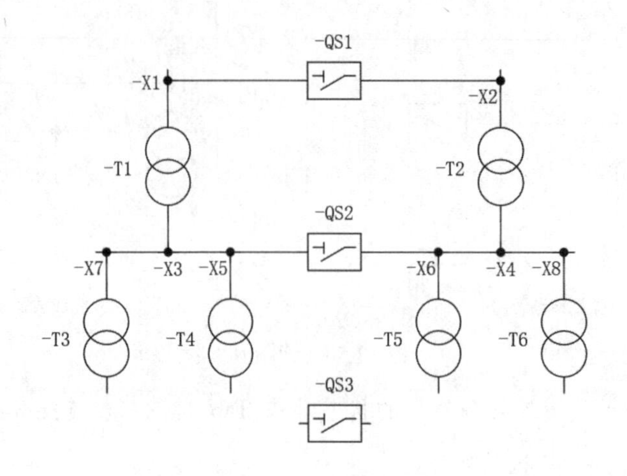

图 12-58　插入连接分线器

2．插入十字接头连接分线器

（1）选择菜单栏中的“插入”→“连接分线器/线束分线器”→“连接分线器（十字接头）”命令，此时鼠标光标变成交叉形状并附加一个十字接头连接分线器符号，如图 12-59 所示。

（2）将鼠标光标移动到想要插入十字接头连接分线器的元件的水平或垂直位置上，出现红色的连接符号时表示电气连接成功。移动鼠标光标，在插入点单击放置十字接头连接分线器。

（3）在电气图中单击确定插入十字接头连接分线器 X9。此时鼠标光标仍处于插入十字接头连接分线器的状态。重复上述操作可以继续插入其他的十字接头连接分线器，如图 12-60 所示。十字接头连接分线器插入完毕，右击选择“取消操作”命令或按 Esc 键即可退出该操作。

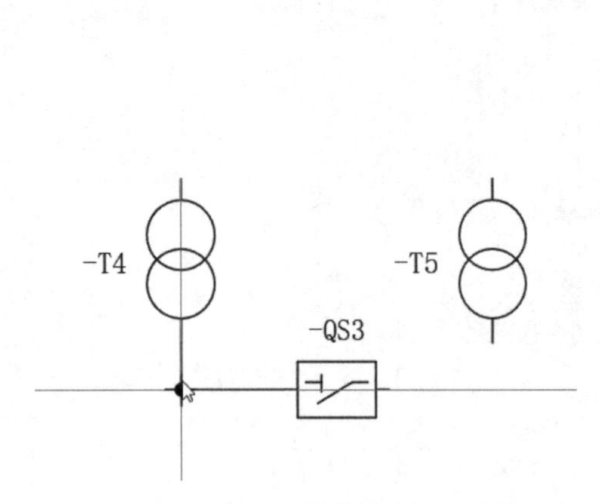

图 12-59　插入十字接头连接分线器

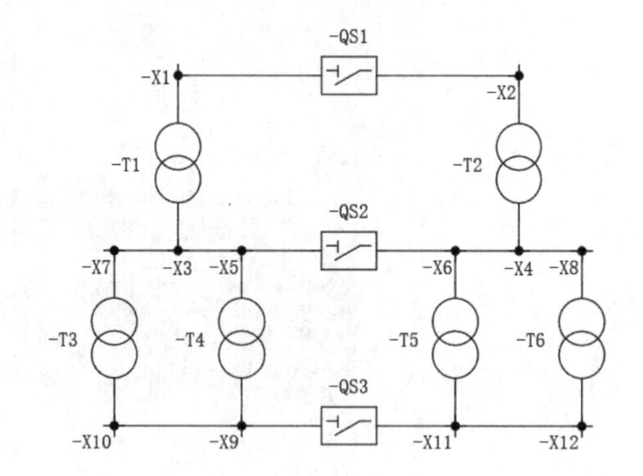

图 12-60　插入其他的十字接头连接分线器

3．插入角线束连接器

（1）选择菜单栏中的“插入”→“线束连接点”→“角”命令，此时鼠标光标变成交叉形状并附加一个角线束连接器符号，如图 12-61（a）所示。

（2）在鼠标光标处于放置角线束连接器的状态时按 Tab 键，旋转角线束连接器符号。将鼠标光标移动到想要插入角线束连接器的元件的水平或垂直位置上，出现红色的连接符号时表示电气连接成功。移动鼠标光标，在插入点单击放置角线束连接器，如图 12-61（b）所示。

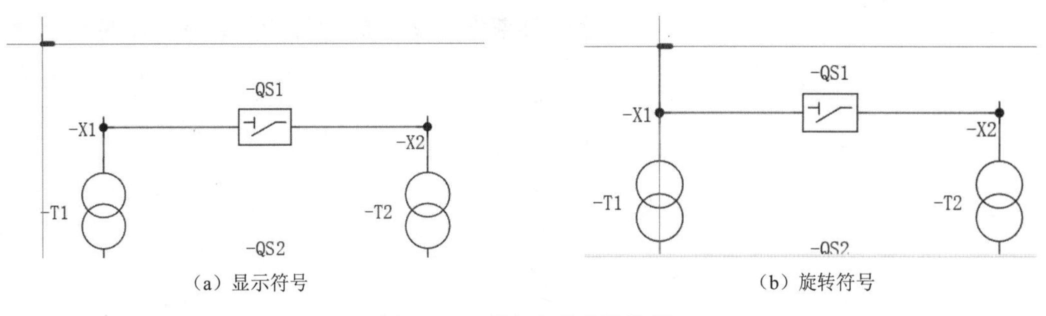

（a）显示符号　　（b）旋转符号

图 12-61　插入角线束连接器

（3）弹出线束连接点属性设置对话框，在“线束连接点代号”文本框中输入线束的编号为空，单击“确定”按钮，关闭对话框。

（4）在电气图中单击确定插入角线束连接器。此时鼠标光标仍处于插入角线束连接器的状态，重复上述操作可以继续插入其他的角线束连接器，如图 12-62 所示。角线束连接器插入完毕，右击选择“取消操作”命令或按 Esc 键，即可退出该操作。

4．插入 T 节点分配器

（1）选择菜单栏中的“插入”→“线束连接点”→“T 节点分配器”命令，此时鼠标光标变成十字形状，光标上显示浮动的 T 节点分配器符号┳。

（2）将鼠标光标移动到想要放置 T 节点分配器的元件的水平或垂直位置上，在鼠标光标处于放置 T 节点分配器的状态时按 Tab 键，旋转 T 节点分配器符号，变换 T 节点分配器模式。

（3）移动鼠标光标，出现红色的符号时表示电气连接成功，如图 12-63 所示。单击插入 T 节点分配器后，此时鼠标光标仍处于插入 T 节点分配器的状态。重复上述操作可以继续插入其他的 T 节点分配器，如图 12-64 所示。

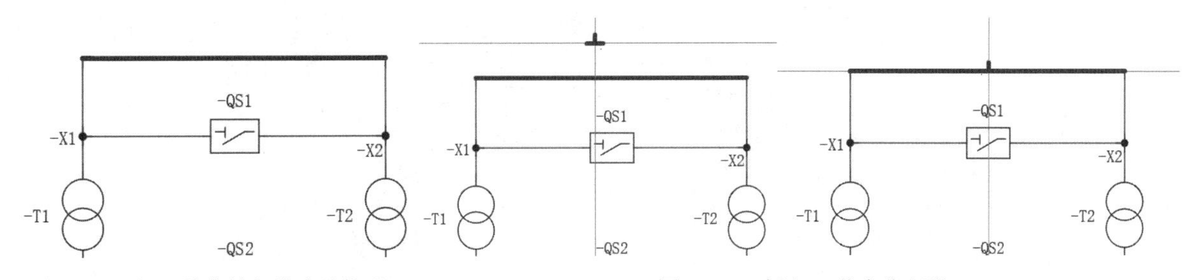

图 12-62　插入其他的角线束连接器　　图 12-63　插入 T 节点分配器

5．插入端子排

（1）选择菜单栏中的“插入”→“分散式端子”命令，将鼠标光标移动到 X10 垂直下方，出现红色的连接符号。移动鼠标光标，单击确定端子的终点。

（2）自动弹出“属性（元件）：端子”对话框，在“显示设备标识符”文本框中输入-X13，如图 12-65 所示。

（3）打开“符号数据/功能数据”选项卡，单击“编号/名称”文本框右侧的···按钮，打开“符号选择”对话框。在右侧显示所有的端子符号，选择有 4 个连接点和 2 个鞍形跳线连接点的端子 X4_B_1，如图 12-66 所示。

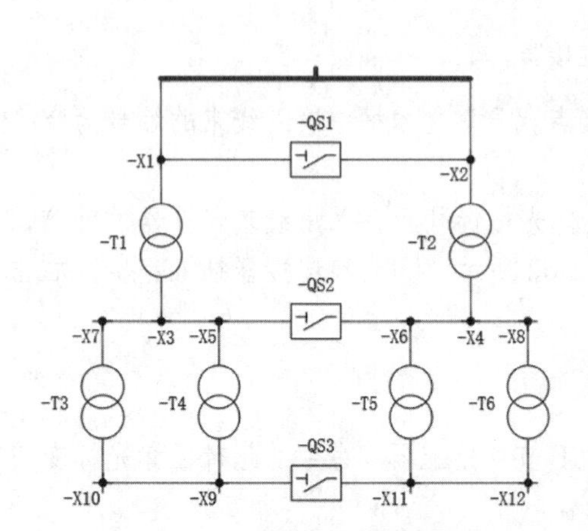

图 12-64 插入其他的T节点分配器

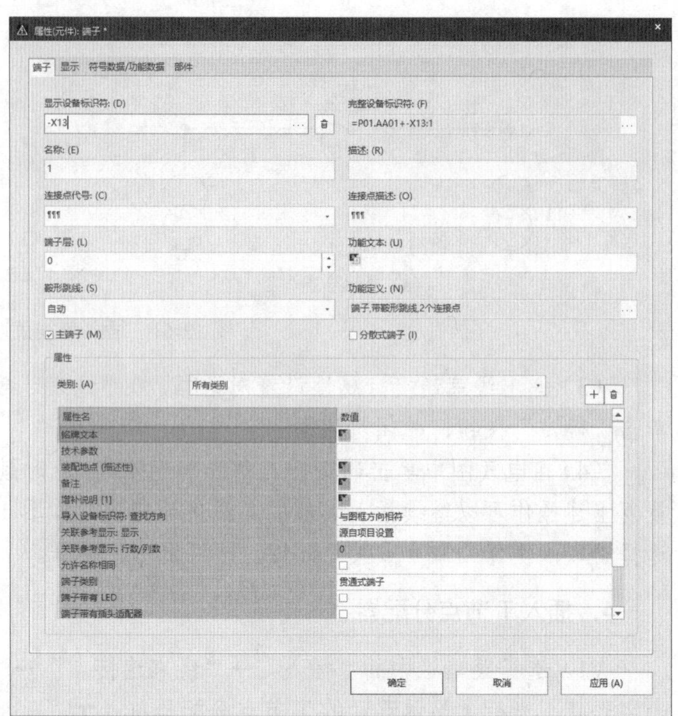

图 12-65 “属性（元件）：端子”对话框

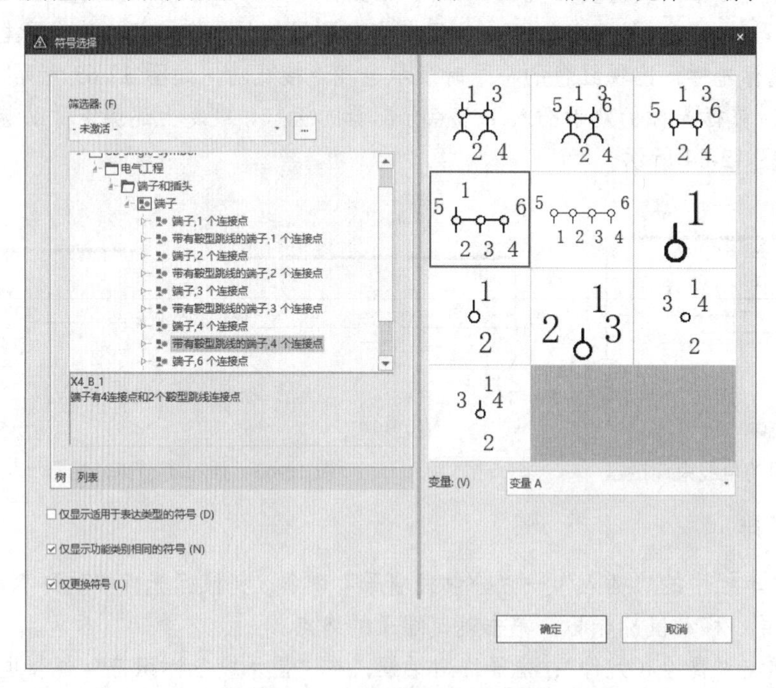

图 12-66 “符号选择”对话框

（4）单击“确定”按钮，关闭对话框，返回“符号数据/功能数据”选项卡，如图 12-67 所示。单击“确定”按钮，关闭对话框。

（5）此时鼠标光标仍处于插入端子的状态，重复上述操作可以继续插入其他的端子。右击选择“取消操作”命令或按 Esc 键即可退出该操作，结果如图 12-68 所示。

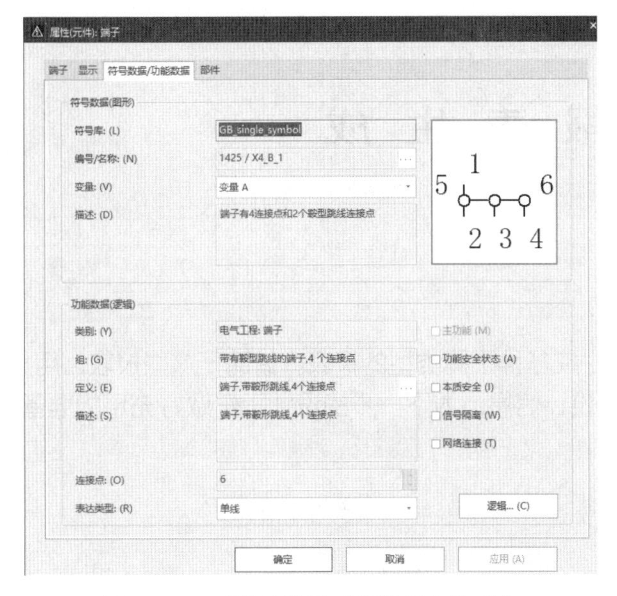

图 12-67 “符号数据/功能数据”选项卡

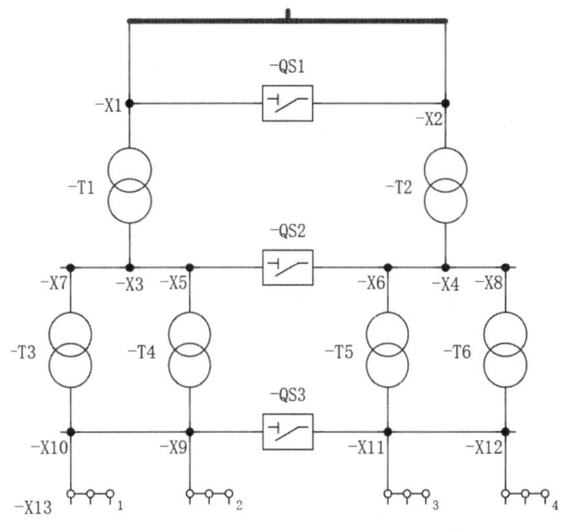

图 12-68 插入端子结果

（6）单击“插入”选项卡的“端子”面板中的“分散式端子”按钮，此时鼠标光标变成交叉形状并附加一个端子排符号〓，将鼠标光标移动到想要插入端子排的端子上，单击插入，系统弹出如图 12-69 所示的“属性（元件）：端子排定义”对话框，输入设备标识符为-X13，在“功能文本”文本框中输入“连接输出设备”。

（7）单击“确定”按钮，关闭对话框，完成端子排定义的插入。此时鼠标光标仍处于插入端子排定义的状态，右击选择“取消操作”命令或按 Esc 键即可退出该操作。端子排定义的插入结果如图 12-70 所示。

图 12-69 “属性（元件）：端子排定义”对话框

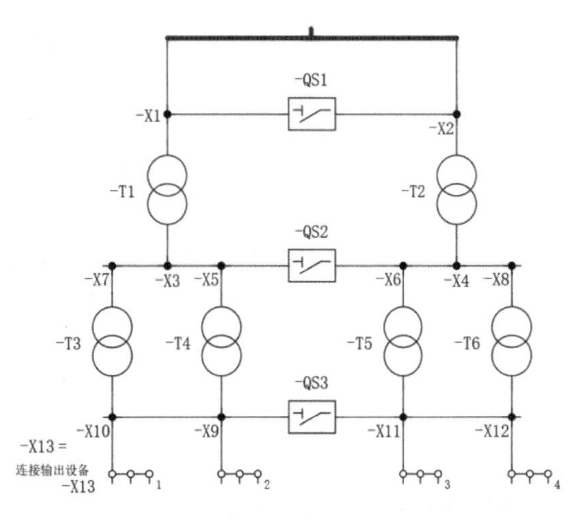

图 12-70 端子排定义的插入结果

第 13 章　报 表 生 成

内容简介

EPLAN 具有丰富的报表功能，可以方便地生成各种不同类型的报表。借助于这些报表，用户能够从不同的角度，更好地掌握整个项目的有关设计信息，为下一步的设计工作做好充足的准备。

内容要点

- 报表设置
- 报表生成
- 报表操作

案例效果

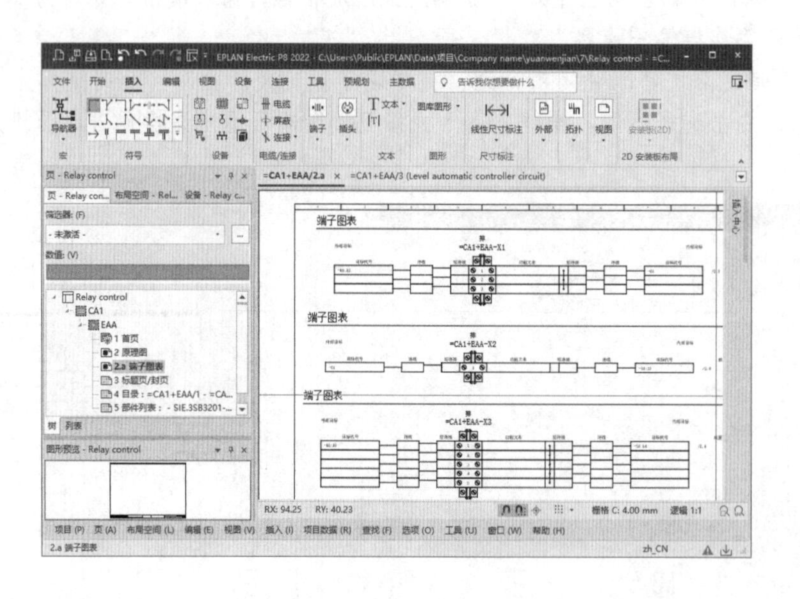

13.1 报 表 设 置

EPLAN 在创建报表时，几张报表有可能单独成页，为了方便也有可能在同一页。具体如何设置，需要在“设置”对话框中进行定义。

【执行方式】

菜单栏：选择菜单栏中的“选项”→“设置”命令。

【操作步骤】

执行上述命令，系统弹出“设置”对话框，选择“项目”→打开的项目→“报表”选项，包括“显示/输出”“输出为页”“部件”三个选项卡，如图 13-1 所示。

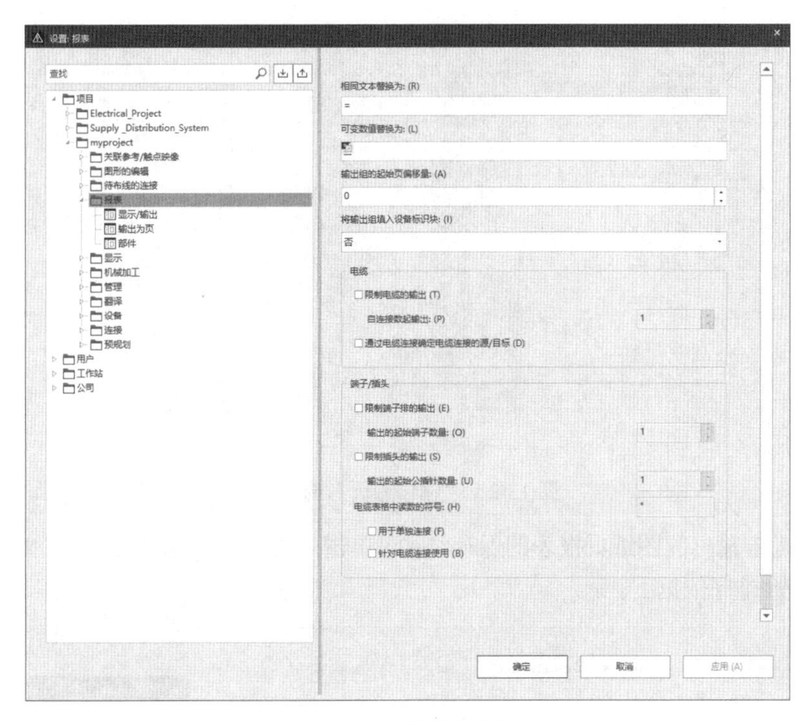

图 13-1 “设置”对话框

13.1.1 显示/输出

打开“显示/输出”选项卡，设置报表的显示与输出格式。在该选项卡中可以进行报表的有关选项设置。

- 相同文本替换为：对于相同文本，为避免重复显示，使用“=”替代。
- 可变数值替换为：用于对项目中占位符对象的控制，在部件汇总表中替代当前的占位符文本。
- 输出组的起始页偏移量：作为添加的报表变量。
- 将输出组填入设备标识块：与属性设置对话框中的“输出组”组合使用，作为添加的报表变量。
- 电缆/端子/插头：处理最小数量记录数据时允许制定项目数据输出。
- 电缆表格中读数的符号：在端子图表中，使用制定的符号替代芯线颜色。

13.1.2 输出为页

打开“输出为页”选项卡，预定设置表格，如图 13-2 所示。在该选项卡中可以进行报表的有关选项设置。

- 报表类型：默认系统下提供所有报表类型，根据项目要求，选择需要生成的项目类型。
- 表格：确定表格模板，单击按钮▾，选择“浏览”命令，弹出如图 13-3 所示的“选择表格”对话框，用于选择表格模板。激活“预览”复选框，预览表格，单击“打开”按钮，导入选中的表格。

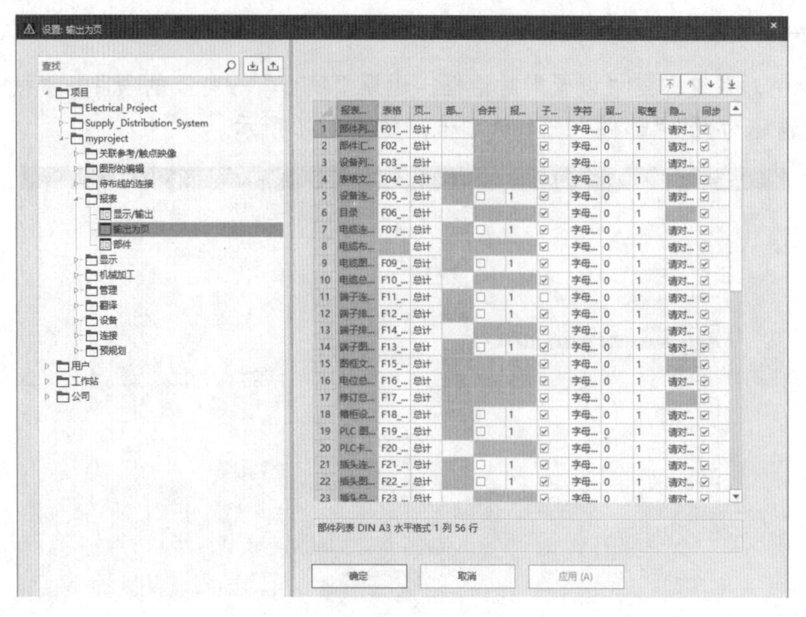

图 13-2　“输出为页”选项卡

➢ 页分类：确定输出的图纸页报表的保存结构。单击···按钮，弹出“页分类”对话框，如图 13-4 所示，设置排序依据。

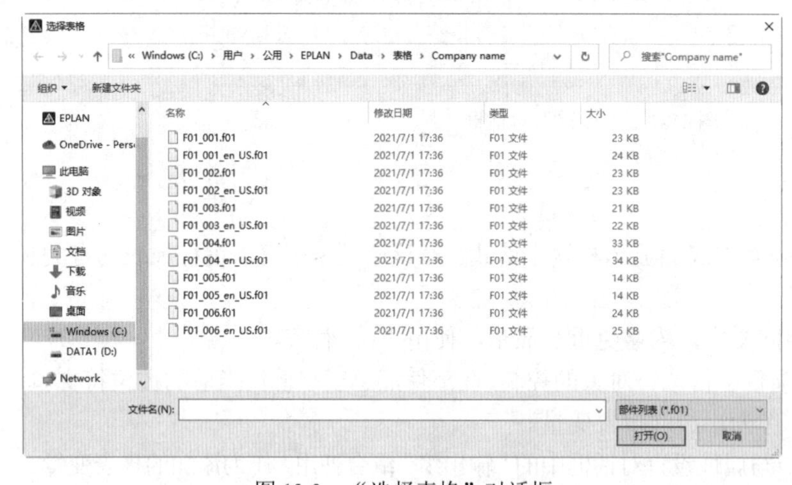

图 13-3　“选择表格”对话框

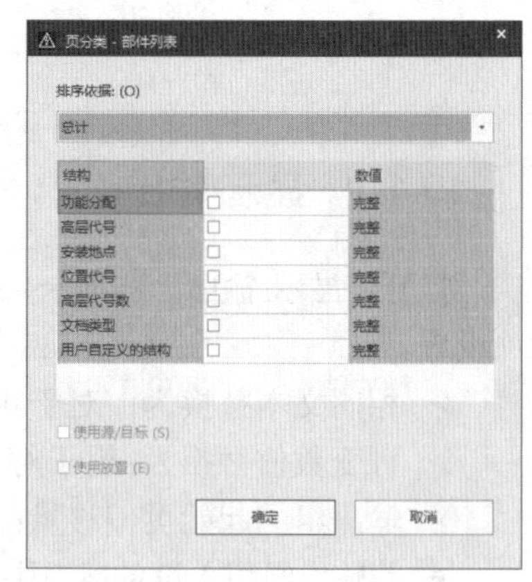

图 13-4　“页分类”对话框

➢ 部分输出：根据“页分类”设置，为每一个高层代号生成一个同类的部分报表。

➢ 合并：将分散在不同页上的表格合并在一起连续生成。

➢ 报表行的最小数量：指定了到达换页前生成数据集的最小行数。

➢ 子页面：输出报表时，报表页名用子页名命名。

➢ 字符：定义子页的命名格式。

13.1.3　部件

打开“部件”选项卡，如图 13-5 所示，用于定义在输出项目数据生成报表时部件的处理操作。在该选项卡中可以进行报表的有关选项设置。

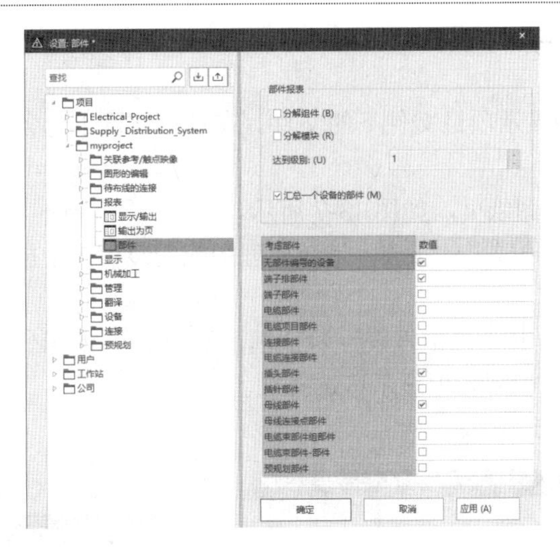

图 13-5　“部件”选项卡

➢ 分解组件：勾选该复选框，生成报表时，系统分解组件。
➢ 分解模块：勾选该复选框，生成报表时，系统分解模块。
➢ 达到级别：可以定义生成报表时，系统分解组件和模块的级别，默认级别为 1。
➢ 汇总一个设备的部件：设置用于合并多个元件为设备编号以继续显示。

13.2　报 表 生 成

【执行方式】

➢ 菜单栏：选择菜单栏中的“工具”→“报表”→“生成”命令。
➢ 功能区：单击“工具”选项卡的“报表”面板中的“生成”按钮。

【操作步骤】

执行上述命令，弹出“报表”对话框，如图 13-6 所示。在该对话框中包括“报表”和“模板”两个选项卡，分别用于生成没有模板与有模板的报表。

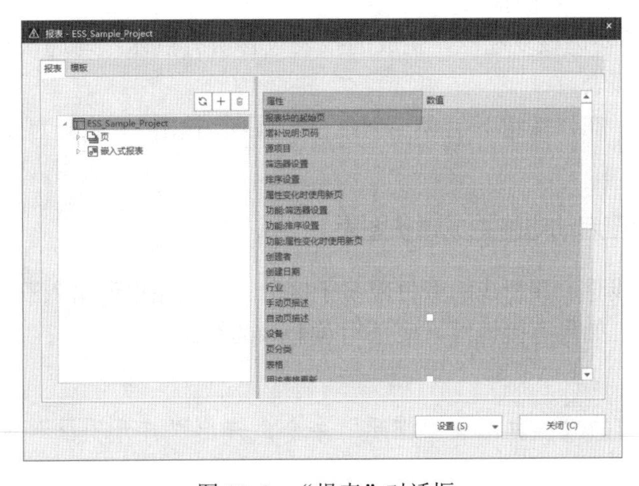

图 13-6　“报表”对话框

13.2.1 自动生成报表

打开“报表”选项卡，显示项目文件下的文件。在项目文件下包含“页”与“嵌入式报表”两个选项。

- 页：显示该项目下的图纸页，如图 13-7 所示。
- 嵌入式报表：不是单独成页的报表，是在原理图或安装板图中放置的报表，只统计本图纸中的部件。

单击“新建”按钮+，打开“确定报表”对话框，如图 13-8 所示。

（1）在“输出形式”下拉列表中显示可选择项。

- 页：表示报表一页页地显示。

图 13-7 “页”选项

图 13-8 “确定报表”对话框

- 手动选择：嵌入式报表。

（2）源项目：选择需要的项目。

（3）选择报表类型：选择生成报表的类型，安装板的报表是柜箱设备清单。

（4）当前页：生成当前页的报表。

（5）手动选择：不勾选该复选框，生成的报表包含所有柜体；勾选该复选框，当包括多个机柜时，生成选中机柜的报表。

单击“设置”按钮，在该按钮下包含三个命令：“显示/输出”“输出为页”和“部件”，用于设置报表格式。

扫一扫，看视频

动手学——三相全压启动电路生成端子图表

当配线采用多相导线时，其相线的颜色应易于区分。当三相电源引入三相电度表箱内时，相线宜采用黄、绿、红三色；如果有接地线，应采用黄兼绿的线。

【操作步骤】

（1）选择菜单栏中的“项目”→“打开”命令，弹出“打开项目”对话框，打开项目文件 Electrical_Project.elk。

（2）单击功能区“工具”选项卡的“报表”面板中的“生成”按钮，弹出“报表”对话框，如图 13-9 所示，选择“嵌入式报表”。

（3）单击“新建”按钮+，打开“确定报表”对话框，选择“端子连接图”，勾选“手动选择”复选框，如图 13-10 所示。

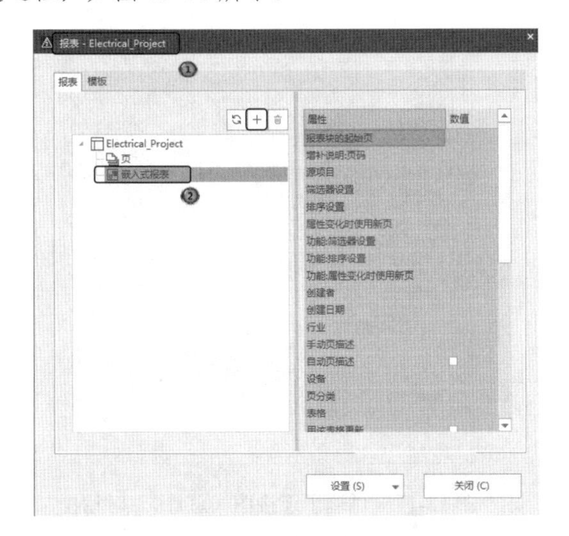

图 13-9　“报表”对话框

图 13-10　“确定报表”对话框

（4）单击“确定”按钮，弹出“手动选择”对话框，在“可使用的”列表中显示端子设备标识符 X1。单击→按钮，将 X1 添加到右侧“选定的”列表中，如图 13-11 所示。

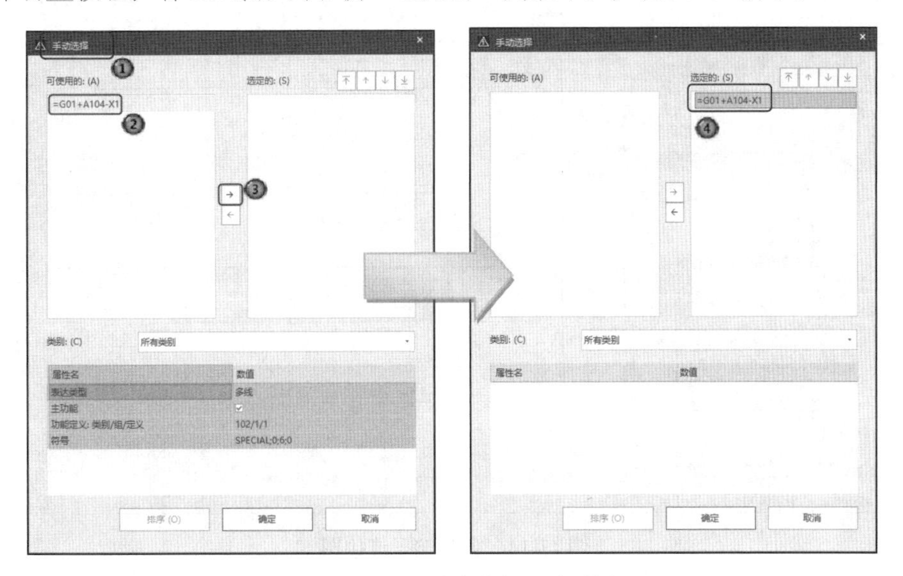

图 13-11　“手动选择”对话框

（5）选择端子后，单击“确定”按钮，弹出“设置”对话框，如图 13-12 所示。系统提供筛选器和排序的默认配置，按照预定义要求输出项目数据，并生成报表。

（6）单击“确定”按钮，打开“端子连接图（总计）”对话框（选择不同的报表类型，会打开不同的对话框）。选择新建报表的高层代号和位置代号（表示是报表类中的部件表），如图 13-13 所示。

（7）单击“确定”按钮，关闭对话框。在指定的位置创建端子图表，如图 13-14 所示。

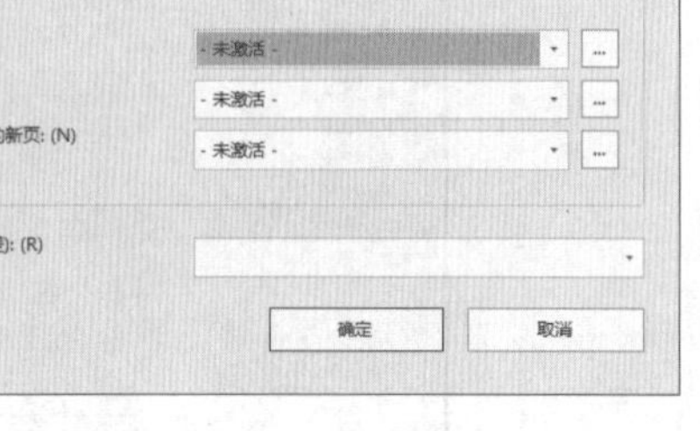

图 13-12　“设置”对话框

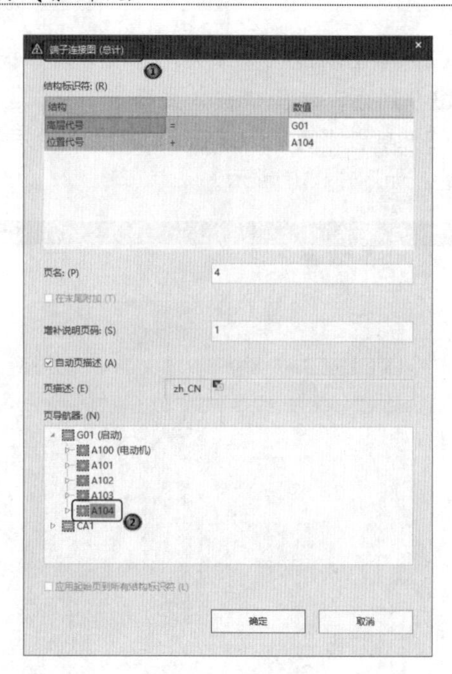

图 13-13　“端子连接图（总计）”对话框

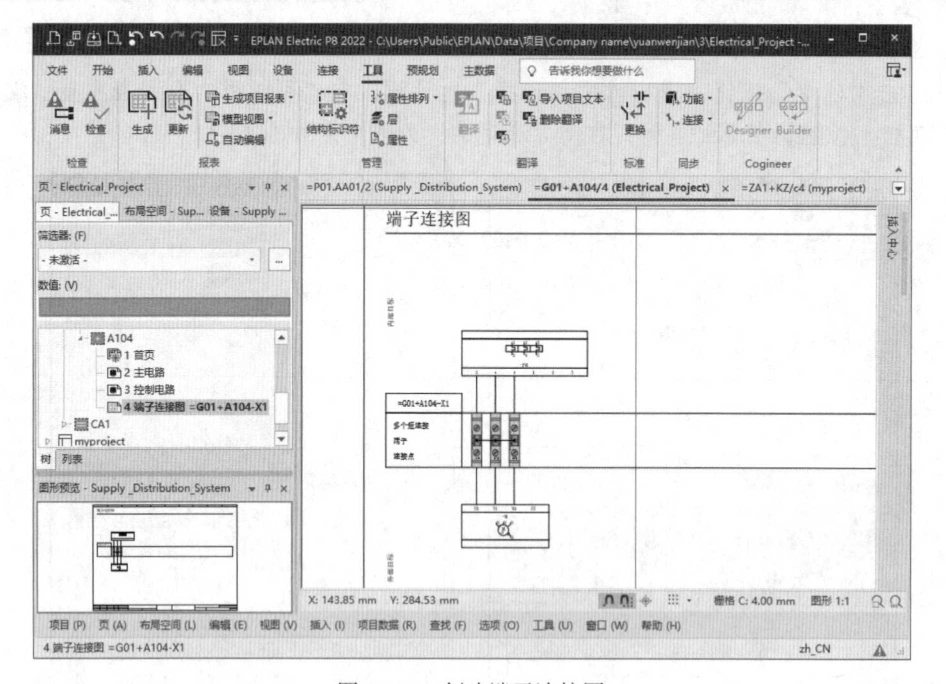

图 13-14　创建端子连接图

13.2.2　按照模板生成报表

如果一个项目中建立了多个报表（如部件汇总、电缆图表、端子图表、设备列表等），而以后使用同样的报表和格式时，就可以建立报表模板。报表模板只是保存了生成报表的规则（筛选器、排序）、格式（报表类型）、操作、放置路径，并不生成报表。

打开“模板”选项卡，定义显示项目文件下生成的报表种类，如图 13-15 所示。

图 13-15 “模板”选项卡

新建报表的方法与上一小节相同，上一小节直接生成报表，而这里生成模板文件，模板自动命名为 0001，为方便识别模板文件，可以为模板文件添加描述性文字。

13.3 报 表 操 作

完成报表模板文件的设置后，可直接生成目的报表文件，也可以对报表文件进行其余操作，如报表的更新、生成项目报表等。

1. 报表的更新

当原理图出现更改时，需要对已经生成的报表进行及时更新。

【执行方式】

- 菜单栏：选择菜单栏中的“工具”→“报表”→“更新”命令。
- 功能区：单击“工具”选项卡的“报表”面板中的“更新”按钮。

【操作步骤】

执行上述操作，自动更新报表文件。

2. 生成项目报表

【执行方式】

- 菜单栏：选择菜单栏中的“工具”→“报表”→“生成项目报表”命令。
- 功能区：单击“工具”选项卡的“报表”面板中的“生成项目报表”按钮。

【操作步骤】

执行上述操作，自动生成所有报表模板文件。

扫一扫，看视频

13.4 操作实例——继电器控制电路报表操作

13.4.1 生成标题页

选择菜单栏中的"项目"→"打开"命令，弹出"打开项目"对话框，打开项目文件 Relay control.elk。

选择菜单栏中的"工具"→"报表"→"生成"命令，弹出"报表"对话框，如图 13-16 所示。在该对话框中打开"报表"选项卡，选择"页"选项，展开"页"选项，显示该项目下的图纸页为空。

单击"新建"按钮 +，打开"确定报表"对话框，选择"标题页/封页"选项，如图 13-17 所示。单击"确定"按钮，完成图纸页的选择。

图 13-16 "报表"对话框

图 13-17 "确定报表"对话框

弹出"设置-标题页/封页"对话框，如图 13-18 所示。选择筛选器，单击"确定"按钮，完成图纸页的设置。弹出"标题页/封页（总计）"对话框，显示标题页的结构设计，选择当前高层代号与位置代号，如图 13-19 所示。

图 13-18 "设置-标题页/封页"对话框

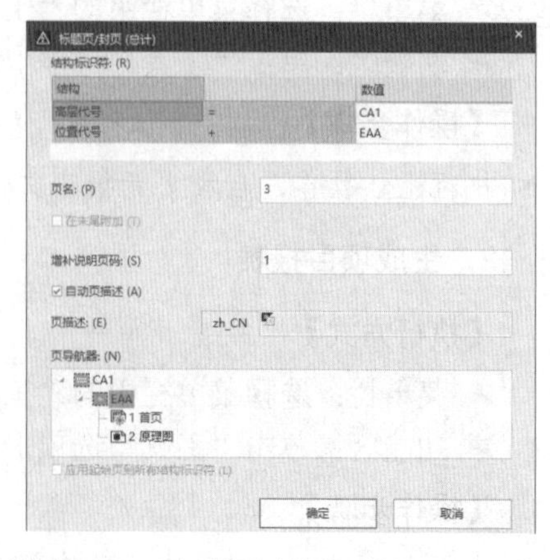

图 13-19 "标题页/封页（总计）"对话框

单击“确定”按钮，完成图纸页的设置。返回“报表”对话框，在“页”选项下添加标题页，如图 13-20 所示。单击“确定”按钮，关闭对话框，完成标题页的添加。在“页”导航器下显示添加的标题页，如图 13-21 所示。

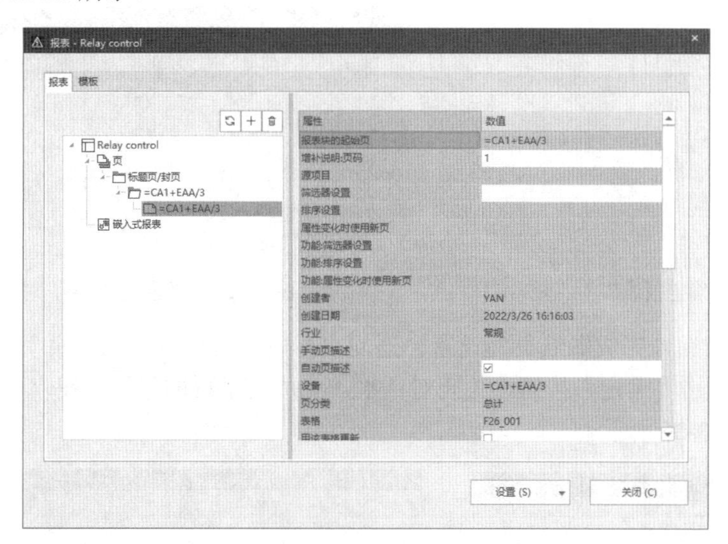

图 13-20　添加标题页

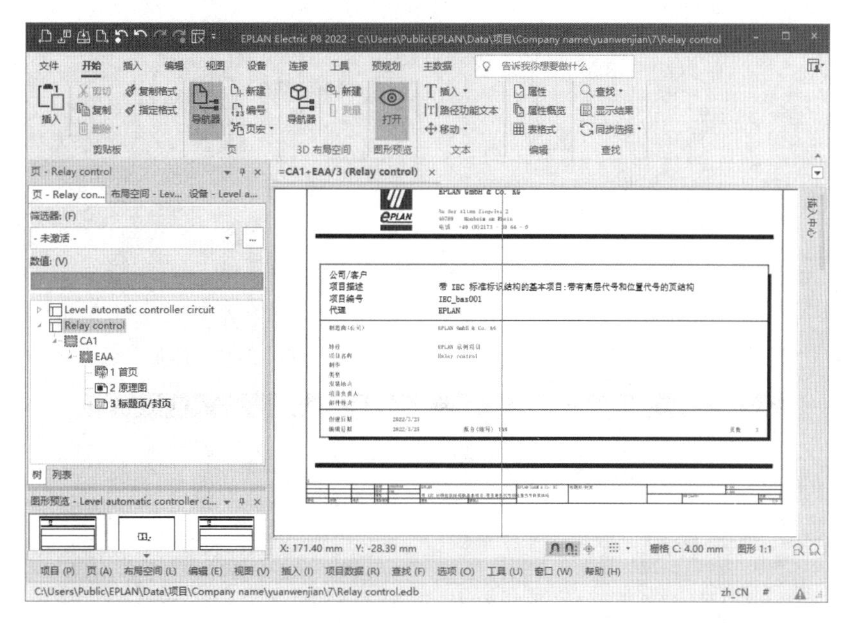

图 13-21　生成标题页

13.4.2　生成目录

在“报表”对话框中“页”选项下单击“新建”按钮，打开“确定报表”对话框，选择“目录”选项，如图 13-22 所示。单击“确定”按钮，完成图纸页的选择。

弹出“设置-目录”对话框，如图 13-23 所示。选择筛选器，单击“确定”按钮，完成图纸页的设置。弹出“目录（总计）”对话框，在“页导航器”列表中选择当前原理图的位置，如图 13-24 所示。

图 13-22 “确定报表”对话框

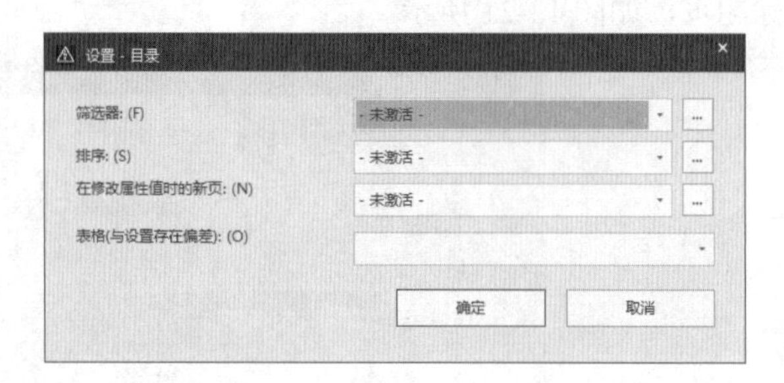

图 13-23 “设置-目录”对话框

单击“确定”按钮，完成图纸页的设置。返回“报表”对话框，在“页”选项下添加目录页，如图 13-25 所示。单击“确定”按钮，关闭对话框，完成目录页的添加。在“页”导航器下显示添加的目录页，如图 13-26 所示。

图 13-24 “目录（总计）”对话框

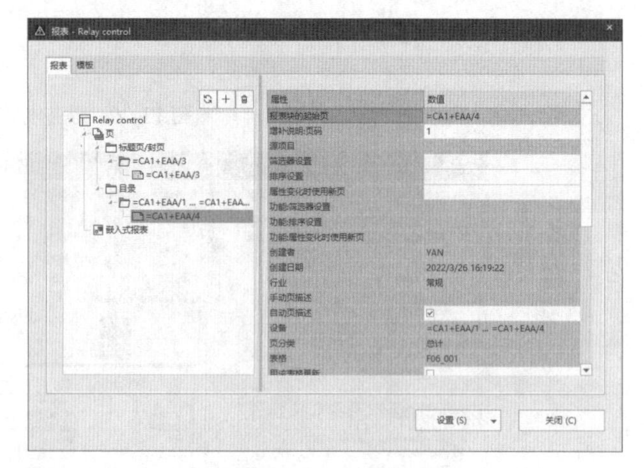

图 13-25 添加目录页

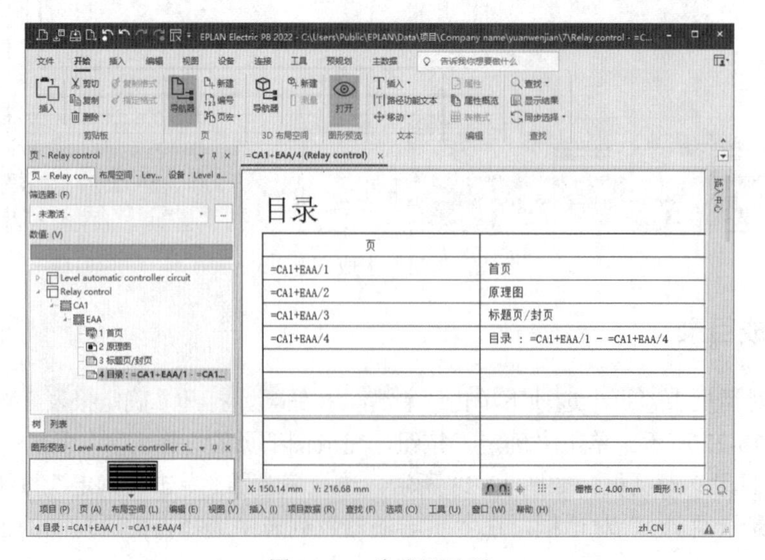

图 13-26 生成目录页

13.4.3　生成部件列表

在“报表”对话框中“页”选项下单击“新建”按钮+，打开“确定报表”对话框，选择“部件列表”选项，如图 13-27 所示。单击“确定”按钮，完成图纸页的选择。

弹出“设置-部件列表”对话框，如图 13-28 所示。选择筛选器，单击“确定”按钮，完成图纸页的设置。弹出“部件列表（总计）”对话框，在“页导航器”列表下选择当前原理图的位置 CA1-EAA。

图 13-27　“确定报表”对话框

图 13-28　“设置-部件列表”对话框

单击“确定”按钮，完成图纸页的设置。返回“报表”对话框，在“页”选项下添加部件列表页，如图 13-29 所示。单击“确定”按钮，关闭对话框，完成部件列表页的添加。在“页”导航器下显示添加的部件列表页，如图 13-30 所示。

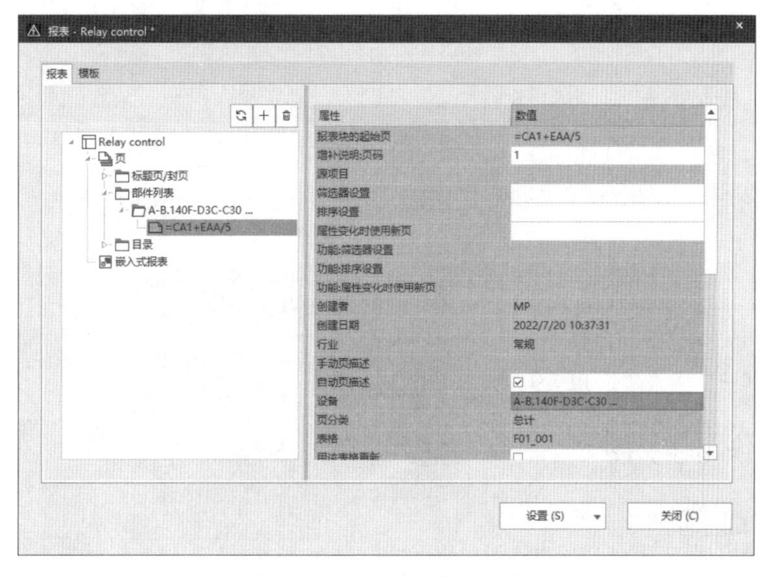

图 13-29　添加部件列表页

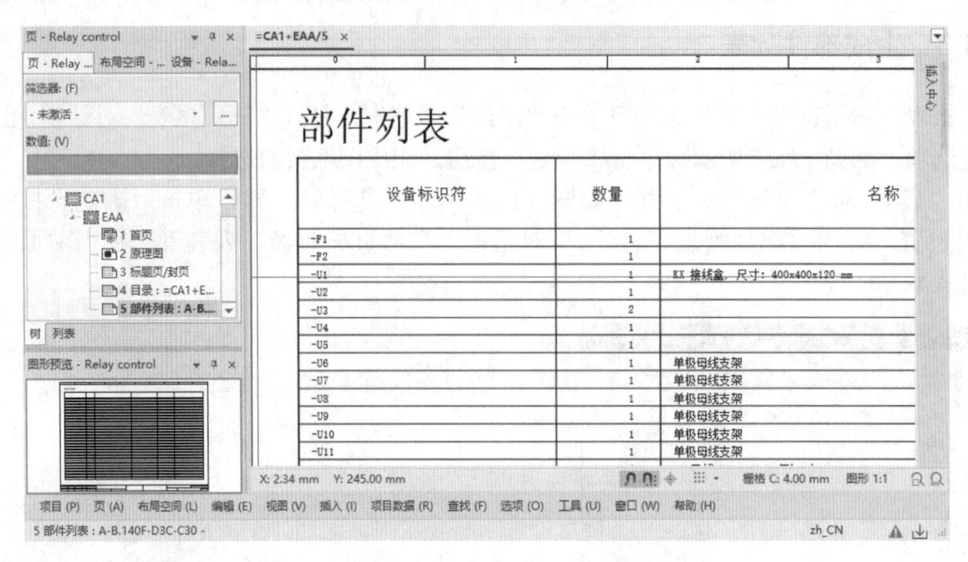

图 13-30　生成部件列表页

13.4.4　插入端子

单击“插入”选项卡的“端子”面板中的“端子”按钮，插入端子 X1、X2、X3。单击“插入”选项卡的“端子”面板中的“端子排定义”按钮，插入端子排定义 X1、X3，如图 13-31 所示。

双击端子排 X1 的接线端 2，取消勾选“主端子”复选框，勾选“分散式端子”复选框，如图 13-32 所示。使用同样的方法，设置端子排 X1 的接线端 3，端子排 X3 的接线端 2、3、4、5。

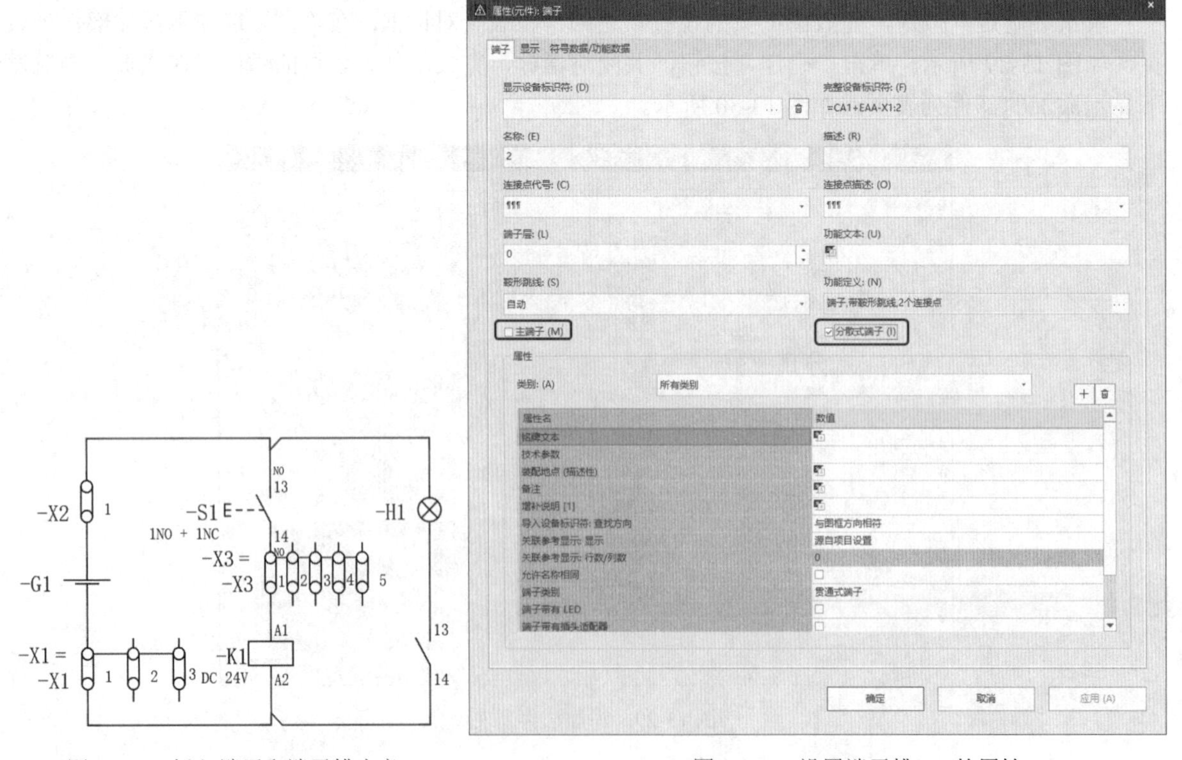

图 13-31　插入端子和端子排定义　　　　图 13-32　设置端子排 X1 的属性

13.4.5 生成端子图表

EPLAN 报表自动生成端子图表（或电缆图表）时默认一个端子排占一页，有的端子排只有很少几个端子，这样设置容易造成图纸页数过多，浪费资源。可以通过设置将多个端子排合并放置在一页。

在“页”导航器中选择=CA1+EAA/2，右击，选择“新建”命令，弹出“新建页”对话框。在“完整页名”文本框中自动显示图纸的名称=CA1+EAA/2.a，在“页描述”文本框中输入“端子图表”，如图 13-33 所示。

单击“确定”按钮，创建端子图表文件，用于放置原理图中的多个端子图表。

选择菜单栏中的“工具”→“报表”→“生成”命令，在“报表”对话框中的“设置”按钮下选择“输出为页”命令，弹出“设置：输出为页”对话框。在“表格”列单击下三角按钮，选择“浏览”命令，弹出“选择表格”对话框。选择 F13_003.f13，单击“打开”按钮，选择表格模板文件。

勾选“端子图表”中的“合并”复选框，取消勾选“子页面”复选框，如图 13-34 所示。单击“确定”按钮，完成设置。

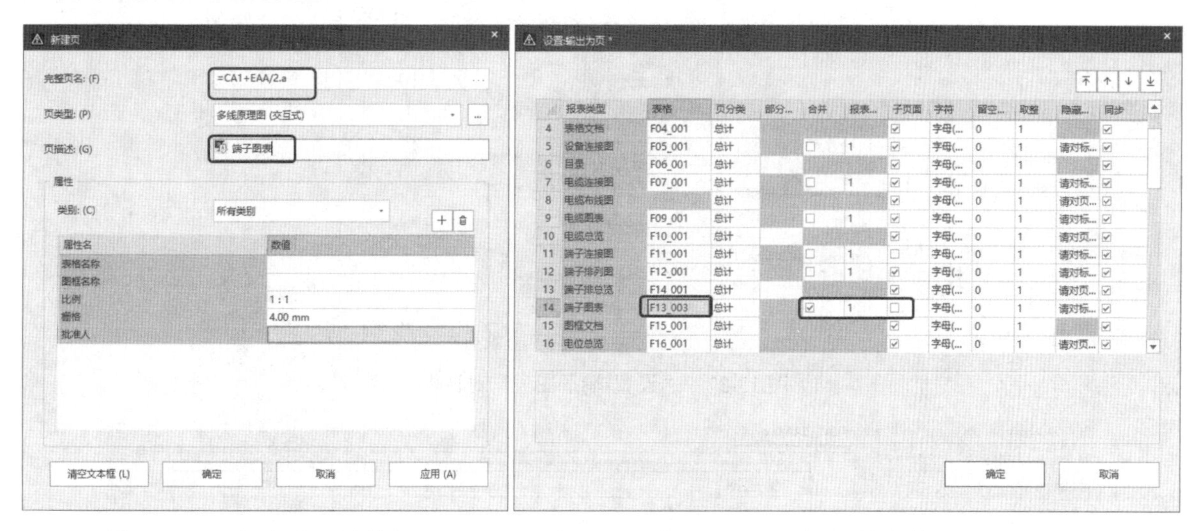

图 13-33 “新建页”对话框　　图 13-34 “设置：输出为页”对话框

在“报表”对话框中“页”选项下单击“新建”按钮，打开“确定报表”对话框。在“输出形式”下拉列表中选择“手动放置”，在“选择报表类型”列表中选择“端子图表”选项，勾选“手动选择”复选框，如图 13-35 所示。单击“确定”按钮，完成图纸页的选择。

弹出“手动选择”对话框，单击按钮，将所有端子从“可使用的”列表中添加到“选定的”列表中，如图 13-36 所示。

单击“确定”按钮，弹出“设置-端子图表”对话框，如图 13-37 所示。单击“确定”按钮，关闭对话框，一次性在原理图中放置端子图表 X1、X2、X3，如图 13-38 所示。

图 13-35 “确定报表”对话框

图 13-36 “手动选择”对话框

图 13-37 “设置-端子图表”对话框

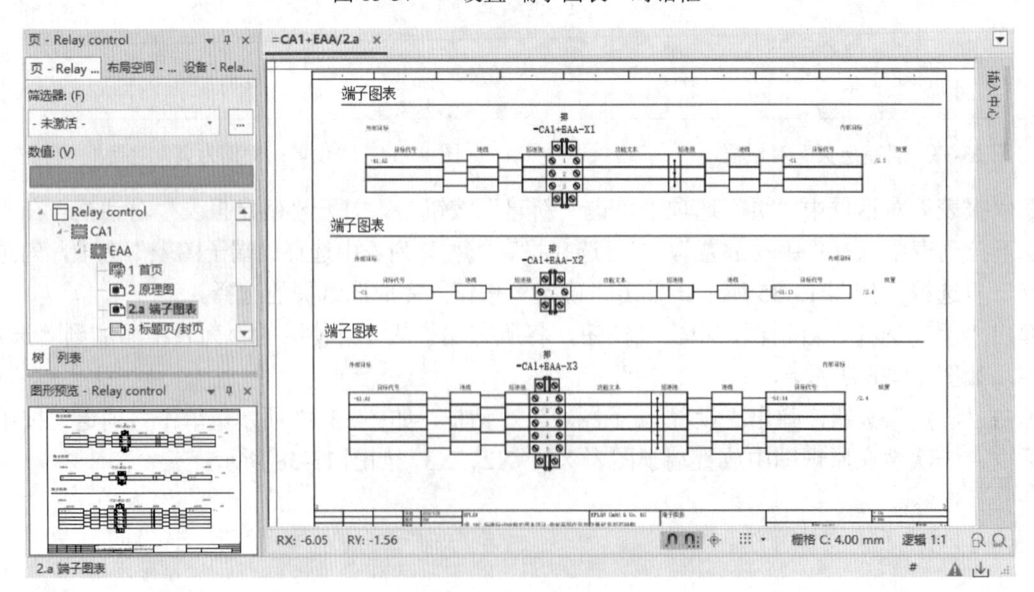

图 13-38 生成端子图表页

第 14 章　电气柜安装板设计基础

内容简介

EPLAN 中的安装板布局图主要是表示某一电气工程中电气设备、装置和线路的平面布置，图形也非常直观，起到指导安装的作用。由于要满足功能上的需要，安装板设计往往有很多的规则要求，如要考虑到实际中的散热和干扰等问题，因此相对于原理图的设计，对安装板的设计则需要设计者更细心和更有耐心。

本章主要介绍安装板文件的创建、安装板的二维布局，以使读者能对安装板的设计有一个全面的了解。

内容要点

- 设备布置图
- 放置安装板
- 放置设备部件
- 标注尺寸

案例效果

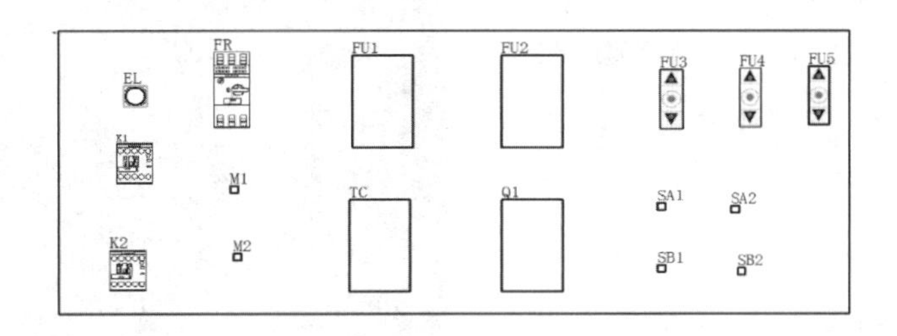

14.1　设备布置图

在常见的电气图中除了系统图、电路图、接线图、平面图外，还有设备布置图。设备布置图主要表示各种电气设备的布置形式、安装方式及相互间的尺寸关系，通常由平面图、立体图、断面图、剖面图等组成。

14.1.1　箱柜设备的二维安装布置图

控制柜包括许多种，有电气控制柜、变频控制柜、低压控制柜、高压控制柜、水泵控制柜、电源控制柜、防爆控制柜、电梯控制柜、PLC 控制柜、消防控制柜、砖机控制柜等。

配电箱是电气装备，一般是按电气接线要求将开关设备、测量仪表、保护电器和辅助设备组装在封闭或半封闭金属柜中或屏幅上，构成低压配电箱，如图 14-1 和图 14-2 所示。

图 14-1　低压配电箱布局

图 14-2　低压配电箱结构

EPLAN P8 2022 中的安装板布局图主要用于设计箱柜设备的二维安装布置图，低压柜安装布置图如图 14-3 所示。

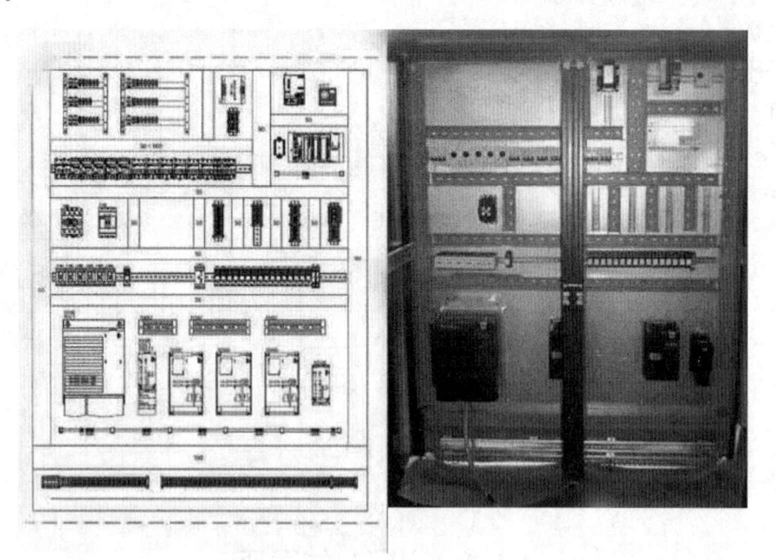

图 14-3　低压柜安装布置图

14.1.2　新建安装板文件

在 EPLAN 中，安装板布局（交互式）图纸页用于进行安装板布局图的设计。

【执行方式】

- 菜单栏：选择菜单栏中的“页”→“新建”命令。
- 功能区：单击“开始”选项卡的“页”面板中的“新建”按钮。
- 快捷操作：在“页”导航器中选中项目名称，右击，弹出快捷菜单，选择“新建”命令。

【操作步骤】

（1）在“页”导航器中选中项目名称，执行上述操作，弹出如图 14-4 所示的“新建页”对话框。

图 14-4　“新建页”对话框

（2）在“完整页名”文本框中输入电路图纸页名称，默认名称为/1，单击“完整页名”文本框后的⋯按钮，弹出“完整页名”对话框，在已存在的结构标识中选择高层代号与位置代号。

（3）从“页类型”下拉列表中选择需要的页类型“安装板布局（交互式）”。

（4）在“页描述”文本框中输入图纸页的内容表述。

（5）在“属性名-数值”列表中默认显示图纸的表格名称、图框名称、图纸比例、栅格大小与批准人。安装板与原理图不同，默认情况下，原理图的图纸比例为 1:1，安装板的图纸比例为 1:10。也可以暂不设置，在后面再进行设置。

（6）单击“应用”按钮，可重复创建相同参数设置的多张图纸。每单击一次，创建一张新原理图纸页，在创建者框中会自动输入用户标识。

（7）单击“确定”按钮，完成安装板图纸页的添加。在“页”导航器中显示添加安装板图纸页的结果，如图 14-5 所示。

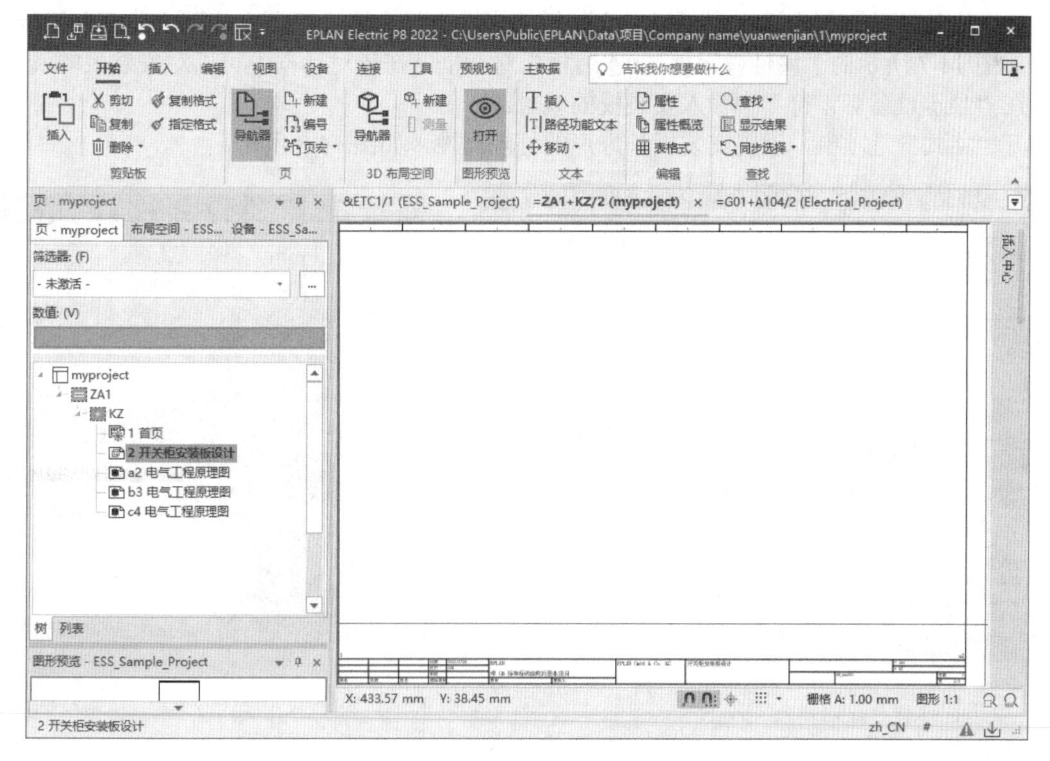

图 14-5　新建安装板图纸页文件

14.2 放置安装板

安装板是用于固定各种电气元件并且适合于在端子箱内安装的板（架）。电气柜的门上、顶上、门内以及内部，在 2D 安装图里都属于安装板。

14.2.1 放置空白安装板

【执行方式】

- 菜单栏：选择菜单栏中的“插入”→“盒子连接点/连接板/安装板”→“安装板”命令。
- 功能区：单击“插入”选项卡的“2D 安装板布局”面板中的“安装板（2D）”按钮。

【操作步骤】

（1）执行上述操作，此时鼠标光标变成交叉形状并附加一个安装板符号。将鼠标光标移动到想要插入安装板的位置上，移动鼠标光标选择安装板的插入点，单击确定安装板的第一个角点，向外拖动安装板，单击确定安装板的另一个角点，如图 14-6 所示。

（2）此时鼠标光标仍处于插入安装板的状态，重复上述操作可以继续插入其他的安装板。空白安装板插入完毕，右击选择“取消操作”命令或按 Esc 键即可退出该操作。

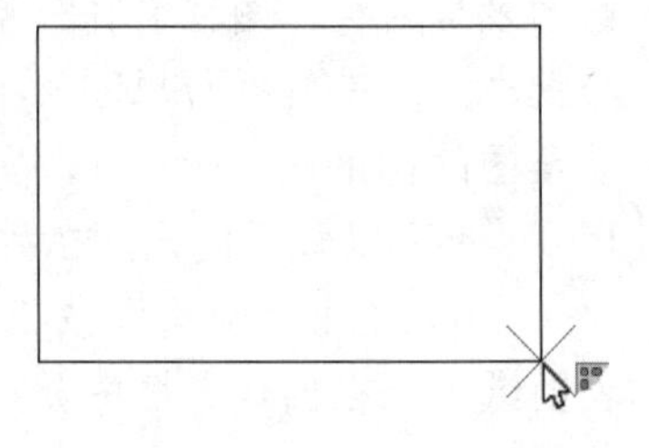

图 14-6　插入安装板

【选项说明】

在插入安装板的过程中，用户可以对安装板的属性进行设置。双击安装板或在插入安装板后，会弹出如图 14-7 所示的“属性（元件）：安装板”对话框，在该对话框中可以对安装板的属性进行设置，在“显示设备标识符”中输入安装板的编号。

打开“格式”选项卡，设置安装板长方形的外观属性，如图 14-8 所示。

图 14-7　“属性（元件）：安装板”对话框

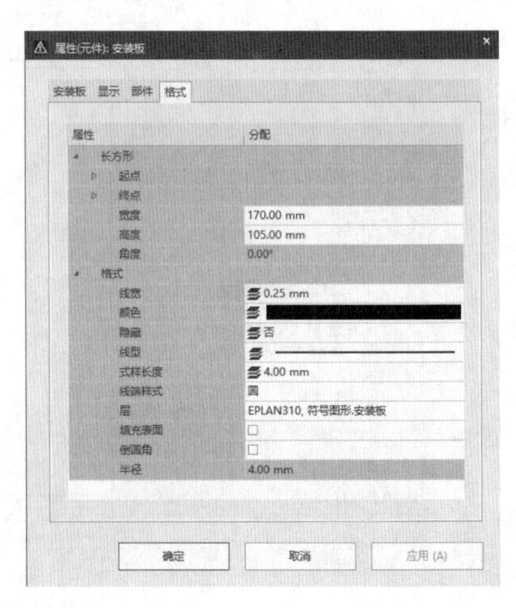

图 14-8　“格式”选项卡

在该选项卡中可以对安装板的高度、宽度、线宽、线型和长方形的颜色等属性进行设置。

（1）“长方形”选项组。在该选项组下输入长方形起点、终点的 X 坐标和 Y 坐标，宽度、高度和角度。

（2）“格式”选项组。

➢ 线宽：用于设置直线的线宽。在该下拉列表中显示了固定值，包括 0.13mm、0.18mm、0.20mm、0.25mm、0.35mm、0.40mm、0.50mm、0.70mm、1.00mm、2.00mm 这 10 种线宽供用户选择。
➢ 颜色：用于设置直线的颜色。
➢ 隐藏：用于控制直线的隐藏与否。
➢ 线型：用于设置直线的线型。
➢ 式样长度：用于设置直线的式样长度。
➢ 线端样式：用于设置直线截止端的样式。
➢ 层：用于设置直线所在层。对于中线，推荐选择“EPLAN105，图形.中线层”。
➢ “填充表面”复选框：勾选该复选框，填充长方形，如图 14-9 所示。
➢ “倒圆角”复选框：勾选该复选框，对长方形倒圆角。
➢ 半径：在该文本框中显示圆角半径，圆角半径根据安装板的尺寸自动设置，如图 14-10 所示。

（a）填充前　　（b）填充后

图 14-9　填充长方形

（a）倒圆角前　　（b）倒圆角后

图 14-10　长方形倒圆角

打开“部件”选项卡，如图 14-11 所示，在左侧“部件编号-件数/数量”列表中显示添加的部件。单击“部件编号”空白行中的“…”按钮，系统弹出如图 14-12 所示的“部件选择”对话框。在该对话框中显示部件管理库，可浏览所有部件信息，为安装板选择正确的部件编号。选择“箱柜”，表示为箱柜进行布局设置，如图 14-13 所示。

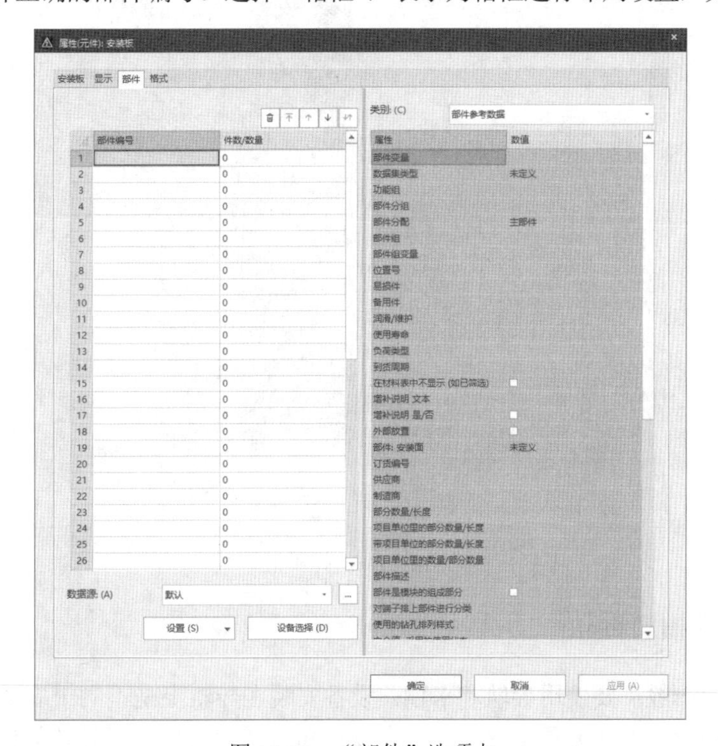

图 14-11　“部件”选项卡

图 14-12　“部件选择”对话框

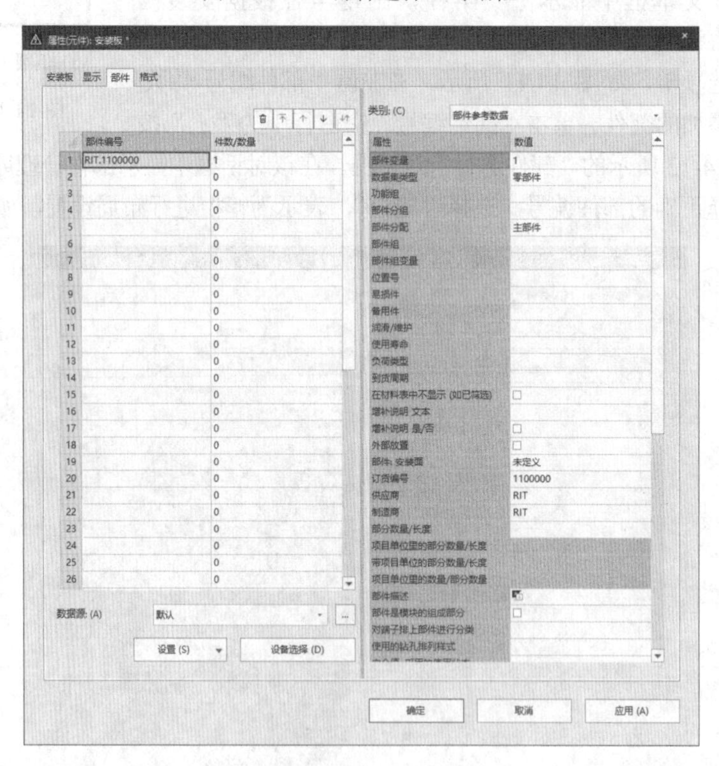

图 14-13　选择箱柜

14.2.2　放置卡槽与导轨

箱柜中的安装板一般需要使用导轨和卡槽。设备安装在导轨上是不同于安装在安装板上的一种安装方式，只需卡在导轨上而无须螺丝固定，在安装布置图中需要显示导轨的位置。在 EPLAN 安装板设计过程中，经常将卡槽、导轨放置放在设备放置后，避免设备安装出现问题。

在 EPLAN 2D 布置图中，导轨、卡槽的平面图为长方形，一般使用填充颜色的长方形表示。

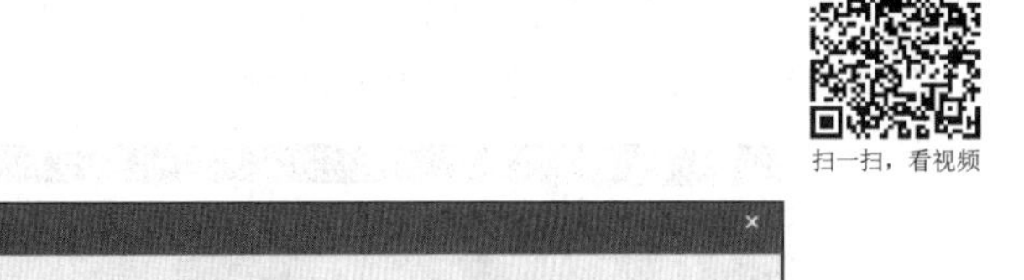

扫一扫，看视频

动手学——绘制安装板与线槽

【操作步骤】

（1）选择菜单栏中的“项目”→“打开”命令，弹出“打开项目”对话框，打开项目文件 Electrical_Project.elk，在“页”导航器中选择“=G01+A104/2 主电路”。

（2）在“页”导航器中选中 A104，选择菜单栏中的“页”→“新建”命令，弹出如图 14-14 所示的“新建页”对话框。从“页类型”下拉列表中选择需要的页类型“安装板布局（交互式）”，在“页描述”文本框中输入“安装板布局”。

（3）单击“确定”按钮，完成安装板图纸页的添加。在“页”导航器中显示添加安装板图纸页的结果，如图 14-15 所示。

图 14-14 “新建页”对话框

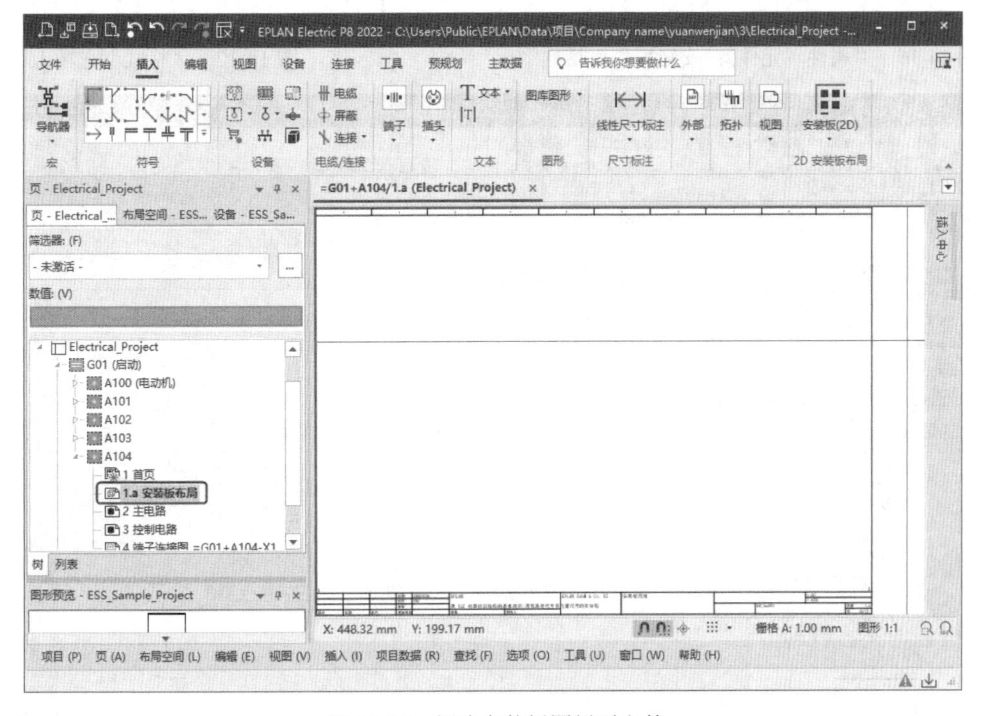

图 14-15 新建安装板图纸页文件

（4）选择菜单栏中的“插入”→“盒子连接点/连接板/安装板”→“安装板”命令，此时鼠标光标变成交叉形状并附加一个安装板符号，在图中单击插入安装板。

（5）弹出如图 14-16 所示的“属性（元件）：安装板”对话框，在“显示设备标识符”文本框中输入安装板的编号为-M1。

（6）打开“格式”选项卡，输入安装板的宽度为 200.00mm、高度 300.00mm，如图 14-17 所示。

（7）单击“确定”按钮，关闭对话框。右击选择“取消操作”命令或按 Esc 键即可退出该操作。插入的安装板如图 14-18 所示。

图 14-16 “属性（元件）：安装板”对话框

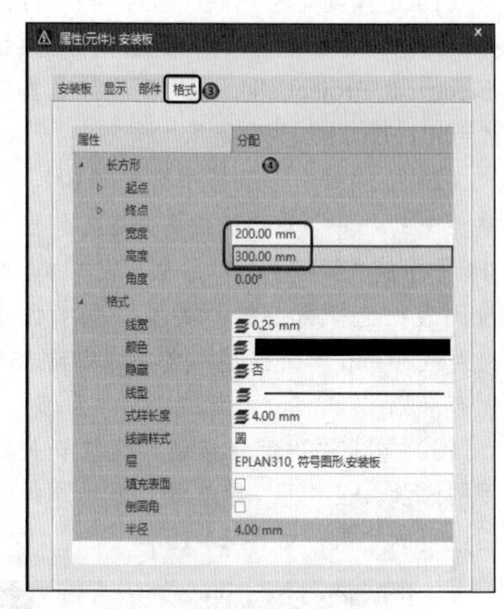

图 14-17 “格式”选项卡

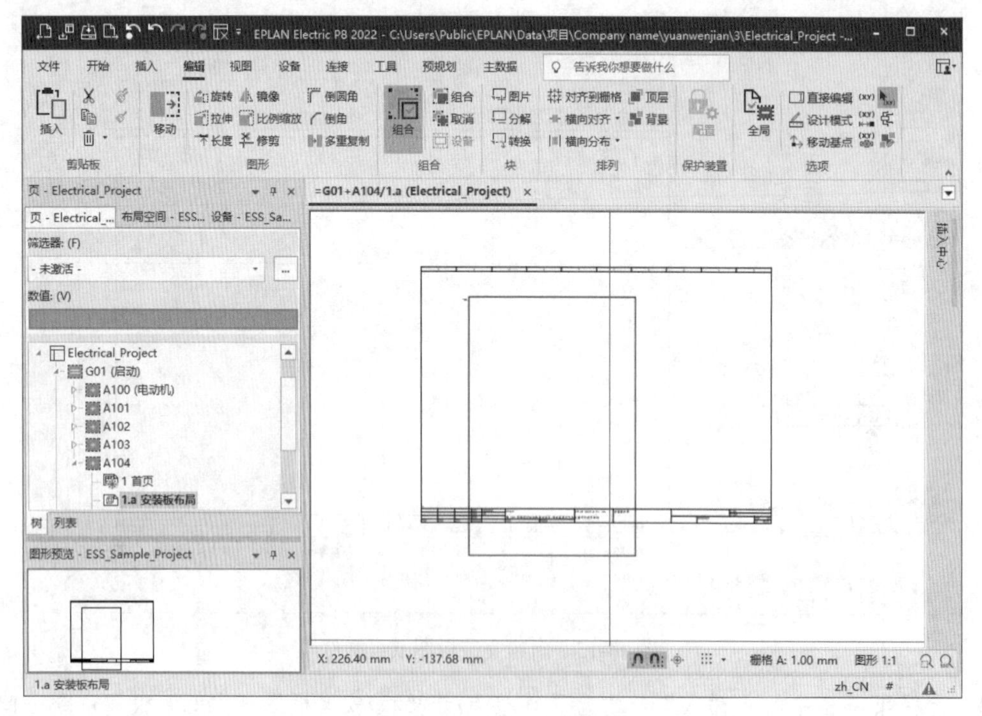

图 14-18 插入安装板

（8）在“页”导航器上选择安装板文件，右击，选择“属性”命令，弹出“页属性”对话框。

在“比例”文本框中输入 1:2，如图 14-19 所示。单击“确定”按钮，关闭对话框，结果如图 14-20 所示。

图 14-19 “页属性”对话框

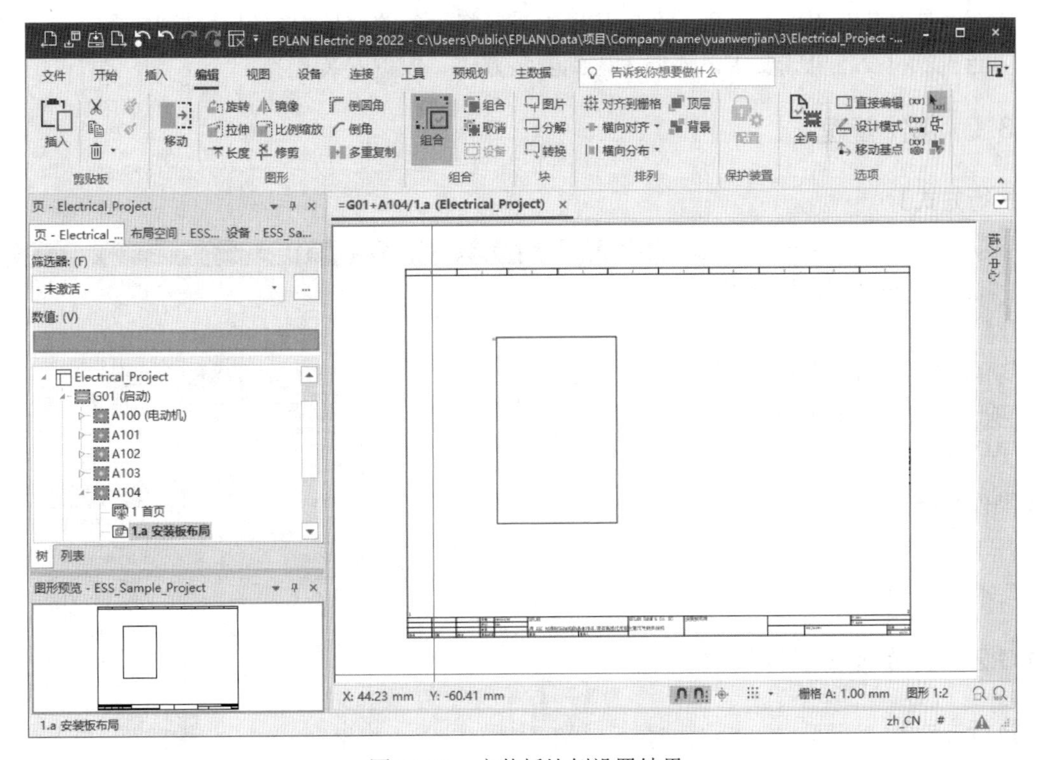

图 14-20 安装板比例设置结果

（9）单击“插入”选项卡的“图形”面板中的“长方形”按钮□，绘制适当大小的长方形。双击绘制的长方形，弹出“属性(长方形)”对话框，如图 14-21 所示。设置宽度与高度分别为 200mm、20mm，设置长方形颜色为绿色，勾选“填充表面”复选框，结果如图 14-22 所示。

利用复制、旋转、移动等命令，在安装板上插入线槽，结果如图 14-23 所示。

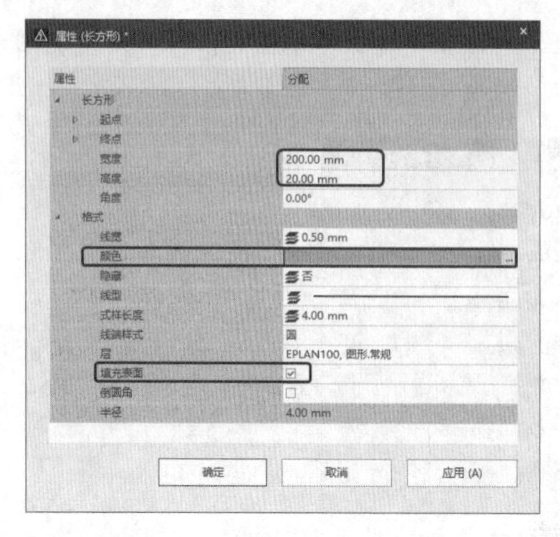

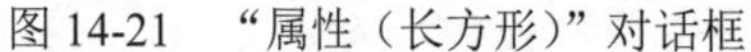
图 14-21 “属性（长方形）”对话框

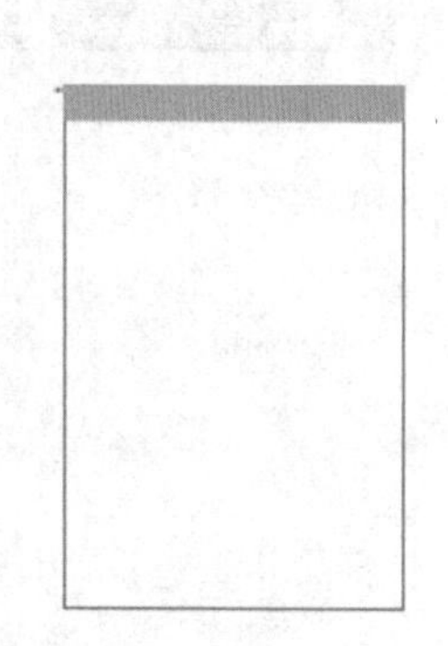

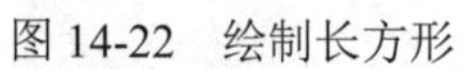
图 14-22 绘制长方形

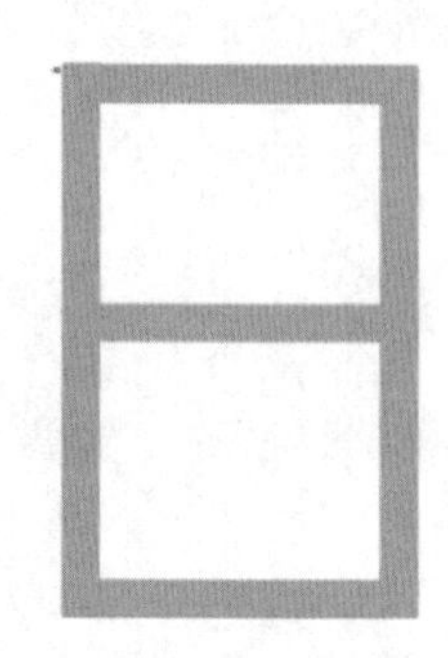
图 14-23 插入线槽

14.3 放置设备部件

设备部件是安装布置图的基础，在安装板中需要将设备的部件根据尺寸排列放置，使其符合安装板的功能需求和设备电气要求，还要考虑到安装方式、放置安装孔等。

14.3.1 部件管理

【执行方式】

➢ 菜单栏：选择菜单栏中的“工具”→“部件”→“管理”命令。

➢ 功能区：单击“主数据”选项卡的“部件”面板中的“管理”按钮。

【操作步骤】

执行上述操作，系统弹出“部件管理”对话框，如图 14-24 所示。

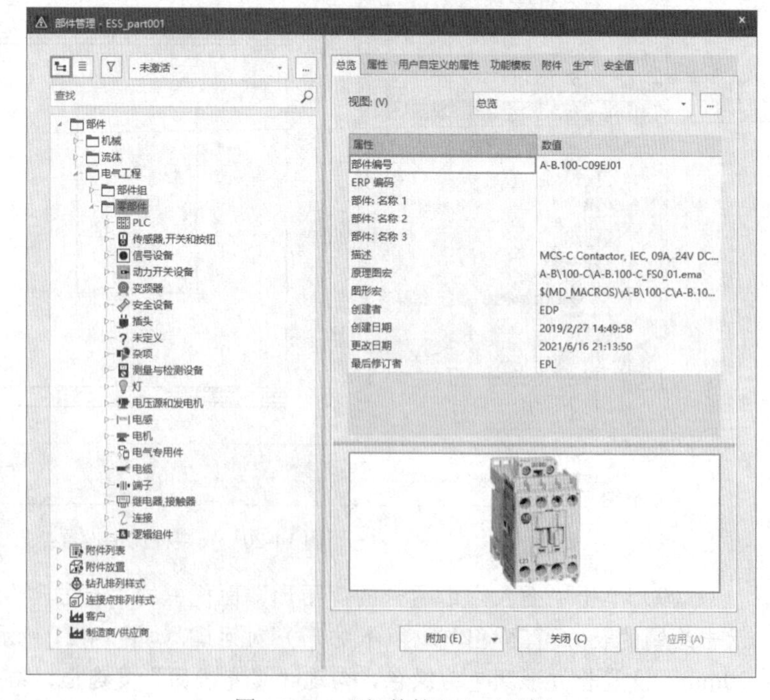

图 14-24 “部件管理”对话框

14.3.2 安装板布局导航器

【执行方式】

➢ 菜单栏：选择菜单栏中的“项目数据”→“设备/部件”→“2D 安装板布局导航器”命令。

➢ 功能区：单击“设备”选项

卡的“2D 安装板布局”面板中的“导航器”按钮。

➢ 快捷键：Ctrl+Shift+M。

【操作步骤】

执行上述操作，打开“2D 安装板布局”导航器，如图 14-25 所示。在“图形预览”窗口中显示在导航器中选中的设备部件的模型图，如图 14-26 所示。

【选项说明】

在导航器中选中设备，右击，弹出如图 14-27 所示的快捷菜单，可以对安装板中的设备进行编辑与放置，下面介绍快捷命令。

➢ 新设备：选择该命令，弹出“部件选择”对话框，选择需要放置的设备部件编号。
➢ 锁定区域：选择该命令，鼠标光标上显示浮动的锁定区域符号，激活“放置锁定区域”命令。
➢ 删除：选择该命令，删除选中的安装板部件。
➢ 放到安装板上：选择该命令，将部件放置到安装板上。
➢ 放到安装导轨上：选择该命令，将部件放置到导轨上，DIN 导轨可显示在直线、折线、多边形、长方形上，在圆、椭圆上不允许使用。

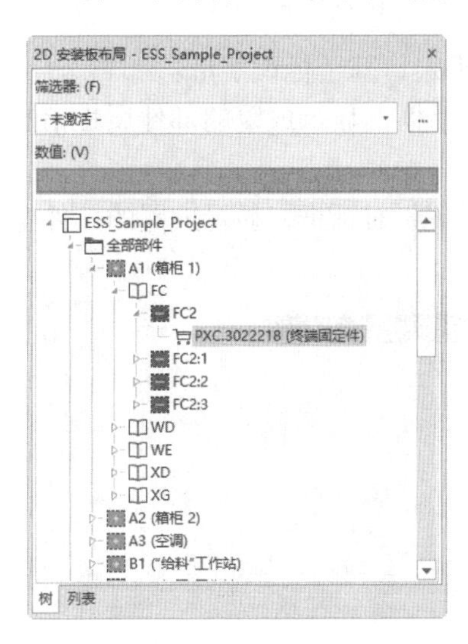

图 14-25 “2D 安装板布局”导航器

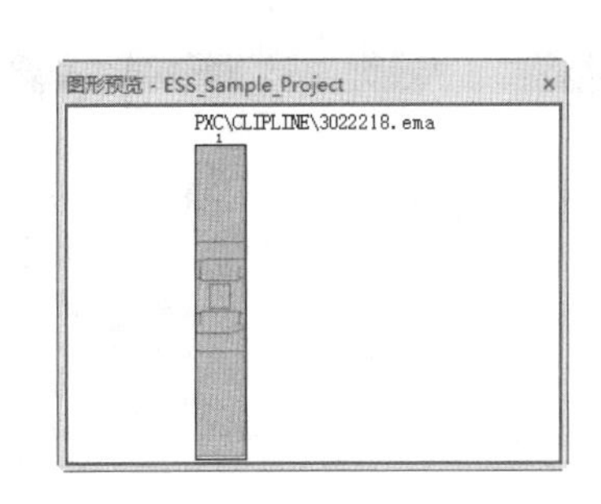

图 14-26 “图形预览”窗口

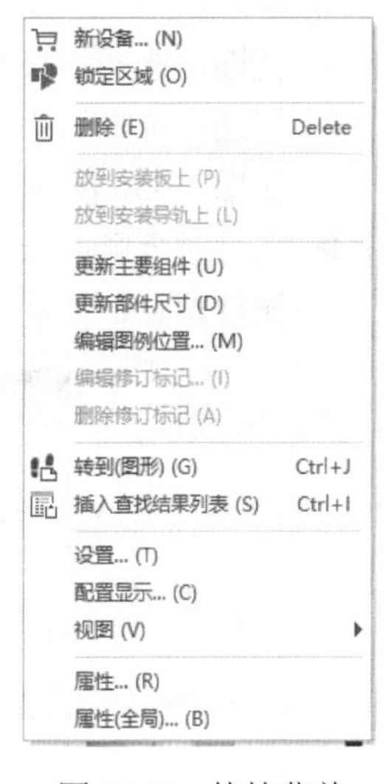

图 14-27 快捷菜单

➢ 更新主要组件：选择该命令，更新安装板编辑环境中的主要组件信息。
➢ 更新部件尺寸：选择该命令，更新安装板编辑环境中的部件尺寸。
➢ 编辑图例位置：选择该命令，编辑图例位置。
➢ 编辑修订标记：选择该命令，编辑修订标记。
➢ 删除修订标记：选择该命令，删除修订标记。
➢ 转到（图形）：选择该命令，在编辑环境中自动将选中对象放大，切换到编辑环境中并高亮显示。
➢ 插入查找结果列表：选择该命令，弹出查找结果列表，显示查找对象。
➢ 设置：选择该命令，弹出“设置：2D 安装板布局”对话框，如图 14-28 所示，显示放置安装板部件的尺寸与角度等设置信息。
➢ 配置显示：选择该命令，弹出“配置显示”对话框，如图 14-29 所示，显示图纸配置信息。

图 14-28 “设置：2D 安装板布局”对话框

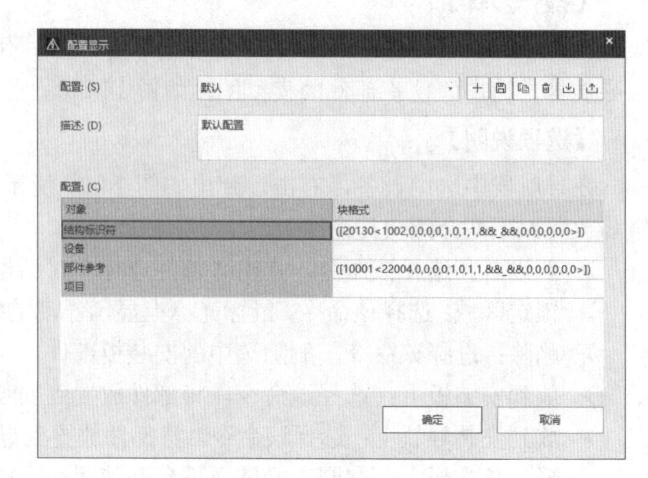

图 14-29 “配置显示”对话框

➢ 视图：选择该命令，打开视图显示依据子命令，包括基于宏、基于标识字母。
➢ 属性：选择该命令，弹出“属性（元件）：部件放置”对话框，显示放置的部件属性信息，如图 14-30 所示。
➢ 属性（全局）：选择该命令，弹出“属性（全局）：部件放置”对话框，显示放置的部件全局属性信息，如图 14-31 所示。

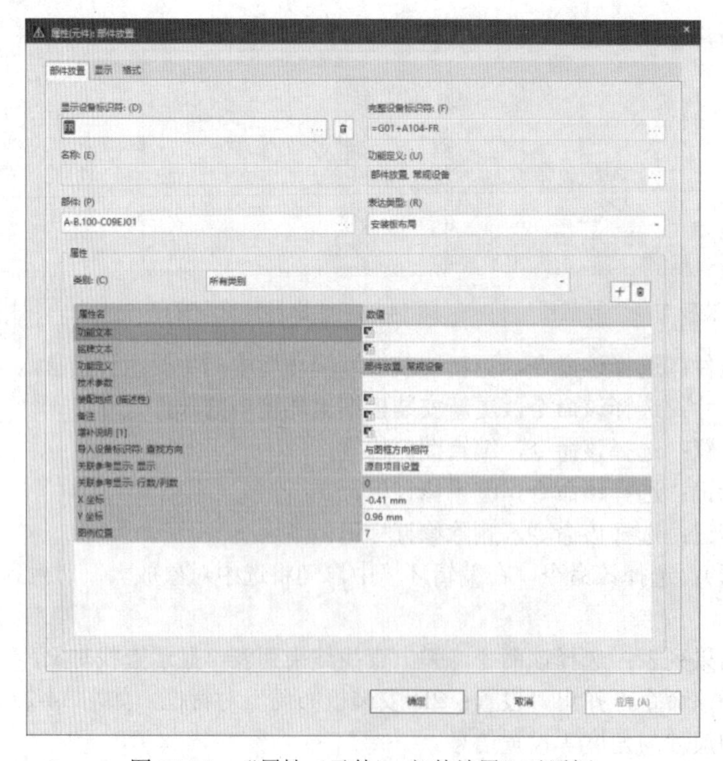

图 14-30 “属性（元件）：部件放置”对话框

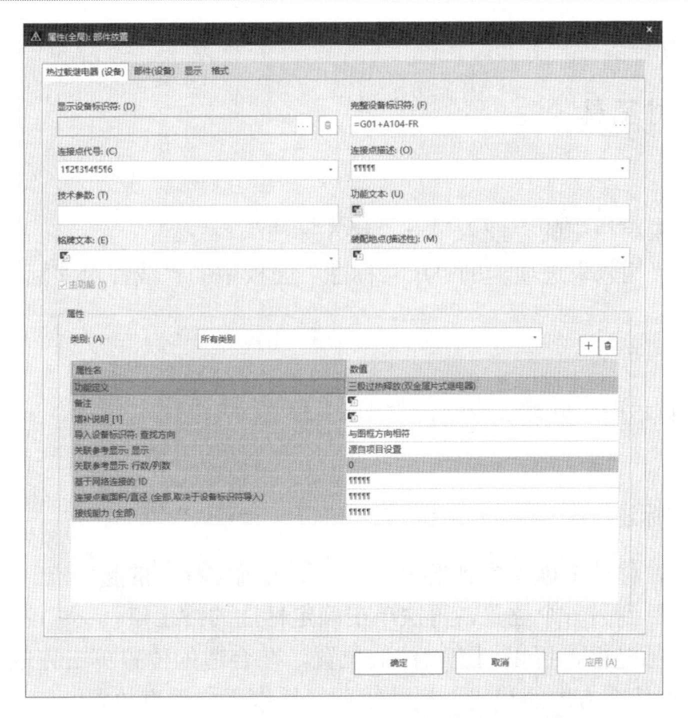

图 14-31　“属性（全局）：部件放置”对话框

动手练——机床控制电路插入设备部件

扫一扫，看视频

绘制如图 14-32 所示的机床控制电路安装板，并通过“2D 安装板布局” 导航器插入设备部件。

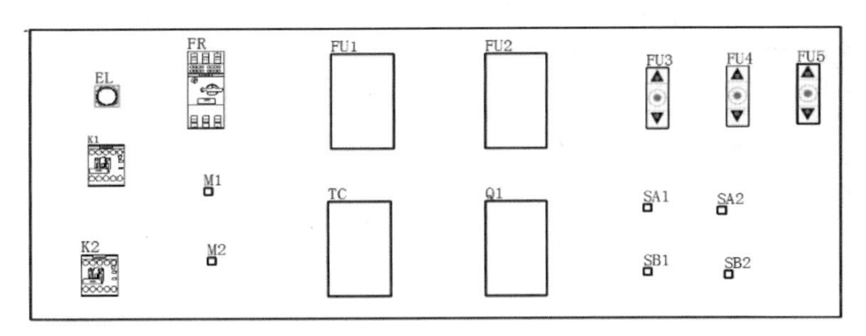

图 14-32　机床控制电路安装板

思路点拨：

（1）使用“新建”命令新建安装板文件。

（2）使用“安装板”命令创建 1000×400 的安装板。

（3）打开“2D 安装板布局”导航器，插入设备部件。

14.4　标 注 尺 寸

正确地进行尺寸标注是绘图工作中非常重要的一个环节，EPLAN P8 2022 提供了方便快捷的尺寸标注方法，可通过菜单栏执行命令实现，也可通过功能区单击按钮实现。本节重点介绍如何对各种类型的尺寸进行标注。

14.4.1 标注尺寸工具

【执行方式】

➢ 菜单栏：选择菜单栏中的“插入”→“尺寸标注”命令。

➢ 功能区：单击“插入”选项卡的“尺寸标注”面板中的“线性尺寸标注”按钮的下拉按钮。

【操作步骤】

执行上述操作，显示不同的标注命令，如图 14-33 所示。

【选项说明】

1. 放置线性尺寸标注

（1）执行此命令，移动鼠标光标到指定位置，单击确定标注的起始点。

（2）移动鼠标光标到另一个位置，再次单击确定标注的终止点。

（3）继续移动鼠标光标，可以调整标注的位置，在合适的位置单击完成一次尺寸的标注。这种命令标注，不论标注什么方向的线段，尺寸线总保持水平或垂直放置。

（4）此时仍可继续放置尺寸标注，也可右击退出。

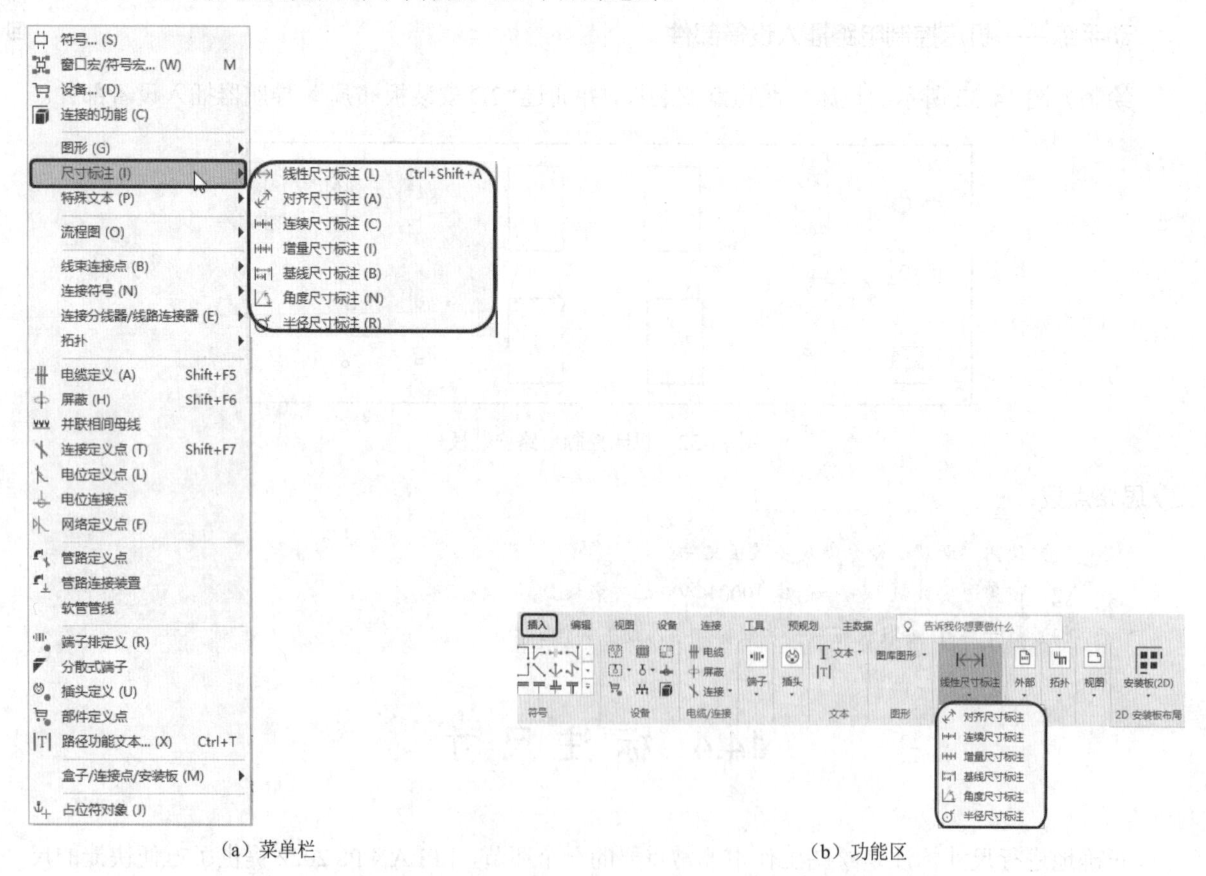

（a）菜单栏　　（b）功能区

图 14-33 尺寸标注工具命令

2．放置对齐尺寸标注

（1）执行此命令，移动鼠标光标到指定位置，单击确定标注的起始点。
（2）移动鼠标光标到另一个位置，再次单击确定标注的终止点。
（3）继续移动鼠标光标，可以调整标注的位置，在合适的位置单击完成一次尺寸的标注。
（4）此时仍可继续放置尺寸标注，也可右击退出。这种命令标注的尺寸线与所标注轮廓线平行，标注的是起始点到终点之间的距离。

3．放置连续尺寸标注

连续尺寸标注又叫尺寸链标注，用于产生一系列连续的尺寸标注，后一个尺寸标注均把前一个尺寸标注的第二条尺寸界线作为它的第一条尺寸界线。适用于长度尺寸、角度尺寸和坐标标注。在使用连续标注方式之前，应该先标注出一个相关的尺寸。
（1）执行此命令，移动鼠标光标到指定位置，单击确定标注的起始点。
（2）移动鼠标光标到另一个位置，再次单击确定标注的终止点。
（3）以上一个位置为标注的起点，继续移动鼠标光标到另一个位置，确定标注的终止点。
（4）此时仍可继续放置下一个标注，也可右击退出。

4．放置增量尺寸标注

增量尺寸标注与连续尺寸标注类似，这里不再赘述。

5．放置基线尺寸标注

基线尺寸标注用于产生一系列基于同一尺寸界线的尺寸标注，适用于长度尺寸、角度尺寸和坐标标注。在使用基线尺寸标注方式之前，应该先标注出一个相关的尺寸作为基线标准。
（1）执行此命令，移动鼠标光标到基线位置，单击确定标注基准点。
（2）移动鼠标光标到下一个位置，单击确定第二个参考点，该点的标注被确定，移动鼠标光标可以调整标注位置，在合适的位置单击确定标注位置。
（3）移动鼠标光标到下一个位置，按照上述方法继续标注。标注完所有的参考点后，右击退出。

6．放置角度尺寸标注

（1）执行此命令，移动鼠标光标到要标注的角的顶点或一条边上，单击确定标注的第一个点。
（2）移动鼠标光标，在同一条边上距第一点稍远处，再次单击确定标注的第二点。
（3）移动鼠标光标到另一条边上，单击确定第三点。
（4）移动鼠标光标，在第二条边上距第三点稍远处再次单击确定第四点。
（5）此时标注的角度尺寸确定，移动鼠标光标可以调整位置，在合适的位置单击完成一次尺寸的标注。
（6）此时可以继续放置尺寸标注，也可右击退出。

7．放置半径尺寸标注

（1）执行此命令，移动鼠标光标到圆或圆弧的圆周上，单击确定半径尺寸。
（2）移动鼠标光标，调整位置，在合适的位置单击完成一次尺寸的标注。
（3）此时可以继续放置尺寸标注，也可右击退出。

扫一扫，看视频

动手练——标注三相全压启动电路安装板

标注如图 14-34 所示的安装板文件的尺寸。

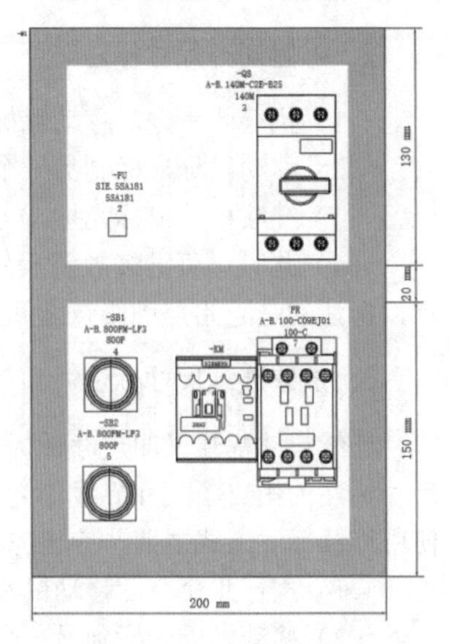

图 14-34　三相全压启动电路安装板

思路点拨：

（1）使用“线性尺寸标注”命令添加水平标注。

（2）使用“连续尺寸标注”命令添加垂直标注。

14.4.2　标注图层

尺寸标注放置在单独的层，防止可能的文字与电路交叉造成显示错误，一般地，尺寸会变为蓝色。

【执行方式】

- 菜单栏：选择菜单栏中的“选项”→“层管理”命令。
- 功能区：单击“工具”选项卡的“管理”面板中的“层”按钮。

【操作步骤】

执行上述操作，系统打开如图 14-35 所示的“层管理”对话框。在该对话框中选择“图形”→“尺寸标注”，在该界面下可以设置标注图层的线型、颜色、线宽等参数。

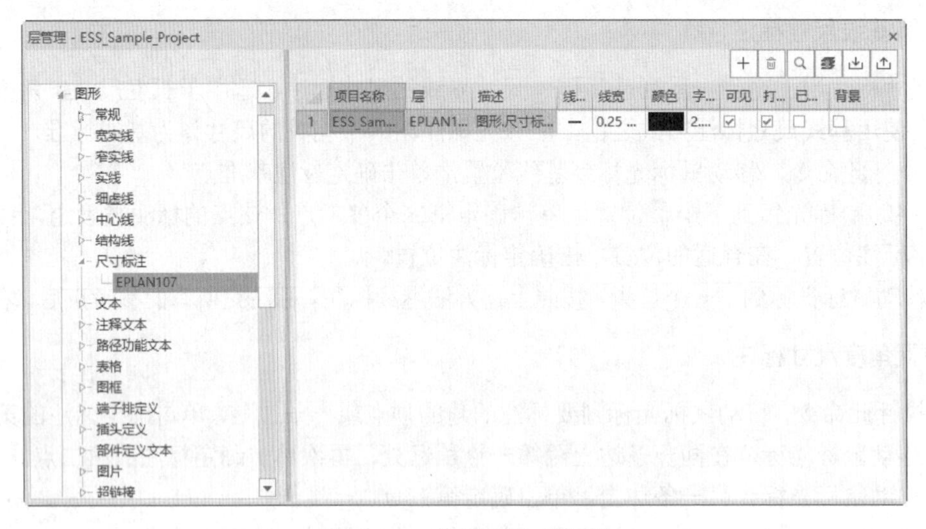

图 14-35　“层管理”对话框

扫一扫，看视频

14.5　操作实例——继电器控制电路安装板设计

【操作步骤】

选择菜单栏中的“项目”→“打开”命令，弹出“打开项目”对话框，打开项目文件 Relay control.elk。

1. 新建安装板文件

（1）在“页”导航器中选中 EAA，选择菜单栏中的“页”→“新建”命令，弹出如图 14-36 所示的“新建页”对话框。在“完整页名”文本框中输入图纸页名称“=CA1+EAA/6”，从“页类型”下拉列表中选择需要的页类型“安装板布局（交互式）”，在“页描述”文本框中输入“安装板布局设计”，在“比例”文本框中输入“1:2”。

图 14-36 “新建页”对话框

（2）单击“确定”按钮，完成安装板图纸页的添加，在“页”导航器中显示添加安装板图纸页的结果，如图 14-37 所示。

2. 放置安装板

（1）选择菜单栏中的“插入”→“盒子连接点/连接板/安装板”→“安装板”命令，此时鼠标光标变成交叉形状并附加一个安装板符号，单击在图中插入安装板。

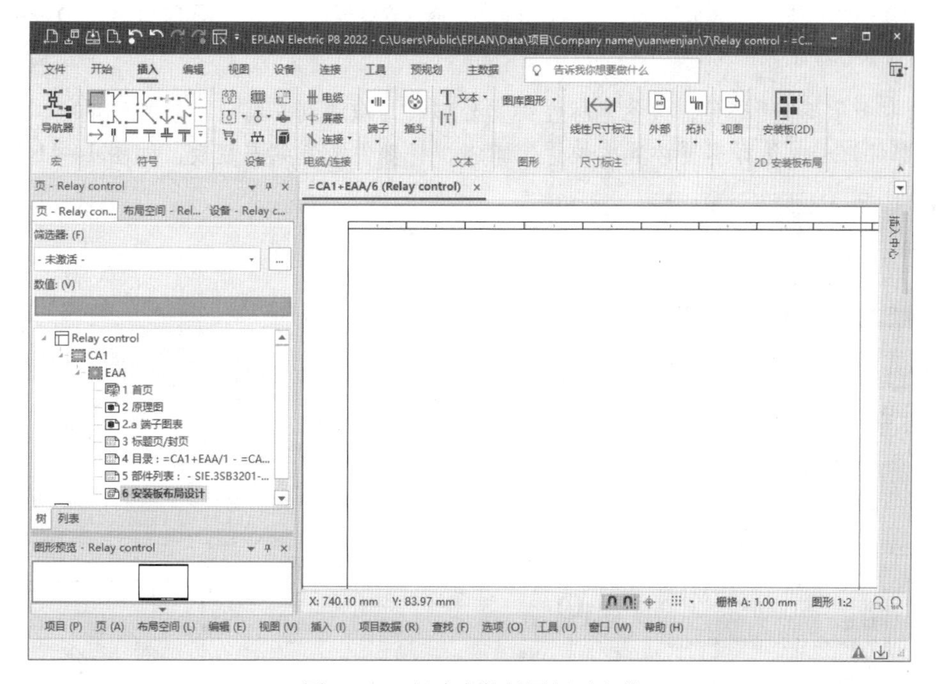

图 14-37 新建安装板图纸页文件

（2）弹出“属性（元件）：安装板”对话框，在“显示设备标识符”文本框中输入安装板的编号为 M1。打开“格式”选项卡，输入安装板的宽度为 200.00mm、高度为 200.00mm，如图 14-38 所示。

（3）单击“确定”按钮，关闭对话框。右击选择“取消操作”命令或按 Esc 键即可退出该操作，结果如图 14-39 所示。

3. 放置部件

（1）单击“设备”选项卡的“2D 安装板布局”面板中的“导航器”按钮，打开“2D 安装板布局”导航器，如图 14-40 所示。

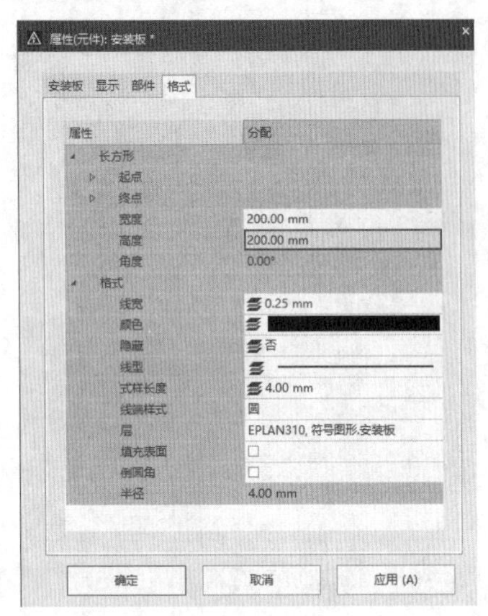

图 14-38 “属性（元件）：安装板”对话框

图 14-39 插入安装板

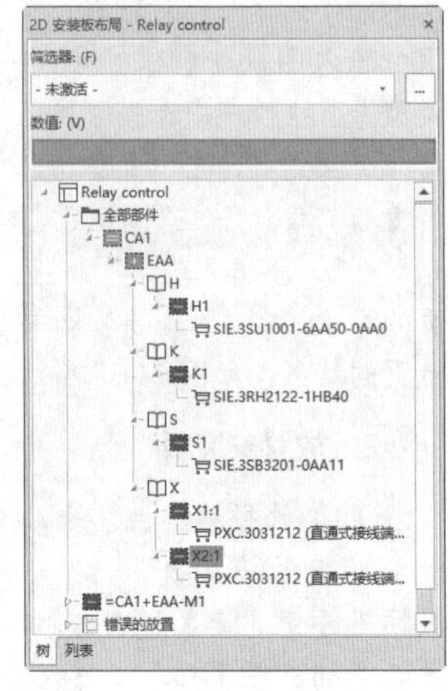

图 14-40 “2D 安装板布局”导航器

（2）选中指示灯 H1 部件，按住鼠标左键向外拖动，拖动到安装板上时松开鼠标，鼠标光标上显示浮动的部件符号。选择需要放置的位置，单击，将部件放置到安装板，如图 14-41 所示。

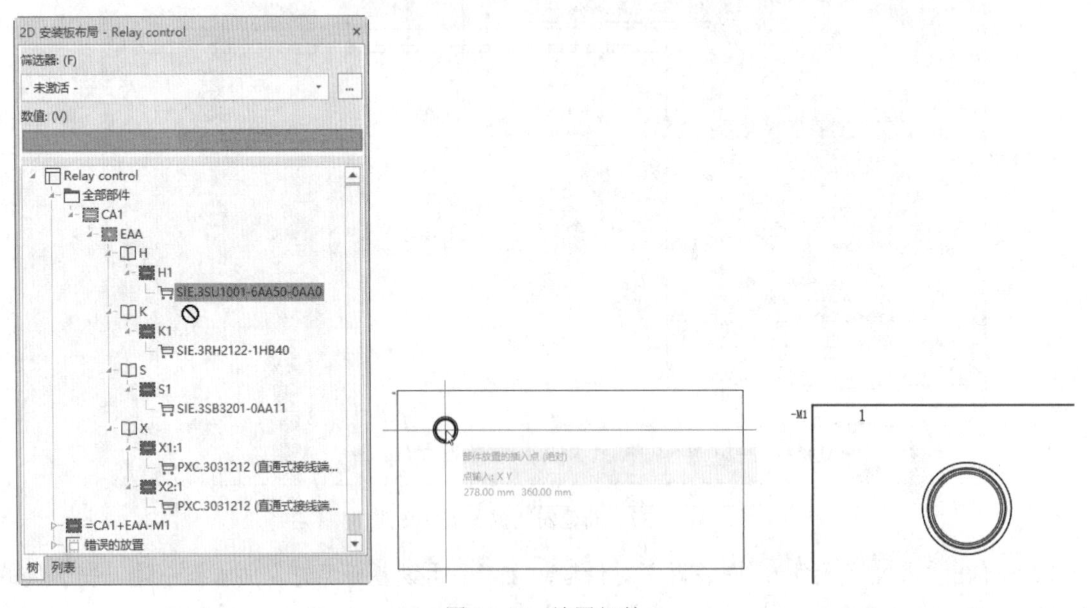

图 14-41 放置部件

（3）“2D 安装板布局”导航器中已经放置的部件前会显示√符号，如图 14-42 所示。

（4）使用同样的方法将所有的部件放置到安装板内，结果如图 14-43 所示。

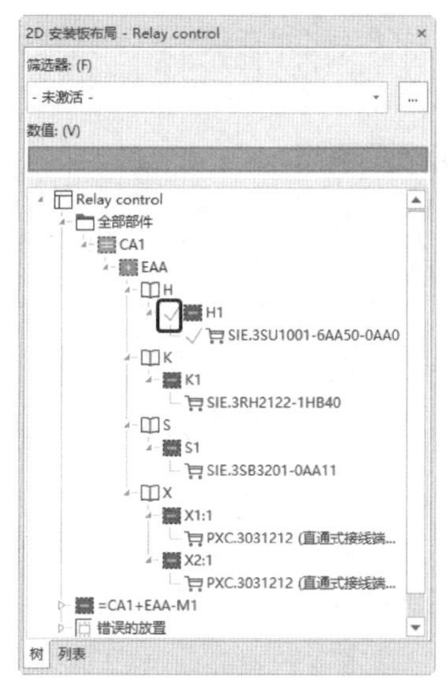

图 14-42　显示部件放置标记符号

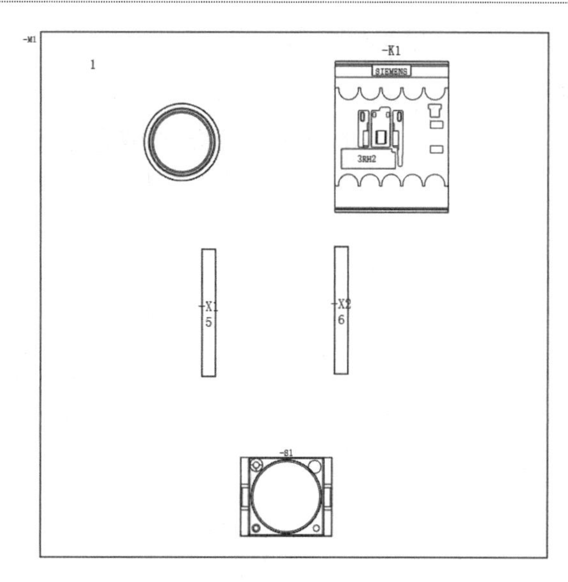

图 14-43　部件放置结果

4. 安装板布局

（1）指示灯属性文本显示 1，不能清楚地表示部件，一般需要通过设备标识符显示部件，因此需要设置属性文本。双击指示灯部件，弹出“属性（元件）：部件放置”对话框，打开“显示”选项卡，可以看到默认只显示“图例位置”属性，如图 14-44 所示。

图 14-44　“属性（元件）：部件放置”对话框

（2）单击“新建”按钮 + ，弹出“属性选择”对话框。在“查找”文本框中输入“设备”，按 Enter 键显示包含关键字的属性，选择“设备标识符（显示）”，如图 14-45 所示。单击“确定”按钮，添加“设备标识符（显示）”，如图 14-46 所示。单击“确定”按钮，关闭对话框，添加属性的部件如图 14-47 所示。

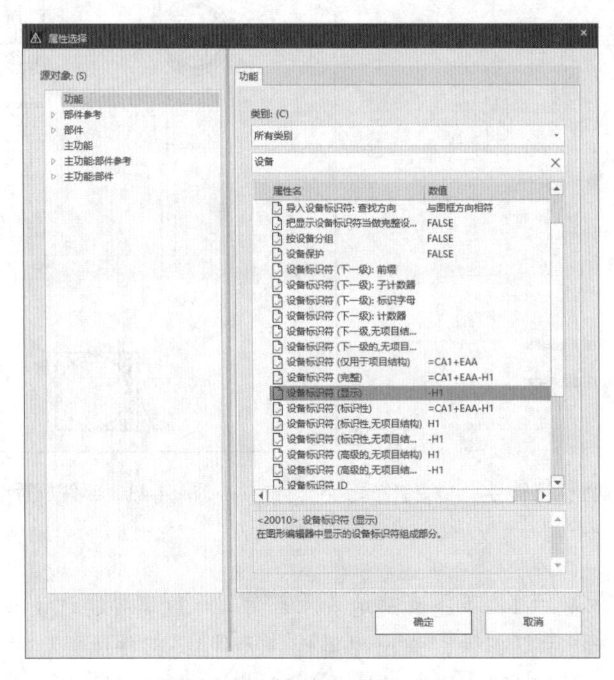

图 14-45　“属性选择”对话框

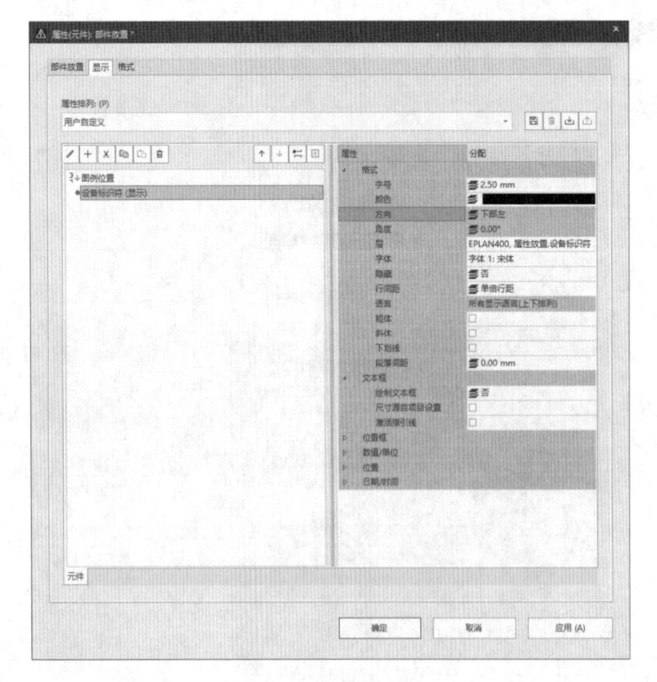

1
-H1

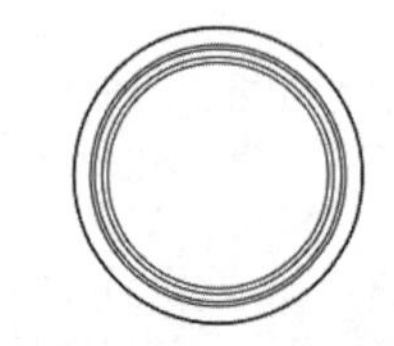

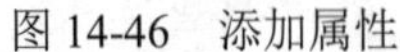

图 14-46　添加属性　　　　图 14-47　添加属性的部件

（3）单击“插入”选项卡的“图形”面板中的“长方形”按钮□，绘制适当大小的长方形。双击绘制的长方形，弹出“属性（长方形）”对话框，如图 14-48 所示。设置宽度与高度分别为 10.00mm 和 200.00mm，设置长方形颜色为蓝色，勾选“填充表面”复选框，结果如图 14-49 所示。

图 14-48　属性设置对话框

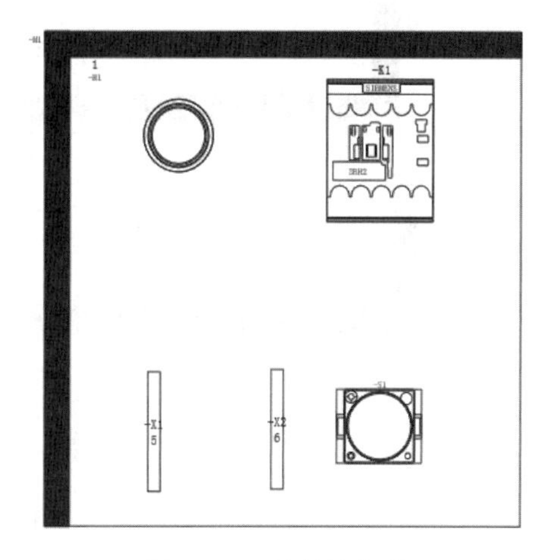

图 14-49　绘制长方形

（4）利用复制、镜像等命令，在安装板上插入线槽，结果如图 14-50 所示。

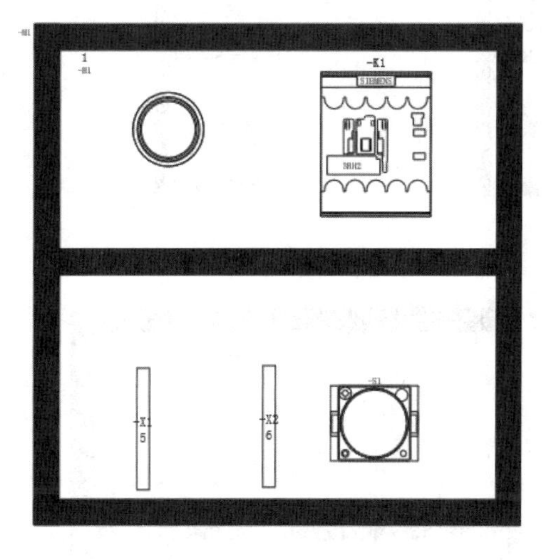

图 14-50　插入线槽

5．标注安装板

（1）单击“插入”选项卡的“尺寸标注”面板中的“线性尺寸标注”按钮，在安装板底板左侧端点单击，确定标注的起始点。移动鼠标光标到安装板底板右侧端点，再次单击确定标注的终止点。

（2）继续移动鼠标光标，可以调整标注的位置，在合适的位置单击完成一次水平尺寸的标注，如图 14-51 所示。此时仍可继续放置尺寸标注，按 Esc 键或右击退出尺寸的标注。

（3）单击“插入”选项卡的“尺寸标注”面板中的“连续尺寸标注”按钮，移动鼠标光标到指定位置，单击确定标注的起始点。移动鼠标光标到另一个位置，再次单击确定标注的终止点。

（4）以上一个位置为标注的起点，继续移动鼠标光标到另一个位置，单击确定标注的终止点，如图 14-52 所示。按 Esc 键或右击退出尺寸的标注。尺寸标注结果如图 14-53 所示。

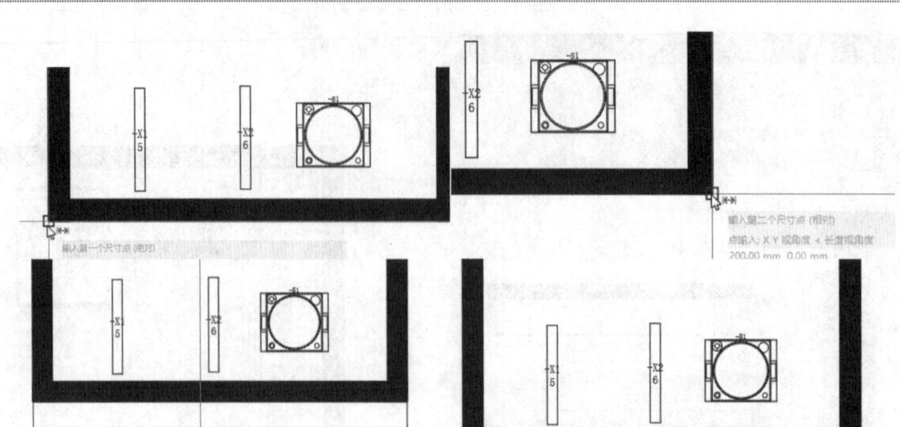

图 14-51　标注水平尺寸

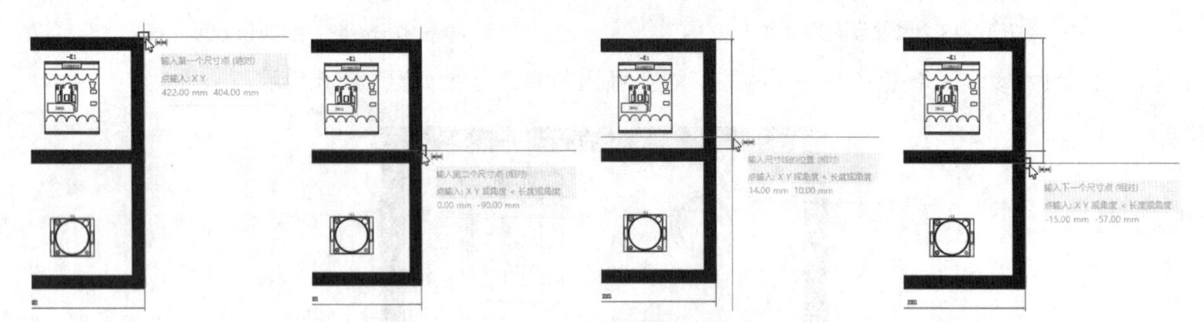

图 14-52　连续尺寸标注

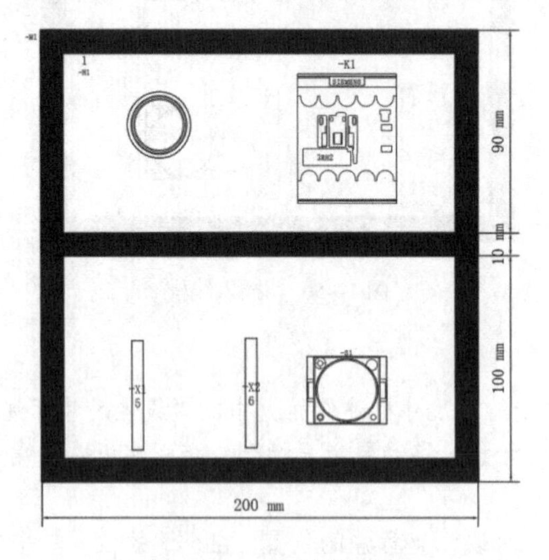

图 14-53　尺寸标注结果

第 15 章　电气柜安装

内容简介

电气柜主要用在工业电气控制方面，柜体内可放入变频器、PLC、接触器等电子元件。电气柜内部空间大，主电、弱电分区，集成在一个柜体里，功能强大，能满足电气控制各种要求。

内容要点

- 电气柜概述
- 布局空间
- 柜体设计
- 安装板设计

案例效果

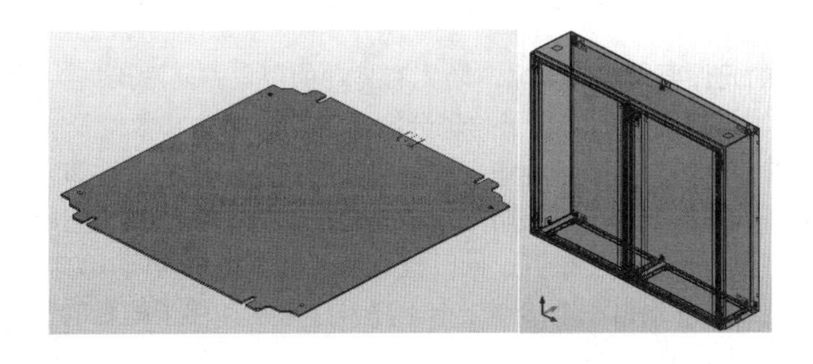

15.1　电气柜概述

电气柜中元件的安装方式应符合该元件的产品说明书的安装规定，以保证电气设备的正常工作条件。在屏内的布局应遵从整体的美观，并考虑控制元件之间的电磁干扰和发热性干扰，元件的布置应讲究横平竖直原则，整齐排列，如图 15-1 所示。

图 15-1　电气柜示意图

15.1.1　电气柜电气工艺流程

电气柜安装、配线前应先审图整理思路，将原理图与接线图进行核对，确保图纸无误且无疑问后再施工。若有不懂的地方可以咨询设计人员，这样利于配线。

1．准备齐配线所用工具、材料以及电气元件

2．安装线槽

（1）在电盘上打 M5 的孔。

（2）线槽要垂直安装、牢固美观（横向槽与竖向槽垂成直角）。

（3）在线槽上紧固螺栓时加防振平垫。

3．安装导轨

（1）选用制材较硬的 C 型槽导轨（规格：1m/根）。如果选用制材较软的导轨，卡上元件时可能会引起晃动。

（2）根据需要的尺寸截取导轨，切割面打磨毛刺。

（3）在电盘上安装导轨至少需要过中心位固定 3 个点。

（4）安装好的导轨与线槽平行。

4．安装电气元件

（1）严格按照元件布置图中的排列顺序来安装每个电气元件，同时核对好型号是否对应。若是相同类型的多个电气柜，所有元件的排列顺序一定要统一，便于售后维修时好核对图纸。

（2）直接固定在电盘上的较大元件（变频器等），统一使用 M5×10 的不锈钢十字花螺栓，并且加平、弹垫。

（3）卡在导轨上的元件要卡实、卡紧，防止有晃动的现象。两端用堵头固定。

（4）安装端子：①根据图纸上的端子列表分清每组端子的总共数量及类别；②为了把每组端子区分开，在端子排的首端加上一个带标识牌的堵头；③在端子排的首端和末端的端子上分别加上绝缘挡板，防止漏电，再各加上一个堵头防止端子坠落；④根据图纸安装完所有端子后，用钳子敲敲端子排的前后两端，使端子紧凑而整齐；同时检查所有端子是否为同一方向安装，防止有相反方向的安装导致端子间短路；⑤根据图纸给端子卡上序号（申购和端子配套的塑料端子号）。

5．配线

配线要有先后顺序，先配主电路再配辅助电路，配线完成后要检查有没有漏接。

（1）按照图纸施工，接线正确，导线与电气元件采用螺栓连接、插接或压接等方式均应牢固可靠，接线良好；并且接线处导线不能有外露。

（2）结合图纸的提示来选择导线的颜色及型号规格：①使用不同颜色的导线区分不同的用途，如三相电源用黄、绿、红三种颜色，零线用蓝色，接地线用黄绿色，信号电用黑色；②合理选择导线的截面。

导线截面选择过大时，将增加线路的造价；导线截面选择过小时，电路运行期间不仅会产生大的电压损失和电能损失，而且往往容易使导线接头过热，以致引起断线等严重事故，另外还会限制以后负荷的增加。根据图纸提示大体分为：主电路回路选用的导线截面大于或等于 $4mm^2$；220V 电压回路用 $2.5mm^2$、$1.5mm^2$；信号电回路用 $0.75mm^2$、$1mm^2$。接地线截面的选择：输入电压较小的元件（如 PLC）用 $1.5\ mm^2$ 的导线而较大的元件（如变频器）用 $2.5mm^2$ 或 $2.5mm^2$ 以上的导线。

（3）接线时要检查好导线两端的信号是否对应，以免出错。而且导线要绝缘良好，无损伤，

配电盘上的导线无须接头。

（4）打印线号：①正确打印，字迹清晰、美观（线号管洁白无污染）；②选用线号管的型号与电缆要一致，线号管穿进去与电缆正好相符合；③调节线号机上的字号与段长，强电（三相电等）字号为5，段长为22mm，弱电（信号电）字号为3，段长为18mm；④在剥线前穿线号，回路编号一定要正确，线号方向要一致。

6．扣线槽盖

（1）截取的线槽盖与线槽一致。

（2）确保线槽盖清洁无污染后，在元件正方的线槽盖上贴上元件名称的标签。

7．整理电气柜

（1）控制柜门上的元件，如指示灯、按钮、旋钮、开关等都应安装牢固，用手带住后再把背面用小平口螺丝刀剔紧，防止日后松动。

（2）门子上所有元件的进出导线，引到配电盘上的要用扎带扎紧后绕上绕线管固定好。

（3）电气柜上的地线做成弹簧状，在线头上压OT型端头。

（4）在控制柜上安装排风扇的滤网时一定要把夹在里面的海绵去除。

（5）在电气柜门子上贴上标识语。

8．自检工作

（1）对照图纸检查所有回路，有无漏接、接错等现象。

（2）检查导线绝缘是否良好。

（3）检查整体外观是否良好、整洁。

（4）通电试验。

15.1.2 电气元件的安装与标号

1．电气元件的安装

（1）应根据电气原理图中的底板布置图来测量线槽与导轨的长度，测量好后用相应的工具进行截断。

（2）如果两个线槽要搭在一起，那么一根线槽的一端应切成45°的斜角，并在线槽两端打上固定孔。

（3）线槽、导轨按照图纸放置在电气底板上，并用黑色记号笔标记好定位孔。

（4）在底板上冲眼，然后用螺钉、螺母将线槽、导轨固定在底板上。

（5）对于低压电气元件，应按照电气原理图中的底板布置图，把它们安装在导轨上。而对于PLC、开关电源等，因为不需要进行导轨安装，因此要进行打孔、攻丝，再安装于底板上。

（6）软启动器、变频器等，要先用钻头打孔，然后用丝锥攻丝，再安装于底板上。

（7）电气元件的安装方式应符合安装规定，以确保电气设备能够正常工作，并考虑整体的美观性。

（8）电气柜中的元件在安装时要考虑避免电磁干扰和发热性干扰，其布置应该讲究横平竖直，排列应整齐。

（9）所有元件的安装要便于检修和更换，重要操作元件及指示显示类元件的离地距离应为

1.6m，要在视线范围内，这样便于操作。

（10）元件的安装要固定，不因振动而受损。若有防振要求，则应采取相应的防振措施。

2．标号头的要求

（1）对于辅助电路的连接线，应在两端进行标记，套装标号头。

（2）标号头应根据接线图所注明的数字打印在套管上，并且套管直径应与导线粗细相配合。

（3）标号头要求标号清晰正确，无任何错误，不能手写。

15.2 布局空间

图纸空间是图纸布局环境，可用于指定图纸大小、显示模型的多个视图及创建图形标注和注释。EPLAN 绘制设备布置图时需要先完成空间布局，才可以进行安装板布局。

15.2.1 “布局空间”导航器

和大多数导航器相同，“布局空间”导航器可以查看、管理项目文件下的所有布局空间。

【执行方式】

菜单栏：选择菜单栏中的“布局空间”→“导航器”命令。

【操作步骤】

（1）执行上述命令，打开如图 15-2 所示的“布局空间”导航器，选择水平顶板，在“图形预览”窗口中显示水平顶板 3D 模型。在选中的布局空间上右击，弹出快捷菜单，包含布局空间的编辑命令。

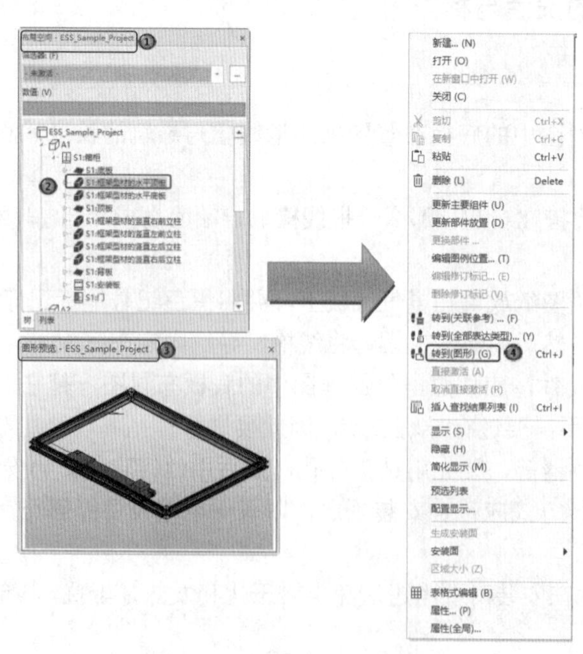

图 15-2 “布局空间”导航器

（2）选择“转到（图形）”命令，自动进入布局空间编辑环境，在工作区中打开水平顶板 3D 模型布局空间，如图 15-3 所示。

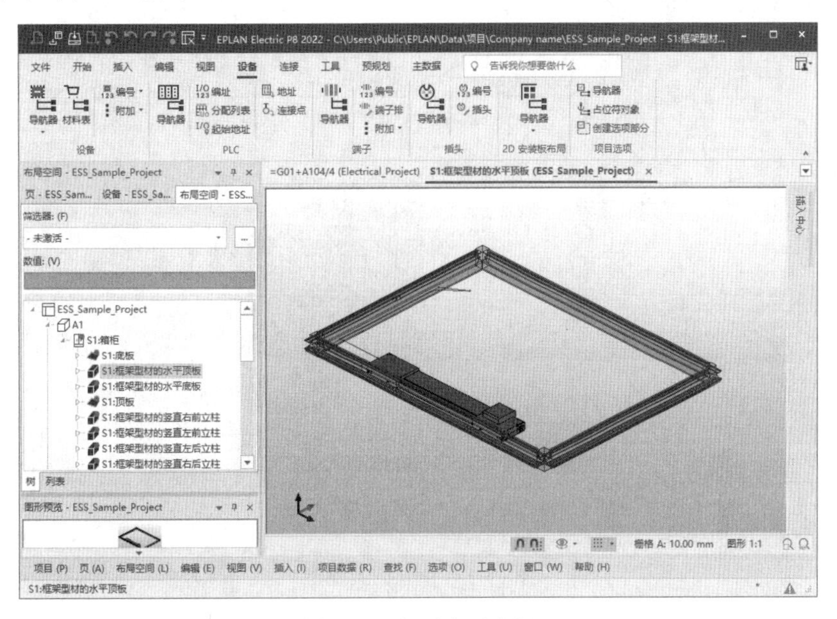

图 15-3 打开布局空间

15.2.2 导入三维模型

进行 3D 布局时，必不可少的是 3D 图，在 EPLAN 中需要导入.stp 格式的 3D 图，所以需要提前将 3D 图导出成.stp 格式。

【执行方式】

菜单栏：选择菜单栏中的“布局空间”→“导入（3D 图形）”命令。

【操作步骤】

执行上述命令，弹出“打开”对话框，如图 15-4 所示。选择 jigui.stp 文件，单击“打开”按钮，导入三维模型，如图 15-5 所示。

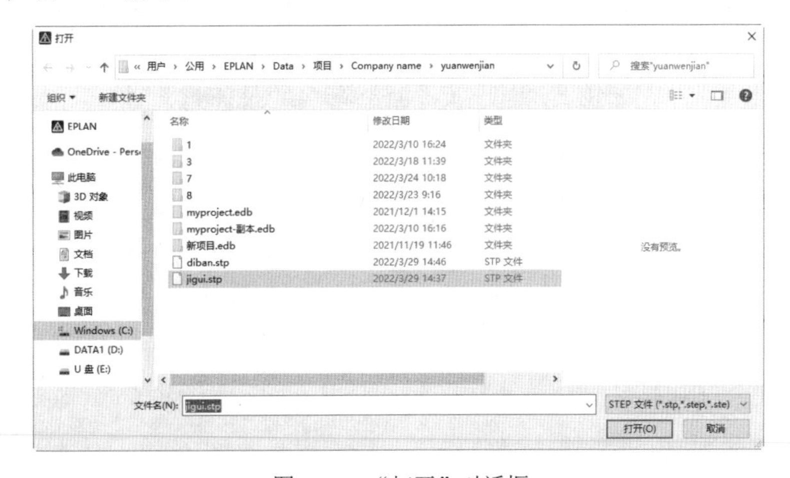

图 15-4 “打开”对话框

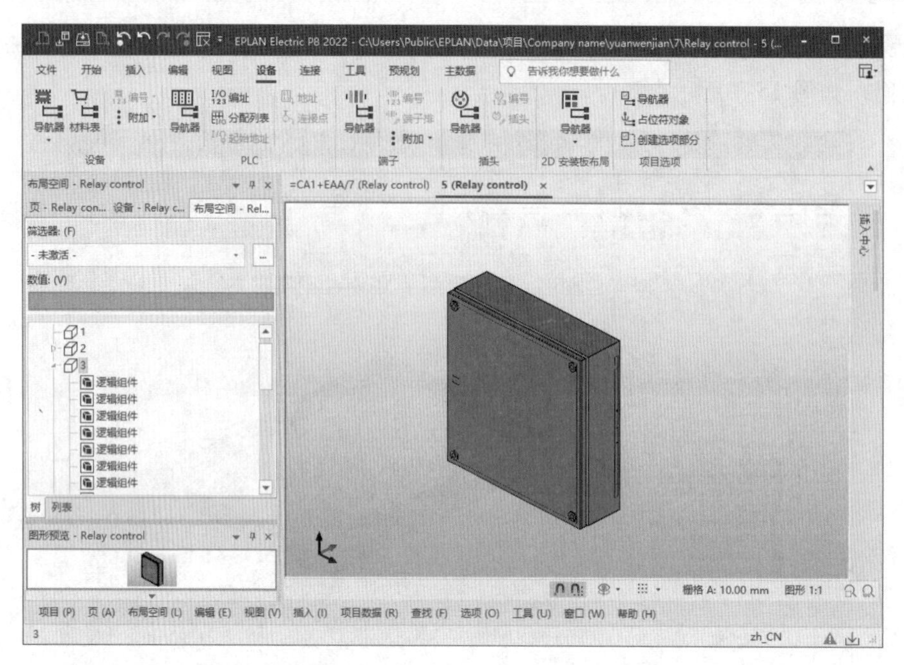

图 15-5　导入三维模型

15.2.3　新建布局空间

布局空间实际上是箱柜设备的三维模型图形。

【执行方式】

菜单栏：选择菜单栏中的“布局空间”→“新建”命令。

扫一扫，看视频

动手学——创建空间布局

【操作步骤】

（1）选择菜单栏中的“布局空间”→“新建”命令，打开如图 15-6 所示的“属性（元件）：布局空间”对话框。在“名称”文本框中定义该布局空间的名称；单击“结构标识符”文本框右侧的…按钮，在弹出的对话框中选择高层代号与位置代号，在“描述”文本框中输入“启动控制电路”。

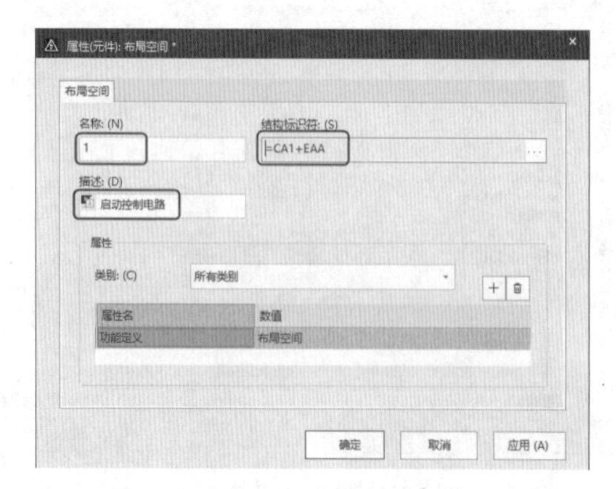

图 15-6　“属性（元件）：布局空间”对话框

（2）单击“确定”按钮，关闭对话框，进入布局控件编辑环境。在“布局空间”导航器中显示新建的布局空间 1，如图 15-7 所示。

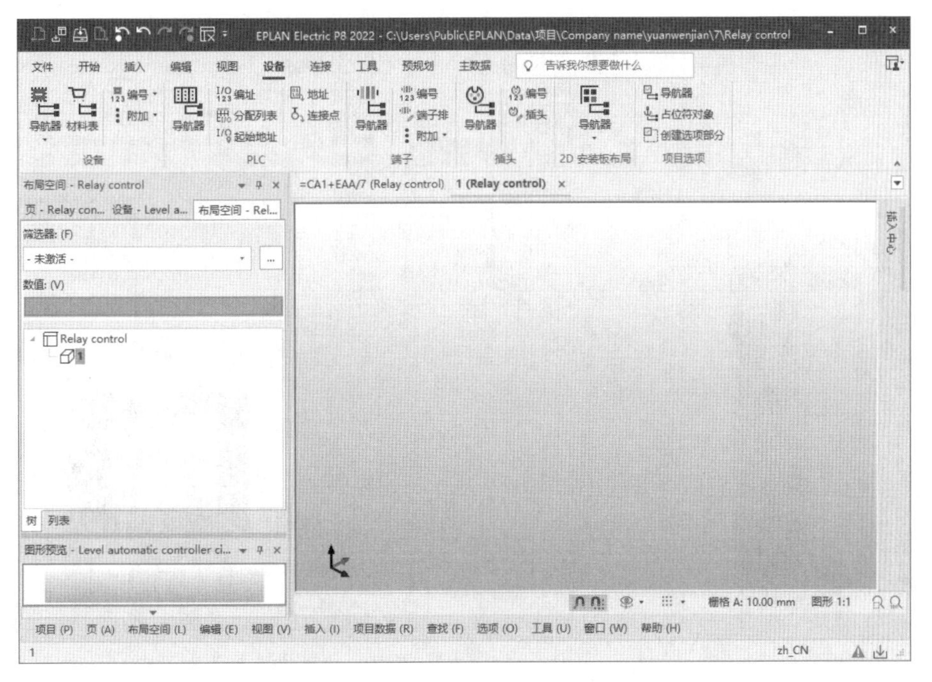

图 15-7 布局空间

15.3 柜体设计

创建布局空间后，即可在布局空间编辑环境中根据图纸进行电气柜的柜体设计，在箱柜中组装安装板、导轨与线槽等，如图 15-8 所示。

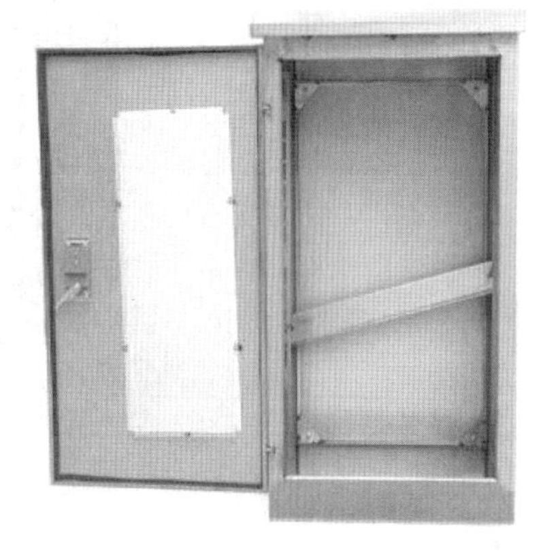

图 15-8 机柜柜体

15.3.1 插入箱柜

在电气工程中，电气元件基本上都是布置在电控箱及电控柜中，在为电气元件布置空间前，需要插入空的电控箱或电控柜，如图 15-9 所示。

【执行方式】

- 菜单栏：选择菜单栏中的“插入”→“箱柜”命令。
- 功能区：单击“插入”选项卡的“设备”面板中的“箱柜”按钮。

【操作步骤】

（1）执行上述操作，打开如图 15-10 所示的“部件选择”对话框。在“箱柜”列表中显示了不同部件编号的箱柜设备。

图 15-9　箱柜

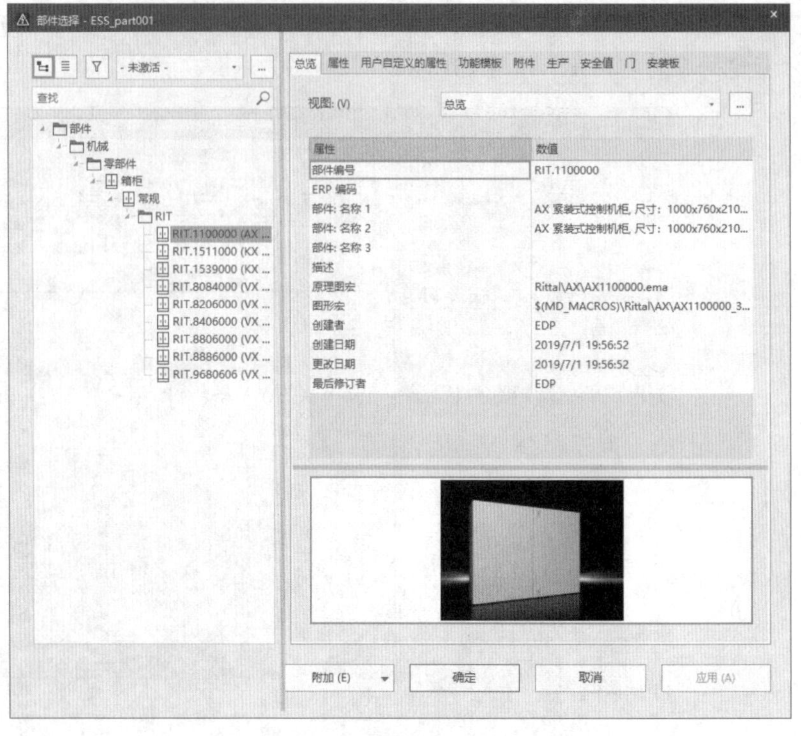

图 15-10　“部件选择”对话框

（2）选择指定部件编号的箱柜，单击“确定”按钮，关闭对话框。此时鼠标光标上显示部件插入点并附带箱柜符号，移动鼠标光标到需要放置箱柜处，单击放置。

（3）此时，鼠标光标仍处于箱柜放置状态，右击选择“取消操作”命令或按 Esc 键，退出当前状态，如图 15-11 所示。

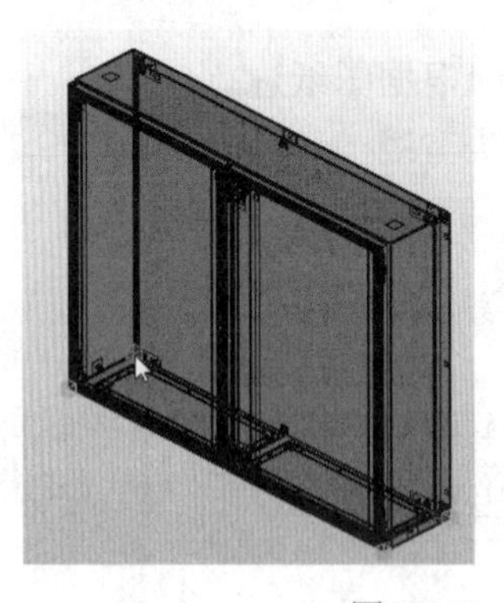

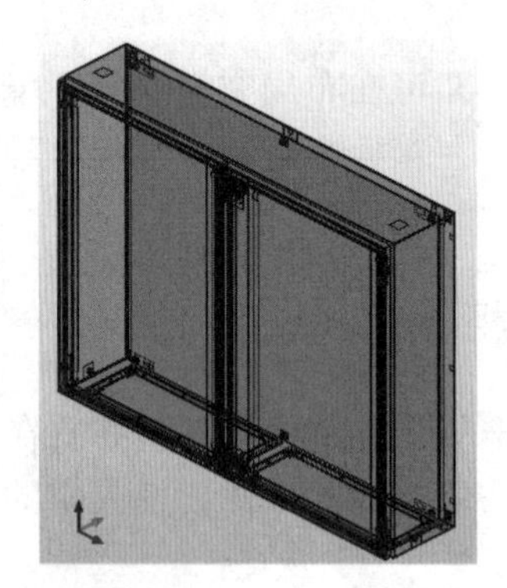

图 15-11　放置箱柜

知识拓展：

1. 基准点

基准点是插入对象时，鼠标光标在对象上的悬停点，如图 15-12 中的蓝色立方体图标。

部件插入点是基准点中的一个，每个设备的插入点不同。在放置箱柜的过程中，按 A 键可以切换箱柜的部件插入点，如图 15-13 所示。

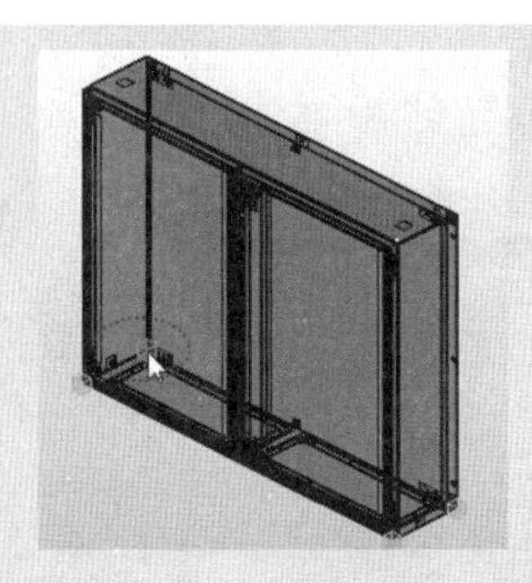

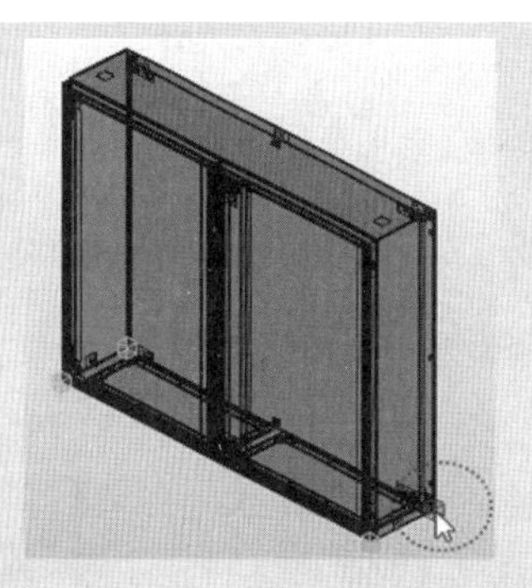

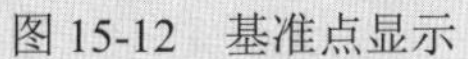
图 15-12 基准点显示

图 15-13 切换部件插入点

2. 箱柜组成

打开“布局空间”导航器，显示不同项目下的布局空间，在布局空间中显示柜体的三维模型。在 EPLAN 中，设备布置图中的箱柜是由附件、安装板、导轨和线槽等结构组成，如图 15-14 所示。

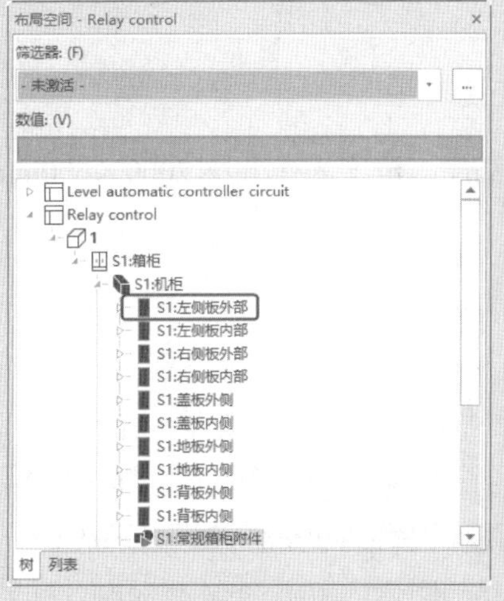

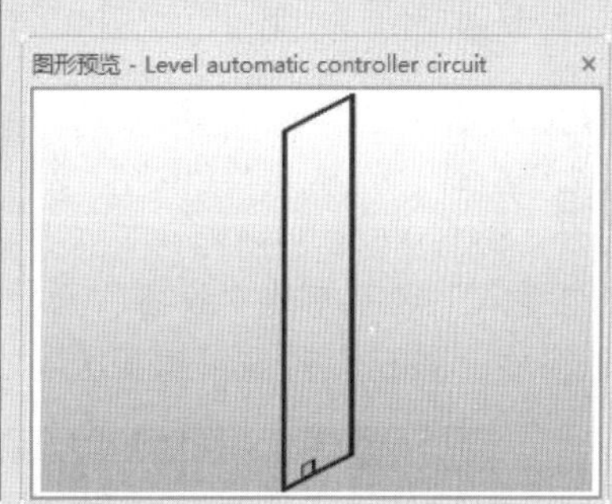

(a) 左侧板

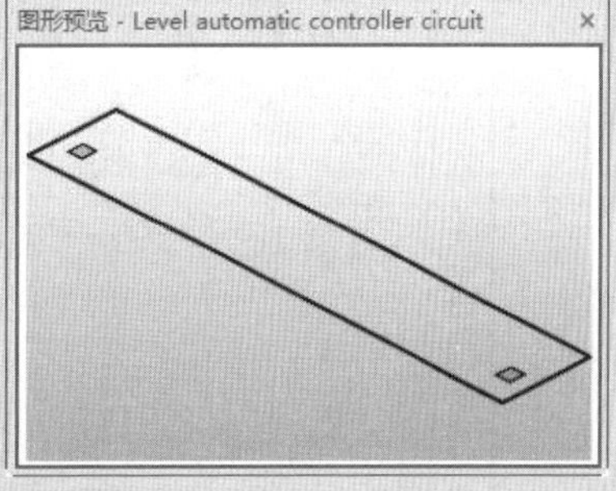

(b) 盖板

图 15-14 箱柜组成

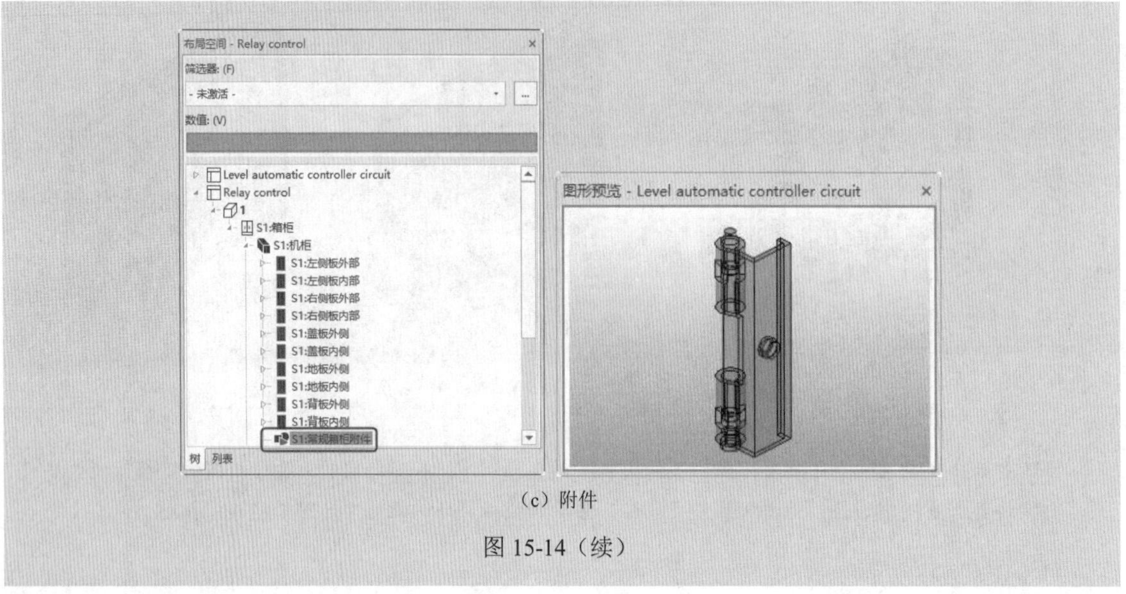

（c）附件

图 15-14（续）

扫一扫，看视频

动手学——放置机柜

本实例在布局空间中插入双门式、宽度×高度×深度为 1200×2000×600mm 的 VX 并联机柜系统。

【操作步骤】

1．插入箱柜

（1）单击“插入”选项卡的“设备”面板中的“箱柜”按钮，打开如图 15-15 所示的“部件选择”对话框，在“箱柜”列表中选择大小为 1200×2000×600 的箱柜 RIT.8206000。

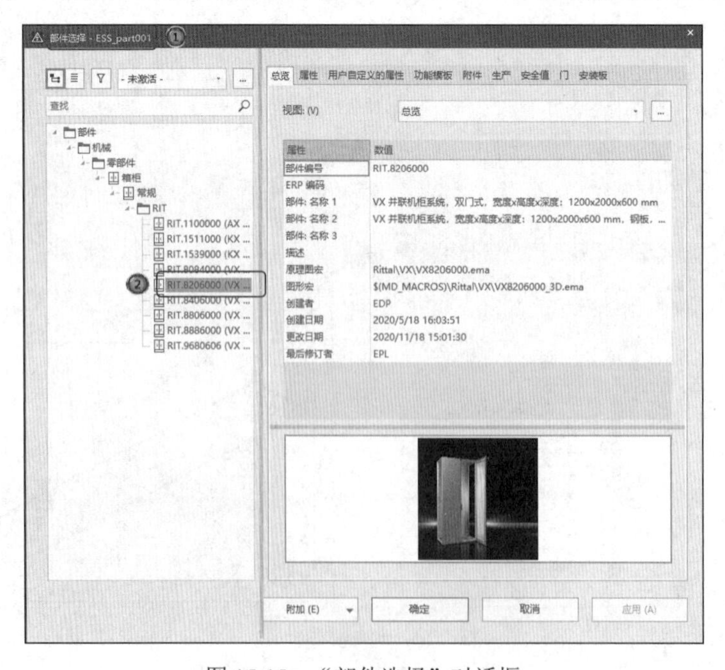

图 15-15　“部件选择”对话框

（2）单击“确定”按钮，关闭对话框。单击放置箱柜，此时在“布局空间”导航器中显示放置的 S1 箱柜，如图 15-16 所示。

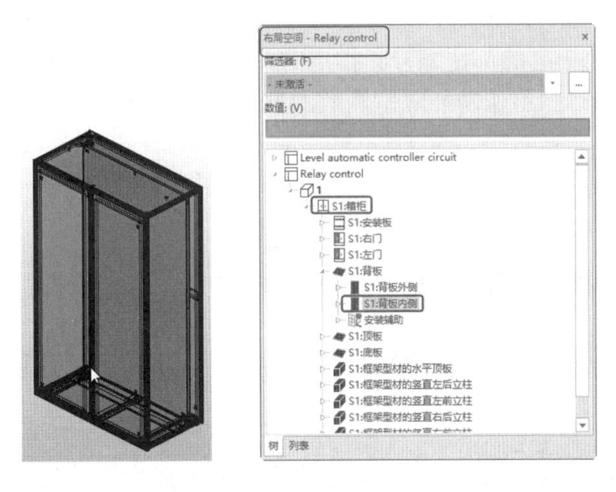

图 15-16　放置箱柜

2. 激活安装面

将箱柜插入到布局空间中后，需要激活对应的安装面才能进行线槽、导轨和电气元件的放置。

（1）箱柜中的线槽、导轨一般放置在背板内侧，在“布局空间”导航器中选择“S1：背板内侧”，右击，选择“直接激活”命令。绘图工作区由 3D 箱柜视图直接切换为安装面正视图状态，视角切换到 S1 背板正面图。

（2）在布局空间中，激活的安装面以“绿色”状态显示，其他箱柜件以橘色隐藏状态显示。S1 背板处于激活状态，如图 15-17 所示，此时可在 S1 背板放置线槽与导轨。

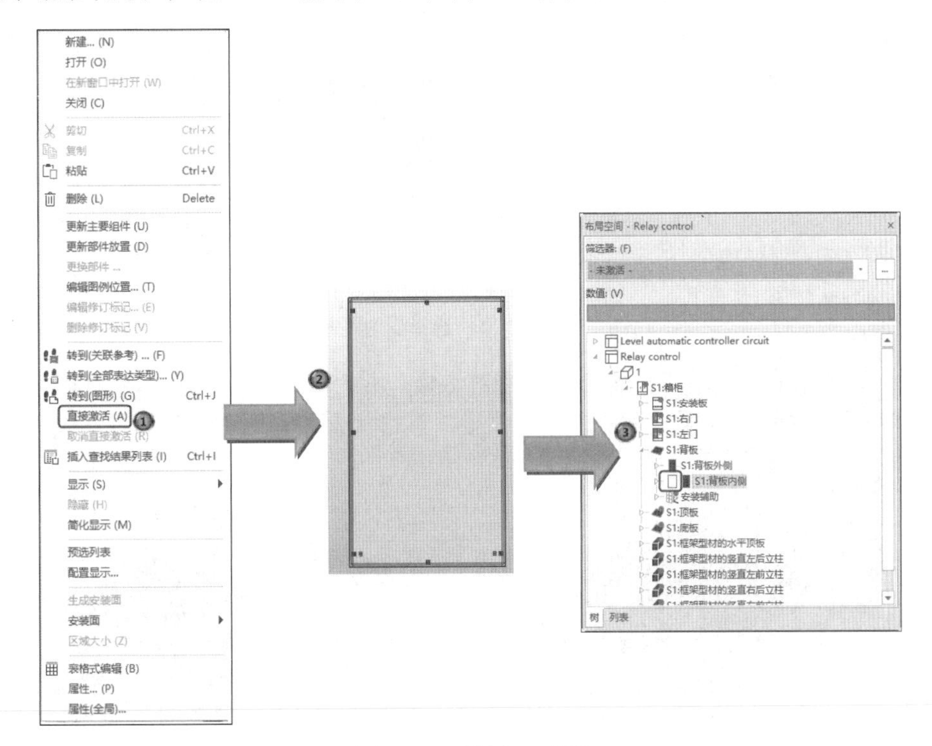

图 15-17　激活 S1 背板

15.3.2 插入安装板

EPLAN 中的安装板可以是箱体的底板，也可以是箱体的门板或侧板。EPLAN 中包含安装板的标准件，这些安装板具有指定的部件编号和指定的大小，包含用作 KX 接线盒和 KX 总线箱体的 KX 安装板，大小为 375×385；用作功能隔室侧板的安装板，包含 600×200、600×300、600×400 三种尺寸。

【执行方式】

- 菜单栏：选择菜单栏中的“插入”→“安装板”命令。
- 功能区：单击“插入”选项卡的“设备”面板中的“安装板”按钮。

【操作步骤】

（1）执行上述操作，打开如图 15-18 所示的“部件选择”对话框。在“安装板”列表中显示四种部件编号的安装板。

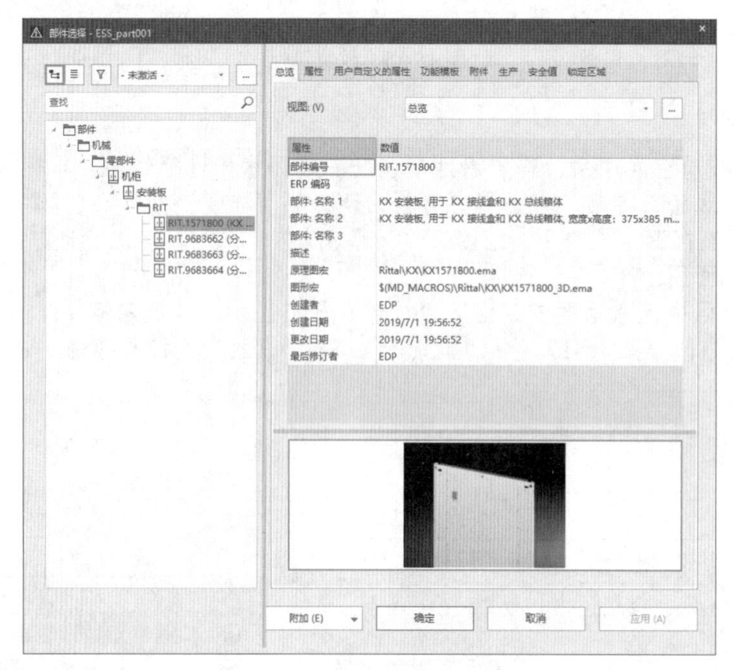

图 15-18 “部件选择”对话框

（2）选择部件，单击“确定”按钮，关闭对话框。此时鼠标光标上显示部件插入点并附带安装板符号，移动鼠标光标到需要放置安装板的位置，单击放置，如图 15-19 所示。

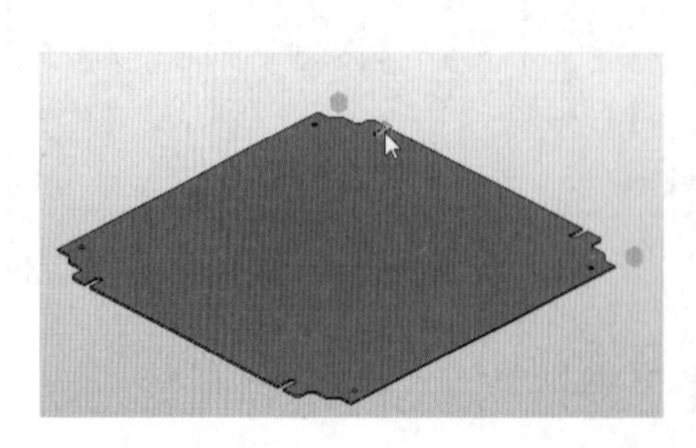 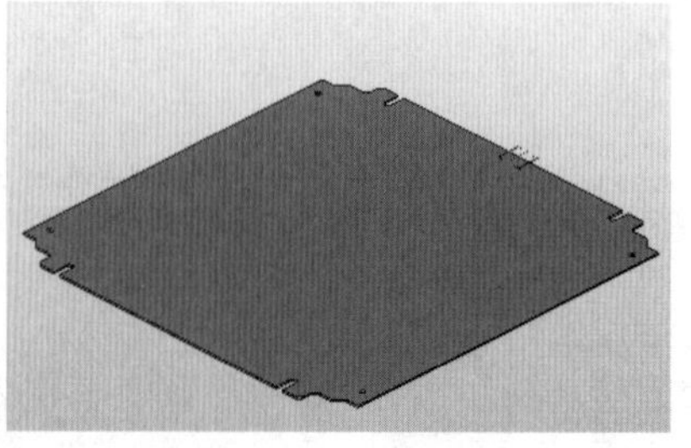

图 15-19 放置安装板

15.4　安装板设计

电气柜中的线槽、导轨或附件安装在指定的安装板上，绘制安装板时，需要在安装板上预留安装线槽、导轨或附件的定位孔，如图 15-20 所示。

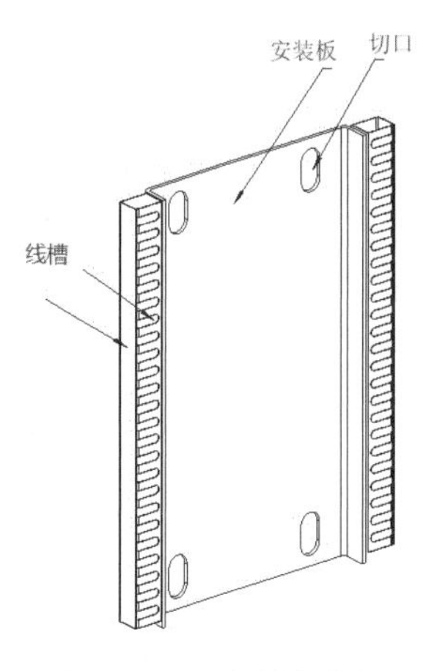

图 15-20　定制安装板

15.4.1　自定义安装板

不是所有的柜体中都可以使用标准的安装板，根据实际需要，EPLAN 提供了插入指定大小安装板的功能。

【执行方式】

➢ 菜单栏：选择菜单栏中的“插入”→“自由安装板”命令。
➢ 功能区：单击“插入”选项卡的“设备”面板中的“插入自由安装板”按钮 。

扫一扫，看视频

动手学——放置安装板

【操作步骤】

（1）单击“插入”选项卡的“设备”面板中的“插入自由安装板”按钮 ，打开如图 15-21 所示的“自由安装板”对话框，在文本框中输入安装板的宽度、高度、深度分别为 500.00mm、1000.00mm、3.00mm。

（2）单击“确定”按钮，关闭对话框。此时鼠标光标上显示部件插入点并附带安装板符号，移动鼠标光标到需要放置安装板的位置，单击放置，如图 15-22 所示。

图 15-21　“自由安装板”对话框

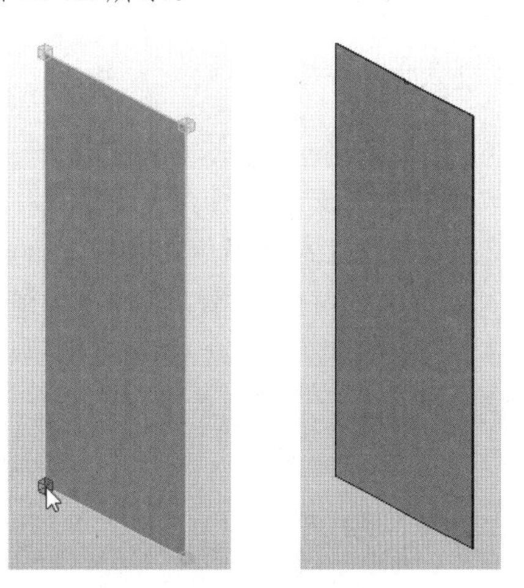

图 15-22　放置自由安装板

（3）在“布局空间”导航器中显示放置的 MP1 安装板，如图 15-23 所示。在“布局空间”导航器中选择“MP1：安装板正面”，右击，选择“直接激活”命令，视角切换到安装板正面，安装板正面处于激活状态，如图 15-24 所示。

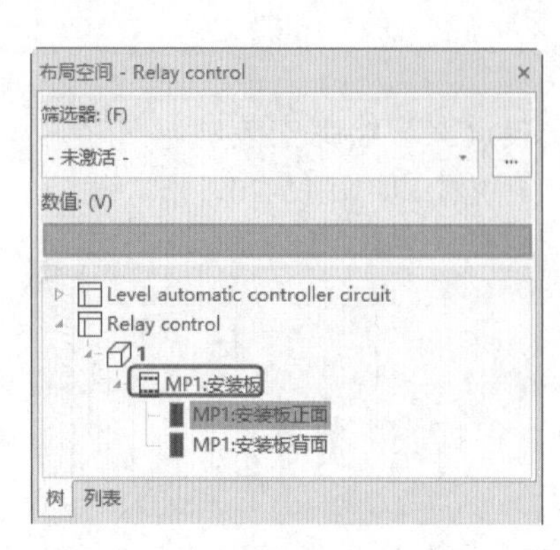

图 15-23 显示放置的安装板

图 15-24 激活安装板正面

15.4.2 插入线槽

线槽一般通常称为行线槽、走线槽、配线槽，主要用于电气设备内部布线（如配电柜、配电箱、控制柜、动力柜、开关柜内部布线等），在 1200V 及以下的电气设备中对敷设其中的导线起机械防护和电气保护作用。

【执行方式】

- 菜单栏：选择菜单栏中的“插入”→“线槽”命令。
- 功能区：单击“插入”选项卡的“设备”面板中的“线槽”按钮。

扫一扫，看视频

动手学——插入多根线槽

【操作步骤】

1. 插入水平线槽

（1）单击“插入”选项卡的“设备”面板中的“线槽”按钮，打开如图 15-25 所示的“部件选择”对话框。在安装板列表中显示 3 种部件编号的线槽。

（2）选择指定部件编号的线槽，单击“确定”按钮，关闭对话框。此时鼠标光标上显示部件插入点并附带线槽符号，移动鼠标光标到需要放置线槽的位置，单击放置，如图 15-26 所示。

（3）线槽的部件基准点包含上、下、中点，默认情况下，线槽的部件基准点在中点。选择菜单栏中的“选项”→“切换基准点”命令，或按 A 键切换基准点“下”作为部件插入点，如图 15-27 所示。

2. 插入垂直线槽

捕捉水平线槽下方作为垂直线槽的起点，向下拖动鼠标，在适当的位置单击，确定垂直线槽的第二点，完成线槽的绘制，如图 15-28 所示。

图 15-25　“部件选择”对话框

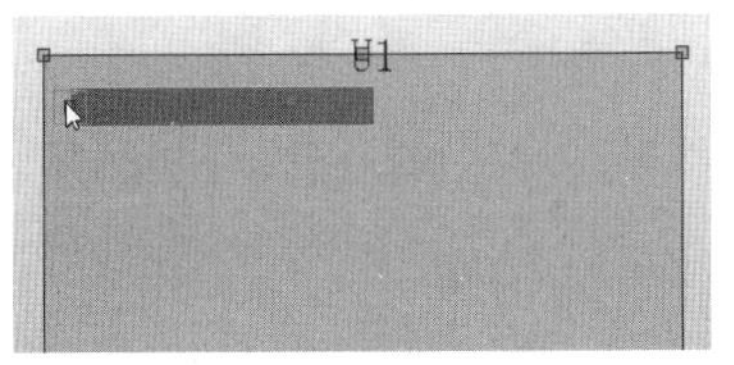

（a）捕捉第一点

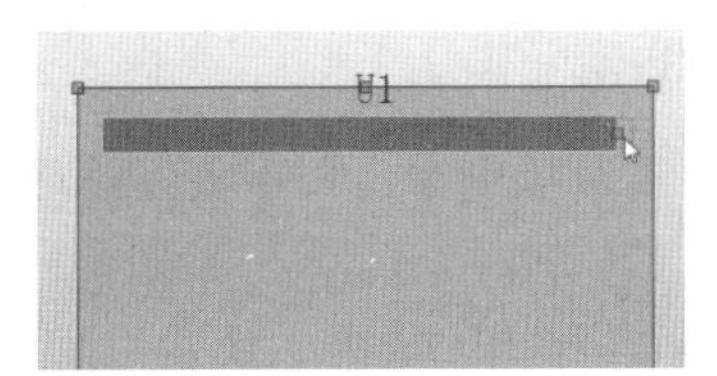

（b）捕捉第二点

图 15-26　放置线槽

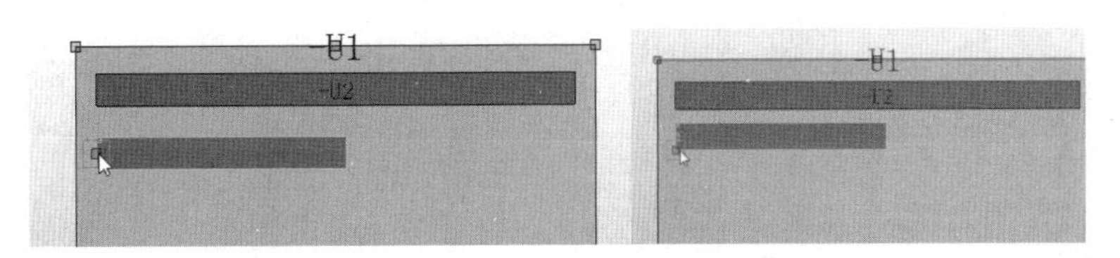

图 15-27　切换基准点

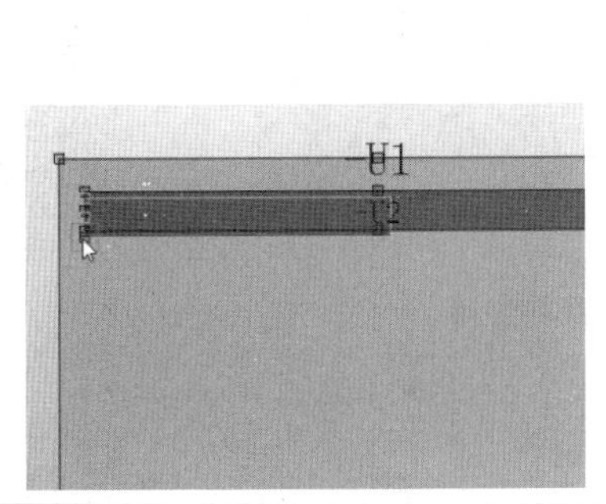

（a）捕捉第一点

（b）向下拖动

（c）完成绘制

图 15-28　绘制线槽

3．复制外部线槽

（1）选中左侧垂直线槽，按快捷键 Ctrl+C 和 Ctrl+V，鼠标光标上显示浮动的垂直线槽，按 A 键切换基准点，单击捕捉水平线槽右侧下方基准点，插入右侧垂直线槽，如图 15-29 所示。

（2）自动弹出“插入模式”对话框，默认选择“不更改”选项，如图 15-30 所示。单击“确定”按钮，关闭对话框，完成线槽的复制。

（3）单击“插入”选项卡的“设备”面板中的“线槽”按钮，插入水平线槽，结果如图 15-31 所示。

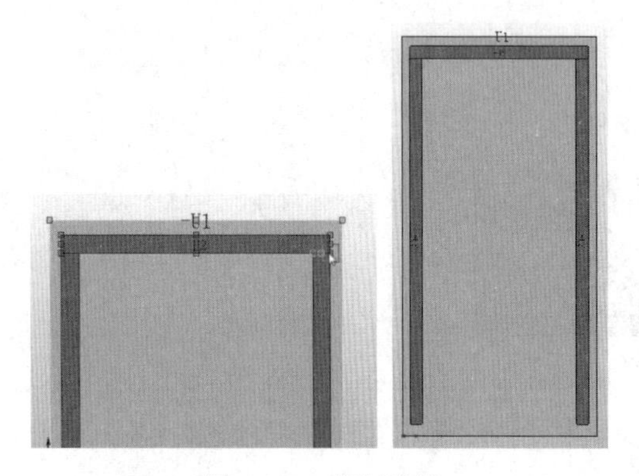

图 15-29　复制线槽

图 15-30　“插入模式”对话框

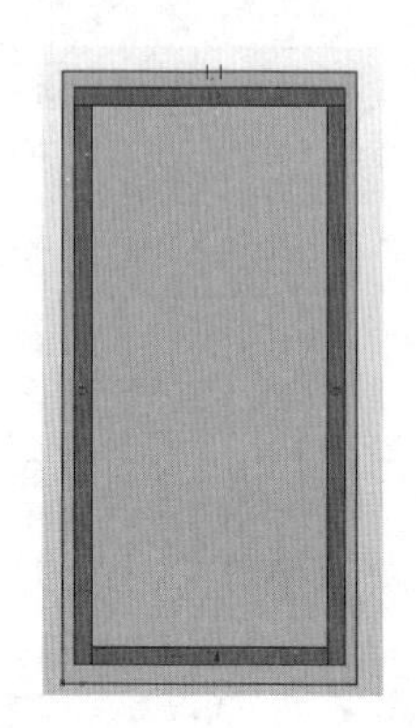

图 15-31　插入水平线槽

4．绘制居中线槽

安装板中间需要放置线槽，一般根据线槽长度按照均等长度放置，EPLAN 提供了自动捕捉中点的绘制方法。

（1）单击“插入”选项卡的“设备”面板的“线槽”按钮，鼠标光标上显示浮动的线槽符号，按 H 键，鼠标光标变为方块符号，单击选择要复制的线槽，复制线槽的类型与长度，如图 15-32 所示。

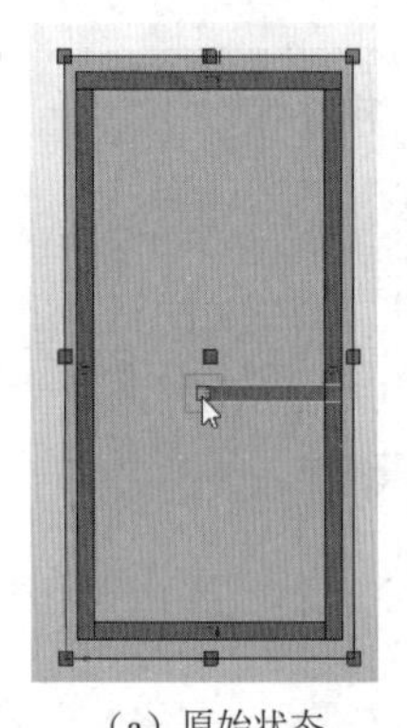

（a）原始状态

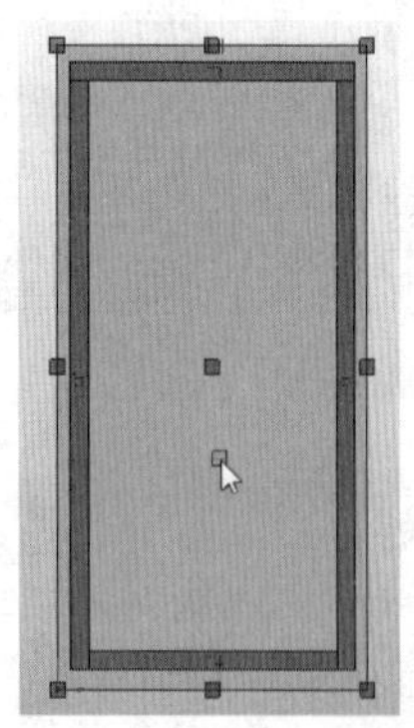

（b）显示方块符号

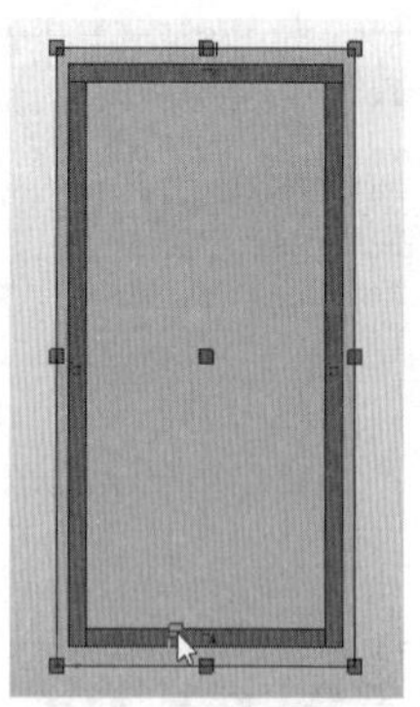

（c）选择复制对象

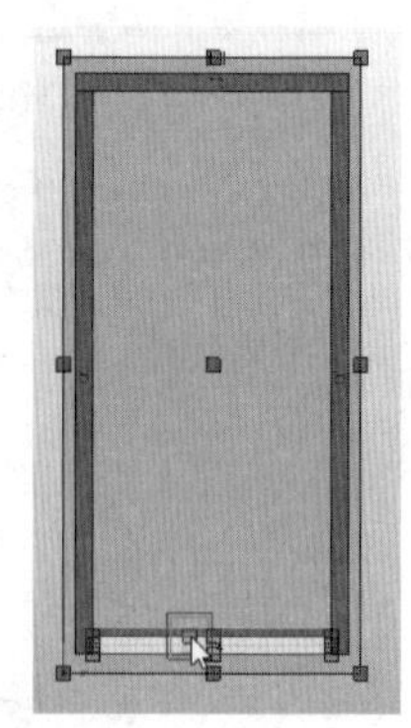

（d）复制对象

图 15-32　复制线槽长度

（2）按 J 键，此时鼠标光标变为方块符号，单击居中线槽的另一个参照线槽，复制线槽的类型与长度，如图 15-33 所示。

（3）使用同样的方法绘制其余居中线槽，结果如图 15-34 所示。此时在“布局空间”导航器中显示安装板下的线槽，如图 15-35 所示。

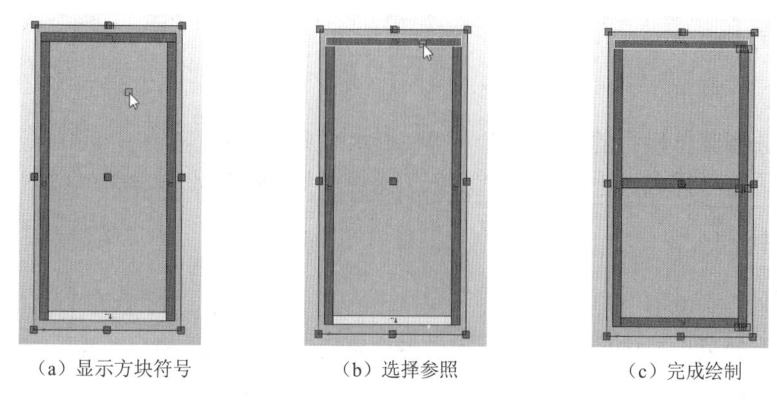

（a）显示方块符号　　（b）选择参照　　（c）完成绘制

图 15-33　绘制居中线槽

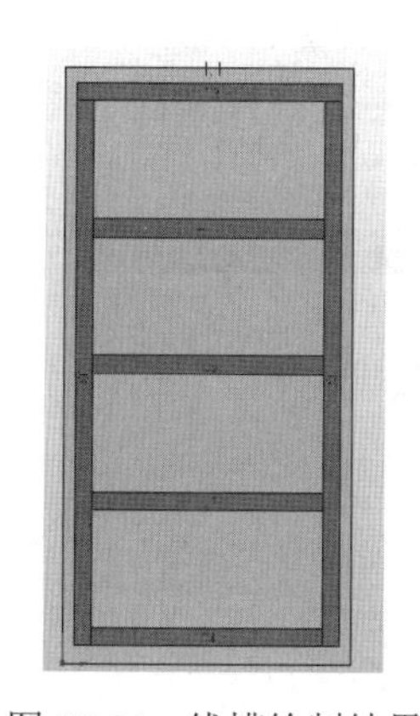

图 15-34　线槽绘制结果

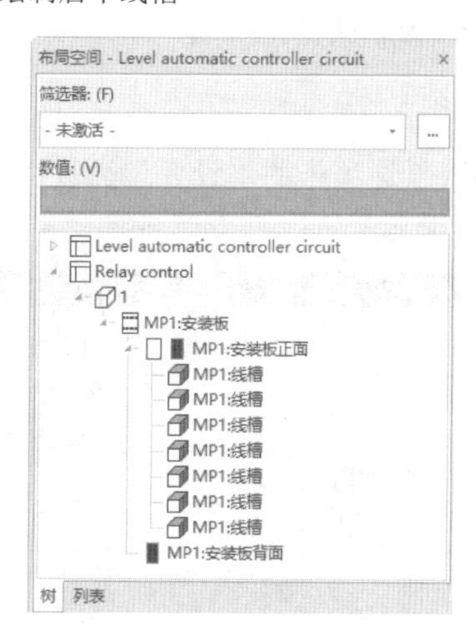

图 15-35　“布局空间”导航器

15.4.3　插入导轨

电气柜中的设备安装简便，可以利用安装孔把模块固定在控制柜的衬板上，或者利用设备上的 DIN 夹子把模块固定在一个标准（DIN）的导轨上，如图 15-36 所示。在 EPLAN 中，除了水平导轨，还包括 C 形水平导轨、自定义导轨。

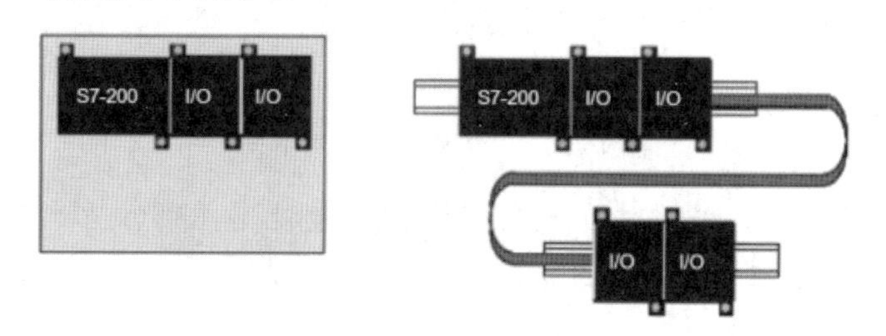

图 15-36　衬板安装与标准导轨安装

1. 导轨

【执行方式】

➢ 菜单栏：选择菜单栏中的“插入”→“导轨”命令。
➢ 功能区：单击“插入”选项卡的“设备”面板中的“导轨”按钮。

2. C形水平导轨

【执行方式】

➢ 菜单栏：选择菜单栏中的“插入”→“C形水平导轨”命令。
➢ 功能区：单击“插入”选项卡的“设备”面板中的“C形水平导轨”按钮▭。

3. 自定义导轨

【执行方式】

➢ 菜单栏：选择菜单栏中的“插入”→“用户自定义的导轨”命令。
➢ 功能区：单击“插入”选项卡的“设备”面板中的“用户自定义的导轨”按钮▯。

扫一扫，看视频

动手学——插入导轨

【操作步骤】

（1）单击“插入”选项卡的“设备”面板中的“导轨”按钮▯，打开如图15-37所示的“部件选择”对话框，在“安装导轨”列表中选择导轨。

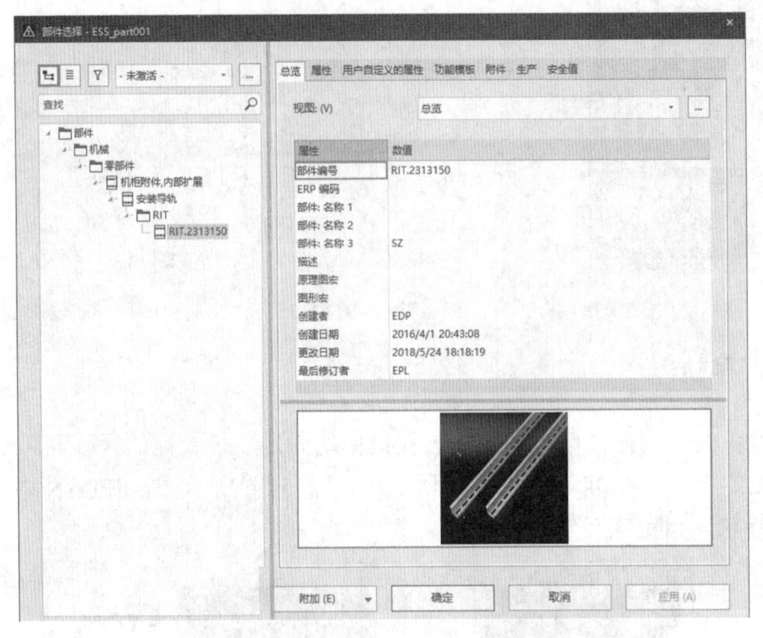

图15-37 “部件选择”对话框

（2）单击“确定”按钮，关闭对话框。此时鼠标光标上显示部件插入点并附带导轨符号，移动鼠标光标到需要放置导轨的位置，单击放置，如图15-38所示。

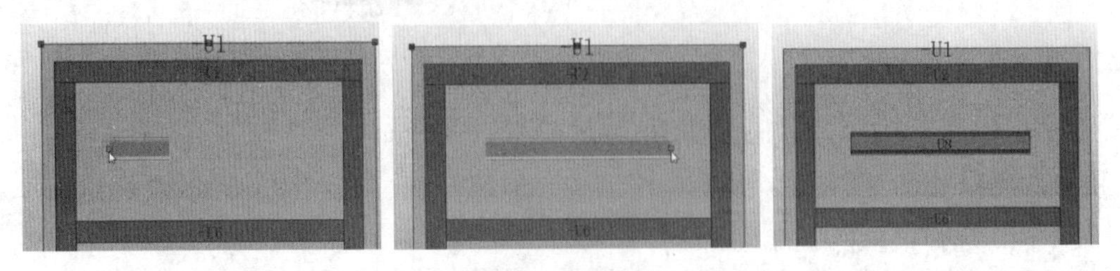

图15-38 放置导轨

（3）此时，鼠标光标仍处于导轨放置状态，继续插入导轨，右击选择“取消操作”命令或按 Esc 键退出当前状态，如图 15-39 所示。此时在“布局空间”导航器中显示放置的“MP1：安装导轨”，如图 15-40 所示。

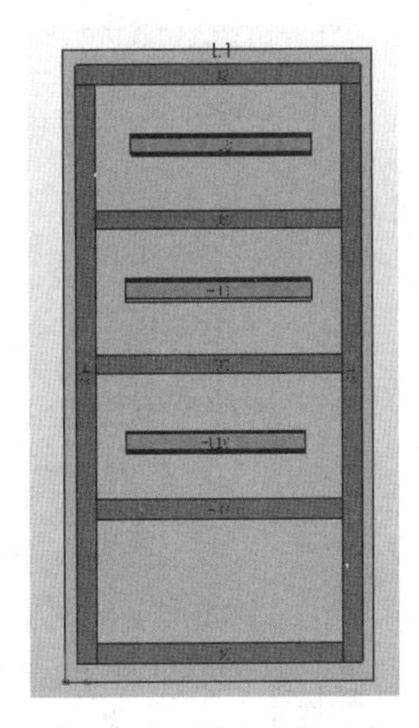

图 15-39　插入导轨结果

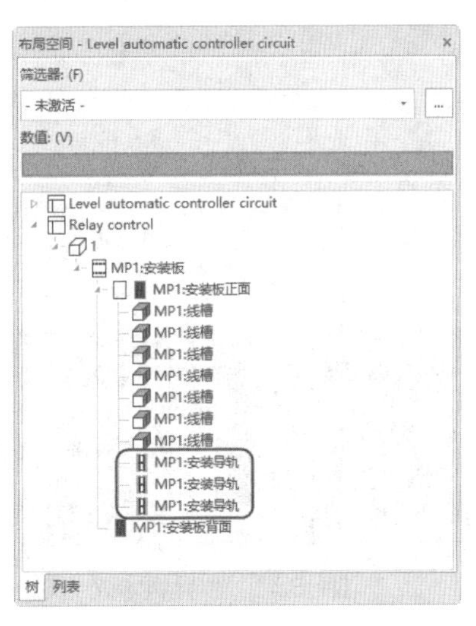

图 15-40　“布局空间”导航器

扫一扫，看视频

动手学——插入用户自定义的导轨

【操作步骤】

（1）单击“插入”选项卡的“设备”面板中的“用户自定义的导轨”按钮，打开如图 15-41 所示的“部件选择”对话框，在“用户自定义的导轨”列表中选择导轨。

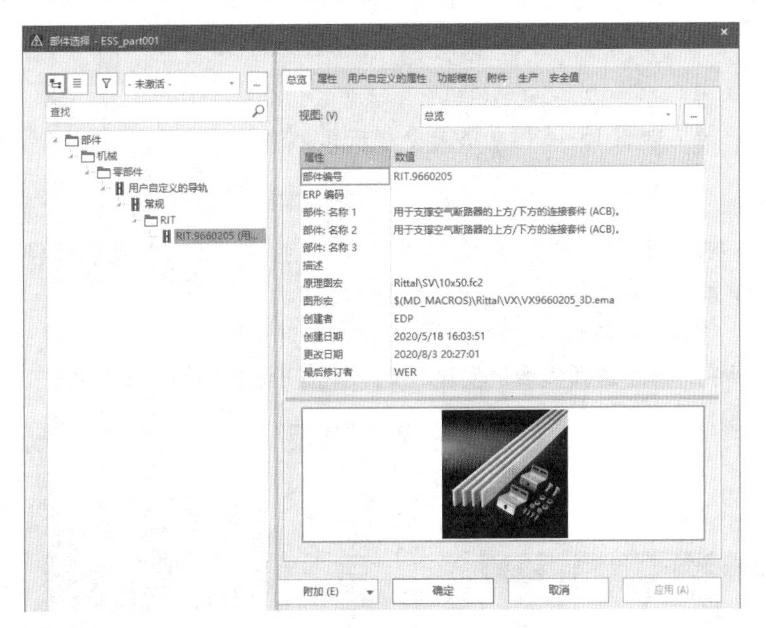

图 15-41　“部件选择”对话框

（2）单击“确定”按钮，关闭对话框。此时鼠标光标上显示部件插入点并附带自定义导轨符号，移动鼠标光标到需要放置自定义导轨的位置，单击放置。

（3）此时，鼠标光标仍处于导轨放置状态，右击选择“取消操作”命令或按 Esc 键退出当前状态，结果如图 15-42 所示。此时在“布局空间”导航器中显示放置的“MP1：用户自定义的导轨”，如图 15-43 所示。

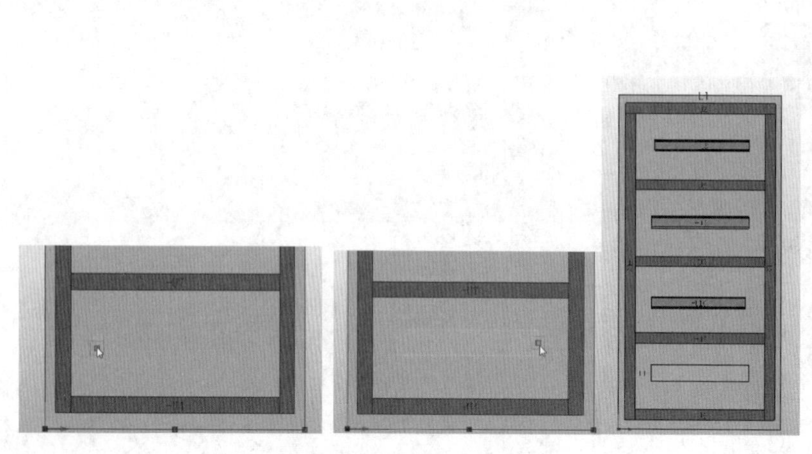

图 15-42　放置自定义导轨

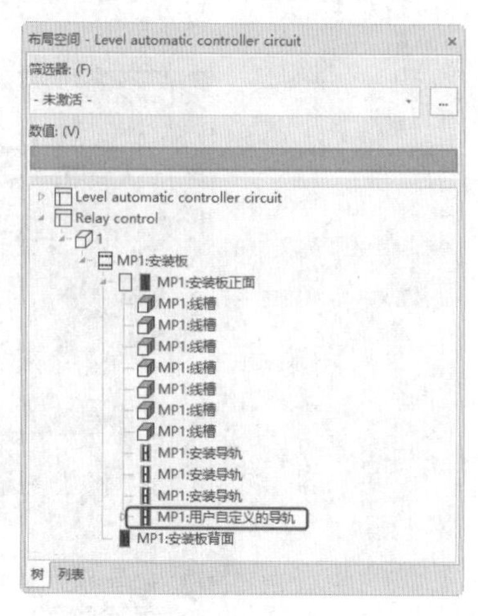

图 15-43　“布局空间”导航器

15.4.4　安装板切口

切口可以实现安装板上的不同形状的预留孔的插入。

【执行方式】

- 菜单栏：选择菜单栏中的“插入”→“切口”命令。
- 功能区：单击“插入”选项卡的“切口”面板中的“其他”按钮。

【操作步骤】

执行上述操作，弹出如图 15-44 所示的命令和按钮。

钻孔 (D)
螺纹孔 (T)
长方形 (R)
腰形孔 (S)
六边形 (H)
八边形 (O)
用户自定义的轮廓线 (U)
源自钻孔排列样式 (F)

变量

图 15-44　“切口”命令

1．插入钻孔

选择“钻孔”命令，弹出“钻孔”对话框，在“直径”下拉列表中选择钻孔直径，默认为 5.00mm，如图 15-45 所示。单击“确定”按钮，关闭对话框。

此时鼠标光标上显示方块符号，在安装板上单击，确定钻孔位置。此时，鼠标光标仍处于钻孔放置状态，继续插入钻孔，右击选择“取消操作”命令或按 Esc 键退出当前状态，如图 15-46 所示。

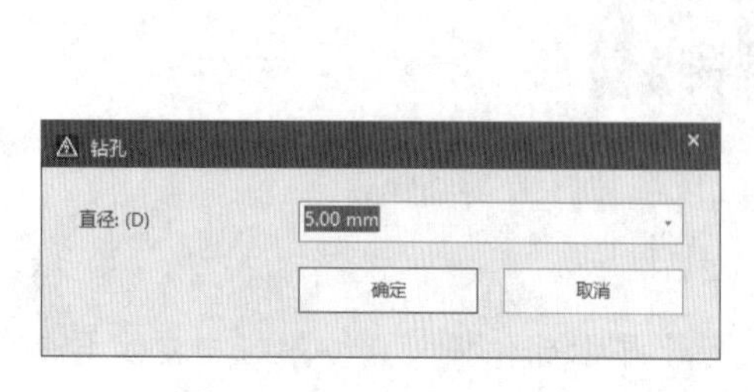

图 15-45　“钻孔”对话框

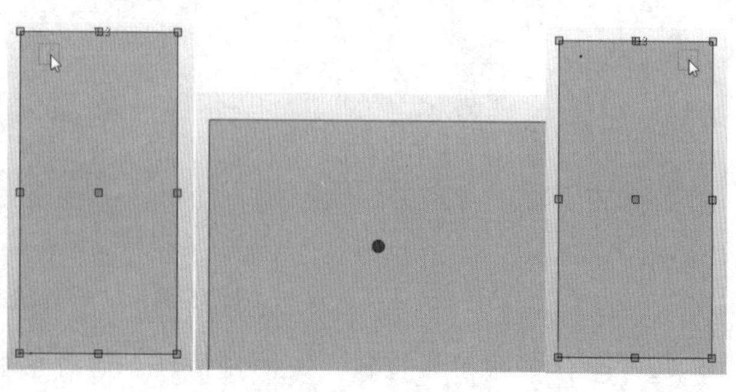

图 15-46　放置钻孔

2. 插入排列钻孔

选择“源自钻孔排列样式”命令，弹出“钻孔排列样式选择”对话框，在“钻孔排列样式”列表中选择不同样式的钻孔，如图 15-47 所示。单击“确定”按钮，关闭对话框。

此时鼠标光标上显示方块符号，在安装板上单击，确定钻孔位置。此时，鼠标光标仍处于钻孔放置状态，继续插入钻孔，右击选择“取消操作”命令或按 Esc 键退出当前状态，如图 15-48 所示。

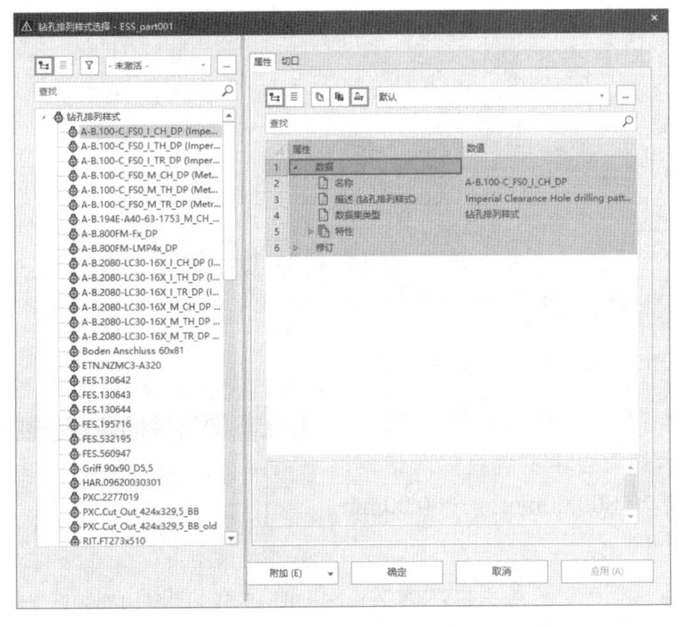

图 15-47　“钻孔排列样式选择”对话框　　图 15-48　放置指定样式钻孔

15.5　操作实例——绘制安装板

扫一扫，看视频

【操作步骤】

(1) 选择菜单栏中的“项目”→“打开”命令，弹出“打开项目”对话框，打开项目文件 Relay control.elk。

(2) 选择菜单栏中的“布局空间”→“新建”命令，打开如图 15-49 所示的“属性（元件）：布局空间”对话框。在“名称”文本框中定义该布局空间名称为 3；单击“结构标识符”栏右侧的…按钮，在弹出的对话框中选择高层代号与位置代号；在“描述”文本框中输入“预定义安装板”。

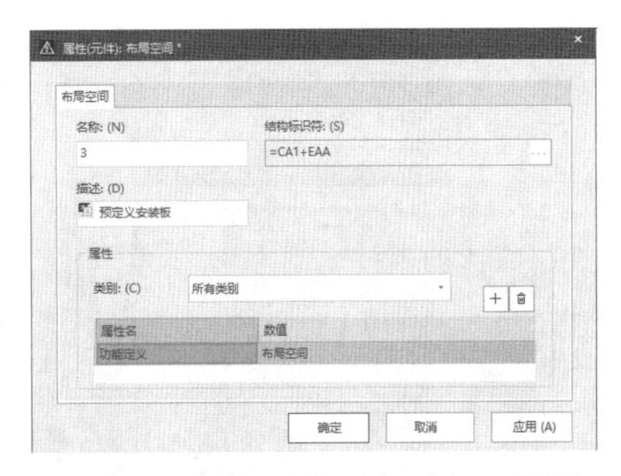

图 15-49　“属性（元件）：布局空间”对话框

(3) 单击“确定”按钮，关闭对话框，进入布局空间编辑环境。在“布局空间”导航器中显示新建的布局空间 3，如图 15-50 所示。

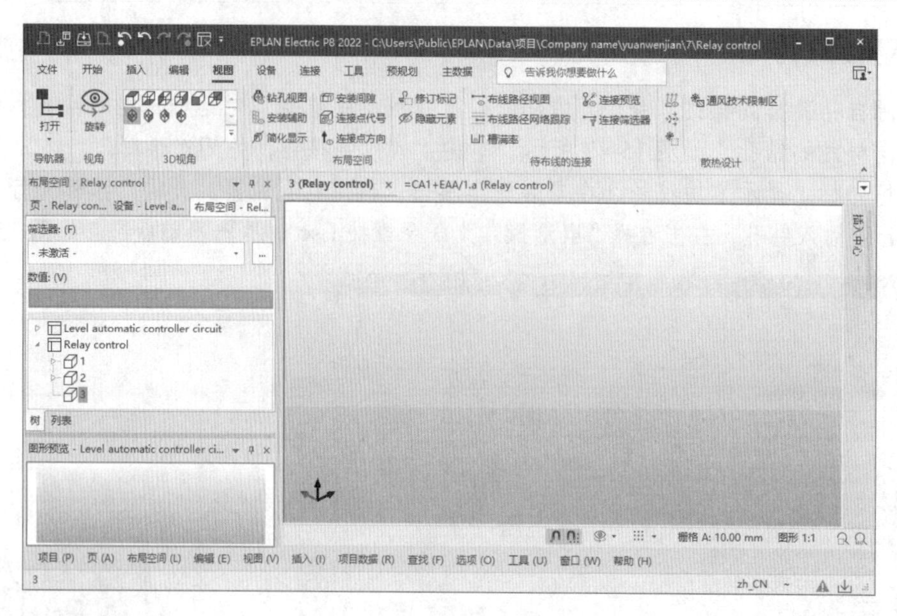

图 15-50　布局空间编辑环境

（4）单击“插入”选项卡的“设备”面板中的“插入自由安装板”按钮，打开如图 15-51 所示的“自由安装板”对话框，输入安装板的宽度、高度、深度分别为 800.00mm、1000.00mm 和 3.00mm。

图 15-51　“自由安装板”对话框

（5）单击“确定”按钮，关闭对话框。单击放置自由安装板，在“布局空间”导航器中显示放置的安装板。在“布局空间”导航器中选择“MP2：安装板正面”，右击，选择“直接激活”命令，将视角切换到安装板正面，安装板正面处于激活状态，如图 15-52 所示。

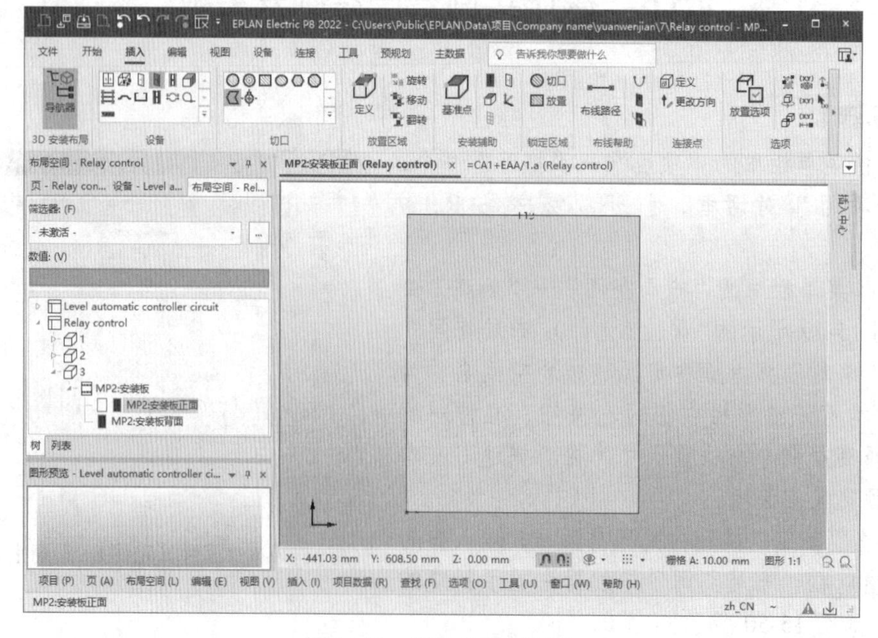

图 15-52　激活安装板正面

(6) 单击"插入"选项卡的"切口"面板中的"用户自定义的轮廓线（切口）"按钮，打开"用户自定义的轮廓线"对话框，如图15-53所示。

图15-53 "用户自定义的轮廓线"文本框

(7) 在"轮廓线"文本框右侧单击···按钮，弹出"轮廓线"对话框，选择指定的轮廓线文件，如图15-54所示。

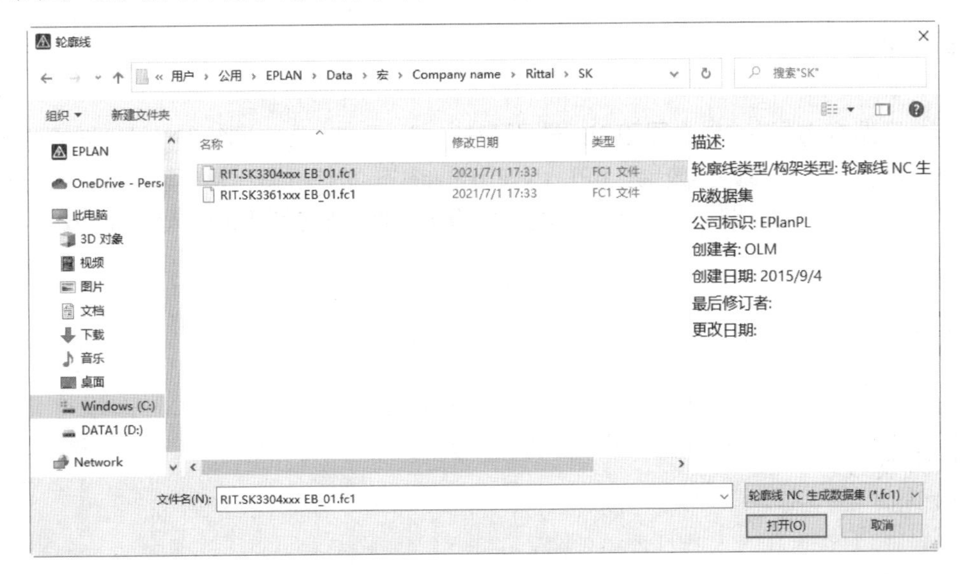

图15-54 "轮廓线"对话框

(8) 选择RIT.SK3304xxx EB_01.fc1文件，单击"打开"按钮，关闭对话框，返回"用户自定义的轮廓线"对话框，显示选择的轮廓线文件，如图15-55所示。

(9) 单击"确定"按钮，关闭对话框，鼠标光标上显示浮动的指定轮廓线切口，单击放置切口，如图15-56所示。

图15-55 "用户自定义的轮廓线"对话框

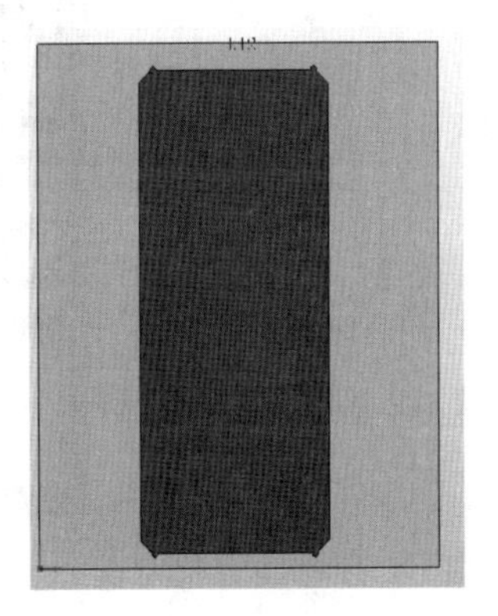

图15-56 放置切口

第 16 章　电气柜元件布局

内容简介

电气柜中元件的布局有 2D 布局和 3D 布局两种方式，只靠 2D 布局往往达不到实际的要求，通常需要将两者结合以获得良好的效果。EPLAN Pro Panel 是面向机箱、机柜等柜体的设计软件，即面向电气项目的柜体内部安装布局过程的三维模拟设计软件，直接使用 EPLAN P8 2022 也可以进行 3D 布局。

内容要点

- 元件布局
- 电气柜配线
- 视图布局

案例效果

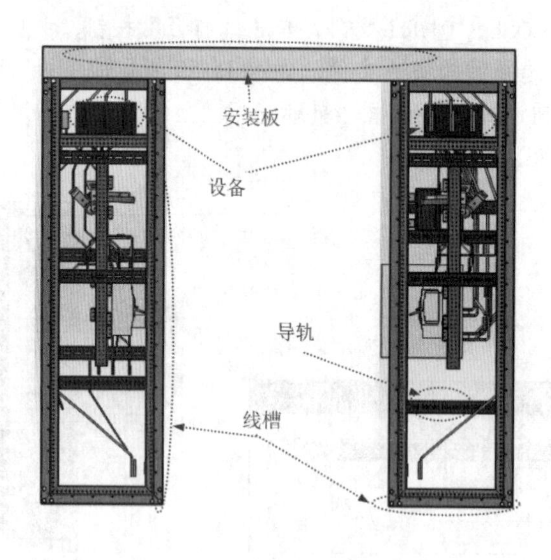

16.1 元 件 布 局

根据电气元件的布置图进行 3D 安装板布局，好的布局通常使具有电气连接的元件引脚相互之间比较靠近，这样可以使走线距离较短，占用空间较小，从而使整个电气柜的导线能够易于连通，获得更好的布线效果。

16.1.1　插入元件

用户应严格按照元件布置图中的排列顺序来安装每个电气元件，同时核对好型号是否对应。若是相同类型的多个电气柜，所有元件的排列顺序一定要统一，便于售后维修时好核对图纸。

安装板中的元件不能随意插入，一般通过“3D 安装布局”导航器插入元件，在多线原理图中插入配型的元件，没有配型的元件无法进行安装板设计。

【执行方式】

- 菜单栏：选择菜单栏中的“项目数据”→“设备/部件”→“3D 安装布局导航器”命令。
- 功能区：单击“插入”选项卡的“3D 安装布局”面板的“导航器”按钮。

【操作步骤】

（1）执行上述操作，打开“3D 安装布局”导航器，如图 16-1 所示。直接选中元件，向安装板中拖动放置即可。

（2）松开鼠标，鼠标光标上显示元件符号，将其放置在导轨上，捕捉导轨中点，导轨颜色由橘黄色变为绿色，表示导轨与元件卡箍对应，单击完成元件的放置，放置元件后的导轨变为绿色，如图 16-2 所示。

图 16-1　“3D 安装布局”导航器

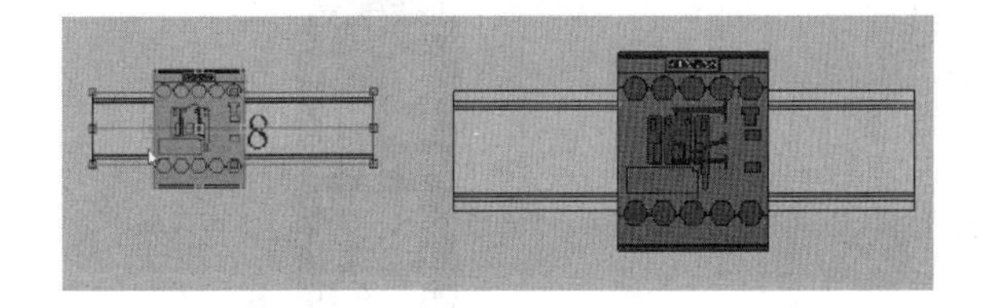

图 16-2　放置元件

16.1.2　修改长度

【执行方式】

- 菜单栏：选择菜单栏中的“编辑”→“图形”→“修改长度”命令。
- 功能区：单击“编辑”选项卡的“图形”面板中的“修改长度”按钮。

【操作步骤】

执行上述操作，单击激活导轨，鼠标光标上显示基准点符号。调整导轨长度，单击确定新导轨长度，如图 16-3 所示。

动手练——绘制安装板并插入设备部件

扫一扫，看视频

绘制如图 16-4 所示的机床控制电路安装板文件，并通过“2D 安装板布局”导航器插入设备部件。

图 16-3　修改导轨长度

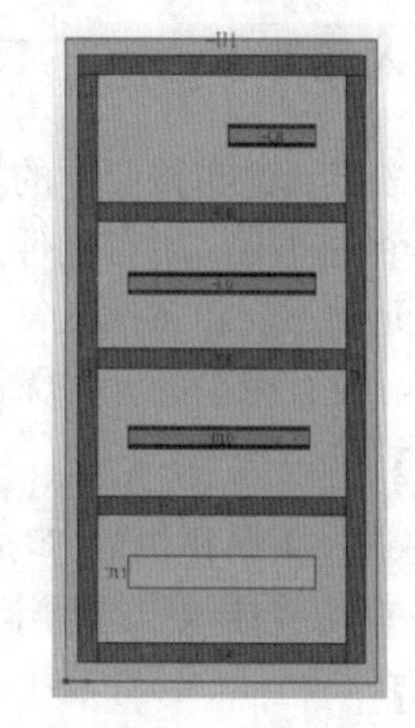

图 16-4　安装板文件

思路点拨：

> 利用“修改长度”命令可以调整导轨长度。

16.1.3　视角操作

为安装方便，需要切换机柜部件的视角，不同的视角对应不同的视图，如“3D 视角，左”对应侧视图，如图 16-5 所示。

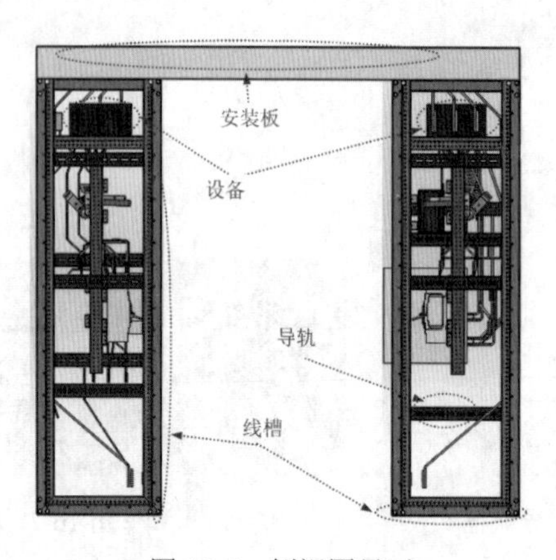

图 16-5　侧视图显示

1．指定视角

【执行方式】

- 菜单栏：选择菜单栏中的“视图”→“3D 视角”命令。
- 功能区：单击“视图”选项卡的“3D 视角”面板中的“其他”按钮。

【操作步骤】

执行上述操作，弹出如图 16-6 所示的子菜单与按钮，选择不同的视角，显示不同的视图，如图 16-7 所示。

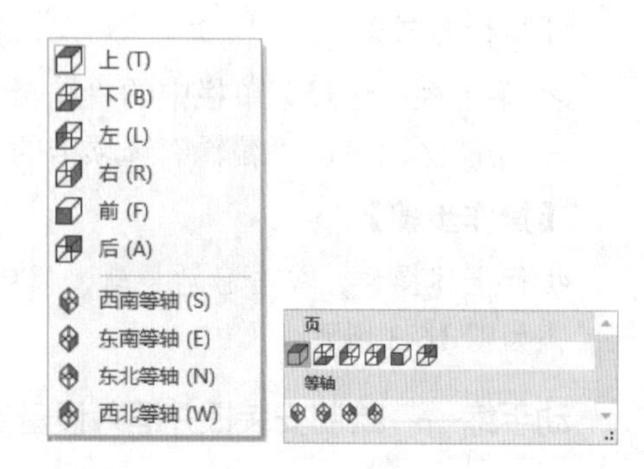

图 16-6　菜单命令

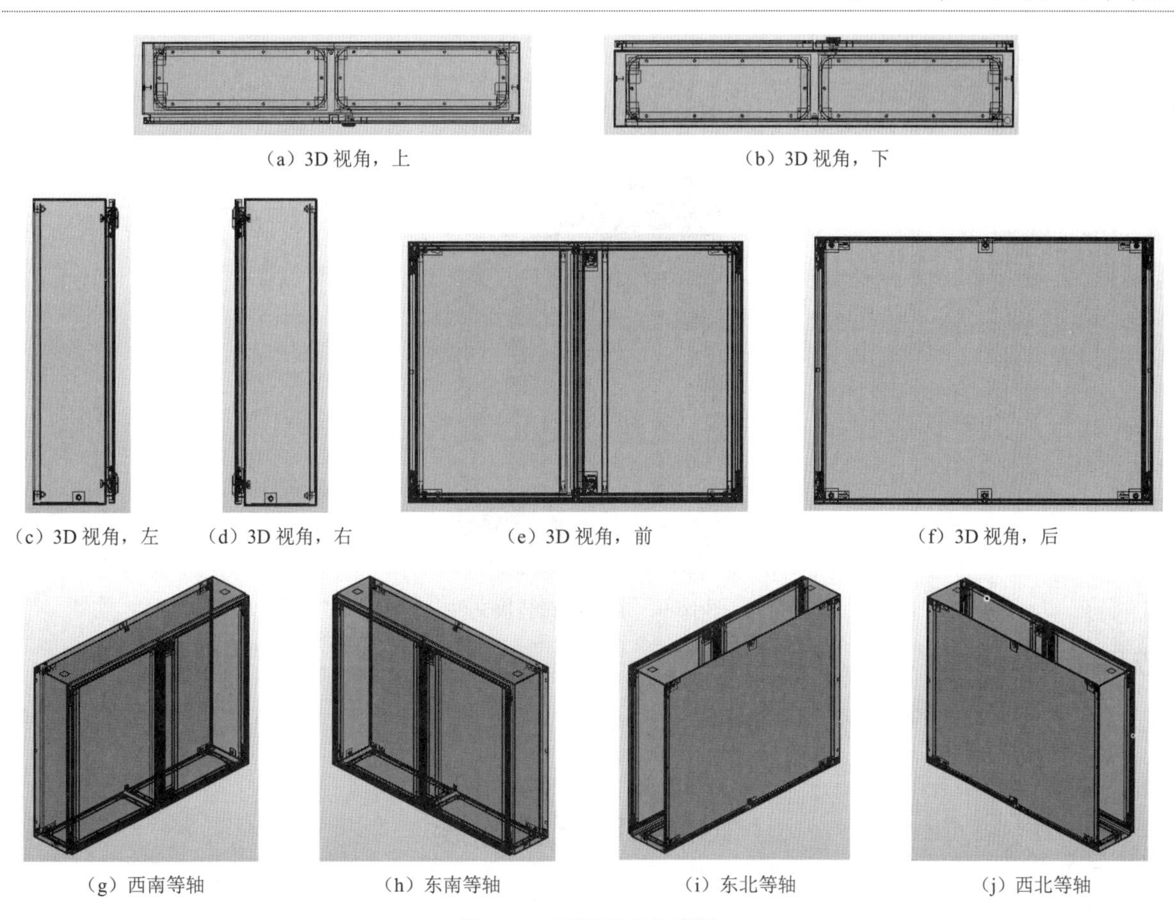

（a）3D 视角，上　（b）3D 视角，下

（c）3D 视角，左　（d）3D 视角，右　（e）3D 视角，前　（f）3D 视角，后

（g）西南等轴　（h）东南等轴　（i）东北等轴　（j）西北等轴

图 16-7　不同视角的视图

2．旋转视角

除了特定方向的视角旋转，EPLAN 还提供了能旋转任意角度的命令。

【执行方式】

➢ 菜单栏：选择菜单栏中的“视图”→“旋转视角”命令。

➢ 功能区：单击“视图”选项卡的“视角”面板中的“旋转”按钮。

【操作步骤】

执行上述操作，此时鼠标光标变成交叉形状并附加一个旋转视角符号。将鼠标光标移动到需要旋转的部件上，单击旋转部件，如图 16-8 所示。右击选择“取消操作”命令或按 Esc 键，退出当前状态。

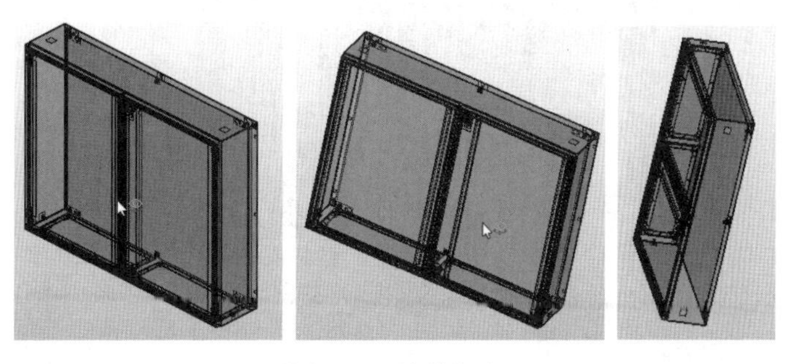

图 16-8　旋转视角

扫一扫，看视频

动手练——观察电气柜

在不同视角下观察如图 16-9 所示的电气柜安装板文件。

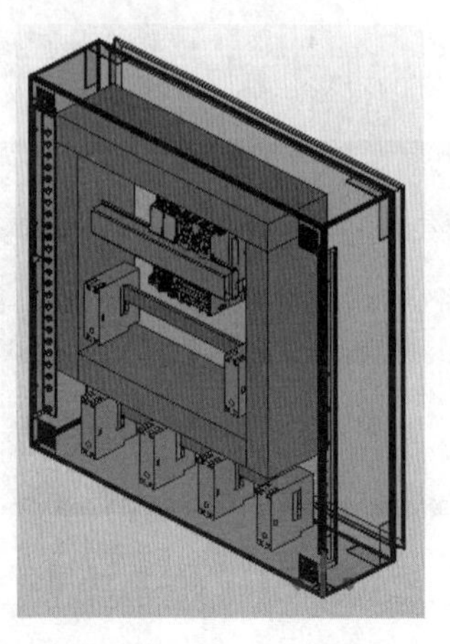

图 16-9　电气柜安装板文件

思路点拨：

利用“视角”命令调整电气柜显示角度。

16.2　电气柜配线

在完成安装板的布局工作以后，就可以开始配线操作了。在机箱、机柜等柜体中，配线是完成产品设计的重要步骤，其要求最高、技术最细、工作量最大。

16.2.1　母线系统

母线系统主要应用于低压动力配电柜，进出线回路采用无孔电气安装技术，开关通过母线转接器与母线连接，配电母线既是导电体又是电气元件的支撑体，并被封闭于后面，如图 16-10 所示。

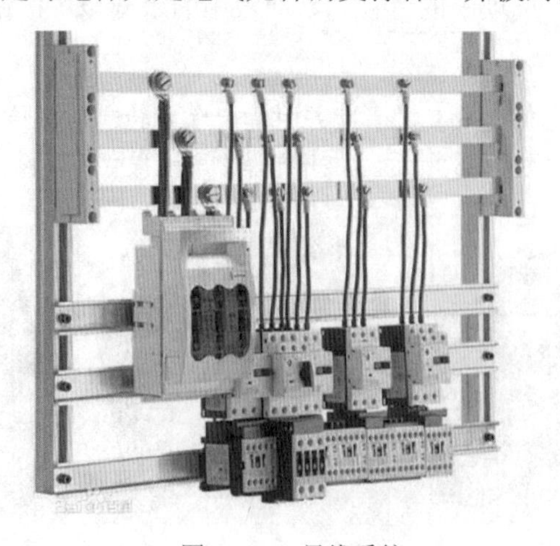

图 16-10　母线系统

【执行方式】

➢ 菜单栏：选择菜单栏中的“插入”→“母线系统”命令。

➢ 功能区：单击“插入”选项卡的“设备”面板中的“母线系统”按钮。

【操作步骤】

（1）执行上述操作，打开如图 16-11 所示的“部件选择”对话框。在“部件”列表中只显示母线。

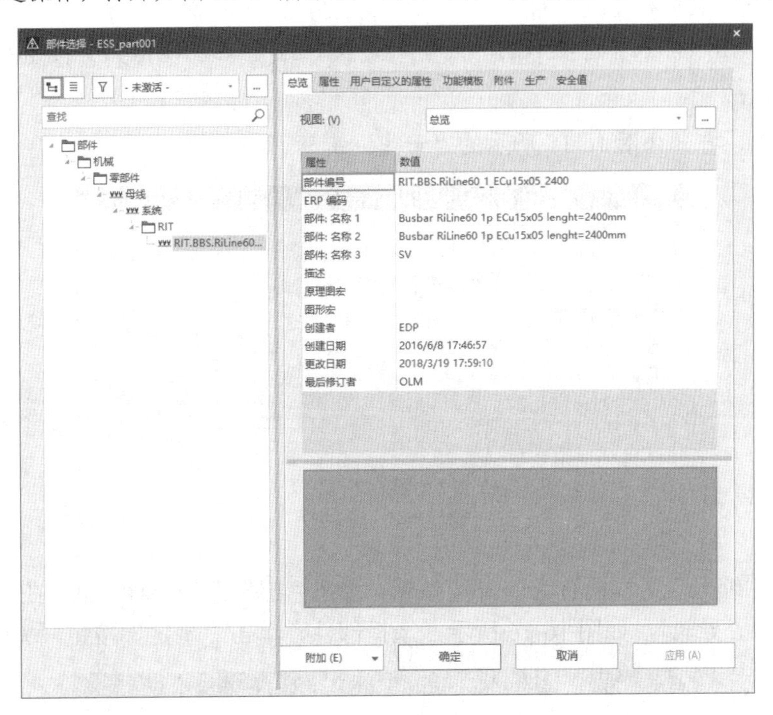

图 16-11　“部件选择”对话框

（2）选择指定部件编号的母线，单击“确定”按钮，关闭对话框。此时鼠标光标变成方块形状并附加一个母线系统符号，将鼠标光标移动到需要放置的位置，单击确定第一点；向右拖动鼠标，单击确定第二点，如图 16-12 所示。右击选择“取消操作”命令或按 Esc 键，退出当前状态。

图 16-12　放置母线系统

【选项说明】

放置母线系统的过程中会弹出“母线支架”对话框，在“数量”文本框中定义母线支架个数，默认为 2，如图 16-13 所示。母线支架个数为 4 的母线系统如图 16-14 所示。

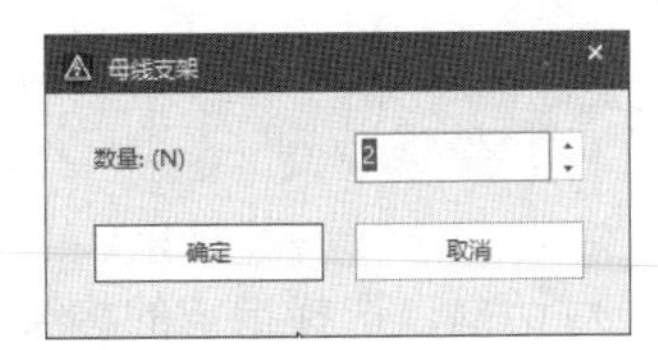

图 16-13　“母线支架”对话框

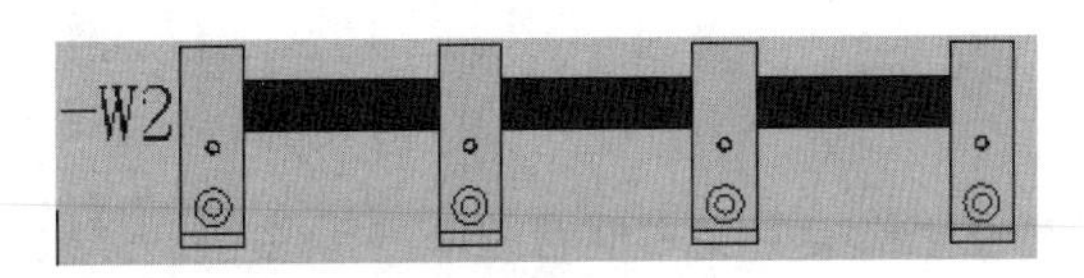

图 16-14　4 个母线支架的母线系统

16.2.2 折弯母线

某些情况下，为了连接元件需要将铜排进行弯制，也就是折弯母线。一般使用专门的折弯机进行母线折弯，折弯半径有固定值。

【执行方式】

- 菜单栏：选择菜单栏中的“插入”→“母线（折弯）”命令。
- 功能区：单击“插入”选项卡的“设备”面板中的“母线（折弯）”按钮。

【操作步骤】

执行上述操作，打开如图 16-15 所示的“母线（折弯）”对话框。

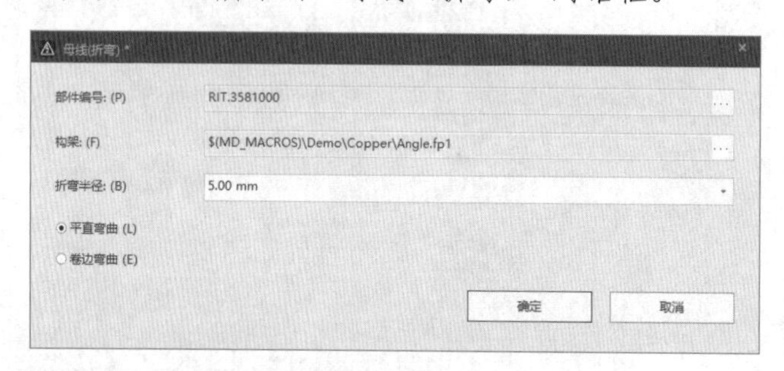

图 16-15 “母线（折弯）”对话框

【选项说明】

（1）在“部件编号”文本框右侧单击… 按钮，弹出“部件选择”对话框。在该对话框中的“部件”列表中只显示“导轨”，如图 16-16 所示。选择部件，单击“确定”按钮，关闭对话框。

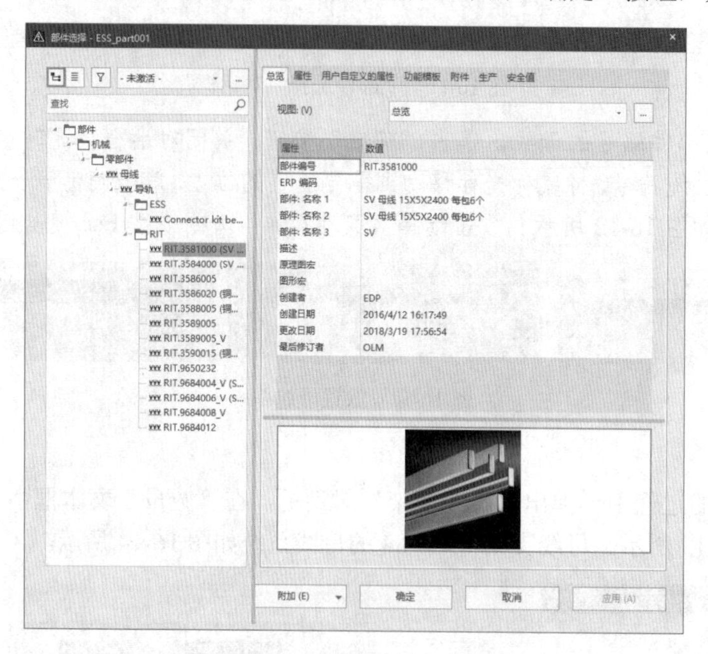

图 16-16 “部件选择”对话框

（2）在“构架”文本框右侧单击… 按钮，弹出“选择构架”对话框，选择指定的构架文件，按照该构架进行折弯，如图 16-17 所示。

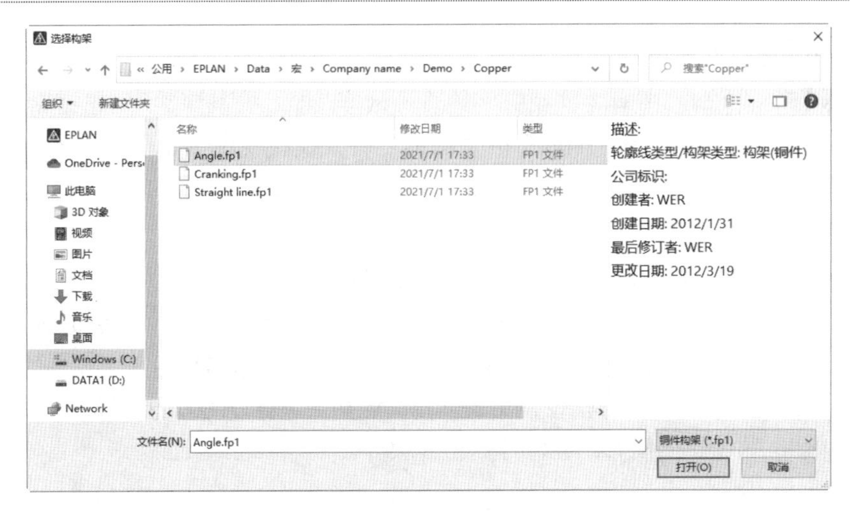

图 16-17　“选择构架”对话框

（3）在“折弯半径”文本框中输入母线的折弯半径。

（4）折弯类型包含平直弯曲、卷边弯曲两种，如图 16-18 所示。

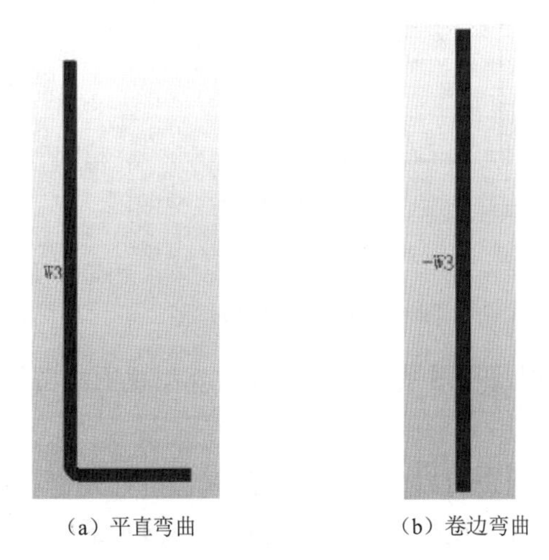

（a）平直弯曲　　（b）卷边弯曲

图 16-18　折弯类型

16.3 视图布局

为了更清楚地显示电气柜的安装布置，EPLAN 提供了两种特定的视图布局方法：模型视图与钻孔视图，这两种显示方法更大程度地表达了电气柜元件结构形状。

提示：

插入模型视图的图纸页必须为“模型视图（交互式）”。

16.3.1 模型视图

只有创建布局空间后，才可以插入模型视图。将布局空间转换为模型视图，相当于 EPLAN 中的 3D 图自动生成 2D 安装板图。

【执行方式】

➢ 菜单栏：选择菜单栏中的“插入”→“图形”→“模型视图”命令。

➢ 功能区：单击“插入”选项卡的“视图”面板中的“模型视图”按钮。

【操作步骤】

（1）执行上述步骤，此时鼠标光标变成交叉形状并附加一个模型视图符号。将鼠标光标移动到想要插入模型视图的位置上，移动鼠标光标选择模型视图的插入点，单击确定插入模型视图的第一个角点；向外拖动鼠标，单击确定模型视图的另一个角点，如图 16-19 所示。

（2）此时鼠标光标仍处于插入模型视图的状态，重复上述操作可以继续插入其他的模型视图。右击选择“取消操作”命令或按 Esc 键即可退出该操作。

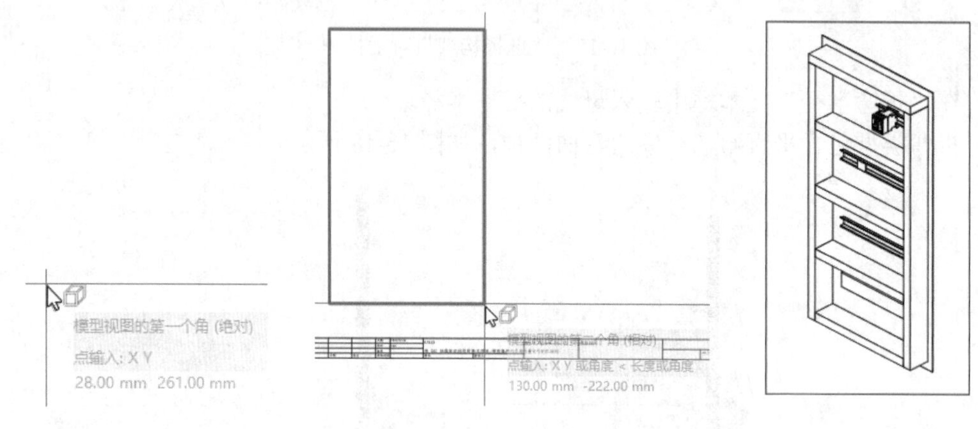

图 16-19　插入模型视图

（3）在图纸中显示模型视图，可用鼠标选中以移动模型视图在图纸中的位置。

【选项说明】

在插入模型视图的过程中，用户可以对模型视图的属性进行设置。双击模型视图或在插入模型视图后，会弹出如图 16-20 所示的“模型视图”对话框，在该对话框中可以对模型视图的属性进行设置。

（1）视图名称：输入创建的布局空间的名称。

（2）布局空间：在该下拉列表中选择需要转换的布局空间。

（3）基本组件：当布局空间选择确认后，“基本组件”输入框中的名称会自动同步布局空间的名称。若需要显示部分部件，单击⋯按钮，在弹出的如图 16-21 所示的“3D 对象选择”对话框中再次选择需要显示的部分。若全部显示，则无须对“3D 对象选择”进行设置。

（4）视角：3D 图像所显示图像的视角，如图 16-22 所示。

（5）风格：2D 图像显示的样式。包括线框模型、隐藏线、隐藏线/简化显示、阴影、阴影/简化显示，如图 16-23 所示。一般选择隐藏线即可。

（6）比例设置：分为手动、自动、适应。选择“手动”后，需要在后面的“比例”下拉列表中选择或输入所需的比例。

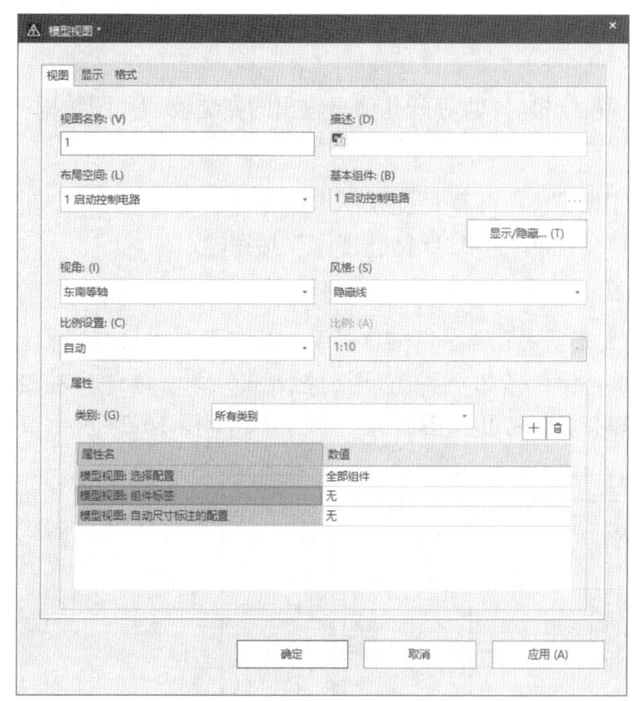

图 16-20　“模型视图”对话框

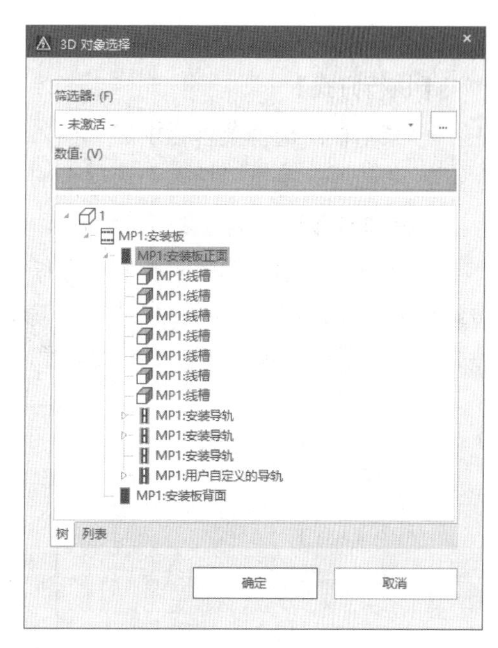

图 16-21　“3D 对象选择”对话框

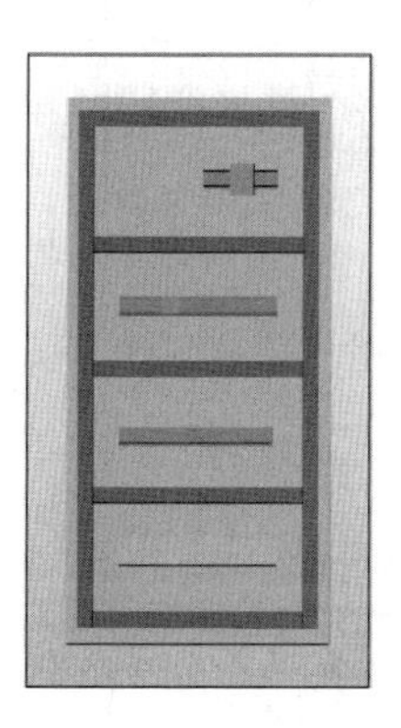

（a）前

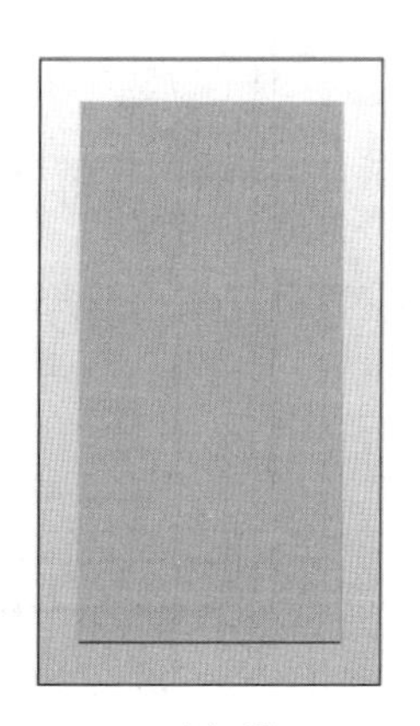

（b）后

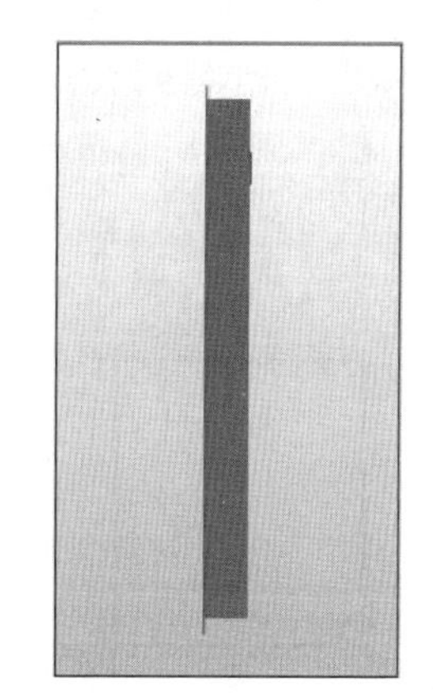

（c）左

图 16-22　3D 图像视角

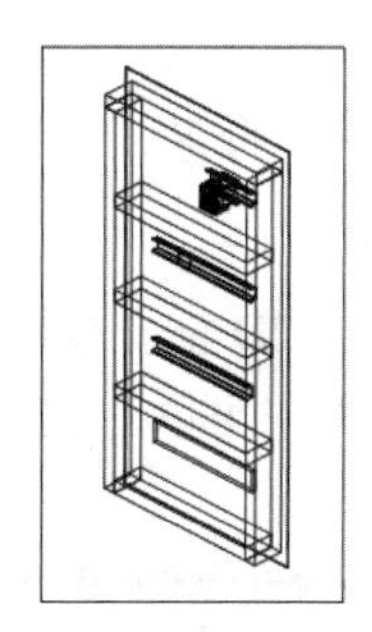

（a）线框模型

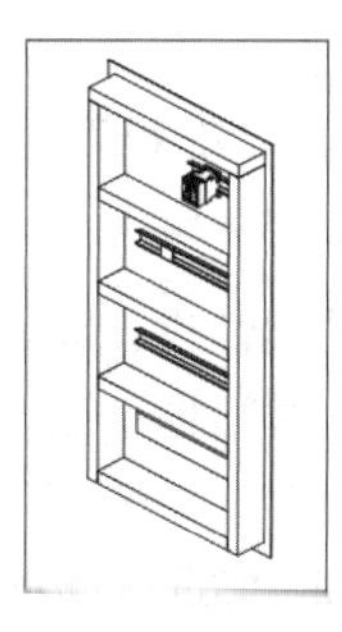

（b）隐藏线

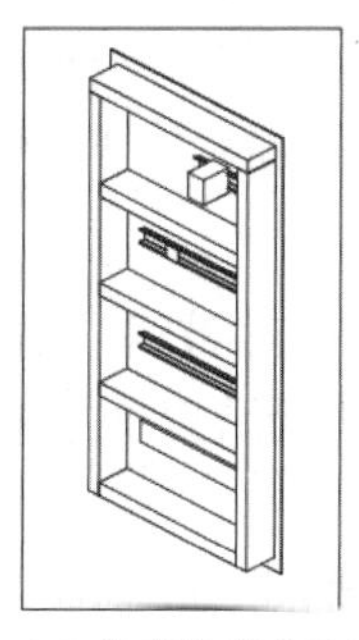

（c）隐藏线/简化显示

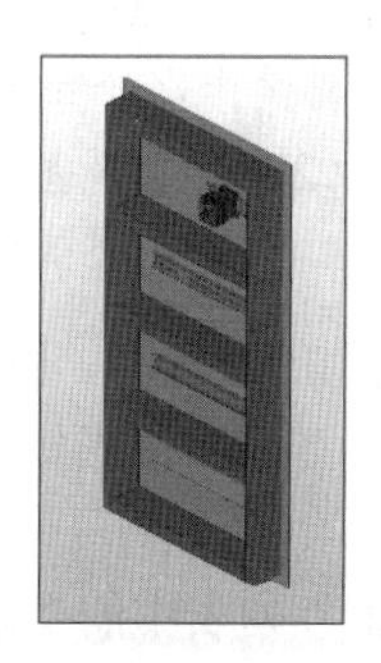

（d）阴影

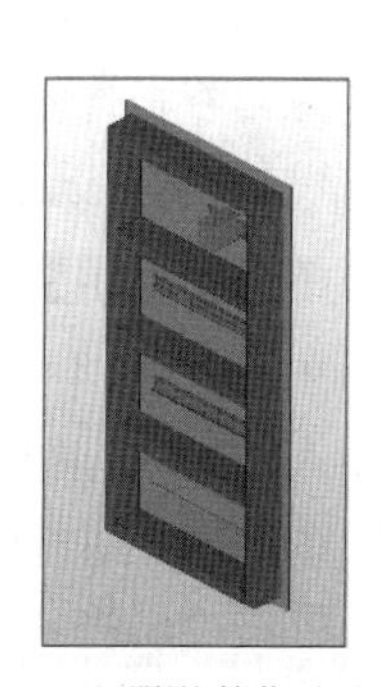

（e）阴影/简化显示

图 16-23　2D 图像显示的样式

16.3.2 钻孔视图

钻孔视图是指通过控制柜安装板 3D 图中设备、线槽、导轨等开孔信息输出的安装板钻孔图数据。

【执行方式】

➢ 菜单栏：选择菜单栏中的“插入”→“图形”→“2D 钻孔视图”命令。

➢ 功能区：单击“插入”选项卡的“视图”面板中的“2D 钻孔视图”按钮。

【操作步骤】

（1）执行上述操作，此时鼠标光标变成交叉形状并附加一个 2D 钻孔视图符号。将鼠标光标移动到想要插入 2D 钻孔视图的位置上，移动鼠标光标选择 2D 钻孔视图的插入点，单击确定插入 2D 钻孔视图的第一个角点；向外拖动鼠标，单击确定 2D 钻孔视图的另一个角点，如图 16-24 所示。

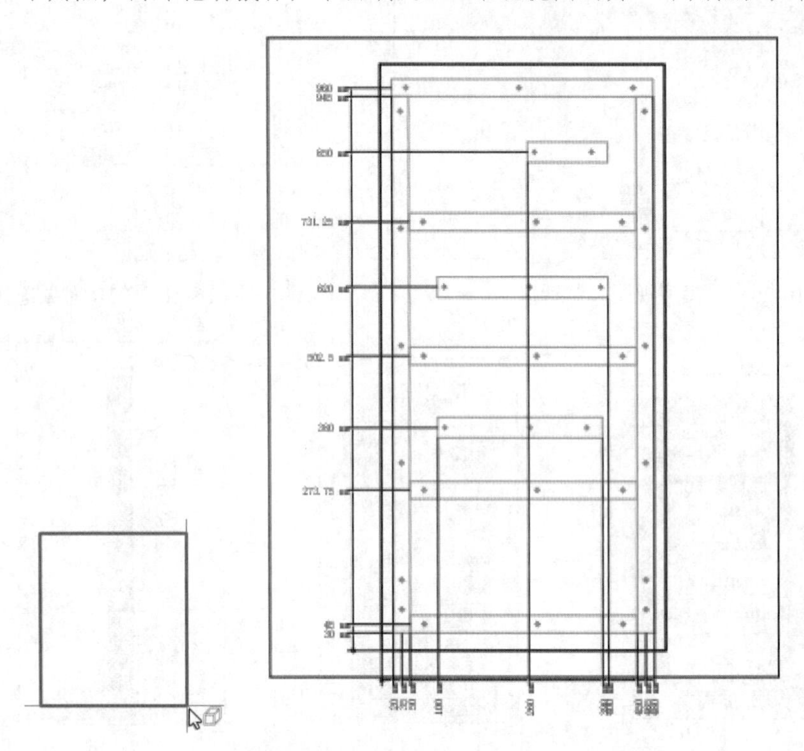

图 16-24　插入 2D 钻孔视图

（2）此时鼠标光标仍处于插入 2D 钻孔视图的状态，重复上述操作可以继续插入其他的 2D 钻孔视图。右击选择“取消操作”命令或 Esc 键即可退出该操作。

（3）在图纸中显示 2D 钻孔视图，可用鼠标选中以移动 2D 钻孔视图在图纸中的位置。

【选项说明】

在插入 2D 钻孔视图的过程中，用户可以对 2D 钻孔视图的属性进行设置。双击 2D 钻孔视图或在插入 2D 钻孔视图后，会弹出如图 16-25 所示的“钻孔视图”对话框，在该对话框中可以对 2D 钻孔视图的属性进行设置。

单击“属性名-数值”列表中的“模型视图：自动尺寸标注的配置”，选择默认为“无”，单击右侧的按钮，弹出“设置：自动尺寸标注”对话框。在“配置”下拉列表中选择“电气工程”选项，如图 16-26 所示。

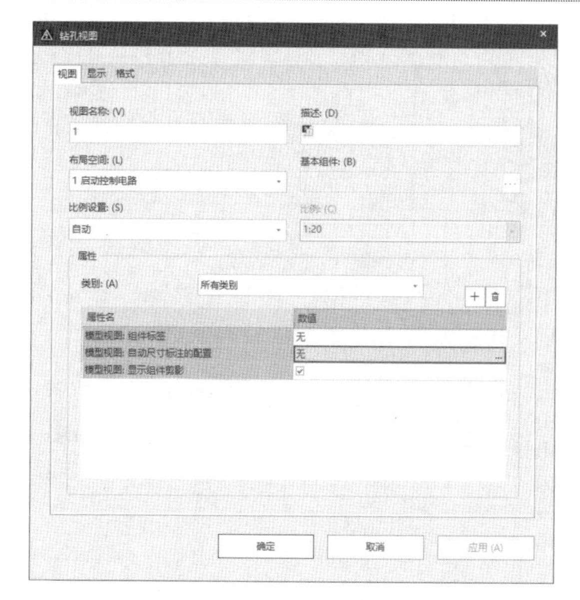

图 16-25　“钻孔视图”对话框

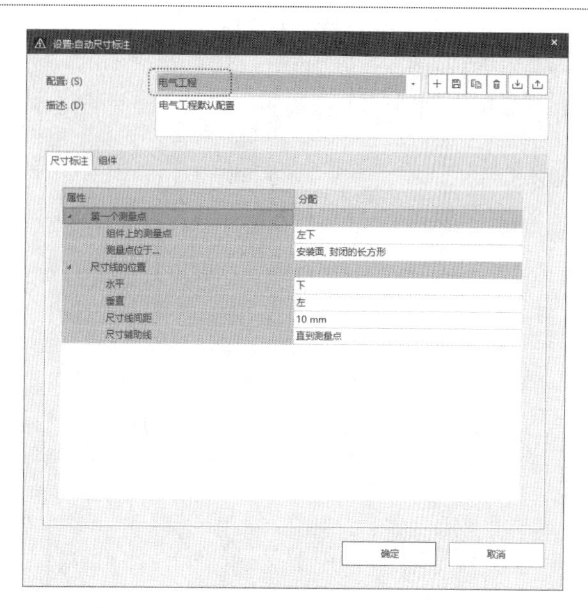

图 16-26　“设置：自动尺寸标注”对话框